21世纪全国本科院校土木建筑类创新型应用人才培养规划教材

建筑工程计量与计价

张叶田　主编

北京大学出版社
PEKING UNIVERSITY PRESS

内容简介

本书结合大量的工程实例，系统、详细地阐述了工程量清单的编制、清单计价、建筑工程预算定额规则和说明的应用，所选的案例大部分是根据工程实践经修编而成，因此，对清单规范、定额规则和说明的应用有非常强的针对性，能使读者对清单计量和清单编制、定额计量和定额计价有系统的认识和准确的理解，并能独立完成清单编制和定额计量工作。本书还配套有视频讲解，能帮助读者较快地熟悉清单规范、理解定额规则和说明及有关定额中工料机的消耗原理，解决阅读过程中遇到的难点和疑点。

本书突出清单计价规范和计价定额的实践应用，可作为工程造价、施工与管理、审计等人员的参考用书，也可作为造价员、造价师考前辅导教材。

图书在版编目(CIP)数据

建筑工程计量与计价/张叶田主编．—北京：北京大学出版社，2013.8
(21世纪全国本科院校土木建筑类创新型应用人才培养规划教材)
ISBN 978-7-301-22868-5

Ⅰ.①建… Ⅱ.①张… Ⅲ.①建筑工程—计量—高等学校—教材②建筑造价—高等学校—教材
Ⅳ.①TU723.3

中国版本图书馆CIP数据核字(2013)第162508号

书　　名：建筑工程计量与计价
著作责任者：张叶田　主编
策划编辑：卢　东　吴　迪
责任编辑：伍大维
标准书号：ISBN 978-7-301-22868-5/TU·0346
出版发行：北京大学出版社
地　　址：北京市海淀区成府路205号　100871
网　　址：http://www.pup.cn　新浪官方微博：@北京大学出版社
电子信箱：pup_6@163.com
电　　话：邮购部62752015　发行部62750672　编辑部62750667　出版部62754962
印 刷 者：北京虎彩文化传播有限公司
经 销 者：新华书店
787毫米×1092毫米　16开本　26.75印张　627千字
2013年8月第1版　2018年8月第4次印刷
定　　价：50.00元

未经许可，不得以任何方式复制或抄袭本书之部分或全部内容。

版权所有，侵权必究

举报电话：010-62752024　电子信箱：fd@pup.pku.edu.cn

前　言

工程计价内容博大精深，且实践性、专业性都很强，令许多初学者不知所措。受平时工作繁忙及条件所限，一些长期从事单一算量或简单工程报价的工作者也面临无法在工程计价工作中拓宽其知识面的问题。本书从工程计价源头、精确算量和合理计价方法等方面，进行了通俗易懂的阐述，以满足各类读者的需要。

本书编制的主要依据是《建设工程工程量清单计价规范》(GB 50500—2013)、统一建筑工程预算定额、其他地区有关计价规则。全书分两部分，第一部分为工程造价构成及计价依据；第二部分为清单与定额计量、计价，主要内容包括：土石方工程，桩与地基基础工程，砌筑工程，混凝土及钢筋混凝土工程，木结构工程，金属结构工程，屋面及防水工程，防腐、隔热、保温工程，附属工程，楼地面工程，墙、柱面工程，天棚工程，门窗工程，油漆、涂料、裱糊工程，其他工程，技术措施项目，建筑面积计算，工程施工费用定额。第二部分的各章节主要包括的内容有：基础知识、工程量清单及计价、清单编制方法介绍、定额规则与说明的阐述、工程案例分析、各章节习题。

(1) 基础知识：对预算相关材料、建筑构造、施工工艺、专业术语、建筑识图等方面内容进行了简要说明。

(2) 工程量清单及计价：依据清单规范对建筑工程的清单分部分项进行了系统梳理，并汇编成了大量的清单计价定额子目指引表，极大地方便了清单的计价，也为清单计价过程中避免漏项提供了帮助，可作为一本工具书使用。指引表中附有定额计算规则和定额说明，表中聚集了大量信息，提高了翻阅的效率。

(3) 清单编制方法介绍：重点阐述了项目特征描述要点，帮助读者理解清单项目设置及提高清单文件编制的质量。

(4) 定额规则与说明的阐述：对定额工程量计算规则、定额基价换算等内容做了深入浅出的解析，帮助读者深刻理解定额规则和说明。

(5) 工程案例分析：每章中列举了大量的案例和例题，这是本书另一亮点。案例内容形式丰富，涉及内容有：计算工程量、定额基价换算、求工料机消耗量、求清单综合单价、工料单价计价等，符合造价专业实践性、操作性强的特点，读者可通过练习，进一步巩固掌握计价理论知识。

(6) 各章节习题：本书各章节后附有适量习题，便于读者练习和检验学习成果。

在编写本书的过程中，编者参阅了大量的文献资料，在此对这些文献的作者表示感谢。全书由张叶田负责统稿；吴琪琦、温日琨、舒美英、张士平参与了本书的编写。

由于编者理论水平和实践经验有限，书中难免存在不足之处，恳请读者批评指正。

编　者

2013 年 5 月

目　录

第1部分

工程造价构成及计价依据

第1章 工程造价的构成

学习任务

本章主要介绍工程造价的特征、含义，工程造价构成、工程造价计价方法和程序。通过本章学习，重点掌握工程造价构成及计价程序。

学习要求

知识要点	能力要求	相关知识
工程造价的特征、含义	(1) 熟悉工程造价的含义 (2) 熟悉工程造价的特征	工程造价基础知识
工程造价的构成	掌握工程造价的构成	设备购置费、建筑安装工程费等
工程造价计价方法	掌握工程造价计价方法	造价构成内容

1.1 概　　述

1.1.1 工程项目的划分

工程项目是一个系统工程，为了便于工程管理和经济核算，将工程项目由大到小划分为建设项目、单项工程、单位工程、分部工程和分项工程。

1. 建设项目

建设项目是指按一个总体设计或初步设计进行施工的一个或几个单项工程的总体，如新建一个工厂、一所学校、一个住宅小区等。一个建设项目可由若干个单项工程组成，也可只有一个单项工程。

2. 单项工程

单项工程一般是指具有独立的设计文件，在竣工投产后可以独立发挥效益或生产能力的工程，即具有独立存在意义的一个完整的工程。例如，一个新建工厂中的各个配备设备的生产车间、仓库、住宅等单体工程都是单项工程，有些比较简单的建设项目本身就是一个单项工程，如一条森林铁路等。

3. 单位工程

单位工程是指不能独立发挥生产能力，但具有独立设计的施工图纸和组织施工的工程。例如，工业建筑物的土建工程是一个单位工程，而安装工程又是另一个单位工程。

4. 分部工程

分部工程是单位工程的组成部分，是按照单位工程的不同工种、材料或部位划分的。例如，土建工程的分部工程(土方工程、桩基工程、砌体工程、钢筋混凝土工程等)是按工程的工种划分的；而安装工程的分部工程(管道工程、电气工程、通风工程，以及设备安装工程等)也是按工种划分的。

5. 分项工程

按照不同的施工方法、构造及规格可以把分部工程进一步划分为分项工程。分项工程能通过较简单的施工过程完成，是测定或计算人工、材料、机械消耗量标准的基本结构要素。例如，人工挖地坑、钢筋工程、混凝土垫层等，给水工程中铸铁管、钢管、阀门等。

工程项目各层次的分解结构如图 1.1 所示。

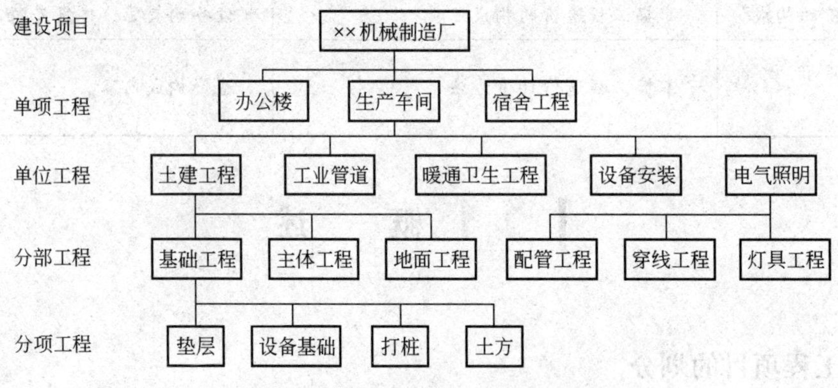

图 1.1　工程项目各层次的分解结构

1.1.2　工程计价的特点

工程计价除了具有一般商品价格的共同特点以外，又有其自身的特点，即单件性、多次性、组合性，计价方法多样性，计价依据复杂性。下面主要讲述单件性和多次性。

1. 单件性计价

每一项建设工程都有指定的专门用途，所以也就有不同的结构、造型和装饰，不同的体积和面积，建设时要采用不同的工艺设备和建筑材料。即使是用途相同的建设工程，随着工程所在地的气候、地质、地震、水文等自然条件的变化，其技术水平、建筑抗震等级和建筑标准也必然不一样，这就使建设工程的实物形态千差万别。因此，对建设工程就不能像对工业产品那样按品种、规格、质量成批地计价，只能就各个项目单独计价。

2. 多次性计价

建设工程的生产过程是一个周期长、数量大、分阶段进行的生产过程。随着工程项目的进展逐步加深，对于同一个工程，为了便于控制工程造价和管理的要求，需要在工程建设的不同阶段进行多方、多次计价，这就是工程计价的多次性。

工程项目从筹建开始至竣工验收交付使用为止，其各个建设阶段依次为：编制项目建议书→可行性研究→初步设计→技术设计→施工图设计→招投标→项目实施→竣工验收。

(1) 编制项目建议书阶段。按有关规定编制初步投资估算，经相关部门批准作为拟建项目列入国家中长期计划和开展前期工作的控制造价。

(2) 可行性研究阶段。按照相关规定对建设工程再次编制投资估算。投资估算是判断项目可行性和进行项目决策的重要依据之一，并作为工程造价的目标限额，为以后编制概预算做好准备，经有关部门批准，作为该项目的控制造价。

(3) 初步设计和技术设计阶段。根据初步设计的总体布置、工程项目、各单项工程的主要结构和设备清单，采用概算指标或概算定额对建设工程编制设计总概算(含修正概算)。经批准的设计总概算是确定建设项目总造价，编制固定资产投资计划、签订建设项目承包总合同和贷款总合同的依据，也是控制基本建设拨款和施工图预算，以及考核设计经济合理性的依据。设计总概算，经有关部门批准，即作为拟建项目工程造价的最高限额。

(4) 施工图设计阶段。在工程开工前，根据施工图设计确定的工程量，通过套用预算定额单价，合理取间接费费率、利润率及税率编制施工图预算。在招投标中，施工单位的投标报价、中标价、建设单位的控制价都是施工图预算。

(5) 项目实施阶段。在预算价的基础上，按合同规定的调整范围及调价方法，对影响工程造价的设备、材料价差及设计变更等进行必要的修正，确定结算价。

(6) 竣工验收阶段。建设单位需编制竣工决算，反映工程建设项目的实际所花费的费用和建成交付使用的固定资产及流动资产的详细情况，并作为财产交接、考核支付使用的财产成本，以及使用部门建立财产明细表和登记新增财产价值的依据。

综上所述，在工程建设的程序中，工程计价经历了投资估算、设计概算、预算、承包合同价、结算价和竣工决算等多次计价，整个计价过程是一个由粗到细、由浅到深，最后确定工程实际造价的过程。计价过程各环节之间相互衔接，前者制约后者，后者补充前者。

1.1.3 工程造价的含义

工程造价的直接意思就是工程的建造价格，按照计价范围的不同，工程造价可分为广义的工程造价和狭义的工程造价。

广义的工程造价的含义：从筹建开始至竣工合格交付使用为止所开支的全部固定资产投资。显然，这是从投资者的角度来定义的，工程造价的固定资产构成如图 1.2 所示。

狭义的工程造价的含义：工程建设市场上施工承发包活动中形成的建筑安装工程费，即通过招投标由投资方和承包方双方共同认可的价格。

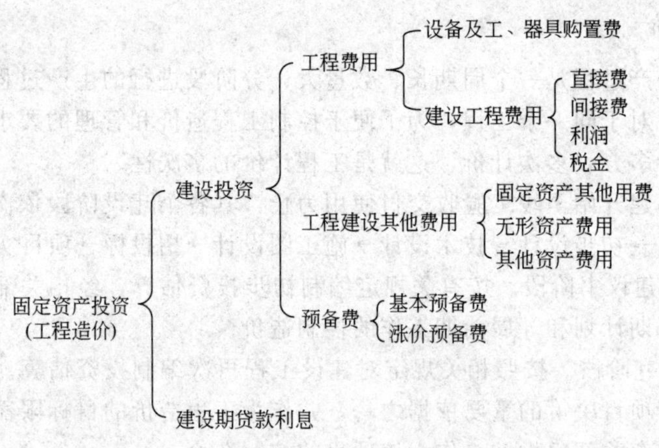

图 1.2 固定资产构成

1.2 设备及工、器具购置费的构成

设备、工具、器具及生产家具购置费是固定资产中的积极部分，在生产性工程建设中，其占工程造价比例越大，意味着生产技术的进步和资本的提高。

1.2.1 设备购置费的计算

设备购置费是指设备由出厂地点到达施工现场仓库后的出库价格。设备购置费由设备原价和运杂费组成，即

设备购置费＝设备原价＋运杂费

1. 国产设备原价的构成及计算

国产设备分为标准设备和非标准设备两种。

1）国产标准设备原价计算

标准设备是指按有关规定计算的产品标准定型生产的产品。这类设备生产厂可按国家产品标准批量生产，标准设备原价一般按生产商或供应商提供的出厂价、询价、合同价为确定依据。

2）国产非标准设备原价计算

非标准设备是指国家尚无定型标准，各制造厂不能批量生产，使用单位通过贸易关系又不易购到的，而必须先行设计后委托承制厂而单独制作的设备。非标准设备大致可以分为：特殊专业工艺需要的设备和特殊重型设备；金属结构类型的各种容器，槽缸和工业炉的壳体等，有的“非标”名称与标准设备名称相同，但规格上有所不同，如特殊规格的皮带运输机、水泵等类型。

非标准设备根据设备类型和估价依据，可采用以下估价方法：插入估价法、组合估价法、定额估价法、成本估价法。按成本计算估价法，制作非标准设备成本的各项费用由以下各项组成：材料费、加工费、辅助材料费、专用工具费、废品损失费、外购配套件费、

包装费、税金、利润、设计费。

(1) 材料费：计算公式如下。

材料费=材料净重×(1+加工损耗系数)×材料预算价格

(2) 加工费：包括生产工人工资和工资附加费、燃料动力费、设备折旧费、车间经费等。计算公式如下。

加工费=设备总重×设备每吨加工费

(3) 辅助材料费：包括电焊条、油漆、焊丝、氧气、氩气、氮气、电石等费用。计算公式如下。

辅助材料费=设备总重×辅助材料费指标

(4) 专用工具费：计算公式如下。

专用工具费=(材料费+加工费+辅助材料费)×工具费率

(5) 废品损失费：按前4项之和的百分比计算，其百分比一般为2%～10%。

(6) 外购配套件费。

(7) 包装费：按前6项之和的百分比计算。

(8) 利润：按第(1)～(5)项加第(7)项之和的百分比计算。

(9) 税金：主要是指增值税。计算公式如下。

增值税=当期销项税额-进项税额

其中，当期销项税额=销售额×适用增值税率。销售额为第(1)～(8)项之和。

(10) 设计费：按有关规定计算。

非标准设备原价=(1)+(2)+…+(10)

2. 进口设备原价的计算

进口设备的原价是指进口设备的抵岸价，即抵达买方边境港口或边境车站，且交完关税等税费后形成的价格。进口设备抵岸价的构成与进口设备的交货类别有关。

1) 进口设备的交货类别

在国际贸易中，较为广泛使用的交易价格术语有FOB(free on board，装运港船上交货)、CFR(cost and freight，成本加运费)和CIF(cost insurance and freight，目的地交货)。

(1) FOB也称为离岸价格。FOB是指当货物在指定的装运港越过船舷，卖方即完成交货义务。费用划分和风险转移，以在指定的装运港货物越过船舷时为分界点，费用划分与风险转移的分界点相一致。

FOB是我国进口设备采用最多的一种货价。采用FOB时卖方的责任：在规定的期限内，负责在合同规定的装运港口将货物装上买方指定的船只，并及时通知买方；负担货物装船前的一切费用和风险，负责办理出口手续；提供出口国政府或有关方面签发的证件；负责提供有关转运单据。买方的责任：负责租船或订舱，支付运费，并将船期、船名通知卖方；负担货物装船后的一切费用和风险；负责办理保险及支付保险费，办理在目的港的进口和收货手续；接受卖方提供的有关装运单据，并按合同规定支付货款。

(2) CFR也可称之为运费在内价。CFR是指在装运港货物越过船舷卖方即完成交货，卖方必须支付将货物运至指定的目的港所需的运费和费用，但交货后货物灭失或损坏的风险，由买方承担。与FOB价格相比，CFR的费用划分与风险转移的分界点是不一致的，即费用划分以到岸点为界，风险转移以离岸点为界。

CFR 交货方式的责任：在规定的期限内，将货物装上规定的装运港口指定的船只，并通知买方，办理出口手续，提供出口国政府有关方面签发的证件；转运单据，负担货物装船前的一切费用和风险，支付到达目的港口一切运费。买方的责任：负担货物越过装运港船舷后的一切费用和风险，办理在目的港的进口和收获手续；接受卖方提供的有关装运单据，并按合同规定支付货款。

(3) CIF 意为成本加保险费、运费，习惯称到岸价格。在 CIF 中，卖方除负有与 CFR 相同的义务外，还应办理货物在运输途中最低险别的海运保险，并应支付保险费。如买方需要更高的保险险别，则需要与卖方明确地达成协议，或者自行做出额外的保险安排。除保险这项义务之外，买方的义务也与 CFR 相同。

CIF 的特点：买卖双方承担的责任、费用和风险是以目的地约定交货点为分界线的，只有当卖方在交货点将货物置于买方控制下才算交货，才能向买方收取货款。这种交货类别对于卖方来说承担的风险较大，在国际贸易中卖方一般不愿采用。

2) 进口设备抵岸价的构成及计算

进口设备采用最多的是 FOB，其抵岸价的构成可概括为

进口设备抵岸价＝货价＋国际运费＋运输保险费＋银行财务费＋外贸手续费＋关税
＋增值税＋消费税＋车辆购置附加费

(1) 货价：一般指 FOB。设备货价分为原币货价和人民币货价，原币货价一律折算为美元表示，人民币货价按原币货价乘以外汇市场美元兑换人民币汇率中间价确定。进口设备货价按有关生产厂商询价、报价、订货合同价计算。

(2) 国际运费：从装运港(站)到达我国抵达港(站)的运费。我国进口设备大部分采用海洋运输，小部分采用铁路运输，个别采用航空运输。进口设备国际运费计算公式如下。

国际运费(海、陆、空)＝原币货价(FOB)×运费率

国际运费(海、陆、空)＝运量×单位运价

其中，运费率或单位运价参照有关部门或进出口公司的规定执行。

(3) 运输保险费：对外贸易货物运输保险是由保险人(保险公司)与被保险人(出口人或进口人)订立保险契约，在被保险人交付议定的保险费后，保险人根据保险契约的规定对货物在运输过程中发生的承保责任范围内的损失给予经济上的补偿。这是一种财产保险。计算公式如下。

$$运输保险费=\frac{原币货价(FOB)+国外运费}{1-保险费率}\times 保险费率$$

其中，保险费率按保险公司规定的进口货物保险费率计算。

(4) 银行财务费：一般是指中国银行手续费，可按下式简化计算。

银行财务费＝人民币货价(FOB)×银行财务费率×人民币外汇汇率

(5) 外贸手续费：按对外经济贸易部规定的外贸手续费率计取的费用，外贸手续费率一般取 1.5%。计算公式如下。

外贸手续费＝[装运港船上交货价(FOB)＋国际运费＋运输保险费]×外贸手续费率×
人民币外汇汇率

(6) 关税：由海关对进出国境或边境的货物和物品征收的一种税。计算公式如下。

关税＝到岸价格(CIF)×进口关税税率×人民币外汇汇率

其中，到岸价格作为关税的计征基数时，通常又称为关税完税价格。进口关税税率分为优

惠和普通两种。优惠税率适用于与我国签订关税互惠条款的贸易条约或协定的国家的进口设备；普通税率适用于与我国未签订关税互惠条款的贸易条约或协定的国家的进口设备。进口关税税率按我国海关总署发布的进口关税税率计算。

(7) 增值税：对从事进口贸易的单位和个人，在进口商品报关进口后征收的税种。我国增值税条例规定，进口产品增值税额均按组成计税价格和增值税税率直接计算应纳税额，即

$$组成计税价格=关税完税价格+关税+消费税$$

$$进口产品增值税额=组成计税价格\times增值税税率$$

增值税税率根据规定的税率计算。

(8) 消费税：对部分进口设备(如轿车、摩托车等)征收，一般计算公式如下。

$$应纳消费税=\frac{到岸价(CIF)\times人民币外汇汇率+关税}{1-消费税税率}\times消费税税率$$

其中，消费税税率根据规定的税率计算。

(9) 车辆购置附加费：进口车辆需缴纳进口车辆购置附加费。其公式如下。

$$进口车辆购置附加费=[到岸价(CIF)+关税+消费税]\times车辆购置税率$$

3. 设备运杂费的构成及计算

1) 设备运杂费的构成

设备运杂费通常由下列各项构成。

(1) 运费和装卸费。国产设备由设备制造厂交货地点起至工地仓库(或施工组织设计指定的需要安装设备的堆放地点)止所发生的运费和装卸费；进口设备则由我国到岸港口或边境车站起至工地仓库(或施工组织设计指定的需安装设备的堆放地点)止所发生的运费和装卸费。

(2) 包装费。在设备原价中没有包含的，为运输而进行的包装支出的各种费用。

(3) 设备供销部门的手续费。按有关部门规定的统一费率计算。

(4) 采购与仓库保管费。它是指采购、验收、保管和收发设备所发生的各种费用，包括设备采购人员、保管人员和管理人员的工资、工资附加费、办公费、差旅交通费，设备供应部门办公和仓库所占固定资产使用费、工具用具使用费、劳动保护费、检验试验费等。

2) 设备运杂费的计算

设备运杂费按设备原价乘以设备运杂费率计算，其公式如下。

$$设备运杂费=设备原价\times设备运杂费率$$

其中，设备运杂费率按各部门及省、市等的规定计取。

1.2.2　工具、器具及生产家具购置费的构成及计算

工具、器具及生产家具购置费是指新建或扩建项目初步设计规定的，保证初期正常生产必须购置的没有达到固定资产标准的设备、仪器、工卡模具、器具、生产家具和备品备件等的购置费用。一般以设备购置费为计算基数，按照部门或行业规定的工具、器具及生产家具费率计算。计算公式如下。

$$工具、器具及生产家具购置费=设备购置费\times定额费率$$

1.3 建设工程费用构成

建设工程费用主要由4部分组成：直接费、间接费、利润、税金。建设工程费用汇总详见附件1。

1.3.1 直接费

直接费由直接工程费和措施费组成。

1. 直接工程费

直接工程费是指施工过程中耗费的构成工程实体的各项费用，包括人工费、材料费、施工机械使用费。

1）人工费

人工费是指直接从事工程施工的生产工人开支的各项费用，其构成的两个基本要素是人工工日消耗量和人工工日单价。人工工日单价分人工工日信息价和定额人工工日单价。

(1) 人工工日消耗量是指在正常施工生产条件下，建筑安装产品(分部分项工程或结构构件)必须消耗的某种技术等级的人工工日数量。

(2) 定额人工工日单价按相应等级的日工资单价计算，其内容包括生产工人基本工资、工资性补贴、生产工人辅助工资、职工福利费及生产工人劳动保护费。

人工费的基本计算公式如下。

$$\text{人工费} = \sum(\text{工日消耗量} \times \text{日工资单价})$$

2）材料费

材料费是指施工过程中耗费的构成工程实体的原材料、辅助材料、构配件、零件、半成品的费用。构成的基本要素有材料的消耗量、材料基价、检验试验费。

(1) 材料消耗量是指在合理使用材料的条件下，建筑安装产品(分部分项工程或结构构件)必须消耗的一定品种规格的原材料、辅助材料、构配件、零件、半成品等的数量标准。它包括材料净用量和材料不可避免的损耗量。

(2) 材料基价是指材料在购买、运输、保管过程中形成的价格，其内容包括材料原价(或供应价)、运输损耗费、采购及保管费等。

(3) 检验试验费是指对建筑材料、构件和建筑安装物进行一般鉴定、检查所发生的费用，包括自设试验室进行试验所耗用的材料和化学药品等费用，不包括新结构、新材料的试验费和建设单位对具有出厂合格证明的材料进行检验、对构件做破坏性试验及其他特殊要求检验试验的费用。

材料费的基本计算公式如下。

$$\text{材料费} = \sum(\text{材料消耗量} \times \text{材料基价}) + \text{检验试验费}$$

$$\text{材料基价} = [(\text{供应价} + \text{运杂费}) \times (1 + \text{运输损耗率})] \times (1 + \text{采购保管费率})$$

$$\text{检验试验费} = \sum(\text{单位材料检验试验费} \times \text{材料消耗量})$$

2. 施工机械使用费

施工机械使用费是指施工机械作业所发生的机械使用费，以及机械安拆费和场外运费。构成的基本要素是机械的台班消耗量、台班单价。

(1) 机械台班消耗量是指在正常施工条件下，建筑安装产品(分部分项工程或结构构件)必须消耗的某类某种型号施工机械的台班数量。

(2) 机械台班单价内容包括台班折旧费、台班大修理费、台班经常修理费、台班安拆费及场外运输费、台班人工费、台班燃料动力费、台班养路费及车船使用税。

施工机械使用费的基本计算公式如下。

$$\text{施工机械使用费} = \sum(\text{机械台班消耗量} \times \text{台班基价})$$

日工资单价、材料费、机械台班单价的具体构成和计算详见 2.3 节。

3. 措施费

措施费是指为完成工程项目施工，发生于该工程施工前和施工过程中非工程实体项目的费用。措施费按清单规范分为通用措施项目和专业措施项目。

(1) 安全文明施工费：包括环境保护费、文明施工费、安全施工费、临时设施费。

① 环境保护费是指施工现场为达到环保部门要求所需要的各项费用。

② 文明施工费是指施工现场文明施工所需要的各项费用。

③ 安全施工费是指施工现场安全施工所需要的各项费用。

④ 临时设施费是指施工企业为进行建筑工程施工所必须搭设的生活和生产用的临时建筑物、构筑物和其他临时设施费用等。

临时设施包括临时宿舍、文化福利及公用事业房屋与构筑物，仓库、办公室、加工厂及规定范围内的道路、水、电、管线等临时设施和小型临时设施。

临时设施费用包括临时设施的搭设、维修、拆除费或摊销费。

(2) 夜间施工费：指因夜间施工所发生的夜班补助费、夜间施工降效、夜间施工照明设备摊销及照明用电等费用。

(3) 二次搬运费：指因施工场地狭小等特殊情况而发生的二次搬运费用。

(4) 冬雨季施工增加费：冬季、雨季施工期间，为了确保工程质量，采取保温、防雨所增加的人工、材料、机械费用，以及因工效和机械作业效率降低所增加的费用。

(5) 大型机械设备进出场及安拆费：指机械整体或分体自停放场地运至施工现场或由一个施工点运至另一个施工地点，所发生的机械进出场运输、转移费用及机械在施工现场进行安装、拆卸所需的人工费、材料费、机械费、试运转费和安装所需的辅助设施的费用。

(6) 施工排水费：为了确保工程在正常施工条件下施工，采取各种排水措施所发生的各种费用。

(7) 施工降水费：为了确保工程在正常施工条件下施工，采取各种降水措施所发生的各种费用。

(8) 地上、地下设施、建筑物的临时保护设施：在施工过程中，为了保护已完工种的成品免受其他施工工序的破坏，而在施工现场搭设一些临时保护设施所发生的费用。

(9) 已完工程及设备保护费：指竣工验收前，对已完工程及设备进行保护所需的费用。

以上 9 项为各专业工程均可列的通用措施项目费。

(10) 专业工程措施费。

① 混凝土、钢筋混凝土模板及支架费：指混凝土施工过程中需要的各种钢模板、木模板、支架等的支、拆、运输费用及模板、支架的摊销(或租赁)费用。

② 脚手架费：指施工中各种脚手架搭、拆、运输费用及脚手架的摊销(或租赁)费用。

③ 垂直运输费：各种垂直运输机械在建筑工程垂直运输施工中所发生的费用。

各项措施费和费率的计算详见附件2、附件3。

1.3.2 间接费

间接费由规费、企业管理费组成。

1. 规费

规费是指政府和有关权力部门规定必须缴纳的费用(简称规费)，包括如下几项。

(1) 工程排污费：指施工现场按规定缴纳的工程排污费。

(2) 社会保障费。

① 养老保险费：指企业按规定标准为职工缴纳的基本养老保险费。

② 失业保险费：指企业按照国家规定标准为职工缴纳的失业保险费。

③ 医疗保险费：指企业按照规定标准为职工缴纳的基本医疗保险费。

(3) 住房公积金：指企业按规定标准为职工缴纳的住房公积金。

(4) 农民工工伤保险费：为民工缴纳的工伤保险费。

(5) 危险作业意外伤害保险：指按照建筑法规定，企业为从事危险作业的建筑安装施工人员支付的意外伤害保险费。

2. 企业管理费

企业管理费是指施工企业组织施工生产和经营管理所需费用，内容包括如下几项。

(1) 管理人员工资：指管理人员的基本工资、工资性补贴、职工福利费、劳动保护费等。

(2) 办公费：指企业管理办公用的文具、纸张、账表、印刷、邮电、书报、会议、水电、烧水和集体取暖(包括现场临时宿舍取暖)用煤等费用。

(3) 差旅交通费：指职工因公出差、调动工作的差旅费、住勤补助费，市内交通费和误餐补助费，职工探亲路费，劳动力招募费，职工离退休、退职一次性路费，工伤人员就医路费，工地转移费，以及管理部门使用的交通工具的油料、燃料、养路费及牌照费。

(4) 固定资产使用费：指管理和试验部门及附属生产单位使用的属于固定资产的房屋、设备仪器等的折旧、大修、维修或租赁费。

(5) 工具用具使用费：指管理使用的不属于固定资产的生产工具、器具、家具、交通工具和检验、试验、测绘、消防用具等的购置、维修和摊销费。

(6) 劳动保险费：指由企业支付离退休职工的易地安家补助费、职工退职金、六个月以上的病假人员工资、职工死亡丧葬补助费、抚恤费、按规定支付给离休干部的各项经费。

(7) 工会经费：指企业按职工工资总额计提的工会经费。

(8) 职工教育经费：指企业为职工学习先进技术和提高文化水平，按职工工资总额计提的费用。

(9) 财产保险费：指施工管理用财产、车辆保险。

(10) 财务费：指企业为筹集资金而发生的各种费用。

(11) 税金：指企业按规定缴纳的房产税、车船使用税、土地使用税、印花税等。

(12) 其他：包括技术转让费、技术开发费、业务招待费、绿化费、广告费、公证费、法律顾问费、审计费、咨询费等。

间接费费率的计算详见附件3。

1.3.3 利润

利润是指施工企业完成所承包工程获得的盈利。利润过高可能会丧失一定的市场，过低会面临很大的风险，因此，对于一个企业来说，能不能准确把握利润率是一个企业市场成熟度的体现。

1.3.4 税金

税金是指国家税法规定的应计入建设工程造价内的营业税、城市维护建设税及教育费附加。

1. 营业税

$$营业税=计税营业额\times 3\%$$

营业税的计税依据是营业额，营业额是指从事建筑、安装、修缮、装饰及其他工程作业收取的全部收入，还包括建筑、修缮、装饰工程所用原材料及其他物资和动力的价款。当安装的设备的价值作为安装工程产值时，亦包括所安装设备的价款。但建筑安装工程总承包方将工程分包或转包给他人的，其营业额中不包括付给分包或转包方的价款。

2. 城市维护建设税

为城市维护、建设、稳定、扩大而向有经营收入的单位征收的一种税。

$$城市维护建设税=营业税额\times 适用税率$$

纳税地点在市区的，适用税率为7%；纳税地点在县城、镇的，适用税率为5%；纳税地点不在市区、县城、镇的，适用税率为1%。城市建设税率和营业税率纳税地点相同。

3. 教育费附加

$$教育费附加=营业税额\times 3\%$$

与营业税同期缴纳。

4. 税金综合计算

$$税金=(直接费+间接费+利润)\times 税率$$

根据工程所在地将税率分3个档次。

1) 纳税地点在市区的企业

$$税率(\%)=\frac{1}{1-3\%-(3\%\times 7\%)-(3\%\times 3\%)}-1$$

2）纳税地点在县城、镇的企业

$$税率(\%)=\frac{1}{1-3\%-(3\%\times5\%)-(3\%\times3\%)}-1$$

3）纳税地点不在市区、县城、镇的企业

$$税率(\%)=\frac{1}{1-3\%-(3\%\times1\%)-(3\%\times3\%)}-1$$

附件1：建设工程费用汇总

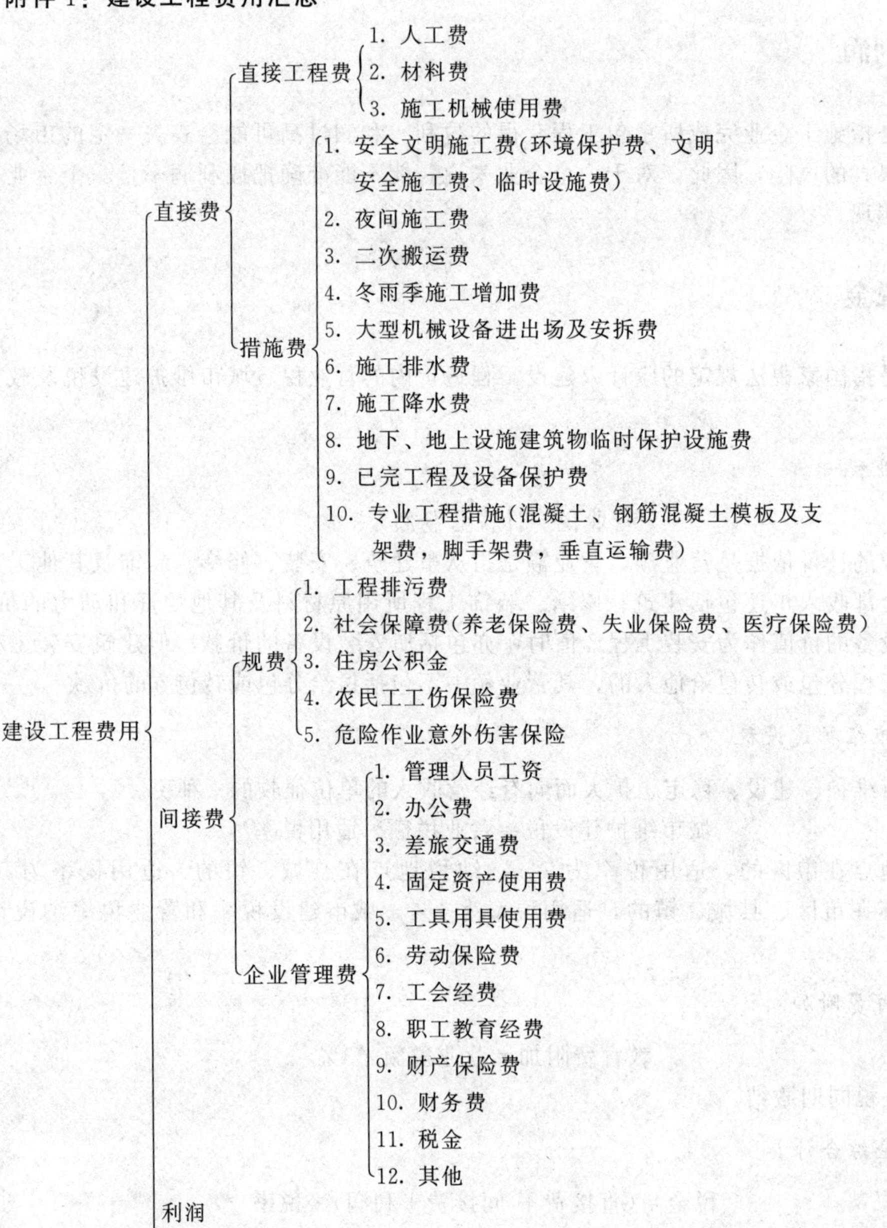

附件2：措施项目一览表

序 号	项 目 名 称
	1. 通用项目
1.1	安全文明施工费(环境保护费、文明施工费、安全施工费、临时设施费)
1.2	夜间施工费
1.3	二次搬运费
1.4	冬雨季施工增加费
1.5	大型机械设备进出场及安拆费
1.6	施工排水费
1.7	施工降水费
1.8	地下、地上建筑临时保护设施费
1.9	已完工程及设备保护费
1.10	混凝土、钢筋混凝土模板及支架费
1.11	脚手架费
	2. 建筑工程
2.1	垂直运输机械
	3. 装饰装修工程
3.1	垂直运输机械
3.2	室内空气污染测试
	4. 安装工程
4.1	组装平台
4.2	设备、管道施工安全、防冻和焊接保护措施
4.3	压力容器和高压管道的检验
4.4	焦炉施工大棚
4.5	焦炉烘炉、热态工程
4.6	管道安装后的充气保护措施
4.7	隧道内施工的通分、供水、供气、供电、照明及通信设施
4.8	现场施工围栏
4.9	长输管道临时水工保护措施
4.10	长输管道施工便道
4.11	长输管道跨越或穿越施工措施
4.12	长输管道地下管道、穿越地上建筑物的保护措施
4.13	长输管道工程施工队伍调遣
4.14	格架式抱杆
	5. 市政工程
5.1	围堰
5.2	筑岛
5.3	现场施工围栏
5.4	便道
5.5	便桥
5.6	洞内施工通风管路、供水、供气、供电、照明及通信设施
5.7	驳岸块石清理

附件3：建设工程费用参考计算方法

1. 直接费

1）直接工程费

$$直接工程费=人工费+材料费+施工机械使用费$$

（1）人工费计算公式如下。

$$人工费=\sum(工日消耗量\times日工资单价)$$

$$日工资单价(G)=\sum_{i=1}^{5}G_i$$

① 基本工资计算公式如下。

$$基本工资(G_1)=\frac{生产工人平均月工费}{年平均每月法定工作日}$$

② 工资性补贴计算公式如下。

$$工资性补贴(G_2)=\frac{\sum 年发放标准}{全年日历日-法定假日}+\frac{\sum 月发放标准}{年平均每月法定工作日}+每工作日发放标准$$

③ 生产工人辅助工资计算公式如下。

$$生产工人辅助工费(G_3)=\frac{全年无效工作日\times(G_1+G_2)}{全年日历日-法定假日}$$

④ 职工福利费计算公式如下。

$$职工福利费(G_4)=(G_1+G_2+G_3)\times福利费计提比例(\%)$$

⑤ 生产工人劳动保护费计算公式如下。

$$生产工人劳动保护费(G_5)=\frac{生产工人年平均支出劳动保护费}{全年日历日-法定假日}$$

（2）材料费计算公式如下。

$$材料费=\sum(材料消耗量\times材料基价)+检验试验费$$

① 材料基价计算公式如下。

$$材料基价=\{(供应价+运杂费)\times[1+运输损耗率(\%)]\}[\times\{1+采购保管费率(\%)]$$

② 检验试验费计算公式如下。

$$检验试验费=\sum(单位材料量检验试验费\times材料消耗量)$$

（3）施工机械使用费计算公式如下。

$$施工机械使用费=\sum(施工机械台班消耗量\times机械台班单价)$$

机械台班单价计算公式如下。

$$台班单价=台班折旧费+台班大修理费+台班经常修理费+台班安拆费及场外运费+台班人工费+台班燃料动力费+台班养路费及车船使用税$$

2）措施费

本规则中只列出通用措施费项目的计算方法，各专业工程的专用措施费项目的计算方法由各地区或国务院有关专业主管部门的工程造价管理机构自行制定。

（1）环境保护费计算公式如下。

$$环境保护费=直接工程费\times环境保护费费率(\%)$$

$$环境保护费费率(\%)=\frac{本项费用年度平均支出}{全年建安产值\times直接工程费占总造价比例(\%)}$$

(2) 文明施工费计算公式如下。

$$文明施工费=直接工程费\times文明施工费费率(\%)$$

$$文明施工费费率(\%)=\frac{本项费用年度平均支出}{全年建安产值\times直接工程费占总造价比例(\%)}$$

(3) 安全施工费计算公式如下。

$$安全施工费=直接工程费\times安全施工费费率(\%)$$

$$安全施工费费率(\%)=\frac{本项费用年度平均支出}{全年建安产值\times直接工程费占总造价比例(\%)}$$

(4) 临时设施费由以下3部分组成。

① 周转使用临建(如活动房屋)。

② 一次性使用临建(如简易建筑)。

③ 其他临时设施(如临时管线)。

$$临时设施费=(周转使用临建费+一次性使用临建费)\times[1+其他临时设施所占比例(\%)]$$

其中:

$$周转使用临建费=\sum\left[\frac{临建面积\times每平方米造价}{使用年限\times365\times利用率(\%)}\times工期(天)\right]+一次性拆除费$$

$$一次性使用临建费=\sum临建面积\times每平方米造价\times[1-残值率(\%)]+一次性拆除费$$

其他临时设施在临时设施费中所占比例,可由各地区造价管理部门依据典型施工企业的成本资料经分析后综合测定。

(5) 夜间施工增加费计算公式如下。

$$夜间施工增加费=\left(1-\frac{合同工期}{定额工期}\right)\times\frac{直接工程费中的人工费合计}{平均日工资单价}\times每工日夜间施工费开支$$

(6) 二次搬运费计算公式如下。

$$二次搬运费=直接工程费\times二次搬运费费率(\%)$$

$$二次搬运费费率(\%)=\frac{年平均二次搬运费开支额}{全年建安产值\times直接工程费占总造价的比例(\%)}$$

(7) 冬雨季施工增加费计算公式如下。

$$冬雨季施工增加费=直接工程费\times冬雨季施工增加费率(\%)$$

$$冬雨季施工增加费费率(\%)=\frac{年平均冬雨季施工增加费开支额}{全年建安产值\times直接工程费占总造价的比例(\%)}$$

(8) 大型机械设备进出场及安拆费计算公式如下。

$$大型机械设备进出场及安拆费=\frac{一次进出场及安拆费\times年平均安拆次数}{年工作台班}$$

(9) 施工排水、降水费计算公式如下。

$$排水、降水费=\sum排水降水机械台班费\times排水降水周期+排水降水使用材料费、人工费$$

(10) 地下地上建筑临时保护设施费:以直接工程费为取费依据,按当地造价部门测定的费率计算。

(11) 已完工程及设备保护费计算公式如下。

$$已完工程及设备保护费=成品保护所需机械费+材料费+人工费$$

(12) 混凝土、钢筋混凝土模板及支架费计算公式如下。

$$模板及支架费=模板摊销量\times模板价格+支、拆、运输费$$

$$摊销量=一次使用量\times(1+施工损耗)\times\left[\frac{1+(周转次数-1)\times补损率}{周转次数}-\frac{(1-补损率)\times50\%}{周转次数}\right]$$

$$租赁费=模板使用量\times使用日期\times租赁价格+支、拆、运输费$$

(13) 脚手架搭拆费计算公式如下。

$$脚手架搭拆费=脚手架摊销量\times脚手架价格+搭、拆、运输费$$

$$脚手架摊销量=\frac{单位一次使用量\times(1-残值率)}{耐用期\div一次使用期}$$

$$租赁费=脚手架每日租金\times搭设周期+搭、拆、运输费$$

2. 间接费

$$间接费=取费基数\times间接费费率$$

间接费的计算方法按取费基数的不同分为以下 3 种：以直接费为计算基础，以人工费和机械费之和为计算基础，以人工费为计算基础。

$$间接费费率(\%)=规费费率(\%)+企业管理费费率(\%)$$

在不同的计算基数下，规费费率和企业管理费率计算方法均不相同。

1) 以直接费为计算基数

(1) 规费费率计算公式如下。

$$规费费率(\%)=\frac{\sum 规费缴纳标准\times每万元发承包价计算基数}{每万元发承包价中的人工费含量}\times人工费占直接费的比例(\%)$$

(2) 企业管理费率计算公式如下。

$$企业管理费费率(\%)=\frac{生产工人年平均管理费}{年有效施工天数\times人工单价}\times人工费占直接费比例(\%)$$

2) 以人工费和机械费之和为计算基数

(1) 规费费率计算公式如下。

$$规费费率(\%)=\frac{\sum 规费缴纳标准\times每万元发承包价计算基数}{每万元发承包价中的人工费含量和机械费含量}\times100\%$$

(2) 企业管理费率计算公式如下。

$$企业管理费费率(\%)=\frac{生产工人年平均管理费}{年有效施工天数\times(人工单价+每一工日机械使用费)}\times100\%$$

3) 以人工费为计算基数

(1) 规费费率计算公式如下。

$$规费费率(\%)=\frac{\sum 规费缴纳标准\times每万元发承包价计算基数}{每万元发承包价中的人工费含量}\times100\%$$

(2) 企业管理费率计算公式如下。

$$企业管理费费率(\%)=\frac{生产工人年平均管理费}{年有效施工天数\times人工单价}\times100\%$$

3. 利润

利润的计算方法按取费基数的不同分为以下 3 种：以直接费为计算基础，以人工费和机械费之和为计算基础，以人工费为计算基础。在不同的计算基数下，利润均不相同。

1.4 建设工程计价程序

根据建设部第107号部令“建设工程施工发包与承包计价管理办法”的规定，发包与承包计价的计算方法分为工料单价法和综合单价法。

1.4.1 工料单价法计价程序

工料单价法是以分部分项工程量乘以单价后的合计为直接工程费，直接工程费以人工、材料、机械的消耗量及其相应价格确定。直接工程费汇总后另加间接费、利润、税金生成工程发承包价，其计算程序分为以下3种。

1. *以直接费为计算基础*

以直接费为计算基础的工料单价法计算程序见表1.1。

表1.1 以直接费为计算基础的工料单价法计算程序

序号	费用项目	计算方法	备注
(1)	直接工程费	按预算表	
(2)	措施费	按规定标准计算	
(3)	小计	(1)+(2)	
(4)	间接费	(3)×相应费率	
(5)	利润	[(3)+(4)]×相应利润率	
(6)	合计	(3)+(4)+(5)	
(7)	含税造价	(6)×(1+相应税率)	

2. *以人工费和机械费为计算基础*

以人工费和机械费为计算基础的工料单价法计算程序见表1.2。

表1.2 以人工费和机械费为计算基础的工料单价法计算程序

序号	费用项目	计算方法	备注
(1)	直接工程费	按预算表	
(2)	其中人工费和机械费	按预算表	
(3)	措施费	按规定标准计算	
(4)	其中人工费和机械费	按规定标准计算	
(5)	小计	(1)+(3)	
(6)	人工费和机械费小计	(2)+(4)	
(7)	间接费	(6)×相应费率	
(8)	利润	(6)×相应利润率	
(9)	合计	(5)+(7)+(8)	
(10)	含税造价	(9)×(1+相应税率)	

3. 以人工费为计算基础

以人工费为计算基础的工料单价法计算程序见表 1.3。

表 1.3 以人工费为计算基础的工料单价法计算程序

序 号	费用项目	计算方法	备 注
(1)	直接工程费	按预算表	
(2)	直接工程费中人工费	按预算表	
(3)	措施费	按规定标准计算	
(4)	措施费中人工费	按规定标准计算	
(5)	小计	(1)+(3)	
(6)	人工费小计	(2)+(4)	
(7)	间接费	(6)×相应费率	
(8)	利润	(6)×相应利润率	
(9)	合计	(5)+(7)+(8)	
(10)	含税造价	(9)×(1+相应税率)	

1.4.2 综合单价法计价程序

综合单价法的分部分项工程单价为全费用单价，全费用单价经综合计算后生成，其内容包括直接工程费、间接费、利润和税金(措施费也可按此方法生成全费用价格)。此方法直观、简洁。

各分项工程量乘以综合单价的合价汇总后，生成工程发承包价。

由于各分部分项工程中的人工、材料、机械含量的比例不同，各分项工程可根据其材料费占人工费、材料费、机械费合计的比例(以字母“C”代表该项比值)在以下 3 种计算程序中选择一种计算计价。

(1) 当 $C>C_0$(C_0 为本地区原费用定额测算所选典型工程材料费占人工费、材料费、机械费合计的比例)时，可以人工费、材料费、机械费合计为基数计算该分项的间接费和利润，见表 1.4。

表 1.4 $C>C_0$ 时计算方法

序 号	费用项目	计算方法	备 注
(1)	分项直接工程费	人工费+材料费+机械费	
(2)	间接费	(1)×相应费率	
(3)	利润	[(1)+(2)]×相应利润率	
(4)	合计	(1)+(2)+(3)	
(5)	含税造价	(4)×(1+相应税率)	

(2) 当 $C<C_0$ 值的下限时，可以人工费和机械费合计为基数计算该分项的间接费和利润，见表 1.5。

表 1.5 $C<C_0$ 值的下限时计算方法

序 号	费用项目	计算方法	备 注
(1)	分项直接工程费	人工费＋材料费＋机械费	
(2)	其中人工费和机械费	人工费＋机械费	
(3)	间接费	(2)×相应费率	
(4)	利润	(2)×相应利润率	
(5)	合计	(1)＋(3)＋(4)	
(6)	含税造价	(5)×(1＋相应税率)	

(3) 如该分项的直接费仅为人工费，无材料费和机械费时，可以人工费为基数计算该分项的间接费和利润，见表 1.6。

表 1.6 以人工费为基数的计算方法

序 号	费用项目	计算方法	备 注
(1)	分项直接工程费	人工费＋材料费＋机械费	
(2)	直接工程费中人工费	人工费	
(3)	间接费	(2)×相应费率	
(4)	利润	(2)×相应利润率	
(5)	合计	(1)＋(3)＋(4)	
(6)	含税造价	(5)×(1＋相应税率)	

1.5 工程建设其他费用

工程建设其他费用，是指从工程筹建起到工程竣工验收交付使用为止的整个建设期间，除建设工程费用和设备及工、器具购置费用以外的，为保证工程建设顺利完成和交付使用后能够正常发挥效用而发生的各项费用。

工程建设其他费用，按其内容可分为 3 类：第一类指固定资产其他费用，第二类指无形资产费用，第三类指其他资产费用。

1.5.1 固定资产其他费用构成

1. 建设管理费

建设管理费是指建设项目从立项、筹建、建设、联合试运转、竣工验收、交付使用及后评估等全过程管理所需的费用。内容包括以下几方面。

(1) 建设单位管理费：指新建项目为保证筹建和建设工作正常进行所需办公设备、生活家具、用具、交通工具等的购置费用。它包括工作人员的基本工资、工资性补贴、现场津贴、住房基金、养老保险费、基本医疗保险、失业保险、工伤保险、办公费、劳动保护费、差旅交通费、工会经费、职工教育经费、固定资产使用费、工具用具使用费、技术图书资料费、生产人员招募费、工程招标费、合同契约公证费、工程质量监督检测费、工程咨询费、法律顾问费、审计费、业务招待费、排污费、竣工交付使用清理及竣工验收费、后评估等费用，不包括应计入设备、材料预算价格的建设单位采购及保管设备材料所需的费用。

(2) 工程监理费：建设单位委托监理单位实施工程监理而发生的费用。

建设单位管理费按照单项工程费用之和(包括设备、工具、器具购置费和建设工程费用)乘以建设单位管理费率计算。

建设单位管理费率按照建设项目的不同性质、不同规模确定。有的建设项目按照建设工期和规定的金额计算建设单位管理费。

2. 建设用地费

任何一个建设项目都固定与一定地点与地面相连接，必须占用一定量的土地，也就必然要发生为获得建设用地而支付的费用，这就是土地使用费。它是指通过划拨方式取得特定使用权而支付的土地征用及迁移补偿费，或者通过土地使用权出让方式取得土地使用权而支付的土地使用权出让金。

1) 土地征用及迁移补偿费

土地征用及迁移补偿费，是指建设项目通过划拨方式取得无限期的土地使用权，依照《中华人民共和国土地管理法》等规定所支付的费用。其总和一般不得超过被征用土地年产值的30倍，土地年产值则按该地被征用前3年的平均产量和国家规定的价格计算。其内容如下。

(1) 土地补偿费。征用耕地(包括菜地)的补偿标准，按政府规定，为该耕地被征用前平均3年产值的6～10倍，具体补偿标准由省、自治区、直辖市人民政府在此范围内制定。征用园地、鱼塘、藕塘、苇塘、宅基地、林地、牧场、草原等的补偿标准，由省、自治区、直辖市人民政府制定。征收无收益的土地，不予补偿。土地补偿费归农村集体经济组织所有。

(2) 青苗补偿费和被征用土地上的房屋、水井、树木等附着物补偿费。这些补偿费的标准由省、自治区、直辖市人民政府制定。征用城市郊区的菜地市，还应按照有关规定向国家缴纳新菜地开发建设基金。地上附着物及青苗补偿费归所有者所有。

(3) 安置补助费。征用耕地、菜地的，每个农业人口的安置补助费为该地被征用前3年平均年产值的4～6倍，每亩耕地的安置补助费最高不得超过其年产值的15倍。

(4) 缴纳的耕地占用税或城镇土地使用税、土地登记费及征地管理费等。县市土地管理机关从征地费中提取土地管理费的比率，要按征地工作量大小，视不同情况，在1%～4%幅度内提取。

(5) 征地动迁费。其中包括征用土地上的房屋及附属构筑物、城市公共设施等拆除、迁建补偿费、搬迁运输费，企业单位因搬迁造成的减产、停工损失补贴费，拆迁管理费等。

(6) 水利水电工程水库淹没处理补偿费。其中包括农场移民安置迁建费，城市迁建补偿费，库区工矿企业、交通、电力、通信、广播、管网、水利等的恢复、迁建补偿费，库底清理费，防护工程费，环境影响补偿费用等。

2) 土地使用权出让金

土地使用权出让金，指建设项目通过土地使用权出让方式，取得有限的土地使用权。依照《中华人民共和国城镇国有土地使用权出让和转让暂行条例》规定，需支付土地使用权出让金。

(1) 明确国家是城市土地的唯一所有者，并分层次、有偿、有期限地出让和转让城市土地。第一层次是城市政府将国有土地使用权出让给用地者，该层次由城市政府垄断经营。出让对象可以是有法人资格的企事业单位，也可以是外商。第二层次及以下层次的转让则发生在使用者之间。

(2) 城市土地的出让和转让可采用协议、招标、公开拍卖等方式。

① 协议方式由用地单位申请，经市政府批准同意后双方洽谈具体地块及地价。该方式适用于市政工程、公益事业用地及需要减免地价的机关、部队用地和需要重点扶持、优先发展的产业用地。

② 招标方式是在规定的期限内，由用地单位以书面形式投标，市政府根据投标报价、所提供的规划方案及企业信誉综合考虑，择优而取。该方式适用于一般工程建设用地。

③ 公开拍卖是指在指定的地点和时间，由申请用地者叫价应价，价高者得。这完全由市场竞争决定，适用于盈利高的行业用地。

(3) 在有偿出让和转让土地时，政府对地价不做统一规定，但应坚持以下原则。

① 地价对目前的投资环境不产生大的影响。

② 地价与当地的社会经济承受能力相适应。

③ 地价要考虑已投入的土地开发费用、土地市场供求关系、土地用途和使用年限。

(4) 关于政府有偿出让土地适用权的年限，各地可根据时间、区位等各种条件做不同的规定。一般情况土地出让最高年限按下列规定。

① 居住用地 70 年。

② 工业用地 50 年。

③ 教育、科技、文化、卫生、体育用地 50 年。

④ 商业、旅游、娱乐用地 40 年。

⑤ 综合或者其他用地 50 年。

(5) 土地有偿出让和转让，土地使用者和所有者要签约，明确使用者对土地享有的权利和对土地所有者应承担的义务。

① 有偿出让和转让使用权，要向土地受让者(即取得土地使用权者)征收契税。

② 转让土地如有增值，要向转让者征收土地增值税。

③ 在土地转让期间，国家要区别不同地段、不同用途向土地使用者收取土地占用费。

3. 可行性研究费

在项目建设前期中，编制和评估项目建议书、可行性研究报告所需要的费用。

根据项目的不同，与项目建设有关的其他费用的构成也不尽相同，在进行工程估算及概算中可根据实际情况进行计算。

4. 研究试验费

研究试验费是指为建设项目提供和验证设计参数、数据、资料等所进行的必要的试验费用，以及设计规定在施工中必须进行试验、验证所需费用。它包括自行或委托其他部门研究试验所需人工费、材料费、试验设备及仪器使用费等。这项费用按照设计单位根据本工程项目的所需提出的研究试验内容和要求计算。下列费用不包括在内。

(1) 应由科技3项费用(即新产品试制费、中间试验费和重要科学研究补助费)开支的项目。

(2) 应在建筑安装工程费用中列支的施工企业对建筑材料、构件、建筑物进行一般鉴定、检查所发生的费用及技术革新的研究试验费。

(3) 应由勘察设计或工程费用中开支的项目。

5. 勘察设计费

勘察设计费是指水文地质勘察、工程设计等所需费用。其内容包括工程勘察费、初步设计费、施工图设计费、设计模型制作费。

6. 环境影响评价费

环境影响评价费是指按照《中华人民共和国环境保护法》、《中华人民共和国环境影响评价法》等规定，为全面、详细评价本建设项目对环境可能产生的污染或造成的重大影响所需的费用。其包括编制环境影响报告书(含大纲)、环境影响报告表及对环境影响报告书(含大纲)、环境影响报告表进行评估等所需的费用。费用可参照《关于规范环境影响咨询收费有关问题的通知》[计价格(2002)125号] 的规定计算。

7. 劳动安全卫生评价费

劳动安全卫生评价费，是指按劳动部《建设项目(工程)劳动安全卫生监察规定》和《建设项目(工程)劳动安全卫生预评价管理办法》的规定，为预测和分析建设项目存在的职业危险、危害因素的种类和危险危害程度，并提出先进、科学、合理可行的劳动安全卫生技术和管理对策所需的费用。其包括编制建设项目劳动安全卫生预评价大纲和劳动安全卫生预评价报告书及为编制上述文件所进行的工程分析和环境现状调查等所需费用。必须进行劳动安全卫生预评的项目包括以下几个。

(1) 属于国家发展和改革委员会、国家基本建设委员会、财政部关于基本建设项目和大中型划分标准的规定中规定的大、中项目。

(2) 属于《建筑设计防火规范》(GB 50016—2006)中规定的火灾危险性生产类别为甲类的建设项目。

(3) 属于劳动部颁布的《爆炸危险场所安全规定》中规定的爆炸危险场所等级为特别危险场所和高度危险场所的建设项目。

(4) 大量生产或使用《职业性接触毒物危害程度分级》(GBZ 230—2010)规定的Ⅰ级、Ⅱ级危害程度的职业性接触毒物的建设项目。

(5) 大量生产或使用石棉粉料或含有10%以上的游离二氧化硅粉料的建设项目。

(6) 其他由劳动行政部门确认的危险、危害因素大的建设项目。

8. 场地准备及临时设施费

1）场地准备及临时设施费的内容

（1）建设项目场地准备费，是指建设项目为达到工程开工条件进行的场地平整和对建设场地余留的有碍于施工建设的设施进行拆除的费用。

（2）建设单位临时设施费，是指为满足施工建设需要而提供到场地界区的、未列入工程费用的临时水、电、路、气、通信等其他工程费用和建设单位的现场临时建(构)筑物的搭设、维修、拆除、摊销或建设期间租赁费用，以及施工期间专用公路或桥梁的加固、养护、维修等费用。

2）场地准备及临时设施费的计算

（1）场地准备及临时设施应尽量与永久性工程统一考虑。建设场地的大型土石方工程应进入工程费用中的总图运输费用中。

（2）新建项目的场地准备和临时设施费应根据实际工程量估算，或按工程费用的比例计算。改扩建项目一般只计拆除清理费。

场地准备和临时设施费＝工程费用×费率＋拆除清理费

（3）发生拆除清理费时可按新建同类工程造价或主材费、设备费的比例计算。凡可回收材料的拆除工程采用以料抵工方式冲抵拆除清理费。

（4）不包括已列入建筑安装工程费用中的施工单位临时设施费用。

9. 引进技术和进口设备其他费用

引进技术及进口设备其他费用，包括出国人员费用、国外工程技术人员来华费用、技术引进费、分期或延期付款利息、担保费及进口设备检验鉴定费。

（1）出国人员费用指为引进技术和进口设备派出人员在国外培训和进行设计联络、设备检验等的差旅费、制装费、生活费等。这项费用根据设计规定的出国培训和工作的人数、时间及派往国家，按财政部、外交部规定的临时出国人员费用开支标准及中国民用航空公司现行国际航线票价等进行计算，其中使用外汇部分应计算银行财务费用。

（2）国外工程技术人员来华费用指为安装进口设备，引进国外技术等聘用外国工程技术人员进行技术指导工作所发生的费用。它包括技术服务费、国外技术人员的在华工资、生活补贴、差旅费、医药费、住宿费、交通费、宴请费、参观游览等招待费用。这项费用按每人每月费用指标计算。

（3）技术引进费指为引进国外先进技术而支付的费用。它包括专利费、专有技术费(技术保密费)、国外设计及技术资料费、计算机软件费等。这项费用根据合同或协议的价格计算。

（4）分期或延期付款利息指利用出口信贷引进技术或进口设备采取分期或延期付款的办法所支付的利息。

（5）担保费指国内金融机构为买方出具保函的担保费。这项费用按有关金融机构规定的担保费率计算(一般可按承保金额的5‰计算)。

（6）进口设备检验鉴定费用指进口设备按规定付给商品检验部门的进口设备检验鉴定费。这项费用按进口设备货价的3‰～5‰计算。

10. 工程保险费

工程保险费是指建设项目在建设期间根据需要实施工程保险所需的费用。它包括以各种建筑工程及其在施工过程中的物料、机器设备为保险标的的建筑工程一切险，以安装工程中的各种机器、机械设备为保险标的的安装工程一切险，以及机器损坏保险等。根据不同的工程类别，分别以其建筑、安装工程费乘以建筑、安装工程保险费率计算。民用建筑(住宅楼、综合性大楼、商场、旅馆、医院、学校)占建筑工程费的2‰～4‰；其他建筑(工业厂房、仓库、道路、码头、水坝、隧道、桥梁、管道等)占建筑工程费的3‰～6‰；安装工程(农业、工业、机械、电子、电器、纺织、矿山、石油、化学及钢铁工业、钢结构桥梁)占建筑工程费的3‰～6‰。

11. 联合试运转费

联合试运转费是指新建企业或新增加生产工艺过程的扩建企业在竣工验收前，按照设计规定的工程质量标准，进行整个车间的负荷联合试运转或局部联合试运转发生的费用支出大于试运转收入的亏损部分。该费用内容包括试运转所需的原材料、燃料、油料和动力的费用，机械使用费用，低值易耗品及其他物品的购置费用和施工单位参加联合试运转人员的工资等。试援助收入包括试运转产品销售和其他收入。联合试运转费不包括应由设备安装工程费开支的单台设备调试费、试车费用及无负荷联动调试费用或由施工、设备缺陷等引起的处理费。

12. 特殊设备安全监督检验费

特殊设备安全监督检验费是指在施工现场组装的锅炉及压力容器、压力管道、消防设备、燃气设备、电梯等特殊设备和设施，由安全监察部门按照有关安全监察条例和实施细则及设计技术要求进行安全检验，应由建设项目支付的、向安全监察部门缴纳的费用。此项费用按照建设项目所在省(自治区、直辖市)安全监察部门的规定标准计算。无具体规定的，在编制投资估算和概算时可按受检设备现场安装费的比例估算。

13. 市政公用设施费

市政公用设施费是指使用市政公用设施的建设项目，按照项目所在地省一级人民政府规定建设或缴纳的市政公用设施建设配套费用，以及绿化工程补偿费用。此项费用按工程所在地人民政府规定标准计列。

1.5.2 无形资产费用

无形资产费用指直接形成无形资产的建设投资，主要是指专利及专有技术使用费。

1. 专利及专有技术使用费的主要内容

(1) 国外设计及技术资料费，引进有效专利、专有技术使用费和技术保密费。

(2) 国内有效专利、专有技术使用费。

(3) 商标权、商誉和特许经营权费等。

2. 专利及专有技术使用费的计算

在专利及专有技术使用费计算时应注意以下问题。

(1) 按专利使用许可协议和专有技术使用合同的规定计列。

(2) 专有技术的界定应以省、部级鉴定批准为依据。

(3) 项目投资中只计需在建设期支付的专利及专有技术使用费。协议或合同规定在生产期支付的使用费应在生产成本中核算。

(4) 一次性支付的商标权、商誉及特许经营权费按协议或合同规定计列。协议或合同规定在生产期支付的商标权或特许经营权费应在生产成本中核算。

(5) 为项目配套的专用设施投资，包括专用铁路线、专用公路、专用通信设施、送变电站、地下管道、专用码头等，如由项目建设单位负责投资但产权不归属本单位的，应作为无形资产处理。

1.5.3 其他资产费用

其他资产费用指建设投资中除形成固定资产和无形资产以外的部分，主要是指生产准备费、办公及生活家具购置费等。

1. 生产准备费

生产准备费是指新建企业或新增生产能力的企业，为保证竣工交付使用进行必要的生产准备所发生的费用。费用内容包括以下几种。

(1) 生产人员培训费，包括自行培训、委托其他单位培训的人员的工资、工资性补贴、职工福利费、差旅交通费、学习资料费、学校费、劳动保护费等。

(2) 生产单位提前进厂参加施工、设备安装、调试等，以及熟悉工艺流程及设备性能等人员的工资、工资性补贴、职工福利费、差旅交通费、劳动保护费等。

生产准备费一般根据需要培训和提前进厂人员的人数及培训时间，按生产准备费指标进行估算。

应该指出，生产准备费在实际执行中是一笔在时间上、人数上、培训深度上很难划分的、活口很大的支出，要严格掌握。

2. 办公和生活家具购置费

办公和生活家具购置费是指为保证新建、改建、扩建项目初期正常生产、使用和管理所必须购置的办公和生活家具、用具的费用。改、扩建项目所需的办公和生活用具购置费，应低于新建项目。其范围包括办公室、会议室、资料档案室、阅览室、文娱室、食堂、浴室、理发室、单身宿舍和设计规定必须建设的托儿所、卫生所、招待所、中小学校等家具用具购置费。这项费用按照设计定员人数乘以综合指标计算，综合指标一般为600～800元/人。

1.6 预备费及建设期货款利息

1.6.1 预备费

按我国现行规定，预备费包括基本预备费和涨价预备费。

1. 基本预备费

基本预备费是指在初步设计及概算内难以预料的工程费用，主要指设计变更及施工过程中可能增加工程量的增加。费用内容包括如下几种。

(1) 在批准的初步设计范围内，技术设计、施工图设计及施工过程中所增加的工程费用；设计变更、局部地基处理等增加的费用。

(2) 一般自然灾害造成的损失和预防自然灾害所采取的措施费用。实行工程保险的工程项目费用应适当降低。

(3) 竣工验收时为鉴定工程质量对隐蔽工程进行必要的挖掘和修复费用。

基本预备费是按设备及工、器具购置费，建筑安装工程费和工程建设其他费用三者之和为计取基础，乘以基本预备费率进行计算。

基本预备费＝(设备及工、器具购置费＋建筑安装工程费＋工程建设其他费)×基本预备费率

基本预备费率的取值应执行国家及相关部门的有关规定。

2. 涨价预备费

涨价预备费是指建设项目在建设期间内由于价格等变化引起工程造价变化的预算预留费用。费用内容包括人工、设备、材料、施工机械的价差费，建设工程费及工程建设其他费用调整，利率、汇率调整等增加的费用。

涨价预备费的测算方法，一般根据国家规定的投资综合价格指数，按估算年份价格水平的投资额为基数，采用复利方法计算。计算公式如下。

$$PF = \sum_{t=1}^{n} I_t [(1+f)^m (1+f)^{t-1} (1+f)^{0.5} - 1]$$

式中：PF——涨价预备费；

n——建设期年份数；

I_t——建设期中第 t 年的投资计划额，包括设备及工器具购置费、建筑安装工程费、工程建设其他费用及基本预备费；

f——年均投资价格上涨率；

m——建设前期年限(从编制估算到开工建设，单位为年)。

【例 1-1】 某建设项目建安工程费为 5000 万元，设备购置费为 3000 万元，工程建设其他费用为 2000 万元，已知基本预备费率为 5%，项目建设前期年限为 1 年，建设期为 3 年，各年投资计划额如下：第 1 年完成投资 20%，第 2 年完成 80%，年均投资价格上涨率为 6%。求建设项目建设期间涨价预备费。

解： 基本预备费＝(5000＋3000＋2000)×5%＝500(万元)

静态投资＝5000＋3000＋2000＋500＝10500(万元)

建设期第 1 年完成投资＝10500×20%＝2100(万元)

第 1 年涨价预备费：$PF_1 = I_1[(1+f)(1+f)^{0.5}-1] = 191.80$(万元)

第 2 年完成投资＝10500×80%＝8400(万元)

第 2 年涨价预备费：$PF_2 = I_2[(1+f)(1+f)^{0.5}(1+f)-1] = 1317.26$(万元)

建设期的涨价预备费：$PF = 191.80 + 1317.26 = 1509.06$(万元)

1.6.2 建设期贷款利息

建设期贷款利息包括向国内银行和其他非银行金融机构贷款、出口信贷、外国政府贷款、国际商业银行贷款，以及在境内外发行的债券等在建设期间内应偿还的借款利息。

当总贷款分年均衡发放时，建设期利息的计算可按当年借款在年中支用考虑，即当年贷款按半年计息，上年贷款按全年计息。计算公式如下。

$$q_j=\left(P_{j-1}+\frac{1}{2}A_j\right)\cdot i$$

式中：q_j——建设期第 j 年应计利息；

p_{j-1}——建设期第$(j-1)$年末贷款累计金额与利息累计金额之和；

A_j——建设期第 j 年贷款金额；

i——年利率。

国外贷款利息的计算中，还应包括国外贷款银行根据贷款协议向贷款方以年利率的方式收取的手续费、管理费、承诺费，以及国内代理机构经国家主管部门批准的以年利率的方式向贷款单位收取的转贷费、担保费、管理费等。

【例 1-2】 某新建项目，建设期 3 年，第 1 年贷款 300 万元，第 2 年贷款 600 万元，第 3 年没有贷款。贷款在年度内均衡发放，年利率为 6%，贷款本息均在项目投产后偿还，求该项目建设期 3 年的贷款利息。

解：第 1 年利息：$q_1=300\times1/2\times6\%=9$(万元)

第 2 年利息：$q_2=(300+9+600/2)\times6\%=36.54$(万元)

第 3 年利息：$q_3=(300+9+600+36.54)\times6\%\approx56.73$(万元)

建设期贷款利息：$q=9+36.54+56.73\approx102.27$(万元)

习　题

1. 工程造价由哪些费用项目构成？
2. 工程计价有哪两种不同程序？区别在哪里？
3. 工程间接费由哪些费用项目组成？
4. 措施费分为几类？措施费与工程直接费有何区别？
5. 什么是预备费？
6. 按成本估算法，国产非标设备的原价由哪些费用构成？写出其表达式。
7. 采用装运港船上交货价的进口设备，其抵岸价的构成要素有哪些？写出其表达式。
8. 工程建设其他费用指的是什么费用？其内容大致可分几类？
9. 某项目静态投资 1000 万元，建设期 2 年，每年投资 50%。建设期内年平均价格变动率为 5%，计算该项目建设期的涨价预备费。

10. 某新建项目，建设期为3年，分年均衡进行贷款，第1年贷款300万元，第2年贷款600万元，第3年贷款400万元，年利率为10%，计算建设期贷款利息。

11. 某建设工程建设期2年，计划每年年末投资50%，已知设备购置费为100万元，建安工程费为800万元，工程建设其他费为100万元，基本预备费费率为10%，涨价费费率为10%，银行贷款为200万元，每年贷款为100万元，年利率为10%，调节税税率为0%，求该项目建设期固定资产投资。

第2章 建设工程造价计价依据

学习任务

本章主要介绍了定额的性质、定额的分类及作用，工程量清单计价，重点介绍了定额中人工、材料、机械台班消耗量指标的计算及工程量清单计价。通过本章学习，重点掌握预算定额的概念及作用，熟悉预算定额的分类，掌握清单的编制方法。

学习要求

知识要点	能力要求	相关知识
预算定额	(1) 熟悉预算定额的含义 (2) 熟悉预算定额的用途	预算定额的基础作用
预算定额的编制原则、方法	(1) 熟悉预算定额的编制原则、依据 (2) 掌握预算定额的编制步骤 (3) 掌握预算定额的编制方法	(1) 预算定额的审批 (2) 预算定额的水平测定
预算定额中人工、材料、机械台班的单价	(1) 掌握预算定额人工单价的组成和确定 (2) 掌握预算定额材料价格组成和确定 (3) 掌握预算定额机械台班价格组成和确定	(1) 预算定额的计量单位 (2) 基本用工公式 (3) 机械台班价格组成和台班折旧公式
清单计价	掌握清单编制	清单格式及报价表格组成

2.1 定额概述

2.1.1 建设工程定额及分类

定额是指在一定生产力能力条件下，完成单位合格产品，所消耗的人工、材料、机械的数量标准，可以分为以下几类，如图 2.1 所示。

(1) 按其生产要素分类：劳动消耗定额、材料消耗定额和机械台班消耗定额。

(2) 按用途分类：施工定额、预算定额、概算定额、概算指标及投资估算指标。

(3) 按专业分类：建筑工程定额、设备及安装工程定额、市政工程定额、园林预算定额等。

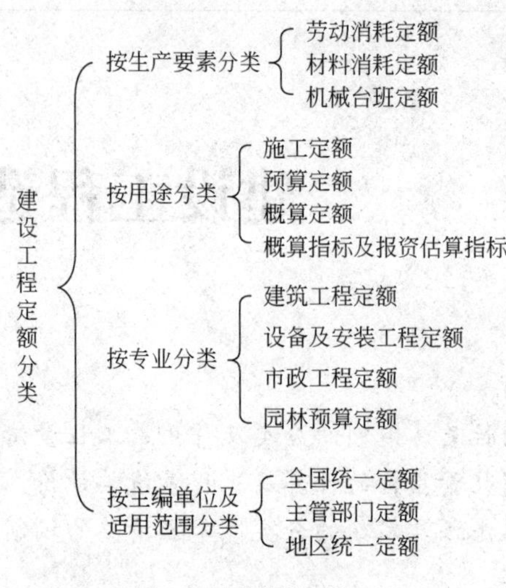

图 2.1　定额分类汇总

(4) 按主编单位及适用范围分类：全国统一定额、主管部门定额和地区统一定额。

2.1.2　各种用途的定额间的相互关系

各种用途的定额间的相互关系见表 2.1。

表 2.1　各种用途的定额间的相互关系

定额类别	施工定额	预算定额	概算定额	概算指标	投资估算指标
编制对象	工序	分项工程	扩大的分项工程	整个建筑物或构筑物	独立的单项工程或完整的工程项目
用途	施工预算	施工图预算	扩大初步设计概算	初步设计概算	投资估算
项目划分	最细	细	较粗	粗	很粗
定额水平	平均先进	平均	平均	平均	平均
定额性质	生产性定额	计价性定额			

2.1.3　定额的特点

1. 定额的科学性

定额的科学性，表现为定额反映生产成果和生产消耗的客观规律和科学的管理方法，定额的编制是用科学的方法，确定各项消耗量标准。同时，定额管理在理论、方法和手段上适应现代科学技术和信息社会发展的需要。

2. 定额的指导性

随着市场的不断成熟和规范，统一定额原指令性特点逐渐弱化，转而成为对整个建设市场和具体建设产品交易的指导作用。定额的科学性是工程定额的指导性的客观基础，其指导性体现在两个方面：一方面作为各地区和行业颁布的指导性依据，可以规范市场的交易行为，在产品定价过程中也可以起到相应的参考作用，统一定额还可以作为政府投资项目定价及造价控制的重要依据；另一方面，在现行的工程量清单计价方式下，体现交易双方自主定价的特点，投标人报价的主要依据是企业定额，但企业定额编制和完善仍然离不开统一定额。

3. 定额的稳定性和时效性

定额是根据一定时期社会生产力水平确定的，在一定时期具有相对的稳定性，稳定时间一般为5～10年。但是，生产条件、生产力水平提高了，定额应随着生产的发展和条件变化而做必要的修改和补充。

4. 定额的系统性

定额的系统性是由工程建设的特点决定的，不同行业及工程不同建设阶段有不同的消耗量和计价定额，其结构复杂、层次鲜明、目标明确。

5. 定额的统一性

工程定额的统一性按照其影响大小和执行范围来看，有全国统一定额、地区统一定额和行业统一定额等等；按照定额的制定、颁布和贯彻使用来看，有统一的程序、统一的原则、统一的要求、统一的用途。

2.2 人工、材料、机械消耗量确定

2.2.1 工作时间的分类

1. 工人工作时间的消耗的分类

工人在工作班内消耗的时间，按其消耗的性质，基本上可以分两类：必要消耗的时间和损失时间。必要消耗时间是指工人在正常生产条件下，某工种的工人完成单位合格产品所消耗的工作时间，是制定定额的主要依据。损失时间和产品的生产无关，而和施工组织设计和技术的缺点有关，和工人在施工过程中的过失或某些偶然的因素有关。工人工作的时间的分类如图2.2所示。

基本工作时间是工人完成能生产一定产品的施工工艺过程所消耗的时间，如完成绑扎钢筋、墙体砌筑、粉刷、油漆等。其工作时间的长短和工作量的大小成正比。

辅助工作时间是为保证基本工作能顺利完成所消耗的时间。在辅助工作时间里，不能使产品的形状大小、性质或位置发生变化，如机械挖土方时标高的控制，其工作时间的长短和工作量的大小无关。

准备与结束工作时间是执行任务前或任务完成后所消耗的时间。准备与结束工作时间的长短和工作量的大小无关，但与工作内容有关，内容越复杂，准备与结束时间越长。

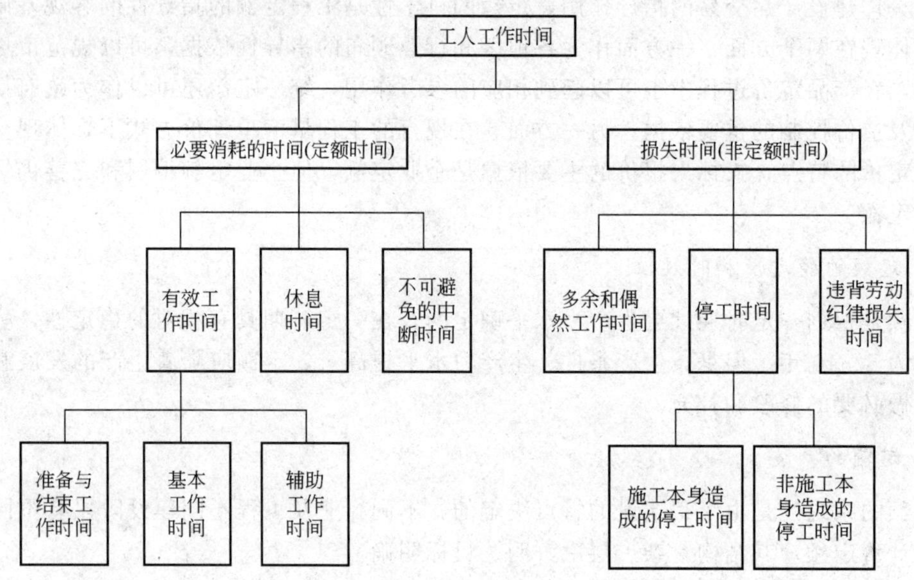

图 2.2　工人工作时间分类

不可避免的中断时间是由施工工艺特点引起的工作中断所必需的时间。

休息时间是工人工作过程中为恢复体力所必需的短暂休息和生理需要的时间，与劳动强度和劳动条件有关。

多余工作时间是由于工人的差错而引起的时间损失，且不能增加产品的工作，如返工重砌墙体，此时间损失不能计入定额。偶然工作时间指能获得工作产品的时间消耗，如抹灰工弥补砌墙上遗留墙洞，时间消耗可以计入定额。

停工时间分施工本身造成的停工时间和非施工本身造成的停工时间两种。前者往往是施工管理组织不善造成的时间损失，不应计入定额；后者是由于停水、停电等中断引起的停工时间，应计入定额。

违背劳动纪律损失时间不计入定额。

2. 机械工作时间的消耗的分类

机械工作时间的消耗，按其性质也分为必要消耗的时间和损失时间两大类，如图 2.3 所示。

1）必要消耗的时间

在必要消耗的工作时间里，包括有效工作、不可避免的无负荷工作和不可避免的中断 3 项时间消耗。而在有效工作的时间消耗中又包括正常负荷下、有根据地降低负荷下的工时消耗。

(1) 正常负荷下的工作时间，是机器在与机器说明书规定的额定负荷相符的情况下进行工作的时间。

(2) 有根据地降低负荷下的工作时间，是在个别情况下由于技术上的原因，机器在低于其计算负荷下工作的时间。例如，汽车运输质量轻而体积大的货物时，不能充分利用汽车的载重吨位，因而不得不降低其计算负荷。

(3) 不可避免的无负荷工作时间，是由施工过程的特点和机械结构的特点造成的机械无负荷工作时间。例如，筑路机在工作区末端调头等，就属于此项工作时间的消耗。

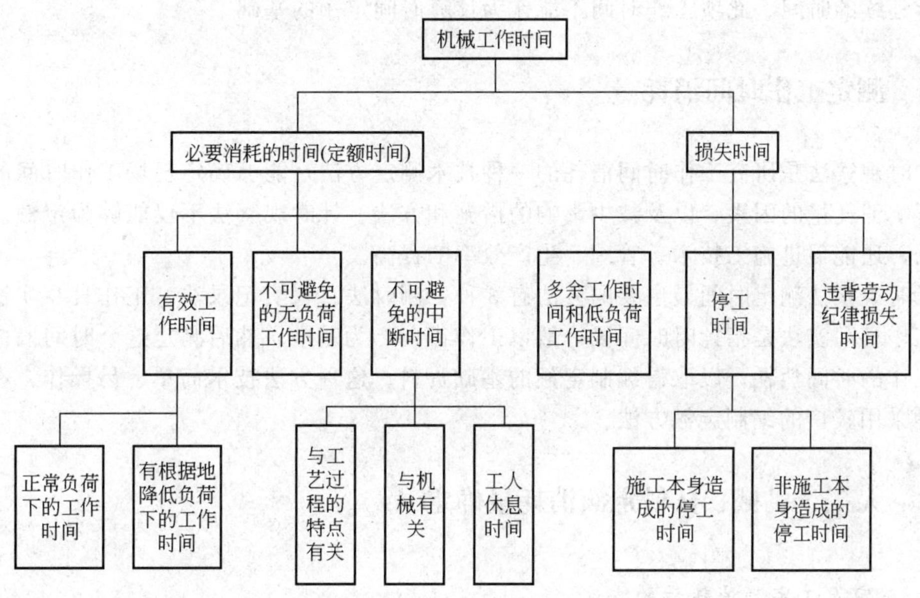

图 2.3 机械工作时间分类

(4) 不可避免的中断工作时间是与工艺过程的特点、机器的使用和保养、工人休息有关的中断时间。

① 与工艺过程的特点有关的不可避免的中断工作时间，有循环的和定期的两种。循环的不可避免的中断，是在机器工作的每一个循环中重复一次，如汽车装货和卸货时的停车。定期的不可避免的中断，是经过一定时期重复一次，如把灰浆泵由一个工作地点转移到另一工作地点时的工作中断。

② 与机械有关的不可避免的中断时间，是由于工人进行准备与结束或辅助工作时，机器停止工作而引起的中断工作时间。

③ 工人休息时间同人工工时消耗。

2）损失时间

损失时间包括多余工作、停工、违背劳动纪律所消耗的工作时间和低负荷下的工作时间。

(1) 机器的多余工作时间，一是机器进行任务内和工艺过程内未包括的工作而延续的时间，如工人没有及时供料而使机器空运转的时间；二是机械在负荷下所做的多余工作耗费的时间，如混凝土搅拌机搅拌混凝土时超过规定的搅拌时间。

(2) 机器的停工时间，按其性质也可分为施工本身造成的和非施工本身造成的停工时间两类。前者是由于施工组织不善而引起的停工现象，如由于未及时供给机器燃料而引起的停工。后者是由于气候条件所引起的停工现象，如暴雨时压路机的停工。上述停工中延续的时间，均为机器的停工时间。

(3) 违反劳动纪律损失时间，是指由于工人迟到早退或擅离岗位等原因引起的机器停工时间。

(4) 低负荷下的工作时间，是由于工人或技术人员的过错所造成的施工机械在降低负荷的情况下工作的时间。例如，工人装车的砂石数量不足引起的汽车在降低负荷的情况下工作所延续的时间。此项工作时间不能作为计算时间定额的基础。

2.2.2 测定工作时间消耗量

计时观察法是研究工作时间消耗的一种技术测定方法，能够确定现场工作时间的消耗量、影响消耗量的因素，以及减少影响的措施和方法。计时观察法不仅能够为定额制定提供数据，还能促进施工技术、管理、生产效率的提高。

计时观察法测定时间最主要的方法有3种：测时法、写实记录法、工作日写实法。其中，工作日写实法是指计时时间段一般以工作班(8h)为基准，然后测定这个时间段内各种性质工作的时间消耗，以取得编制定额的基础资料。这种方法技术简单、易操作，在我国是一种采用较广的编制定额方法。

2.2.3 人工、机械、材料定额消耗量确定

1. 确定人工定额消耗量的方法

时间定额是指在一定的生产技术和组织条件下，某工种的工人完成单位合格产品所必须消耗的工作时间。时间定额和产量定额是人工定额或劳动定额的两种表现形式。拟定出时间定额，也就可以计算出产量定额。

时间定额是在拟定基本工作时间、辅助工作时间、不可避免的中断时间、准备与结束的工作时间，以及休息时间的基础上制定的。

1）拟定基本工作时间

基本工作时间在必须消耗的工作时间中占的比例最大。在确定基本工作时间时，必须细致、精确。基本工作时间消耗一般应根据计时观察资料来确定。其做法是：首先确定工作过程每一组成部分的工时消耗，然后综合出工作过程的工时消耗。如果组成部分的产品计量单位和工作过程的产品计量单位不符，就需先求出不同计量单位的换算系数，进行产品计量单位的换算，然后相加，求得工作过程的工时消耗。

2）拟定辅助工作时间、准备与结束工作时间

辅助工作时间、准备与结束工作时间的确定方法与基本工作时间的确定方法相同。但是，如果这两项工作时间在整个工作班工作时间消耗中所占比例不超过5%～6%，则可以归纳为一项，以工作过程的计量单位表示，确定出工作过程的工时消耗。

如果在计时观察时不能取得足够的资料，也可采用工时规范或经验数据来确定。如具有现行的工时规范，可以直接利用工时规范中规定的辅助工作时间及准备与结束工作时间的百分比来计算。例如，根据工时规范规定，各个工程的辅助工作时间及准备与结束工作，不可避免中断、休息时间等项，在工作日或作业时间中各占的百分比来计算。

3）拟定不可避免的中断时间

在确定不可避免的中断时间的定额时，必须注意只有由工艺特点所引起的不可避免的中断才可列入工作过程的时间定额。

不可避免的中断时间可以根据测时资料通过整理分析获得，也可以根据经验数据或工时规范，以占工作日的百分比表示此项工时消耗的时间定额。

4）拟定休息时间

休息时间应根据工作班作息制度、经验资料、计时观察资料，以及对工作的疲劳程度做全面分析来确定。同时，应考虑尽可能利用不可避免的中断时间作为休息时间。

5）拟定定额时间

确定的基本工作时间、辅助工作时间、准备与结束工作时间、不可避免的中断时间和休息时间之和，就是劳动定额的时间定额。根据时间定额可计算出产量定额，时间定额和产量定额互成倒数。计算公式如下。

$$工序作业时间=基本工作时间+辅助工作时间$$

$$规范时间=准备与结束工作时间+不可避免的中断时间+休息时间$$

$$工序作业时间=基本工作时间+辅助工作时间=\frac{基本工作时间}{1-辅助时间(\%)}$$

$$定额时间=\frac{工序作业时间}{1-规范时间(\%)}$$

【例 2-1】 通过计时观察资料得知：人工挖二类土 $1m^3$ 的基本工作时间为 7.9h，辅助工作时间占工序作业时间的 3%，准备与结束工作时间、不可避免的中断时间、休息时间分别占工作日的 2%、2%、16%。求该人工挖二类土的时间定额。

解： 工序作业时间＝基本工作时间/［1－辅助时间(%)］＝7.9/(1－3%)＝8.144(h)

定额时间＝工序作业时间/(1－规范时间%)＝8.144/(1－2%－2%－16%)＝10.18(h)

时间定额＝10.18÷8＝1.273(工日/m^3)

产量定额＝1/1.273＝0.786(m^3/工日)

2. 机械台班定额消耗量的确定

1）确定机械 1h 纯工作正常生产率

确定机械正常生产率时，必须首先确定机械纯工作 1h 的正常生产率。

机械纯工作时间就是指机械的必须消耗时间。机械纯 1h 工作正常生产率，就是在正常施工组织条件下，具有必需的知识和技能的技术工人操纵机械 1h 的生产率。

根据机械工作特点的不同，机械 1h 纯工作正常生产率的确定方法也有所不同。对于循环动作机械，确定机械纯工作 1h 正常生产率的计算公式如下。

$$机械一次循环的正常延续时间=\sum(循环各组成部分正常延续时间)-交叠时间$$

$$机械纯工作1h循环次数=\frac{60\times60(s)}{一次循环的正常延续时间}$$

$$机械纯工作1h正常生产率=机械纯工作1h正常循环次数\times一次循环生产的产品数量$$

对于连续动作机械，确定机械纯工作 1h 正常生产率要根据机械的类型和结构特征，以及工作过程的特点来进行。计算公式如下。

$$连续动作机械工作1h正常生产率=\frac{工作时间内生产的产品数量}{工作时间(h)}$$

工作时间内的产品数量和工作时间的消耗，要通过多次现场观察和机械说明书来取得数据。

2）确定施工机械的正常利用系数

确定施工机械的正常利用系数，是指机械在工作班内对工作时间的利用率。机械的利用系数和机械在工作班内的工作状况有着密切的关系。所以，要确定机械的正常利用系数，首先要拟定机械工作班的正常工作状况，保证合理利用工时。机械正常利用系数的计算公式如下。

$$机械正常利用系数=\frac{机械在一个工作班内纯工作时间}{一个工作班延续时间(8h)}$$

3）计算施工机械台班定额

计算施工机械定额是编制机械定额工作的最后一步。在确定了机械工作正常条件、机械1 h纯工作正常生产率和机械正常利用系数后，采用下列公式计算施工机械的产量定额。

$$施工机械台班产量定额=机械1h纯工作正常生产率\times工作班纯工作时间$$

或

$$机械台班产量定额=机械1h纯工作正常生产率\times工作班延续时间\times 机械正常利用系数$$

$$施工机械时间定额=\frac{1}{机械台班产量定额指标}$$

【例2-2】 某搅拌机搅拌混凝土，每罐一次的搅拌时间为：上料0.5min，出料0.5min，搅拌2min。机械时间利用系数为0.8，搅拌一次的产量为0.3m³。试求机械产量定额。

解： 机械纯1h正常生产率$=60/(0.5+0.5+2)\times0.3=6(m^3)$

机械台班产量定额$=6\times8\times0.8=38.4(m^3/台班)$

3. 确定材料定额消耗量的基本方法

合理确定材料消耗定额，必须研究和区分材料在施工过程中消耗的性质。

1）材料消耗性质

施工中材料的消耗，可分为必需的材料消耗(包括净用量和损耗量)和损失的材料两类性质。

必需的消耗的材料，是指在合理用料的条件下，生产合格产品所需消耗的材料。它包括直接用于工程的材料，不可避免的施工废料，不可避免的材料损耗。

必需的消耗的材料属于施工正常消耗，是确定材料消耗定额的基本数据。其中，直接用于工程的材料，用于编制材料净用量定额；不可避免的施工废料和材料损耗，用于编制材料损耗定额。

2）材料消耗与工程实体的关系

施工中的材料可分为实体材料和非实体材料两类。实体材料是指直接构成工程实体的材料，包括主要材料和辅助材料，非实体材料是指在施工中必须使用但又不构成工程实体的施工措施性材料，主要为施工中周转性的材料，如脚手架、模板等。具体计算见第1章附件3。

3）确定材料消耗量的方法

确定材料净用量定额和材料损耗定额的计算数据，是通过现场技术测定、实验室试验、现场统计和理论计算等方法获得的。

(1) 现场技术测定法又称观测法。它主要是用来编制材料损耗定额，也可以提供编制材料净用量定额的参考数据。其优点是能通过现场观察、测定，取得产品产量和材料损耗的情况，为编制材料定额提供根据。

(2) 实验室试验法主要是用来编制材料净用量定额。通过试验，能够对材料的结构、化学成分和物理性能，以及按强度等级控制的混凝土、砂浆配比做出科学的结论，给编制材料消耗定额提供有技术根据的、比较精确的计算数据。

(3) 现场统计法是通过对现场进料、用料的大量统计资料进行分析计算，获得材料消耗的数据。这种方法由于不能分清材料消耗的性质，因而不能作为确定材料净用量定额和材料损耗定额的数据。

上述 3 种方法的选择必须符合国家有关标准规范，即材料的产品标准，计量要使用标准容器和称量设备，质量符合施工验收规范要求，以保证获得可靠的定额编制数据。

(4) 理论计算法是运用一定的数学公式计算材料消耗定额。

【例 2-3】 如地面采用 1∶2 水泥砂浆结合层铺贴 450mm ×450mm×10mm 地砖，离缝 10mm，用 1∶1 水泥砂浆嵌缝(假设地砖损耗率为 3%，砂浆损耗率为 2%)。试求 $100m^2$ 中瓷砖和砂浆消耗量。

解： 每 $100m^2$ 地砖地面中地砖的净用量＝100/[(0.45＋0.01)×(0.45＋0.01)]≈472.59(块)

每 $100m^2$ 地砖地面中地砖的总消耗量＝472.59×(1＋3%)＝486.77(块)

每 $100m^2$ 地砖地面中嵌缝砂浆的净用量＝(100－472.59×0.45×0.45)×0.01≈0.043(m^3)

每 $100m^2$ 地砖地面中嵌缝砂浆的总用量＝0.043×(1＋2%)＝0.044(m^3)

2.3 人工、材料、机械台班单价确定方法

2.3.1 人工工日单价确定

1. 定额工日单价内容

(1) 基本工资：指发放给生产工人的基本工资，如岗位工资、技能工资、工龄工资。

(2) 工资性补贴：指按规定标准发放的物价补贴，煤、燃气补贴，交通补贴，住房补贴，流动施工津贴等。

(3) 生产工人辅助工资：指生产工人年有效施工天数以外非作业天数的工资，包括职工学习、培训期间的工资，调动工作、探亲、休假期间的工资，因气候影响的停工工资，女工哺乳时间的工资，病假在 6 个月以内的工资及产、婚、丧假期的工资。

(4) 职工福利费：指按规定标准计提的职工福利费，如书报费、洗理费、取暖费。

(5) 生产工人劳动保护费：指按规定标准发放的劳动保护用品的购置费及修理费，徒工服装补贴，防暑降温费，在有碍身体健康环境中施工的保健费用等。

以上各项费用计算方法参考第 1 章附件 3。

2. 影响人工工日单价因素

(1) 社会平均工资水平。

(2) 生活消费指数。

(3) 人工单价的组成内容。

(4) 劳动力市场供需变化。

(5) 社会保障和福利政策。

2.3.2 材料价格的确定

1. 材料价格的构成

材料价格是指材料(包括构件、成品及半成品等)从其来源地(或交货地点、供应者仓库提货地点)到达施工工地仓库(施工地点内存放材料的地点)后出库的综合平均价格。材料价格一般由材料原价(或供应价格)、材料运杂费、运输损耗费、采购及保管费组成。上述4项构成材料基价，此外在计价时，材料费中还应包括单独列项计算的检验试验费，即

材料费=(材料消耗量×材料基价)+检验试验费

2. 材料价格的确定

1) 材料原价

材料原价(供应价)是指材料的出厂价，进口材料抵岸价或销售部门的批发价和市场价。

在编制材料预算价格时，尤其是编制地区材料预算价格时，由于要考虑材料的不同供应渠道不同来源地、不同供货单位的不同原价，材料原价可以根据供应数量比例，按加权平均方法计算综合原价，计算公式如下。

$$加权平均原价=(K_1C_1+K_2C_2+\cdots+K_nC_n)/(K_1+K_2+\cdots+K_n)$$

式中：K_1，K_2，…，K_n——各不同供应地点的供应量或各不同使用地点的需要量；

C_1，C_2，…，C_n——各不同供应地点的原价。

2) 材料运杂费

材料运杂费是指材料由其来源地运至工地仓库或堆放场地后的全部费用，包括车、船等的运输费、调车费或驳船费、装卸费、运输费及附加工作费。调车费是指机车到非公用装货地点装货时的调车费用。装卸费是指火车、汽车、轮船出入仓库时的搬运费。

同一品种的材料有若干个来源，应采用加权平均的方法计算材料运杂费。计算公式如下。

$$加权平均运杂费=(K_1T_1+K_2T_2+\cdots+K_nT_n)/(K_1+K_2+\cdots+K_n)$$

式中：K_1，K_2，…，K_n——各不同供应地点的供应量或各不同使用地点的需要量；

T_1，T_2，…，T_n——各不同运距的运费。

3) 运输损耗

在材料的运输中应考虑一定的场外运输损耗费用。这是指材料在运输装卸过程中不可避免的损耗。运输损耗的计算公式如下。

运输损耗=(材料原价+运杂费)×相应材料损耗率

4) 材料采购及保管费

材料采购及保管费是指材料供应部门在组织采购、供应和保管材料过程中所发生的各项费用。计算公式如下。

材料采购及保管费=材料运到工地仓库价格×采购及保管费率

或

材料采购及保管费＝(材料加权平均原价＋运杂费＋运输损耗费)×采购及保管费率

材料原价(或供应价格)、材料运杂费、运输损耗费及采购保管费4项费用之和组成材料基价。材料基价综合表达式如下。

材料基价＝(供应价＋运杂费)×(1＋运输损耗率)×(1＋采购及保管费率)

5）材料检验试验费

材料检验试验费是指对建筑材料、构件和建筑安装物进行一般鉴定、检查所发生的费用，包括自设试验室进行试验所耗用的材料和化学药品等费用，不包括新结构、新材料的试验费和建设单位对具有出厂合格证明的材料进行检验，对构件做破坏性试验及其他特殊要求检验试验的费用。其计算公式如下。

$$\text{检验试验费} = \sum(\text{单位材料量检验试验费} \times \text{材料消耗量})$$

3. 影响材料价格的因素

(1) 市场供需变化。

(2) 材料生产成本的变动。

(3) 流通环节的多少和材料供应体制。

(4) 运输距离和运输方法。

(5) 国际市场行情。

【例2-4】 某建设项目在购买某种材料时，由甲、乙、丙、丁4个厂供货。其中甲厂提供总量的30%，原价65元/t；乙厂供应30%，原价66.5元/t；丙厂供应20%，原价63.5元/t；丁厂供应20%，原价64.2元/t。甲乙两个厂水路运输，运费0.50元/km，装卸费3元/t，驳船费1.5元/t，途中损耗2.5%，甲厂运距70km，乙厂运距65km。丙丁两个厂陆路运输，运费0.55元/km，装卸费2.8元/t，调车费1.35元/t，途中损耗3%，丙厂运距50km，丁厂运距60km。保费率为2.4%。试确定材料预算价格。

解：1）材料原价计算

原价＝65×30%＋66.5×30%＋63.5×20%＋64.2×20%＝64.99(元/t)

2）材料运杂费计算

甲厂运杂费＝0.5×70＋3＋1.5＝39.5(元/t)

乙厂运杂费＝0.5×65＋3＋1.5＝37.0(元/t)

丙厂运杂费＝0.55×50＋2.8＋1.35＝31.65(元/t)

丁厂运杂费＝0.55×60＋2.8＋1.35＝37.15(元/t)

运杂费＝39.5×30%＋37×30%＋31.65×20%＋37.15×20%＝36.71(元/t)

3）材料运输损耗费计算

甲厂运输损耗费＝(65 ＋39.5)×2.5%＝2.61

乙厂运输损耗费＝(66.5＋37)× 2.5%＝2.59

丙厂运输损耗费＝(63.5＋31.65)×3%＝2.85

丁厂运输损耗费＝(64.2＋37.15)×3%＝3.04

运输损耗费＝2.61×30%＋2.59×30%＋2.85×20%＋3.04×20%＝2.74(元/t)

材料预算价格＝(64.99＋36.71＋2.74)×(1＋2.4%)＝106.95(元/t)

2.3.3 机械台班价格的确定

施工机械使用费是根据施工中耗用的机械台班数量和机械台班单价确定的。机械台班单价是指一台施工机械，在正常运转条件下一个工作班中所发生的全部费用，每台班按8h工作制计算。施工机械台班单价由7项费用组成，包括折旧费、大修理费、经常修理费、安拆费及场外运费、人工费、燃料动力费、其他费用等。

1. 折旧费

折旧费指施工机械在规定的使用年限内，陆续收回其原值及购置资金的时间价值。计算公式如下。

$$台班折旧费=\frac{机械预算价格\times(1-残值率)\times时间价值系数}{耐用总台班}$$

式中：机械预算价格即机械购置费按1.2节的规定计算；残值率是指机械报废时回收的残值与机械原值的比例；时间价值系数是指购置机械的资金在施工生产过程中随时间的推移而产生的单位增值。时间价值系数计算公式如下。

$$时间价值系数=1+\frac{(折旧年限+1)}{2}\times年折现率$$

年折现率按编制期银行贷款利率确定。

耐用总台班数指机械开始投入使用至报废前使用的总台班数。计算公式如下。

$$耐用总台班数=折旧年限\times年工作台班=大修间隔台班\times大修周期$$

$$大修周期=大修次数+1$$

大修间隔台班是指本次大修至上次大修期间达到的台班数。

2. 大修理费

大修理费指施工机械按规定的大修理间隔台班进行必要的大修理，以恢复其正常功能所需的费用。台班大修理费是机械使用周期内大修理费总和在台班费用中的分摊额，计算公式如下。

$$台班大修理费=\frac{一次大修理费\times寿命周期内大修理次数}{耐用总台班}$$

3. 经常修理费

经常修理费指施工机械除大修理以外的各级保养和临时故障排除所需的费用，包括为保障机械正常运转所需替换设备与随机配备工具附具的摊销和维护费用，机械运转中日常保养所需润滑与擦拭的材料费用及机械停滞期间的维护和保养费用等。计算公式如下。

$$台班经常修理费=\frac{\sum(各级保养一次费用\times寿命周期内保养次数+临时故障排除费)}{耐用总台班}$$

或

$$台班经常修理费=台班大修理费\times K$$

4. 安拆费及场外运费

安拆费指施工机械在现场进行安装与拆卸所需的人工、材料、机械和试运转费用，以及机械辅助设施的折旧、搭设、拆除等费用；场外运费指施工机械整体或分体自停放地点运至施工现场或由一个施工地点运至另一个施工地点的运输、装卸、辅助材料及架线等费用。

进出场费及安拆费根据施工机械不同分为计入台班单价、单独计算和不计算3种类型。

(1) 工地间转移较为频繁的小型机械及部分中型机械，其进出场费及安拆费应计入机械台班单价。

台班安拆费及场外运费＝一次安拆费及场外运费×年平均安拆次数/年工作台班

① 一次安拆费指施工机械在现场进行安装与拆卸所需的人工、材料、机械和试运转费用。

② 场外运费是指施工机械整体或分体自停放地点运至施工现场或由一个施工地点运至另一个施工地点的运输、装卸、辅助材料及架线等费用。

③ 运输距离按25km计算。

(2) 移动有一定难度的特大型机械，其进出场费及安拆费应单独计算。计算的内容除了场外运费及安拆费外，还应计算基础、底座等搭设、拆除费用及枕木的折旧费用。

(3) 不需安装、拆除且自身又能开行的机械和固定在车间的设备，其出场费及安拆费不计算。

(4) 自升式塔式起重机安装、拆卸费用的起高点及增加费按各地区相关规定计算。

5. 人工费

人工费指机上司机(司炉)和其他操作人员的工作日人工费及上述人员在施工机械规定的年工作台班以外的人工费。计算公式如下。

$$台班人工费=人工消耗量\times\left(1+\frac{年制度工作日-年工作台班}{年工作台班}\right)\times人工日单价$$

人工消耗量为一台班人工消耗量。当年制度工作日大于年工作台班时，机械有闲置产生窝工，但是人工窝工费仍要支付，因此括号内是大于1的一个数。

6. 燃料动力费

燃料动力费指施工机械在运转作业中所消耗的固体燃料(煤、木柴)、液体燃料(汽油、柴油)及水、电等。

7. 养路费及车船使用税

养路费及车船使用税指施工机械按照国家规定和有关部门规定应缴纳的养路费、车船使用税、保险费及年检费等。

【例2-5】 某工程用滚筒式500L搅拌机，计算其台班使用费的有关资料如下：预算价格(台)为35000元，贷款利息为9845元，机械的残值率为4%，使用总台班为1400台班，大修理间隔台班为280台班，一次大修理费2800元，耐用周期为5次，经常修理系数为1.81。安装拆卸及场外运输费为4.67元/台班，工日单价为50元，人工消耗量1.25工日，台班耗电为29.36(kW·h)，单价为0.51元/(kW·h)。试求台班单价。

台班折旧费＝[35000×(1－4%)＋9845]÷1400＝31.03(元/台班)

大修理费＝2800×(5－1)÷1400＝8(元/台班)

经常修理费＝8×1.81＝14.48(元/台班)

安装拆卸及场外运输费＝4.67(元/台班)

台班人工费＝1.25×50＝62.5(元/台班)

台班动力燃料费＝29.36×0.51＝14.97(元/台班)

台班使用费＝31.03＋8＋14.48＋4.67＋62.5＋14.97＝135.65(元/台班)

即500L搅拌机的台班单价为135.65元。

2.4 预算定额

2.4.1 预算定额的概念

预算定额是指在正常施工条件下，完成一定计量单位的分项工程或结构构件的所需人工、材料、机械台班的社会平均消耗量标准，是编制施工图预算主要依据。

2.4.2 预算定额的作用

(1) 预算定额是编制工程结算的依据。

(2) 预算定额是编制施工组织设计的依据。

施工单位在缺乏本企业的施工定额的情况下，根据预算定额，能够比较精确地计算出施工中各项人工、材料、机械等资源的需要量，为有计划地组织材料采购和预制件加工、劳动力和施工机械的调配，提供了可靠的计算依据。

(3) 预算定额是进行工料分析，实行经济核算的依据。

预算定额规定的人工、材料、机械消耗指标，是施工单位在生产经营中允许消耗的最高标准。施工单位应以预算定额作为评价企业工作的重要标准，对施工中的劳动、材料、机械的消耗情况进行具体的分析，以便找出并克服低功效、高消耗的薄弱环节，只有创造出比预算定额更低的消耗指标，才会提高竞争力。

(4) 预算定额是工程拨款、竣工决算的依据。

(5) 在招投标中，预算定额是编制招标控制价、投标报价的依据。

(6) 预算定额是编制概算定额、概算指标的基础。

2.4.3 预算定额消耗量的确定

1. 人工工日消耗量的计算

人工的工日数可以有两种确定方法：一种以劳动定额为基础确定，另一种以现场观察测定资料为基础计算。遇到劳动定额缺项时，采用现场工作日写实等测时方法确定和计算定额的人工消耗用量。

预算定额中人工工日消耗量是指在正常施工条件下，生产单位合格产品所必须消耗的人工工日数量，是由劳动定额包括的基本用工和其他用工两部分组成的。

1）基本用工

基本用工指完成单位合格产品所必需的技术工种用工。基本用工包括以下几项。

(1) 完成定额计量单位的主要用工。按综合取定的工程量和相应劳动定额进行计算。计算公式如下。

$$基本用工 = \sum(综合取定的工程量 \times 劳动定额)$$

例如，工程实际中的砖基础，有1砖厚、1砖半厚、2砖厚等之分，用工各不相同，在预算定额中由于不区分厚度，需要按照统计的比例，加权平均，即公式中的综合取定，得出用工。

(2) 按劳动定额规定应增(减)计算的用工量。由于预算定额是以施工定额子目综合扩大的，包括的工作内容较多，施工的效果视具体部位而不一样，需要另外增加用工，列入基本用工内。例如，若砖基础埋深超过1.5m，则超过部分要增加用工，预算定额中应按一定比例给予增加。

2）其他用工

(1) 超运距用工：指劳动定额中已包括的材料、半成品场内水平搬运距离与预算定额所考虑的出现材料、半成品堆放地点到操作地点的水平运输距离之差。

$$超运距 = 预算定额取定运距 - 劳动定额已包括的运距$$

如实际工程现场运距超过预算定额取定运距时，可另行计算现场二次搬运费。

(2) 辅助用工：指技术工种劳动定额内不包括而在预算定额内又必须考虑的用工。例如，机械土方工程配合用工、材料加工(筛砂、洗石、淋化石膏)，电焊点火用工等，计算公式如下。

$$辅助用工 = \sum(材料加工数量 \times 相应的加工劳动定额)$$

(3) 人工幅度差：即预算定额与劳动定额的差额，主要是指在劳动定额中未包括而在正常施工情况下不可避免但又很难准确计量的用工和各种工时损失。它的内容包括以下几方面。

① 各工种间的工序搭接及交叉作业相互配合或影响所发生的停歇用工。

② 施工机械在单位工程之间转移及临时停水、停电所造成的停工。

③ 质量检查和隐蔽工程验收工作的影响。

④ 班组操作地点转移用工。

⑤ 工序交接时对前一工序不可避免的修整用工。

⑥ 施工中不可避免的其他零星用工。

人工幅度差计算公式如下。

$$人工幅度差 = (基本用工 + 辅助用工 + 超运距用工) \times 人工幅度差系数$$

人工幅度差系数一般为10%～15%。在预算定额中，人工幅度差的用工量列入其他用工量中。

2. 材料消耗量的计算

材料消耗量是完成单位合格产品所必须消耗的材料数，按用途划分为以下3种。

(1) 主要材料：指直接构成工程实体的材料，其中也包括成品、半成品的材料。

(2) 辅助材料：指构成工程实体除主要材料以外的其他材料，如垫木钉子、铅丝等。

(3) 其他材料：指用量较少，难以计量的零星用料，如棉纱、编号用的油漆等。

材料消耗量计算方法主要有如下几种。

① 凡有标准规格的材料，按规范要求计算定额计量单位的耗用量，如砖、防水卷材、块料面层等。

② 凡设计图标注尺寸及下料要求的按设计图尺寸计算材料净用量，如门窗制作用材料，枋、板料等。

③ 换算法。各种胶结、涂料等材料的配合比用料，可以根据要求条件换算，求出材料用量。

④ 测定法。它包括实验室试验法和现场观察法，指各种强度等级的混凝土及砌筑砂浆配合比的耗用原材料数量的计算，需按照规范要求试配经过试压合格以后并经过必要的调整后得出的水泥、砂子、石子、水的用量。对新材料、新结构不能用其他方法计算定额消耗用量时，需用现场测定方法来确定，根据不同条件可以采用写实记录法和观察法，得出定额的消耗量。

材料损耗量指在正常条件下不可避免的材料消耗，如现场内材料运输及施工操作过程中的损耗等。其关系式如下。

$$材料损耗率=\frac{损耗量}{净用量}\times 100\%$$

$$材料损耗量=材料净用量\times 损耗率$$

$$材料消耗量=材料净用量+损耗量$$

或

$$材料消耗量=材料净用量\times(1+损耗率)$$

3. 机械台班消耗量的计算

预算定额中的机械台班消耗量是指在正常施工条件下，生产单位合格产品(分部分项工程或结构构件)必须消耗的某种型号施工机械的台班数量。

1) 根据施工定额确定预算定额机械台班消耗量

这种方法是指施工定额或劳动定额中机械台班产量加机械幅度差计算预算定额的机械台班消耗量。机械台班幅度差一般包括如下内容。

(1) 正常施工组织条件下不可避免的机械空转时间，工程开工或尾工工作不饱满所损失的时间。

(2) 施工技术原因的中断及合理停滞时间，因供电供水故障及水电线路移动检修而发生的运转中断时间，因气候变化或机械本身故障维修影响工时利用的时间。

(3) 施工机械转移及配套机械相互影响损失的时间。

(4) 正常施工组织条件下不可避免的工序间歇时间。

(5) 因检查工程质量造成的机械停歇的时间。

大型机械幅度差系数为：土方机械 25%，打桩机械 33%，吊装机械 30%。砂浆、混凝土搅拌机由于按小组配用，以小组产量计算机械台班产量，不另增加机械幅度差。其他分部工程中如钢筋加工、木材、水磨石等各项专用机械的幅度差为 10%。

综上所述，预算定额的机械台班消耗量按下式计算。

预算定额机械耗用台班＝施工定额机械耗用台班×(1＋机械幅度差系数)

2) 以现场测定资料为基础确定机械台班消耗量

如遇到施工定额(劳动定额)缺项者，则需要依据单位时间完成的产量测定。具体计算见本章第2节。

2.4.4 预算定额与施工定额的主要区别

预算定额与施工定额的主要区别如下。

(1) 预算定额是以施工定额为基础编制的。

(2) 预算定额按社会平均水平编写人工、材料、机械的损耗，施工定额按社会平均先进水平确定。

(3) 预算定额比施工定额要多考虑一个幅度差。

2.4.5 预算定额的应用

本小节以省定额为例，介绍预算定额的组成、定额计价表、定额单价套用与换算。

1. 预算定额的组成

现行预算定额由总说明、建筑面积计算、分项工程定额和有关的附录组成。

1) 总说明

总说明对定额的使用方法及上下册共同性的问题做了综合说明和规定，对预算定额的编制依据、作用、使用范围及人材机的使用进行了详细说明，使用定额时应熟悉和掌握总说明的内容。总说明要点如下。

(1) 预算定额的编制依据(总说明一、四)。《浙江省建筑工程预算定额(2010版)》是按《建设工程工程量清单计价规范》(GB 50500—2013)及其有关规定，在《全国统一建筑工程基础定额 土建》(GJD 101—1995)和《浙江省建筑工程预算定额(2003版)》、《浙江省建筑工程节能预算定额》的基础上编制的。

本定额是按现行的建筑工程及施工验收规范、质量评定标准和安全操作规程，根据合理的施工组织和正常的施工条件编制的，是浙江省境内完成规定计量单位建筑分项工程所需的人工、材料、机械台班消耗量标准，它反映了本省社会平均消耗量水平。企业可根据工程的特点并结合自身的技术力量和管理水平合理调整和换算。

(2) 预算定额的作用和适用范围(总说明二、三)。本定额是编制概算定额、施工图概算、设计概算、竣工结算、调解工程造价纠纷、鉴定工程造价的依据。全部使用国有资金或国有资金投资为主的工程建设项目，编制招标控制价应执行本定额。

本定额适用于本省区域内的工业与民用建筑的新建、扩建、改建工程；不适用于修建和其他专业工程，也不适用于国防、科研等有特殊要求的工程及实行产品出厂价格的各类建筑构配件。

(3) 预算定额的使用方法(总说明五、六)。本定额的工作内容扼要地说明了主要工序，次要工序虽未一一列出，但定额均已考虑。

本定额未包括的项目，可按浙江省其他相应工程计价定额计算，如仍缺项，应编制地区性补充定额或一次性补充定额，并按规定履行申报手续。

(4) 有关人工消耗量确定原则(总说明七)。本定额的人工消耗量是以现行全国建筑安装工程统一劳动定额为基础，并结合本省实际情况编制的，已考虑了各项目施工操作的直接用工、其他用工(超运距、工种搭接、安全和质量检查及临时停水、停电等)及人工幅度差。每工日按 8h 工作制计算。

本定额日工资单价分为 3 类：土石方工程按Ⅰ类日工资单价 40 元计算；厂库房大门及木结构工程、金属结构工程及下侧的楼地面工程、墙柱面工程、天棚工程、门窗工程、油漆、涂料、裱糊工程、其他工程按Ⅲ类日工资单价 50 元计算；其余工程均按Ⅱ类日工资单价 43 元计算。

(5) 有关材料消耗量的说明和规定(总说明八)。

① 本定额中的材料是按合格品考虑的。材料名称、规格及取定价格详见定额附录（四）。

② 本定额材料、成品、半成品取定价格包括市场供应价、运杂费、运输损耗费和采购保管费。

③ 材料、成品及半成品的定额消耗量均包括场内运输损耗和施工操作损耗，损耗率详见定额附录（三）。

④ 材料、成品及半成品从工地仓库、现场堆放地点或现场加工地点至操作地点的场内水平运输已包括在相应定额内，垂直运输另按定额第十七章垂直运输工程计算。

⑤ 本定额中的冷拔钢丝、高强钢丝、钢丝束、钢绞线均按成品价格考虑。

⑥ 本定额中除了特殊说明外，大理石和花岗岩均按工程成品板考虑，定额消耗量中仅包括了场内运输、施工及零星切割的损耗。

定额中材料、成品及半成品价格一般包含了材料场外运费(加工厂至施工现场运费)；场内运费(从仓库、现场堆放点至操作点的场内水平运输费)一般已包含在预算定额内；但是钢筋混凝土预制构件或钢构件场外运费需单独计算，有关计算详见本书第 6、8 章。

定额中材料、成品及半成品价格一般也包含了材料场外运输损耗，材料、成品及半成品的定额消耗量一般包括场内运输损耗。但是钢筋混凝土预制构件制作损耗、运输损耗、堆放损耗和打桩损耗等损耗，均在预制构件制作工作量中统一考虑，有关计算详见本书第 6 章。

⑦ 本定额中配合比原材料用量应按配合比相应定额分析计算，其中并列有两种水泥强度标准的配合比定额，设计无特殊要求时，均按较低强度标准的水泥配合比计算。

⑧ 本定额中各类砌体所使用的砂浆均为普通现拌砂浆，若实际使用预拌(干混或湿拌)砂浆，按以下方调整定额。

(a) 使用干混砂浆砌筑的，除将现拌砂浆单价换算为干混砂浆外，另按相应定额中每立方米砌筑砂浆扣除人工 0.2 工日，灰浆搅拌机台班数量乘以系数 0.6。

(b) 使用湿拌砌筑砂浆的，除将现拌砂浆单价换算为湿拌砂浆外，另按相应定额中每立方米砌筑砂浆扣除人工 0.45 工日，并扣除灰浆搅拌机台班数量。

【例 2-6】 求采用 DM10 干混砂浆砌筑 1 砖厚烧结煤矸石多孔砖墙基价。

解： DM10 干混砂浆单价 412.25 元/m^3，见定额附录(一)。

3-59 换＝3985－1.89×0.2×43＋(412.25－181.75)×1.89＋(0.6－1)×0.27×58.57＝4398(元/10m^3)

⑨ 凡定额未列商品混凝土的子目采用商品混凝土浇捣时，按现拌混凝土定额执行，应扣除相应定额中的搅拌机台班数量，同时振捣器台班数量乘以系数 0.8；另按相应定额中每立方米混凝土含量扣除人工：泵送时 0.65 工日、非泵送时 0.52 工日。混凝土构件浇捣、制作定额未包括添加剂，发生时，按设计要求另行计算。

【例 2-7】 某工程刚性屋面防水层采用 C20(16)非泵送商品混凝土，试计算该定额的基价。

解： C20(16)非泵送商品混凝土见定额附录(四)，可知为 285 元/m^3。

7-1 换＝1922＋(285－208.32)×4.56－0.38×123.45＋(0.76×0.8－0.76)×17.56－4.56×0.52×43＝2120(元/m^2)

⑩ 定额中的黄砂，用于垫层的为毛砂；用于混凝土及砂浆配合比的为净砂，其过筛人工及筛耗已包括在材料价格内，用于混凝土中的碎石，材料价格内考虑了一定比例的冲洗费用和损耗。

⑪ 本定额中淋化每立方米石灰膏，按统货生石灰 750kg 考虑编制。

⑫ 本定额木种分类规定如下。

一类、二类：红松、水桐木、樟子松、白松(云杉、冷杉)、杉木、杨木、柳木、椴木。

三类、四类：青松、黄花松、秋子木、马尾松、东北榆木、柏木、苦楝木、梓木、黄菠萝、椿木、楠木、柚木、樟木、榉木、橡木、核桃木、樱桃木。

⑬ 本定额周转材料按摊销量编制，且已包括回库维修耗量及相关费用。

⑭ 现浇混凝土工程的承重支模架、钢结构或空间网架结构安装使用的满堂承重架及其他施工用承重架，高度超过 8m 或跨度超过 18m 或施工总荷载大于 10kN/m^2 或集中线荷载大于 15kN/m 时，应按施工组织设计提供的施工技术方案另行计算，不再执行相应增加层定额。

⑮ 本定额项目中次要的零星材料未一一列出，已包括在其他材料费内。

(6) 有关机械台班消耗量的说明和规定(总说明九)。

① 台班价格每一台班按 8h 工作制计算，并考虑了其他直接生产用机械幅度差。

② 定额中建筑机械的类型、规格是按正常施工、合理配置并结合本省施工企业机械配备情况考虑的，与定额中的台班消耗量相对应。未列出的零星机械已包括在其他机械费内。

③ 本定额未包括大型机械场外运输及安拆费用，发生时应根据施工设计选用的实际机械种类及规格，按附录(二)机械台班费用定额有关规定计算。

(7) 其他相关使用方法的规定(总说明十)。

① 本定额脚手架费用是按一个整体工程考虑的，如遇结构与装饰分别发包，则结构和装饰脚手架费用的划分由各方协商确定。

② 洞库照明费以地下室面积，以及外围开窗面积小于室内平面面积 2.5%的库房、暗室等的面形之和为基数，按 15 元/m^2 计算(其中人工 0.05 工日)。

③ 本定额的垂直运输按不同檐高的建筑物和构筑物单独编制，应根据具体工程内容按垂直运输章节定额执行。

④ 本定额除定额注明高度的以外，均按建筑物檐高 20m 内编制，檐高在 20m 以上的工程，其降效应增加的人工、机械及有关费用按建筑物超高施工增加费定额执行。

⑤ 定额中的建筑物檐高是指设计室外地坪至建筑物檐口底的高度，突出主体建筑物屋顶的电梯机房、楼梯间、有围护结构的水箱间、瞭望塔等不计高度。建筑物的层高是指

本层设计地(楼)面至上一层楼面的高度。

⑥ 定额中凡注明“××以内”或“××以下”者，均包括本身在内；注明“××以外”或“××以上”者，则不包括本身在内。定额中遇有两个或两个以上系数时，按连乘法计算。

2) 建筑面积计算规则

按国家标准建筑工程建筑面积计算规范的规定计算工业建筑与民用建筑的面积。详见本书第 19 章建筑面积计算。

3) 分项工程定额

预算定额分项工程共有 18 章，其中第十六章、第十七章、第十八章为工程措施项目，其他章节主要为工程实体项目(第一章、第四章含有部分技术措施费用)。

4) 附录

附录是定额的有机组成部分，由 4 部分组成。

附录(一)为砂浆、混凝土强度等级配合比。

附录(二)为机械台班单独计算的费用。

附录(三)为主要材料损耗率表。

附录(四)为人工、材料、机械台班价格定额取定表。

2. 定额计价表

定额计价表是确定分项工程直接工程费单价的主要依据。计价表由工作内容、分项单位基价(即人工费、材料费、机械费)和相应的消耗量等部分组成。

表中列有工作内容，说明完成本节定额中分项工程的主要施工过程。

计量单位：每一分项工程都有一定的计量单位，预算定额的计量单位是根据分项工程的形体特征、变化规律或结构组合等情况选择确定的。一般说来，当产品的长、宽、高 3 个度量都发生变化时，采用 m^3 或 t 为计量单位；当两个度量不固定时，采用 m^2 为计量单位；当产品的横截面大小基本固定时，则用 m 为计量单位；当产品采用上述 3 种单位都不适宜时，则分别采用个、座等自然计量单位。为了避免出现过多小于 1 的小数位数，定额常采用扩大计量单位，如每 $10m^3$、每 $100m^2$ 等。

项目名称：按构配件或工种或部位划分。

定额编号：指定额的序号，现行定额采用分部编号，即以分部为单位连续编号。

定额附注：对某定额节或某一分项定额的制定依据、作用方法及调整换算等所做的说明和规定。

定额基价：指定额的基准价格，是地区调价和动态管理调价的基数。

3. 定额套用与换算

在工程预算的编制过程中，当实际工程内容与定额子目规定的内容相同时可直接套用，否则，应对定额内容进行调整即定额调整或另补充定额。根据定额使用情况，主要可分以下 3 种形式。

1) 直接套用

直接套用即实际施工做法、人工、材料、机械的价格与所要的定额子目一致时可直接套用。

例如，标准混凝土实心砖一砖墙 M7.5 混合砂浆砌筑，这个项目可以从砖石分部标准混凝土实心砖墙定额节，找到编号 3－20，因为定额是采用 M7.5 混合砂浆编制的，所以可直接套用。

2）调整与换算

当实际施工做法、人工、材料、机械的价格与所要的定额子目不一致时应调整定额内容，以便获得实际工程的基价，经过换算的定额编号一般在右侧写上“换”或“H”。调整定额内容可归纳以下几种方法。

(1) 含量换算方法：指调整定额消耗量，如定额门窗断面与施工图门窗断面不同，则需对木材用量进行调整，进而对基价进行调整。

(2) 人工、材料、机械换算方法：指定额采用的材料、机械等品种、规格与设计不同，按照规定对原定额的人材机做出删除或替换，增加新的人材机，如砂浆、混凝土强度等级不同需做的强度等级换算等。

换算后基价＝原定额基价＋(设计砂浆单价－定额砂浆单价)×定额砂浆用量

换算后基价＝原定额基价＋(设计混凝土单价－定额混凝土单价)×定额混凝土用量

【例 2－8】 求设计采用 M10 混砂浆砌筑 1 砖厚烧结煤矸石多孔砖墙基价。

解：M10 混砂浆单价见定额附录(一)，可知为 184.56 元/m^3。

3－59 换＝3985＋(184.56－181.75)×1.89＝3990(元/10m^3)

(3) 系数调整法：在原定额与单价的基础上，采用乘系数的方法进行调整。一般用于成比例增减的项目。例如，打桩定额是按打正式桩编制的，如打试桩，定额规定人工、机械乘以系数 1.5 进行调整。又如，基础搅捣采用商品混凝土非泵送时，人工乘以 1.5。

(4) 增减用量调整法：即在原定额基础上，采用增减用量(人工、材料、机械)的方法进行调整。一般用于不成比例增减的项目，增减用量调整涉及两项定额：“基本定额”和“增减定额”。例如，现捣钢筋混凝土桩的模板高度，定额是按 3.6m 以内编制的，如高度超过 3.6m 应另按超高定额增加工料。

3）定额的补充

由于分项工程的设计要求与定额条件完全不相符或新材料、新结构、新工艺的发展，在预算定额中没有这类项目，属于定额缺项时，可编制补充预算定额。

编制补充预算定额的方法通常有两种：一种是按照预算定额的编制方法，计算人工、材料和机械台班消耗量指标，然后乘以人工工资、材料价格及机械台班使用单价并汇总即得补充预算定额基价；另一种是按人工、机械台班消耗定额的制定方法来确定补充项目。

2.5 概算定额

2.5.1 概算定额的概念

概算定额是在预算定额的基础上，确定完成合格的单位扩大分项工程或单位扩大结构构件所需消耗的人工、材料和机械台班的数量标准，所以概算定额又称扩大结构定额。

概算定额是预算定额的合并与扩大。它将预算定额中有联系的若干个分项工程项目综合为一个概算定额项目。例如，砖基础带钢筋混凝土基础定额项目，它综合考虑了场地平整、挖土方、基底夯实、垫层、钢筋混凝土基础、砖基础、防潮层、填土、运土等预算定额中的分项工程。又如，现浇混凝土楼面项目，综合包括了现浇钢筋混凝土楼的模板、钢筋、捣混凝土、楼板面上找平层、面层、板底抹灰、刷浆等预算定额中的分项工程。

概算定额与预算定额的相同之处在于，它们都是以建(构)筑物各个结构部分和分部分项工程为单位表示的，内容也包括人工、材料和机械台班使用量定额 3 个基本部分，并列有基准价。概算定额表达的主要内容、表达的主要方式及基本使用方法都与预算定额相近。

概算定额与预算定额的不同之处在于，项目划分和综合扩大程度上存在差异。

概算定额可根据专业性质不同分为：建筑工程概算定额和设备安装工程概算定额。建筑工程概算定额包括土建工程概算定额，给排水、采暖通风概算定额，通信工程概算定额，电气照明概算定额，工业管道工程概算定额；设备安装工程概算定额包括机械设备与安装、电气安装工程、工器具及生产家具购置费等概算定额。

2.5.2 概算定额的作用

概算定额的作用如下。

(1) 概算定额是编制概算、修正概算的主要依据。按有关规定应按设计的不同阶段对拟建工程估价，初步设计阶段应编制概算，技术设计阶段应修正概算，概算定额是为适应这种设计深度而编制的。

(2) 概算定额是编制主要材料订购计划的依据。项目建设所需要的材料、设备，应先提出采购计划，再据此进行订购。根据概算定额的材料消耗指标计算工、料数量比较准确、快速，可以在施工图设计之前提出计划。

(3) 概算定额是设计方案进行经济分析的依据。设计方案的比较主要是对建筑、结构方案进行技术、经济比较，目的是选出经济合理的优秀设计方案。概算定额按扩大分项工程或扩大结构构件划分定额项目，可为设计方案的比较提供方便的条件。

(4) 概算定额是编制概算指标的依据。概算指标较之概算定额更加综合扩大，因此概算指标时，以概算定额作为基础资料。

2.5.3 概算定额的内容

概算定额一般由总说明、分部说明、概算定额项目表及有关附录组成。

1. 说明部分

总说明主要是介绍概算定额的作用、编制依据、适用范围、使用方法，共性问题解释及有关规定的内容。分部说明主要是对本分部定额内容、界限划分、使用方法、工程量计算规则、调整换算规定等进行说明。

2. 概算定额项目表

(1) 定额项目的划分通常按工程部位划分，建筑工程概算定额可分为 7 个部分，包括基础、墙砖、梁柱、屋楼地面、门窗、金属结构、构筑物。

(2) 概算定额项目表是定额的最基本表现形式，内容包括计量单位、定额编号、项目名称、项目消耗量、定额单价及工料指标等，见表 2.2。

表 2.2 钢筋混凝土柱项目概算定额项目表

工作内容：模板制作、安装、拆除、钢筋制作、安装、混凝土浇捣、砂浆抹面。

计量单位：$10m^3$

概算定额编码				5-9		5-10	
项目		单位	单价	矩形柱		异形柱	
				混合砂浆面			
				数量	合价	数量	合价
基价				12652.56		13236.30	
其中	人工费	元		2116.40		1738.62	
	材料费	元		10172.03		10165.25	
	机械费	元		1264.13		3132.43	
4-156	现浇混凝土矩形柱木模板	m^2	26.60	8.36			
4-158	现浇混凝土异形柱木模板	m^2	36.73			10.33	
4-7	现浇混凝土柱	m^3	348.74	10.00		10.00	
4-417	现浇构件钢筋制作	t	4219	2.10		2.20	
11-32	柱面混合砂浆抹面	m^2	10.23	8.35		10.33	
合计工		工日	40	52.91	2116.40	43.47	1738.62
材料	中(粗)砂	t	35.81	9.49	339.98	8.817	315.74
	碎石 5～20mm	t	36.18	12.21	441.65	12.21	441.65
	普通木材	m^3	1000	0.30	300.00	0.19	190.00
	螺纹钢	t	4219	1.70	7172.3	1.80	7594.20
	木模板	m^3	950.00	2.10	1995.00	2.80	2660.00
	钢支撑	kg	2.77	35.85	99.30	32.30	89.47
	其他材料	元			262.33		125.36
机械	垂直运输费				653.00		526.58
	其他机械费				403.20		386.55

2.6 概算指标

1. 概算指标的概念及作用

建筑安装工程概算指标通常是以整个建筑物和构筑物为对象，以建筑面积、体积或成套设备装置的台或组为计量单位而规定的人工、材料、机械台班的消耗量标准作为造价指标。概算指标中应用较多的指标有：每 $100m^2$ 建筑面积的单位工程造价(表 2.3)、分项工程量(表 2.4)、人材机消耗量(表 2.5)，这些根据已有资料测定概算指标可以快速编制初步设计概算、投资估算、主要材料匡算并对设计方案进行比选。

2. 概算定额与概算指标的区别

(1) 确定对象不同：概算定额是以单位扩大分项工程或单位扩大结构构件为对象，而概算指标则是以整个建筑物(如 100m² 或 1000m² 建筑物)和构筑物为对象。因此概算指标比概算定额更加综合与扩大。

(2) 确定各种消耗量指标的依据不同：概算定额以现行预算定额为基础，通过计算之后才综合确定出各种消耗量指标，而概算指标中各种消耗量指标的确定，则主要来自各种预算或结算资料。

3. 概算指标的类型

(1) 经济指标。以 100m² 建筑面积或座表示该项目土建、水暖电等单位工程的造价，见表 2.3。

表 2.3 砌体住宅经济指标 计量单位：100m² 建筑面积

项　目		合计/元	其中/元			
			直接费	间接费	利润	税金
单方造价		30422	21860	5576	1893	1093
其中	土建	26133	18778	4790	1626	939
	水暖	2565	1843	470	160	92
	电照	614	1239	316	107	62

(2) 工程量指标。以 100m² 建筑面积表示该分项工程工程量(表 2.4)和人工、材料、机械消耗量(表 2.5)。

表 2.4 砌体住宅分部分项工程量指标 计量单位：100m² 建筑面积

序号	项 目 名 称		工　程　量	
			单位	数量
1	基础	钢筋混凝土条形基础	m^3	38.00
2	外墙	一砖墙、外墙涂料、内墙乳胶漆刷白	m^2	25.00
3	内墙	一砖墙、内墙乳胶漆刷白	m^2	50.00
4	混凝土柱	C30 混凝土柱	m^3	52.00
…	……	……	…	…

表 2.5 砌体住宅人工、材料、机械消耗量指标 计量单位：100m² 建筑面积

序号	名称及规格	单　位	数　量
1	人工	工日	123.00
2	钢筋	t	2.6
3	水泥	t	18.10
4	烧结多孔砖	千块	15.10
…	……	……	…

2.7 投资估算指标

工程建设投资估算指标是编制建设项目建议书、可行性研究报告等前期工作阶段投资估算的依据，也可以作为编制固定资产长远规划投资额的参考。前期工作阶段往往只有一个设计意想，没有图纸，无法正确计算工程量，因此，常用生产能力作为估算指标。投资估算指标内容因行业不同而不同，一般可分为建设项目综合指标、单项工程指标和单位工程指标 3 个层次。

1. 建设项目综合指标

建设项目综合指标一般以项目的综合生产能力单位投资表示。

建设项目综合指标指按规定应列入建设项目总投资的从立项筹建开始至竣工验收交付使用的全部投资额，包括单项工程投资、工程建设其他费用、预备费及利息。

2. 单项工程指标

单项工程指标一般以单项工程生产能力单位投资表示。

单项工程指标指按规定应列入能独立发挥生产能力或使用效益的单项工程内的全部投资额，包括建筑安装工程费，设备、工器具及生产家具购置费。单项工程一般划分原则如下。

(1) 主要生产设施：指直接参加生产产品的工程项目，包括生产车间或生产装置。

(2) 辅助生产设施：指为主要生产车间服务的工程项目，包括集中控制室、中央实验室、机修、电修、仪器表修理及木工(模)等车间，原材料、半成品、成品及危险品等仓库。

(3) 公用工程：包括给排水系统(给排水泵房、水塔、水池及全厂给排水管网)、供热系统(锅炉房及水处理设施、全厂热力管网)、供电及通信系统(变配电所、开关所及全厂输电、电信线路)，以及热电站、热力站、煤气站、变压站、冷冻站、冷却塔和全厂管网等。

(4) 环境保护工程：包括废气、废渣、废水等处理和综合利用设施及全厂性绿化。

(5) 总图运输工程：包括厂区防洪、围墙大门、传达及收发室、汽车库、消防车库、厂区道路、桥涵、厂区码。

(6) 厂区服务设施：包括厂部办公室、厂区食堂、医务室、浴室、哺乳室、自行车棚等。

(7) 生活福利设施：包括职工医院、住宅、生活区食堂、俱乐部、托儿所、幼儿园、子弟学校、商场。

(8) 厂外工程，如水源工程、厂外输电、输水、排水、通信、输油等管线及公路、铁路专用线等。

单项工程指标一般以单项工程生产能力单位投资，如“元/t ”或其他单位表示。如变配电站以“元/(kV·A)”表示，锅炉房以“元/蒸汽吨”表示，供水站以“元/m^3”表示，工业、民用建筑则按不同结构形式以“元/m^2”表示。

3. 单位工程指标

单位工程指标按规定应列入能独立设计、施工的工程项目的费用，即建筑安装工程费用，如房屋、构造物、道路等工程均可按单方造价进行编制投资估算。

2.8 工程量清单计价

工程量清单由分部分项工程量清单、措施项目清单、其他项目清单、规费和税金项目的名称和相应数量的明细清单组成。其编制应该由具有编制招标文件能力的招标人或具有相应资质的工程造价咨询单位承担。采用工程量清单方式招标的项目，工程量清单是招标文件中重要的组成部分，是招标文件中不可分割的一部分，其完整性和准确性由招标人负责。

工程量清单是工程量清单计价的基础，应作为编制招标控制价、投标报价、计算工程量、支付工程款、调整合同价、办理竣工结算及工程索赔等的依据之一，其内容应全面、准确。合理的清单项目设置和准确的工程量，是投资控制的前提和基础，也是清单计价的前提和基础。因此，工程量清单编制的质量直接关系和影响到工程建设的最终结果。

2.8.1 工程量清单及计价办法

1. 分部分项工程量清单

分部分项工程量清单的项目设置规则是统一项目编码、项目名称、项目特征、计量单位及计算规则，“五个统一”是编制分部分项工程量清单的依据。

1）项目编码

项目编码以5级编码设置，用12位阿拉伯数字表示。1、2、3、4级编码统一；第5级编码由工程量清单编制人区分具体工程的清单项目特征而分别编码，同一工程项目编码不得有重码。各级编码代表的含义如下。

第1级表示工程分类码(分2位)：建筑工程为01、装饰装修工程为01、安装工程为03、市政工程为04、园林绿化工程为05、矿山工程06等。

第2级表示专业工程顺序码(分2位)。

第3级表示分部工程顺序码(分2位)。

第4级表示分项工程清单项目名称码(分3位)。

第5级表示具体清单项目码(分3位)。

项目编码结构如图2.4所示(以建筑安装工程为例)。

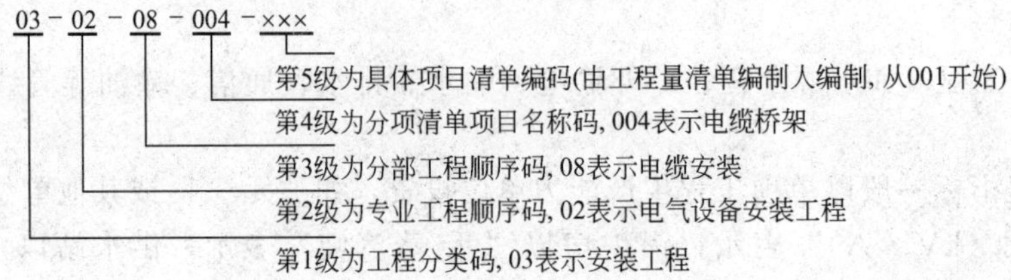

图2.4 工程量清单项目编码结构

2）项目名称

分部分项工程量清单的项目名称应根据清单计价规范附录的项目名称结合拟建工程的实际确定。编制工程量清单时，应以附录中的项目名称为基础，考虑该项目的实际情况，对其进行适当的调整或细化。例如，规范中“墙面一般抹灰”项目名称，在形成分部分项清单名称时可以细化为“外墙面抹灰”、“内墙面抹灰”等，使其能够反映影响工程造价的主要因素。项目名称如有缺项，招标人可按相应的原则进行补充，并报当地工程造价管理部门备案。

3）项目特征

项目特征应按清单规范中规定的项目特征，结合拟建工程项目工程构造做法、材料规格、材质、安装位置等实际情况予以描述。工程量清单项目特征描述的重要意义如下。

(1) 项目特征是区分清单项目的依据。工程量清单项目特征是用来表述分部分项清单项目的实质内容，用于区分计价规范中同一清单条目下各个具体的清单项目。没有项目特征的准确描述，对于相同或相似的清单项目名称，就无从区分。

(2) 项目特征是确定综合单价的前提。由于工程量清单项目的特征决定了工程实体的内容，必然直接决定工程实体的自身价值。因此，工程量清单项目特征描述的准确与否，直接关系到工程量清单项目综合单价的准确确定。

(3) 项目特征是履行合同义务的基础。实行工程量清单计价，工程量清单及其综合单价构成了施工合同的组成部分。因此，如果工程量清单项目特征的描述不清甚至有漏项、错误，就会引起在施工过程中的更改，从而引起分歧、导致纠纷。

进行项目特征描述时，要掌握以下要点。

(1) 必须描述的内容。

① 涉及正确计量的内容必须描述，如清单用“樘”计量门窗时，门洞尺寸应描述。

② 涉及结构要求的内容必须描述，如混凝土强度等级。

③ 涉及材质要求的内容必须描述，如木材材种类等。

④ 涉及安装方式的内容必须描述，如管道工程中管道连接方式。

(2) 可不描述的内容。

① 对计量计价没有实质影响的内容可以不描述，如混凝土梁的高度、尺寸。

② 应由投标人根据施工方案确定的可以不描述，如土方开挖放坡系数大小。

③ 应由投标人根据当地材料和施工要求确定的可以不描述，混凝土中石子粒径大小。

④ 应由施工措施解决的可以不描述，如混凝土柱高度。

(3) 可不详细描述的内容。

① 无法准确描述的可不详细描述，如土壤类别，可注明由投标人根据勘察报告自行确定土类别。

② 施工图纸、标准图集标注明确的，可不再详细描述，如注明图集就可。

③ 还有一些项目可不详细描述，但清单编制人在项目特征描述中应注明由投标人自定，此外，还应注意计价规范规定多个计量单位的描述及规范中没有项目特征要求的个别项目，但又必须描述的应予描述。

4）计量单位

计量单位应采用基本单位，除各专业另有特殊规定外，均按以下单位计量。

以质量计算的项目——吨或千克(t 或 kg)；

以体积计算的项目——立方米(m^3)；

以面积计算的项目——平方米(m^2)；

以长度计算的项目——米(m)；

以自然计量单位计算的项目——个、套、块、樘、组、台……

没有具体数量的项目——宗、项……

各专业有特殊计量单位的，再另外加以说明。

5）工程数量的计算

工程数量的计算主要通过工程量计算规则得到。工程量计算规则是指对清单项目工程量的计算规定。除另有说明外，所有清单项目的工程量应以实体工程量为准，并以完成后的净值计算；投标人投标报价时，应在单价中考虑施工中的各种损耗和需要增加的工程量。采用工程量清单计算规则，工程实体的工程量是唯一的。统一的清单工程量，为各投标人提供了一个公平竞争的平台，也方便招标人对各投标人的报价进行对比。

工程量的计算规则按主要专业划分包括建筑工程、装饰装修工程、安装工程、市政工程、园林绿化和矿山工程 6 个专业部分。

6）补充项目

编制工程量清单时如果出现清单计价规范中未包括的项目，编制人可进行补充，并报省级或行业工程造价管理机构备案。补充项目的编码由规范中的顺序码与 B 和 3 位阿拉伯数字组成，并应从×B001 起顺序编制(×B001 中，×代表各个专业)。同一招标工程的项目不得重码。补充项目需要的项目名称、项目特征、计量单位、工程量计算规则、工程内容。

7）分部分项工程量清单与计价的标准格式(表 2.6)

表 2.6　分部分项工程量清单与计价表

序号	项目编码	项目名称	项目特征	计量单位	工程数量	金额/元		
						综合单价	合价	暂估价
本页小计								
合　计								

在分部分项工程量清单的编制过程中，由招标人负责前 6 列内容的填写，金额部分在编制招标控制价时填写。投标报价时，金额由投标人填写，但投标人对分部分项工程量清单计价表中的序号、项目编码、项目名称、项目特征、计量单位、工程量不能做出修改。

综合单价应包括完成一个规定计量单位工程所需的人工费、材料费、机械使用费、管理费和利润，并应考虑风险因素。在其他项目清单中，甲方提供材料暂估价的，投标人应在相应清单项目中计入综合单价，竣工结算时此部分项目按实际材料价格重新调整综合单价，多退少补。风险费用，按照施工合同约定的风险分担原则，结合自身实际情况，投标人在报价时应综合分析，考虑其在施工过程中可能出现的人工、材料、机械的涨价或施工工程量增加或减少等因素引起的潜在风险。清单招标不得采用无风险、所有风险等类似语句规定风险。

在工程投标时，根据招标人的需要或为了便于竣工结算，投标人尚需提供分部分项工程量清单综合单价分析表，见表 2.7。

表 2.7 工程量清单综合单价分析表

项目编码			项目名称					计量单位			
清单综合单价组成明细											
定额编号	定额名称	定额单位	数量	单价				合价			
				人工费	材料费	机械费	管理费和利润	人工费	材料费	机械费	管理费和利润
人工单价	小计										
元/工日	未计价材料费										
清单项目综合单价											

材料费明细	主要材料名称、规格、型号	单位	数量	单价/元	合价/元	暂估单价/元	暂估合价/元
	其他材料费			—		—	
	材料费小计			—		—	

2. 措施项目清单

措施项目清单应根据拟建工程的实际情况列项，分为通用项目(安全文明施工费、夜间施工费、二次搬运费、冬季雨季施工费、大型机械设备进出场及安拆费、施工降排水费、临时保护设施费、已完工程及设备保护费)和专业措施项目(建筑工程项目、装饰装修工程项目、安装工程项目、市政工程项目、矿山工程项目)，其中建筑工程专业措施费包括混凝土、钢筋混凝土模板及支架费、脚手架费、垂直运输费。措施项目根据工程实际进行选择列项。同时，当出现清单计价规范中未列措施项目时，可根据工程实际情况进行补充。

措施项目中可以计算工程量的项目清单宜采用分部分项工程量清单的方式使用综合单价，列出项目编码、项目名称、项目特征、计量单位和工程量计算规则，见表 2.8(项目编码、项目特征见第 18 章)；不能计算工程量的项目清单，以“项”为计量单位，投标单位一经报出价就视为管理费、利润在内，见表 2.9。

表 2.8 措施项目清单与计价表一

序号	项目编码	项目名称	项目特征	计量单位	工程数量	金额/元	
						综合单价	合价
本页小计							
合计							

表 2.9 措施项目清单与计价表二

项目编号	项目名称	计算基数	费率	金额/元
011701001	安全文明施工费			
011701002	夜间施工费			
011701003	非夜间施工照明费			
011701004	二次搬运费			
011701005	冬雨季施工费			
011701010	已完工程保护费			
合计				

注：根据建设部、财政部发布的《建筑安装工程费用组成》(建标［2003］206 号)的规定，“计算基础”可为“直接费”、“人工费”或“人工费＋机械费”。措施表中项目可根据实际情况进行增减。

3. 其他项目清单

其他项目清单是指分部分项工程量清单、措施项目清单所包含的内容以外，因招标人的特殊要求而发生的与拟建工程有关的其他费用项目和相应数量的清单。工程建设标准的高低、工程的复杂程度、工程的工期长短、工程的组成内容、发包人对工程管理的要求等都直接影响其他项目清单的具体内容。其他项目清单宜按照表 2.10 设计，出现未包含表格中内容的项目，可根据工程实际情况补充。

表 2.10 其他项目清单与计价汇总表

序号	项目名称	计算单位	金额	备注
1	暂列金额			
2	暂估价		—	
2.1	材料暂估价			
2.2	专业工程暂估价			
3	计日工			
4	总承包服务费			
合 计				

注：材料暂估价进入清单项目综合单价，此处不汇总。

1）暂列金额

暂列金额是指招标人在工程量清单中暂定并包括在合同价款中的一笔款项，用于施工合同签订时尚未确定或者不可预见的所需材料、设备、服务的采购，施工中可能发生的工程变更、合同约定调整因素出现时的工程价款调整，以及发生的索赔、现场签证确认等的费用。暂列金额可按照表 2.11 的格式列示。

表 2.11 暂列金额明细表

序号	项目名称	计算单位	暂定金额	备注
1				
2				
合计				

注：此表由招标人填写，如不能详列，也可只列暂定金额总额，投标人将上述金额计入投标总价。

2）暂估价

暂估价是指招标阶段直至签订合同协议时，招标人在招标文件中提供的用于支付必然要发生但暂时不能确定价格的材料，以及专业工程的金额，包括材料暂估价、专业工程暂估价。

(1) 招标人提供材料暂估价应只是材料费，投标人应将材料暂估单价计入工程量清单综合单价报价中。

(2) 专业工程的暂估价一般应是综合暂估价，应当包括除规费和税金以外的管理费、利润等取费。

总承包招标时，专业工程设计深度往往是不够的，而施工工艺要求又高，出于提高可建造性考虑，一般由专业承包人负责设计和施工，以发挥其专业技能和施工经验的优势。因此，公开透明合理地确定这类暂估价的实际开支金额的最佳途径就是通过施工总承包人与招标人共同组织招标。

暂估价可按照表 2.12 和表 2.13 的格式列示。

表 2.12 材料暂估单价表

序号	材料名称、规格、型号	计算单位	单价	备注
1				
2				
3				
4				
5				
合计				

注：① 此表由招标人填写，并在“备注”栏说明暂估价材料拟用在哪些清单项目上，投标人将上述暂估材料单价计入工程量清单综合单价。

② 材料包括原材料、燃料、构配件及按规定应计入建筑安装工程造价的设备。

表 2.13 专业工程暂估价表

序号	工程名称	工程内容	金额	备注
1				
2				
3				
4				
合计				

注：此表由招标人填写，投标人将上述专业工程暂估价计入投标总价。

3）计日工

计日工对完成零星工作所消耗的人工工时、材料数量、施工机械台班进行计量，并按照计日工表中填报的适用项目的单价进行计价支付。计日工适用的所谓零星工作一般是指合同约定之外的或者因变更而产生的、工程量清单中没有相应项目的额外工作，尤其是那些时间有限、不允许事先商定价格的额外工作。计日工单价按综合单价计价，即施工方一旦报出就视为管理费、利润在内的价格。

计日工可按照表 2.14 的格式列示。

表 2.14　计日工表

编号	项目名称	单　位	暂定数量	综合单价	合　价
一	人工				
1					
2					
人工小计					
二	材料				
1					
2					
3					
材料小计					
三	机械				
1					
2					
机械小计					
总　计					

注：此表项目名称、暂定数量由招标人填写，编制招标控制价时，单价由招标人按有关规定确定；投标时，单价由投标人填写并计入投标总价。

4）总承包服务费

总承包服务费是为了解决招标人在法律、法规允许的条件下进行专业工程发包及自行采购供应材料、设备时，要求总承包人对发包的专业工程提供协调和配合服务(如分包人使用总包人的脚手架、施工电梯等)；对供应的材料、设备提供收发和保管服务，以及进行施工现场管理时发生并向总承包人支付的费用。

总承包人可按照表 2.15 的格式列示。

表 2.15 总承包服务费计价表

序号	项目名称	项目价值	服务内容	费率/%	金额/元
1	发包人发包专业工程				
2	发包人供应材料				
3					

4. 规费、税金项目清单

规费项目清单应按照下列内容列项：工程排污费，社会保障费(包括养老保险费、失业保险费、医疗保险费)，住房公积金，危险作业意外伤害保险。出现未列的项目，应根据省级政府或省级有关权力部门的规定列项。

税金项目清单应包括下列内容：营业税，城市维护建设税，教育费附加。

规费、税金项目清单与计价可按照表 2.16 的格式列示。

表 2.16 规费、税金项目清单与计价表

序号	项目名称	计算基数	费率/%	金额/元
1	规费			
1.1	工程排污费			
1.2	社会保障费			
(1)	养老保险			
(2)	失业保险			
(3)	医疗保险			
1.3	住房公积金			
1.4	危险作业意外伤害保险			
2	税金	分部分项工程费＋措施费＋其他项目费＋规费		
合计				

注：此表计算基数可为直接费、人工费＋机械费或人工费。

2.8.2 工程量清单与计价表组成和使用规定

清单与计价表除了表 2.6～表 2.16 之外，在实际项目工程招投标中清单编制和计价尚需表 2.17～表 2.24。未在本章节中列示的工程竣工结算相关计价表参考计价规范。

1. 清单与计价其他相关表格

1) 清单编制封面(表 2.17)

清单编制封面由招标人填写、签字、盖章。

表 2.17 工程量清单封面

<table>
<tr><td colspan="2">________工程
工 程 量 清 单</td></tr>
<tr><td>招　标　人：________
(单位盖章)</td><td>工 程 造 价
咨　询　人：________
(单位资质专用章)</td></tr>
<tr><td>法定代表人
或其授权人：________
(签字或盖章)</td><td>法定代表人
或其授权人：________
(签字或盖章)</td></tr>
<tr><td>编　制　人：________
(签字或盖章)</td><td>复　核　人：________
(签字盖专用章)</td></tr>
<tr><td colspan="2">编制时间：　年　月　日
复核时间：　年　月　日</td></tr>
</table>

2）清单编制总说明(表 2.18)

清单编制总说明应按表 2.18 内容填写。

表 2.18 总说明

<table>
<tr><td>工程概况：建设规模、工程特征、计划工期、施工现场实际情况、交通运输情况、自然地理条件、环境保护要求等。
工程招标和分包范围。
工程量清单编制依据。
工程质量、材料、施工等的特殊要求。
招标人自行采购材料的名称、规格型号、数量等。
其他项目清单中招标人部分的(包括暂列金、暂估价等)金额数量。
其他需说明的问题。</td></tr>
</table>

3）招标控制价封面(表 2.19)

招标控制价封面由招标人负责完成。

表 2.19 招标控制价封面

<table>
<tr><td>项　目　名　称：________
招标控制价总额(万元)：________(大写)
招标人：________单位盖章：________
编制单位资质证书号：________资格证章：________
编　　制　　人：________资格证章：________
审　　核　　人：________资格证章：________
专　业　负　责　人：
单　位　负　责　人：
编制单位(公章)：________　编制时间：　年　月　日</td></tr>
</table>

4）投标总价封面(表 2.20)

投标总价封面由投标人按规定的内容填写、签字、盖章。

表 2.20 投标总价封面

投 标 总 价
招 标 人：______
工 程 名 称：______
投标总价(小写)：______
(大写)：______
投 标 人：______(单位盖章)
法 定 代 表 人：______(签字或盖章)
编 制 人：______(造价人签字盖专用章)
编 制 时 间：______

5）投标报价总说明(表 2.21)

投标报价总说明应按表 2.21 内容填写。

表 2.21 投标报价总说明

工程概况：建设规模、工程特征、计划工期、合同工期、施工现场实际情况、施工组织设计的特点、交通运输情况、自然地理条件、环境保护要求等。 工程质量等级。 工程量清单计价编制依据。 其他需说明的问题。 ……

6）工程项目投标报价汇总表(表 2.22)

工程项目投标报价汇总表由投标人负责填写。

表 2.22 工程项目投标报价汇总表

序号	单项工程名称	金额/元	其 中		
			暂估价	安全文明费	规费
	合计				

注：① 单项工程名称按照单项工程费汇总表(表 2.23)的工程名称填写。

② 金额按照单项工程费汇总表(表 2.23)的合计金额填写。

7）单项工程费汇总表(表 2.23)

单项工程费汇总表由投标人负责填写。

表 2.23　单项工程费汇总表

序号	单位工程名称	金额/元	其中		
			暂估价	安全文明费	规费
合计					

注：① 单位工程名称按照单位工程费汇总表(表 2.24)的工程名称填写。
② 金额按照单位工程费汇总表(表 2.24)的合计金额填写。

8）单位工程费汇总表(表 2.24)

单位工程费汇总表由投标人负责填写。

表 2.24　单位工程费汇总表

序号	汇 总 内 容	金额/元	其中：暂估价/元
1	分部分项工程费合计		
2	措施项目费合计		
2.1	安全文明施工费		
3	其他项目费合计		
4	规费		
5	税金		
合计＝1＋2＋3＋4＋5			

注：单位工程费汇总表中的金额应分别按照分部分项工程量清单与计价表(表 2.6)、措施项目清单与计价表(表 2.8)和其他项目清单与计价表(表 2.10)的合计金额和按有关规定计算的规费、税金填写。

2. 清单与计价表格使用规定

上述诸多工程量清单与计价表的内容和格式属于清单计价规范统一规定，在具体使用本省计价规则时，对计算基数、规费取费内容、分部分项清单综合单价分析表、措施费分类等规定与计价规范的规定尚有区别，详见第 20 章施工取费定额。

1）工程量清单编制

工程量清单的编制应符合下列规定。

(1) 工程量清单编制使用表格包括表 2.6、表 2.8～表 2.18。

(2) 封面应按规定的内容填写、签字、盖章，造价员编制的工程量清单应有负责审核的造价工程师签字、盖章。

2）招标控制价、投标报价

招标控制价、投标报价的编制应符合下列规定。

(1) 招标控制价使用表格包括表 2.6～表 2.16、表 2.19、表 2.21～表 2.24。

(2) 投标报价使用的表格包括表 2.6～表 2.16、表 2.20～表 2.24。

(3) 封面应按规定的内容填写、签字、盖章，除承包人自行编制的投标报价和竣工结算外，受委托编制的招标控制价、投标报价、竣工结算若为造价员编制的，应有负责审核的造价工程师签字、盖章及工程造价咨询人盖章。

2.8.3 清单计价方式下招标控制价和投标报价规定

1）招标控制价

(1) 国有资金投资的工程建设项目应实行工程量清单招标，并应编制招标控制价。招标控制价超过批准的概算时，招标人应将其报原概算审批部门审核。投标人的投标报价高于招标控制价的，其投标应予以拒绝。招标控制价应在招标时公布，不应上调或下浮。

(2) 招标控制价应由具有编制能力的招标人，或受其委托具有相应资质的工程造价咨询人编制。

(3) 招标控制价编制依据。招标控制价编制应该采用国家或省级、行业建设主管部门颁发的计价定额和计价办法；招标控制价中工料机价格的确定一般以编制期当月工程造价管理机构发布的工程要素价格信息为依据，对于短期价格波动剧烈的要素价格，编制人应采用即时市场价格作为计算依据，并应在编制说明中明确；招标文件提供了暂估单价的材料，按暂估的单价计入综合单价；招标控制价综合单价中的企业管理费、利润、规费及税金等应按工程所在省市工程造价管理部门发布的计价依据标准计算；当计价依据的费用标准有弹性时，一般采用中值计算。

(4) 招标控制价对综合单价内风险费用的确定。为使招标控制价与投标报价所包含的内容一致，综合单价中应包括招标文件中要求投标人所承担的风险内容及其范围(幅度)产生的风险费用。投标人承担的风险分为完全承担的风险、有限承担的风险和完全不承担的风险3类。对于应由承包人完全承担的风险，如管理费和利润等风险，在招标控制价计算时不必考虑，编制人可直接按本省计价依据的相关规定计算。对于完全不承担风险，如法律、法规变化所产生的风险，应在招标文件中明确该类调价因素产生时的调整范围、内容和方法。对于有限承担风险，如材料价格、施工机械使用费的风险，应根据工程特点、工期要求、各要素在造价中所占比例及要素市场波动情况分析，参照相关工程资料取定风险额度，并予以说明。

2）投标报价

(1) 投标价应由投标人或受其委托具有相应资质的工程造价咨询人编制。

(2) 投标人应按招标人提供的工程量清单填报价格。填写的项目编码、项目名称、项目特征、计量单位、工程量必须与招标人提供的一致。

(3) 投标报价编制依据。除本规范强制性规定外(如一些非竞争性项目费：安全文明施工费、材料检验试验费、规费和税金)，投标价由投标人自主确定，但不得低于成本。

计价定额可以采用企业定额，国家或省级、行业建设主管部门颁发的计价定额；工料机价格参考市场价格信息或工程造价管理机构发布的工程造价信息；结合施工现场情况、工程特点及拟定的投标施工组织设计或施工方案做出报价。

(4) 综合单价中应考虑招标文件中要求投标人承担的风险费用。招标文件中提供了暂估单价的材料，按暂估的单价计入综合单价。

(5) 投标总价应当与分部分项工程费、措施项目费、其他项目费和规费、税金的合计金额一致。

2.8.4 工程量清单计价程序

工程量清单计价的基本过程可以描述为：在统一的工程量清单项目设置的基础上，依据工程量清单计量规则，根据具体工程的施工图纸计算出各个清单项目的工程量，再根据各种渠道所获得的工程造价信息和经验数据计算得到工程造价。其编制过程可以分为两个阶段：工程量清单编制和利用工程量清单来编制投标报价(或招标控制价)。

清单工程量是投标人投标报价的共同基础，是对各投标人的投标报价进行评审的共同平台，是招投标活动应当公开、公平、公正和诚实、信用原则的具体体现。竣工结算的工程量按发、承包双方在合同中约定应予计量且实际完成的工程量确定。工程量清单计价的基本程序如下。

(1) 分部分项工程费$=\sum$(分部分项工程量×相应分部分项工程综合单价)。

(2) 措施项目费$=\sum$各措施项目费。

(3) 其他项目费$=\sum$各其他项目费。

(4) 单位工程报价＝分部分项工程费＋措施项目费＋其他项目费＋规费＋税金。

(5) 单项工程报价$=\sum$单位工程报价。

(6) 建设项目总报价$=\sum$单项工程报价。

其他项目清单应根据工程特点和编制招标控制价、投标报价、竣工结算时不同的计价要求，做出相应的规定。在工程项目建造过程中，招标人在工程量清单中提供了暂估价的材料和专业工程属于依法必须招标的，由承包人和招标人共同通过招标确定材料单价与专业工程分包价；若材料不属于依法必须招标的，经发、承包双方协商确认单价后计价；若专业工程不属于依法必须招标的，由发包人、总承包人与分包人按有关计价依据进行计价。

2.8.5 清单计价注意事项

(1) 工程量清单与计价格式中所要求签字、盖章的地方，必须由规定的单位和人员签字、盖章。

(2) 工程量清单及其计价格式中的任何内容不得随意删除或涂改。

(3) 工程量清单计价格式中列明的所有需要填报的单价和合价，投标人均应填报，未填报的单价和合价，视为此项费用已包含在工程量清单的其他单价和合价中。

2.8.6 工程量清单计价案例

【例 2-9】 某建筑物基础工程采用工程量清单招标。措施费和规费按工程所在地的计价依据规定计算，经计算该工程分部分项工程费总计为 184430 元，其中人工费为 19698 元，机械费为 5455 元。技术措施费中人工费为 8611 元，机械费为 12838 元。其他工程造价方面背景材料如下。

(1) 基坑土方开挖清单工程量 500m³，计价工程量 700m³：已知土为三类土，采用单斗 1m³ 以内的挖掘机开挖，基础深 3m，人工土方回填、夯实(回填土按天然密实度计算)，回填后余土全部用人工装土、自卸汽车外运运距 1000m。混凝土垫层工程量 30m³，混凝土强度等级采用 C15。混凝土基础工程量 100m³，强度等级为 C25(40)。混凝土均为现场搅拌混凝土。条形砖基础工程量为 150m³，采用 M10.0 水泥砂浆砌筑，混凝土实心砖的规格为 240mm×115mm×53mm。现浇构件螺纹钢筋 20.0t。

混凝土垫层木模板工程量为 60m²，无梁混凝土条形基础木模板为 200m²。按合理的施工组织设计，该工程需挖掘机和搅拌站进出场费 12095.3 元，施工降水费 17040.35 元(采用 50 根轻型井点降水，使用时间 30 天)。

(2) 工程按市区一般工程，三类工程取费。定额工期 50 天，合同工期 40 天，工程质量合格，考虑二次搬运费及冬雨季施工费及竣工验收前已完工保护费。

(3) 招标文件中载明，该工程暂列金额 30000 元(清单工程量偏差和设计变更 20000 元、政策性调整和材料价格风险 10000 元)；钢筋材料暂估价 4700 元/t；计日工费用 1200 元(普工 2 工日，单价 100 元，技工 2 工日，单价 200 元)；甲供材料 50000 元，要求施工方提供材料接收、验收、保管等服务，总承包服务费按 5%计取。

(4) 本工程民工工伤保险费和危险作业意外伤害保险费费率根据该市规定分别为 0.114%和 0.15%，取费基数为税前造价(但不含两项规费费用自身)。

依据《建设工程工程量清单计价规范》(GB 50500—2013)的规定，结合工程背景资料及所在地计价依据的规定，编制招标控制价(必须提供分部分项清单及计价表、措施项目清单及计价表、其他项目清单及计价表、规费和税金项目清单及计价表、工程招标控制价汇总表)。(除合计外，计算结果均保留两位小数。)

解：(1) 根据计价定额、取费定额，计算出综合单价，编制分部分项工程量清单与计价表 (表 2.25)。

表 2.25 分部分项工程量清单与计价表

序号	项目编码	项目名称及特征	计量单位	工程量	综合单价/元	合价/元	其中		暂估价/元
							人工费/元	机械费/元	
1	010101003001	挖基础土方：三类土，钢筋混凝土条形基础，挖土深度 3m，弃土运距 1000m	m³	500.00	12.01	6005.00	2045.12	2818.44	
2	010103001001	土方回填：素土回填、夯实	m³	220.00	13.67	3007.40	2251.20	183.09	
3	010301001001	砖基础：条形砖基础：240mm×115mm×90mm 混凝土实心砖，基础深 3m，M10 水泥砂浆砌筑	m³	150.00	261.10	39165.00	6579.00	333.87	
4	010401006001	混凝土垫层：C15 现拌现浇混凝土	m³	30.00	237.89	7136.70	1207.44	153.86	

（续）

序号	项目编码	项目名称及特征	计量单位	工程量	综合单价/元	合价/元	其中		暂估价/元
							人工费/元	机械费/元	
5	010401001001	混凝土条形基础：混凝土强度等级 C25，现拌现浇混凝土	m^3	100.00	245.61	24561.00	3203.50	430.13	
6	010416001001	现浇混凝土钢筋：钢筋制作、绑扎、安装	t	20.00	5227.74	104554.80	4411.80	1536.08	4700
		合计				184430	19698	5455	

(2) 为了说明综合单价的合理性，需提供综合单价分析表。本例中只列举机械挖基础土方工程量清单综合单价分析表（表 2.26）和钢筋工程量清单工程综合单价分析表（表 2.27）。

表 2.26　机械挖基础土方工程量清单综合单价分析表

项目编码	010101003001	项目名称	挖基础土方：三类土，钢筋混凝土条形基础，挖土深度 3m，弃土运距 1km						计量单位	m^3
清单综合单价组成明细										
定额编号	定额名称	定额单位	数量	单价/元				合价/元		
				人工费	材料费	机械费	管理费	人工费	材料费	机械费	管理费
1-34	反挖机挖三类土深 3m	m^3	1.40	1.04		2.02	0.72	1.46		2.83	1.01
1-65	人工装土	m^3	0.56	4.51			1.06	2.53			0.59
1-67	自卸汽车运土=1km 以内	m^3	0.56	0.19		5.00	1.22	0.11		2.80	0.68
人工单价		小　计						4.10		5.63	2.28
40.00 元/工日		未 计 价 材 料 费									
清单项目综合单价								12.01			
材料费明细	主要材料名称、规格、型号					单位	数量	单价/元	合价/元	暂估单价/元	暂估合价/元
	其他材料费							—		—	
	材料费小计							—		—	

表 2.27 钢筋工程工程量清单综合单价分析表

编码	010416001001	名称	现浇混凝土螺纹钢筋：钢筋制作、绑扎、安装					单位		t	
清单综合单价组成明细											
定额编号	定额名称	定额单位	数量	单价/元				合价/元			
				人工费	材料费	机械费	管理费	人工费	材料费	机械费	管理费
4-417	现浇构件 螺纹钢	t	1.00	220.59	4860.46	76.80	69.89	220.59	4860.46	76.80	69.89
人工单价		小 计						220.59	4860.46	76.80	69.89
43.00元/工日		未计价材料费									
清单项目综合单价								5227.74			
材料费明细	主要材料名称、规格、型号				单位	数量		单价/元	合价/元	暂估单价/元	暂估合价/元
	螺纹钢Ⅱ级综合				t	1.020				4700.00	4794.00
	水				m^3	0.112		2.95	0.33		
	其他材料费							—	66.13	—	
	材料费小计							—	4860.46	—	

(3) 根据计价定额、施工取费定额及题意，不能计量的措施费列为措施项目清单与计价一(表 2.28)，能计量的措施费列为措施项目清单与计价二(表 2.29、表 2.30)。

表 2.28 措施项目清单与计价一

序号	项目名称	单　位	数量	金额/元	备注
1	安全文明施工费	人工费＋机械费(46602元)	5.25	2447.00	
2	检验试验费	人工费＋机械费(46602元)	1.12	522.00	
3	提前竣工增加费	人工费＋机械费(46602元)	2.27	1058.00	
4	已完工程及设备保护费	人工费＋机械费(46602元)	0.05	23.00	
5	二次搬运费	人工费＋机械费(46602元)	0.88	410.00	
6	夜间施工增加费	人工费＋机械费(46602元)	0		
7	冬雨季施工增加费	人工费＋机械费(46602元)	0.2	93.00	
合计				4553	—

表 2.29 措施项目清单与计价二

序号	项目编码	项目名称	项目特征描述	计量单位	工程量	综合单价/元	合价/元	其中	
								人工费/元	机械费/元
1	000001002001	施工降水	采用50根轻型井点降水，使用时间30天	项	1	17040.35	17040.35	4300.00	7218.36

（续）

序号	项目编码	项目名称	项目特征描述	计量单位	工程量	综合单价/元	合价/元	其中	
								人工费/元	机械费/元
2	010901001001	基础模板	木模板：条形混凝土基础，混凝土体积 $100m^3$	m^2	200.00	22.65	4530.00	1986.60	84.19
3	010901002001	垫层模板	混凝土垫层挖掘机和搅拌站：木模板，混凝土体积 $30m^3$	m^2	30.00	52.41	1572.30	690.15	45.86
4	000002004001	特、大型机械进出场费	挖掘机和搅拌站	项	1	12095.30	12095.30	1634.00	5489.25
合计							35238	8611	12838

表 2.30　措施项目清单与计价二综合单价分析表

序号	项目编码	名　称	计量单位	数量	综合单价/元						合计/元
					人工费	材料费	机械费	管理费	利润	小计	
1	000001002001	施工降水	项	1	4300.0	2815.3	7218.3	1727.5	979.00	17040.35	17040.35
	1-99	轻型井点安、拆	10根	5.00	500.00	386.60	446.69	142.00	80.47	1555.76	7778.80
	1-100	轻型井点使用	套/天	30.00	60.00	29.41	166.16	33.92	19.22	308.72	9261.60
2	010901001001	基础模板	m^2	200.00	9.93	9.86	0.42	1.55	0.88	22.65	4530.00
	4-137	现浇无梁式混凝土带形基础 复合木模	$100m^2$	2.00	993.30	985.92	42.10	155.31	88.01	2264.64	4529.28
3	010901002001	垫层模板	m^2	30.00	23.01	22.11	1.53	3.68	2.09	52.41	1572.30
	4-135	现浇混凝土基础垫层模板	$100m^2$	0.60	1150.25	1105.70	76.43	184.00	104.27	2620.65	1572.39
4	000002004001	特、大型机械进出场	项	1	1634.00	3298.08	5489.25	1068.49	605.48	12095.30	12095.30
	3001	履带式挖掘机 $1m^3$ 内	台班	1.00	516.00	1115.32	1323.26	275.89	156.34	3386.81	3386.81
	3023	混凝土搅拌站	台班	1.00	1118.00	2182.76	4165.99	792.60	449.14	8708.49	8708.49
合计											64374

(4) 其他项目清单与计价的编制，暂估价由发包方提供价格的，投标人不得变动和更改，计日工和总服务费一经报出即视为管理费和利润在内的价格。其他项目清单与计价表见表2.31～表2.36。

表2.31 其他项目清单与计价表

序号	项目名称	计量单位	金额/元	备注
1	暂列金额	元	30000	明细详见表2.32
2	暂估价			
3.1	材料暂估价		—	
3.2	专业工程暂估价			
3	计日工	元	1200	明细详见表2.35
4	总承包服务费	元	2500	明细详见表2.36
合计			33700	—

表2.32 暂列金额明细表

序号	项目名称	计算单位	暂定金额/元	备注
1	清单工程量偏差和设计变更	项	20000	
2	政策性调整和材料价格风险	项	10000	
合计			30000	

表2.33 材料暂估单价表

序号	材料名称、规格、型号	计算单位	单价/元	备注
1	钢筋	t	4700	
合计				

表2.34 专业工程暂估价表

序号	工程名称	工程内容	金额	备注
1				
合计				

表2.35 计日工表

序号	项目名称	单位	暂定数量	综合单价/元	合价/元
一	人工				
1	普工	工日	2	100	200
2	技工	工日	2	200	400
	人工小计	元			600
二	材料				

（续）

序号	项 目 名 称	单位	暂定数量	综合单价/元	合价/元
1	中砂	t	8	75	600
	材料小计	元			600
三	施工机械				
1					
	施工机械小计	元			
合计					1200

表 2.36　总承包服务费计价表

序号	项目名称	项目价值/元	服务内容	费率/%	金额/元
1	对发包人供应材料	50000	对发包人供应材料进行验收及保管和使用发放	5	2500
合计					2500

(5) 规费和税金项目清单与计价的编制。规费与税金作为不可竞争费，按本省取费定额规定计算，计费基数是所有的人工费、机械费之和，其中民工工伤保险费和危险作业意外伤害保险费按税前造价(但不含两项自身费用)。规费、税金项目清单与计价见表 2.37。

表 2.37　规费、税金项目清单与计价表

序号	项目名称	计 算 基 数	费率/%	金额/元
1	规费			5541.00
1.1	工程排污费、社会保障费、住房公积金	46602 元(人工费＋机械费)	10.4	4847.00
1.2	民工工伤保险费	262768 元(分部分项工程费＋措施费＋其他项目费＋工程排污费、社会保障费、住房公积金)	0.114	300.00
1.3	危险作业意外伤害保险	262768 元(分部分项工程费＋措施费＋其他项目费＋工程排污费、社会保障费、住房公积金)	0.15	394.00
2	税金	分部分项工程费＋措施费＋其他项目费＋规费	3.577	9424.00
合计				

(6) 单位工程汇总表。

单位工程汇总表见表 2.38。

表 2.38 单位工程汇总表

序号	内　容	报价合计/元	某建筑物基础工程	清单号
1	分部分项工程量清单	184430	184430	
2	措施项目清单	39791	39791	
2.1	组织措施项目清单	4553	4553	
其中	安全文明施工费	2447	2447	
2.2	技术措施项目清单	35238	35238	
3	其他项目清单	33700	33700	
4	规费	5541	5541	
4.1	排污费、社保费、公积金	4847	4847	
4.2	危险作业意外伤害保险费	394	394	
4.3	民工工伤保险费	300	300	
5	税金	9424	9424	
	合计＝1＋2＋3＋4＋5	272886	272886	
总报价(大写)：贰拾柒万贰仟捌佰捌拾陆元整				

习　题

1. 简述定额的分类，以及各种计价定额间的相互关系。
2. 工人工作时间怎么分类？劳动定额编制常用的方法有哪些？
3. 什么是材料预算价格？它由哪几部分组成？各部分价格是怎么确定的？
4. 材料消耗包括哪些？其中用于编制定额消耗量的有哪些？
5. 简述机械台班定额消耗量编制方法及机械台班价格组成。
6. 预算定额人工和机械台班消耗量是怎么考虑的？
7. 试述本省定额组成内容。
8. 什么是概算定额？其作用什么？本省概算定额由什么组成？
9. 简述概算指标、投资估算概念及作用。
10. 试述工程量清单的组成。
11. 试述工程量清单计价的基本程序。
12. 分部分项工程量清单表中的“五个统一”是指什么？
13. 怎样描述清单项目特征？
14. 试述措施项目清单与计价的编制方法。
15. 其他项目清单与计价表由哪些内容组成？
16. 规费和税金的计算基数是什么？
17. 单位工程造价汇总表由哪些内容构成？
18. 招标控制价和投标报价标准格式分别有哪些？

第2部分

清单与定额计量、计价

第3章
土石方工程

学习任务

本章主要内容包括土方工程、石方工程、土(石)方回填等项目工程量的计算及计价的相关规定。通过本章学习，重点掌握土方工程量计算及计价。

学习要求

知识要点	能力要求	相关知识
土方开挖	(1) 掌握土方工程量计算 (2) 熟悉土分类	(1) 土方边坡系数 (2) 工程量计算前应已知的条件
土方回填	掌握土方回填工程量计算	土可松性系数
施工降水	掌握降水工程量计算	降水方案

本章主要内容包括土方工程、石方工程、土(石)方回填等项目工程量的计算及计价的相关规定，适用于建筑物和构筑物的土石方开挖及回填工程，也适用于安装、园林工程中相关的土石方工程项目。

3.1 基础知识

1. 施工工艺

土方工程施工工艺主要包括场地平整、基坑开挖、回填土、运土等。

2. 土壤类别

依据《岩土工程勘察规范》(GB 50021—2001)，土壤类别的划分见表3.1。

表3.1　土壤的类别

土类别	土 质 特 征
粘性土	塑性指数>10的土，包括粉质粘土、粘土
粉土	粒径>0.075mm的颗粒质量不超过总质量的50%，且塑性指数≤10的土
砂土	粒径>2mm的颗粒质量不超过总质量的50%，粒径>0.075mm的颗粒质量超过总质量50%的土，包括粉砂、细砂、中砂、粗砂、砾砂
碎石土	粒径>2mm的颗粒质量超过总质量50%的土，包括圆砾、角砾、卵石、碎石、漂石、块石

3. 土石方开挖

土石方工程按开挖方法分为人工土石方工程和机械土石方工程。当基坑开挖面、土方量不大时可用人工开挖，基坑开挖土方量较大时一般采用机械化开挖方式。机械开挖常用的机械有正铲挖土机、反铲挖土机、抓铲挖土机、推土机、铲路机、压路机、自卸汽车、岩石破碎机等。根据基础类型的不同，土方开挖有槽坑开挖、基坑开挖、桩间土方等土方开挖方式。

当基坑较深、地质条件不好时，要采取加固措施，如放坡、支护等方法来保持土壁稳定。浅基抗开挖可采用挡土板支撑，深基坑的支护结构常见的有钢板柱、H 型钢桩、灌注桩、深层搅拌桩、地下连续墙等。

在地下水位以下挖土，为了防止地下水渗入基坑内、边坡土塌方及地基承载能力的下降，应采取降水措施。降水方法分为集水井降水和井点降水两类：集水井降水是当基坑开挖时，在坑底设置集水井，并沿坑底的周围或中央开挖排水沟，使水由排水沟流入集水井内，然后用水泵抽出坑外；井点降水是在基坑开挖前，预先在基坑四周埋设一定数量的井水管，在基坑开挖前或开挖过程中，利用真空原理，不断抽出地下水，使地下水位降低到坑底以下。

4. 土方密实程度

土方体积应按挖掘前的天然密实体积计算，如实际条件中土方不是天然密实状态，可按表 3.2 换算成天然密实体积。

表 3.2　土方体积折算系数表

虚方体积	天然密实体积	夯实后体积	松填体积
1.00	0.77	0.67	0.83
1.30	1.00	0.87	1.08
1.50	1.15	1.00	1.25
1.20	0.92	0.80	1.00

注：虚方指未经碾压、堆积时间≤1 年的土壤。

3.2 工程量清单及计价

3.2.1 土方工程

1. 土方工程项目设置及工程量计算规则

土方工程项目设置及工程量计算规则按表 3.3 的规定执行。

土方按天然密实体积计算。需外运土方或借土回填，清单项目中可描述弃土运距或取土运距，这部分的运输应包括在项目报价内。当不描述时，应注明由投标人根据现场情况决定自行报价。

表 3.3 土方工程(编码：010101)

项目编码	项目名称	项目特征	计量规则		工程内容
010101001	平整场地	1. 土壤类别 2. 弃土运距 3. 取土运距	m^2	按设计图示尺寸以建筑物首层面积计算	1. 土方挖填 2. 场地找平 3. 运输
010101002	挖一般土方	1. 土壤类别 2. 挖土平均厚度	m^3	按设计图示尺寸以体积计算	1. 排地表水 2. 土方开挖 3. 基底钎探 4. 运输 5. 围护(挡土板)支撑
010101003	挖沟槽土方	1. 土壤类别 2. 挖土深度	m^3	1. 按设计图示尺寸以(基础垫层底面积乘以挖土深度)体积计算 2. 构筑物按最大水平投影面积乘以挖土深度计算	1. 排地表水 2. 土方开挖 3. 基底钎探 4. 运输 5. 围护(挡土板)支撑
010101004	挖基坑土方	1. 土壤类别 2. 挖土深度	m^3	1. 按设计图示尺寸以(基础垫层底面积乘以挖土深度)体积计算 2. 构筑物按最大水平投影面积乘以挖土深度计算	1. 排地表水 2. 土方开挖 3. 基底钎探 4. 运输 5. 围护(挡土板)支撑
010101005	冻土开挖	冻土厚度	m^3	按设计图示尺寸开挖面积乘以厚度计算	1. 打眼、装药、爆破 2. 开挖、清理 3. 运输
010101006	挖淤泥、流砂	1. 挖掘深度 2. 弃土距离	m^3	按设计图示位置、界限以体积计算	1. 挖淤泥、流砂 2. 弃淤泥、流砂
010101007	管沟土方	1. 土壤类别 2. 管外径 3. 挖沟深度 4. 回填要求	m^3	1. 按图示以管道中心线长度计算 2. 按图示管底垫层面积乘以挖土深度计算；无管底垫层按管外径的水平投影面积乘以挖土深度计算	1. 排地表水 2. 土方开挖 3. 挡土板支拆 4. 运输 5. 回填

当土壤类别不能准确划分时，招标人可注明为综合，由投标人根据地勘报告决定报价。

不同的基础尺寸，考虑其放坡、工作面后所增加的土方工程量也不一样，带形基础、独立基础和满堂基础可以按不同底面积和深度分别编号列项。

土方工程清单项目说明如下。

1）平整场地

平整场地是指建筑场地厚度在±30cm以内的挖、填、运、找平。

平整场地中的首层建筑面积，是指建筑物外墙外边线所围的面积，包括地下室和半地下室的采光井、落地阳台(悬挑阳台不计算建筑面积)、台阶、地上无建筑物的地下停车库及其出入口、通风竖井和采光井。当施工组织设计规定超面积平整场地时，超出部分应包括在报价内。

2）挖一般土方

适用厚度＞±300mm的竖向布置挖土或山坡切土，基坑底面积＞150m^2挖土方，并包括指定范围内的土方运输。

挖土方平均厚度应按自然地面测量标高至设计地坪标高间的平均厚度确定，设计标高以下的填土应按“土石方回填”项目编码列项。

计算规则中的“图示尺寸”也包括勘察设计图和招标人由于地形起伏变化大、不能提供平均挖土厚度时需要提供的方格网或土方平面、断面图。

3）挖槽、坑土方

适用于基槽、坑底宽≤7m，底长＞3 倍底宽的沟槽；底长≤3 倍底宽，底面积≤150m^2 的基坑土方开挖，并包括指定范围内的土方运输。基础土方包括带形基础、独立基础、满堂基础(包括地下室基础)及设备基础、人工挖孔桩等土方开挖工程。

挖带形基础土方时，垫层长度外墙按中心线，内墙按基础底净长(有垫层时按垫层底净长)开挖。

挖土深度应按基础垫层底表面标高至交付施工场地标高确定，无交付施工场地标高时，应按自然地面标高确定。

湿土的划分应按地质资料提供的地下常水位为界，地下常水位以下为湿土。例如，用集水坑降低地下水位时，干湿土划分，仍以地下常水位为准。

桩间挖土方工程量不扣除桩所占体积。

清单工程量可按规范表 A.1－3～表 A.1－5 考虑槽坑放坡(垫层上表面起放坡)、工作面增加的工程量。结算工程量根据发包人认可的施工方案规定的槽坑放坡、操作工作面、机械挖土进出施工工作面的坡道进行计算。

4）挖淤泥、流砂

当地质资料标有淤泥、流砂时，挖淤泥、流砂应在清单中列项，并在项目特征中描述其挖掘深度和弃土距离。现场挖方出现淤泥、流砂时，可根据实际情况由发包人与承包人双方认证。在淤泥、流砂开挖过程中发生的措施，应列入清单措施项目费用。

淤泥、流砂未在清单中列项，而是在挖方过程中出现的，应由发包人与承包人双方现场计量确认，作为工程计价的依据资料。

5）管沟土方

管沟土方项目适用于管沟土方开挖、回填。

清单管沟土方工程量按设计图示中心线长度或体积计算，不扣窨井所占的长度。

有管沟设计时，平均深度以沟垫层底表面标高至交付施工场地标高计算；无管沟设计时，直埋管深度应按管底外表面标高至交付施工场地标高的平均高度计算；如有变坡时，应分段列项或加权平均计算管沟深度。

采用多管同一管沟直埋时，管间距离必须符合有关规范的要求，并在清单中予以描述。

管沟开挖加宽工作面、放坡和接口处加宽工作面等增加的量，应包括在管沟土方报价内。

2. 土方工程项目定额工程量计算规则、计价办法

1）人工土方

人工土方工程组价内容、定额计算规则及说明见表 3.4。

表 3.4 人工土方工程组价内容、定额计算规则及说明

<table>
<tr><th>项目编码</th><th>项目名称</th><th>定额子目</th><th>定额编码</th><th>定额规则</th><th>定额说明</th></tr>
<tr><td rowspan="3">010101001</td><td rowspan="3">平整场地</td><td>平整场地、原土打夯</td><td>1-15、1-16</td><td rowspan="14">1. 平整场地工程量按建(构)筑物底面积的外边线每边各放2m计算
2. 地槽、坑挖土深度按槽坑底至交付施工现场地标高确定，无交付施工场地标高时，应按自然地面标高确定
3. 地槽长度：外墙按外墙中心线长度计算，内墙按基础底净长(有垫层按垫层净长)计算，不扣除工作面及放坡重叠部分的长度，附墙垛凸出部分按砌筑工程规定的砖垛折加长度合并计算，不扣除搭接重叠部分的长度，垛的加深部分也不增加
4. 基础施工所需工作面，如施工组织设计未规定时按以下方式计算：基础或垫层为混凝土时，按混凝土宽度每边各增加工作面30cm计算；挖地下室、半地下室土方按垫层底宽每边增加工作面1m(烟囱、水、油池、水塔埋入地下的基础，挖土方按地下室放工作面)。如基础垂直表面需做防腐或防潮处理的，每边增加工作面80cm。砖基础每边增加工作面20cm，块石基础每边增加工作面15cm。如同一槽、坑遇有多个增加工作面条件时，按其中较大的一个计算。地下构件设有砖膜的，挖土工程量按砖模下设计垫层面积乘以下翻深度，不另增加工作面和放坡
5. 综合定额工程量，以房屋基础地槽、坑的挖土工程量为准
6. 管沟土方按中心线计算，不扣除窨井长度</td><td rowspan="14">1. 土石方按天然密实度体积计算
2. 干、湿土的划分以地质勘察资料为准，含水率≥25%为湿土；或以地下常水位为准，常水位以上为干土，以下为湿土。采用井点排水等措施降低地下水位施工时，土方开挖按干土计算，并按施工组织设计要求套用基础排水相应定额，不再套用湿土排水定额
3. 挖土方工程量应扣除直径800mm及以上的钻(冲)孔桩、人工挖孔桩等大口径桩及空钻挖所形成的未经回填桩孔所占面积。挖桩承台土方时，应乘以相应的系数，其中：人工挖土方综合定额乘以系数1.08，人工挖土方单项定额乘以系数1.25，机械挖土方定额乘以系数1.1
4. 土方石、泥浆如发生外运(弃土外运或回填土外运)，各市有规定的，从其规定，无规定的按本章相关定额执行，弃土外运的处置费等其他费用，按各市的有关规定执行
5. 人工挖房屋基础土方最大深度按3m计算，超过3m时，应按机械挖土考虑，如局部超过3m且仍采用人工挖土的，超过3m部分的土方，每增加1m按相应综合定额乘以系数1.05；挖其他基础土方深度超过3m，超过部分，每增加1m按相应定额乘以系数1.15计算
6. 房屋基础土方综合定额综合了平整场地，地槽、坑挖土、运土、槽坑底原土打夯，槽坑及室内回填夯实，和150m以内弃土运输等项目，适用于房屋工程的基础土方及附属于建筑物内的设备基础土方、地沟土方及局部满堂基础土方，不适用于房屋工程大开口挖土的基础土方、单独地下室土方及构筑物土方，以上土方应套用相应的单项定额
7. 房屋基槽、坑土方开挖，因工作面、放坡重叠造成槽、坑计算体积和大于实际大开口挖土面积时按大开口挖土面积计算，套用房屋综合土方定额
8. 平整场地指原地面与设计室外地坪标高平均相差(高于或低于)30cm以内的原土找平。如原地面与设计室外地坪标高平均相差30cm以上，则应另按挖、运、填土方计算，不再计算平整场地
9. 本定额挖土方除淤泥、流砂为湿土外，均以干土为准，如挖运湿土，综合定额乘以系数1.06；单项定额乘以系数1.18。湿土排水(包括淤泥、流砂)应另列项目计算
10. 基槽、坑底宽≤7m，底长>3倍底宽为沟槽；底长≤3倍底宽，底面积≤150m^{2}为基坑，超出上述范围及平整场地挖土厚度在30cm以上的，均按一般土方套用定额</td></tr>
<tr><td>土方挖填</td><td>1-4～1-6、1-17、1-18</td></tr>
<tr><td>土方场内外运输</td><td>1-20、1-21</td></tr>
<tr><td rowspan="3">010101002</td><td rowspan="3">挖一般土方</td><td>挖土方</td><td>1-4～1-6</td></tr>
<tr><td>凿桩头</td><td>2-154～2-158</td></tr>
<tr><td>土方场内外运输</td><td>1-20～1-21</td></tr>
<tr><td>010101003</td><td>挖沟槽土方</td><td>地槽、地坑开挖，</td><td>1-4～1-6、1-7～1-14 2-95～2-100</td></tr>
<tr><td>010101004</td><td>挖基坑土方</td><td>土方场内外运输</td><td>1-20、1-21</td></tr>
<tr><td>010101005</td><td>冻土开挖</td><td>冻土开挖</td><td></td></tr>
<tr><td rowspan="2">010101006</td><td rowspan="2">挖淤泥、流砂</td><td>人工挖淤泥、流砂，挖孔桩淤泥、流砂</td><td>1-13、1-14、2-101</td></tr>
<tr><td>20m内运淤泥、流砂</td><td>1-20～1-21</td></tr>
<tr><td rowspan="3">010101007</td><td rowspan="3">管沟土方</td><td>挖土方</td><td>1-7～1-12</td></tr>
<tr><td>运土方</td><td>1-20、1-21</td></tr>
<tr><td>回填</td><td>1-17～1-19</td></tr>
</table>

注：综合定额包含150m内水平运输，超过按人力车运土另计，综合定额不含借土回填的挖运费用，也不含湿土排水。挖淤泥、流砂定额含20m内运输，超过20m按人工车运土乘系数1.9。就地回填定额含5m内运费，超过按人工车运土另计。

人工土方定额应用举例如下。

【例 3-1】 人工开挖房屋综合桩承台基础土方，已知三类土，含水率 30%，挖土深 5m，求该挖土方项目基价。

解：套定额 1-2 换，则换后基价 $=2715\times1.08\times1.05^{2}\times1.06=3427$(元/100m²)

【例 3-2】 人工开挖水塔基础土方，已知基坑底面积 100m²，下有桩承台，三类土，含水率 30%，挖土深 4m，求桩间土方开挖项目基价。

解：套定额 1-11 换，则换后基价 $=1508\times1.25\times1.15\times1.18=2558$(元/100m²)

2）机械土方

机械土方组价内容、定额计算规则及说明见表 3.5。

表 3.5 机械土方工程组价内容、定额计算规则及说明

<table>
<tr><th>项目编码</th><th>项目名称</th><th>定额子目</th><th>定额编码</th><th>定额规则</th><th>定额说明</th></tr>
<tr><td rowspan="3">010101001</td><td rowspan="3">平整场地</td><td>平整场地、原土打夯</td><td>1-22、1-23</td><td rowspan="14">1. 机械土方按施工组织设计规定开挖范围及有关内容计算
2. 余土或取土运输工程量按施工组织设计规定的需要发生运输的天然密实体积计算
3. 场地原土碾压面积按图示碾压面积计算；填土碾压，按图示尺寸计算
4. 机械运土的运距按下列规定计算：
（1）推土机按推土重心至弃土重心的直线距离计算
（2）铲运机铲土按铲土重心至卸土重心加转向距离 45m 计算
（3）自卸汽车运土按挖方重心至弃土重心之间的最短行驶距离计算
（定额 19 页注）：人工装土、汽车运土 1000m 以内定额自卸汽车台班乘系数 1.1</td><td rowspan="14">1. 机械挖土定额已包括人机配合所需的人工，遇地下室底板下翻构件等部位的机械开挖时，下翻部分工程量套用相应定额乘以系数 1.3。如下翻部分实际采用人工施工时，套用人工土方综合定额乘以系数 0.9，下翻开挖深度从地下室底板垫层底开始计算
2. 推土机、铲土机重车上坡坡度大于 5%时，运距按斜坡长乘以以下系数：5°～10°乘以 1.75，15°以内乘以 2.0，20°以内乘以 2.25，25°以内乘以 2.5
3. 推土机、铲运机在土层平均厚度小于 30cm 的挖土区施工时，推土机定额乘以系数 1.25，铲运机定额乘以系数 1.17
4. 挖掘机在有支撑的大型基坑内挖土，挖土深度在 6m 以内时，相应定额乘以系数 1.2；挖土深度在 6m 以上时，相应定额乘以系数 1.4，如发生土方翻运，不再另行计算，挖掘机在垫板上进行工作，定额乘以系数 1.25，铺设垫板所增加的工料机械按每 1000m³ 增加 230 元计算
5. 挖掘机挖含石子的粘质砂土按一、二类土定额计算；挖砂石按三类土定额计算，挖松散、风化的片岩、页岩或砂岩按四类土定额计算；推土机、铲运机推、铲未经压实的堆积土时，按一、二类土乘以系数 0.77
6. 本章中的机械土方作业均以天然湿度土壤为准，定额中已包括含水率在 25%以内的土方所需增加的人工和机械，含水率超过 25%时，挖土定额乘以系数 1.15；如含水率在 40%以上，要另行处理。机械运湿土，相应定额不乘系数
7. 机械推土机或铲运土方，凡土壤中含石量大于 30%或多年沉积的砂砾及含泥砾，以及含泥砾层石质时，推土机套用机械明挖出渣定额，铲运机按四类土定额乘以系数 1.25</td></tr>
<tr><td>土方挖填</td><td>1-24～1-28、1-57～1-64</td></tr>
<tr><td>土方场内外运输</td><td>1-65～1-68</td></tr>
<tr><td rowspan="3">010101002</td><td rowspan="3">挖一般土方</td><td>一般开挖</td><td>1-26～1-28</td></tr>
<tr><td>凿桩头</td><td>2-154～2-158</td></tr>
<tr><td>装土，土方场内外运输</td><td>1-65～1-68</td></tr>
<tr><td>010101003</td><td>挖沟槽土方</td><td>反挖掘机开挖</td><td>1-29～1-52</td></tr>
<tr><td>010101004</td><td>挖地坑土方</td><td>装土，土方场内外运输</td><td>1-65～1-68</td></tr>
<tr><td>010101005</td><td>冻土开挖</td><td>冻土开挖</td><td></td></tr>
<tr><td rowspan="2">010101006</td><td rowspan="2">挖淤泥、流砂</td><td>机械挖淤泥、流砂，</td><td>1-53～1-56</td></tr>
<tr><td>装土，运淤泥、流砂</td><td>1-65～1-68</td></tr>
<tr><td rowspan="3">010101007</td><td rowspan="3">管沟土方</td><td>挖土方</td><td>1-29～1-52</td></tr>
<tr><td>装土，运土方</td><td>1-65～1-68</td></tr>
<tr><td>回填</td><td>1-24～1-25</td></tr>
</table>

机械土方定额应用举例如下。

【例 3-3】 推土机在挖土区推土重车上坡推二类土，坡度 10%，坡道长 20m，土层平均厚度 25cm，求该项目基价。

解： 运距＝20×1.75＝35(m)，套用定额 1-57＋1-60×2 换，换后基价＝(1744＋565×2)×1.25＝3593(元/1000m^3)

【例 3-4】 挖掘机在 6m 深带有支撑的大型基坑内垫板上挖三类土及翻运，土方含水率 30%，求该项目基价。

解： 套用定额 1-35 换，换后基价＝3449×1.2×1.25×1.15＋230＝6180(元/1000m^3)

3）人工、机械挖土方施工工程量计算说明

人工、机械土方开挖根据施工方案规定的槽坑放坡、操作工作面进行开挖。槽、坑放坡、操作工作面如图 3.1、图 3.2 所示，考虑放坡、工作面，其工程量的计算见式(3.1)～式(3.3)。

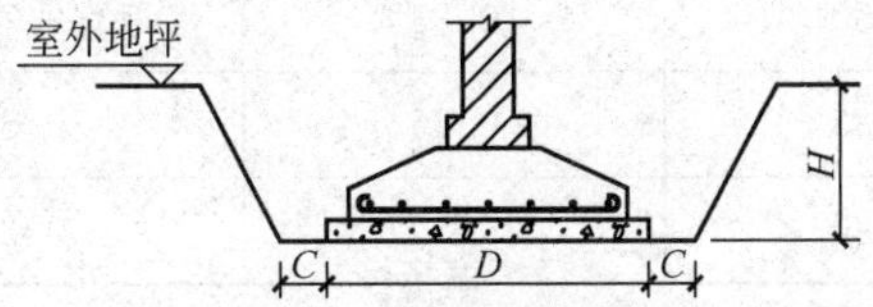

图 3.1 槽坑开挖剖面图

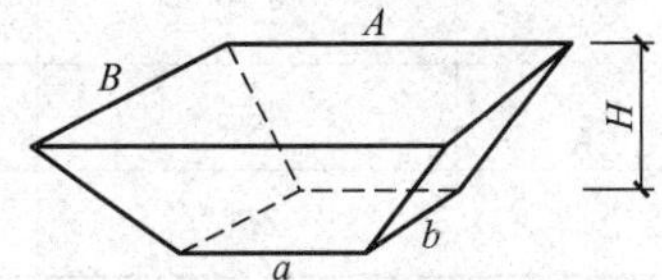

图 3.2 地坑形状

(1) 地槽：基槽、坑长边与短边之比大于 3。

$$V=(D+2C+kH)HL \text{ 或 } V=S_{\text{断面面积}}\cdot L \tag{3.1}$$

(2) 地坑：基槽、坑长边与短边之比小于等于 3。

$$V=\frac{H}{3}[AB+\sqrt{ABab}+ab]$$

或

$$V=(D+2C+kH)(D_1+2C+kH)H+\frac{k^2H^3}{3} \tag{3.2}$$

(3) 圆台。

$$V=\frac{H}{3}[S_{\text{上}}+\sqrt{S_{\text{上}}S_{\text{下}}}+S_{\text{下}}]$$

或

$$V=\frac{\pi H}{3}[(R+C)^2+(R+C+kH)^2+(R+C)(R+C+kH)] \tag{3.3}$$

式中：V——挖土体积；

C——工作面，按施工方案确定；

H——挖土深度，自槽坑底至交付施工场地标高；

k——放坡系数，按施工方案确定；

L——地槽长度，外墙按中心线，内墙算到基础底边、有垫层时按垫层底净长线，附墙垛出部分合并折算；

D、D_1——基槽、坑(垫层)底宽度与长度；

$D+2C$、D_1+2C——坑底边长度、宽度；

A、B——地坑上口边长度和宽度，其中 $A(B)=D(D_1)+2C+2kH$+挡土板厚；

a、b——地坑底边长度和宽度，其中 $a(b)=D(D_1)+2C$+挡土板厚；

$S_上$、$S_下$——圆台上下底面积；

R——基础垫层半径。

人工、机械挖地槽、坑放坡工程量按施工设计规定计算，如施工设计未规定，则依据土方类别不同按表 3.6 计算。

表 3.6 土方放坡系数

土壤类别	深度超过/m	人工挖土放坡系数 k	机械挖土放坡系数 k	
			坑内挖掘	坑上挖掘
一、二类土	1.2	0.50	0.33	0.75
三类土	1.5	0.33	0.25	0.50
四类土	2.0	0.25	0.10	0.33

注：① 同一槽、坑内土壤类别不同时，分别按其放坡系数、依不同土壤类别厚度加权平均计算。

② 放坡起点均自槽、坑底开始(一般指单一土)。

③ 如遇淤、流砂及海涂工程，放坡系数按施工组织设计的要求计算。

④ 同一基槽坑如有不同土类，则开挖深度按某类土的底表面至开挖槽坑上口的高度计算，如开挖深度大于某类别土方规定的放坡开挖深度，则可计算放坡。

【例 3-5】 人工挖地槽土方，深 1.4m，自上而下分别为二类土 1.2m，三类土 0.2m，求放坡系数。

解：同一槽内如有不同土类别时，放坡系数的判断按某类土底至槽坑上口的深度大于某类土规定的放坡深度，则可计算放坡工程量。本例中二类土深度为 1.2m，没有超过 1.2m，该类土不考虑放坡，同样三类土深度 1.4m<1.5m，也不放坡。所以该题放坡系数为 $k=0$。

【例 3-6】 机械坑上挖土，深 1.55m，自上而下分别为二类土 0.2m，三类土 1.35m，求放坡系数。

解：本例中三类土深度为 1.55m>1.5m，其开挖深度大于三类土规定的放坡深度，故该槽开挖应考虑放坡。

$$k=(0.2\times0.75+1.35\times0.50)/1.55=0.53$$

3.2.2 石方工程

1. *石方工程项目设置及工程量计算*

石方工程项目设置及工程量计算规则见表 3.7。

表 3.7 石方工程(编码：010102)

<table>
<tr><th>项目编码</th><th>项目名称</th><th>项目特征</th><th>计量规则</th><th>工程内容</th></tr>
<tr><td>010102001</td><td>挖一般石方</td><td rowspan="4">1. 岩石类别
2. 开凿深度
3. 弃渣运距</td><td>按设计图示尺寸以体积计算</td><td rowspan="4">1. 排地表水
2. 凿石
3. 运输</td></tr>
<tr><td>010102002</td><td>挖沟槽石方</td><td rowspan="2">按图示沟槽(基坑)底面积乘以挖石深度以体积计算</td></tr>
<tr><td>010102003</td><td>挖基坑石方</td></tr>
<tr><td>010102004</td><td>基底摊座</td><td>按图示尺寸以展开面积计算</td></tr>
<tr><td>010102005</td><td>管沟石方</td><td>1. 岩石类别
2. 管外径
3. 挖沟深度</td><td>按图示以管道中心线长度计算</td><td>1. 排地表水
2. 凿石
3. 回填
4. 运输</td></tr>
</table>

清单项目说明如下。

1) 石方开挖

石方开挖项目适用于人工凿石、人工打眼爆破、机械打眼爆破等，并包括指定范围内的石方清除运输。

光面爆破是指按照设计要求，某一坡面(多为垂直面)需要实施光面爆破，在这个坡面设计开挖边线，加密炮眼和缩小排间距离，控制药量，达到爆破后该坡面比较规整的要求。

基底摊座是指开挖炮爆破后，在需要设置基础的基底进行剔打找平，使基底达到设计要求，以便基础垫层的浇筑。

依据工程实际需要完成的工程内容，除对清单规则中的相应工程内容进行描述以外，尚应对石方开挖的具体部位、范围、基础或垫层类型、尺寸等做出必要的描述。石方预裂爆破的单孔深度及装药量可不描述。

厚度>±300mm 的竖向布置挖石或山坡凿石应按表 3.8 中挖一般石方项目编码列项。

沟槽、基坑、一般石方的划分为：底宽≤7m，底长>3 倍底宽为沟槽；底长≤3 倍底宽、底面积≤150m² 为基坑；超出上述范围则为一般石方。

弃渣运距可以不描述，但应注明由投标人根据施工现场实际情况自行考虑、决定报价。

石方体积应按挖掘前的天然密实体积计算。如需按天然密实体积折算时，应按规范表 A.2-2 系数计算。

管沟石方项目适用于管道(给排水、工业、电力、通信)、电缆沟及连接井(检查井)等。

2) 管沟石方

除对清单规则中的工程内容进行描述以外，尚应对管道基础或垫层类型、尺寸、管沟内回填要求及管道开挖涉及的相关内容等做出必要的描述。

2. 石方工程定额工程量计算规则、计价办法

石方工程组价内容、定额计算规则及说明见表 3.8。

表 3.8 石方工程组价内容、定额计算规则及说明

项目编码	项目名称	定额子目	定额编码	定额规则	定额说明
010102001	挖一般石方	一般石方开挖	1-69～1-72	1. 一般开挖，按图示尺寸以 m^3 计算 2. 槽坑爆破开挖，按图示尺寸另加允许超挖厚度：松石、次坚石 20cm；普坚石、特坚石 15cm。石方超挖量与工作面宽度不得重复计算 3. 机械明挖出渣运距的计算方法与机械运土运距同 4. 人工凿石、机械凿石，按图示尺寸以 m^3 计算 5. 人工石面找平按 m^2 计算	1. 混合石方，如其中一种类别岩石的最厚一层大于设计横断面的75%时，按最厚一层岩石类别计算 2. 石方爆破定额是按机械凿眼编制的。如用人工凿眼，则费用仍按定额计算 3. 爆破定额已综合了不同阶段的高度、坡面、改炮、找平等因素，如设计规定爆破有粒径要求时，需增加的人工、材料和机械费用应按实计算 4. 爆破定额是按火雷管爆破编制的，如使用其他炸药或其他引爆方法，则费用按实际计算 5. 定额中的爆料是按炮孔中无地下渗水、积雪(雨积水除外)计算的，如带水爆破，则所需的绝缘材料费用另行按实计算 6. 爆破工作面所需架子，爆破覆盖用的安全网和草袋、爆破区所需防护费用及申请爆破手续费、安全保证费等，定额均未考虑，如产生，则另行按实计算(可列入清单措施项目费用) 7. 坑开挖深度以 5m 为准，深度超过 5m 定额乘以系数 1.09 8. 石方爆破，沟槽底宽大于 7m 时套用开挖定额；基坑开挖上口面积大于 $150m^2$ 时，按相应定额乘以系数 0.5 9. 石方爆破现场必须采用集中供风时，所需增加的临时管道材料及机械安拆费用应另行算，但发生的风量损失不另计算 10. 石渣回填定额使用采用现场开挖岩石的利用回填
		人工石面找平	1-77～1-79		
		人工凿石	1-80～1-83		
		机械凿石	1-84～1-86		
		运石渣	1-87～1-93		
010102002	挖沟槽石方	石方开挖	1-72～1-76		
		挖孔桩石方	2-102		
010102003	挖基坑石方	人工石面找平	1-77～1-79		
		人工凿石	1-80～1-83		
		机械凿石	1-84～1-86		
010102004	基底摊座	运石渣	1-87～1-93		
010102005	管沟石方	槽坑石方开挖	1-73～1-76		
		人工石面找平	1-77～1-79		
		人工凿石	1-80～1-83		
		运石渣	1-87～1-93		

3.2.3 土石方回填

1. 工程项目清单及工程量计算

回填工程项目清单项目设置及工程量计算规则见表 3.9。

表 3.9 土石方回填(编码：010103)

项目编码	项目名称	项目特征	计量规则	工程内容
010103001	土(石)方回填	1. 土质要求 2. 密实度要求 3. 粒径要求 4. 运输距离	按设计图示尺寸以体积计算	1. 弃土或借土装卸、运输 2. 回填 3. 分层碾压、夯实

清单项目说明如下。

填方密实度要求：在无特殊要求时，项目特征可描述为满足设计和规范的要求。填方材料品种可以不描述，但应注明由投标人根据设计要求验方后方可填入，并符合相关工程的质量规范要求。填方粒径要求：在无特殊要求情况时，项目特征可以不描述。弃土(010103002)、借土(010103003)可以单独列项。

土石方回填项目适用于场地回填、室内回填和基础回填，并包括指定范围内的运输，以及借土回填的土方开挖。基础土方放坡等施工的增加量应包括在报价内。

(1) 场地回填：回填面积乘以平均回填厚度。

(2) 基础回填：挖土体积减去设计室外地坪下砖、石混凝土构件及基础、垫层体积。

(3) 室内回填：主墙间净面积乘以填土厚度。其中填土厚度按设计室内外高差减地坪垫层及面层厚度，当底层为架空层时，按设计规定的室内填土厚度。主墙是指结构厚度在120mm以上(不含120mm)的各类墙体。

2. 回填工程定额工程量计算规则、计价办法

清单规则中的挖土方、运土、回填、分层碾压、夯实等工程内容，按照设计图纸、施工方案、现场场地情况确定清单项目的具体组合的内容，并与定额中的挖、运土(石)方、人工回填夯实、机械碾压、夯实等予以选择组合，作为清单项目的计价子目，计价组合参考表3.10。

表3.10　回填工程组价内容、定额计算规则及说明

项目编码	项目名称	定额子目	定额编码	定额规则	定额说明
010103001	土(石)方回填	人工土方开挖/机械土方开挖	1-4～1-6/ 1-69～1-71	1. 地槽、坑回填土工程量为地槽、坑挖土工程量减去设计室外地坪以下的砖、石、钢筋混凝土构件及基础、垫层工程量 2. 室内回填土工程量为主墙间的净面积乘室内填土厚度，即设计室内与交付施工场地地面标高(或自然地面标高)的高差减地坪的垫层及面层厚度之和。底层为架空层时，室内回填土工程量为主墙间的净面积乘设计规定的室内回填土厚度 3. 弃土工程量为地槽、坑挖土工程量减去回填土工程量乘相应的土方体积折算系数	人工土方就地回填定额含5m内运费，超过按人工车运土另计
		人力运土/机械运土	1-20、1-21 1-87、1-88/ 1-57～1-68 1-89～1-93		
		人工回填	1-17～1-19		
		机械碾压	1-24、1-25		

【例3-7】 某工程基坑开挖土方120m³，基础构件体积20m³，土方夯实回填后余土外运，求弃土工程量。

解： 根据表3.2，天然密实土夯实后系数为0.87，则

$$余土体积=120-(120-20)/0.87=5.06(m^3)$$

【例3-8】 建筑平面如图3.3所示，室内外地坪高差0.3m，土方松堆积地距离房屋50m。该地面做法：1∶2水泥砂浆面层20mm，C15混凝土垫层80mm，碎石垫层

100mm，夯填地面土。依据定额，求室内回填土的工程量及填土工程直接工程费。

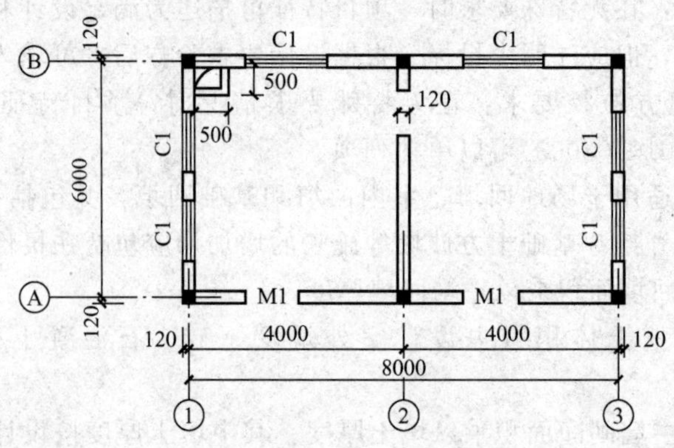

图 3.3　建筑平面图

解：(1) 工程量计算。

$$主墙净面积=(6-0.24)\times(8-0.24)=44.70(m^2)$$

$$填土工程量=44.70\times(0.3-0.02-0.08-0.1)=4.47(m^3)$$

(2) 填土工程直接工程费计算，计算结果见表 3.11。根据定额判断，送堆土属于一、二类土。

表 3.11　计算结果

序号	定额编码	项目名称	单位	工程量	单价/元	合计/元
1	1-4	人工挖土	m^3	4.47	3.72	16.63
2	1-20	人力车运土 50m	m^3	4.47	5.2	23.24
3	1-18	室内回填	m^3	4.47	5.8	25.93
合计						68.85

3.2.4　基础排水

施工排水、降水项目应列入措施项目清单内计价。

1. 定额工程量计算

(1) 湿土排水工程量同湿土工程量。

(2) 轻型井点以 50 根为一套，喷射井点以 30 根为一套，使用时累计根数轻型井点少于 25 根，喷射井点少于 15 根，使用费按相应定额乘系数 0.7(即不足半套按一套算，定额乘 0.7)。

(3) 使用天数据以昼夜(24h)为一天，并按施工组织设计要求的使用天数计算。

2. 定额应用说明

(1) 轻型井点、喷射井点排水的井管安装、拆除以根为单位计算，使用以套·天计算，真空深井、自流深井排水的安装拆除以每口井计算。

(2) 井管间距应根据地质条件和施工降水要求，按施工组织设计确定，施工组织设计未考虑时，可按轻型井点管距 1.2m、喷射井点管距 2.5m 确定。

(3) 采用止水帷幕等止水措施的机械土方排水费用按湿土排水定额乘以 0.3。

(4) 直流深井降水成孔直径不同时，只调整相应的粗砂含量，其余不变；PVC－U 加筋管直径不同时，调整粗砂含量和管材价格的同时，按管子周长的比例调整相应的密目网及铁丝。

【例 3－9】 如某土方开挖工程，开挖前采用轻型井点排水，井点管总 70 根，使用时间 30 天，试确定轻型井点降水方案直接工程费。

解： (1) 工程量计算。

安拆工程量＝70 根。使用工程量共 2 套，一套井点管 50 根，另一套管 20 根，使用工程量 2 套均为 30 套·天。

(2) 降水工程直接工程费计算，计算结果见表 3.12。

表 3.12 计算结果

序号	定额编码	项目名称	单位	工程量	单价/元	合计/元
1	1－99	井点安拆	根	70	133.30	9331
2	1－100	井点使用	套·天	30	256.00	7680
3	1－100 换	井点使用（不足一半）	套·天	30	179.20	5376
合计						22387

3.2.5 注意事项

1. 清单项目

(1) 指定范围内的运输是指由招标人指定的弃土地点或取土地点的运距；若招标文件规定由投标人确定弃土地点或取土地点，则此条件不必在工程量清单中进行描述。

(2) 土石方清单项目报价应包括指定范围内的土石一次或多次运输、装卸及基底夯实、修理边坡、清理现场等全部施工工序。

(3) 如挡土板支拆投标人自行采用施工方案，则清单特征中不予描述。

(4) 因地质情况变化或设计变更引起的土(石)方工程量的变更，由业主与承包人双方现场认证，依据合同条件进行调整。

(5) 常见深基础的支护结构有：钢板柱、H 钢桩、预制钢筋混凝土板桩、钻孔灌注混凝土排桩挡墙、预制钢筋混凝土排桩档墙、人工挖孔灌注混凝土排桩挡墙、旋喷桩地下连续墙和基坑内的水平钢支撑、水平钢筋混凝土支撑、基坑外拉锚、排桩的圈梁、H 钢桩之间的木挡土板等。当深基坑开挖需要支护，并在设计文件中体现且构成建筑物或构筑物实体时，应按清单规范的相应章节列项。如属于施工中采取的技术措施，招标人可在措施费项目中列项，投标人可根据施工组织设计，在清单措施项目计价表自行报价。

2. 定额相关说明

(1) 施工排水、降水可分为明排、暗排，明排常见在槽坑一侧或两侧设置明沟，并间隔设置集水坑进行抽水或集中集水井抽水。如采用集水坑抽水，其机械排水台班费用可套用湿土排水定额子目，工程量按湿土体积计算；如采用集中集水井抽水，井的开挖、砌筑、抽水台班按实计算。暗排常见的施工方法有轻型井点、喷射井点、真空深井等降水方法，发生时按施工组织设计要求，套用相应的定额子目进行计价，井点管的场外运输费用按实际发生的费用另计算。基础工程施工的降水一般指±0.000 以下部位施工期间所发生的费用，但设计有要求待主体完成后再回填基坑土方，则±0.000 以上部位施工期间所发生的排水费用不计在内。

(2) 机械土方开挖施工时，机械进退场费用应计入清单措施项目内，费用计算可参考定额附录二。

3.3 清单规范及定额应用案例

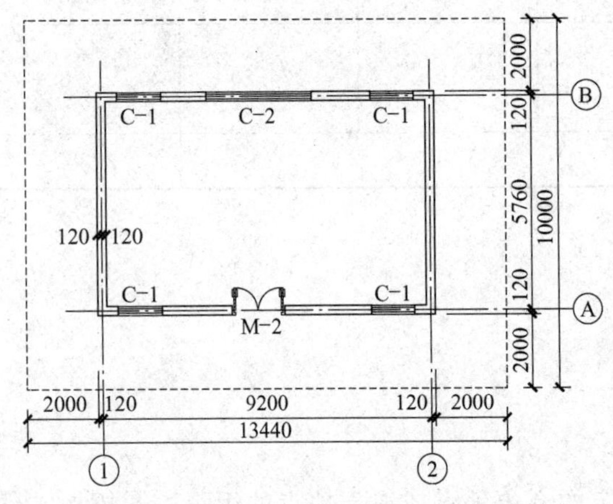

图 3.4　一层建筑平面图

【例 3-10】 如图 3.4 所示，项目特征：三类土、弃土运距 50m、30cm 厚内挖土方，场地平整。设挖方与弃土工程量均为 20m^3，施工组织设计规定：平整场地按建筑物外边线各放 2m 考虑。管理费费率取 20%，利润为 10%，以人工费、机械费之和为取费基数，单价采用 2010 版定额。按照上述条件依据清单规范及定额完成平整场地工程量清单及计价。

解：(1) 依据清单规则算得：$S=9.44\times6.0=56.64(m^2)$，平整场地的分部分项工程量清单见表 3.13。

表 3.13　分部分项工程量清单

序号	项目编码	项目名称及特征	单位	工程量
1	010101001001	平整场地 三类土，挖土方，弃土运距 50m	m^2	56.64

(2) 依据施工组织设计算得：$S=13.44\times10.0=134.4(m^2)$。

① 场地平整，套用定额 1-15。

$$人工费=1.72\times134.4=231.17(元)$$

$$管理费=231.17\times20\%=46.23(元)$$

$$利润=231.17\times10\%=23.12(元)$$

合计=300.52 元

② 挖土，套用定额 1-5。

人工费=20×6.80=136(元)

管理费=136×20%=27.2(元)

利润=136×10%=13.6(元)

合计=176.8 元

③ 弃土，套用定额 1-20。

人工费=20×5.2=104(元)

管理费=104×20%=20.8(元)

利润=104×10%=10.4(元)

合计=135.2

综合单价=(300.52+176.8+135.2)÷56.64=10.81(元/m^2)，清单计价见表 3.14、表 3.15。

表 3.14 分部分项工程量清单计价

序号	项目编码	项 目 名 称	单位	数量	综合单价/元	合价/元
1	010101001001	平整场地 三类土，挖土方，弃土运距 50m	m^2	56.64	10.81	612.52

表 3.15 综合单价分析表

项目编码	项 目 名 称	单位	数量	综合单价/元						合计/元
				人工费	材料费	机械费	管理费	利润	小计	
010101001001	平整场地：三类土，挖土方，弃土运距 50m	m^2	56.64	8.32	—	—	1.65	0.83	10.81	612.52
1-15	平整场地	m^2	134.4	1.72	—	—	0.34	0.17	2.23	300.52
1-5	挖土方	m^3	20	6.80	—	—	1.36	0.68	8.84	176.8
1-20	弃土	m^3	20	5.20	—	—	1.04	0.52	6.76	135.2

【例 3-11】 某工程基础平面与剖面如图 3.5 所示，已知为二类土，地下常水位标高-1.000，土方含水率 30%，交付施工场地标高与设计室外标高均为-0.300，室内地坪标高±0.000，土方回填(就地回填，夯实)，回填后弃土运距 200m。室外地坪以下基础体积 30m^3，室内地坪垫层和面层厚合计为 200mm。假设土方开挖采用人工开挖，工作面取 30cm，放坡系数为 0.5，人工挖湿土单价按干土单价乘以 1.18 考虑，管理费费率取 20%，利润为 10%，均以人工费、机械费之和为取费基数，按照上述条件完成挖基础土方和土方回填工程量清单及计价。

解： 1) 清单工程量计算

依据清单规范挖土深度：$H=1.6-0.3=1.3$m，其中湿土 $H=1.6-1.0=0.6$(m)。

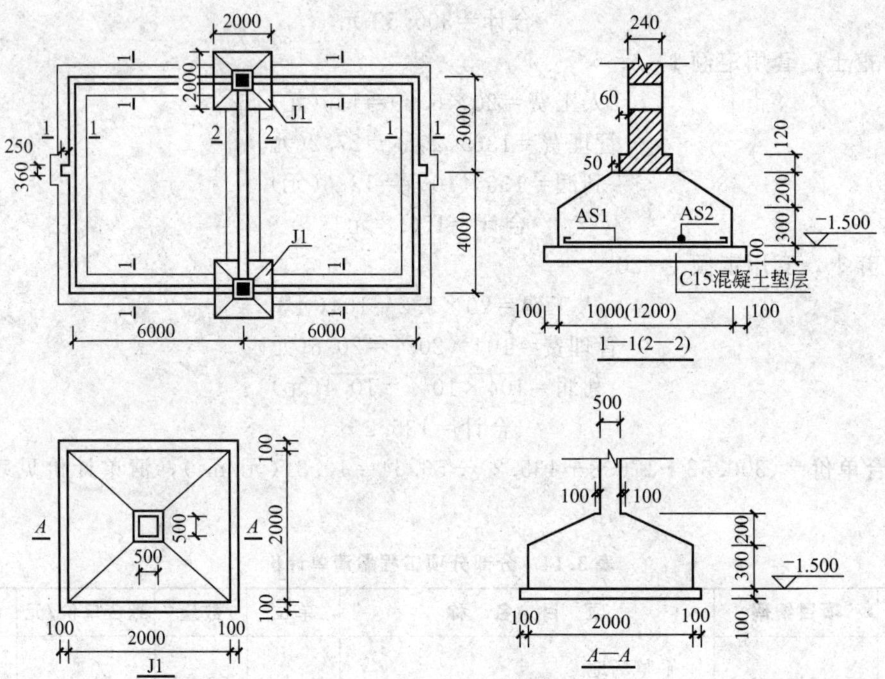

图 3.5　基础平面与剖面图

(1) 断面 1—1。

$$L=(12+7)\times 2-1.1\times 4+0.375\times 2=34.35(\mathrm{m})\text{(0.375 为垛折算长度)}$$

$V=1.2\times 1.3\times 34.35=53.59(\mathrm{m}^3)$，其中湿土 $V=1.2\times 0.6\times 34.35=24.73(\mathrm{m}^3)$

(2) 断面 2—2。

$$L=7-1.1\times 2=4.8(\mathrm{m})$$

$V=1.4\times 1.3\times 4.8=8.74(\mathrm{m}^3)$，其中湿土 $V=1.4\times 0.6\times 4.8=4.03(\mathrm{m}^3)$

(3) 柱基 J1。

$V=2.2\times 2.2\times 1.3\times 2=12.58(\mathrm{m}^3)$，其中湿土 $V=2.2\times 2.2\times 0.6\times 2=5.81(\mathrm{m}^3)$

(4) 土方回填。

$$\text{基础回填 } V=53.59+8.74+12.58-30=44.91(\mathrm{m}^3)$$

$$\text{室内回填 } V=(6-0.24)(7-0.24)\times 2\times(0.3-0.2)=7.79(\mathrm{m}^3)$$

$$\text{土方回填 } V=44.91+7.79=52.70(\mathrm{m}^3)$$

根据工程量清单格式，挖基础土方和土方回填工程量清单见表 3.16。

表 3.16　工 程 量 清 单

序号	项目编码	项 目 名 称	单位	工程量
1	010101003001	挖沟槽土方 二类土，1—1 条形基础，垫层面积 41.22m²，挖土深度 1.3m，湿土深 0.6m，含水率 30%，弃土运距 200m	m³	53.59
2	010101003002	挖沟槽土方 二类土，2—2 条形基础，垫层面积 6.72m²，挖土深度 1.3m，湿土深 0.6m，含水率 30%，弃土运距 200m	m³	8.74

（续）

序号	项目编码	项 目 名 称	单位	工程量
3	010101003003	挖沟槽土方 二类土，J1独立柱基础，垫层2.2m×2.2m，挖土深度1.3m，湿土深0.6m，含水率30%，弃土运距200m	m^3	12.58
4	010103001001	土方回填 就地回填，夯实	m^3	52.70

2）清单综合单价计算

(1) 槽坑挖土方施工工程量。

① 断面1—1。

$$L=(12+7)\times2-1.1\times4+0.375\times2=34.35(\text{m})$$

$$V=(D+2C+kH)HL=(1.2+0.3\times2+0.5\times1.3)\times1.3\times34.35=109.40(\text{m}^3)$$

$$\text{其中湿土}\ V=(1.2+0.6+0.5\times0.6)\times0.6\times34.35=43.28(\text{m}^3)$$

② 断面2—2。

$$L=7-1.1\times2=4.8(\text{m})$$

$$V=(1.4+0.6+0.5\times1.3)\times1.3\times4.8=16.54(\text{m}^3)$$

$$\text{其中湿土}\ V=2.3\times0.6\times4.8=6.62(\text{m}^3)$$

③ 柱基J1。

$$V=\frac{H}{3}[AB+\sqrt{ABab}+ab]\times2$$

$$=\frac{1.3}{3}[(2.2+0.3\times2+2\times0.5\times1.3)^2+(2.2+0.3\times2+2\times0.5\times1.3)(2.2+0.3\times2)+2.8^2]\times2$$

$$=31.31(\text{m}^3)$$

$$\text{其中湿土}\ V=0.6/3\times(3.4^2+3.4\times2.8+2.8^2)\times2=11.57(\text{m}^3)$$

(2) 土方回填施工工程量。

$$\text{基础回填}\ V=109.4+16.54+31.31-30=127.25(\text{m}^3)$$

$$\text{室内回填}\ V=7.79(\text{m}^3)$$

$$\text{土方回填}\ V=121.36+7.79=129.15(\text{m}^3)$$

(3) 弃土工程量。

$V=109.4+16.54+31.31-129.15/0.87=8.80(\text{m}^3)$（0.87为夯实系数，其中1—1槽坑弃土工程量为3.5m^3）。

根据题意、施工工程量及定额单价，条形基础1—1挖基础土方清单计价和综合单价分析见表3.17、表3.18。按此方法可依次算得2—2断面、基础J1及回填土清单计价和综合单价。

表 3.17　挖基础土方清单计价

序号	项目编码	项目名称	单位	数量	综合单价/元	合价/元
1	010101003001	挖沟槽土方 二类土，1—1 条形基础，垫层 1.2m 宽，挖土深度 1.3m，湿土深 0.6m，含水率 30%，弃土运距 200m	m^3	53.59	20.86	1117.89

表 3.18　综合单价分析表

项目编码	项目名称	单位	数量	综合单价/元						合计/元
				人工费	材料费	机械费	管理费	利润	小计	
010101003001	挖沟槽土方 二类土，1—1 条形基础，垫层 1.2m 宽，挖土深度 1.3m，湿土深 0.6m，含水率 30%，弃土运距 200m	m^3	53.59	16.05	—	—	3.21	1.6	20.86	1117.89
1-7	挖干土	m^3	66.12	7.08	—	—	1.42	0.71	9.2	608.30
1-7×1.18	挖湿土	m^3	43.28	8.35	—	—	1.67	0.84	10.86	470.02
1-20	人力车运土 50m 内	m^3	3.50	5.2	—	—	1.04	0.52	6.76	23.66
1-20×3	1000m 内每增加 50m	m^3	3.5	3.48	—	—	0.23	0.12	1.51	15.86

习　题

1. 某基坑采用水泥搅拌桩帷幕进行止水，坑底反铲挖机挖土方并在坑内采用井管集中抽水，如图 3.6 所示，求坑底挖土方排水基价。

图 3.6　某基坑

2. 某基坑土方开挖采用止水降水相结合的施工方案，止水采用地下连续墙，降水采用直流深井降水单口，井管深 22m，钻孔孔径 800mm，粗砂含量 0.65t/m，管直径 500mm，管单价 130 元/m，降水时间工期为 30 天。求该深井降水安拆基价及降水使用费。

3. 挖构筑物基础土方，深度为 1.5m，基础底部有淤泥，有桩承台，要求外运 120m，求挖运淤泥的单价。

4. 挖贮仓基坑土方，三类土，深度为3.5m，有桩承台，求挖土方的单价。

5. 反铲挖机挖土、人工装土自卸汽车运土1000m以内，三类土，深6m内，土壤含水率30%，垫板上作业，求挖运土的单价。

6. 某工程基础平面与剖面如图3.7所示，已知三类土，地下常水位标高－0.600，交付施工场地标高与设计室外标高均为－0.300，室内地坪标高±0.000，室内地坪垫层和面层厚合计为200mm。土方回填(就地回填，夯实)，回填后弃土运距50m。垫层C15混凝土，混凝土基础C25，垫层与基础均采用钢模板，M10水泥砂浆烧结砖基础。假设人工开挖放坡系数为0.5，管理费费率取20%，利润10%，均以人工费、机械费之和为取费基数，按照上述条件及依据定额完成表3.19中的内容(回填土按天然密实度计算)。

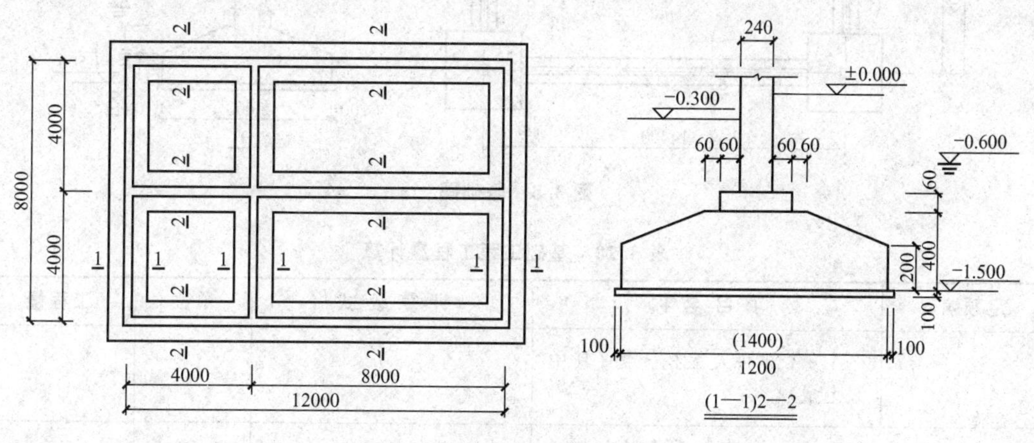

图3.7 基础图

表3.19 基础工程工程量计算

定额编码	项目名称	计算公式	单位	工程量
	1—1、2—2人工挖土方			
	1—1、2—2混凝土垫层、基础			
	1—1，2—2砖基础			
	钢模板			
	土方回填			
	人力车运土			

7. 某工程基础平面与剖面如图3.8所示，已知三类土，地下常水位标高－0.600，交付施工场地标高与设计室外标高均为－0.300，室内地坪标高±0.000，室内地坪垫层和面层厚合计为200mm。土方回填(就地回填，夯实)，回填后弃土运距50m。垫层C15混凝土，混凝土基础C25，垫层与基础均采用钢模板(不考虑基础斜坡模板)，M10水泥砂浆烧结砖基础。假设人工开挖放坡系数为0.5，管理费费率取20%，利润10%，均以人工费、机械费之和为取费基数，按照上述条件及依据定额完成表3.20中的内容(回填土按天然密实度计算)。

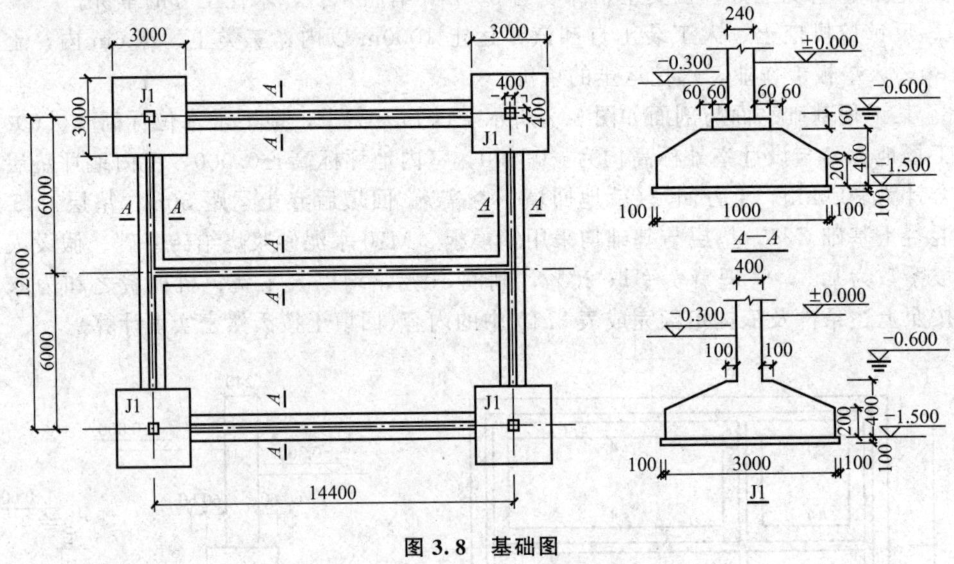

图 3.8 基础图

表 3.20 基础工程工程量计算

定额编码	项目名称	计算公式	单位	工程量
	A—A 剖面人工挖土方(其中湿土量)			
	J1 土方量(其中湿土量)			
	A—A 混凝土垫层、基础			
	J1 混凝土垫层、基础			
	A—A 砖基础			
	钢模板			
	土方回填			
	人力车运土			

8. 市区某建筑物地下室基础剖面图如图 3.9 所示，交付施工场地标高为−0.300，基坑土方开挖：已知三类土，采用挖掘机开挖基坑，采取轻型井点降水施工措施，人工土方回填、夯实(回填土按天然密实度计算)，回填后余土全部用人工装土、自卸汽车外运运距 1000m。地下室的垫层为 C15 混凝土，筏板基础混凝土 C25/P8、石子粒径 40mm，混凝土墙 C25/P8、石子粒径 40mm，C25 混凝土顶板，现搅拌混凝土。外墙防水采用改性沥青热熔法铺贴。

土方开挖方案：基坑除 1a—1a 剖面边坡按定额规定放坡开挖外，其余边坡均采用喷射混凝土护坡厚 8cm(土钉 5kg/m²)，土方垂直开挖，假设施工坡道等附加挖土忽略不计。

混凝土护坡和土方工程量计算忽略支护壁厚厚度的影响。

轻型井点降水，井点管 75 根，地下室工程工期 40 天。

混凝土模板均采用木模板，模板工程量计算参考定额现浇混凝土构件含模量参考表。

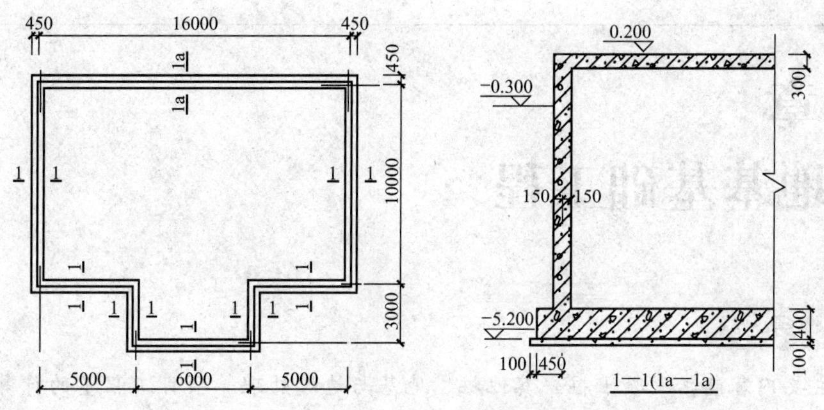

图 3.9 基础剖面图

(1) 按照上述条件及依据定额完成表 3.21 中的内容。

表 3.21 地下室工程工程量计算

序号	定额编码	项 目 名 称	计算公式	单位	工程量
1		机械平整场地			
2		挖基础土方			
3		基础回填夯实			
4		人工装土			
5		自卸汽车运土			
6		改性沥青热熔法外贴(±0.000 以下)			
7		C15 垫层			
8		C25 筏板基础			
9		C25 混凝土墙			
10		C25 混凝土地下室顶板			
11		井点排水管安拆			
12		井点降水使用			
13		喷射混凝土护坡			
14		土钉			
15		脚手架			
16		垂直运输			
17		垫层模板			
18		基础模板			
19		墙模板			
20		顶板模板			

(2) 管理费费率取 20%，利润 10%，安全和文明施工费费率取 6.0%，不计其他组织措施费，规费费率、税金费率按省内有关规定计取，不计危险作业及农民工意外伤害保险费。求该地下室投标报价。

第4章 桩与地基基础工程

学习任务

本章主要内容包括混凝土桩、其他桩、地基与边坡处理等项目工程量的计算及计价相关规定。通过本章学习，重点掌握桩工程量计算及计价。

学习要求

知识要点	能力要求	相关知识
预制桩	(1) 掌握沉桩、送桩和接桩的概念 (2) 掌握预制桩工程量计算	(1) 预应力管桩 (2)预制桩
灌注桩	掌握灌注桩工程量计算	灌注桩施工工艺及分类
水泥搅拌桩	掌握水泥搅拌桩工程量计算及报价	三轴水泥搅拌桩施工工艺

本章主要内容包括混凝土桩、其他桩、地基与边坡处理等项目工程量的计算及计价相关规定，适用于建筑物和构筑物的深基础及深基础的支护结构等工程，也适用于园林工程中相关项目的桩基础工程。

4.1 基础知识

4.1.1 桩基础工程

按桩传力及作用性质的不同，桩可分为摩擦桩和端承桩，端承桩是穿过软土层而达到岩层或坚硬土层上的桩；摩擦桩主要是通过桩侧摩擦力承受建筑物上部荷载。按桩施工方法的不同，桩分为预制桩和灌注桩两类。

1. 预制桩

预制桩根据材料不同可分为钢筋混凝土方桩、钢筋混凝土空心方桩、预应力空心管桩、木桩、钢桩等。其主要施工包括制桩(或购成品桩)、运桩、沉桩3个过程，当单节桩不能满足设计深度时应接桩；当桩顶标高要求在自然地坪以下时应送桩。

接桩：当设计桩较长时，一般都是分段预制，并分段打入土中的，段与段的连接称接桩。常见的接桩方式有焊接法、管桩螺栓连接和浆锚法(硫黄胶泥粘结)。

送桩：当桩设计标高低于自然地面时，需要用钢制送桩器将桩送入设计要求的位置。

接桩和送桩的施工程序可参考图4.1。

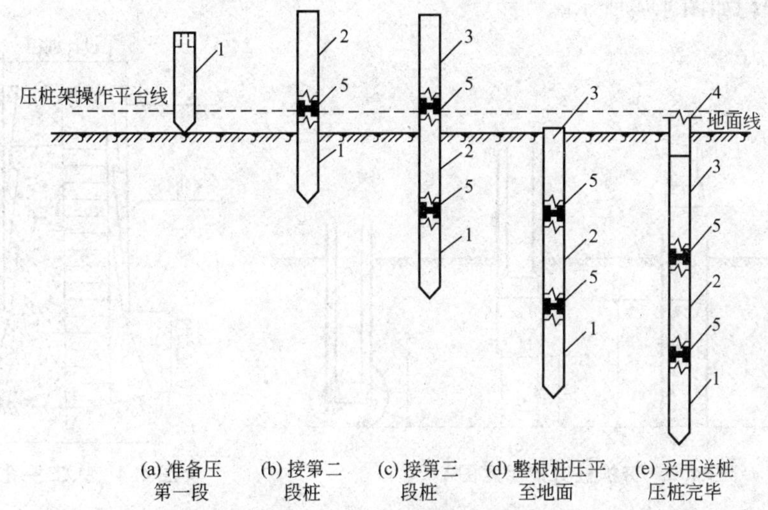

图4.1 接桩和送桩施工程序

1—第一段桩；2—第二段桩；3—第三段桩；4—送桩；5—接桩处

截桩：打桩施工完后，开挖基坑，按设计要求的桩顶标高，将多余的桩部分割掉或凿去，并确保桩顶嵌入承台内的长度不小于50mm，当桩主要承受水平力时不少于100mm。

沉桩方法有锤击沉桩、静力压桩、振动沉桩等。

2. 灌注桩

灌注桩是直接在桩位上就地成孔，然后在孔内安放钢筋笼灌注混凝土而成的，根据成孔工艺不同可分为以下几类。

(1) 干作业成孔灌注桩(成孔方式有步履式螺旋钻钻孔、洛阳铲成孔)。

(2) 泥浆护壁成孔灌注桩(成孔方法有冲击锤冲孔、冲抓锤冲孔、回转钻机成孔、潜水钻成孔、旋挖成孔)。

(3) 沉管成孔灌注桩。沉管灌注桩可以采用复打、夯扩等工艺以增加单桩承载力。复打是指在第一次混凝土灌注高度达到要求标高拔出桩管以后，立即在原桩位再埋桩尖作为第二段沉桩管，使未凝固的混凝土向桩管四周挤压，然后再次灌注混凝土以扩大桩径的施工方法。夯扩是指采用双管施工、通过内管夯击桩端预灌混凝土形成扩大头以提高单桩承载力的施工方法，如图4.2、图4.3所示。

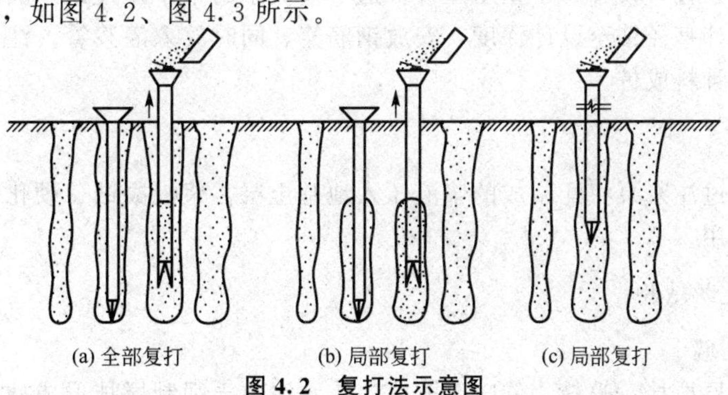

图4.2 复打法示意图

(4) 人工挖孔桩。人工挖孔灌注桩采用人工挖掘方法进行成孔，然后安装钢筋笼，浇筑混凝土成型，如图 4.4 所示。

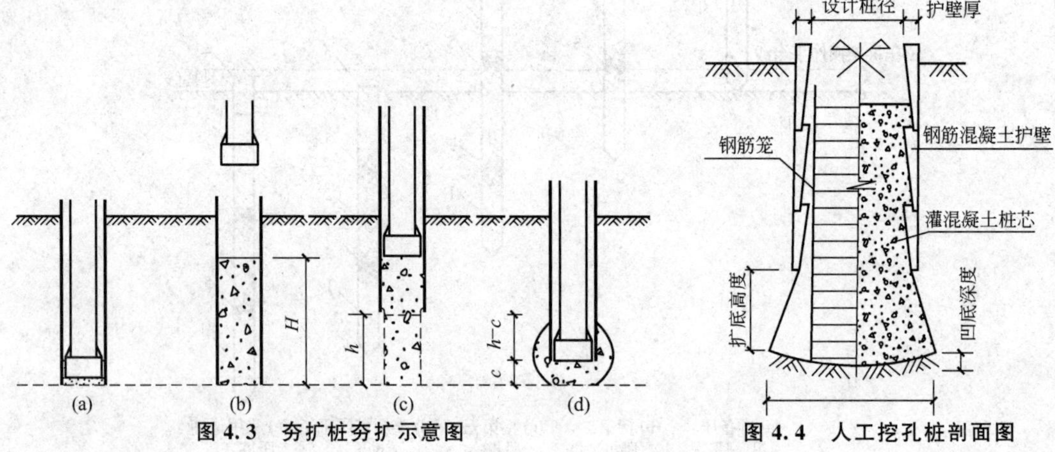

图 4.3　夯扩桩夯扩示意图

图 4.4　人工挖孔桩剖面图

4.1.2　地基和基坑边坡处理

1. 高压旋喷桩

旋喷桩工艺采用高压水、气或水泥浆切削土体并将浆液与土体形成桩，旋喷桩按旋喷形式分为仅旋喷浆液的“单重管法”、浆液与压缩空气同时喷射的“二重管法”和浆液、压缩空气和水同时喷射的“三重管法”。

2. 深层水泥搅拌桩

深层搅拌法的工艺流程：搅拌机定位、下沉、喷浆搅拌提升、原位重复搅拌下沉、重复搅拌提升、移至下一根桩位。

3. 喷粉桩

喷粉桩通过粉喷桩机用压缩空气将生石灰或水泥等粉体送到桩头，并以雾状喷入土层，通过钻头叶片旋转搅拌形成。

4. 树根桩

树根桩是一种直径较小的小型灌注桩，适于荷载小的中小型建筑。其施工工艺为：采用小型钻机按设计直径钻至设计深度，安放钢筋笼，同时放入灌浆管，注入水泥浆或水泥砂浆，结合碎石骨料成桩。

5. 压密注浆

压密注浆通过注浆泵将配制成的浆液压入地基土层，浆液凝结、硬化，达到强化地基和防水止渗的作用。

6. 深基坑支护结构

1) 水泥土挡墙

一般可用深层搅拌、喷粉、旋喷等方法，将水泥与土强制搅拌形成柱状的水泥加固土桩，并相互搭接而成，具有挡土、止水双重作用，为了提高墙刚度也可以内插钢筋或 H 型钢(SMW 工法)，如图 4.5 所示。

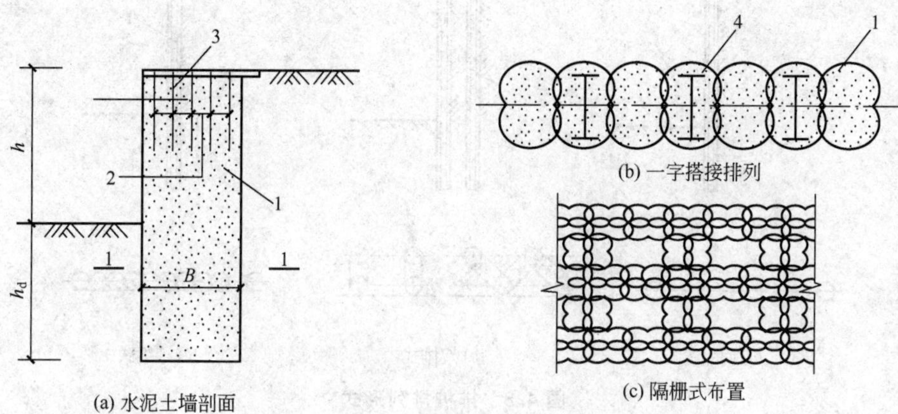

图 4.5　水泥土墙构造示意图

1—搅拌桩；2—插筋；3—钢筋混凝土压顶；4—H 型钢

2）板桩式挡墙

根据挡墙结构形式可分为：型钢横挡板挡墙、钢板桩挡墙，如图 4.6、图 4.7 所示。为了保证钢板桩位置的精度，钢板桩施工前需设置导架，导架由导桩和导梁组成。

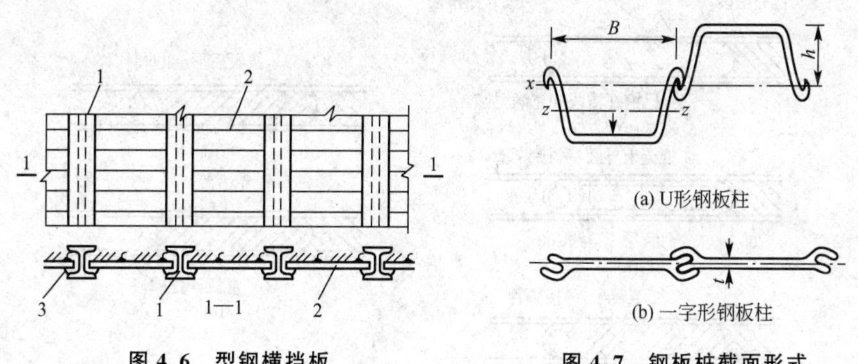

图 4.6　型钢横挡板

1—型钢桩；2—横挡板；3—木楔

图 4.7　钢板桩截面形式

3）排桩式挡墙

常用钻孔灌注桩、挖孔灌注桩、预制钢筋混凝土桩、钢管桩等作为挡土墙，桩的排列形式有间隔式、双排式和连续式，如图 4.8 所示。间隔式挡墙一般不起挡水作用，在周围环境复杂、地下水位较高等情况下，需在外围做水泥搅拌桩作为止水帷幕。

4）地下连续墙

沿地下建筑(构筑)物周边，在泥浆护壁条件下，按设计要求逐段开挖一定厚度和深度的槽段，插入接头管及放置钢筋骨架，用导管在水下浇筑混凝土，初凝后拔出接头管，若干单元墙段相连接便构成一道连续的钢筋混凝土地下墙，接头形式和施工程序如图 4.9 所示。

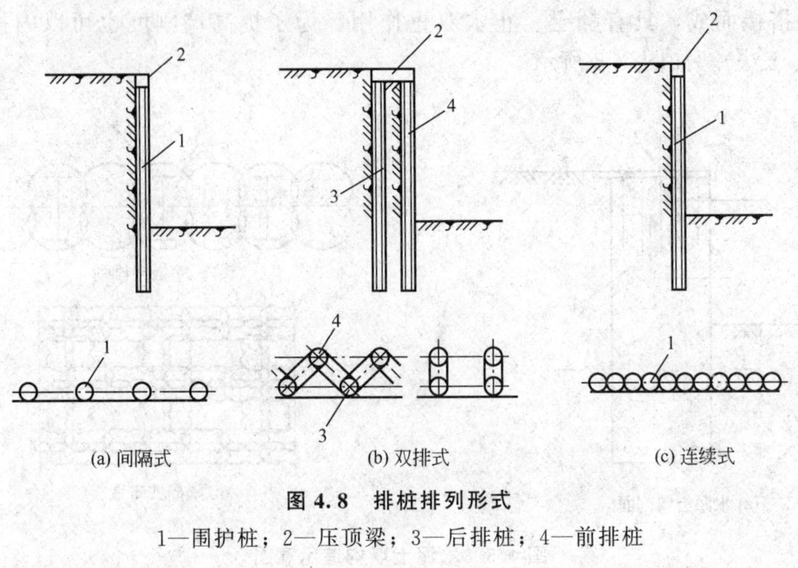

图 4.8 排桩排列形式

1—围护桩；2—压顶梁；3—后排桩；4—前排桩

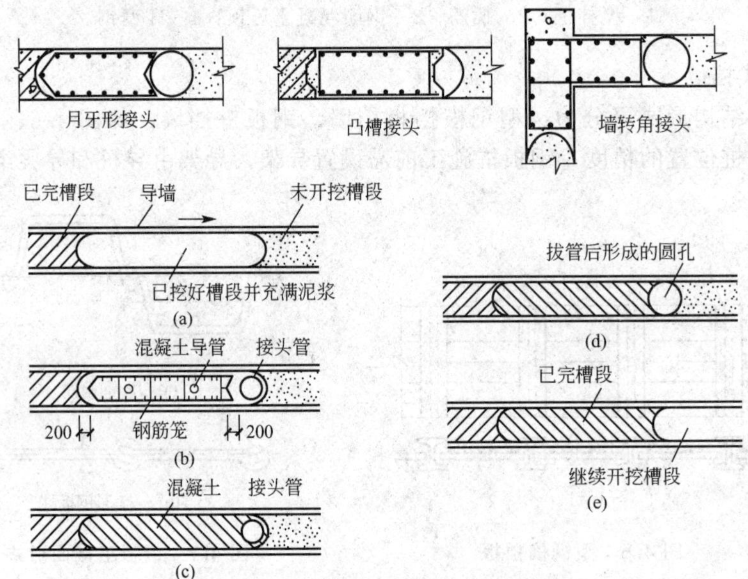

图 4.9 地下连续墙接头形式和施工顺序

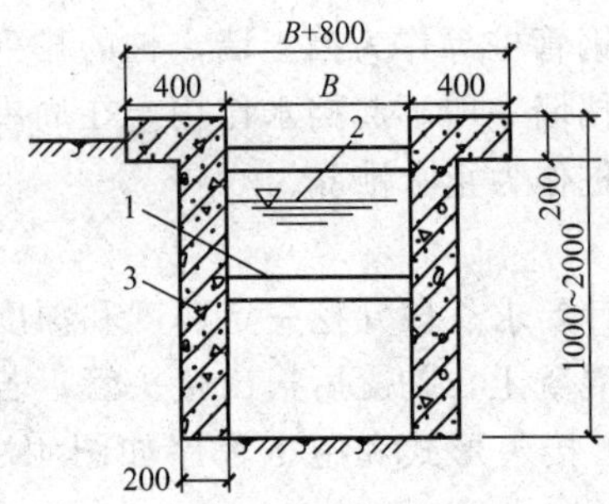

图 4.10 钢筋混凝土导墙

1—支撑；2—泥浆；3—导墙

成槽之前，在连续墙纵轴线位置需开挖导沟，在导沟两侧现浇混凝土(或预制混凝土、砌筑)导墙。导墙起到挖槽导向，防止槽段上口塌方，存蓄泥浆，作为测量基准等作用。导沟深一般为 1～2m，导墙顶面高出施工地面，防止地面水流入槽段。钢筋混凝土导墙断面形式如图 4.10 所示。

5）土钉墙与喷锚支护

土钉墙与喷锚支护是利用土钉或锚杆与喷射混凝土面层组成的边坡支护结构，如图 4.11、图 4.12 所示。

土钉的制作材料有螺纹钢筋或钢管，锚杆的制作材料有钢绞线、螺纹钢筋。土钉墙与喷锚支护的区别是：土钉为被动受力，当土体发生一定变形后，土钉才全长受力，而喷锚支护埋设的是预应力锚杆，前部分为自由端，后半部分为受力段。

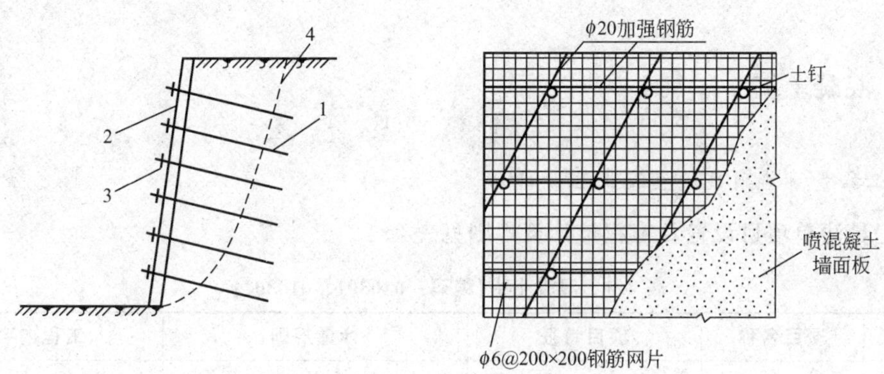

图 4.11　土钉墙支护

1—土钉；2—钢筋混凝土网层；3—垫筋或垫板；4—滑动面

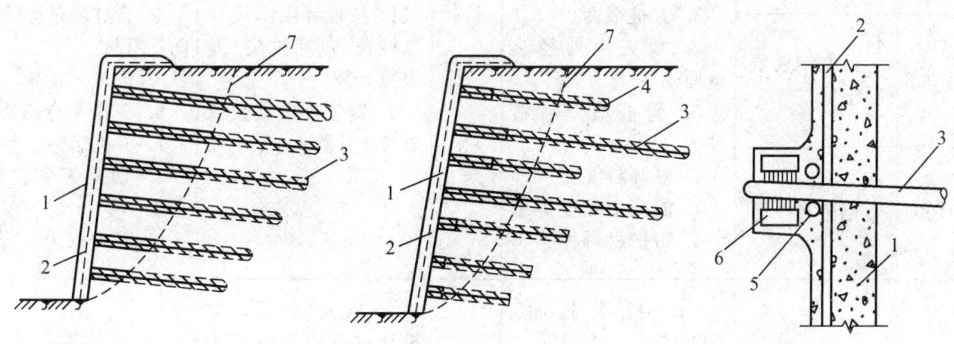

图 4.12　喷锚支护

1—混凝土面层；2—钢筋网；3、4—锚杆；5—加强筋；
6—锁定筋两根与锚杆双面焊接；7—滑动面

6）支撑结构

对于排桩、板桩式及地下连续墙等支护结构，当基坑深度较大时，需要在围护结构上设支撑，支撑按构造不同可分为拉锚式、锚杆式、斜撑式、内撑式等，如图 4.13 所示。

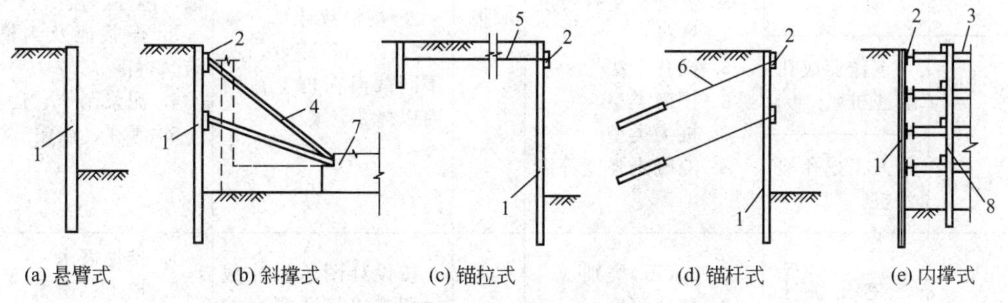

图 4.13　挡土墙支撑结构

1—挡墙；2—围檩(连梁)；3—支撑；4—斜撑；5—拉锚；6—锚杆；7—先施工的基础；8—支承柱

4.2 工程量清单及计价

4.2.1 混凝土桩

1. 工程量清单项目设置及工程量计算

工程量清单项目设置及工程量计算规则见表4.1。

表4.1 混凝土桩(编码：010301、010302)

<table>
<tr><th>项目编码</th><th>项目名称</th><th>项目特征</th><th colspan="2">计量规则</th><th>工程内容</th></tr>
<tr><td>010301001</td><td>预制钢筋混凝土方桩</td><td rowspan="3">1. 土层情况
2. 单桩长度、根数、送桩深度
3. 方桩截面
4. 管桩内外径及壁厚
5. 管桩填充材料种类
6. 桩倾斜度
7. 混凝土强度等级
8. 防护材料种类</td><td rowspan="3">m/根/t</td><td rowspan="3">1. 按设计图示尺寸以桩长(包括桩尖)或根数计算
2. 钢管桩按根数或质量t计算</td><td rowspan="3">1. 桩制作、运输
2. 打桩、接桩
3. 送桩
4. 管桩填充材料、刷防护材料
5. 清理、运输
6. 工作平台搭拆
7. 桩机竖拆、移位
8. 切割钢管、精割盖帽
9. 管内取土</td></tr>
<tr><td>010301002</td><td>预制钢筋混凝土管桩</td></tr>
<tr><td>010301003</td><td>钢管桩</td></tr>
<tr><td>010301004</td><td>截桩头</td><td>1. 桩头截面、高度
2. 混凝土强度等级
3. 有无钢筋</td><td>1. m^3
2. 根</td><td>1. 以m^3计量，按设计桩截面乘以桩头长度以m^3计算
2. 以根计量，按设计图示数量计算</td><td>1. 截桩头
2. 凿平
3. 废料外运</td></tr>
<tr><td>010302001</td><td>泥浆护壁成孔灌注桩</td><td rowspan="4">1. 土层情况
2. 空打长度、桩长度
3. 沉管桩复打长度
4. 桩径
5. 成孔方法
6. 护筒类型
7. 桩尖类型
8. 混凝土强度等级</td><td rowspan="4">m/根/m^3</td><td rowspan="4">1. 按设计图示尺寸以桩长(包括桩尖)
2. 按根数计算
3. 以m^3计量，按不同截面在桩上范围内以体积计算</td><td rowspan="4">1. 成孔、固壁
2. 混凝土制作、运输、灌注、振捣、养护
3. 泥浆池及沟槽砌筑、拆除
4. 泥浆制作、运输
5. 清理、运输</td></tr>
<tr><td>010302002</td><td>沉管灌注桩</td></tr>
<tr><td>010302003</td><td>干作业成孔灌注桩</td></tr>
<tr><td>010302005</td><td>人工挖孔灌注桩</td></tr>
<tr><td>010302004</td><td>挖孔桩土(石)方</td><td>1. 土(石)类别
2. 挖孔深度
3. 弃土(石)运距</td><td>m^3</td><td>按设计图示尺寸截面积乘以挖孔深度以m^3计算</td><td>1. 排地表水
2. 挖土、凿石
3. 基底钎探
4. 运输</td></tr>
</table>

（续）

项目编码	项目名称	项目特征	计量单位	计量规则	工程内容
010302006	钻孔压浆桩	1. 地层情况 2. 空钻长度、桩长、钻孔直径 3. 水泥强度等级	m/根	1. 以m计量，按设计图示尺寸以桩长计算 2. 以根计量，按设计图示数量计算	钻孔、下注浆管、投放骨料、浆液制作、运输、压浆
010302007	桩底注浆	1. 注浆导管材料、规格 2. 注浆导管长度 3. 单孔注浆量 4. 水泥强度等级	孔	按设计图示以注浆孔数计算	1. 注浆导管制作、安装 2. 浆液制作、运输、压浆

清单项目说明如下。

桩基础的承载力检测、桩身完整性检测等费用按国家相关取费标准单独计算，不在本清单项目中。项目特征中的桩截面、混凝土强度等级、桩类型等可直接用标准图代号或设计桩型进行描述。

(1) 预制钢筋混凝土桩。预制桩规格、断面、单节长度、总长度不同时，设计要求的试桩或打斜桩应按桩基工程项目编码单独列项，并应在项目特征中注明试验桩或斜桩(斜率)。

(2) 混凝土灌注桩。混凝土灌注桩项目适用于人工挖孔灌注桩、沉管灌注桩(锤击式、振动式振动、静压振拔式等成孔方式沉管灌注桩包括夯扩桩)、钻孔灌注桩、旋挖桩、树根桩等。

人工挖孔时采用的护壁(砖砌、预制钢筋混凝土、现浇钢筋混凝土、钢模、竹笼等)，如有具体设计内容的，则在清单中应对其相应的内容和特征进行描述。人工挖孔桩的土方要求外运时，清单中应予描述，具体运距可不描述。人工挖孔桩截面面积为非规则时，清单应予具体的计算面积进行描述。

截桩头的剔打混凝土、钢筋调直弯钩及清运弃渣、桩头等特征应在项目中描述。地基土层的构造应结合地勘报告及定额有关规定对土层进行划分，可在清单中给予描述。无法描述的由投标方自行决定报价。

定额各类土(岩石)层鉴别标准如下。

① 砂、粘土层：粒径2～20mm的颗粒质量不超过总质量的50%的土层，包括粘土、粉质粘土、粉土、粉砂、细砂、中砂、粗砂、砾砂。

② 碎、卵石层：粒径2～20mm的颗粒质量超过总质量50%的土层，包括角砾、圆砾及2～200mm的碎石、卵石、块石、漂石，此外也包括软石及强风化岩。

③ 岩石层：除松石及强风化岩以外的各类坚石，包括次坚石、普坚石和特坚石。

2. 定额工程量计算规则、计价办法

1) 预制桩

预制桩清单组价内容、定额计算规则及说明见表4.2。

表 4.2 预制桩清单组价内容、定额计算规则及说明

<table>
<tr><th>项目编码</th><th>项目名称</th><th>定额子目</th><th>定额编码</th><th>定额规则</th><th>定额说明</th></tr>
<tr><td rowspan="3">010301001</td><td rowspan="3">预制钢筋混凝土方桩</td><td>成品方桩、管桩、板桩打压</td><td>2-1～2-4、2-9～2-12、2-19～2-22、2-27～2-30、2-106、2-107</td><td rowspan="9">1. 打、压预制钢筋混凝土方桩(空心方桩)按设计桩长(包括桩尖)乘以桩截面积计算，空心方桩不扣除空心部分的体积
2. 送桩按送桩长度乘以桩截面积计算，送桩长度按设计桩顶标高至自然地坪另加0.50m计算
3. 打、压预应力管桩按设计桩长(不包括桩尖)以延长米计算
4. 送桩长度按设计桩顶标高至自然地坪另加0.50m计算
5. 管桩桩尖按设计图示质量计算
6. 桩头灌芯按设计尺寸以灌芯体积计算
7. 电焊接桩按设计图示尺寸以角钢或钢板的质量以t计算</td><td rowspan="9">1. 打、压预制钢筋混凝土方桩(空心方桩)定额按购入构件考虑已包含了场内必需的就位供桩，发生时不再另行计算。如采用现场制桩，场内供运桩按定额第四章混凝土及钢筋混凝土工程中的混凝土构件汽车运输定额执行，运距在500m以内，定额乘以系数0.5
2. 打、压预制钢筋混凝土方桩(空心方桩)，单节长度超过20m时，按相应定额乘系数1.2
3. 打、压预应力管桩，定额按购入成品构件考虑，已包含了场内就位供桩，发生时不再另行计算，桩头灌芯部分按人工挖孔桩灌芯定额执行；设计要求设置的钢骨架、钢托分别按定额第四章混凝土及钢筋混凝土工程中的钢筋笼和预埋件定额执行
打、压预应力管桩如设计要求需设置桩尖时，另按定额第四章混凝土及钢筋混凝土工程中的预埋件定额执行。打、压预应力空心方桩套用打、压预应力管桩相应定额
4. 打、压预制钢筋混凝土方桩定额已综合了接桩时所需的桩机台班，但未包括接桩本身费用，发生时套用相应接桩定额。打、压管桩定额已包括接桩费用，不另计算</td></tr>
<tr><td>预制方桩、板桩</td><td>4-263～4-265</td></tr>
<tr><td>预制方桩、板桩的运输</td><td>4-444～4-447</td></tr>
<tr><td rowspan="2">010301002</td><td rowspan="2">预制钢筋混凝土管桩</td><td>预制方桩、管桩、板桩打压</td><td>2-1～2-4、2-9～2-12、2-19～2-22、2-27～2-30、2-106、2-107</td></tr>
<tr><td>打试桩、斜桩</td><td>说明8条、10条</td></tr>
<tr><td rowspan="4">010301003</td><td rowspan="4">钢管桩</td><td>送方桩、管桩、板桩</td><td>2-5～2-8、2-13～2-16、2-23～2-26、2-31～2-34、2-108、2-109</td></tr>
<tr><td>管桩桩头灌芯、钢筋笼、钢托板、桩尖</td><td>2-104、2-105、4-421、4-422、4-433、4-434</td></tr>
<tr><td>桩顶空打部分回填</td><td>1-17(松填)、3-9～3-10×0.7</td></tr>
<tr><td>方桩接桩</td><td>2-17、2-18</td></tr>
<tr><td>010301004</td><td>截桩头</td><td>凿、截桩头</td><td>2-154、2-155(规范并入挖基础土方)</td><td></td><td>(定额75页注)：凿预制钢筋混凝土桩头长以1.5m以内为准，如长度超过1.5m者，应扣除定额中其他机械费，吊运机械费另行计算</td></tr>
</table>

【例 4-1】 某工程采用钢筋混凝土方桩基础，用柴油打桩机打预制钢筋混凝土方桩10根，桩顶标高-2.5m，场地自然地坪标高-0.5m，桩孔空打部分碎石回填。设计桩长

25m，单根桩长 25m，桩断面尺寸为 500mm×500mm，混凝土强度等级为 C40，如图 4.14 所示。现场预制，场外运输，运距为 5km。计算清单工程量及依据定额计算各分项直接工程费。

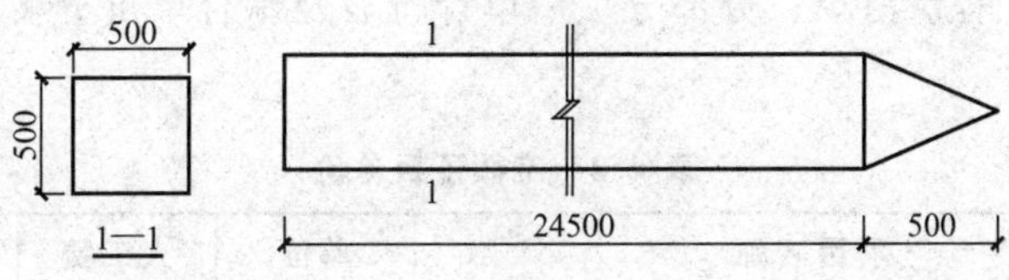

图 4.14 混凝土预制桩

解：(1) 清单工程量计算。

依据清单规范：预制方桩桩长＝25×10＝250(m)

(2) 各分项工程直接费计算。

① 计价工程量计算。

预制方桩工程量＝10×0.5×0.5×25×(1＋1.5%)＝63.44(m^3)

运输工程量＝10×0.5×0.5×25＝62.5(m^3)

打桩工程量＝10×0.5×0.5×25＝62.5(m^3)＜200m^3

送桩工程量＝10×0.5×0.5×(2.5－0.5＋0.5)＝ 6.25(m^3)

碎石回填工程量＝0.5×0.5×10×(2.5－0.5)＝5(m^3)

② 各分项直接工程费。

根据定额说明，打压预制桩桩长超过 20m 的定额乘以系数 1.2，工程量小于 200m^3 的，人工、机械乘以系数 1.25，打方桩套定额 2－2 换。

换后基价＝1235＋(297.99＋881.99) ×(1.2×1.25－1)＋55.3×(1.2－1)

＝1836.3(元/10m^3)

桩顶空打回填套定额 3－9 换，换后基价＝1092×0.7＝764.4(元/10m^3)

预制桩工程各分项套定额及直接工程费汇总见表 4.3。

表 4.3 预制桩项目的定额编码及各项直接工程费

序号	定额编码	名　　称	单位	数量	人工	材料	机械	小计	合计
1	4－263	预制方桩制作	m^3	63.44	28.81	366.19	0.43	395.44	25086.71
2	4－446	Ⅱ类混凝土构件运输 5km	m^3	62.50	9.29	6.00	103.55	118.84	7427.50
3	2－2 换	打预制钢筋混凝土方桩桩长 25m 内	m^3	62.50	44.70	6.64	132.30	183.63	11476.88
4	2－6 换	送预制钢筋混凝土方桩桩长 25m 内	m^3	6.25	32.16	1.14	74.06	107.37	671.06
5	3－9 换	碎石干铺垫层	m^3	5.00	13.85	62.01	0.61	76.47	382.35

【例 4－2】 某工程 35 根 C60 预应力钢筋混凝土管桩(静压施工)，规格为 ϕ600×110，每根桩总长 25m(不含桩尖)，桩尖平底十字形，36kg/个，桩尖高 150mm，每根桩顶连接

构造(假设)钢托板3.5kg，圆钢骨架38kg，桩顶灌注C30混凝土1.5m高；设计桩顶标高−3.5m，现场自然地坪标高为−0.45m，现场条件允许不发生场内运桩。定额子目单价采用表4.4，管理费费率取10%，利润10%，均以人工费、机械费之和为取费基数，按照规范和定额编制管桩工程量清单、分部分项清单计价表及综合单价分析表(假设管桩市场信息价为210元/m)。

表4.4 定额子目单价

定额编码	项目名称	单位	人工费	材料费	机械费
2-29	压预应力钢筋混凝土管桩 ϕ600内	m	2.45	2.06	15.65
2-33	压送管桩 桩径600内	m	3.51	0.22	17.82
2-105	桩混凝土灌芯	m^3	16.34	308.35	15.70
4-421	桩顶构造钢筋	t	491.92	3972.90	190.90
4-433	预埋铁件	t	1505.00	4297.3	1717.6
4-434	平底十字形桩尖(大于25kg/个)	t	1075.00	4134.6	1085.7

解：(1) 清单工程量计算。

依据清单规范：预制管桩长＝35×(25＋0.15)＝880.25(m)

根据工程量清单规范，预制管桩工程量清单见表4.5。

表4.5 预制管桩工程量清单

序号	项目编码	项目名称及特征	单位	工程量
1	010301002001	预制钢筋混凝土桩：C60预应力钢筋混凝土管桩，规格为ϕ600×110，每根桩总长25m，共35根，平底十字形桩尖，36kg/个，每根桩顶连接构造钢托板3.5kg，圆钢骨架38kg，桩顶灌注C30混凝土1.5m高，桩顶标高−3.5m，现场自然地坪标高为−0.45m	m	880.25

(2) 清单综合单价计算。

① 定额计价工程量计算。

压预应力钢筋混凝土管桩＝35×25＝875(m)＜1000m

送桩＝35×(3.5−0.45＋0.5)＝124.25(m)

桩顶灌注混凝土＝3.14×(0.6−0.2)^2×1/4×1.5×35＝6.60(m^3)

桩顶构造钢筋＝0.038×35＝1.33(t)

钢托板＝0.0035×35＝0.123(t)

平底十字形桩尖＝0.036×35＝1.26(t)

② 综合单价分析计算。

根据定额说明，打管桩工程量875m＜1000m，相应定额人工、机械乘以1.25，套用定额2-29换，换后人工费＝3.06元/m，材料费＝2.06＋210×1.01＝214.16(元/m)，机械费＝19.57元/m。送管桩换后基价2-33换＝21.55＋(3.51＋17.82)×(1.25−1)＝

26.88(元/m)(人工=4.39元，材料=0.22元，机械=22.27元)。

根据题意、施工工程量及表4.4，预制钢筋混凝土管桩清单计价和综合单价分析见表4.6、表4.7。

表4.6 分部分项工程量清单计价

序号	项目编码	项目名称及特征	单位	数量	综合单价/元	合价/元
1	010301002001	预制钢筋混凝土桩：C60预应力钢筋混凝土管桩，规格为ϕ600×110，每根桩总长25m，共35根，每根桩顶连接构造钢托板3.5kg，圆钢骨架38kg，桩顶灌注C30混凝土1.5m高，桩顶标高−3.5m，现场自然地坪标高为−0.45m。平底十字形桩尖，36kg/个	m	880.25	265.01	233275.1

表4.7 综合单价分析表

项目编码	项目名称及特征	单位	数量	综合单价/元						合计/元
				人工	材料	机械	管理	利润	小计	
010301002001	预制钢筋混凝土桩	m	880.25	6.27	227.73	24.79	3.11	3.11	265.01	233275
2-29H	压预应力钢筋混凝土管桩	m	875.00	3.06	214.16	19.57	2.26	2.26	241.32	211155.00
2-33H	压送管桩桩径600内	m	124.25	4.39	0.22	22.31	2.67	2.67	32.22	4003.34
2-105	桩混凝土灌芯	m^3	6.60	16.34	308.35	15.70	3.20	3.20	346.80	2288.88
4-421	桩顶构造钢筋	t	1.33	491.92	3972.90	190.90	68.29	68.29	4792.29	6373.75
4-433	预埋铁件	t	0.12	1505.00	4297.3	1717.6	322.25	322.25	8164.33	979.72
4-434	预埋铁件(大于25kg/块)	t	1.26	1075.00	4134.6	1085.7	216.07	216.07	6727.46	8476.60

2) 沉管灌注桩

沉管灌注桩清单组价内容、定额计算规则及说明见表4.8。

【例4-3】 某工程采用管直径500mm扩大桩，设计桩长15m(不包括预制桩尖长，桩尖长350mm)，桩顶标高−2.5m，自然地坪标高−0.5m，设计加灌长度0.5m，复打两次。依据定额求每根桩的混凝土工程量和成孔工程量。

解： 扩大桩混凝土工程量=3.142×0.25×0.25×(15+0.5)×(1+2×0.85)=8.22(m^3)

扩大桩成孔工程量=3.142×0.25×0.25×(15+2)×(1+2×0.85)=9.01(m^3)

【例4-4】 某夯扩灌注桩，设计桩长9m，管径500mm，底部扩大球直径为1000mm，混凝土强度C20。求夯扩桩混凝土工程量。

表 4.8　沉管灌注桩清单组价内容、定额计算规则及说明

<table>
<tr><th>项目编码</th><th>项目名称</th><th>定额子目</th><th>定额编码</th><th>定额规则</th><th>定额说明</th></tr>
<tr><td rowspan="3">010302002</td><td rowspan="3">混凝土灌注桩(沉管灌注桩)</td><td>沉管成孔</td><td>2-41～2-49</td><td rowspan="3">1. 单桩体积(包括砂桩、砂石桩、混凝土桩)不分沉管方法均按钢管外径截面积(不包括桩箍)乘以设计桩长(不包括预制桩尖)另加加灌长度计算。加灌长度：按设计要求计算，设计无规定者，按0.50m计算。若按设计规定桩顶标高已达到自然地坪时，不计加灌长度(各类灌注桩均同)
2. 夯扩(静压扩头)桩工程量＝桩管外径截面积×[夯扩(扩头)部分高度＋设计桩长＋加灌长度]，式中夯扩(扩头)部分高度按设计规定计算
3. 扩大桩的体积按单桩体积乘以复打次数计算，其复打部分乘以系数0.85
4. 沉管灌注砂桩、砂石桩空打部分工程量按自然地坪至设计桩顶标高的长度减去加灌长度，乘以桩截面积计算。沉管灌注混凝土桩的成孔工程量按灌注工程量＋空打部分体积计算，其中扩大桩复打的上部空打工程量按单桩空打数量乘以系数0.85</td><td rowspan="3">1. 灌注桩定额均已包括混凝土灌注充盈量，实际不同时不予调整
2. 沉管灌注砂、砂石桩孔打部分按相应定额(扣除灌注部分的工、料)执行
(定额43页注)：2-35～2-37，沉管砂桩空打部分按相应子目扣除人工分别为5.2、5.0、4.3工日，并扣除毛砂、水
(定额44页注)：2-38～2-40沉管砂石桩，空打部分按相应子目扣除人工分别为5.7、5.3、4.7工日，并扣除毛砂、碎石、水
(定额45、46页注)：振动式沉管灌注桩，安放钢筋笼者，成孔工程量定额人工、机械乘以1.15</td></tr>
<tr><td>灌注</td><td>2-81、2-82</td></tr>
<tr><td>钢筋混凝土预制桩尖制作、铁件、运输、埋设，模板</td><td>4-266、4-418、4-419、4-433、4-434、4-450、4-451、2-50、4-337</td></tr>
<tr><td>010301004</td><td>截桩头</td><td>凿、截桩头</td><td>2-156</td><td></td><td>(定额75页注)：凿沉管灌注混凝土桩桩头有钢筋笼者，定额乘以系数1.2</td></tr>
</table>

注：单桩混凝土体积＝钢管外径截面积×(设计桩长＋加灌长度)；
单桩成孔体积＝钢管外径截面积×孔深(孔深＝设计桩长＋加灌长度＋空打部分长度)；
扩大桩的混凝土体积＝单桩混凝土体积×(1＋复打次数×0.85)；
扩大桩的成孔体积＝单桩成孔体积×(1＋复打次数×0.85)。

解：夯扩桩混凝土工程量$=\frac{4}{3}\times 3.142\times 0.5^3+3.142\times 0.25\times 0.25\times(9+0.5)=2.39(m^3)$

【例 4-5】 沉管桩25m，强夯地基上，振动沉桩，放钢筋笼，单位工程工程量100m。试求定额基价。

解：套用定额 2-43 换，换后基价＝775＋(1.15×1.15×1.25－1)×(331.1＋

364.83)＝1230(元/10m³)

3) 钻(冲)孔、旋挖灌注桩

钻(冲)孔、旋挖灌注桩清单组价内容、定额计算规则及说明见表 4.9。

表 4.9 钻(冲)孔、旋挖灌注桩清单组价内容、定额计算规则及说明

项目编码	项目名称	定额子目	定额编码	定额规则	定额说明
010302001	混凝土灌注桩(钻或冲孔灌注桩)	钻(冲)成孔	2-51～2-80	1. 钻孔桩成孔工程量按成孔长度乘设计桩径截面积以 m³ 计算。成孔长度为自然地坪至设计桩底的长度。岩石层增加费工程量按实际入岩数量以 m³ 计算 2. 冲孔桩机冲击(抓)锤冲孔工程量分别按进入各类土层、岩石层的成孔长度乘以设计桩径截面积以 m³ 计算 3. 灌注水下混凝土工程量按桩长乘设计桩径截面积计算，桩长＝设计桩长＋设计加灌长度，设计未规定加灌长度时，加灌长度(不论有无地下室)按不同设计桩长确定：25m 以内按 0.5m 计算、35m 以内按 0.8m 计算，35m 以上按 1.2m 计算 4. 泥浆池建造和拆除、泥浆运输工程量按成孔工程量以 m³ 计算 5. 桩孔回填工程量按加灌长度顶面至自然地坪的长度乘以桩孔截面积计算 6. 注浆管、声测管工程量按自然地坪至设计桩底标高的长度另加 0.2m 计算 7. 桩底(侧)后注浆工程量按设计注入水泥用量计算 8. 钻孔灌注桩定额已包含了 2.0m 的钢护套筒埋设，如实际施工钢护套筒埋设超过 2.0m，则定额中的金属周转材料按比例换算	1. 转盘式钻孔桩机成孔、旋挖桩机成孔定额按桩径划分子目，定额已综合考虑了穿砂(粘)土层、碎(卵)石层的因素，如设计要求进入岩石层时，套用相应定额计算入岩增加费 2. 冲孔打桩机冲抓(击)锤冲孔定额分别按桩长及进入各类土层、岩石层划分套用相应定额 3. 泥浆池建造和拆除按成孔体积套用相应定额，泥浆场外运输按成孔体积和实际运距套用泥浆运输定额。旋挖桩的土方场外运输按成孔体积和实际运距分别套用定额第一章相应土方装车、运输定额 4. 桩孔空钻部分、回填部分应根据施工组织设计要求套用相应定额，填土者按土方工程松填土方定额计算，填碎石者按砌筑工程碎石垫层定额乘以系数 0.7 计算 5. 注浆管理设定额按桩底注浆考虑，如设计采用侧向注浆，则人工和机械费乘以系数 1.2
		水下灌注混凝土	2-83～2-88		
		泥浆池建造、拆除、泥浆运输	2-92～2-94		
		注浆管、声测管埋设，桩底(侧)后注浆	2-89～2-91		
010301004	截桩头	凿、截桩头	2-157、2-158		

【例 4-6】 某工程采用 100 根 C30 非泵送商品混凝土钻孔灌注桩，单根桩设计长度为 8m，其中入岩深度为 1.5m，灌注桩总长为 800m，桩截面直径 ϕ800mm，桩侧后注浆，0.5t/桩，声测管 1 根/桩。桩顶标高－3.0m，现场自然地坪标高为－0.5m，设计规定加灌长度 1m，废弃泥浆要求外运 5km，桩孔回填碎石。管理费费率取 10%，利润 10%，均以人工费、机械费之和为取费基数。试依据规范和定额计算综合单价。

解：(1) 清单工程量计算。

依据清单规范：钻孔灌注桩桩长＝100×8＝800(m)

(2) 清单综合单价计算。

① 计价工程量计算。

桩成孔工程量＝100×0.8^2×3.14×(11－0.5)×0.25＝527.52(m^3)，其中入岩工程量＝100×0.8^2×3.14×1.5×0.25＝75.36(m^3)

空钻部分＝100×0.8^2×3.14×(3.0－0.5－加灌 1.0)×0.25＝75.36(m^3)

成桩工程量＝527.52－75.3＝452.16(m^3)

泥浆池建造和拆除、泥浆外运＝527.52(m^3)

桩孔回填碎石＝75.36(m^3)

注浆管、声测管埋设工程量＝(11－0.5＋0.2)×100＝1070(m)

桩侧注浆工程量＝0.5×100＝50(t)

② 综合单价分析计算。

钻孔桩成孔(基本成孔加入岩增加)套用 2-52＋2-56 定额计价。

因为成桩工程量＝527.52 m^3＞150m^3，

所以钻孔桩成孔的人工及机械乘系数不调整。

人工费＝527.52×60.458＋75.36×360.469＝59057.75(元)

材料费＝527.52×18.985＋75.36×3.537＝10281.52(元)

机械费＝527.52×95.533＋75.36×348.229＝76638.11(元)

小计＝145977.38 元

C30 水下混凝土灌注，套用 2-84 定额计价。

人工费＝452.16×9.03＝4083.0(元)

材料费＝452.16×444.264＝200878.41(元)

机械费＝452.16×0＝0.0(元)

小计＝204961.41 元

空钻桩孔回填干碎石，套用 3-9H 定额计价。

人工费＝75.36×19.78×0.7＝1043.43(元)

材料费＝75.36×88.592×0.7＝4673.4(元)

机械费＝75.36×0.872×0.7＝46.0(元)

小计＝5762.8 元

泥浆池建造和拆除、泥浆外运，套用 2-92＋2-93 定额计价。

人工费＝527.52×(1.548＋19.178)＝10933.38(元)

材料费＝527.52×(1.913＋0)＝1009.15(元)

机械费＝527.52×(0.023＋43.95)＝23196.64(元)

小计＝35139.17 元

注浆管、声测管埋设，套用定额 2－89H＋2－90。

人工费＝1070×(1.548＋2.107)＝3910.85(元)

材料费＝1070×(8.7343＋16.1388)＝26614.22(元)

机械费＝1070×(0.344＋0.4995)＝902.55 元

小计＝31427.62 元

桩侧注浆，套定额 2－91H。

人工费＝209.84×50×1.2＝12590(元)

材料费＝328.38×50＝16419(元)

机械费＝110.36×50×1.2＝6622(元)

小计＝35991 元

企管费＋利润＝(59057.75＋76638.11＋4083.0＋1043.43＋46.0＋10933.38＋23196.64＋3910.85＋902.55＋12590＋6622)×(10％×2)＝199024×0.20＝39805(元)

分部分项工程费合计＝145977.38＋204961.41＋5762.8＋35139.17＋31427.62＋35991＋39805＝499064.38(元)

综合单价＝499064.38÷800＝623.83(元/m)

4) 人工挖孔灌注桩

人工挖孔灌注桩清单组价内容、定额计算规则及说明见表 4.10。

表 4.10 人工挖孔灌注桩清单组价内容、定额计算规则及说明

项目编码	项目名称	定额子目	定额编码	定额规则	定额说明
010302005	混凝土灌注桩(人工挖孔灌注桩)	混凝土护壁	2－103	1. 人工挖孔工程量按护壁外围截面积乘以孔深，以 m^3 计算，孔深按自然地坪至设计桩底标高的长度计算 2. 挖淤泥、流砂、入岩增加费按实际挖、凿数量以 m^3 计算 3. 灌注桩芯混凝土工程量按设计图示实体积以 m^3 计算，加灌长度设计无规定时，按 0.25m 计算。护壁工程量按设计图示实体积以 m^3 计算，护壁长度按自然地坪至设计桩底标高(不含入岩长度)另加 0.20m 计算 4. 钻(冲)孔灌注桩、人工挖孔桩设计要求扩底时，其扩底工程量按设计尺寸计算，并入相应的工程量内	1. 人工挖孔桩挖孔按设计注明的桩芯直径及孔深套用定额；桩孔土方需外运时，按土方工程相应定额计算；挖孔时若遇淤泥、流砂、岩石层，可按实际挖、凿的工程量套用相应定额计算挖孔增加费 2. 挖孔桩护壁不分现浇或预制，均套用安设混凝土护壁定额 (定额 58 页注)：桩径小于 1000mm 以内，按 1500mm 以内定额，人工和电动葫芦台班乘以 1.15 (定额 59 页注)：挖孔桩如采用钢护筒，每 $10m^3$ 桩芯混凝土增加金属周转材料 2kg(定额下册 334 页)，混凝土用量和其他机械费乘以 1.05 (定额 75 页注)：凿人工挖孔桩桩头，按凿钻孔灌注桩桩头定额扣除吊装机械后乘以系数 1.2 计算
		灌注混凝土	2－103、2－104		
010302004	挖孔桩土(石)方	入岩增加费 人工挖孔 挖淤泥、硫砂	2－95、2－100		
010301004	截桩头	凿、截桩头	2－157、2－158		

注：挖孔桩基础土方根据实际情况分段计算，包括承台土方开挖和挖孔桩土方。

挖孔桩设计详图和施工混凝土护壁如图 4.15 所示，挖孔桩土方和混凝土工程量的体积涉及圆台、球缺体积的计算，其计算公式如图 4.15 所示。

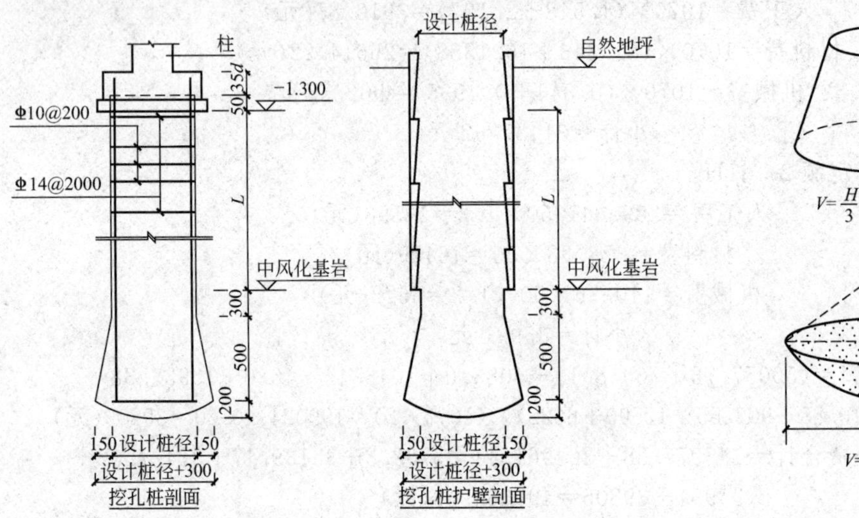

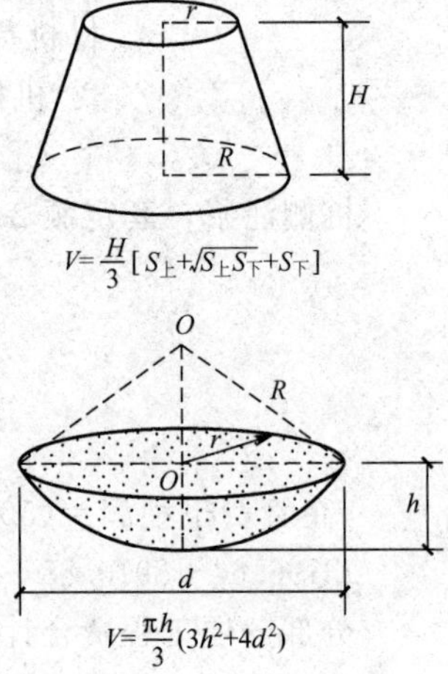

图 4.15　挖孔桩

【例 4-7】 某工程采用桩直径为 800mm 的人工挖孔桩，C20 非泵送商品混凝土灌注，单根桩设计长度为 10m，其中入岩深度为 1.5m。试确定挖孔桩基价。(假设不计入岩费用)

解： 桩径小于 1500mm，套用 1500mm，人工和电动葫芦乘以 1.15，套用定额 2-95 换。

换后基价＝622＋(490.2＋45.93×0.65)×(1.15－1)＝722(元/10m^3)

4.2.2　其他桩(地基处理)

1. 工程量清单项目设置及工程量计算

工程量清单项目设置及工程量计算规则见表 4.11。

表 4.11　其他桩(地基处理)(编码：010201)

项目编码	项目名称	项目特征	计量规则	工程内容
010201001	换垫层	1. 材料种类及配比 2. 压实系数 3. 掺加剂品种	按设计图示尺寸以体积计算	1. 分层铺填 2. 碾压、振密或夯实 3. 材料运输
010201002	铺土工合成材料	1. 部位 2. 品种 3. 规格	按设计尺寸以 m^2 为单位计算	1. 挖填锚固沟 2. 铺设 3. 固定 4. 运输
010201003	预压地基	1. 排水竖井种类、断面尺寸、排列方式、间距、深度 2. 预压方法 3. 预压荷载、时间 4. 砂垫层厚度	按设计图示尺寸以加固面积计算	1. 设置排水竖井、盲沟、滤水管 2. 铺设砂垫层、密封膜 3. 堆载、卸载或抽气设备安拆、抽真空 4. 材料运输

（续）

项目编码	项目名称	项目特征	计量规则	工程内容
010201004	强夯地基	1. 夯击能量 2. 夯击遍数 3. 地耐力要求 4. 夯填材料种类	按设计图示尺寸以加固面积计算	1. 铺设夯填材料 2. 强夯 3. 夯填材料运输
010201005	振冲密实(不填料)	1. 地层情况 2. 振密深度 3. 孔距		1. 振冲加密 2. 泥浆运输
010201006	振冲桩(填料)	1. 地质情况 2. 空桩长度、桩长 3. 桩径 4. 成孔方法 5. 填充材料种类 6. 砂石级配 7. 灰土级配 8. 搅拌桩水泥强度等级及掺量 9. 喷粉桩水泥强度石灰粉要求 10. 旋喷桩注浆类型、方法 11. 石灰桩掺和料种类、配合比 12. 灰土挤密桩灰土级别	1. 按图示以桩长(包括桩尖)计算 2. 按设计桩截面乘以桩长(包括桩尖)以体积计算	1. 成孔、填料、振实 2. 泥浆制作运输
010201007	砂石灌注桩			1. 成孔 2. 砂石运输 3. 填充 4. 振实
010201008	水泥粉煤灰砂石桩			1. 成孔 2. 混合料制作 3. 灌注 4. 养护
010201009	深层水泥搅拌桩			下钻、泥浆制作、喷浆搅拌提升成桩
010201010	喷粉桩			下钻、喷浆搅拌提升成桩
010201011	夯实水泥土桩			1. 成孔 2. 水泥土拌和、填料、夯实
010201012	旋喷桩			1. 成孔 2. 水泥制作、高压喷射
010201013	石灰桩			1. 成孔 2. 混合料制作
010201014	灰土挤密桩			1. 成孔 2. 灰土拌和、运输 3. 填充 4. 夯实
010201015	柱锤冲扩桩			1. 安拔套管 2. 冲孔 3. 填料、夯实

（续）

项目编码	项目名称	项目特征	计量规则	工程内容
010201016	注浆地基	1. 地层情况 2. 空钻深度、注浆深度 3. 注浆间距 4. 浆液种类及配比 5. 注浆方法 6. 水泥强度等级	1. 按图示尺寸以钻孔深度计算 2. 按图示尺寸以加固体积计算	1. 成孔 2. 注浆导管制作、安装 3. 浆液制作、压浆 4. 材料运输
010201017	褥垫层	1. 厚度 2. 材料品种及比例	按图示以体积计算	材料拌和、运输、铺设压实

清单项目说明如下。

(1) 砂石灌注桩。砂石灌注桩适用于各种成孔方式(振动沉管、锤击沉管等)的砂石灌注桩。应注意：灌注桩的砂石级配、密实系数均应包括在报价内。

(2) 挤密桩。挤密桩项目适用于各种成孔方式的灰土、石灰、水泥粉煤灰、碎石等挤密桩。应注意：挤密桩的灰土级配、密实系数均应包括在报价内。

(3) 旋喷桩。旋喷桩项目适用于水泥浆旋喷桩。根据清单中成孔、水泥浆制作、运输、水泥浆旋喷等工程内容，与定额中成孔、喷浆定额子目选择组合，作为清单项目的计价子目。

(4) 喷粉桩。喷粉桩项目适用于水泥、生石灰等喷粉桩。根据清单中成孔方式、喷粉固化等工程内容，与定额中深层水泥搅拌桩相应定额作为清单项目的计价子目(即深层水泥搅拌桩可按喷粉桩项目编码列项)。

2. 定额工程量计算规则、计价方法

其他桩(地基处理与边坡支护)清单组价内容、定额计算规则及说明见表 4.12。

表 4.12　其他桩(地基处理与边坡支护)清单组价内容、定额计算规则及说明

项目编码	项目名称	定额子目	定额编码	定额规则	定额说明
010201007	砂石灌注桩	沉管砂石桩	2-35～2-40	1. 打、拔钢板桩工程量按设计图示钢板桩质量以 t 计算，安拆导向夹具按设计图示钢板桩的水平长度计算 2. 圆木桩材积按设计桩长(包括接桩)及梢径，按木材材积表计算，其预留长度的材积已考虑在定额内。送桩按大头直径的截面积乘以入土深度计算	1. 打、拔钢板桩定额中已考虑打、拔施工费用，未包含钢板桩使用费，发生时另行计算 2. 水泥搅拌桩的水泥掺量按加固土重($1800kg/m^3$)的 13% 考虑，如设计不同时按每增减 1%定额计算 3. 单、双头深层水泥搅拌桩定额已综合了正常施工工艺需要的重复喷浆(粉)和搅拌。空搅部分按相应定额的人工及搅拌桩机台班乘以系数 0.5 计算
010201010	灰土挤密桩				
010201012	旋喷桩	旋喷成孔、成桩	2-124、2-125～2-127、2-121		
010201009	水泥搅拌桩	双单头水泥搅拌桩、凿桩头	2-118～2-120、2-121、2-156×0.3		

（续）

<table>
<tr><th>项目编码</th><th>项目名称</th><th>定额子目</th><th>定额编码</th><th>定额规则</th><th>定额说明</th></tr>
<tr><td>010201009</td><td>搅拌桩（SMW 工法）</td><td>二搅二喷
插拔型钢
水泥掺量</td><td>2－122
2－123
2－121</td><td rowspan="3">3. 水泥搅拌桩工程量按桩径截面积（不扣除一次成桩重叠部分面积）计算。桩长按设计桩顶至桩底长度另加 0.50m 计算；若设计桩顶标高至自然地坪小于 0.5m 或已达自然地坪时，另加长度应按实际长度计算或不计
4. 空搅部分的长度按设计桩顶至自然地坪的长度减去另加长度计算
5. SMW 工料法搅拌桩中的插、拔型钢工程量按设计图示型钢的质量以 t 计算
6. 高压旋喷桩工程量，引（钻）孔按自然地坪至设计桩底的长度计算，喷浆按设计加固桩截面积乘以设计桩长计算
7. 树根桩按设计长度乘桩截面积以 m^3 计算</td><td rowspan="3">4. SMW 工法搅拌桩定额按二搅二喷施工工艺考虑，设计不同时，每增（减）一搅一喷按相应定额人工和机械费增（减）40％计算
5. SMW 工法搅拌的水泥掺入量按加固土重（1800kg/m^3）的 18％ 考虑，如设计不同时按单、双头深层水泥搅拌桩每增减 1％定额计算，插、拔型钢定额仅考虑打、拔费用，但型钢的使用费另行计算。SMW 工法搅拌桩设计要求全截面套打时，相应定额人工、机械乘以 1.5，其余不变
6. 水泥搅拌桩定额按不掺添加剂（如石膏粉、木质素硫酸钙、硅酸钠等）编制，如设计有要求，定额应按设计要求增加添加剂材料费，其余不变
7. 高压旋喷桩单重管、双重管、三重管定额中的水泥掺量分别按 26％、24％、21％ 考虑；高压旋喷桩中设计水泥用量与定额不同时应予调整
（定额综合解释）：双头、SMW 工法水泥搅拌桩套用定额时相应定额的人工和机械分别乘以系数 0.97 和 0.92（其中双头水泥搅拌桩人机乘以 0.97，SMW 工法水泥搅拌桩人机乘以 0.92），其余不变</td></tr>
<tr><td>010202006</td><td>打、拔钢板桩</td><td>打、拔钢板桩
安拆导向夹具</td><td>2－110、2－111
2－112～2－114</td></tr>
<tr><td>010202003</td><td>圆木桩</td><td>打、送原木桩、接桩头</td><td>2－115、2－116
2－117</td></tr>
</table>

【例 4－8】 ϕ800mm 单头喷水泥浆搅拌桩每米桩水泥掺量 110kg，实际工程加固土重 1500kg/m^3，计算其基价。

解：本工程水泥搅拌桩水泥掺量为：110/(3.142×0.4×0.4×1×1500)＝14.59％，因此，套用定额 2－119＋2－121×2，换算后的基价＝111.4＋5.7×2 ＝122.8(元/m^3)。

【例 4－9】 某工程基坑止水帷幕采用三轴水泥搅拌桩，设计桩径为 800mm，桩长 15m，桩轴(圆心)矩为 600mm，水泥掺入量为 18％，要求采用二搅二喷施工。假设人材机价格与定额取定价格相同。试按全截面套打施工方案计算第一、二幅桩直接工程。

解：(1)桩径截面积 $S=(0.80/2)^2\times3.142\times(3+2)=2.512(m^2)$

三轴水泥搅拌桩工程量$=2.512\times(15+0.5)=38.94(m^3)$

(2) 套定额 2－122H 换算后的基价$=171.2+(10.621+59.305)\times(1.5\times0.92-1)=197.8$(元/$m^3$)。

(3) 第一、二幅三轴水泥搅拌桩直接工程费$=38.94\times197.8=7702$(元)

【例 4－10】 SMW 工法水泥搅拌桩(三搅三喷)，水泥掺入量为 20%，单位工程搅拌桩工程量为 $50m^3$，设计要求全断面套打，试求基价。

解：套用定额 2－122＋2－121×2 换，换算后的基价$=1712+(1.4\times1.5\times0.92\times1.25-1)\times(106.21+593.05)+57\times2=2815$(元/$10m^3$)。

4.2.3 基坑边坡支护

1. 基坑边坡支护工程量清单项目设置及工程量计算

工程量清单项目设置及工程量计算规则见表 4.13。

表 4.13 地基边坡支护(编码：010202)

项目编码	项目名称	项目特征	计量规则	工程内容
010202001	地下连续墙	1. 地层情况 2. 导墙类型、截面 3. 墙体厚度 4. 成槽深度 5. 混凝土类别、强度等级 6. 接头形式	按设计图示墙中心线长乘以厚度乘以槽深以体积计算	1. 挖土成槽、余土运输 2. 导墙制作、安装 3. 锁口管吊拔 4. 浇注混凝土连续墙 5. 场地硬化、建泥浆池
010202002	咬合灌注桩	1. 地层情况 2. 桩长 3. 桩径 4. 混凝土类别、强度等级 5. 部位	1. 按图示以桩长(包括桩尖)计算 2. 按设计桩截面乘以桩长(包括桩尖)以体积计算	1. 成孔、固壁 2. 混凝土制作、浇注 3. 套管压拔 4. 土方、废泥浆外运 5. 打桩场地硬化及泥浆池、泥浆沟
010202003	圆木桩	1. 地层情况 2. 桩长 3. 材质 4. 梢径 5. 桩倾斜度		1. 工作平台搭拆 2. 桩机竖拆、移位 3. 桩靴安装 4. 沉桩 5. 混凝土板桩接桩
010202004	预制钢筋混凝土板桩	1. 地层情况 2. 送桩深度、桩长 3. 桩截面 4. 混凝土强度等级		
010202005	型钢桩	1. 地层情况或部位 2. 送桩深度、桩长 3. 规格型号 4. 桩倾斜度 5. 防护材料种类 6. 是否拔出	1. 按图示以质量计算 2. 按设计图示数量计算	1. 工作平台搭拆 2. 桩机竖拆、移位 3. 打(拔)桩 4. 接桩 5. 刷防护材料

(续)

项目编码	项目名称	项目特征	计量规则	工程内容
010202006	钢板桩	1. 地层情况 2. 桩长 3. 板桩厚度	1. 按图示以质量计算 2. 按图示墙中心线长乘以桩长以面积计算	1. 工作平台搭拆 2. 桩机竖拆、移位 3. 打拔钢板桩
010202007	预应力锚杆、锚索	1. 地层情况 2. 锚杆(索)类型、部位 3. 钻孔深度 4. 钻孔直径 5. 杆体材料品种、规格、数量 6. 浆液种类、强度等级	1. 按图示尺寸以钻孔深度计算 2. 按图示数量计算	1. 钻孔、浆液制作、运输、压浆 2. 锚杆、锚索或土钉制作、安装 3. 张拉锚固 4. 锚杆、锚索或土钉施工平台搭设、拆除
010202008	其他锚杆、土钉			
010202009	喷射混凝土、水泥砂浆	1. 部位 2. 厚度 3. 材料种类 4. 混凝土(砂浆)类别、强度等级	按设计图示尺寸以面积计算	1. 修整边坡 2. 混凝土(砂浆)制作、运输、喷射、养护 3. 钻排水孔、安装排水管 4. 喷射施工平台搭设、拆除
010202010	混凝土支撑	1. 部位 2. 混凝土强度等级	按设计图示尺寸以体积计算	1. 模板(支架或支撑)制作、安装、拆除、堆放、运输及清理模内杂物、刷隔离剂等 2. 混凝土制作、运输、浇筑、振捣、养护
010202011	钢支撑	1. 部位 2. 钢材品种、规格 3. 探伤要求	按图示以质量计算。不扣除孔眼，焊条、铆钉、螺栓等不另增加质量	1. 支撑、铁件制作(摊销、租赁) 2. 支撑、铁件安装 3. 探伤 4. 刷漆 5. 拆除 6. 运输

清单项目说明如下。

(1) 地下连续墙。地下连续墙项目适用于各种导墙施工的复合型地下连续墙工程。

① 地下连续墙清单项目特征除包括墙厚、槽深及混凝土强度等级以外，还应包括连续墙轴线尺寸(长度)、墙顶标高、自然地坪标高，以及设计明确的槽段划分、接头形式、导墙有关构造和尺寸、导沟土方类别、土方运输、回填等要求。如设计没有对槽段划分、接头形式、连续墙墙顶的加灌部分及导墙做具体设定，则可根据施工方案将其计入报价内。

② 振冲灌注碎石项目适用于地基内振动、冲孔方式成孔的碎石地基加固。

(2) 地基强夯。地基强夯项目适用于采用强夯机械对松软地基进行强力夯击以达到一定密实要求的工程。

① 强夯按设计地基尺寸范围需要增加的，应在清单中予以明确要求。

② 地基强夯若涉及现场试验、障碍物的清理等情况，应在措施项目清单中予以列项。

(3) 锚杆支护。锚杆支护项目适用于岩石高削坡混凝土支护挡墙和风化岩石混凝土、砂浆护坡。

设计内容对锚杆制作、安装的具体材料(钢筋、钢管、钢绞线等)、规格(锚杆长度、每吨孔数等)、入岩深度、工艺(预应力或非预应力等)有要求的，清单项目中可明确；坡壁支护设计有坡面钢筋网的，清单中可明确钢筋网的规格及喷射混凝土强度、厚度等。

(4) 土钉支护。项目适用于土层的锚固，土钉一般不入岩、不采用预应力工艺。

2. 定额应用

1) 地下连续墙

(1) 浇筑连续混凝土墙体定额工程量计算。

① 导墙开挖、余土运输、回填、浇捣按设计图示或按施工方案规定以体积计算。

② 成槽按设计长度乘以墙厚及成槽深度(自然地坪至连续墙底加 0.5m)，以体积计算。

③ 泥浆池建拆、泥浆外运工程量按成槽工程量乘以 0.2 计算。土方外运工程量按成槽工程量计算。

④ 清底置换、接头管安拔按分段施工时的槽壁单元以段计算。

⑤ 连续墙混凝土浇筑工程量按设计长度乘以墙厚及墙深加 0.5m，以体积计算。

(2) 根据清单中挖土成槽、余土运输、导墙制作、安装、锁口管吊拔、浇筑混凝土连续墙、材料运输等工程内容，结合施工方案，与导墙开挖、余土运输、回填、导墙浇筑、成槽、泥浆池建拆及外运、清底置换、接头管安拔、浇筑混凝土墙体等定额子目选择组合进行计价。

2) 地基强夯

地基强夯定额按图示夯击范围面积以 m^2 计算，定额按一遍考虑，设计遍数不同时，每增加一遍，定额乘以系数 1.25。定额已包含了夯实过程(后)的场地平整，但未包括(补充)回填，发生时另行计算。

3) 锚杆(土钉)支护

(1) 锚杆(土钉)支护定额工程量计算。

① 锚杆(土钉)支护钻孔、灌浆按设计图示以延长米计算。入岩增加费按实际入岩深度考虑。

② 锚杆(土钉)制作、安装分别按钢管、钢筋设计长度乘以单位质量，以 t 计算，定位支架(座)、护孔钢筋(型钢)、锁定筋已包含在定额中，不得另行计算。

③ 边坡喷射混凝土按设计图示面积以 m^2 计算。

(2) 根据清单中钻孔、注浆等工程内容，结合施工方案，选择定额中锚杆钻孔、灌浆、锚杆钻孔入岩增加费、锚杆制作安装等子目进行组合计价。

基坑、边坡支护方式不分锚杆、土钉，均套用同一定额，设计要求采用预应力锚杆时，预应力张拉费用另行计算。

喷射混凝土按喷射厚度及边坡度不同分别设置子目。其中，钢筋网片制作、安装套用定额第四章混凝土及钢筋混凝土工程相应定额。

(3) 钻孔、布筋、锚杆安装、灌浆、张拉等搭设的脚手架，应列入措施项目费内。

4) 压密注浆

压密注浆钻孔按设计图示深度以 m 计算，注浆按下列规定以 m^3 计算。

(1) 设计图纸明确加固土体体积的，按设计图纸注明的体积计算。

(2) 设计图纸以布点形式图示土体加固范围的，则按两孔间距的一半作为扩散半径，以布点边线各加扩散半径，形成计算平面计算注浆体积。

(3) 如设计图纸注浆点在钻孔灌注混凝土桩之间，则以两注浆孔距作为每孔的扩散直径，以此圆柱体体积计算注浆体积。

4.2.4 注意事项

1. 清单项目

(1) 本章各项目适用于工程实体(如地下连续墙适用于构成建筑物、构筑物地下结构部分的永久性复合型地下连续墙)。如属于施工中采取的技术措施，招标人未在分项工程量清单中列项，则可作为清单措施项目考虑。

(2) 不同截面或同一截面但桩长、桩顶标高、现场自然地坪标高不一致的，应分别编码列项。清单项目特征中尚应注明设计桩长、桩顶标高、自然地坪标高等内容。

(3) 各种灌注桩的清单工程量不计加灌长度。加灌长度如设计有要求，则清单项目特征中应予以描述；若设计无要求，则由计价人自行确定。当设计规定桩顶标高已到达自然地坪时，计价不再考虑加灌长度的费用。

(4) 各种桩(除预制钢筋混凝土桩)的充盈量，定额已考虑在内。

(5) 灌注桩的钢筋笼、预制桩头钢筋、地下连续墙的钢筋网、锚杆支护和土钉支护的钢筋网应按混凝土及钢筋混凝土有关项目编码列项。

(6) 灌注桩如采用商品混凝土可在清单编制说明中统一明示。

2. 定额相关说明

(1) 单独打试桩、锚桩，按相应定额打桩人工及机械乘以系数 1.5。

(2) 在桩间补桩或在地槽(坑)中及强夯后的地基上打桩时，按相应定额打桩人工及机械乘以系数 1.15，在室内或支架上打桩可另行补充。

(3) 预制桩和灌注桩定额以打垂直桩为准，当打斜桩，斜度在 1∶6 以内时，按相应定额的人工及机械乘以系数 1.25；如斜度大于 1∶6，则其相应定额的打桩人工及机械乘以系数 1.43。

(4) 单位(群体)工程打桩工程量少于表 4.14 所列数量者，相应定额打桩人工及机械乘以系数 1.25。

表 4.14　桩类及对应工程量

<table>
<tr><th>桩　类</th><th>工程量</th><th>桩　类</th><th>工程量</th></tr>
<tr><td>预制钢筋混凝土方桩、空心方桩</td><td>$200m^3$</td><td>钢板桩</td><td>50t</td></tr>
<tr><td>预应力钢筋混凝土管桩</td><td>1000m</td><td rowspan="3">深层水泥搅拌桩、冲孔灌注桩、高压旋喷桩、树根桩</td><td rowspan="3">$100m^3$</td></tr>
<tr><td>沉管灌注桩、钻孔灌注桩</td><td>$150m^3$</td></tr>
<tr><td>预制钢筋混凝土板桩</td><td>$100m^3$</td></tr>
</table>

习　题

1. 试述预制方桩、预应力薄壁管桩、钻孔灌注桩、沉管灌注桩、水泥搅拌桩工程量计算公式。

2. 写出下列项目的定额编码、计量单位、换算后基价。

(1) 振动式沉管灌注桩，安放钢筋笼。

(2) 地基强夯后打预制方桩。

(3) 水泥搅拌桩间补钻孔灌注桩。

(4) SMW 工法水泥搅拌桩(二搅二喷)，水泥掺入量为 20%。

第5章 砌筑工程

学习任务

本章主要内容包括砖基础、砖砌体、砖构筑物、砌块砌体、石砌体、砖散水、地坪、地沟等项目工程量的计算及计价相关规定。通过本章学习，重点掌握砖砌体工程量计算及计价。

学习要求

知识要点	能力要求	相关知识
砖砌体	(1) 掌握砖工程量计算 (2) 熟悉砖分类	(1) 砖基础与砖墙身划分 (2) 砖墙高度确定
零星砖工程	掌握零星砖工程工程量计算	砖台阶、砖锅台、灶台名称
砖构造物	熟悉砖构造物工程量计算	烟囱、窨井、化粪池、隔油池名称

本章主要内容包括砖基础、砖砌体、砖构筑物、砌块砌体、石砌体、砖散水、地坪、地沟等项目工程量的计算及计价相关规定，适用于建筑物和构筑物的各类砌筑工程，也适用于安装工程、园林工程中相关项目的砌筑工程。

5.1 基础知识

1. 墙体材料

常见砖块：烧结类(烧结煤矸实心砖 240mm×115mm×53mm、烧结煤矸多孔砖 240mm×115mm×90mm 与 190mm×190mm×90mm、烧结煤矸空心砖 240mm×240mm×115mm 与 190mm×190mm×115mm)；蒸压类(蒸压灰砂砖 240mm×115mm×53mm、蒸压灰砂多孔砖 240mm×115mm×90mm)；混凝土类(混凝土实心砖 240mm×115mm×53mm、混凝土多孔砖 240mm×115mm×90mm)；轻集料混凝土类(陶粒混凝土实心砖)。

砌块有：烧结页岩空心砌块(规格有 290mm×240mm×190mm、290mm×190mm×190mm、240mm×115mm×190mm)；陶粒混凝土小型空心砌块(390mm×240mm×190mm、390mm×190mm×190mm、390mm×120mm×190mm)；混凝土加气块(蒸压粉煤灰加气混凝土砌块、蒸压砂加气混凝土砌块)。

2. 砌体勾缝

为了使清水砖墙面光洁美观，应对墙面灰缝采用原浆勾缝，即利用砌筑砂浆随砌随勾缝或待砌筑完成后用 1∶1 水泥砂浆勾缝；石墙勾缝，在勾缝前先将灰缝刮深约 20mm，再用 1∶1 水泥砂浆勾缝，有平缝、平圆凹缝、平凹缝、平凸缝、半圆凸缝、三角凸缝之分。

3. 砖基础

砖基础一般做成阶梯形，这个阶梯形称为大放脚，根据每层砌体高度不同可分等高式和间隔式两种，大放脚每层高度和收进尺寸由砖的模数加灰缝来确定，如图 5.1 所示。

4. 墙身防潮层

墙身防潮常见的有：立面上铺贴高分子防水卷材，涂刷石油沥青，抹水泥砂浆和水平铺一层水泥砂浆或防水砂浆(水平铺设防潮层可用地圈梁替代)，如图 5.2 所示。

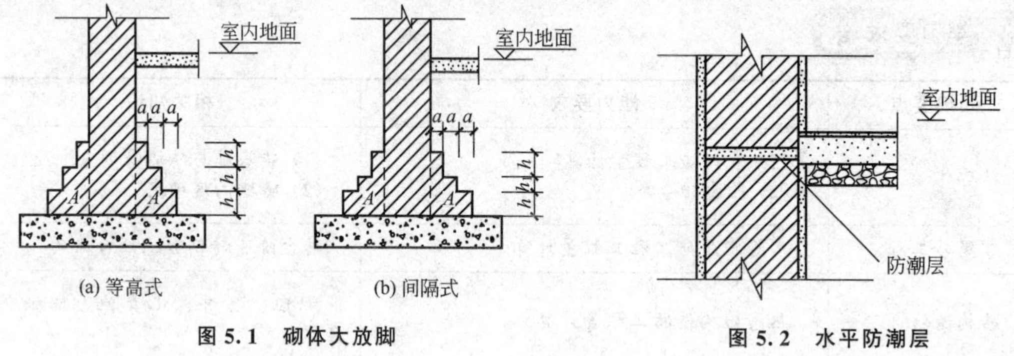

图 5.1　砌体大放脚　　**图 5.2　水平防潮层**

5. 砖墙结构形式

砖墙结构形式可分为：实心砖墙、空斗墙(图 5.3)、空花墙(图 5.4)、填充墙等。

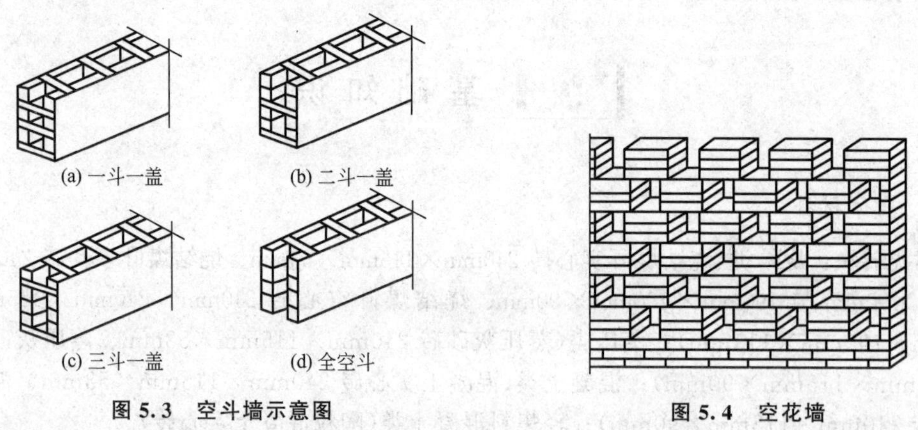

图 5.3　空斗墙示意图　　**图 5.4　空花墙**

6. 砖垛

为了增强墙体稳定性或增大集中力作用处支撑面的面积，会在墙体一侧凸出，如图 5.5 所示。

7. 墙体装饰构造

突出墙面的窗台虎头砖、压顶线、门窗套、三皮砖以内的腰线和挑檐等，如图 5.5 所示。

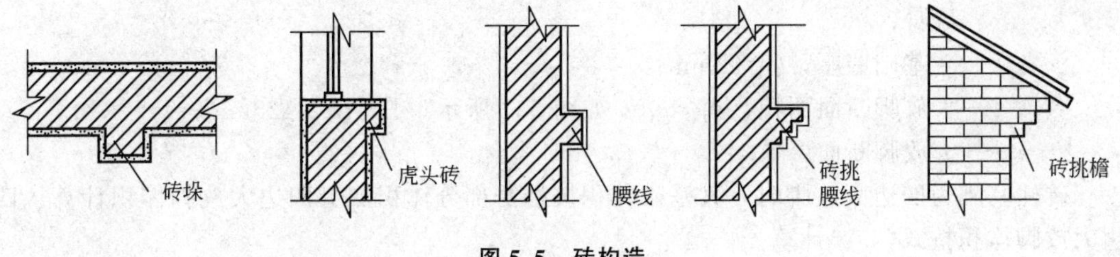

图 5.5 砖构造

8. 烟囱装饰构造

烟气中含有 SO_2 和各种金属氧化物，易对烟囱结构产生腐蚀，烟囱防腐蚀措施常见做法是在筒体结构内侧做隔热填充层、砖内衬及防腐隔绝层。

5.2 工程量清单及计价

5.2.1 砖基础

1. 工程项目设置及工程量计算

工程项目设置及工程量计算规则见表 5.1。

表 5.1 砖基础(编码：010401)

项目编码	项目名称	项目特征	计量规则	工程内容
010401001	砖基础	1. 砖品种、规格、强度等级 2. 基础类型 3. 砂浆强度等级 4. 防潮层构造	按设计图示尺寸以体积计算，包括附墙垛基础宽出部分体积，扣除地梁(圈梁)、构造柱所占体积，不扣除基础大放脚 T 形接头处的重叠部分及嵌入基础内的钢筋、铁件、管道、基础砂浆防潮层和单个面积 0.3m² 以内的孔洞所占体积，靠墙暖气沟的挑檐不增加。 基础长度：外墙按中心线，内墙按净长线	1. 砂浆制作、运输 2. 砌砖 3. 防潮层铺设 4. 材料运输

砖基础清单项目说明如下。

砖基础项目适用于各种类型的基础，如柱基础、墙基础、烟囱基础、水塔基础、管道基础。

(1) 砖基础体积可按基础横断面面积乘以长度计算，其中基础横断面面积见式(5.1)。

$$S_{\text{砖基础断面面积}} = Hb + A\left[\text{等高式 } A = n(n+1)ah\text{，非等高式 } A = \sum ah + \sum ah_1\right] \tag{5.1}$$

式中：H——砖基础与砖墙(身)划分应以设计室内地坪为界(有地下室的按地下室室内设计地坪为界)，以下为基础，以上为墙(柱)身，基础与墙身使用不同材料，位于设计室内地坪±300mm 以内时以不同材料为界，超过±300mm 时，应以设计室内地坪为界，砖围墙应以设计室外地坪为界，以下为基础，以上为墙身；

b——砖基础墙厚，$b=63$mm；

A——大放脚断面面积，A、a、h 如图 5.1 所示。其中 $a=126$mm；

n——大放脚断面层数。

砖柱基础为四边大放脚时，其基础体积按柱身部分体积加上四边大放脚体积计算。四边大放脚体积按式(5.2)计算。

$$V_{砖柱大放脚}=n(n+1)ah\left[\frac{2}{3}(2n+1)a+\frac{砖柱周长}{2}\right] \tag{5.2}$$

(2) 防潮层铺设。防潮层铺设根据设计不同，常见的有立面上铺贴卷材、涂刷沥青、抹水泥砂浆或防水砂浆；平面上铺贴卷材、抹水泥砂浆或防水砂浆。

2. 砖基础工程项目定额工程量计算规则、计价方法

砖基础工程项目定额工程量计算规则及计价方法见表 5.2。

表 5.2　砖基础工程组价内容、定额计算规则及说明

项目编码	项目名称	定额子目	定额编码	定额规则	定额说明
010401001	砖基础	垫层	3-1～3-12、4-1～4-73	1. 条形基础垫层工程量按设计图示尺寸以 m^3 计算。长度：外墙按外墙中心线长度计算，内墙基础的垫层长度按垫层净长计算，附墙垛按折算长度计算。柱网结构的条基垫层不分内外墙，均按基底净长计算，柱基(独立基础)垫层工程量按设计垫层面积乘以厚度计算 2. 地面垫层工程量按地面面积乘以厚度计算，地面面积按楼地面工程的工程量计算规则计算 3. 条形砖基础、块石基础工程量按设计图示尺寸以体积计算。长度：外墙按外墙中心线长度计算，内墙砖基础按内墙净长计算，附墙垛按折算长度计算。其余基础按基底净长计算，按基底净长计算后应增加的搭接体积按图示尺寸计算	1. 建筑物砌筑工程基础与上部结构的划分：基础与墙(身)使用同一种材料时，以设计室内地面为界(有地下室者，以地下室室内设计地面为界)，以下为基础，以上为墙(身)；基础与墙身使用不同材料，位于设计室内地面高度为≤±300mm 时，以不同材料为分界线，高度为±300mm 时，以设计室内地面为分界线。砖基础不分砌筑宽度及有否大放脚，均执行对应品种及规格砖的同一定额；地下混凝土及钢筋混凝土构件的砖模、舞台地垄墙套用砖基础定额 2. 本章垫层定额适用于基础垫层和地面垫层。混凝土垫层套用混凝土及钢筋混凝土工程相应定额。块石基础与垫层的划分，当图纸不明确时，砌筑者为基础，铺排者为垫层 注意：在干铺垫层上砌筑砖基础时，每 $10m^3$ 垫层另加 M5.0 混合砂浆 $0.5m^3$，200L 灰浆搅拌机 0.08 台班，其余用量不变
		砖基础	3-13～3-16		
		防潮	7-40、7-44、7-46、7-49、7-51、7-54、7-56、7-69、7-74		

砖基础定额相关解释如下。

(1) 清单按零星砌砖列项的地垄墙(如舞台地垄墙)套用砖基础定额计价。

(2) 砖柱基础(包括四边大放脚)套用砖柱定额计价。

(3) 砖基础定额工程量计算：定额工程量的计算基本与清单规则一致，如遇剧院、会堂等室内地坪有坡度时，以室内地坪最低标高处作为砖基础和墙身的分界。

(4) 定额规定砖石基础有多种砂浆砌筑时，以多者为准。

【例 5-1】 某工程基础平面与剖面如图 5.6 所示，交付施工场地标高与设计室外标高均为－0.300m，室内地坪标高±0.000。垫层 C15 混凝土，混凝土基础 C25，垫层与基础均采用钢模板，砖基础采用 M10 水泥砂浆烧结。按照上述条件及依据定额计算混凝土垫层、砖基础的工程量。

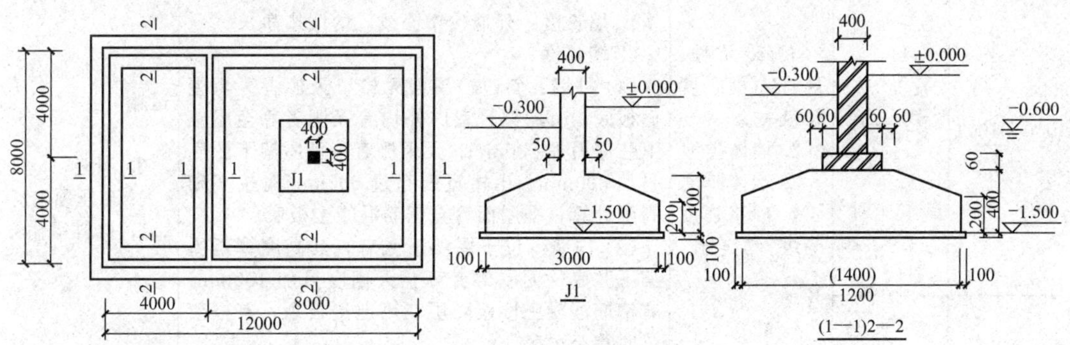

图 5.6 基础平面与剖面图

解：(1) 垫层工程量计算。

① 断面 1—1。

$$L=8\times2+8-1.4=22.6(\text{m})$$

② 断面 2—2。

$$L=12\times2=24(\text{m})$$

③ 基础 J1。

$$V=3.2\times3.2\times0.1=1.024(\text{m}^3)$$

垫层合计：$V=1.6\times0.1\times22.6+1.4\times0.1\times24+3.2\times3.2\times0.1=8.00(\text{m}^3)$

(2) 砖基础工程量计算。

① 断面 1—1。

$$L=8\times2+8-0.24=23.76(\text{m})$$

② 断面 2—2。

$$L=12\times2=24(\text{m})$$

砖基础合计：$V=[0.24\times(1.5-0.4)+0.06\times0.06\times2]\times(24+23.76)=12.953(\text{m}^3)$

5.2.2 砖砌体

1. 工程量清单项目设置及工程量计算

工程量清单项目设置及工程量计算规则见表 5.3。

表 5.3 砖砌体(编码：010401)

项目编码	项目名称	项目特征	计量规则	工程内容
010401003	实心砖墙	1. 砖品种、规格、强度等级 2. 墙体类型 3. 墙体厚度 4. 砂浆强度等级、配合比	按设计图示尺寸以体积计算。扣除门窗洞口、空圈、嵌入墙身内的钢筋混凝土柱、梁、圈梁、挑梁、过梁及凹进墙内的壁龛、管槽、暖气槽、消火栓箱所占体积。不扣除梁头、板头、檩头、垫木、木楞头、沿椽木、木砖、门窗走头、砖墙内加固钢筋、铁件、钢管及单个面积 $0.3m^2$ 以内的孔洞所占体积。凸出墙面的腰线、挑檐、压顶、窗台线、虎头砖、门窗套的体积也不增加。凸出墙面的砖垛并入墙体积内计算 1. 墙长度：外墙按中心线，内墙按净长 2. 墙高度 (1) 外墙：斜(坡)屋面无檐口天棚者算至屋面板底；有屋架且室内外均有天棚者算至屋架下弦底另加 200mm；无天棚者算至屋架下弦底另加 300mm，出檐宽度超过 600mm 时按实砌高度计算；平屋面算至钢筋混凝土板底 (2) 内墙：位于屋架下弦者，其高度算至屋架下弦底；无屋架者算至天棚底另加 100mm；有钢筋混凝土楼板隔层者算至楼板顶；有框架梁时算至梁底 (3) 女儿墙：从屋面板上表面算至女儿墙顶面(如有混凝土压顶时算至压顶下表面) (4) 内、外山墙：按其平均高度计算 3. 围墙：高度算至压顶上表面(如有混凝土压顶时算至压顶下表面)，围墙柱并入围墙体积内 4. 框架填充墙：不分内外墙按图示净尺寸体积计算	1. 砂浆制作、运输 2. 砌砖 3. 刮缝 4. 砖压顶砌筑 5. 材料运输
010401004	多孔砖墙			
010401005	空心砖墙			
010401006	空斗墙	1. 砖品种、规格、强度等级 2. 墙体类型 3. 砂浆强度等级、配合比	按设计图示尺寸以空斗墙外形体积计算。墙角、内外墙交接处、门窗洞口立边、窗台砖、屋檐处的实砌部分体积并入空斗墙体积内	1. 砂浆制作、运输 2. 砌砖 3. 装填材料 4. 刮缝 5. 材料运输
010401007	空花墙		按设计图示尺寸以空花部分外形体积计算，不扣除空洞部分体积	
010401008	填充墙		按设计图示尺寸以填充墙外形体积计算	
010401009	实心砖柱	1. 砖品种、规格、强度等级 2. 柱类型 3. 砂浆强度等级、配合比	按设计图示尺寸以体积计算。扣除混凝土及钢筋混凝土梁垫、梁头、板头所占体积，适用于各种类型柱、矩形柱、异形柱、圆柱及柱外包柱砌体等	1. 砂浆制作、运输 2. 砌砖 3. 刮缝 4. 材料运输
010401010	多孔砖柱			

（续）

项目编码	项目名称	项目特征	计量规则	工程内容
010401011	砖检查井	1. 井截面 2. 垫层材料种类、厚度 3. 底板厚度 4. 井盖安放 5. 混凝土强度等级 6. 砂浆强度等级、配合比 7. 防潮层材料种类	按设计图示数量以座计算	1. 土方挖运 2. 砂浆制作、运输 3. 铺设垫层 4. 底板混凝土制作、运输、浇筑、养护 5. 砌砖 6. 刮缝 7. 井池底、壁抹灰 8. 抹防潮层 9. 回填 10. 材料运输
010401013	零星砌砖	1. 零星砌砖名称、部位 2. 砂浆强度等级、配合比	1. 按图示尺寸截面积乘以长度计算 2. 按图示尺寸水平投影面积计算 3. 按图示尺寸长度计算 4. 按设计图示数量以个计算	

砖砌体清单项目说明如下。

(1) 砖墙：适用于各种砖砌筑的混水、清水砖墙，包括直形、弧形及不同墙厚的外墙、内墙、围墙。各种砌体勾缝按墙柱面抹灰进行列项。挖孔桩砖砌体护壁可单独列项(010401002)，工程量按图以体积计算。

① 项目特征内容描述除了表 5.3 外，当设计有突出墙面的腰线、挑檐、附墙烟囱、通风道等构造内容时，清单尚应考虑有关计价要求，对砖挑檐外挑出檐数、附墙烟囱、通风道的内空尺寸等予以明确描述。

② 清单工程量计算注意事项如下。

不论三皮砖以下或三皮砖以上的腰线、挑檐突出墙面部分均不计算体积。

女儿墙的砖压顶、围墙的砖压顶突出墙面部分不计算体积，压顶顶面凹进墙面的部分也不扣除(包括一般围墙的抽屉檐、棱角檐、仿瓦砖檐等)。

墙内砖平石旋、砖拱石旋、砖过梁的体积不扣除，应包括在报价内。

附墙烟囱、通风道、垃圾道，应按设计图示尺寸以体积(扣除孔洞所占体积)计算，并入所依附的墙体体积内。当设计附墙烟囱有瓦管、除灰门、垃圾道、垃圾斗、通风百页窗、铁算子、钢筋混凝土顶盖板及孔洞内需抹灰时，均应按清单规范附录 A 或附录 B 中相关项目编码列项。

③ 清单砖墙工程量计算公式如下。

$$V=(\text{墙高}\times\text{墙长}-\text{应扣洞口面积})\times\text{墙身厚度}-\text{应扣嵌入墙身构件} \quad (5.3)$$

墙长、墙高按清单规则确定，墙体厚度按表 5.4 取定的厚度计算。

表 5.4　墙体厚度计算参数

砖及砌块分类	砖及砌块名称	规格（长×宽×厚）/mm	砖数（厚度：mm）					
			$\frac{1}{4}$	$\frac{1}{2}$	$\frac{3}{4}$	1	$1\frac{1}{2}$	2
混凝土类	混凝土实心砖	240×115×53	53	115	180	240	365	490
		190×90×53		90		190		
	混凝土多孔砖	240×115×90		115		240	365	490
		190×190×90				190		
轻集料混凝土	陶粒混凝土实心砖	240×115×53	53	115	180	240	365	490
烧结类	烧结煤矸石普通砖	240×115×53	53	115	180	240	365	490
	烧结煤矸石多孔砖	240×115×90		115		240	365	490
		190×190×90				190		
	烧结煤矸石空心砖	240×240×115		115		240		
		190×190×115				190		
蒸压类	蒸压灰砂砖	240×115×53	53	115	180	240	365	490
	蒸压灰砂多孔砖	240×115×90		115		240	365	490
轻集料混凝土空心砌块	陶粒混凝土小型空心砌块	390×240×190				240		
		390×190×190				190		
		390×120×190				120		
烧结类空心砌块	烧结类页岩空心砌块	290×240×190				240		
		290×190×190				190		
		290×115×190				115		
蒸压加气混凝土块	蒸压粉煤灰加气混凝土块	600×120×240				120		
		600×190×240				190		
		600×240×240				240		
	蒸压砂加气混凝土块（B06 级）	600×120×240				120		
		600×190×240				190		
		600×240×240				240		
	陶粒增强加气块	600×240×200				240		

(2) 空斗墙：适用于各种砌法砌筑的空斗墙。

清单工程量计算注意事项如下。

① 空斗墙按设计图示外形体积计算。墙角、内外墙交接处、门窗洞口立边、窗台砖、屋檐处的实砌部分并入空斗墙体积内计算。

② 窗间墙、窗台下、楼板下、梁头下的实砌部分和空斗墙间的实砌砖垛，应另行计算，分别按零星砌砖和实心砖项目编码列项。

③ 空斗墙定额工程量计算：计算方法同清单计算规则。

(3) 空花墙：适用于各种砌法砌筑的空花墙。

① 项目特征内容描述除了表5.3外，尚应对空花外形形状、尺寸等予以描述。

② 使用混凝土花格砌筑的空花墙，以实砌墙体与混凝土花格分别计算工程量，混凝土花格按混凝土及钢筋混凝土预制零星构件编码列项。

(4) 填充墙：适用于各种砖砌筑的双层夹墙，夹心墙内按需要填充各种保温、隔热材料。

填充墙项目除按一般墙的特征描述以外，应对两侧夹心墙的厚度、填充层的厚度、填充材料种类、规格及填充要求等予以描述。

(5) 零星砌砖：适用于台阶、台阶挡墙、梯带(翼墙)、锅台、炉灶、蹲台、洗涤池、污水池、小便槽、地垄墙、池脚、花坛、屋面隔热板下砖墩、窗间墙、窗台下、楼板下、梁头下的实砌部分等。

① 零星砌砖项目清单项目特征内容描述除了表5.3外，尚应对零星砌砖的相关构造(如垫层、基层、埋深、基础等)予以明确描述，必要时可对面层做法予以描述(如明确内容、规格、尺寸等)以便计价内容的组合。

② 清单工程量计算基本规则：按设计图示尺寸以体积(m^3)计算。按具体工程内容不同，可以在“m^3、m^2、m、个”中选择适当的、利于计价组合和分析的计量单位。例如，台阶工程量可按水平投影面积计算，不包括梯带或台阶挡墙，梯带可按m或m^3计算另列项。小型池槽、锅台、炉灶可按个计算，以长×宽×高顺序标明外形尺寸。小便槽、地垄墙可按长度计算，其他工程量按m^3计算。

2. 砖砌体工程项目定额工程量计算规则、计价方法

砖砌体工程项目定额计算规则、计价方法见表5.5。

表5.5 砖砌体工程组价内容、定额计算规则及说明

项目编码	项目名称	定额子目	定额编码	定额规则	定额说明
010401003	实心砖墙	混凝土实心砖墙 混凝土多孔砖墙 轻集料混凝土实心砖	3-20～3-23、3-30、3-31 3-36～3-38 3-41、3-42	1. 定额墙身高度：外墙、内墙、女儿墙、内外山墙计算规则同表5.2中砖墙清单规则 2. 对于钢筋混凝土梁、板等所占的体积的扣除和突出墙身的出檐计算定额规则与清单不同，定额工程量计算：厚度在7cm内钢筋混凝土过梁板所占体积不扣；突出墙身的窗台、1/2砖以内的门	1. 砖、砌块的用量、砂浆种类及强度等级，实际规格与定额不同时，砖、砌块材料用量应做调整，砂浆(粘结)应做换算，其余用量不变 2. 砖墙及砌块墙定额中已包括立门窗框的调直用工及腰线、窗台线、挑檐等一般出线用工料 3. 砖墙及砌块墙不分清水、混水和艺术形式，也不分内、外墙，均执行对应品种及规格砖和砌块的同一定额。墙厚一砖以上的均套用一砖墙相应定额
010401004	多孔砖墙	烧结普通砖 烧结多孔砖 烧结空心砖	3-45～3-48 3-59～3-61 3-64～3-66		
010401005	空心砖墙	蒸压灰砂砖 蒸压多孔砖	3-67、3-68 3-71、3-72		

（续）

项目编码	项目名称	定额子目	定额编码	定额规则	定额说明
010401006	空斗墙	混凝土实心砖墙 烧结普通砖	3-32～3-35 3-55～3-58	窗套、二出檐以内的挑檐等的体积不增加；突出墙身的统腰线、1/2 砖以上的门窗套、二出檐以上的挑檐等的体积应并入所依附的砖墙内计算 3. 墙身长度：外墙按中心线长度计算，内墙按内墙净长计算，附墙垛按折加长度合并计算；框架墙不分内、外墙均按净长计算 4. 空花墙按设计图示尺寸以空花部分外形体积计算，不扣除空花部分体积 5. 空斗墙按设计图示尺寸以空斗墙外形体积计算。空斗墙的内外墙交接处、门窗洞口立边、窗台砖、屋檐处的实砌部分，以及过人洞口、墙角、梁支座等的实砌部分和地面以上、圈梁或板底以下三皮实砌砖，均已包括在定额内，其工程量应并入空斗墙内计算；砖垛工程量应另行计算，套实砌墙相应定额 6. 夹心保温墙砌体工程量按图示尺寸计算 7. 地沟的砖基础和沟壁，工程量按设计图示尺寸以体积合并计算，套砖砌地沟定额 8. 零星砌体按设计图示尺寸以 m^3 计算。砌体设置导墙时，砖砌导墙需单独计算，厚度与长度按墙身主体计算，高度以实际砌筑高度计算，墙身主体的高度相应扣除	4. 除圆弧形构筑物以外，各类砖及砌块的砌筑定额均按直行砌筑编制，如为圆弧形砌筑者，按相应定额人工用量乘以系数 1.10，砖（砌块）及砂浆（粘结剂）用量乘以系数 1.03 5. 本定额中所使用的砂浆均为普通现拌砂浆，若实际使用预拌（干混或湿拌）砂浆，按以下方法调整定额。 （1）使用干混砂浆砌筑的，除将现拌砂浆单价换算为干混砂浆外，另按相应定额中每 m^3 砌筑砂浆扣除人工 0.2 工日，灰浆搅拌机台班数量乘以系数 0.6 （2）使用湿拌砌筑砂浆的，除将现拌砂浆单价换算为湿拌砂浆外，另按相应定额中 m^3 砌筑砂浆扣除人工 0.45 工日，并扣除灰浆搅拌机台班数量 6. 空花墙适用于各种类型的空花墙，使用混凝土花格砌筑的空花墙，实砌墙体与混凝土花格应分别计算，混凝土花格按定额第四章混凝土及钢筋混凝土工程中预制构件定额执行 7. 夹心保温墙（包括两侧）按单侧墙厚套用墙相应定额，人工乘以系数 1.15，保温填充料另行套用保温隔热工程的相应定额 8. 多孔砖、空心砖及砌块砌筑有防水、防潮要求的墙体时，若以实心（普通）砖作为导墙砌筑，则导墙与上部墙身主体需分别计算，导墙部分套用零星砌体相应定额
010401007	空花墙	烧结普通砖	3-50		
010401008	填充墙				
010401009	实心砖柱				
010401011	检查井				
010401013	零星砌砖	混凝土实心砖墙 混凝土多孔砖 轻集料混凝土实心砖 烧结普通砖 烧结多孔砖 烧结空心砖 蒸压灰砂砖 蒸压多孔砖 空斗墙上楼板下实砌部分 成品水池搁脚 大小便槽 四步以内砖砌台阶 检查井	3-20～3-23、3-30、3-31 3-36～3-38 3-41～3-44 3-45～3-54 3-59～3-63 3-64～3-66 3-67～3-70 3-71～3-73 3-32～3-35、3-55～3-58 9-56、9-57 9-36～9-44 9-65 9-8～9-15		

（续）

项目编码	项目名称	定额子目	定额编码	定额规则	定额说明
				9. 台阶按水平投影面积计算，如台阶与平台相连时，平台面积在 $10m^2$（指平台全部面积）以内时按台阶计算，平台面积在 $10m^2$ 以上时，平台按楼地面工程计算套用相应定额，工程量以最上一级 30cm 处为分界；台阶定额基价未包括面层，应按设计面层做法，工程量另行计算套用楼地面工程相应定额计算。砖砌翼墙单面为一座，双面按两座计算	9. 砖砌洗涤池、水槽基座、花坛及石墙定额中未包括的砖砌门窗口立边、窗台虎头砖及钢筋砖过梁等砌体，套用零星砌体定额。空斗墙设计要求实砌的窗间墙、窗下墙的工程量另计，套用零星砌体定额 （定额 89 页注）：空斗墙如需要灌肚料（就地取材），则 $10m^3$ 砌体增加人工 1.9 工日 （定额 381 页注）：弧形砖砌台阶按本章定额说明规则第 7 条调整砖及砂浆消耗量

1）砖砌体定额相关解释

(1) 附墙烟囱、通风道、垃圾道工程量的计算方案与清单不同，定额工程量计算方法：附墙构筑物，按外形体积计算工程量并入所附的砖墙内，不扣除每个面积在 $0.1m^2$ 以内的孔道体积，孔内的抹灰工料也不增加；应扣除每个面积大于 $0.1m^2$ 的孔道体积，孔内抹灰按零星抹灰计算。$\frac{3}{4}$砖墙厚定额按 178mm，清单按 180mm。

(2) 空斗墙。空斗墙的实砌部分工程量计算划分与清单不同之处在于，地面上、楼板下、梁头下的实砌部分定额把此部分工程量并入空斗墙体积计算，套用空斗墙定额。清单则按零星项目列项。

(3) 零星砌砖项目。

① 锅台、炉灶、不规则的洗涤池和污水池、花坛、地垄墙、屋面隔热板下的砖墩、窗间墙和窗台下的实砌部分，可套用砌筑工程零星项目定额，工程量按图示体积计算。小便槽、蹲台、池脚、规则的洗涤池、污水池可按附属工程综合定额套用，其中小便槽端部的侧墙及面层按设计内容另列项目计算，套用相应定额。

② 空斗砌体中楼板或梁头下的实砌部分，工程量按体积计算，套用空斗墙定额计价。

2）砖墙定额应用举例

【例 5-2】 求一砖烧结多孔砖墙基价，设计采用混合水泥砂浆 M10。

解： 3-59 换＝3985＋(184.56－181.75)×1.89＝3990(元/$10m^3$)

【例 5-3】 求采用 DM10 干混砂浆(市场价 450 元/m^3)砌筑 190mm 厚烧结煤矸石多孔砖弧形外墙基价。

解： 3-61 换＝3383－1.6×0.2×43＋(450－181.75)×1.6－0.4×0.27×58.57＋

$(1.1-1.0)\times(9.5-1.6\times0.2)\times43+(1.03-1)\times(2.66\times1000+1.6\times450)=3933$（元/$10m^3$）

5.2.3 砖构筑物(砖砌附属工程)

1. 工程量清单项目设置及工程量计算

工程量清单项目设置及工程量计算规则见表 5.6。

表 5.6 砖构筑物(编码：070201～070207)

<table>
<tr><th>项目编码</th><th>项目名称</th><th>项目特征</th><th>工程量计算规则</th><th>工程内容</th></tr>
<tr><td>070201
070202</td><td>水塔
砖烟囱</td><td>1. 筒身高度
2. 砖品种、规格、强度等级
3. 耐火砖品种、规格
4. 耐火泥品种
5. 隔热材料种类
6. 勾缝要求
7. 砂浆强度等级、配合比</td><td>按设计图示筒壁平均中心线周长乘以厚度乘以高度，以体积计算。扣除各种孔洞、钢筋混凝土圈梁、过梁等的体积</td><td rowspan="2">1. 砂浆制作、运输
2. 砌砖
3. 涂隔热层
4. 装填充料
5. 砌内衬
6. 勾缝
7. 材料运输</td></tr>
<tr><td>070203</td><td>砖烟道</td><td>1. 烟道截面形状、长度
2. 砖品种、规格、强度等级
3. 耐火砖品种、规格
4. 耐火泥品种
5. 勾缝要求
6. 砂浆强度等级、配合比</td><td>按设计图示尺寸以体积计算</td></tr>
<tr><td>070207</td><td>砖窨井</td><td rowspan="2">1. 井截面
2. 垫层材料种类、厚度
3. 底板厚度
4. 井盖安放
5. 混凝土强度等级
6. 砂浆强度等级、配合比
7. 防潮层材料种类
8. 池截面</td><td rowspan="2">按设计图示以数量计算</td><td rowspan="2">1. 土方挖运
2. 砂浆制作、运输
3. 铺设垫层
4. 底板混凝土制作、运输、浇筑、养护
5. 砌砖
6. 刮缝
7. 井池底、壁抹灰
8. 抹防潮层
9. 回填
10. 材料运输</td></tr>
<tr><td>070206</td><td>化粪池</td></tr>
</table>

清单项目说明如下。

(1) 砖烟囱、水塔、砖烟道。

砖烟囱、水塔、砖烟道属于单独砌筑的构筑物，适用于各种类型的砖烟囱、水塔及砖烟道。

砖烟囱、水塔、砖烟道清单项目特征内容描述除了表 5.6 外，尚应明确砖烟囱、水塔的隔热填充、隔绝涂刷材料具体规格、标准等内容，设计有楔形砖加工要求的，应明确加工砖规格、使用范围和数量；如烟道拱顶设计采用钢筋混凝土预制板，则清单特征应予以明确。砖烟囱、水塔、砖烟道清单列项详见规范。

清单编制应注意事项如下。

① 烟囱内衬和烟道内衬，以及隔热填充材料可与烟囱外壁、烟道外壁分别编码列项。

② 烟囱、水塔爬梯按钢结构章节相关项目编码列项。

③ 砖水箱内外壁可按表 5.6 相关项目编码列项。

(2) 清单砖烟囱、水塔、砖烟道工程量计算说明如下。

① 砖烟囱应按设计室外地坪为界，以下为基础，以上为筒身。砖烟囱体积可按式(5.4)分段计算。

$$V = \sum H \times C \times \pi D \tag{5.4}$$

式中：V——筒身体积；

H——每段筒身垂直高度；

C——每段筒壁厚；

D——每段筒壁平均直径。

② 水塔基础与塔身划分应以砖砌体的扩大部分顶面为界，以上为塔身，以下为基础。

③ 砖烟道按设计图示以体积计算，砖烟道与炉体的划分按第一道闸门为界。

(3) 砖窨井、检查井、砖水池、化粪池、隔油池。

项目适用于各类砖砌窨井、检查井、砖水池、化粪池、沼气池、公厕生化池等。

编制清单时，应对井、池截面、外围、深度尺寸；土方类别、运输及回填要求、地下水情况；垫层尺寸及材料种类；底、盖板尺寸及材料种类；井、池壁砌筑材料种类、规格；内外抹灰、勾缝做法及要求；防潮、防水层材种及做法；混凝土强度等级，砂浆强度等级、配合比等项目特征予以细化描述。应注意以下两项。

① 工程量按座计算，包括挖土、运输、回填、垫层、井池底板、池壁、井池盖板、池内隔断、隔墙、隔栅小梁、隔板、滤板、池壁防潮层及抹灰等全部工程。

② 井、池内爬梯按钢结构章节相关项目编码列项。

2. *砖构筑物(砖砌附属工程)定额工程量计算规则、计价方法*

砖构筑物(砖砌附属工程)定额工程量计算规则、计价方法见表 5.7。

1) 砖构筑物(砖砌附属工程)定额相关解释

(1) 窨井、检查井、化粪池、隔油池等附属工程综合定额是按浙江省标准图集的不同规格编制的。当为非标准设计时，如井筒和井口不一致，则可按完成窨井、检查井、化粪池、隔油池项目的挖土方、运输、回填、垫层、底板、砌筑、池壁防潮层、抹灰及井池盖板等工程内容套用相应章节定额子目进行计价。当设计按标准图集的，可直接套用检查井、化粪池、隔油池综合定额，以“座”为单位进行计价，对于窨井按内径周长套用相应定额计价，对于化粪池按容积套用相应定额计价。套用综合定额时应注意以下两项。

① 砖砌窨井深按 1m 编制，实际深度不同，套用“每增减 20cm”定额按比例进行调整。

② 化粪池、隔油池均按不覆土考虑，定额包括池坑土方工程，当实际土方因素与定额取定不同时，可调整定额消耗量。

表 5.7 砖构筑物工程组价内容、定额计算规则及说明

项目编码	项目名称	定额子目	定额编码	定额规则	定额说明
070201	水塔	砌筑	3－100～3－105、3－126～3－129	砖烟囱、烟道： 1. 砖基础与砖筒身以设计室外地坪为分界，以下为基础，以上为筒身 2. 砖烟囱筒身、烟囱内衬、烟道及烟道内衬均以实体积计算 3. 砖烟囱筒身原浆勾缝和烟囱帽抹灰，已包括在定额内，不另计算。如设计规定加浆勾缝者，按抹灰工程相应定额计算，不扣除原浆勾缝的工料 4. 如设计采用楔形砖时，其加工数量按设计规定的数量另列项目计算，套砖加工定额。如加工标准半砖或楔形半砖，定额乘系数 0.5 5. 烟囱内衬深入筒身的防沉带(连接横砖)、在内衬上抹水泥排水坡的工料及填充隔热材料所需人工均已包括在内衬定额内，不另计算，设计不同时不做调整。填充隔热材料按烟囱筒身(或烟道)与内衬之间的体积另行计算，应扣除每个面积在 0.3m² 以上的孔洞所占的体积，不扣除防沉带所占的体积 6. 烟囱、烟道内表面涂抹隔绝层，按内壁面积计算，应扣除每个面积在 0.3m² 以上的孔洞面积 7. 烟道与炉体的划分以第一道闸门为界，在炉体内的烟道应并入炉体工程量内，炉体执行安装工程炉窑砌筑相应定额 砖水塔： 1. 砖基础与砖塔身以砖基础大放脚顶面为分界；砖塔身不分厚度、直径均以实体积计算。砖出檐等并入筒壁体积内，砖拱(砖旋、含平拱)的支模费已包括在定额内，不另计算 2. 砖塔身中已包括外表面原浆勾缝，如设计要求加浆勾缝时，按抹灰工程相应定额计算，不扣除原浆勾缝的工料 3. 砖水槽不分内、外壁以实体积计算	1. 构筑物砌筑包括砖砌烟囱、烟道、水塔、贮水池、贮仓、沉井等 (定额 110 页注)：设计需要填充隔热材料，每 10m³ 填充用量：矿渣 15m³，石棉灰 5000kg，硅藻土 7300kg 2. 耐火砖砌体定额如用于暖气工程的锅炉体砌体，人工则乘以 1.15 3. 砖烟囱拱顶如需支模板，每 10m³ 砌体增加人工 9.1，木模 0.223m³，50mm 厚镀锌铁钉 2.5kg，螺栓 2.3kg，直径 500mm 以内的木工圆锯机 0.6 台班，4t 内载重汽车 0.03 台班，拱顶如为预制板按相应定额执行
		楔形砖加工	3－106～3－109		
		烟囱内衬砌筑	3－110～3－113		
070202	砖烟囱	涂刷隔热层	3－121～3－125		
		填充材料			
		勾缝	11－7		
070203	砖烟道	砌筑	3－114～3－116		
		楔形砖加工	3－106～3－108		
		烟囱内衬砌筑	3－117～3－120		
		涂刷隔热层	3－121～3－125		
		填充材料			
		勾缝	11－7		
070207	砖窨井	标准内径	9－8～9－15	砖(石)贮水池： 1. 砖(石)池底、池壁均以实体积计算 2. 砖(石)池的砖(石)独立柱，套用本章相应定额。砖(石)独立柱带有混凝土或钢筋混凝土结构者，其体积分别并入池底及池盖中，不另列项目计算 3. 砖砌圆形仓筒壁高度自基础板顶面至顶板底，以体积计算 4. 砖砌沉井按图示尺寸以实体积计算。人工挖土、回填砂石、铁刃脚安装、沉井封底按相应定额执行	
		非标准内径			
070206	砖水池	砖隔油池	9－32～9－35		
	化粪池	池盖安装	9－69		
		砖砌化粪池	9－16～9－21		

(2) 定额工程量计算：化粪池、隔油池、窨井均按设计图示数量以“座”计算。

2) 砖构筑物定额应用举例

【例 5-4】 求砖砌窨井基价(内径周长 2m 以内，深度 1.5m)。

解： 9-10＋9-14H＝554＋82×(50/20)＝759(元/只)

【例 5-5】 内径周长 1m、深 1.2m 的砖砌窨井，求单只混凝土实心砖(240mm×115mm×53mm)用量。

解： 根据定额编码 9-8，深 1m 内实心砖用量为 0.076 千块，依据定额 9-12，每增加 20cm 实心砖用量为 0.016 千块，所以总实心砖用量＝0.076＋0.016＝0.092(千块)

【例 5-6】 砖砌 6#化粪池，使用铸铁井盖 ϕ700(1 套)，求 6#化粪池基价。

解： 9-21H＋9-69＝13203－0.1×43－0.032×230.38－1.4－1.5＋667＝13855(元/座)

5.2.4 砌块砌体

1. 工程量清单项目设置及工程量计算

工程量清单项目设置及工程量计算规则见表 5.8。

表 5.8 砌块砌体(编码：010402)

项目编码	项目名称	项目特征	工程量计算规则	工程内容
010402001	砌块墙	1. 墙体类型 2. 砌块品种、规格、强度等级 3. 勾缝要求 4. 砂浆强度等级、配合比	按设计图示尺寸以体积计算，计算界限和规则同砖墙。嵌入空心砖墙、砌块墙内的实心砖不予扣除	1. 砂浆制作、运输 2. 砌砖 3. 砌块 4. 勾缝 5. 材料运输
010402002	砌块柱	1. 柱类型 2. 砌块品种、规格、强度等级 3. 勾缝要求 4. 砂浆强度等级、配合比	按设计图示尺寸以体积计算。扣除混凝土及钢筋混凝土梁垫、梁头、板头所占体积，梁下、板下实心砖不予扣除	

2. 砌块定额工程量计算规则、计价方法

砌块定额工作量计算规则、计价方法见表 5.9。

砌块定额应用举例如下。

【例 5-7】 求 190mm 厚砌块墙墙端以柔性材料嵌缝连接，粘结剂砌筑的蒸压粉煤灰加气混凝土砌块墙基价(已知粉煤灰加气块单价 210 元/m^3)。

解： 3-87H＝2941＋(210－235)×10.1＝2689(元/$10m^3$)

【例 5-8】 求 190mm 厚砌块墙墙顶以发泡剂嵌缝连接，粘结剂砌筑的蒸压粉煤灰加气混凝土砌块墙基价。

解： 3-83H＝2724－0.5×43－0.1×195.13－0.02×58.57＝2682(元/$10m^3$)

表 5.9 砌块工程组价内容、定额计算规则及说明

<table>
<tr><th>项目编码</th><th>项目名称</th><th>定额子目</th><th>定额编码</th><th>定额规则</th><th>定额说明</th></tr>
<tr><td rowspan="2">010402001</td><td rowspan="2">砌块墙</td><td>轻集料混凝土小型空心砌块、烧结空心砌块、加气块</td><td>3－74～3－76、3－77～3－79、3－80～3－89</td><td rowspan="3">1. 石墙、空心砖墙、砌块墙的工程量按图示尺寸以体积计算，砌块墙的门窗洞口等镶砌的同类实心砖部分已包含在定额内，不单独另行计算
2. 柔性材料嵌缝根据设计要求，按轻质填充墙与混凝土梁或楼板、柱或墙之间的缝隙长度以 m 计算</td><td rowspan="3">1. 蒸压加气混凝土类砌块墙定额已包括砌块零星切割改锯的损耗及费用
2. 采用砌块专用粘结剂砌筑的蒸压粉煤灰加气混凝土砌块墙，若实际以柔性材料嵌缝连接墙端与混凝土柱或墙等侧面交接的，换算砌块单价，套用蒸压砂加气混凝土砌块墙的相应定额。除自保温墙外，若实际以砌块专用砌筑粘结剂直接连接蒸压砂加气混凝土砌块墙的墙端与混凝土柱或墙等侧面交接的，则换算砌块单价，套用蒸压粉煤灰加气混凝土砌块墙的相应定额
3. 柔性材料嵌缝定额已包括两侧嵌缝所需用量，其中 PU 发泡剂单侧嵌缝尺寸按 2.0cm×2.5cm 考虑，当实际与定额不同时，PU 发泡剂用量按比例调整，其余用量不变。
（定额 101 页注）：蒸压粉煤灰加气块砌体墙与混凝土梁或楼板之间的缝隙，当实际采用柔性材料嵌缝时，除了柔性材料另列项目计算外，还应扣除定额中刚性材料嵌缝部分用量，具体调整方法如下
(1) 采用普通砌筑砂浆砌筑，每 $10m^3$ 砌体扣除人工 0.5 工日、砌筑砂浆 $0.1m^3$、200L 搅拌机 0.02 台班
(2) 采用砌筑粘结剂砌筑，每 $10m^3$ 砌体扣除人工 0.5 工日、1∶3 水泥 $0.1m^3$、200L 搅拌机 0.02 台班
（定额 102 页注）：蒸压砂加气块砌体墙与混凝土梁或楼板之间的缝隙，当用柔性材料嵌缝时，每 $10m^3$ 砌体扣除人工 0.5 工日、1∶3 水泥 $0.1m^3$、200L 搅拌机 0.02 台班
（定额 103 页注）：陶粒增强加气块砌体墙与混凝土梁或楼板之间的缝隙，如用柔性材料嵌缝时，每 $10m^3$ 砌体扣除人工 0.5 工日、砌筑砂浆 164.5kg、机械费 2.63 元</td></tr>
<tr><td>勾缝</td><td>11－7</td></tr>
<tr><td>010402002</td><td>砌块柱</td><td></td><td></td></tr>
</table>

【例 5－9】 某建筑物层高 3m，结构标高与建筑标高相差 5cm，结构标高与建筑标高如图 5.7 所示。已知外墙 240mm 厚，采用砌块砌筑粘结剂砌筑的蒸压粉煤灰加气混凝土

砌块墙，其中导墙高 300mm，采用烧结多孔砖，窗洞口尺寸为 1500mm×1500mm，门洞口为 1200mm×2400mm，窗离地高度 900mm，构造柱断面 240mm×240mm，框架柱及梁断面见图示，屋面板厚 100mm。

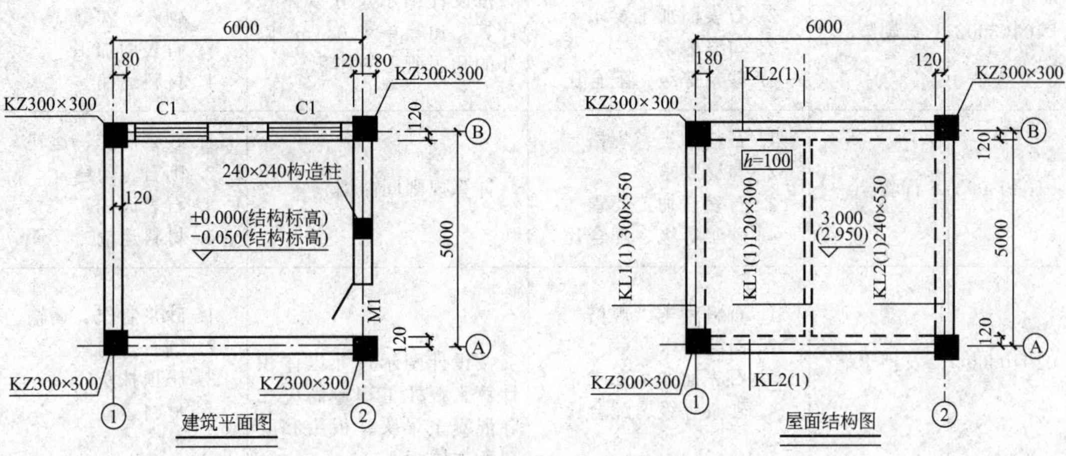

图 5.7 平面图

依据上述条件，根据定额，计算②轴与Ⓑ轴加气块墙墙体工程量。

解：(1) Ⓑ轴砌块砌体工程量：

$V=[6-0.18-0.12)\times(3-0.55)-1.5\times1.5\times2-(6-0.18-0.12)\times0.3]\times0.24=1.86(m^3)$

(2) ②轴砌块砌体工程量：

$V=[(5-0.24)\times(3-0.55)-1.2\times2.45-2.45\times0.3-(5-0.24-1.2-0.3)\times0.3]\times0.24=1.68(m^3)$

5.2.5 石砌体

1. 工程量清单项目设置及工程量计算

工程量清单项目设置及工程量计算规则见表 5.10。

表 5.10 石砌体(编码：010403)

项目编码	项目名称	项目特征	工程量计算规则	工程内容
010403001	石基础	1. 石料种类、规格 2. 基础深度 3. 基础类型 4. 砂浆强度等级、配合比	按设计图示尺寸以体积计算，包括附墙垛基础宽出部分的体积，不扣除防潮层及单个面积 $0.3m^2$ 以内孔洞所占体积，靠墙暖气沟挑檐不增加。其中，基础长度：外墙按中心线，内墙按净长计算	1. 砂浆制作、运输 2. 砌石 3. 防潮层铺设 4. 材料运输 5. 吊装

（续）

项目编码	项目名称	项目特征	工程量计算规则	工程内容
010403002	石勒脚	1. 石料种类、规格 2. 石表面加工要求 3. 勾缝要求 4. 砂浆等级、配合比	按设计图示尺寸以体积计算。扣除单个 0.3m² 以外的孔洞所占的体积	1. 砂浆制作、运输 2. 砌石、勾缝 3. 石表面加工 4. 材料运输
010403003	石墙	1. 石料种类、规格 2. 勾缝要求 3. 石表面加工要求 4. 砂浆等级、配合比	计算规则同砖墙	1. 砂浆制作、运输 2. 砌石、勾缝 3. 石表面加工 4. 材料运输
010403004	石挡土墙	1. 石料种类、规格 2. 勾缝要求 3. 石表面加工要求 4. 砂浆等级、配合比	按设计图示尺寸以体积计算。石柱工程量尚应扣除混凝土梁头、板头和梁垫所占体积	1. 砂浆制作、运输 2. 砌石、勾缝 3. 压顶抹灰 4. 材料运输
010403005	石柱	1. 石料种类、规格 2. 砂浆等级、配合 3. 石表面加工要求 4. 勾缝要求		1. 砂浆制作、运输 2. 砌石 3. 石表面加工 4. 勾缝 5. 材料运输
010403006	石栏杆		按设计图示以长度计算	
010403007	石护坡	1. 垫层材料种类、厚度 2. 石料种类、规格 3. 护坡厚度、高度 4. 石表面加工要求 5. 勾缝要求 6. 砂浆等级、配合比	按设计图示尺寸以体积计算	
010403008	石台阶			1. 铺设垫层 2. 石料加工、运输 3. 砂浆制作、运输 4. 砌石、勾缝 5. 石表面加工
010403009	石坡道		按设计图示尺寸以水平投影面积计算	
010403010	石地沟、石明沟	1. 沟截面尺寸 2. 垫层材料种类、厚度 3. 石料种类、规格 4. 石表面加工要求 5. 勾缝要求 6. 砂浆等级、配合比	按设计图示以中心线长度计算	1. 土石挖运、回填 2. 砂浆制作、运输 3. 铺设垫层 4. 砌石、勾缝 5. 石表面加工 6. 材料运输

1）石基础、石勒脚、石墙、石柱清单项目说明

项目适用于各种规格(条石、块石等)、各种材质(砂石、青石等)和各种类型石砌体(石基础如柱基、墙基、直形、弧形等；石勒脚、墙体如直形、弧形等；石挡土墙如直形、弧形、台阶形等)。

(1) 清单编制时，应注意的事项如下。

① 石基础包括剔打石料天、地座荒包等全部工序。

② 石墙、石柱包括石料天、地座打平、拼缝打平、打扁口等工序。石表面加工包括

打钻路、钻麻石、剁斧、扁光等，项目清单描述时应明确具体加工程度和要求。

③ 石挡土墙设有变形缝、泄水孔、滤水层、压顶抹灰等要求的，应在清单中予以描述。

④ 各项目均包括搭拆简易起重架。

(2) 清单工程量计算说明如下。

石基础、石勒脚、石墙身的划分：基础与勒脚应以设计室外地坪为界，勒脚与墙身应以设计室内地坪为界。石围墙内外地坪标高不同时，应以较低地坪标高为界，以下为基础；当内外标高之差为挡土墙时，挡土墙以上为墙身。

2) 石栏杆、石护坡、石台阶、石坡道、石地沟清单项目说明

“石栏杆”项目适用于无雕饰的一般石栏杆。“石护坡”项目适用于各种石质和各种石料(如条石、片石、毛石、块石、卵石等)的护坡。“石台阶”项目包括石梯带(垂带)，不包括石梯膀(古建筑中称“象眼”)，石梯膀按石挡墙项目编码列项。

2. *石砌体定额工程量计算规则、计价方法*

石砌体定额工程量计算规则、计价方法见表5.11。

表5.11 石砌块工程组价内容、定额计算规则及说明

<table>
<tr><th>项目编码</th><th>项目名称</th><th>定额子目</th><th>定额编码</th><th>定额规则</th><th>定额说明</th></tr>
<tr><td rowspan="3">010403001</td><td rowspan="3">石基础</td><td>垫层</td><td>3-1～3-12、4-1、4-73</td><td rowspan="17">石墙基础、石墙石柱、挡墙的工程量按图示尺寸以体积计算</td><td rowspan="17">石砌体按浆砌和干砌及砌筑部位和作用划分为：普通块石墙、块石挡土墙、块石护坡；方整石定额子目(定额106页注)：挡土墙、护坡垂直高度超过4m者，人工乘以系数1.15</td></tr>
<tr><td>砌石</td><td>3-17～3-19</td></tr>
<tr><td>防潮层</td><td>7-38～7-40、7-44、7-46、7-49、7-51、7-54、7-56、7-69～7-74</td></tr>
<tr><td>010403002</td><td>石勒脚</td><td></td><td></td></tr>
<tr><td rowspan="2">010403003</td><td rowspan="2">石墙</td><td>砌石</td><td>3-92～3-93、3-98</td></tr>
<tr><td>勾缝</td><td>11-7</td></tr>
<tr><td rowspan="4">010403004
010403005</td><td rowspan="4">石挡土墙
石柱</td><td>砌石</td><td>3-94、3-95</td></tr>
<tr><td>压顶</td><td>11-20～11-22</td></tr>
<tr><td>表面加工</td><td></td></tr>
<tr><td>勾缝</td><td>11-7</td></tr>
<tr><td>010403006</td><td>石栏杆</td><td></td><td></td></tr>
<tr><td rowspan="3">010403007</td><td rowspan="3">石护坡</td><td>砌石</td><td>3-96、3-97</td></tr>
<tr><td>勾缝</td><td>11-7</td></tr>
<tr><td>表面加工</td><td></td></tr>
<tr><td>010403008</td><td>石台阶</td><td>方整石台阶</td><td>9-67</td></tr>
<tr><td>010403009</td><td>石坡道</td><td>毛石护坡</td><td>9-59、9-60</td></tr>
<tr><td>010403010</td><td>石地沟、石明沟</td><td></td><td></td></tr>
</table>

5.2.6 砖散水、地坪、地沟

1. 工程量清单项目设置及工程量计算

工程量清单项目设置及工程量计算规则见表5.12。

表5.12 砖散水、地坪、地沟(编码：010404)

项目编码	项目名称	项目特征	工程量计算规则	工程内容
010404014	砖散水、地坪	1. 垫层材料种类、厚度 2. 散水、地坪厚度 3. 面层种类、厚度 4. 砂浆强度等级、配合比	按设计图示尺寸以面积计算	1. 地基找平、夯实 2. 铺设垫层 3. 砌砖散水、地坪 4. 抹砂浆面层
010404015	砖地沟、明沟	1. 沟截面尺寸 2. 垫层材料种类、厚度 3. 混凝土等级强度 4. 砂浆强度等级、配合比	按设计图示以中心线长度计算	1. 挖运土石 2. 铺设垫层 3. 底板混凝土制作、运输、浇筑、振捣、养护 4. 砌砖、勾缝、抹灰 5. 材料运输

清单项目说明如下。

结合设计内容，选择砖散水、地坪、地沟清单中的挖土方、运输、回填、垫层、沟底、砌筑、勾缝等清单计价组合内容，套用相应定额子目计价。

2. 砖散水、地坪、地沟定额工程量计算规则、计价方法

砖散水、地坪、地沟定额工程量计算规则、计价方法见表5.13。

表5.13 砖散水、地坪、地沟工程组价内容、定额计算规则及说明

项目编码	项目名称	定额子目	定额编码	定额规则	定额说明
010404014	砖散水、地坪	垫层	3-1～3-12、4-1、4-73	砖砌明沟工程量按外墙中心线以延长米计算，墙脚护坡按外墙中心线乘以宽带计算，不扣除每个长度在5m以内的踏步与斜坡	本章台阶、坡道定额未包括面层，如发生，应按设计面层做法，另行套用楼地面工程相应定额
		块石垫层	3-17～3-19		
		砌筑	3-40、3-44 8-116、8-117		
		勾缝	11-7、11-20～11-24		
010404015	砖地沟、明沟	砖砌地沟明沟	3-29、3-43、3-53、3-69 9-62		
		其他砖砌沟	土方、垫层、沟底、砌筑、勾缝		

地沟的砖基础和沟壁，工程量合并计算，套地沟定额。

散水边砖砌明沟可按清单计价组合内容，即土方、垫层、沟底、砌筑、勾缝套用相应定额子目，或直接套用砖砌明沟综合定额计价。

5.2.7 注意事项

(1) 墙体内加筋按混凝土及钢筋混凝土的钢筋相关项目编码列项。

(2) 砌筑工程设计砂浆强度等级与定额不同时，定额应做换算或调整。

(3) 砖(石)墙柱基础的垫层，可按项目编码列项(010404001)。

5.3 清单规范及定额应用案例

【例 5-10】 如图 5.8 所示，某工程 M10.0 水泥砂浆砌筑 MU15 混凝土实心砖墙基(砖规格为 240mm×115mm×53mm，墙厚 240mm)。编制该砖基础砌筑项目清单，并求 1—1 墙基的综合单价(假设水泥实心砖价格 300 元/千块，其余材料、机械按定额单价取定；管理费费率取 20%，利润 10%，以人工费和机械费之和为计算基数)。

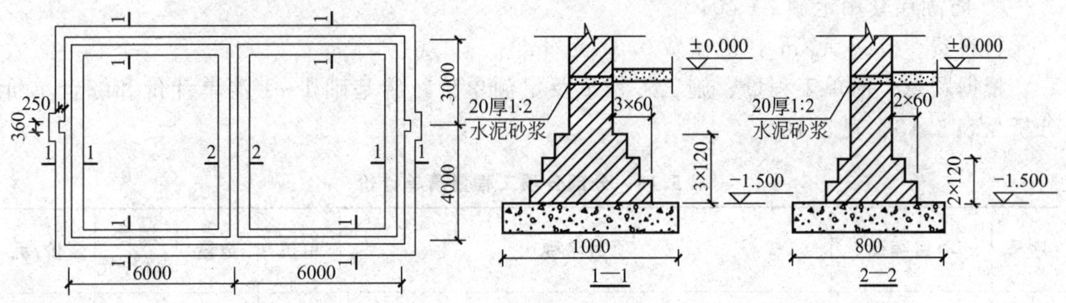

图 5.8 砖基础平剖面图

解： 该工程砖基础有两种截面规格，应分别列项。

1) 工程量清单

依据清单规范砖基础高度：$H=1.5$m。

(1) 断面 1—1。

$L=(12+7)\times2+0.375\times2=38.75$(m)，0.375 为垛折算长度。

大放脚截面：　$S=3\times(3+1)\times0.120\times0.060=0.0864(\text{m}^2)$

砖基础工程量：$V=38.75\times(1.5\times0.24+0.0864)=17.30(\text{m}^3)$

(2) 断面 2—2。

$$L=7-0.24=6.76(\text{m})$$

大放脚截面：　$S=2\times(2+1)\times0.120\times0.060=0.0432(\text{m}^2)$

砖基础工程量：$V=6.76\times(1.5\times0.24+0.0432)=2.73(\text{m}^3)$

根据清单规范，砖基础的分部分项工程量清单见表 5.14。

表 5.14 分部分项工程量清单

序号	项目编码	项目名称	单位	工程量
1	010401001001	砖基础 1—1 墙基，M10.0 水泥砂浆砌筑(240mm×115mm×53mm)MU15 混凝土实心砖一砖条形基础，三层等高式大放脚。标高－0.06 处 1∶2 防水砂浆 20 厚防潮层	m^3	17.30
2	010401001002	砖基础 2—2 墙基，M10.0 水泥砂浆砌筑(240mm×115mm×53mm) MU15 混凝土实心砖一砖条形基础，二层等高式大放脚。标高－0.06 处 1∶2 防水砂浆 20 厚防潮层	m^3	2.73

2) 1—1 墙基的综合单价计算

(1) 防水砂浆施工工程量：$S=38.75\times0.24=9.3(m^2)$

(2) 砖基础综合单价。

① 砖基础套用定额 3-13：

人工费 43.86 元/m^3，机械费 2.226 元/m^3。

换算后材料费＝204.187＋(174.77－174.77)×0.23＋(300－310)×0.528＝198.91(元/m^3)

② 防潮层套用定额 7-40：

材料费＝6.67 元/m^2，机械费 0.21 元/m^2。

根据题意、清单工程量、施工工程量及定额单价，砖基础 1—1 清单计价和综合单价分析见表 5.15、表 5.16。

表 5.15 分部分项工程量清单计价

序号	项目编码	项目名称	单位	数量	综合单价/元	合价/元
1	010401001001	砖基础： 1—1 墙基，M10 混凝土砂浆砌筑(240mm×115mm×53mm)MU15 水泥实心砖一砖条形基础，三层等高式大放脚。标高－0.06 处 1∶2 防水砂浆 20 厚防潮层	m^3	17.30	263.64	4560.99

表 5.16 综合单价分析表

项目编码	项目名称	单位	数量	综合单价/元						合计/元
				人工费	材料费	机械费	管理费	利润	小计	
010401001001	砖基础： 1—1 墙基，M10 混凝土砂浆砌筑(240mm×115mm×53mm) MU15 水泥实心砖一砖条形基础，三层等高式大放脚。标高－0.06 处 1∶2 防水砂浆 20 厚防潮层	m^3	17.30	43.86	202.50	2.34	9.24	4.62	263.64	4560.99

(续)

项目编码	项目名称	单位	数量	综合单价/元						合计/元
				人工费	材料费	机械费	管理费	利润	小计	
3-13	砖基础	m^3	17.30	43.86	198.91	2.23	9.22	4.61	258.83	4477.75
7-40	防潮层	m^2	9.30	—	6.67	0.21	1.38	0.69	8.95	83.24

习 题

1. 如图5.9、图5.10所示，内外墙采用M7.5混合砂浆烧结多孔砖砌筑，已知窗洞口尺寸为1500mm×1500mm，门洞口为1300mm×2400mm，墙顶圈梁一道(包括砖垛上内墙上)，圈梁断面为180mm×240mm，屋面板厚100mm，过梁断面120mm×240mm。

(1) 试计算墙体清单工程量，并编制工程量清单。

(2) 假设人工、材料、机械市场信息价与定额取定价格相同，管理费费率、利润分别为20%和10%，不计风险费，以人工费和机械费之和为计算基数。求砖墙的综合单价。

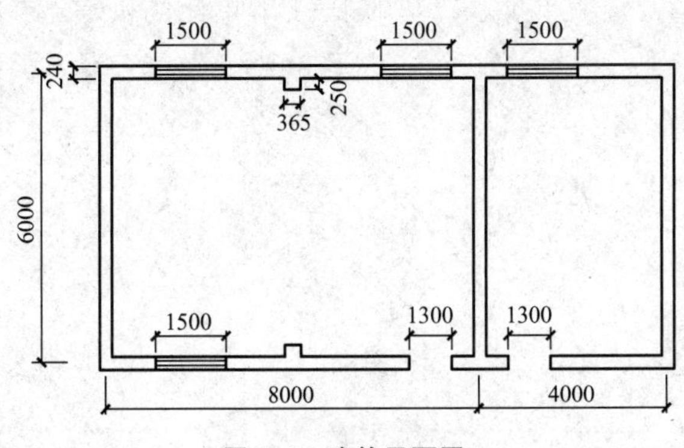

图5.9 建筑平面图

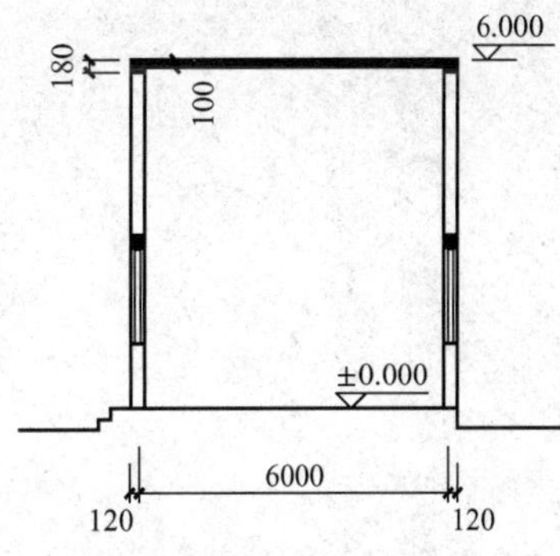

图5.10 剖面图

2. 求190mm厚砌块墙墙端、墙顶均以发泡剂嵌缝柔性连接，粘结剂砌筑的蒸压粉煤灰加气混凝土砌块墙基价(已知粉煤灰加气块单价210元/m^3)。

3. 如图5.11所示，M7.5混合砂浆，混凝土砖砌筑的烟囱高20m，内衬采用耐火砖，*D*1、*D*2为烟囱中心间间距，*D*3、*D*4为内衬中心间间距，内衬厚120mm，依据定额，求烟囱和内衬工程量及直接工程费。

4. 如图5.12所示，采用M7.5混合砂浆，烧结煤矸普通砖砌筑暖气沟，长度200m，沟内侧1∶2.5水泥砂浆抹灰20mm厚(14mm+6mm)。C25现场搅拌混凝土基础，土质为二类土，人工挖沟槽，土方就地堆放，准备人工回填。求砖地沟工程量清单、砖地沟综合单价及综合单价分析。

5. 清单零星砌体与定额零星砌体的内容规定有什么不同？清单与定额对烟囱、排气道的工程量计算有何不同？砖柱与柱基础定额划分有何规定？砖墙厚定额与清单有何不同？

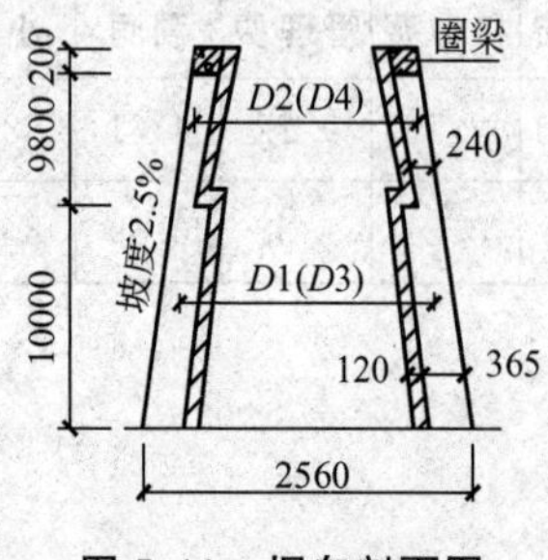

图 5.11　烟囱剖面图

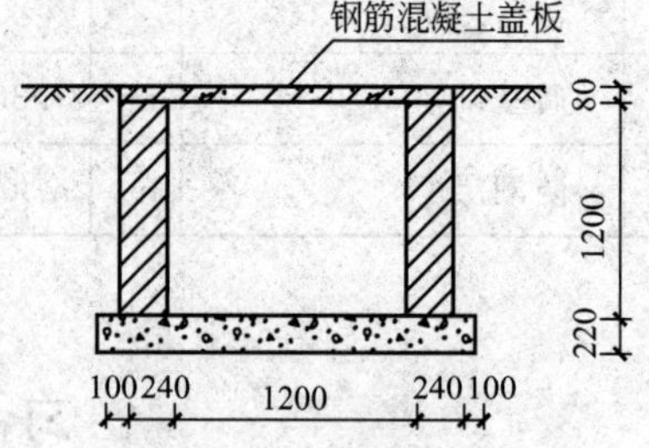

图 5.12　地沟剖面图

第6章 混凝土及钢筋混凝土工程

学习任务

本章主要介绍按工程部位、结构构件性质、施工工艺等划分钢筋混凝土工程，包括现浇混凝土、预制混凝土和钢筋制作安装工程三大工程实体分部分项项目。通过本章学习，重点掌握钢筋混凝土工程量计算及计价。

学习要求

知识要点	能力要求	相关知识
混凝土构件	(1) 掌握混凝土构件工程量计算 (2) 掌握模板工程量计算及计价	(1) 柱梁板等构件名称及识图方法 (2) 模板材料和模板种类
预制混凝土构件	掌握预制混凝土构件工程量计算	预制混凝土构件定额分类、吊装方法
钢筋工程	掌握钢筋工程量计算	钢筋连接、下料长度概念

钢筋混凝土工程的计价项目按施工工种划分为混凝土、钢筋、模板 3 个部分。其中，模板部分不构成工程实体，同一构件的模板费用因其施工生产水平和施工方案的不同，差异也会较大，根据清单规范的编制原则，模板部分列入措施项目计价。按工程部位、结构构件性质、施工工艺等划分，钢筋混凝土包括现浇混凝土、预制混凝土和钢筋制作安装工程三大工程实体分部分项项目。本章项目也适用于各类建筑物和构筑物混凝土浇捣、钢筋制安工程及未列的有关钢筋混凝土工程的项目列项。

6.1 基础知识

6.1.1 混凝土工程

1. 混凝土及钢筋混凝土基础

基础按外形划分为：带形基础、独立基础、杯形基础、筏形基础(又称满堂基础)、箱形基础等，如图 6.1 所示。带形、独立基础下设有桩基础时，又统称为“桩承台”。

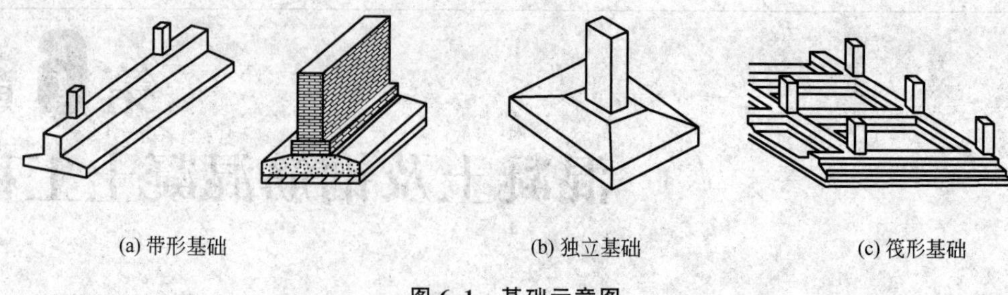
(a) 带形基础　　(b) 独立基础　　(c) 筏形基础

图 6.1　基础示意图

2. 钢筋混凝土柱

(1) 现制柱：柱按其作用可分为独立柱和构造柱，断面形式有矩形和异形。独立柱按不同楼盖划分为构架柱、有梁板柱、无梁板柱，如图 6.2 所示。构造柱一般设置在砌体结构的转角处或内外墙交接处，是一种先砌墙后浇捣的柱，按设计规范要求，需设与墙体咬接的马牙槎。

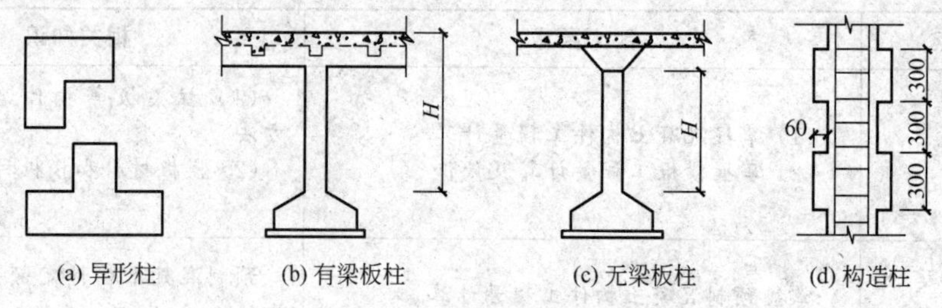

(a) 异形柱　　(b) 有梁板柱　　(c) 无梁板柱　　(d) 构造柱

图 6.2　钢筋混凝土柱示意图

(2) 预制柱：按断面可分为矩形柱、工字形柱、空腹柱等。

3. 钢筋混凝土梁

(1) 现制梁：按断面或外形形状分为矩形梁(含梯形)、异形梁(如“L、十、T、工”字形等)、弧形梁、拱形梁、薄腹屋面梁。按结构部位可以分为基础梁、圈梁、过梁、框架梁。

(2) 预制梁：断面形式同现捣构件，按结构部位可分为基础梁、吊车梁、托架梁，其中吊车梁常见断面形式有 T 形梁和抛物线形鱼腹式梁。

4. 钢筋混凝土板

(1) 现制板：按结构形式分为平板、有梁板(包括密肋板、井字板)、无梁板(图 6.3)。

(2) 预制板：平板、空心板、槽形板及大型屋面板。

5. 钢筋混凝土墙

钢筋混凝土墙按形式分为直形、弧形，按部位和作用分为一般钢筋混凝土墙、地下室外墙。

6. 钢筋混凝土楼梯

钢筋混凝土楼梯按荷载的传递形式分为板式楼梯和梁式楼梯，主要由踏步、休息

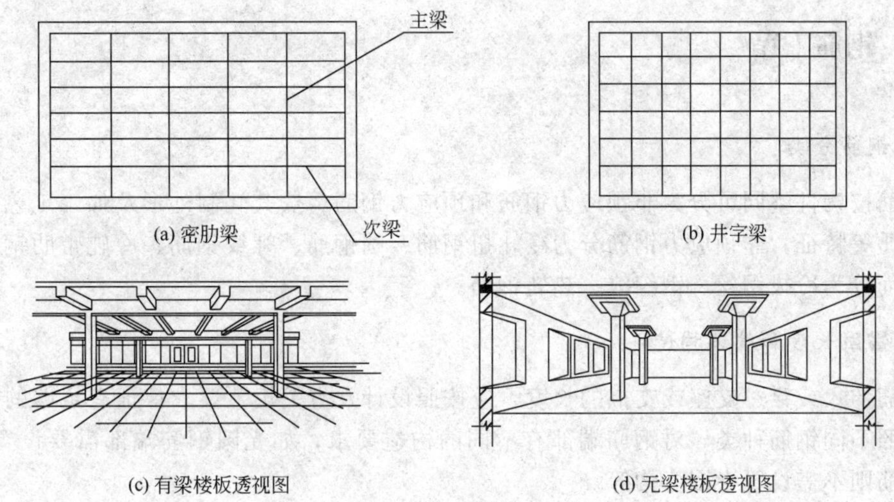

图 6.3 楼板示意图

平台、平台梁、楼梯与楼板相连接梁、斜梁等部分组成，楼梯形状有直形和弧形之分。

7. 后浇带

为防止现浇钢筋混凝土结构由于温度、收缩不均或沉降可能产生的有害裂缝，按照设计或施工规范要求，在板(包括基础底板)、墙、梁相应位置留设临时施工缝，将结构暂时划分为若干部分，经构件收缩或沉降，在若干时间后再浇捣该施工缝混凝土，将结构连成整体。

设置后浇带的位置、距离通过设计计算确定，其宽度应考虑施工简便、避免应力集中，常为800～1200mm，如图6.4所示；在有防水要求的部位设置后浇带，应考虑止水带构造；设置后浇带部位还应该考虑模板等措施内容不同的消耗因素；后浇带部位填充的混凝土强度等级需比原结构提高一级。

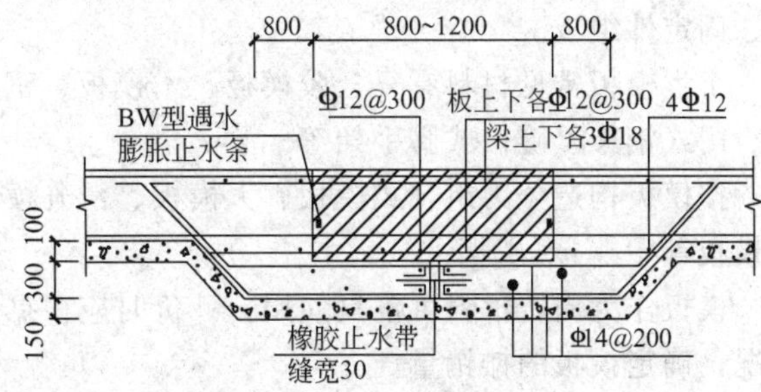

图 6.4 地下室后浇带示意图

8. 混凝土的种类

根据结构构件位置、使用性能及配合比等要求，工程常见混凝土种类有：现拌现浇混凝土、现拌泵送混凝土、商品泵送混凝土(按施工方案又可分商品非泵送混凝土)、防水混凝土、加气混凝土、沥青混凝土、特种(耐碱、耐热、耐油、防射线)混凝土等。

6.1.2 钢筋工程

1. 钢筋分类

钢筋按构件不同可分为非预应力钢筋和预应力钢筋，按其轧制外形及加工工艺、构件力学性质等特征，非预应力钢筋分为冷轧扭钢筋、圆钢筋、螺纹钢筋、冷轧带肋钢筋；预应力钢筋分为冷拔钢丝、钢绞线、热轧钢筋。

2. 锚固长度和端部构造

钢筋伸入或穿过支座或支点的长度，应按照设计及有关规范要求保证有足够的锚固长度。按照不同钢筋种类，对钢筋端部有不同的构造要求，如光圆钢筋端部需要设置弯钩，螺纹钢筋则不需设置半圆弯钩等。

3. 钢筋的连接

按照不同构件要求、施工工艺等，钢筋连接有3种方式：绑扎、焊接、机械连接。构件受力性能不同，钢筋的搭接长度各有不同；钢筋生产的定尺长度也是产生钢筋搭接的因素。

4. 预应力钢筋的锚固

预应力筋端部锚固方式有：支承式(螺杆锚具、帮条锚具、镦头锚具等)、夹片式(JM锚具、XM锚具、QM锚具)、锥塞式(钢质锥形锚具等)和握裹式(挤压锚具、压花锚具等)4类，采用不同锚固方式，预应力钢筋的计算长度将不同。

6.1.3 模板工程

模板是指使浇注混凝土能按设计要求形成混凝土构件的一种临时性结构，由模板、支撑、固定件组成。

工程模板常见材料有复合胶模板、木模板、钢模板，支撑系统常见有扣件式钢管脚手架、门式钢架、碗口式脚手架等。

按模板构造分为组合式模板、大模板、滑升模板、爬升模板、台模、早拆模板、永久性模板等。

模板作为周转材料可重复使用，计价时应根据周转次数、每次周转损耗及回收余值等情况，确定模板的摊销量。

6.1.4 预制混凝土构件安装

(1) 预制混凝土构件的安装按构件体形、制作情况等，有直接起吊就位安装和拼装后起吊就位安装两种。

(2) 构件拼装有平拼拼装法和立拼拼装法两种。

(3) 吊装方案一般有综合吊装法、分件吊装法、混合吊装法。

(4) 常用的构件吊装机械有履带式起重机、汽车式起重机、轮胎式起重机、塔式起重机、桅杆式起重机等。具体工程可按照建筑物的形体、构件外形尺寸、质量、安装高度、工作面、工程量及工期要求等来进行选择。

6.2 工程量清单及计价

6.2.1 现浇混凝土基础及模板

1. 工程量清单项目设置及工程量计算

工程量清单项目设置及工程量计算规则见表6.1。

表6.1 现浇混凝土基础及模板(现浇混凝土基础编码：010501，模板编码：011703)

<table>
<tr><th>项目编码</th><th>项目名称</th><th>项目特征</th><th>计量规则</th><th>工程内容</th></tr>
<tr><td>010501001</td><td>垫层</td><td rowspan="6">1. 混凝土强度等级
2. 混凝土类别
3. 灌浆材料、灌浆材料强度等级
4. 有肋条基肋高</td><td rowspan="6">按设计图示尺寸以体积计算。不扣除构件内钢筋、预埋铁件和伸入承台基础的桩头所占体积</td><td rowspan="6">1. 混凝土制作、运输、浇筑、振捣、养护
2. 地脚螺栓二次灌浆</td></tr>
<tr><td>010501002</td><td>带形基础</td></tr>
<tr><td>010501003</td><td>独立基础</td></tr>
<tr><td>010501004</td><td>满堂基础</td></tr>
<tr><td>010501005</td><td>桩承台基础</td></tr>
<tr><td>010501006</td><td>设备基础</td></tr>
<tr><td>011703</td><td>基础模板</td><td>1. 基础类型
2. 设备基础单个块体体积
3. 弧形基础长度</td><td rowspan="2">按混凝土构件与模板接触面的面积计算</td><td rowspan="3">1. 模板制作、安装、拆除、维护、整理、堆放及场内外运输
2. 模板粘接物及模内杂物清理、刷隔离剂</td></tr>
<tr><td>011703001</td><td>垫层模板</td><td>基础类型</td></tr>
<tr><td>浙010901003</td><td>设备螺栓套</td><td>设备螺栓套长度</td><td>按设计图示数量计算</td></tr>
</table>

1) 混凝土基础清单项目说明

带形基础项目适用于各种带形基础；独立基础项目适用于块体柱基、杯基、柱下的板式基础、无筋倒圆台基础、壳体基础、电梯井基础等；满堂基础项目适用于地下室的箱式、筏式基础等；设备基础项目适用于设备的块体基础、框架式基础等；桩承台基础项目适用于浇筑在群桩、单桩上的承台。

混凝土类别有清水混凝土、彩色混凝土或现拌混凝土、商品混凝土。

(1) 清单项目特征除表6.1描述外，当设计采用毛石混凝土时，应注明毛石含量；基底埋深(自设计室外地坪起算)超过2m的，应在清单项目特征中予以描述。

(2) 有梁、无梁带形基础及同一基础类型、不同断面尺寸、不同底面标高的基础应分别编码列项。

(3) 箱基，可按满堂基础、柱、梁、墙、板分别编码列项，也可利用满堂基础的第5级编码分别列项。

(4) 框架式设备基础，可按设备基础、柱、梁、墙、板分别编码列项；也可利用设备基础的第5级编码进行分别列项。例如，框架式设备基础：设备基础(010501006001)、设备基础柱(010501006002)、设备基础梁(010501006003)、框架设备基础墙(010501006004)、设备基础板(010501006005)。

(5) 设备基础应按块体外形尺寸不同分别列项，项目特征应对基础的单体体积、设备螺栓孔尺寸和数量、二次灌浆要求及其尺寸予以描述；二次灌浆不单独列项。

(6) 地下室底板施工缝设有止水带时，按清单规范附录相应编码单独列项。

(7) 模板如按 m^2 计量则单独列项，如带形基础模板(011703002)、独立基础模板(011703003)、满堂基础模板(011703004)、承台基础模板(011703006)；如按 m^3 计算，则不再单独列项，混凝土综合单价包含模板及支架费用，其他混凝土构件模板也按此执行。基础存在弧形侧边时，弧形侧边的长度应在特征中明确。

2) 清单工程量计算说明

(1) 带形基础长度：外墙按中心线、内墙按基底净长线计算，独立柱基间带形基础按基底净长线计算，附墙垛折加并入计算；有梁带基梁面以下凸出的钢筋混凝土柱并入相应基础内计算。

(2) 满堂基础的柱墩并入满堂基础内计算。当满堂基础设有后浇带时，后浇带应分别列项计算。

(3) 设备基础中的设备螺栓孔体积不予扣除。

(4) 基础搭接体积按图示尺寸计算，常见的基础搭接体积计算如图 6.5 所示。

图中截面的搭接体积由上、下两部分共4个块体组成。图中“L”为搭接长度，当搭接和被搭接基础各截面部位高度一致时，搭接长度如图 6.5 所示可以直接从施工图上读出；当各部位高度不同时，应根据设计尺寸推算搭接长度。

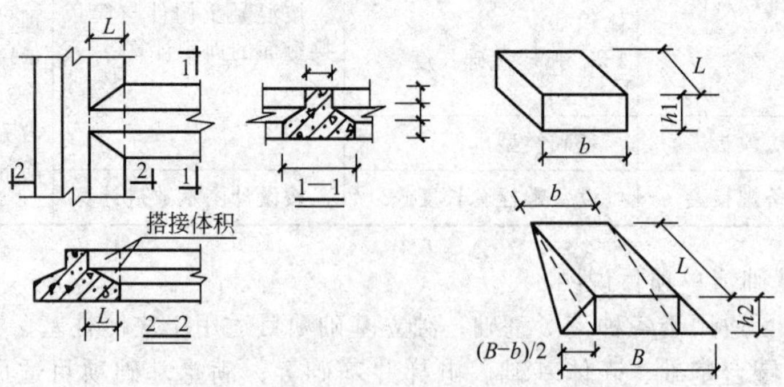

图 6.5　基础搭接示意图

2. 混凝土基础定额工程量计算规则、计价方法

混凝土基础定额工程量计算规则、计价方法见表 6.2。

表 6.2 混凝土基础工程组价内容、定额计算规则及说明

项目编码	项目名称	定额子目	定额编码	定额规则	定额说明
010501002	带形基础	毛石混凝土或混凝土基础现拌现浇、商品泵送	4－2、4－3、4－74、4－75	1. 基础垫层及各类基础按图示尺寸计算，不扣除嵌入承台基础的桩头所占体积 2. 带形基础长度：外墙按中心线、内墙按基底净长线计算，独立柱基间带形基础按基底净长线计算，附墙垛折加长度并入计算；基础搭接体积按图示尺寸计算 有梁带基梁面以下凸出的钢筋混凝土柱并入相应基础内计算；满堂基础的柱墩并入满堂基础内计算	1. 毛石混凝土定额毛石含量按18%考虑，设计不同换算 2. 基础与上部结构的划分以混凝土基础上表面为界 3. 基础与垫层的划分，以设计为准，如设计不明确时，以厚度划分：15cm以内的为垫层，15cm以上的为基础 4. 满堂基础及地下室底板已包括集水井模板杯壳，不再另行计算；设计为带形基础的单位工程，如仅楼(电)梯间、厨厕间等少量满堂基础时，其工程量并入带形基础计算 5. 箱形基础的底板(包括边缘加厚部分)套用无梁式满堂基础定额，其余套用柱、梁、板、墙相应定额 6. 设备基础仅考虑块体形式，其他形式设备基础分别按基础、柱、梁、板、墙等有关规定计算，套用相应定额 7. 地下构件采用砖模时，套用砌筑工程砖基础相应定额，如做抹灰，套用墙柱面工程相应定额 8. 有梁式基础模板仅适用于基础表面有梁上凸时，仅带有下凸或暗梁的基础套用无梁式基础定额
010501003	独立基础				
010501004	满堂基础	地下室底板、满堂基础	4－4、4－76		
010501006	设备基础	毛石混凝土或混凝土基础现拌现浇、商品泵送	4－2、4－3、4－74、4－75		
		二次灌浆	4－71～4－72		
010501005	桩承台基础	毛石混凝土或混凝土基础现拌现浇、商品泵送	4－2、4－3、4－74、4－75		
010501001	垫层	混凝土垫层现拌现浇、商品泵送	4－1、4－73		
011703002	条形基础模板	垫层模板	4－135	1. 地面垫层发生模板时按基础垫层模板定额计算，工程量按实际发生部位的模板与混凝土接触面展开计算 2. 基础侧边弧形增加费按弧形接触面长度计算，每个面计算一道 (定额163页注)：基础弧形侧边高度按40cm以内考虑，超过时模板材料每增加10cm增加10% (定额164页注)：设备螺栓套以木模为准，如用金属螺栓套，按实计算	
		梁式带形基础	4－136、4－137		
011703003	独立基础模板	无梁带形基础	4－138、4－139		
		独立基础	4－140、4－141		
		杯形基础	4－142、4－143		
011703004	满堂基础模板	有梁地下室底板、满堂基础	4－144、4－145		
011703005	设备基础模板	无梁地下室底板、满堂基础	4－146、4－147		
011703006	桩承台模板	设备基础	4－149～4－152		
		基础侧边弧形增加费	4－148		
011703001	垫层模板	垫层模板	4－135		
浙010901003	设备螺栓套	设备螺栓套	4－153、4－154		

设备基础混凝土工程量不扣除螺栓体积，二次灌浆不扣除螺栓及预埋铁体积，二次灌浆套用相应定额，二次灌浆混凝土定额已含模板消耗内容。螺栓孔内或设备基座下灌浆按设计材料要求另列项目计算。

设备基础模板定额根据单个块体体积 $5m^3$ 以内、$5m^3$ 以上分别划分定额，设备螺栓长度按 50cm 考虑，超过时按每增加 50cm 定额调整。

3. 混凝土基础应用举例

【例 6-1】 某石坎基础采用毛石混凝土浇捣，毛石设计掺量为 20%，其余不变，求毛石混凝土基价。

解： 4-2H＝2137＋(20/18－1)×40.5×3.654＋(80/82－1)×192.94×8.323＝2114(元/$10m^3$)

【例 6-2】 某工程基础平面与剖面如图 6.6 所示，垫层 C10 混凝土，基础混凝土 C20、石子粒径 40mm，混凝土均为现拌现浇。

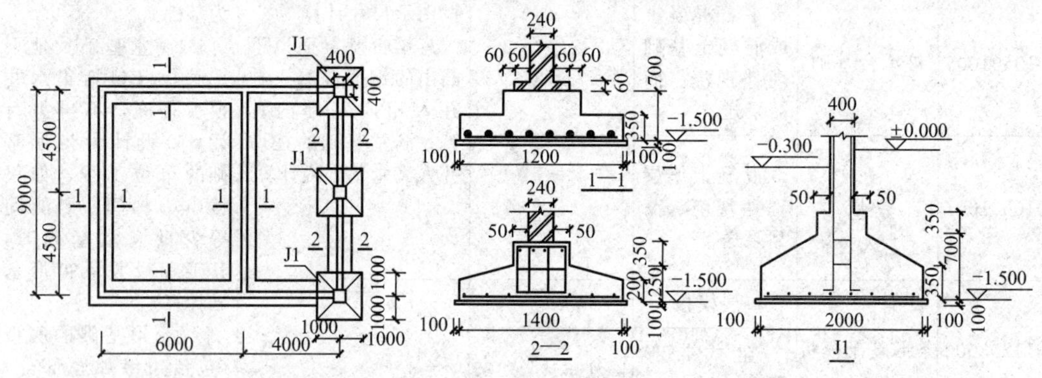

图 6.6 基础平面图

问题 1： 按照题意及依据定额列式计算垫层、基础混凝土工程量及垫层与基础模板工程量，并分别写出项目名称及定额编码。

解： 依据定额及基础图计算，具体解答过程见表 6.3。

表 6.3 基础工程部分工程量计算

定额编码	项目名称	计算公式	单位	工程量
4-1	C10 混凝土垫层	1—1 条形基础垫层：1.4×0.1×[(10－1.1)×2＋9＋9－1.4]＝4.816 2—2 条形基础垫层：1.6×0.1×(4.5－2)×2＝0.800 独立基础垫层：2.2×2.2×0.1×3＝1.452	m^3	7.068
4-3	C20 钢筋混凝土基础	条形基础 1—1：(1.2×0.35＋0.48×0.35)×[(10－1)×2＋9＋9－1.2]＋1/2×0.75×0.35×0.48×2(外墙条基 1—1 与独立基础 J1 搭接)＋(1.2－0.24－0.06×4)÷2×0.35×2×0.48(外墙条基 1—1 与内墙 1—1 搭接)＝20.709	m^3	29.313

（续）

定额编码	项目名称	计算公式	单位	工程量
4-3	C20 钢筋混凝土基础	条形基础 2—2： [1.4×0.2+(0.34+1.4)×0.5×0.05+0.34×0.35)]×5+0.536×0.25×0.5×0.34×4(条基 2-2 与独立基础 J1 搭接)=2.304 式中的 0.536=0.75×0.25/0.35 独立基础： [2×2×0.35+0.35×(0.5²+2²+0.5×2)÷3+0.5×0.5×0.35]×3=6.30	m³	29.313
4-135	垫层木模板	条形基础垫层 1—1 模板： {[(10-1.1)×2-1.4]×2+4.5×2×2+(4.5×2-1.4)×2}×0.1=6.600 条形基础垫层 2—2 模板： (9-1.1×4)×2×0.1=0.920 独立基础垫层模板： (2.2×4×3-1.6×4-1.4×2)×0.1=1.720	m²	9.240
4-137	无梁条基模板	条形基础 1—1 模板： [(10-1)×2-1.2]×0.35×2+[(10-1)×2-0.48]×0.35×2+0.75×0.35×4/2+4.5×2×2×0.35+4.5×2×2×0.35+(4.5×2-1.2)×2×0.35+(4.5×2-0.48)×2×0.35=42.272	m²	42.272
4-139	有梁条基模板	条形基础 2—2 模板： (4.5×2-1×4)×2×0.2+(4.5×2-1×4)×2×0.35+0.536×0.25×8÷2=6.036	m²	6.036
4-141	独基模板	独立基础 J1 模板： 2×4×3×0.35-1.2×0.35×2-1.4×0.2×4-(0.34+1.4)×0.05÷2×4-0.34×0.1×4+(0.4+0.05×2)×4×0.35×3=8.230	m²	8.230

问题 2：编制该混凝土基础工程工程量清单和带形基础 1—1 断面的清单综合单价(假设：工料机消耗量及单价按浙江省 2010 预算定额确定。管理费 20%，利润 14%，以人工费和机械费之和为计算基数；不考虑工程风险费)。

解：(1) 根据工程基础类型和断面规格，应分别按 1—1、2—2 和 J1 进行列项。根据清单规范，基础的分部分项工程量清单见表 6.4。

表 6.4 分部分项工程量清单

序号	项目编码	项目名称	单位	工程量
1	010501002001	带形基础 1—1 断面 C20 现拌现浇钢筋混凝土无梁式基础，底宽 1.2m，基底长 34.8m	m³	20.709

（续）

序号	项目编码	项目名称	单位	工程量
2	010501002002	带形基础 2—2 断面 C20 现拌现浇钢筋混凝土有梁式，底宽 1.4m，基底长 5.0m	m^3	2.304
3	010501003001	独立柱基 J1 C20 现拌现浇钢筋混凝土 3 只，基底 2m×2m，顶面 0.5m×0.5m	m^3	6.300
4	010501001001	混凝土垫层 C10 现拌现浇垫层，厚 100mm	m^3	7.068

（2）带形基础 1—1 断面的综合单价计算。套用定额 4－3，根据题意，清单工程量、基础 1—1 清单计价和综合单价分析见表 6.5、表 6.6。

表 6.5　分部分项工程量清单计价

序号	项目编码	项目名称	单位	数量	综合单价/元	合价/元
1	010501002001	带形基础 1—1 断面 C20 现拌现浇钢筋混凝土无梁式基础，底宽 1.2m，基底长 34.8m	m^3	20.71	249.44	5165.90

表 6.6　综合单价分析表

项目编码	项目名称	单位	数量	综合单价/元						合计/元
				人工	材料	机械	管理	利润	小计	
010501 002001	带形基础 1—1 断面 C20 现拌现浇钢筋混凝土无梁式基础，底宽 1.2m，基底长 34.8m	m^3	20.71	32.04	200.74	4.30	7.27	5.09	249.44	5165.90
4－3	混凝土带形基础	m^3	20.71	32.04	200.74	4.30	7.27	5.09	249.44	5165.90

6.2.2　现浇混凝土柱、梁、板、墙及模板

1. 工程量清单项目设置及工程量计算

工程量清单项目设置及工程量计算规则见表 6.7～表 6.10。

表 6.7 现浇混凝土柱及模板(现浇混凝土柱编码：010502，模板编码：011703)

项目编码	项目名称	项目特征	计量规则	工程内容
010502001	矩形柱	1. 混凝土强度等级 2. 混凝土类别	按设计图示尺寸以体积计算。不扣除构件内钢筋、预埋铁件所占体积，扣除型钢体积。柱高计算规则如下。 1. 有梁板的柱高，应以柱基上表面(或楼板上表面)至上一层楼板上表面之间的高度计算 2. 无梁板的柱高，应以柱基上表面(或楼板上表面)至柱帽下表面之间的高度计算 3. 框架柱的柱高，应以柱基上表面至柱顶高度计算 4. 构造柱按全高计算，嵌接墙体部分并入柱身体积，构造柱与墙咬接的马牙槎按柱宽每侧 3cm 合并计算 5. 依附柱上牛腿和升板的柱帽，并入柱身体积计算	混凝土制作、运输、浇筑、振捣、养护
010502002	构造柱			
010502003	异形柱			
011703007	矩形柱模板	柱类型、柱截面	混凝土与模板接触面面积计算	1. 模板制作、安装、拆除、堆放、运输 2. 模板粘接物及模内杂物清理、刷隔离剂
011703008	构造柱模板			
011703009	异形柱模板	柱类型、尺寸		

表 6.8 现浇混凝土梁及模板(现浇混凝土梁编码：010503，模板编码：011703)

项目编码	项目名称	项目特征	工程量计算规则	工程内容
010503001	基础梁	1. 混凝土强度等级 2. 混凝土类别	按设计图示尺寸以体积计算。不扣除构件内钢筋、预埋铁件所占体积，伸入墙内的梁头、梁垫并入梁体积内。混凝土梁内型钢扣除。梁长计算规则如下。 1. 梁与柱连接时，梁长算至柱侧面 2. 梁与钢筋混凝土墙连接时，梁长算至墙侧面 3. 主梁与次梁连接时，次梁长算至主梁侧面	混凝土制作、运输、浇筑、振捣、养护
010503002	矩形梁			
010503003	异形梁			
010503004	圈梁			
010503005	过梁			
010503006	弧形、拱形梁			
011703010	基础梁模板	梁截面	混凝土与模板接触面面积计算	1. 模板制作、安装、拆除、堆放、运输 2. 模板粘接物及模内杂物清理、刷隔离剂
其他梁模板列项见表 6.12				

表 6.9　现浇混凝土墙及模板(现浇混凝土墙编码：010504，模板编码：011703)

项目编码	项目名称	项目特征	工程量计算规则	工程内容
010504001	直形墙	1. 混凝土强度等级 2. 混凝土类别	按设计图示尺寸以体积计算。不扣除构件内钢筋、预埋铁件所占体积，扣除门窗洞口及单个面积 $0.3m^2$ 以外的孔洞所占体积，墙垛及突出墙面部分并入墙体体积内计算。高按基础顶面起算，不扣板，墙上梁并入墙内计算	混凝土制作、运输、浇筑、振捣、养护
010504002	弧形墙			
010504003	短肢墙			
010504004	挡土墙			
011703016	直形墙模板	墙厚	混凝土与模板接触面面积计算	1. 模板制作、安装、拆除、堆放、运输 2. 模板粘接物及模内杂物清理、刷隔离剂
其他墙模板列项见表 6.12				

表 6.10　现浇混凝土板及模板(现浇混凝土板编码：010505，模板编码：011703)

项目编号	项目名称	项目特征	工程量计算规则	工程内容
010505001	有梁板	1. 混凝土强度等级 2. 混凝土类别	按设计图示尺寸以体积计算。不扣除构件内钢筋、预埋铁件及单个面积 $0.3m^2$ 以内的孔洞所占体积。有梁板(包括主、次梁与板)按梁、板体积之和计算，无梁板按板和柱帽体积之和计算，各类板伸入墙内的板头并入板体积内计算，薄壳板的肋、基梁并入薄壳体积内计算	混凝土制作、运输、浇筑、振捣、养护
010505002	无梁板			
010505003	平板			
010505004	拱板			
010505005	薄壳板			
010505006	栏板			
010505007	天(檐)沟、挑檐板		按设计图示尺寸以体积计算	
010505008	雨篷、悬挑板、阳台板		按设计图示尺寸以墙外部分体积计算，包括伸出墙外的牛腿和雨篷反挑檐的体积	
010505009	其他板		按设计图示尺寸以体积计算	
011703019	有梁板模板	板厚、板斜度、弧形板长度	混凝土与模板接触面面积计算	1. 模板制作、安装、拆除、堆放、运输 2. 模板粘接物及模内杂物清理、刷隔离剂
其他楼板列项见表 6.12				
011703024	栏板模板	构件类型		
011703026	檐沟、挑檐板模板			
011703025	其他构件模板			
011703027	阳台、雨篷模板	构件类型、板厚	按设计图示尺寸以水平投影面积计算	
011703028	直形楼梯模板	楼梯形状	按设计图示尺寸以水平投影面积计算，不扣除宽度小于 500mm 的楼梯井，伸进墙内部分不计算。不计楼梯侧面模板	
011703029	弧形楼梯模板			

1) 混凝土柱、梁、板、墙清单项目说明

除了有梁板构件规则外，混凝土构件清单工程量与定额工程量计算规则相同。

(1) 柱。

“矩形柱、异形柱”项目适用于各形柱，包括构架柱、有梁板柱、无梁板柱。单独的薄壁柱根据其截面形状，确定以异形柱或矩形柱编码列项；与墙连接的薄壁柱按墙项目编码。混凝土柱上的钢牛腿按零星钢构件编码列项。

同一类型的柱，可以根据层高、柱断面按以下情况分别编码列项。

① 按柱所处部位层高 3.6m 以内和 3.6m 以上区别，超过 3.6m 的按每增加 1m 分别列项。

② 矩形柱(构造柱除外)断面按周长 1.2m 以内、1.8m 以内和 1.8m 以上分别列项。

③ 圆形柱以异形柱编码列项，按断面直径 50cm 以内和 50cm 以上划分项目。

(2) 梁。

同一类型的梁，可以按不同的层高、梁断面、性质等分别编码列项。

层高 3.6m 以内和 3.6m 以上的梁可按每增 1m 为步距分别列项；矩形梁按断面高度 0.3m 内、0.6m 内、0.6m 以上分别列项；异形梁可按不同性质(如薄腹梁、吊车梁等)分别列项；弧形、拱形梁分别列项；单独过梁与圈梁连接的过梁分别列项；伸入墙内的拖梁按圈梁列项。

(3) 墙。

直形墙、弧形墙项目也适用于电梯井。现浇混凝土墙应按不同层高、墙厚、部位、性质等分别编码列项。墙截面长≤墙厚 6 倍的剪力墙为短肢墙；各种形状墙，按墙肢中心长≤0.4m 的按柱列项。

一般的墙按厚度 10cm 内、20cm 内和 20cm 以上可以分别列项；地下室内墙与外墙、高度小于 1.2m 和大于 1.2m 的女儿墙、无筋混凝土或毛石混凝土挡土墙等应分别列项。

(4) 楼板。

结合楼盖结构类型，以及不同的层高、板厚、性质等可分别编码列项。

对于密肋板和井字板可以将梁板合并编码，一般有梁板应将梁板分别编码列项，板按平板(板厚 10cm 以内和 10cm 以上)项目分别列项；当现浇钢筋混凝土板坡度大于 10°时，应按 30°以内、60°以内及 60°以上分别列项；水平弧形板应在板项目特征中增加弧形边长度的描述。

(5) 薄壳板。

薄壳板应按外形形状，如筒式、球形、双曲形分别列项。

(6) 栏板。

栏板应按形式(直形、弧形)、高度(1.2m 以内、1.2m 以上)、扶手形状尺寸等的不同分别列项，项目特征中应注明栏板计算长度。

(7) 天(檐)沟、挑檐板。

内、外檐沟按天沟列项。挑檐板应按外挑尺寸、平挑檐是否带翻檐予以区别。不带翻檐的平挑檐外挑 50cm 以内、50cm 以上和带翻檐的平挑檐应分别列项。

(8) 雨篷、悬挑板、阳台板。

按外挑尺寸、外形及结构形式(直形或弧形、板式或梁式、悬挑式还是非悬挑式)、翻檐构造等不同特征予以分别列项，且在项目中明确描述这些特征。

(9) 其他板。

其他板适用于以上项目不能涵盖的现浇板，如砖砌或小型地沟的单独现浇盖板。

(10) 现浇混凝土空心板。

现浇混凝土空心板采用浇筑复合高强薄型空心管时，其工程量应扣除管所占体积，复合高强薄型空心管规格、数量应在项目特征中描述，其费用应包括在报价内。

2) 模板清单项目说明

(1) 现浇混凝土构件支模高度大于 3.6m 时，按不同支模高度或层高进行描述并分别列项。

(2) 非悬挑式阳台、雨篷及外挑大于 1.8m 的外挑梁板式阳台、雨篷，按梁、板执行。

(3) 弧形构件的模板在项目特征中应描述相应的弧长数量。

(4) 构件有外挑装饰线的，模板工程量包括装饰线所占位置，且在项目特征中描述线条的棱线道和线条长度，当棱线道数不同时，应分别描述。

(5) 当构件设有后浇带时，模板工程量不扣除后浇带所占位置，但应在项目特征中描述后浇带长度及后浇带的宽度。

2. 柱、梁、板、墙及模板定额工程量计算规则、计价方法

柱、梁、板、墙及模板定额工程量计算规则、计价方法见表 6.11、表 6.12。

表 6.11　柱、梁、板、墙工程组价内容、定额计算规则及说明

<table>
<tr><th>项目编码</th><th>项目名称</th><th>定额子目</th><th>定额编码</th><th>定额规则</th><th>定额说明</th></tr>
<tr><td>010502001</td><td>矩形柱</td><td rowspan="3">矩形、圆形、异形柱，构造柱，框架柱接头现拌、商品</td><td rowspan="3">4-7、4-79、4-8、4-80、4-9、4-81</td><td rowspan="12">1. 柱高从基顶至柱顶，无梁、板、柱、高算至柱帽下表面
2. 依附于柱上的牛腿并入柱内
3. 构造柱高按基础顶面或楼面算至框架梁、连续梁等单梁(不含圈梁、过梁)底标高计算，与墙咬接的马牙槎按柱高每侧以 3cm 合并计算
4. 预制框架柱、梁现浇接头，按框架柱接头定额
5. 梁与柱、次梁与主梁、梁与混凝土墙交接时，按净长计算，伸入砌筑墙内梁头及现浇梁垫并入梁内计算
6. 圈梁与板整体浇捣，圈梁按断面高度计算
7. 墙高按基础顶面(或楼板上表面)算至墙顶，平行嵌入墙上的梁不论凸出与否，均并入墙内计算
8. 与墙连接的柱、暗柱并入墙内计算</td><td rowspan="12">1. 异形柱指柱与模板接触超过 4 个面的柱，一字形、L 形、T 形柱，当 a 与 b 的比值大于 4 时，均套用墙相应定额
2. 地圈梁套用圈梁定额；异形梁包括十字形、T 形、L 形梁；梯形、变截面矩形梁套用矩形梁定额；现浇薄腹屋面梁模板套用异形梁定额；单独现浇过梁模板套用矩形梁定额；与圈梁连接的过梁及叠合梁二次浇捣部分套用圈梁定额；预制圈梁的现浇接头套用二次灌浆相应定额
3. 混凝土梁、板均分别计算套用相应定额；板中暗梁并入板内计算
4. 地下室内墙、电梯井壁套用一般墙定额；屋面女儿墙高度大于 1.2m 时套用墙定额，小于 1.2m 时套用栏板相应定额
5. 凸出混凝土柱、梁、墙面的线条，混凝土量并入相应构件内计算，另考虑线条模板增加费；</td></tr>
<tr><td>010502002</td><td>构造柱</td></tr>
<tr><td>010502003</td><td>异形柱</td></tr>
<tr><td>010503001</td><td>基础梁</td><td>基础梁</td><td>4-10、4-82</td></tr>
<tr><td>010503002</td><td>矩形梁</td><td>单梁、连续梁、异形梁、弧形梁、吊车梁</td><td>4-11、4-83</td></tr>
<tr><td rowspan="2">010503003</td><td rowspan="2">异形梁</td><td>异形梁</td><td>4-11、4-83</td></tr>
<tr><td>薄腹屋面梁</td><td>4-13、4-85</td></tr>
<tr><td>010503004</td><td>圈梁</td><td rowspan="3">圈梁、过梁、拱形梁、弧形梁</td><td rowspan="3">4-12、4-84
4-11、4-83</td></tr>
<tr><td>010503005</td><td>过梁</td></tr>
<tr><td>010503006</td><td>弧形、拱形梁</td></tr>
<tr><td>010504001</td><td>直行墙</td><td rowspan="2">直形墙、弧形墙</td><td rowspan="2">4-16、4-17、4-88、4-89</td></tr>
<tr><td>010504002</td><td>弧形墙</td></tr>
</table>

（续）

项目编码	项目名称	定额子目	定额编码	定额规则	定额说明
010505001	有梁板	单梁、连续梁弧形梁、板	4-11、4-14、4-83、4-86	9. 板： (1) 按梁、墙间净距尺寸计算；板垫及板翻檐（净高 250mm 以内的）并入板内计算。板上单独浇捣的墙内素混凝土翻檐按圈梁定额计算 (2) 柱帽并入板内 (3) 柱的断面积超过 $1m^2$ 时，板应扣除与柱重叠部分的工程量 (4) 依附于拱形板、薄壳屋盖的梁及其他构件工程量均并入相应构件内 (5) 弧形板混凝土并入板内。另按弧长计算弧形板模板增加费，弧形板弧长按梁板交接部位的弧线长度 (6) 预制板之间的现浇板带宽在 8cm 以上时，按一般板套用相应定额，宽度在 8cm 以内的已包括在预制板安装灌浆定额内，不另计 10. 悬挑阳台、雨篷：混凝土浇捣按挑出墙（梁）外体积计算，外挑牛腿（挑梁）、台口梁高度小于 250mm 的翻檐均合并在阳台、雨篷内计算；阳台栏板、雨篷翻檐高度超过 250mm 的全部翻檐另行按栏板、翻檐计算。阳台、雨篷梁按过梁相应规则计算，伸入墙内的拖梁按圈梁计算 11. 栏板、翻檐：栏板、单独扶手均按外围长度乘以设计断面计算体积，花式栏板应扣除面积在 $0.3m^2$ 以上非整浇花饰孔洞所占面积，孔洞侧边模板并入计算，花饰另计。栏板柱并入栏板内计算。弧形、直形栏板连接时，分别计算。翻檐净高度小于 25cm 时，并入所依附的项目内计算 12. 檐沟、挑檐：檐沟、挑檐工程量包括底板、侧板及与板整浇的挑梁	但单阶挑檐不另行计算模板增加费；单阶线条凸出宽度大于 200mm 的按雨篷定额执行 6. 板： (1) 混凝土梁、板均分别计算套用相应定额；板中暗梁并入板内。楼板及屋面平挑檐外挑小于 50cm 时，并入板内计算；外挑大于 50 cm 时，套用雨篷定额；屋面挑出的带翻檐平挑檐套用檐沟、挑檐定额 (2) 薄壳屋盖不分筒式、球形、双曲形等，均套用同一定额，混凝土浇捣套用拱板定额 (3) 现浇钢筋混凝土板坡度在 10°以内时按定额执行；当 10°＜坡度≤30°时，定额钢支撑×1.3，人工×1.1；当 30°＜坡度≤60°时，钢支撑×1.5，人工×1.2；坡度在 60°以上时，按墙相应定额执行 (4) 斜板支模高度超过 3.6m，每增加 1m 定额及混凝土浇捣定额也适用于上述系数。压型钢板上浇捣混凝土板，套用板相应定额 7. 弧形阳台、雨篷按普通阳台、雨篷定额执行，另行计算弧形板模板增加费。水平遮阳板、空调板按雨篷定额；拱形雨篷套用拱形板定额。半悬挑及非悬挑的阳台、雨篷，按梁、板有关规则计算套用定额 8. 栏板（含扶手）及翻檐净高按 1.2m 以内考虑，超过时套用墙相应定额 9. 现浇屋脊、斜脊并入所依附的板内计算，单独屋脊、斜脊按压顶考虑套用定额 10. 屋面内天沟按梁板规则计算套用梁板相应定额。雨篷与檐沟相连时，梁板式雨篷按雨篷规则计算并套用相应定额，板式雨篷并入檐沟计算
010505002	无梁板				
010505003	平板	板	4-1、4-86		
010505004	拱板	拱形板	4-15、4-87		
010505005	薄壳板				
010505006	栏板	栏板高大于 1.2m	4-16、4-17、4-88、4-89		
		栏板高 1.2m 以内	4-26、4-98		
010505007	天（檐）沟、挑檐板	檐沟、挑檐	4-27、4-99、4-14、4-86		
010505008	雨篷、悬挑板、阳台板	悬挑雨篷、阳台	4-24～4-27、4-96～4-99		
		半悬挑或非悬挑雨篷、阳台	4-11～4-14、4-83～4-96		
010505009	其他板				

表 6.12　柱、梁、墙、板模板工程组价内容、定额计算规则及说明

定额编码	项目名称	定额子目	定额编码	定额规则	定额说明
011703007	矩形柱模板	矩形、异形柱	4-155～4-159	1. 模板：现浇构件模板按混凝土与模板接触面面积计算，扣除平行交接或大于 $0.3m^2$ 以上构件垂直交叉面。也可按定额127页查表。除特别规定(地面垫层)外，两者选一 2. 构造柱与墙咬接的马牙槎按柱高每侧模板以6cm计算，模板套用矩形柱定额 3. 后浇带：混凝土工程量扣除后浇带，模板不扣除，另计后浇带模板增加费，按延长米计算 4. 凸出的线条模板增加费以凸出棱线的道数不同分别按延长米计算，两条及多条线条相互之间净距小于100mm以内的，每两条线条按一条计算工程量 5. 弧形板混凝土并入板内。另按弧长计算弧形板增加费，梁板结构的弧形板弧长按梁板交接部位的弧线长度计算	1. 支模超高规定：现浇钢筋混凝土柱(不含构造柱)、梁(不含圈梁、过梁)、板、墙的支模高度按层高3.6m以内编制，超过3.6m时，工程量包括3.6m以下部分，另按相应超高定额计算；斜板或拱形结构按平均高度确定支模高度 2. 现浇薄腹屋面梁模板套用异形梁定额 3. 凸出混凝土柱、梁、墙面的线条，混凝土工程量并入相应构件内，模板增加费按凸出的棱线道数套用相应定额计算；但单独窗台板、栏板扶手、墙上压顶的单阶挑沿不另行计算模板增加费；单阶线条凸出宽度大于200mm的按雨篷定额执行 4. 板：现浇钢筋混凝土板坡度≤10°按定额；10°＜板坡度≤30°，定额钢支撑×1.3，人工×1.1；30°＜板坡度≤60°，钢支撑×1.5，人工×1.2；坡度在60°以上时，按墙相应定额执行
011703008	构造柱模板	超高增加1m	4-160		
011703009	异形柱模板	线条模板增费	4-191、4-192		
011703010	基础梁模板	基础梁，矩形、弧形、异形梁，拱形梁，过梁等	4-160～4-171		
011703011	矩形梁模板				
011703012	异形梁模板				
011703013	圈梁模板	超高增加1m 线条模板增费	4-172 4-191、4-192		
011703014	过梁模板				
011703015	弧梁、拱形梁				
011703016	直形墙模板	直形，弧形，地下室外墙，弧形地下室外墙，大钢模，后浇带	4-181～4-187、4-204、4-205		
011703017	弧形墙模板	超高增加1m	4-188		
011703018	短肢墙模板	线条模板增加费	4-191、4-192		
011703019	有梁板模板	板，无梁板，拱形板，薄壳板，地下室、梁板后浇带	4-173～4-178 4-201、4-202、4-203		
011703020	无梁板模板				
011703021	平板				
011703022	拱板				
011703023	薄壳板	超高增加1m	4-180		
011703025	其他板模板	弧形板增加费	4-179		
011703024	栏板模板	栏板、翻檐	4-194～4-195		
011703026	檐沟、挑檐	檐沟、挑檐	4-196		

（续）

<table>
<tr><th>定额编码</th><th>项目名称</th><th>定额子目</th><th>定额编码</th><th>定额规则</th><th>定额说明</th></tr>
<tr><td>011703028</td><td>直形楼梯模板</td><td rowspan="2">楼梯</td><td rowspan="2">4－189～4－190</td><td rowspan="7">6. 悬挑阳台、雨篷：混凝土量按挑出墙（梁）外体积计算（包括高度小于 25cm 翻沿）；模板按阳台、雨篷挑梁及台口梁外侧面范围的水平投影面积计算，阳台、雨篷外梁上有线条时，另行计算线条模板增加费
阳台栏板、雨篷翻沿高度超过 250mm 的全部翻沿另行按栏板、翻檐计算。阳台、雨篷梁按过梁相应规则计算，伸入墙内的拖梁按圈梁计算
（定额 175 页注）：非悬挑雨篷、阳台及注 173 页超高悬挑阳台雨篷，支模超高费按梁、板定额计算（可按梁板混凝土与模板接触面合并计算）
注：一个外凸面可以有一道棱线</td><td rowspan="7">斜板支模高度超过 3.6m，每增加 1m 定额及混凝土浇捣定额也适用于上述系数
5. 弧形阳台、雨篷按普通阳台、雨篷定额执行，另行计算弧形板模板增加费
6. 弧形楼梯指梯段为弧形的，仅平台弧形的，按直行楼梯执行，平台另行计弧形增加费
7. 无底模坡道及 4 步以上混凝土台阶按楼梯执行，模板按楼梯模板定额×0.2
（定额 170 页注）：毛石混凝土、无筋混凝土挡土墙套地下室外墙定额扣除螺栓后，人工 × 0.9，机械 ×0.95</td></tr>
<tr><td rowspan="2">011703029</td><td rowspan="2">弧形楼梯模板</td></tr>
<tr><td>弧形板增加费</td><td>4－179</td></tr>
<tr><td rowspan="3">011703027</td><td rowspan="3">雨篷、阳台模板</td><td>全悬挑阳台、雨篷、支模超高费</td><td>4－193、4－180</td></tr>
<tr><td>弧形板增加费</td><td>4－179</td></tr>
<tr><td>线条模板增费</td><td>4－191、4－192</td></tr>
<tr><td>011703030</td><td>其他构件模板</td><td>小型构件，地沟，小型池槽，屋顶水箱</td><td>4－197～4－200</td></tr>
</table>

混凝土柱、梁、板、墙及模板等定额相关说明如下。

（1）梁：混凝土梁浇捣定额按梁的部位、作用，划分为 4 部分内容。其中基础梁不分有无底模；矩形(包括带搁板企口、变截面矩形)、异形、弧形梁及吊车梁均套用同一定额计价；圈梁、过梁、拱形梁、叠合梁二次搅捣部分套用同一定额计价。

（2）板：混凝土板浇筑仅拱板予以区别，其他板均套用同一定额计价。现浇钢筋混凝土板坡度大于 10°时，按 30°以内、30°以上区别，混凝土浇捣人工消耗量乘以系数予以调整；坡度于 60°时，按墙相应定额计价。

（3）墙：混凝土墙浇筑按墙厚区别计价，即墙厚一致的直形、弧形、电梯井、地下室内墙按同一定额计价。

（4）檐沟：清单内、外檐沟按“天沟”列项，而整浇梁板组成的跨中排水沟，定额按梁板规则列项。

（5）阳台、悬挑板、雨篷：定额仅适用于全悬挑的(指一边支座或 L 形支座时)的阳台、悬挑板、雨篷，定额不分弧形、直形，套用同一定额。弧形阳台、雨篷无论是悬挑还是非悬挑均另考虑弧形板模板增加费。

(6) 模板：模板工程量按混凝土与模板接触面的面积以 m^2 计量或参考构件混凝土含模量表计算，一个工程只应采用一种模板计算规则，但除本定额规则特别指定以外，即当工程发生地面垫层模板时，地面垫层模板套用基础垫层模板定额，工程量只能按发生部位的模板与混凝土接触面积计算，工程中除地面垫层外其他混凝土构件可以按混凝土含模量表计算。

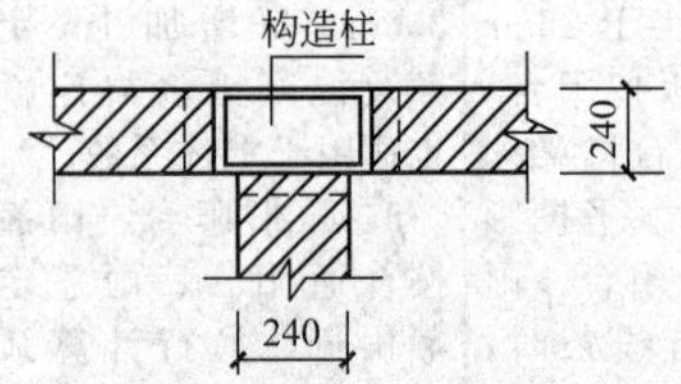

图 6.7 某建筑物构造柱

3. 柱、梁、墙、板及模板工程应用举例

【例 6-3】 某建筑楼层层高 4.5m，墙厚均为 240mm，构造柱顶部设有 KL300mm×600mm，按如图 6.7 所示计算单个构造柱混凝土工程量。

解： 构造柱体积＝(0.24＋0.03×2＋0.03)×0.24×(4.5－0.6)＝0.309(m^3)

【例 6-4】 根据设计柱表 6.13，试计算 KZ1 清单工程量并编制柱模板工程量清单。

表 6.13 KZ1 柱

柱号	标高/m	断面/mm	备注
KZ1	－1.5～8.1	500×500	一层层高 4.5m，二～四层层高 3.6m，KZ1 共 24 只，强度等级均为 C30
	8.1～15.3	450×400	

解： (1) 工程量计算。

① ±0.00 以下工程量(断面周长 1.8m 以上，层高 3.6m 以内)。

$$V=0.5\times0.5\times1.5\times24=9(m^3)$$

② 一层矩形柱(断面周长 1.8m 以上，层高 4.5m)。

$$V=0.5\times0.5\times4.5\times24=27(m^3)$$

③ 二层矩形柱(断面周长 1.8m 以上，层高 3.6m 以内)。

$$V=0.5\times0.5\times3.6\times24=21.6(m^3)$$

④ 三、四层矩形柱(断面周长 1.8m 以内，层高 3.6m 以内)。

$$V=0.45\times0.4\times7.2\times24=31.1(m^3)$$

$$矩形柱工程量合计=9+27+21.6+31.1=88.70(m^3)$$

(2) 计算柱模板工程量。

矩形柱模板可按层高分别列项，根据柱周长及层高分别计算柱模板工程量。

① 周长 1.8m 以上，层高 3.6m 以内，模板工程量为

$$S=(9+21.6)\times6.78=61.020+146.448=207.468(m^2)$$

② 周长 1.8m 以上，层高 4.5m 模板工程量为

$$S=27\times6.78=183.060(m^2)$$

③ 周长 1.8m 以内，层高 3.6m 模板工程量为

$$S=31.1\times9.83=305.713(m^2)$$

模板工程量清单表见表 6.14。

表 6.14 模板工程量清单

序号	项目编码	项目名称	单位	工程量
1	011703007001	矩形柱木模板：C30 钢筋混凝土现浇矩形柱，层高 3.6m 以内	m^2	513.181
2	011703007002	矩形柱木模板：C30 钢筋混凝土现浇矩形柱，层高 4.5m	m^2	183.060

【例 6－5】 以下构件层高超过 3.6m，依据定额，需计算支模超高费的是(　　)。

A. 过梁　　B. 雨篷挑梁　　C. 构造柱　　D. 圈梁

解：根据定额说明 3.7 条及定额 173 页注解，砌筑墙体可以作为现浇圈梁、构造柱、过梁支撑，模板支撑与层高超高影响较小，所以选择 B。

【例 6－6】 现浇现拌混凝土柱，设计断面 400mm×500mm，柱高 5.5m，层高 5.5m，组合钢模。根据定额混凝土含模表，求柱模板直接工程费。

解：支模高度已超过定额 3.6m，模板除按基本层外，还要计算超高费。

4－155＋4－160×2＝2725＋150×2＝3025(元/100m²)

柱模板工程量＝0.4×0.5×5.5×9.83＝10.813(m²)

柱模板直接工程费＝10.813×30.25＝327.09(元)

【例 6－7】 屋面斜板，坡度 25°，平均层高 4.5m，混凝土采用商品非泵送混凝土 C25，求商品非泵送混凝土屋面板浇捣及木模板定额基价。

解：不同坡度商品非泵送混凝土屋面斜板定额按表 6.15 系数调整。

表 6.15 不同坡度商品非泵送混凝土屋面斜板定额系数

调整内容	≤10°	10°＜板坡度≤30°	30°＜板坡度≤60°	60°＜板坡度
模板中钢支撑	—	1.3	1.5	—
模板定额人工	—	1.1	1.2	—
混凝土浇捣定额人工	1.3	1.1×1.3	1.2×1.3	1.3

屋面现浇板套用定额 4－86H。

换后基价＝3424＋(303－299)×10.15＋(1.1×1.3－1)×204.25＝3552(元/10m³)

模板套用 4－174H＋4－180H。

换后基价＝2510＋(1.3－1)×4.6×49.32＋(1.1－1)×946＋249＋(1.3－1)×4.6×7.14＋(1.1－1)×107.5＝2942(元/100m²)

【例 6－8】 如图 6.8 所示悬挑雨篷，支模高度 4.5m，混凝土采用商品泵送混凝土 C20。按计价依据完成下列内容(模板扣除梁与梁垂直交叉模板面积)。

(1) 求雨篷模板定额工程量及对应定额编码。

(2) 编制雨篷混凝土及模板工程量清单。

解：(1) 雨篷支模高度超定额基本层高 3.6m，根据定额 173 页注解，雨篷模板支模超高费可按梁板规则计算，即按梁板混凝土与模板接触面面积计算。雨篷板模板及支模超高套用定额 4－193＋4－180。翻檐高大于 250mm，按栏板定额 4－194 计算。翻檐高≤250mm，翻檐模板不另计算，定额雨篷板模板水平投影包含在 250mm 以内翻檐。

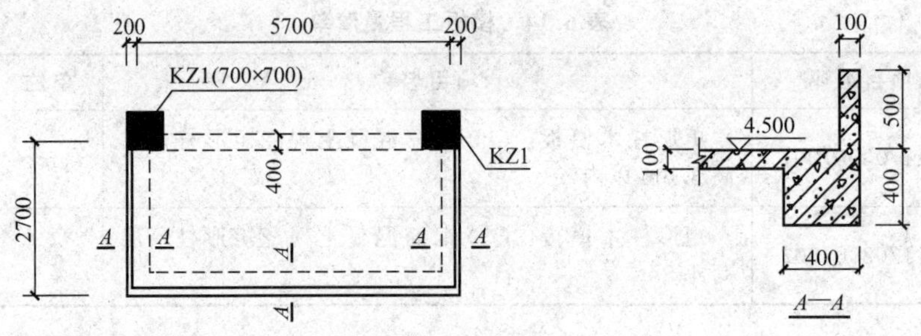

图 6.8 悬挑雨篷

雨篷板模板基本层定额工程量：

$$S=(2.7-0.2)\times(5.7+0.2\times2)=15.25(\mathrm{m}^2)$$

雨篷板模板支模超高费工程量：

$$S=(2.7-0.2-0.4)\times(5.7-0.2\times2)+(2.7-0.2)\times0.4\times4+(2.7-0.2-0.4)\times0.3\times2+(5.7+0.2\times2+5.7-0.4)\times0.4+(5.7-0.4)\times0.3=22.54(\mathrm{m}^2)$$

翻檐模板工程量：

$$S=[5.7+0.2\times2-0.1+(2.7-0.2-0.05)\times2]\times2\times0.5=10.900(\mathrm{m}^2)$$

(2) 雨篷混凝土与模板清单工程量计算及编制。

雨篷板混凝土工程量：

$$V=(2.7-0.2-0.4)\times(5.7-0.2\times2)\times0.1+0.4\times0.4\times[(2.7-0.2-0.2)\times2+5.7]=2.761(\mathrm{m}^3)$$

翻檐混凝土工程量：

$$V=(5.7+0.2\times2-0.1)\times0.1\times0.5=0.300(\mathrm{m}^3)$$

雨篷板与翻檐混凝土工程量也可合计作为雨篷清单工程量，清单不受翻檐高大于250mm限制，但在清单特征中应注明翻檐和雨篷板工程量。此题将雨篷板与翻檐分别列项编制工程量清单，这时雨篷清单工程量规则同定额规则。

翻檐高大于250mm，雨篷板模板与翻檐清单工程量应分别计算。

雨篷板模板清单工程量：

$$S=(2.7-0.2)\times(5.7+0.2\times2)=15.25(\mathrm{m}^2)$$

翻檐模板清单工程量：

$$S=(5.7+0.2\times2-0.1)\times2\times0.5=6.00(\mathrm{m}^2)$$

雨篷混凝土及模板工程量清单见表6.16。

表 6.16 分部分项与措施项目工程量清单

序号	项目编码	项目名称	单位	工程量
1	010505008001	雨篷板： C20商品泵送混凝土，雨篷梁板2.761m³	m³	2.761
2	010505006001	栏板： C20商品泵送混凝土，雨篷翻檐高500mm	m³	0.300
3	011703024001	栏板模板： 雨篷翻檐高500mm	m²	10.900

（续）

序号	项目编码	项目名称	单位	工程量
4	011703027001	雨篷板模板： 雨篷水平投影面积 $15.25m^2$，支模高度 4.5m，梁板混凝土与模板接触面面积 $22.54m^2$	m^2	15.250

【例 6-9】 求无筋混凝土挡土墙复合木模板定额基价。

解： 套用定额 4-185H，根据定额 170 页注解知：

$$换后基价=2268-24.99\times6.34+(0.9-1)\times954.6+(0.95-1)\times77.84$$
$$=2010(元/100m^2)$$

【例 6-10】 某框架结构的楼盖结构的平面如图 6.9 所示，雨篷为梁板式悬挑。已知楼层层高为 3.6m，混凝土强度等级 C20，混凝土构件现拌现浇，未注明板厚均为 100mm，模板采用木模板。

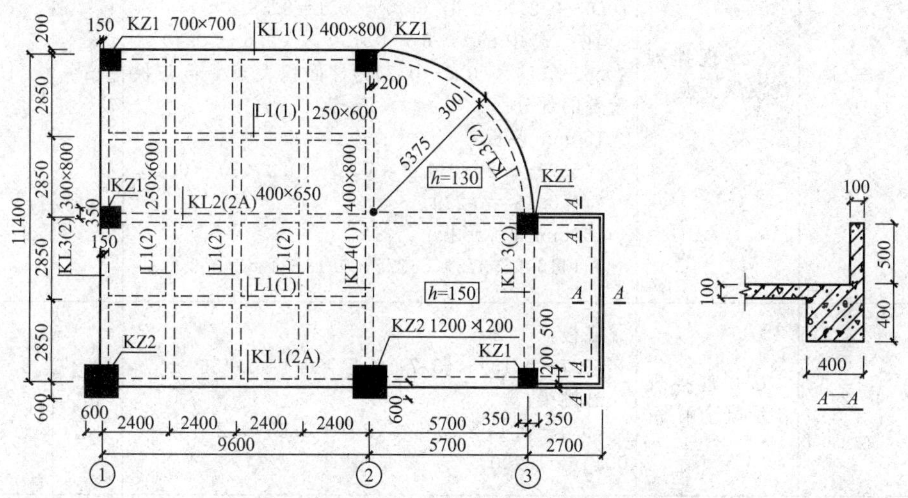

图 6.9 某框架结构的楼盖结构平面图

按照题意及依据定额，完成下列内容。

(1) 列式计算梁 KL1、KL2、KL3、L1、板、雨篷构件的混凝土工程量，编写项目名称及定额编码。

(2) 列式计算梁 KL2、L1、KL3 弧形段、板模板工程量，编写项目名称及定额编码。

解： 依据定额及结构平面图，具体解答过程见表 6.17。

表 6.17 楼盖结构工程部分工程量计算

序号	定额编码	项目名称	计算公式	单位	工程量
1	4-11	C20 现拌现浇混凝土矩形梁	KL1： 0.4×0.8×(9.6+9.6+5.7-0.55-0.5-0.6×3-0.35)=6.944 KL2： 0.4×0.65×(9.6+5.7-0.55-0.4-0.35)=3.640	m^3	23.419

（续）

序号	定额编码	项目名称	计算公式	单位	工程量
1	4-11	C20现拌现浇混凝土矩形梁	KL3直段： 0.3×0.8×(11.4－0.5－0.7－0.6＋5.7－0.5－0.5)＝3.432 KL3弧形段： 0.3×0.8×2×3.1416×5.525÷4＝2.083 L1：0.25×0.6×(9.6－0.15－0.2)×2＋0.25×0.6×(11.4－0.2×2－0.4－0.25×2)×3＝7.320	m^3	23.419
2	4-14	C20现拌现浇混凝土板	①～②轴间板： [(11.4－0.2×2)×(9.6－0.15－0.2)－0.25×(11.4－0.4×2)×3－(0.25×2＋0.4)×(2.125＋2.15×2＋2.075)－(0.6－0.15)×(0.6－0.2)－(0.6－0.2)×(0.6－0.2)]×0.1＝8.581 注：式中的(0.6－0.15)×(0.6－0.2)－(0.6－0.2)×(0.6－0.2)为柱面积大于$1m^2$与板重叠的部分。 150mm厚板： [(5.7－0.2－0.15)×(5.7－0.2×2)－0.4×0.4]×0.15＝4.229 130mm厚弧形板： 3.1416×5.375×5.375×0.13÷4＝2.950	m^3	15.76
3	4-24	C20现拌现浇混凝土雨篷	底板： (2.7－0.15)×(5.7＋0.4)×0.1＝1.556 悬挑梁： (0.4－0.1)×0.4×[(2.7－0.35)×2＋5.7－0.4]＝1.200	m^3	2.756
4	4-26	C20现拌现浇混凝土栏板	雨篷的翻檐： 0.1×0.5×[(2.7－0.35－0.05)×2＋5.7＋0.4－0.05×2]＝0.530	m^3	0.530
5	4-165	矩形梁木模板	KL2： (9.6－0.2－0.55)×[2×(0.65－0.1)＋0.4]＋(5.7－0.2－0.35)×[(0.65－0.13)＋(0.65－0.15)＋0.4]＝20.588 L1： (9.6－0.2－0.15)×[(0.6－0.1)×2＋0.25]×2＋(11.4－0.4－0.4)×[(0.6－0.1)×2＋0.25]×3＝62.875	m^2	83.462
6	4-167	弧形梁木模板	KL3弧形段梁模板： (0.8－0.13)×3.1416×5.375÷2＋0.8×3.1416×(5.375＋0.3)÷2＋0.3×3.1416×5.525÷2＝15.392	m^2	15.392

（续）

序号	定额编码	项目名称	计算公式	单位	工程量
7	4-174	板木模板	①～②轴间板： (11.4−0.2×2)×(9.6−0.15−0.2)−0.25×(11.4−0.4×2)×3−(0.25×2+0.4)×(2.125+2.15×2+2.075)=86.15 150mm厚板木模板： (5.7−0.2−0.15)×(5.7−0.4)=28.355 弧形板木模板： 3.1416×5.375×5.375÷4=22.692	m^2	137.197
8	4-179	弧形板增加费	弧形板模板增加费： 2×3.1416×5.375÷4=8.443	m	8.443

6.2.3 现浇混凝土楼梯、其他构件、散水、坡道、地沟及后浇带

1. 工程量清单项目设置及工程量计算

工程量清单项目设置及工程量计算规则见表6.18～表6.20。

表6.18 混凝土楼梯(编码：010506)

项目编码	项目名称	项目特征	计量规则	工程内容
010506001	直形楼梯	1. 混凝土强度等级 2. 混凝土类别	按设计图示尺寸以水平投影面积计算。不扣除小于500mm的楼梯井，伸入墙内部分不计算	混凝土制作、运输、浇筑、振捣、养护
010506002	弧形楼梯			

表6.19 现浇混凝土其他构件(编码：010507)

项目编码	项目名称	项目特征	计量规则	工程内容
010507001	散水、坡道	1. 垫层材料种类、厚度 2. 面层厚度 3. 混凝土强度等级 4. 混凝土类别 5. 填塞材料种类	按设计图示尺寸以面积计算。不扣除单个0.3m²以内的孔洞所占面积	1. 地基夯实 2. 铺设垫层 3. 混凝土制作、浇筑 4. 变形缝填塞
010507002	电缆沟、地沟	1. 沟截面 2. 垫层材料种类、厚度 3. 混凝土强度等级 4. 混凝土类别 5. 防护材料种类	按设计图示尺寸以中心线长度计算	1. 挖运土石 2. 铺设垫层 3. 混凝土制作、浇筑 4. 刷防护材
010507003	混凝土台阶	1. 踏步高宽比 2. 面层厚度 3. 混凝土强度等级 4. 混凝土类别	按设计图示尺寸以水平投影面积计算或m³计算	混凝土制作、浇筑

（续）

项目编码	项目名称	项目特征	计量规则	工程内容
010507004	混凝土扶手、压顶	1. 断面尺寸 2. 混凝土强度等级 3. 混凝土类别	按设计图示尺寸以 m 计算或 m^3 计算	混凝土制作、浇筑
010507011	其他构件	1. 构件的类型、规格 2. 部位 3. 混凝土强度等级 4. 混凝土类别	按设计图示尺寸以 m^3、m^2、m 或座计算。不扣除构件内钢筋、预埋铁件所占体积	混凝土制作、运输、浇筑、振捣、养护

表 6.20　后浇带(编码：010508)

项目编码	项目名称	项目特征	计量规则	工程内容
010508001	后浇带	1. 部位 2. 混凝土强度等级 3. 混凝土拌和料要求	按设计图示尺寸以体积计算	混凝土制作、运输、浇筑、振捣、养护

楼梯、其他构件、散水、坡道、地沟及后浇带清单项目说明如下。

(1) 楼梯。

楼梯的结构类型、底板厚度、梁式楼梯斜梁的断面应在项目特征中予以描述；直形楼梯与弧形楼梯相连时，直形、弧形楼梯应分别列项计算，如梯段为直形仅在平台处为弧形的，按直形楼梯列项，清单可列出平台弧形板边长；单跑楼梯如无中间休息平台时，应在工程量清单中进行描述。

整体楼梯(包括直形楼梯、弧形楼梯)水平投影面积包括休息平台、平台梁、斜梁及楼梯与楼板连接的梁。当整体楼梯与现浇楼板无梯梁连接时，以楼梯的最后一个踏步边缘300mm 为界。与梯段、平台板脱离的平台梁、平台梁伸入墙内的部分不予计入楼梯工程量，楼梯基础、梯柱、栏板、扶手另行列项。

单跑楼梯上下平台与楼梯等宽部分并入楼梯工程量。

(2) 散水、坡道、电缆沟、地沟。

按内空断面不同予以分别列项；电缆沟、地沟的内空断面面积大于 0.4m^2 时，应对沟底、沟壁、沟顶尺寸予以描述，可以按五级编码对沟底、沟壁、沟顶分别列项。电缆沟、地沟、散水、坡道需抹灰时，应包括在报价内。混凝土散水面积按外墙中心线乘以宽度计算，不扣除每个长度在 5m 以内的踏步或斜坡；散水边明沟按外墙中心线长度计算。

(3) 台阶。

台阶应按水平投影面积或图示以 m^3 计算，当与平台相连时，平台面积在 10m^2 以内的按台阶计算；平台面积在 10m^2 以上的，平台按楼地面工程计算套用相应定额，工程量以最上一级 30cm 处为分界。台阶应描述步数、步距等特征。

(4) 化粪池、检查井。

非标准化粪池与检查井按如下编码单独列项：化粪池池底(010507005)、化粪池池壁(010507006)、化粪池池顶(010507007)、检查井底(010507008)、检查井池壁

(010507009)、检查井顶(010507010)。标准化粪池、检查井可按清单其他构件列项，计量按“座”计算。

(5) 混凝土扶手、压顶及其他构件。

扶手、压顶、其他构件(洗涤池、污水池、洗涤槽、小型池槽、垫块、门框等)应在清单中描述其外形、断面尺寸及相关的构造要求；小型池槽、垫块、门框按设计图示尺寸以“m^3”计算；污水池可按“只”计算；标准设计洗涤槽可以按延长米计算，双面洗涤槽工程量以单面乘以2计算。

(6) 后浇带。

按其所属的梁、板、墙(墙、梁板厚度分为20cm以内、20cm以上)分别列项计算；设计对后浇带的有关构造要求(如接缝处的处理、止水带的埋设等)，应在清单项目特征中描述。

2. 楼梯、其他构件等项目定额工程量计算规则、计价方法

楼梯等工程的计价项目定额工程量计算规则、计价方法见表6.21。

表6.21 楼梯等工程组价内容、定额计算规则及说明

编号	项目名称	定额子目	定额编码	定额规则	定额说明
010506001	直形楼梯	直形或弧形楼梯	4-22、4-23、4-94、4-95	1. 楼梯：按水平投影面积计算。计算规则同清单规则。其中与楼梯平台脱离的平台梁按梁或圈梁计算 2. 小型池槽、地沟、电缆沟：小型池槽包括底、壁工程量；地沟、电缆沟包括底、壁及整浇的顶盖工程量；预制混凝土盖板另行计算 3. 后浇带：模板不扣除，另计后浇带模板增加费，按延长米计算。混凝土工程量扣除后浇带，后浇带单独计算套用定额	1. 定额直形楼梯按底板折实厚度18cm、弧形楼梯30cm考虑，设计不同时混凝土浇捣定额按比例调整。弧形楼梯指梯段为弧形的，仅平台弧形的可按直形楼梯执行，平台另行计弧形模板增加费 2. 自行车坡道带有台阶，按楼梯定额执行，无底模坡道及4步以上混凝土台阶按楼梯执行，模板按楼梯模板定额×0.2 3. 小型池槽外形体积大于$2m^3$时套用构筑物水(油)池相应定额；梁板墙结构式水池分别套用梁、板、墙相应定额 4. 地沟、电缆沟断面内空面积大于$0.4m^2$时套构筑物地沟相应定额 5. 小型构件包括：压顶、单独扶手、窗台、窗套线及定额未列项目且单件构件体积在$0.05m^3$以内的其他构件 6. 屋顶水箱工程量包括底、壁、现浇顶盖及支撑柱等全部现浇构件，预制构件另计；砖砌支座套砌筑工程零星砌体定额；抹灰、刷浆、金属件制安等套用相应章节定额 7. 采用无粘结、有粘接的后张预应力现浇构件，套普通现浇混凝土构件相应定额
010506002	弧形楼梯				
010507003	混凝土台阶护手、压顶其他构件	标准化粪池、污水池、洗涤池、洗涤槽、明沟、小型构件、屋顶水箱	9-22～9-31、9-45～9-48、9-49～9-52、9-53～9-55、4-28、4-100、4-30或4-102		
010507004					
010507011					
010507001	散水、坡道	散水、坡道	9-58、9-68		
		变形缝	7-85～7-89、7-93～7-94		
010507002	电缆沟、地沟	土方	1-7～1-93		
		垫层	3-1～3-12、4-1、4-73		
		混凝土制作(带盖沟)	4-29、4-53～4-55、4-101、9-70～9-75		
		明沟	9-61		
		抹灰	7-38～7-39、10-1～10-4、10-132、11-1～11-3、11-20～11-22		
		刷防护材料	7-38～7-78		
010508001	后浇带	后浇带	4-18～4-21、4-90～4-93		

楼梯等工程项目定额相关说明。

(1) 楼梯。

定额计算规则同清单规则。与平台板脱离的平台梁(图 6.10 中平台延伸梁)、平台梁伸入墙内的部分，即平台处有墙封闭时(图 6.10 中平台梁 1)不予计入楼梯工程量，但平台处无墙封闭时，平台下的平台梁应计入楼梯工程量内(图 6.10 中平台梁 3)。

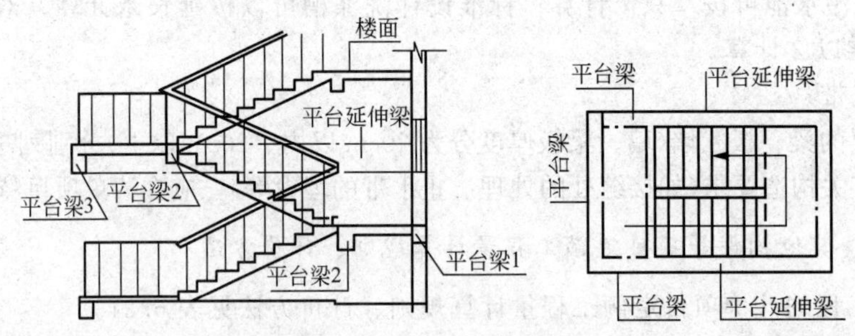

图 6.10 楼梯平立面图

单跑楼梯与楼梯等宽部分的上下平台并入楼梯工程量，如图 6.11 所示，如 $L=8\text{m}$(楼梯间净长)，楼梯间净宽 2.76m，则一个标准层楼梯面积为 $8\times2.76=22.08(\text{m}^2)$。

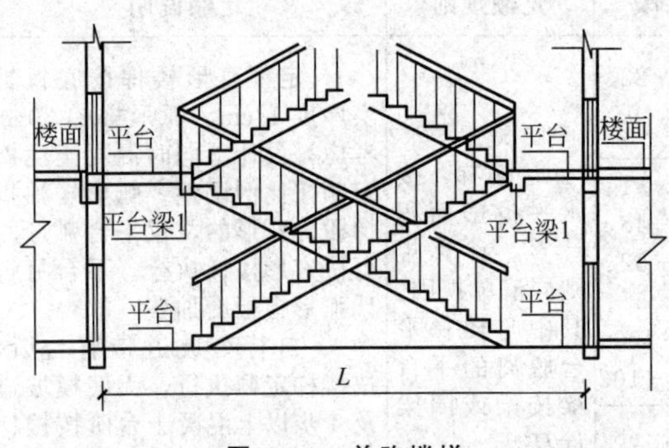

图 6.11 单跑楼梯

(2) 扶手、压顶，其他构件。

扶手、压顶(包括伸入墙内的长度)清单按延长米或体积计算，而定额按套用小型构件子目，以体积计算。标准化粪池定额按“座”、洗涤池按“只”为单位计算。洗涤槽定额以延长米为单位。非标准化粪池、洗涤池计量规则可以同清单规则，池底、池壁、池顶分别按体积计算。屋顶水箱工程量包括底、壁、现浇顶盖及支撑柱等全部现浇构件，底板利用屋面楼盖时，工程量不包括底板。

(3) 电缆沟、地沟。

电缆沟、地沟清单以“m”为单位计算，而定额按设计尺寸以“m^3”为单位计算，工程量包括底、壁、整浇的混凝土盖。明沟定额以延长米为单位，同清单规则。

(4) 后浇带。

后浇带混凝土工程量单独计算，包括梁和板时合并计算。

3. 楼梯、后浇带等项目工程应用举例

【例 6-11】 图 6.12 为板式楼梯，楼梯井宽 100mm，C20 钢筋商品泵送混凝土，计算该楼梯清单工程量并编制工程量清单。

解：按墙内净面积计算(不包括嵌入墙内的平台梁)，楼梯井宽度小于 500mm，不予扣除。

$$S=(4.3+0.24)\times3=13.62(\text{m}^2)$$

工程量清单见表 6.22。

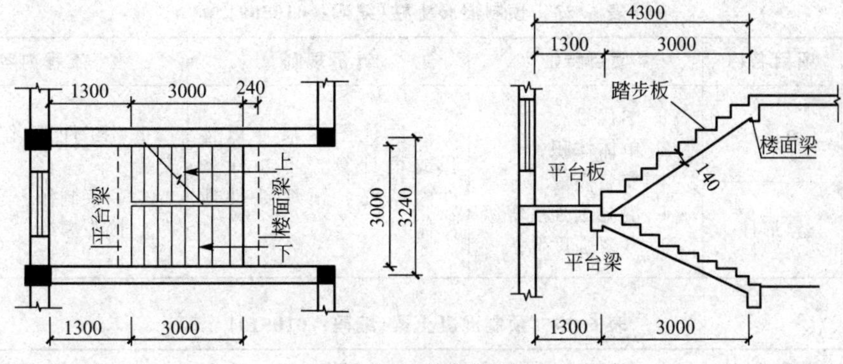

图 6.12　楼梯平面图

表 6.22　分部分项工程量清单

序号	项目编码	项目名称	单位	工程量
1	010506001001	直形板式楼梯：C20 钢筋混凝土，底板厚 140mm	m^2	13.62

【例 6-12】 在例 6-11 中，如楼梯底板厚为 200mm，混凝土采用商品泵送，强度等级为 C30，单价为 330 元/m^3，求楼梯直接工程费。

解：楼梯底板厚度超过定额 180mm，定额基价应按比例调整，套定额 4-94H，则

换后基价＝831×200/180＋(330－299)×2.43×200/180＝1007(元/10m^2)

楼梯直接工程费＝13.62×100.7＝13715.79(元)

【例 6-13】 计算如图 6.13 所示楼盖后浇带直接工程费及后浇带模板增加费。已知采用 C20 商品泵送混凝土，未注明板厚均为 150mm，所有梁居轴中。

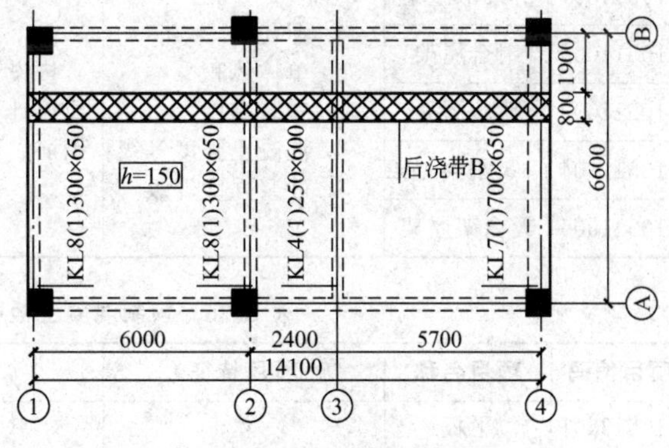

图 6.13　楼盖后浇带

解：后浇带梁板合并计算。

V＝0.15×0.8×(14.1＋0.15＋0.35)＋(0.5×0.3×2＋0.45×0.25＋0.5×0.7)×0.8＝2.362(m^3)

根据板厚 150mm，套用定额 4-91，则

后浇带直接工程费＝343.4×2.362＝811.11(元)

模板不扣除后浇带，但要增加后浇带模板费，则

工程量＝14.1＋0.15＋0.35＝14.6(m)

后浇带模板增加费＝14.6×32.4＝473.04(元)

6.2.4　预制混凝土构件

1. 工程量清单项目设置及工程量计算

工程量清单项目设置及工程量计算规则见表 6.23～表 6.28。

表 6.23 预制混凝土柱(编码：010509)

项目编码	项目名称	项目特征	计量规则	工程内容
010509001	矩形柱	1. 图代号 2. 单体体积 3. 安装高度 4. 混凝土强度等级 5. 砂浆强度等级	按设计图示尺寸以体积或根计算，不扣除构件内钢筋、预埋铁件所占体积	1. 构件制作、运输、安装 2. 砂浆制作、运输 3. 接头灌缝
010509002	异形柱			

表 6.24 预制混凝土梁(编码：010510)

项目编码	项目名称	项目特征	计量规则	工程内容
010510001	矩形梁	1. 单体体积 2. 安装高度 3. 混凝土强度等级 4. 砂浆强度等级 5. 图代号	按设计图示尺寸以体积或根计算。不扣除构件内钢筋、预埋铁件所占体积	1. 构件制作、运输 2. 构件安装 3. 砂浆制作、运输 4. 接头灌缝、养护
010510002	异形梁			
010510003	过梁			
010510004	拱形梁			
010510005	鱼腹式吊车梁			
010510006	风道梁			

表 6.25 预制混凝土屋架(编码：010511)

项目编码	项目名称	项目特征	计量规则	工程内容
010511001	折线形屋架	1. 图代号 2. 单体体积 3. 安装高度 4. 混凝土强度等级 5. 砂浆强度等级	按设计图示尺寸以体积或榀计算，不扣除构件内钢筋、预埋铁件所占体积	1. 构件制作、运输 2. 构件安装 3. 砂浆制作、运输 4. 接头灌缝、养护
010511002	组合屋架			
010511003	薄腹屋架			
010511004	门式刚架屋架			
010511005	天窗架屋架			

表 6.26 预制混凝土板(编码：010512)

项目编码	项目名称	项目特征	计量规则	工程内容
010512001	平板	1. 图代号 2. 单体体积 3. 安装高度 4. 混凝土强度等级 5. 砂浆强度等级	按设计图示尺寸以体积或块计算。不扣除构件内钢筋、预埋铁件及单个尺寸 300mm×300mm 以内的孔洞所占体积，扣除空心板空洞体积	1. 构件制作、运输 2. 构件安装 3. 砂浆制作、运输 4. 接头灌缝、养护
010512002	空心板			
010512003	槽形板			
010512004	网架板			
010512005	折线板			
010512006	带肋板			
010512007	大型板			
010512008	沟盖板、井盖板、井圈	1. 单件体积 2. 安装高度 3. 混凝土强度等级 4. 砂浆强度等级	按设计图示尺寸以体积或块、套计算。不扣除构件内钢筋、预埋铁件所占体积	1. 构件制作、运输 2. 构件安装 3. 砂浆制作、运输 4. 接头灌缝、养护

表 6.27 预制混凝土楼梯(编码：010513)

项目编码	项目名称	项目特征	计量规则	工程内容
010513001	楼梯	1. 楼梯类型 2. 单体体积 3. 混凝土强度等级 4. 砂浆强度等级	按设计图示尺寸以体积计算。不扣除构件内钢筋、预埋铁件所占体积，扣除空心踏步板空洞体积	1. 构件制作、运输 2. 构件安装 3. 砂浆制作、运输 4. 接头灌缝、养护

表 6.28 其他预制构件(编码：010514)

项目编码	项目名称	项目特征	计量规则	工程内容
010514001	烟道、垃圾道、通风道	1. 单体体积 2. 混凝土强度等级 3. 砂浆强度等级	1. 按图示以体积计算。不扣除构件内钢筋、预埋铁件及单个尺寸 300mm×300mm 以内的孔洞所占体积，扣除烟道、垃圾道、通风道孔洞所占体积 2. 按图示以面积计算。不扣除构件内钢筋、预埋铁件及单个尺寸 300mm×300mm 以内的孔洞所占面积 3. 按图示以数量计算	1. 混凝土构件制作、运输 2. 水磨石构件制作、运输 3. 构件安装 4. 砂浆制作、运输 5. 接头灌缝、养护 6. 酸洗、打蜡
010514002	其他构件	1. 构件类型 2. 单体体积 3. 水磨石面层厚度 4. 安装高度 5. 混凝土强度等级 6. 水泥石子浆配合比 7. 石子品种、规格、颜色 8. 酸洗、打蜡要求		
010514003	水磨石构件			

预制构件清单项目说明如下。

(1) 清单项目特征中应区分预制构件制作工艺，如是预应力构件则应在清单中予以描述。

(2) 柱的类型：矩形、工字形、空腹双肢柱、空心柱等形状应在项目特征中描述，柱间支撑、檩条可分别按柱、梁项目编码列项，预制支架按柱梁项目编码列项。

(3) 预制梁项目编码编制除了考虑梁形状外，尚应按梁性质(如基础梁、吊车梁、托架梁、圈梁、过梁等)进行第 5 级编码予以分别列项。

(4) 三角形屋架应按中折线型屋架项目编码列项，屋架中钢拉杆按钢构件章节列项，但钢拉杆的运输、安装应包含在屋架内。

(5) 不带肋的预制遮阳板、雨篷板、挑檐板、栏板等，应按表 6.26 中的“平板”项目编码列项。

(6) 预制 F 形板、双 T 形板、单肋板和带反挑檐的雨篷板、挑檐板、遮阳板等，应按表 6.26 中的“带肋板”项目编码列项。

(7) 预制大型墙板、大型楼板、大型屋面板等，应按表 6.26 中的“大型板”项目编码列项。

(8) 预制钢筋混凝土楼梯，可按斜梁、踏步分别编码(第 5 级编码)列项。

(9) 预制钢筋混凝土小型池槽、压顶、扶手、垫块、隔热板、花格等，应按表 6.28 中的“其他构件”项目编码列项。

(10) 现场施工条件对构件吊装机械回转半径、构件就位距离有限制的，清单编制时应有描述或提示。

(11) 同类型相同构件尺寸的预制混凝土沟盖板的工程量可按块数计算；混凝土井圈、井盖板工程量可按套数计算。

2. 预制构件制作、运输、安装及模板定额工程量计算规则、计价方法

预制构件制作、运输、安装及模板定额工程量计算规则、计价方法见表 6.29 和表 6.30。

表 6.29　预制构件工程组价内容、定额计算规则及说明

<table>
<tr><th>项目编码</th><th>项目名称</th><th>定额子目</th><th>定额编码</th><th>定额规则</th><th>定额说明</th></tr>
<tr><td>010509001</td><td>矩形柱</td><td rowspan="2">柱制作</td><td rowspan="2">4－267～4－272</td><td rowspan="16">1. 预制构件模板及混凝土浇捣除了定额注明外，均按图示尺寸以 m³ 计
2. 空心混凝土构件扣除空心体积
3. 预制方桩按设计断面乘以桩长计算，不扣除桩尖虚体积
4. 除注明外，板厚度在 4cm 以内者为薄板，4cm 以上者为平板，窗台板、窗套板、无梁水平遮阳板套用薄板定额，带梁水平遮阳板套用肋形板定额，垂直遮阳板套用平板或薄板定额
5. 屋架中的钢拉杆制作另行计算
6. 花格窗及花格栏杆按外围面积计算，折实厚度大于 4cm 时，定额按比例调整</td><td rowspan="16">1. 混凝土及钢筋混凝土预制构件工程量＝施工图净用量×(1＋损耗率)，其中预制钢筋混凝土桩制作、运输或堆放、打桩损耗率分别为 0.1%、0.4%、1%；其他预制构件的制作、运输或堆放、安装损耗率分别为 0.2%、0.8%、0.5%
2. 混凝土构件采用蒸汽养护时，加工厂预制者，按实际蒸养构件数量 88 元/m³ (其中，煤 90kg)计算；现场蒸养费按实计算
3. 后张预应力构件制作定额不包括孔道灌浆，灌浆已列入预应力筋安装定额
4. 预制构件桩、柱、梁、屋架等定额中未编列起重机、垫木等成品堆放费的项目，这是按现场就位预制考虑的，如实际发生构件运输时，套用构件运输相应定额
5. 预制小型构件定额未列项，且单件体积 0.05m³ 以内的构件
6. 构件运输、安装。
本定额仅为混凝土预制构件运输，划分为以下 4 类。
(1) Ⅰ、Ⅱ类构件符合其中一项指标的，均套用同一定额
(2) Ⅰ类构件：单件体积≤1m³、面积≤5m²、长度≤6m
(3) Ⅱ类构件：单件体积＞1m³、面积＞5m²、长度＞6m
(4) Ⅲ类构件：大型屋面板、空心板、楼面板
(5) Ⅳ类构件：小型构件
7. 运输定额适用条件：适用于混凝土构件由构件堆放场或构件加工厂运至施工现场的运输，不适用由专业运输单位承担的构件运输；定额已综合考虑城镇、现场运输道路等级、路况等不同因素
8. 构件运输基本运距为 5km，工程实际运距不同时，按每增减 1km 定额调整。本定额不适用于运距超过 35km 的构件运输</td></tr>
<tr><td>010509002</td><td>异形柱</td></tr>
<tr><td rowspan="2">010510001</td><td rowspan="2">矩形梁</td><td>预制矩形梁制作</td><td>4－273、4－274、4－276、4－280</td></tr>
<tr><td>预应力矩形梁制作</td><td>4－323、4－326、4－329</td></tr>
<tr><td rowspan="2">010510002</td><td rowspan="2">异形梁</td><td>预制异形梁</td><td>4－275</td></tr>
<tr><td>预应力异形梁</td><td>4－324、4－332</td></tr>
<tr><td rowspan="2">010510003</td><td rowspan="2">过梁</td><td>预制过梁</td><td>4－479</td></tr>
<tr><td>预应力过梁</td><td>4－325</td></tr>
<tr><td>010510004</td><td>拱形梁</td><td>托架梁</td><td>4－278、4－331</td></tr>
<tr><td>010510005</td><td>鱼腹吊车梁</td><td>鱼腹式吊车梁</td><td>4－277、4－330</td></tr>
<tr><td>010510006</td><td>风道梁</td><td>薄腹风道梁</td><td>4－290</td></tr>
<tr><td>010511001</td><td>折线形屋架</td><td>预制或预应力屋架</td><td>4－287、4－327、4－328、4－333</td></tr>
<tr><td>010511002</td><td>组合屋架</td><td>组合、人字屋架</td><td>4－288</td></tr>
<tr><td>010511003</td><td>薄腹屋架</td><td>薄腹屋架</td><td>4－289、4－332</td></tr>
<tr><td>010511004</td><td>门式刚屋架</td><td>预制门式刚架</td><td>4－291</td></tr>
<tr><td>010511005</td><td>天窗架屋架</td><td>天窗、挡风架</td><td>4－292～4－294</td></tr>
</table>

（续）

项目编码	项目名称	定额子目	定额编码	定额规则	定额说明
010512001	平板	预制平板 预应力平板	4－281、4－282 4－298、 4－314～4－315	7. 后张预应力构件不扣除灌浆孔道所占体积 8. 构件运输、安装统一按施工图净工程量以 m^3 计算，制作工程量以 m^2 计算的，按 $0.1m^3/m^2$ 折算 9. 屋架工程量按混凝土构件体积计算，钢拉杆运输、安装不另计算 10. 住宅排烟（气）道按“m”、风帽按“座”计算	9. 本定额不包括改装车辆、搭设特殊专用支架、桥梁、涵洞、道路加固、管线、路灯迁移及因限载、限高而发生的加固、扩宽、公交管理部门措施费用等，发生时另行计算 10. 其中小型构件包括：桩尖、窗台板、压顶、踏步、过梁、围墙柱、地坪混凝土板、地沟盖板、池槽、浴厕隔断、窨井圈盖、通风道、烟道、花格窗、花格栏杆、碗柜、壁龛及单件体积小于 $0.05m^3$ 的其他构件 11. 采用现场集中预制是按吊装机械回转半径内就地预制考虑的，如因场地条件限制，构件就位距离超过 15m 必须用起重机移动就位时，运距在 50m 以内的，起重机械乘以系数 1.25；运距超过 50m 的，按构件运输相应定额计算 12. 现场预制的构件采用汽车运输时，按本章相应定额执行，运距在 500m 以内时，定额乘以系数 0.5 13. 构件吊装采用的吊装机械种类、规格，定额按常规施工方法取定；当采用塔吊或卷扬机时，应扣除定额中的起重机台班，人工乘以系数（塔吊 0.66、卷扬机 1.3）调整，以人工代替机械时，按卷扬机计算。采用塔吊施工，因建筑物构造所限，部分构件吊装不能就位时，该部分构件可按构件运输相应定额计算运输费 14. 定额按单机作业考虑，如因构件超重必须双机抬吊，则套相应定额，其人工、机械乘以系数 1.2 15. 构件如必须采用跨外吊装时，除塔吊施工以外，按相应定额乘以系数 1.15 16. 构件安装高度以 20m 以内为准，如檐高在 20m 以内，构件安装高度超过 20m 时，除塔吊施工以外，相应定额人工、机械乘以系数 1.2。构件安装定额已包括灌浆所需消耗，不另计算 17. 定额不包括安装过程中起重机械、运输机械场内行驶道路的修整、铺垫工作消耗，发生时按实际内容另行计算 18. 现场制作采用砖胎膜的构件，安装相应定额人工、机械乘以系数 1.1
010512002	空心板	预应力空心板	4－311～4－313		
010512003	槽形板	预制槽板、肋板、檐沟、预应力槽板、F形瓦板、檐沟	4－284、4－286、 4－299、4－319、 4－321、4－316		
010512004	网架板				
010512005	折线板	折板、屋脊瓦	4－320、4－304		
010512006	带肋板	预制槽、肋板、预应力槽肋板	4－284、 4－316、 4－318		
010512007	大型板	预制、预应力大型屋面板	4－285、4－317		
010512008	沟盖、井盖	沟盖板、井盖板	4－283、4－302		
010513001	楼梯	预制斜梁、踏步、预应力踏步	4－295、4－296、 4－322		
010514001	垃圾、通风道	预制烟道、垃圾道、通风道	4－303、4－487、 4－488		
010514002	其他构件	花格窗、栏杆，围墙柱，围墙压顶，混凝土地坪板，零星构件，隔断，池槽	4－297、 4－300、 4－301、4－305 ～4－309		
010514003	水磨石构件	水磨石构件	4－310		
预制构件运输			4－444～4－451		
预制构件安装			4－452～4－486		

表 6.30 预制构件模板工程组价内容、定额计算规则及说明

编号	项目名称	定额子目	定额编码	定额说明
浙 010903001	柱模板	预制柱、桩模板	4-334、4-344、4-375、4-376	先张预应力预制混凝土构件按加工厂制作考虑，模板已综合考虑地膜、胎膜摊销，其余各类预制混凝土构件是按现场预制考虑的，模板不包含地胎膜，实际施工需要地胎膜时，按施工组织设计实际发生的地胎膜面积套相应定额计算 注：模板预制构件除了花格窗、花格栏杆按 m^2 计算外，其他均按 m^3 计算 套用定额时应该按预制、先张法或后张法等工艺不同分别套用定额，同时区分构件设计跨度
浙 010903002	梁模板	预制梁模板	4-345、4-353、4-398、4-407	
浙 010903003	屋架模板	预制屋架模板	4-360～4-369、4-402、4-403、4-408、4-409	
浙 010903004	板模板	预制板模板	4-373、4-374、4-377、4-386～4-396	
浙 010903005	楼梯模板	预制楼梯模板	4-370、4-371、4-391	
浙 010903006	风道模板	预制风道模板	4-378	
浙 010903007	其他构件模板	预制其他构件模板	4-372、4-379～4-385、4-410～4-413	

预制构件工程项目定额相关说明如下。

预制构件制作、运输仅适用于施工方自身(加工厂或现场)制作的构件，不适用于成品购入的构件。

构件安装需用脚手架按施工设计规定计算，并套用脚手架相应定额计价，列入措施项目；预制构件吊装所需机械(如履带式起重机、轮胎式起重机、汽车式起重机、塔式起重机)进、退场和安拆费，应列入措施项目；采用无粘结、有粘接的后张预应力现浇构件，按普通现浇混凝土构件浇捣相应定额计价。

3. 预制构件项目工程应用举例

【例 6-14】 已知后张预应力折线型屋架，单榀屋架 5m³，屋架长 20m，从预制场地运至安装现场水平距离为 400m，求预制屋架运输基价。

解： 单榀构件 5m³，屋架长 20m，属于二类构件。水平距离 400m，大于 50m，但小于 500m，定额乘以系数 0.5，套用定额 4-447H，则

$$换后基价=77\times0.5=38.5(元/10m^3)$$

【例 6-15】 已知预制 T 形吊车梁，单根 1.5m³，长 6m，从预制地至安装点距离为 35m，求预制 T 形吊车梁安装基价。

解：单榀构件 1.5m^3＜3m^3。预制点至安装点距离 35m 超过起重机服务半径，起重机机械费调整乘以系数 1.25，套用定额 4-458H，则

$$换后基价=1449+1131.55\times0.45\times(1.25-1)=1576(元/10m^3)$$

【例 6-16】 已知预制 T 形吊车梁，单根 1.5m^3，长 6m，采用塔吊(跨外)起吊，求预制 T 形吊车梁安装基价。

解：单榀构件 1.5m^3＜3m^3。吊装采用塔吊，先扣除起重机费用，人工乘以系数 0.66。套用定额 4-458H，则

$$换后基价=1449-1131.55\times0.45+419.68\times(0.66-1)=797(元/10m^3)$$

【例 6-17】 求预制柱安装(砖胎模制作)基价，已知单件体积 5m^3 内，就位运距为 30m。

解：砖胎模制作，人工、机械调整为 1.1，就位运距 30m 大于 15m，起重机机械费调整乘以系数 1.25。套用定额 4-453H，则

$$换后基价=696+(192.64+346.79)\times(1.1-1)+0.289\times1131.55\times(1.1\times1.25-1.1)=840(元/m^3)$$

【例 6-18】 已知先张预应力大型屋面板，砖胎模制作，每块体积 0.5m^3，屋檐高度 19m，安装高度 21m，跨外起重机吊装，就位运距为 30m。求大型屋面板安装基价。

解：砖胎模制作，人工、机械调整为 1.1；安装高度 21m＞20m，人工、机械乘以系数 1.2；跨外吊装，定额乘以系数 1.15；就位运距 30m 大于 15m；起重机机械费调整乘以系数 1.25。套用定额 4-474H，则

$$换后基价=1456+(447.20+615.65)\times(1.15\times1.2\times1.1-1)+393.42\times(1.15-1)+1131.55\times0.337\times(1.15\times1.2\times1.1\times1.25-1.15\times1.2\times1.1)=2210(元/10m^3)$$

【例 6-19】 已知先张预应力大型屋面板 1500mm×6000mm，C40 混凝土预制厂制作，工程数量 120 块，每块体积 0.5m^3，安装高度 18m。自行运输(运距 8km)，吊装机械为塔吊；人工、材料、机械台班市场价格假设与定额取定价格相同；施工费以人工费、机械费之和为基数，管理费按 15%、利润按 10%计算。求预制大型屋面板工程量清单的综合单价(不包括钢筋和措施费)。

解：依据定额计算规则计算。

(1) 定额工程量计算。

① 屋面板制作工程量为

$$0.5\times120\times1.015=60.9(m^3)$$

② 屋面板运输、安装工程量为

$$0.5\times120=60(m^3)$$

(2) 制作、运输、安装单价。

① 屋面板制作费套用定额 4-317，则

$$人工费=61.06 元/m^3$$

$$材料费=296.67 元/m^3$$

$$机械费=24.90 元/m^3$$

② 屋面板运输套用定额 4-448+4-449×3，则

$$人工费=9.98+0.69\times3=12.05(元/m^3)$$

$$材料费=3.41\ 元/m^3$$

$$机械费=65.14+2.71\times3=73.27(元/m^3)$$

③ 屋面板安装套 4-474，按定额说明表 6.29 第 13 条规则换算得

$$人工费=44.72\times0.66=29.52(元/m^3)$$

$$材料费=39.34\ 元/m^3$$

$$机械费=61.57-0.0337\times1131.55=23.44(元/m^3)$$

(3) 计算综合单价。

$$人工费=60.9\times61.06+60\times(12.05+29.52)=6212.75(元)$$

$$材料费=60.9\times296.67+60\times(3.41+39.34)=20632.20(元)$$

$$机械费=60.9\times24.90+60\times(73.27+23.44)=7319.01(元)$$

小计：34163.96(元)

$$管理费=(6212.75+7319.01)\times15\%=2029.76(元)$$

$$利润=(6212.75+7319.01)\times10\%=1353.18(元)$$

$$合计报价=34163.96+2029.76+1353.18=37546.90(元)$$

$$综合单价=37546.90/60=625.78(元/m^3)$$

6.2.5 混凝土构筑物

1. 工程量清单项目设置及工程量计算

工程量清单项目设置及工程量计算规则见表 6.31。

表 6.31 混凝土构筑物(编码：010701～010712)

项目编码	项目名称	项目特征	计量规则	工程内容
010701	贮水(油)池	1. 构筑物基础 2. 构件单体体积、断面尺寸 3. 构筑物混凝土板厚 4. 混凝土强度等级 5. 混凝土拌和料要求 6. 砂浆强度等级 (未涉及的各类构筑物项目特征详见混凝土构筑物规范计算规则)	按设计图示尺寸以体积计算。不扣除构件内钢筋、预埋铁件及单个面积 $0.3m^2$ 以内的孔洞所占体积(未涉及的计量规则详见混凝土构筑物规范计算规则)	1. 混凝土制作、运输、浇筑、振捣、养护 2. 接头灌缝、养护
010702	贮仓			
010703001	水塔			
010704	机械通风冷却塔			
010705	双曲自然通风冷却塔			
010706	烟囱			
010707	烟道			
010708	隧道			
010709	沟道(槽)			
010710	造粒塔			
010711	栈桥			
010712	井			

1）清单项目说明

混凝土构筑物基础、构筑物底板、壁板、顶部等部位构件按规范第 4 级编码予以分别列项。

(1) 贮水(油)池

贮水(油)池的基础、池底、池壁、池盖按规范第 4 级编码列项。其中，平池底、坡池底，矩形池壁、圆形池壁，肋形盖、无梁盖，无梁盖柱，滤水槽，壁基梁等均应在第 5 级编码上予以区别。

工程量计算具体规则如下。

① 有壁基梁的，应以壁基梁底为界，以上为池壁、以下为池底；无壁基梁的，锥形坡底应算至其上口，池壁下部的八字靴脚应并入池底体积内。

② 无梁池盖的柱高应从池底上表面算至池盖下表面，柱帽和柱座应并入柱体积内。肋形池盖应包括主、次梁体积；球形池盖应以池壁顶面为界，边侧梁应并入球形池盖体积内。

③ 依附于池壁上的柱、梁及凹凸附件并入池壁计算，依附于池壁上的沉淀池槽另行列项计算。

(2) 贮仓。

基础、底板、顶板、仓壁和贮仓漏斗按规范第 4 级编码分别列项，并区分矩形、圆形及其隔层板、顶板；滑模筒仓按“贮仓”项目编码列项。贮仓立壁和贮仓漏斗工程量应以相互交点水平线为界，壁上圈梁应并入漏斗体积内。贮仓立壁、斜壁混凝土浇捣合并计算，基础、底板、顶板、柱浇捣套用建筑物现浇混凝土相应定额。圆形仓模板按基础、底板、顶板、仓壁分别计算；隔层板、顶板梁与板合并计算。

(3) 水塔。

基础、塔身、水箱等，按规范第 4 级编码分别列项，区分塔身形式、回廊平台、槽底、塔身及内、外水箱壁；保温水箱内、外壁应分别列项。设计要求水塔采用滑模施工，清单描述应注明塔身高。

水塔工程量计算具体规则如下。

① 筒式塔身应以筒座上表面或基础底板上表面为界；柱式(框架式)塔身应以柱脚与基础底板顶或梁顶为界，与基础板连接的梁应并入基础体积内。

② 塔身与水箱应以箱底相连接的圈梁下表面为界，以上为水箱，以下为塔身。

③ 依附于塔身、顶板的过梁、雨篷、挑檐等，应并入所依附构件体积内。

④ 依附于水箱壁的柱、梁，应并入水箱壁体积内。

2）清单项目设置注意事项

(1) 发生清单规范项目设置未包括的“沉井”、非标“钢筋混凝土化粪池”等，按“其他构件”编码列项。沉井、非标准设计钢筋混凝土化粪池按设计图示实体积计算；规格相同的沉井、标准设计化粪池、屋面水箱等可按“座”计算另补清单项目。

(2) 设计要求滑模施工的工程，在清单项目中应予以注明，并在特征中明确描述支承杆的规格及设计利用支承杆作为结构钢筋的数量或比例。

2. 构筑物制作工程及其模板定额工程量计算规则、计价方法

构筑物制作工程及其模板定额工程量计算规则、计价方法见表 6.32 和表 6.33。

表 6.32 构筑物制作工程组价内容、定额计算规则及说明

项目编码	项目名称	定额子目	定额编码	定额规则	定额说明
010701	贮水(油)池	贮水(油)池	4-36～4-40、4-108～4-112	定额计算规则同清单规则	1. 滑升钢模定额已包括提升支撑杆用量，并按不拔出考虑，提升杆用作结构钢筋时不得重复计算 2. 用滑升钢模施工的构筑物按无井架施工考虑，并已综合了操作平台，不另计算脚手架及竖井架 3. 构筑物基础套用建筑物基础相应定额 (定额 153 页注)：采用滑模施工的水塔筒身混凝土浇捣，套用60m 内滑模烟囱定额计价
010702	贮仓	贮仓、筒仓	4-41～4-45、4-113～4-117		
010703001	水塔	水塔	4-31～4-35、4-103～4-107		
010706	烟囱	烟囱	4-46～4-52、4-118～4-124		

表 6.33 构筑物模板工程组价内容、定额计算规则及说明

项目编码	项目名称	定额子目	定额编码	定额规则	定额说明
070502001	贮水(油)池模板	贮水(油)池模板	4-233～4-245	按混凝土与构件接触面面积计算	1. 滑升钢模定额已包括提升支撑杆用量，并按不拔出考虑，如设计或清单规定需要拔出的，应按回收率调整定额中的支承杆含量，并计算拔杆费用 2. 倒锥形水塔塔身滑模钢模施工，也适合一般水塔筒身施工 3. 烟囱钢滑模定额已包括筒身、牛腿、烟道口；水塔钢滑模已包括直筒、门窗洞口等模板用量 4. 列有滑膜定额的构筑物子目，采用翻模施工时，可按相近构件模板定额执行 注：倒锥形水塔的模板工程量清单应描述水箱的体积及地面浇捣时的提升高度。 采用滑模施工的构筑物，模板按构件体积计算
070502002	贮仓模板	贮仓模板	4-246～4-255	接触面面积或贮仓体积以体积计算	
070502003	水塔模板	水塔模板	4-213、4-232	接触面面积或贮仓体积计算或按容积	
070502006	烟囱模板	烟囱模板	4-206～4-212	按设计图示尺寸以体积。不扣除钢筋、预埋件及 0.3m² 以内空洞所占体积	
其他未列项的构筑物模板参见构筑物清单规范					

6.2.6 钢筋工程和螺栓、铁件

1. 工程量清单项目设置及工程量计算

工程量清单项目设置及工程量计算规则见表 6.34、表 6.35。

表 6.34　钢筋工程(编码：010515)

项目编码	项目名称	项目特征	计量规则	工程内容
010515001	现浇混凝土钢筋	钢筋种类、规格	按设计图示钢筋(网)长度(面积)乘以单位理论质量计算	1. 钢筋(网、笼)制作运输 2. 钢筋(网、笼)安装 3. 焊接
010515002	钢筋网片		按设计图示钢筋长度乘以单位理论质量计算	钢筋制作运输、张拉
010515003	钢筋笼	1. 钢材种类、规格 2. 锚具种类 3. 砂浆强度等级	按设计图示钢筋(丝束、绞线)长度乘以单位理论质量计算。 1. 低合金钢筋两端采用螺杆锚具时，钢筋长度按孔道长度减 0.35m 计算，螺杆另行计算 2. 低合金钢筋一端采用镦头插片，另一端采用螺杆锚具时，钢筋长度按孔道长度计算，螺杆另行计算 3. 低合金钢筋一端采用镦头插片，另一端采用帮条锚具时，钢筋按增加 0.15m 计算；两端均采用帮条锚具时，钢筋长度按孔道长度增加 0.3m 计算 4. 低合金钢筋采用后张混凝土自锚时，钢筋长度按孔道长度增加 0.35m 计算 5. 低合金钢筋(钢绞线)采用 JM、XM、QM 型锚具，孔道长度在 20m 以内时，钢筋长度按增加 1m 计算；孔道长度 20m 以外时，钢筋(钢绞线)长度按孔道长度增加 1.8m 计算 6. 碳素钢丝采用锥形锚具，孔道长度在 20m 以内时，钢丝束长度按孔道长度增加 1m 计算；孔道长度在 20m 以上时，钢丝束长度按孔道长度增加 1.8m 计算 7. 碳素钢丝束采用镦头锚具时，钢丝束长度按孔道长度增加 0.35m 计算	1. 预应力筋制作、运输 2. 预应力筋安装 3. 预埋管孔道铺设 4. 锚具安装 5. 砂浆制作、运输 6. 孔道压浆、养护 7. 声测管截断、封头，套管制作、焊接，管定位、固定
010515004	先张法预应力钢筋			
010515005	后张法预应力钢筋			
010515006	预应力钢丝	钢材(材质)种类、规格		
010515007	预应力钢绞线			
010515008	支撑钢筋			
010515009	声测管			

表 6.35　螺栓、铁件(编码：010516)

项目编码	项目名称	项目特征	计量规则	工程内容
010516001	螺栓	1. 钢材种类、规格 2. 螺栓长度 3. 铁件尺寸	按设计图示尺寸以质量计算	螺栓(铁件)制作、运输、安装
010516002	预埋铁件			
010516003	机械连接	1. 连接方式 2. 螺纹套筒种类 3. 规格	按数量个计算	钢筋套丝、套筒连接

清单项目说明如下。

钢筋工程项目适用于混凝土构件(含桩基础)钢筋、砌体加固钢筋、墙柱拉筋、楼屋面构造层及附属工程等所含的用钢量。支撑钢筋清单工程量可按暂估量考虑，结算按现场签证结算。

编制清单编制时对下列不同的内容，均应分别编码列项。

(1) 现浇构件的圆钢、螺纹钢、预制构件的圆钢、螺纹钢、冷拔钢丝绑扎、点焊网片、冷轧带肋钢筋、桩基础钢筋笼圆钢、螺纹钢、地下连续墙钢筋网片制作(安装)均应分别编码列项。

(2) 先张法预应力筋应区别冷拔钢丝、粗钢筋。

(3) 后张法预应力筋应区别粗钢筋、钢丝束(钢纹线)、有粘结钢丝束、无粘结钢绞线。

(4) 预埋铁件和预埋螺栓分别列项。

预应力钢筋设计要求人工时效时，应在清单项目特征中明确。

(5) 砌体内的加筋、屋面(或楼面)细石混凝土找平层内的钢筋制作、安装，按现浇混凝土钢筋或钢筋网片编码列项。

现浇构件中固定位置的支撑钢筋、双层钢筋用的“铁马”、伸出构件的锚固钢筋、预制构件的吊钩等，应并入钢筋工程量内。

设计采用套筒冷压或锥形螺纹等机械接头的，清单项目特征中应描述接头规格、数量。

2. 钢筋工程定额工程量计算规则、计价方法

钢筋工程定额工程量计算规则、计价方法见表 6.36。

表 6.36 钢筋工程组价内容、定额计算规则及说明

<table>
<tr><th>项目编码</th><th>项目名称</th><th>定额子目</th><th>定额编码</th><th>定额规则</th><th>定额说明</th></tr>
<tr><td rowspan="2">010515001</td><td>现浇混凝土钢筋</td><td>冷拔钢丝，现浇构件、冷轧带肋钢筋，桩钢筋笼，地墙钢筋</td><td>4-414、4-416、4-417、4-420、4-435～4-439、4-440～4-443</td><td rowspan="5">1. 钢筋按设计图以质量计算，包括设计要求锚固、搭接；钢筋的冷拉加工费不计延伸率
2. 钢筋按设计套用标准图集的钢筋列表计算用量；未列钢筋用量表时，按图依据定额规则计算
3. 钢筋用量应扣除保护层厚度
4. 钢筋搭接长度及数量应按设计、规范要求。当设计或规范不明时，钢筋搭接及数量可按以下规则计算
(1) 灌注桩钢筋笼纵向钢筋、地下连续墙的钢筋网片钢筋按焊接考虑，搭接长度按 10d 计算
(2) 竖向钢筋搭接按自然层
(3) 单根长度超过 8m 时计算，一个因超出定尺长度引起的塔接，搭接长度为 35d
(4) 钢筋接头采用机械连接、焊接时，接头按个数计，不再计搭接</td><td rowspan="5">1. 钢筋工程按不同钢种，以现浇构件、预制构件、预应力构件分别列项，定额中钢筋按常规工程综合考虑
2. 混凝土构件中非预应力筋按普通钢筋计算
3. 除定额规定单独列项计算以外，绑扎、安装、接头、固定所用工料机，多排筋垫块、螺旋筋搭接定额已综合考虑
4. 定额已综合考虑预应力筋的张拉设备，但未包括预应力筋的人工时效费用，当设计有要求时，另行计算</td></tr>
<tr><td>预制构件筋</td><td>预制构件筋</td><td>4-414、4-420、4-418、4-419、4-435、4-436</td></tr>
<tr><td>010515002</td><td>钢筋网片</td><td>钢筋网片</td><td>4-414、4-415、4-423、4-424</td></tr>
<tr><td>010515003</td><td>钢筋笼</td><td>桩钢筋笼</td><td>4-421、4-422、4-435、4-436</td></tr>
<tr><td>010515004</td><td>先张法预应力钢筋</td><td>先张法钢丝或钢筋</td><td>4-425、4-426</td></tr>
</table>

（续）

<table>
<tr><th>编号</th><th>项目名称</th><th>定额子目</th><th>定额编码</th><th>定额规则</th><th>定额说明</th></tr>
<tr><td>010515005</td><td>后张法预应力钢筋</td><td>后张法预应力粗钢筋</td><td>4－427</td><td rowspan="4">5. 箍筋(板筋)、拉筋按设计或规范要求计算，如设计或规范要求不明时，可按以下规则计算
(1) 墙板S形拉筋按墙板厚度扣保护层加两端弯钩计算
(2) 弯起钢筋增加的长度按梁乘以0.4计算
(3) 箍筋(板筋)排列根数为柱、梁、板净长除以钢筋的距离；不同距离，分段计算。柱净长按层高计算，梁净长按混凝土规则计算，板净长指主(次)梁与主梁之间的净长。计算中有小数时，向上取整
(4) 桩螺旋箍筋长度计算为螺旋箍筋斜长加螺旋箍上下端水平长度
螺旋箍筋长度＝$V=\sqrt{[(D-2C+d)\times\pi]^2+h^2+n}$
水平箍筋长度＝$\pi\times(D-2C+d)\times(1.5\times2)$
6. 撑脚按设计规则计算，设计未规定时，均按同板中小规格主筋计算，基础底板1只/m^2，长度按底板板厚乘以2再加1m计算。板3只/m^2，长度按板厚度乘以2再加0.1m计算。撑脚数量均按板，不包括梁净面积计算
7. 墙体拉筋按现浇构件钢筋计算，植筋按根计算。沉降观测点列入钢筋(或铁件)工程量内计算</td><td rowspan="4">5. 除模板所用铁件及成品构件内已包括的铁件以外，定额均不包括混凝土构件内的预埋铁件，应按设计图纸另行计算
6. 地下连续墙钢筋网片制作定额未考虑钢筋网片的制作平台
7. 定额机械连接为套筒冷压、锥螺纹和直螺纹，焊接为电渣焊和气压焊
8. 植筋定额不包括钢筋主材费，钢筋按设计长度计算套用现浇构件定额
9. 预制拱形或梯形屋架、托架梁，钢筋工程人工、机械用量分别乘以1.16、1.05；矩形、圆形贮仓钢筋工程人工、机械用量分别乘以1.25、1.5</td></tr>
<tr><td>010515006</td><td>预应力钢丝</td><td>预应力钢丝束</td><td>4－425、4－428、4－429</td></tr>
<tr><td>010515007</td><td>预应力钢绞线</td><td>钢绞线</td><td>4－430、4－431</td></tr>
<tr><td>010516003</td><td>机械连接</td><td>机械连接</td><td>4－435、4－438</td></tr>
</table>

定额钢筋工程量计算说明如下。

各类钢筋长度计算结合表6.36和式(6.1)～式(6.3)确定。

通长钢筋长度计算(图6.14)。

$$L_0=L-2\times n_3+n_1\times 6.25d+n_2\times 35d+\text{弯起增中值} \tag{6.1}$$

$$L_{\text{双肢}}=2\times(B+H)，L_{\text{四肢箍}}=2.7\times B+4\times H \tag{6.2}$$

$$1\text{m的理论质量}=0.00617D^2(\text{kg/m}) \tag{6.3}$$

式中：n_1——钢筋弯钩个数；

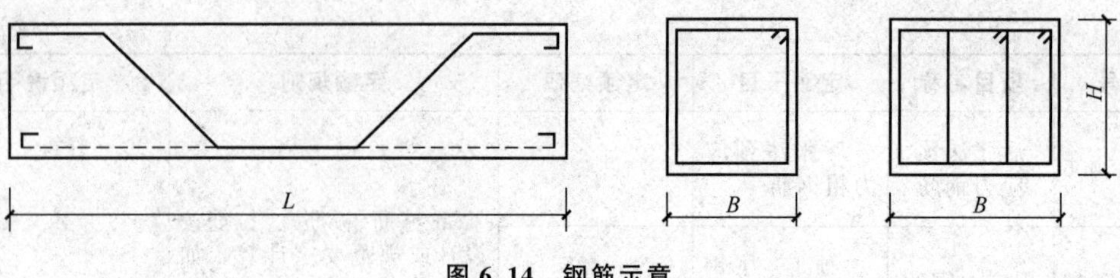

图 6.14 钢筋示意

d——钢筋直径；

n_2——搭接个数；

n_3——保护层厚度；

B、H——梁宽、梁高；

D——钢筋直径，以 mm 为单位。

注意：弯钩长度为180°时取6.25d；90°时取3.5d；135°时取4.9d。混凝土保护层厚度在图纸有说明时按设计图纸规定确定，图纸无说明时按25mm确定。

3. 钢筋工程应用举例

【例 6－20】 依据清单规范和定额，求如图6.15所示的预制钢筋混凝土柱C20(40)的钢筋用量、预制柱模板费用和柱直接费，已知基本运距为5km，采用常规机械吊装(损耗率取1.5%)。

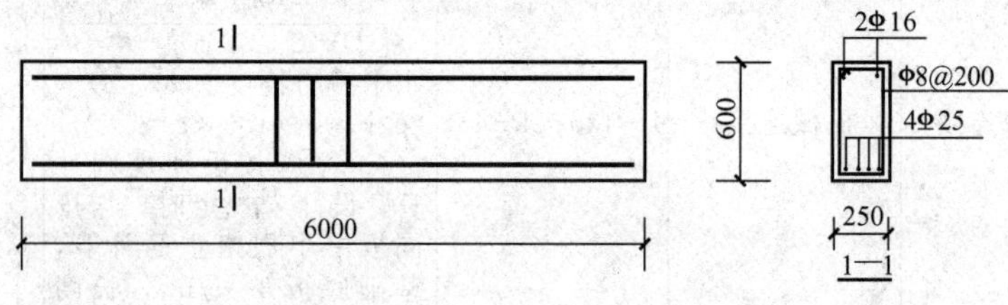

图 6.15 钢筋工程应用

解：依据定额计算规则。

(1) 模板费用计算。

柱混凝土工程量＝0.25×0.6×6＝0.9m³，套定额4－338，则

模板费用＝0.9×104.0＝93.6(元)

(2) 柱直接工程费计算。

① 柱制作费计算。

柱混凝土工程量＝0.9×1.015＝0.9135，套定额4－267，则

柱制作费＝0.9×1.015×317.5＝285.75(元)

② 运费计算。

套定额4－444，基本运距5km，即基价为104.5元/m³，则

运费＝104.5×0.9＝94.05(元)

③ 安装费计算。

套定额4－452，基价＝110.5元/m³，则

安装费＝110.5×0.9＝99.45(元)

④ 钢筋费用计算。

(a) 钢筋量计算。

$$L25=(6-0.025\times2)\times4=23.8(\mathrm{m})$$

$$L16=(6-0.025\times2)\times2=11.9(\mathrm{m})$$

$$L8=(0.25+0.6)\times2\times31=1.7\times31=52.7(\mathrm{m})$$

$$M25+16=(23.8\times252+11.9\times182)\times0.00617=115.57(\mathrm{kg})$$

$$M8=52.7\times0.00617\times82=20.81(\mathrm{kg})$$

(b) 钢筋价计算。

套定额 4-418 和 4-419，则

圆钢直接工程费＝4453×20.81×10－3 ＝92.67(元)

螺纹钢直接工程费＝4259×115.57×10－3 ＝492.21(元)

钢筋合计＝492.21＋92.67＝584.88(元)

柱直接费＝93.6＋285.75＋94.05＋99.45＋584.88＝1157.73(元)

预制柱单位直接费＝1157.73/0.9＝1286(元/m^3)

6.2.7 注意事项

1. 定额说明及规则相关问题应用解释

(1) 计算墙、板工程量时，应扣除单孔面积大于 0.3m^2 以上的孔洞，孔洞侧边工程量(模板工程量、洞口侧壁抹灰工程量)另加；不扣除单孔面积小于 0.3m^2 以内的孔洞，孔洞侧边也不增加。

(2) 除定额注明外，混凝土浇捣工程量均按图示尺寸以实体计算，不扣除混凝土内钢筋、预埋铁件等所占体积。型钢劲性构件混凝土浇捣工程量应扣除型钢构件体积，钢管柱内混凝土按管内灌注的混凝土体积计算。

(3) 现浇混凝土构件模板按混凝土与模板接触面的面积以 m^2 计量，应扣除构件平行交接及 0.3m^2 以上构件垂直交接处的面积。

(4) 现浇混凝土构件的模板依据不同构件，分别以组合钢模、复合木模单独列项，模板的具体组成规格、比例、支撑方式及复合模板的材质等，均综合考虑；定额未注明模板类型的，均按木模考虑。后浇带模板按相应构件模板计算，另行计算增加费。

(5) 现浇混凝土浇捣按现拌混凝土和商品泵送混凝土泵送两部分列项。现拌泵送混凝土按商品泵送混凝土定额执行，混凝土单价按现场搅拌泵送混凝土换算，搅拌费、泵送费按构件工程量套用相应定额。商品混凝土定额实际采用非泵送时，套用泵送定额，混凝土单价换算，其人工乘以表 6.37 相应系数，其余不变。

表 6.37 人工系数调整

序号	项目名称	人工系数调整	序号	项目名称	人工系数调整
一	建筑物		3	梁	1.4
1	基础与垫层	1.5	4	墙、板	1.3
2	柱	1.05	5	楼梯、雨篷、阳台、栏板及其他	1.05

（续）

序号	项目名称	人工系数调整	序号	项目名称	人工系数调整
二	构筑物		2	水(油)池、地沟	1.6
1	水塔	1.5	3	贮藏	2

(6) 商品泵送混凝土除小型构件定额 4－100 和二次灌浆定额 4－131 按非泵送外，其他定额子目按商品泵送混凝土编制。商品混凝土的添加剂、搅拌、运输及泵送等费用均应列入混凝土单价内。

(7) 型钢混凝土劲性构件分别按模板、混凝土浇捣及钢构件相应定额执行。

【例 6－21】 建筑物檐高 95m，底板面标高为 59.00m 的现浇阳台，C30(20)现拌泵送混凝土浇捣，求阳台基价。

解： 依据定额，C30(20)现拌泵送混凝土浇捣套用商品泵送混凝土定额，混凝土单价用 C30 现拌泵送混凝土单价(241.56 元/m^3)替代 C20 商品泵送混凝土，同时另加搅拌和泵送费；檐高 95m＞60m，泵送费调整。套用定额 4－97H＋4－132＋4－133＋4－134×4，则

换后基价＝3503＋(241.56－299)×10.15＋121＋64＋3×4＝3117(元/10m^3)

【例 6－22】 建筑物檐高 79m，板式直形楼梯，底板厚 200mm，C30(20)现拌泵送混凝土浇捣，求楼梯基价。

解： 依据定额，底板厚 200mm＞180mm，定额按比例调整；C30(20)现拌泵送混凝土替代定额混凝土，同时另加搅拌和泵送费；檐高 79m＞60m，泵送费调整，由于楼梯按水平投影面积计量基价，而搅拌和泵送费按体积计量计价，所以要根据混凝土消耗量及损耗量折算成构件体积，假设消耗量及损耗率为 1.5%。

套用定额 4－94H＋4－132＋4－133＋4－134×2，则

换后基价＝[831＋(241.56－299)×2.43＋(2.43/1.015)×121/10＋(2.43/1.015)×(64＋3×2)/10]×20/18＝819(元/10m^2)

【例 6－23】 C30 商品(非泵送)混凝土浇捣女儿墙，H＝1.5m(混凝土 319 元/m^3)，女儿墙厚 100mm，求女儿墙基价。

解： 依据定额附录四，序号 910、C30 商品非泵送混凝土的单价为 319 元/m^3。女儿墙高 1.5m＞1.2m，套用墙定额，商品非泵送人工费调整，套用定额 4－88H，则

换后基价＝3432＋(319－299)×10.15＋(1.3－1)×307.02＝3727(元/10m^3)

2. 共性问题的说明

(1) 混凝土的供应方式(现场搅拌混凝土、商品混凝土)以招标文件确定。

(2) 钢网架的地面组装后的整体提升、倒锥壳水箱在地面就位预制后的提升设备(如液压千斤顶及操作台等)应列在垂直运输费内。

(3) 项目特征内的构件标高(如梁底标高、板底标高等)、安装高度，应选择关键部件注明，以便投标人选择吊装机械和垂直运输机械。

(4) 现浇混凝土工程如果招标文件未注明是否泵送，则应按施工组织设计规定确定混凝土的计价类别。

(5) 采用轻质材料浇注在有梁板内的，轻质材料应包括在报价内计算。

(6) 各类混凝土配合比均未考虑设计要求外加剂，实际发生时按设计、清单特征或施工方案内容列入计价；泵送混凝土在入模前的搅拌掺添加剂等各项消耗材料均在混凝土单价内考虑。

(7) 定额混凝土的强度等级和石子粒径时按常用规格编制的，当混凝土的设计强度等级与定额不同时，应作换算。

习　题

1. 某现浇现拌混凝土柱，设计断面 400mm×500mm，柱高 5.0m，设计混凝土标号 C30(40)，其单价为 280 元/m^3。试求混凝土浇捣分项直接工程费。

2. 求 C20 商品混凝土非泵送板的单价。

3. 某单层厂房现浇现拌混凝土柱，设计断面 400mm×500mm，层高 12.5m，设计混凝土标号 C30(40)，组合钢模。试求该柱模板直接工程费。

4. 根据表 6.38 所提供的工程量清单，计算阳台工程量清单综合单价。

表 6.38　某工程量清单

序号	项目编码	项目名称	单位	工程量
1	010405008001	板厚　$h1$　梁高 阳台： 现浇现拌 C20 钢筋混凝土梁板式，外挑尺寸 1.8m×6.8m，梁上翻沿高 0.25m；分项体积为梁 0.85m^3、板(厚 100mm)0.85m^3、翻沿($h1$)0.35m^3，阳台下层高 4.5m	m^3	2.05

5. 求 C25 商品(非泵送)混凝土浇捣女儿墙 H=1.2m 基价。

6. 基础如图 6.16 所示，机械坑上挖土，已知室内外高差 0.3m，挖土深 1.6m，二类土 0.25m，下面 1.35m 是三类土，基础做法：基础采用 1 砖厚水泥砖，M10 水泥砂浆，C15 混凝土垫层，C20 混凝土商品泵送基础。

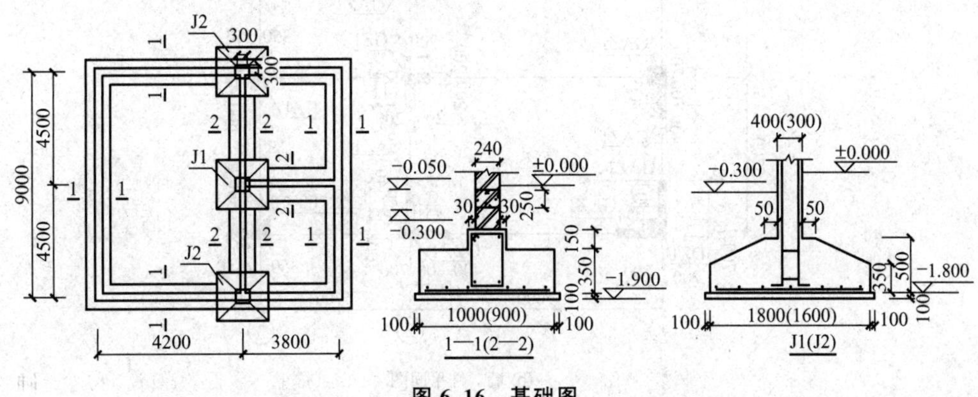

图 6.16　基础图

根据定额，求基坑放坡系数，二类土 1—1 和 2—2 挖土方，三类土 1—1 和 2—2 挖土方。圈梁下砖基础工程量，垫层工程量和混凝土基础工程量，垫层和混凝土基础模板工程量。

7. 某展厅建筑及结构平面如图 6.17 所示，雨篷为梁板式悬挑，楼层层高为 4.5m，结构与建筑高差 0.05cm，混凝土构件现拌现浇，墙、柱混凝土强度等级 C30，梁、板混凝土强度等级 C20，未注明板厚均为 100mm，未注明墙厚均为 300mm，模板采用木模板。

按照题意及依据定额，完成下列内容。

(1) 列式计算混凝土梁 KL1、KL2、KL3、LL4、板混凝土工程量，并编写项目名称及定额编码。

(2) 列式计算墙、柱构件混凝土工程量，并编写项目名称及定额编码。

(3) 列式计算柱 KZ1、梁 LL4 模板工程量，并编写项目名称及定额编码。

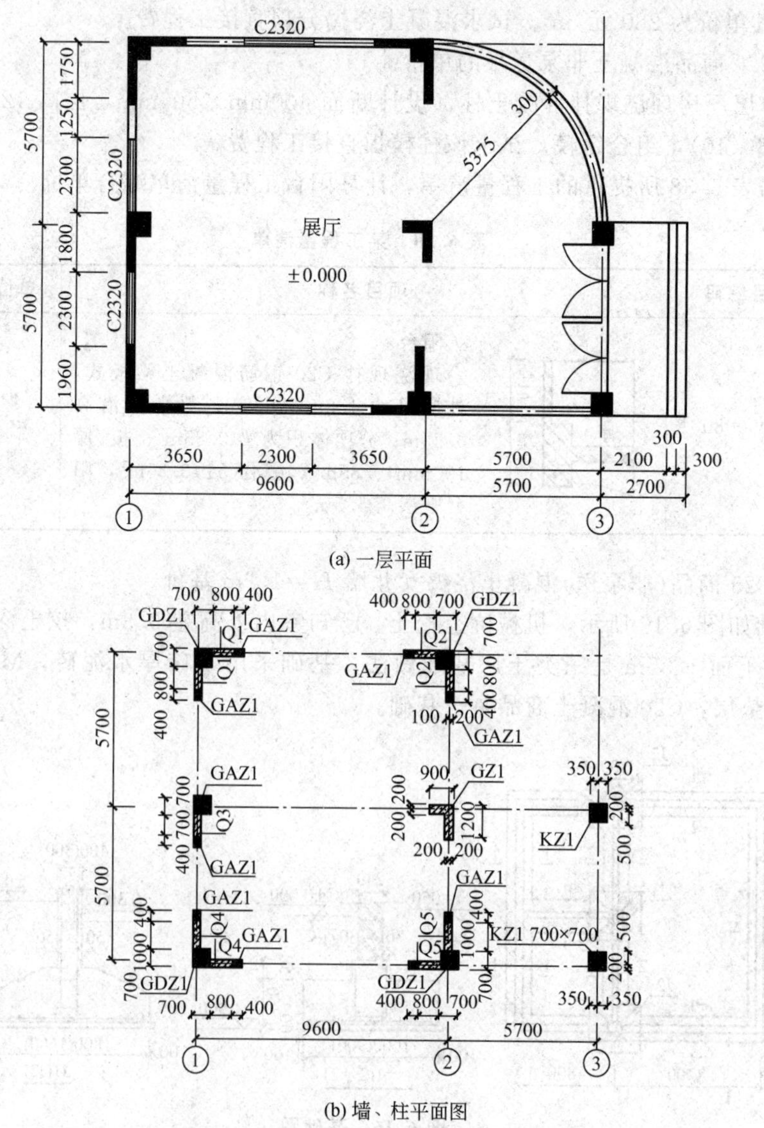

(a) 一层平面

(b) 墙、柱平面图

图 6.17 某展厅建筑及结构平面图

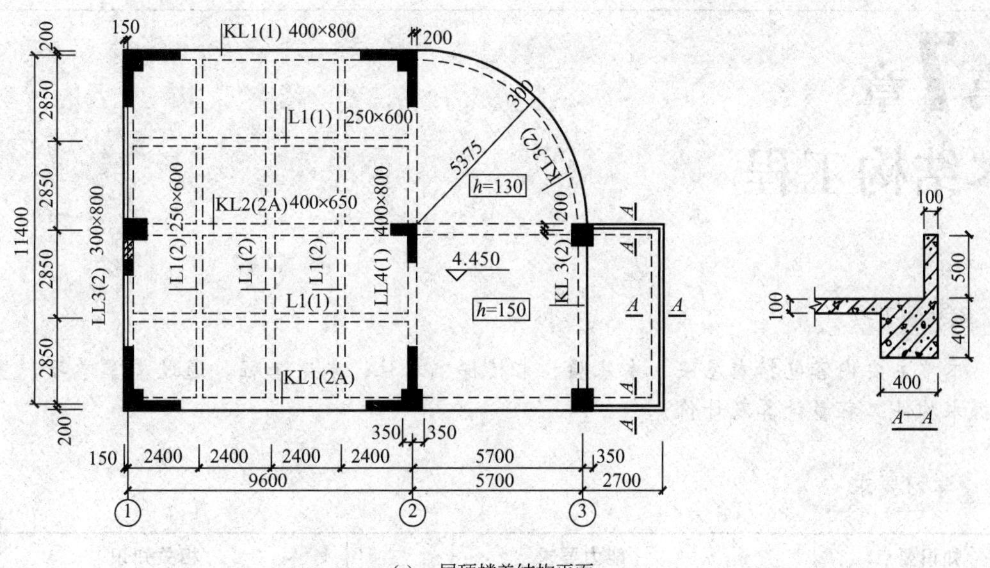

(c) 一层顶楼盖结构平面

图 6.17 某展厅建筑及结构平面图(续)

第7章 木结构工程

学习任务

本章主要内容包括木屋架、木基层、木楼梯、木柱、木梁工程。通过本章学习，重点掌握木构件工程量计算及计价。

学习要求

知识要点	能力要求	相关知识
木屋架	(1) 掌握木屋架工程量计算 (2) 熟悉木屋架构件组成	(1) 木屋架和钢木屋架区分 (2) 封檐板、博风板
木基层	掌握木基层工程工程量计算	檩条、椽条、屋面板名称
木楼梯	熟悉木楼梯工程量计算	休息平台、梯段概念

本章内容按清单计价分，包括木屋架、木构件两大工程实体分部分项项目。定额包括木屋架、木基层、木楼梯，木柱、木梁按有关专业定额执行。

7.1 基础知识

1. 屋面木结构

屋面系统的木结构是由木屋架(或钢木屋架)和屋面木基层两部分组成的。

1) 屋架

三角形屋架(图 7.1)由上弦杆(人字木)、下弦杆和腹杆组成，腹杆又包括斜杆(斜撑)、直杆(拉杆)两种。当屋架跨度较小时，上、下弦可用单根原木制作，当屋架跨度较大时，上、下弦可用多根原木以铁夹板或木夹板拼接而成。根据组成屋架材料的不同，可分全木屋架和钢木屋架。

(1) 木屋架。

木屋架指全部杆件可采用方木或圆木制作的屋架，也可以用圆钢替代部分直杆。

(2) 钢木屋架。

钢木屋架的受压杆件(如上弦杆及斜杆)均采用木材制作，受拉杆件(如下弦杆及拉杆)均采用钢材制作，一般用圆钢材料，下弦杆可以采用圆钢或型钢等材料。

2) 屋面木基层

屋面木基层包括木檩条、椽子、屋面板、油毡、挂瓦条、顺水条等。

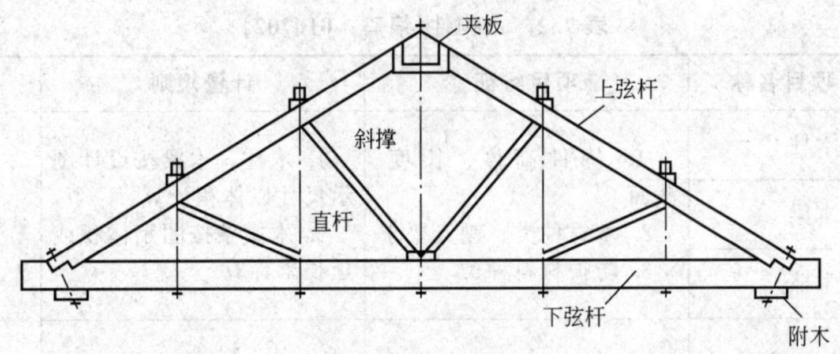

图 7.1 木屋架构造

2. 木构件

清单中的木构件包括木柱、木梁、木楼梯、木地板、封檐板、博风板等。

1）木楼梯

木楼梯结构中的扶手、踏步、踢脚板、斜梁、栏杆均可采用木料制作。

2）木地板

木地板的结构由木楞和面板组成。木楞有圆木、方木两种。面板可铺设在木楞、细木工板(或毛地板)、混凝土地面上，地板面层参见定额第十二章地面工程。

3）封檐板、博风板

封檐板设置在屋面檐口滴水处的垂直木板，设在山墙部位的称为博风板。

3. 相关名词解释

马尾：指四坡木屋顶建筑物的两端屋面的端头坡面部位。

折角：指构成 L 形的坡屋顶建筑横向和竖向相交的部位。

正交部分：指构成丁字形的坡屋顶建筑横向和竖向相交的部位。

7.2 工程量清单及计价

7.2.1 木屋架、木构件、屋面木基层

1. 工程量清单项目设置及工程量计算

木屋架、木构件、屋面木基层工程工程量清单项目设置及工程量计算规则分别见表 7.1、表 7.2、表 7.3。

表 7.1 木屋架(编码：010701)

项目编码	项目名称	项目特征	计量规则	工程内容
010701001	木屋架	1. 屋架跨度 2. 材料种类、规格 3. 刨光要求 4. 防护材料种类 5. 油漆品种、刷漆遍数 6. 铁腹杆数量 7. 下弦杆拉杆材料 8. 夹板接头数量	1. 木屋架按设计图示数量以榀为单位计算或按图以体积计算 2. 钢木屋架按设计图示数量以榀为单位计算	1. 制作、运输 2. 安装 3. 刷防护材料、油漆
010701002	钢木屋架			

表 7.2　木构件(编码：010702)

项目编码	项目名称	项目特征	计量规则	工程内容
010702001	木柱	1. 构件高度、长度、截面 2. 木材种类、刨光要求 3. 防护材料种类	1. 木柱、木梁按设计图示尺寸以体积计算 2. 木檩条按图示体积或延长米计算	1. 制作 2. 运输 3. 安装 4. 刷防护材料
010702002	木梁			
010702003	木檩			
010702004	木楼梯	1. 木材种类、刨光要求 2. 防护材料种类 3. 楼梯种类	按设计图示尺寸以水平投影面积计算。不扣除宽度小于 300mm 的楼梯井，伸入墙内部分不计算	
010702005	其他木构件	1. 构件名称、尺寸 2. 木材种类、刨光要求 3. 防护材料种类	按设计图示尺寸以体积或长度计算	

表 7.3　屋面木基层(编码：010703)

项目编码	项目名称	项目特征	计量规则	工程内容
010703001	层面木基层	1. 椽条截面尺寸及椽距 2. 望板材料种类及厚度 3. 防护材料种类	按图示以斜面面积计算，不扣除出屋面孔道面积，小气窗出檐部分不增加	椽条、望板、顺水条、挂瓦条制作与安装，刷防护材料

清单项目编制说明如下。

(1)“木屋架”项目适用于各种方木、圆木屋架。应注意以下两点。

① 与屋架相连接的挑檐木应包括在木屋架报价内。

② 钢夹板构件、连接螺栓应包括在报价内。

(2)“钢木屋架”项目适用于各种方木、圆木的钢木组合屋架。应注意：钢拉杆(下弦拉杆)、受拉腹杆、钢夹板、连接螺栓应包括在报价内。

(3) 木屋架、钢木屋架应描述每榀屋架的材积。

(4) 屋架的跨度应以上、下弦中心线两交点之间的距离计算。

(5) 带气楼的屋架和马尾、折角及正交部分的半屋架，应按相关屋架项目编码列项。

(6) 檩条、覆木、木基层工程也可在屋面工程中作为清单计价组合子目，不单独列项。

(7)“木柱”、“木梁”项目适用于建筑物各种部位的柱、梁。应注意：接地、嵌入墙内部分的防腐应包括在报价内。

(8)“木楼梯”项目适用于楼梯和爬梯。应注意以下两点。

① 楼梯的防滑条应包括在报价内。

② 楼梯栏杆(栏板)、扶手，应按装饰部分相关项目编码列项。

(9)“其他木构件”项目适用于木地楞、传统民居的垂花、封檐板、博风板等构件。应注意以下两点。

① 封檐板、博风板工程量按延长米计算。

② 博风板带大刀头时，每个大刀头增加长度 50cm。

2. 木屋架、木构件制作工程定额工程量计算规则、计价方法

木屋架、木构件制作工程定额工程量计算规则、计价方法见表 7.4。

表 7.4　木屋架、木构件制作工程组价内容、定额计算规则及说明

编号	项目名称	定额子目	定额编码	定额规则	定额说明
010701001	木屋架	人字屋架、夹板接头	5-1～5-5	1. 木材材积，均不扣除孔眼、开榫、切肢、切边的体积 2. 屋架材积包括剪刀撑、挑檐木、上下弦之间的拉杆、夹木等，不包括中立人在下弦上的硬木垫块。气楼屋架、马尾屋架、半屋架均按正屋架计算。檩条垫木包括在檩木定额中，不另计算体积。单独挑檐木，每根材积按 0.018m³ 计算，套用檩木定额 3. 屋面木基层：按图示尺寸以斜面积计算。不扣除房上烟囱、风帽底座、风道、小气窗和斜沟等所占的面积。屋面小气窗的出檐部分面积另算 4. 封檐板按延长米计算 5. 木地楞材积按 m³ 计算。木地楞定额已包括平撑、剪刀撑、沿油木的材积。油漆工程量按展开面积计算 6. 木楼梯按水平投影面积计算，不扣除宽度小于 300mm 的楼梯井，其踢脚、平台和伸入墙内部分不计，但楼梯扶手、栏杆另按下册计算	1. 本章定额采用的木材木种，除另有注明外，均按一、二类计算，如采用三、四类木种，则木材单价调整，相应定额制作人工和机械乘以系数 1.3 2. 定额所注明的木材断面、厚度均以毛料为准，设计为净料时，应另加刨光损耗，板枋材单面刨光加 3mm，双面刨光加 5mm，圆木直径加 5mm，屋面木基层中的椽子断面是按杉圆木 ϕ70mm 对开、松枋 40mm × 60mm 确定的，设计不同时，木材用量按比例计算，其余用量不变。屋面木基层中屋面板的厚度是按 15mm 确定的，实际厚度不同，单价换算 3. 本章定额中的金属件已包括刷一遍防锈漆的工料 4. 设计木构件中的钢构件及铁件用量与定额不同时，按设计图示用量调整
010701002	钢木屋架	钢木屋架	5-6		
010702001	木柱	—	—		
010702002 010702003	木梁 木檩条	—	5-7		
010702004	木楼梯	木楼梯制作、安装	5-26		
		楼梯油漆、防火涂料	14-75～14-106		
010702005	其他木构件	木楼地楞、剪刀撑	5-22～5-25		
		封檐板、博风板	5-20、5-21		
010703001	屋面木基层	木基层	5-9～5-21		
		其他木面油漆 楼梯龙骨防火涂料	14-75～14-95 14-103～14-106		
木构件油漆、防火、防腐		其他木材面油漆 防火涂料 其他金属面油漆、防火涂料 金属面防腐	14-75～14-102 14-103～14-108 14-138～14-148 8-140		

木屋架、木构件项目定额相关说明。

1) 屋架

(1) 根据屋架清单规范中屋架制作和安装，刷防腐、防火涂料、油漆等计价组合内容，结合设计、项目特征，套用相应材料屋架制作、屋架下弦接头、刷防火涂料、油漆等

定额子目进行计价。定额已含木构件搁墙部位的刷防腐油工作，但不包括构件整体防腐、防火、油漆内容，详见定额第十四章油漆工程。木屋架油漆工程量按跨度(长)×中高×(1/2)×1.79 以面积计算。

(2) 木拉杆、木夹板屋架定额中下弦接头一副；铁拉杆、铁夹板屋架定额已包含上下弦接头各一副，设计接头不同时按每增减一副接头做相应调整。屋架铁件拉杆在两根以内套用木拉杆定额，两根以上套用铁拉杆定额；屋架定额已含金属拉杆、铁件消耗量，设计不同时调整消耗量。

(3) 屋架与檩条均不分刨光或不刨光，除断面尺寸不同按定额规定增加刨耗外，其他均不做调整。设计采用方木屋架、檩条时，定额中圆木换成方木，材料单价换算，其余不变。

2) 檩条、覆木

简支檩条支撑长度如设计无规定，则按屋架或山墙中距另加 200mm，如两端出山则计算到博风板中。连续檩条的长度按两端山墙中线长度计算，其接头长度按连续檩条总长的 5%计算。檩条垫木已包括在檩木定额中。混凝土板上覆檩木按延长米计算。

3) 屋面木基层、封檐板

(1) 定额根据基层构造不同及瓦的类型划分定额子目：椽子基层、混凝土钉挂瓦条基层、屋面板基层。椽条上钉铺挂瓦条的基层适用于平瓦类型的瓦屋面；小青瓦适用于直接铺在椽条上；混凝土钉挂瓦条基层适用于平瓦类型的屋面基层。

定额木基层中椽条、松枋的消耗量是在一定规格下按毛料求的，其中椽条是按毛料直径 ϕ70mm 对开考虑的，当设计为圆木椽条且断面不同时，以定额中括号内消耗量为基数，按比例调整椽条消耗量，同时扣除松板枋材的消耗量。

(2) 封檐板：定额按板高度分为 15cm 以内和 20cm 以内，博风板按封檐板定额执行。定额已含钉三角木。

(3) 木基层定额不包含防腐、防火、油漆内容，设计有要求的，按定额第十四章油漆工程执行。

4) 木楼梯

(1) 楼梯水平投影面积包括休息平台、梯段，但不包括与楼面相连接的平台，梯段与楼面连接的平台以最上一级踏步外沿为界。定额包括木柱、木梁、梯段、平台楞木、平台板的制作与安装，楼梯的栏杆与扶手及楼梯沿墙的踢脚线按楼地面工程定额计算，定额也不含固定楼梯时发生的铁件或钢构件。

(2) 定额已含楼梯构件搁墙部位的刷防腐油漆工作，但不包括构件整体防腐、防火、油漆内容、饰面。

木楼梯油漆按水平投影面积乘以系数 2.3 以面积计算；木楼梯刷防火涂料工程量按实际涂刷面积以面积计算。

7.2.2 注意事项

(1) 原木构件设计规定梢径时，应按原木材积表计算体积。

(2) 设计规定使用干燥木材时，干燥损耗及干燥费用应包括在报价内。

(3) 木材的出材率应包括在报价内。

(4) 木结构有防虫要求时，防虫药剂应包括在报价内。

7.3 清单规范及定额应用案例

【例 7-1】 根据图 7.1，上弦两根原木用木夹板连接，腹杆、下弦均用圆钢制作，屋架拉杆及铁件施工图净用量 28kg，木屋架刷防火涂料二遍。确定该屋架的制作、安装的定额号及钢构件用量。

解：根据定额及题意，上弦原木、下弦圆钢是钢木屋架，套用定额 5-6H，钢木屋架铁构件＝施工净用量×(1＋1%)＝28×1.01＝28.28(kg)

【例 7-2】 求带剪刀撑方木地楞基价，设计地楞松枋双面刨光断面 50mm×60mm。

解：定额以毛料为准，基价(1774 元/m^3)是指完成单位施工图毛料所花费的费用，由于本题定额单位与地楞消耗量单位是一致的，设计要求双面刨光，调整基价有两种途径。

第一种是直接用刨光后的松枋单方单价乘以定额中的消耗量(1.227m^3)，这样求的基价为完成单位施工图净料所花费的费用，然后根据图纸计算刨光地楞的体积即可求得直接工程费。

第二种是先求地楞单位施工图净料的毛料工程量［1×55×65/50×60＝1.1917(m^3)］，这时调整基价又有两种理解：一种是用毛料工程量(1.1917m^3)乘以单位施工图毛料基价(1774 元/m^3)，这种理解是不对的，因为定额中的人工费安装时也要产生，安装人工费与净料转换成毛料后材料量的增加无关，所以用毛料工程量乘以定额基价是不对的，另一种是用毛料工程量(1.1917m^3)乘以定额单位毛料用量的消耗量(1.227m^3)，求松枋总消耗量，再求单位净料基价。此题用第二种方法，套用定额 5-24H，则

换后基价＝1774＋(1.1917－1)×1.227×1300＝2080(元/m^3)(刨光基价调整：调整单价或调整消耗量)

【例 7-3】 某屋面木基层构造做法：椽条基层、钉挂瓦条。椽条设计断面 50mm×60mm，要求双面刨光，求屋面基层的基价。

解：定额木基层的椽条是以毛料为准，规格是 40mm×60mm。设计要求双面刨光，断面加 5mm 转换成毛料断面，其消耗量要做调整，套用定额 5-9H，则

换后基价＝1417＋(55×65/40×60－1)×0.691×1300＝1857(元/m^2)

【例 7-4】 如图 7.2 所示，工程有 10 榀跨度 12m 杉圆木人字屋架，直拉杆用圆钢制作(屋面钢拉杆用量与定额取定一致)，木屋架刷防火涂料二遍。按清单计价规范编制工程量清单，并求屋架清单综合单价(假设：工料机消耗量及单价按浙江省预算定额确定。管理费费率取 20%，利润取 10%，以人工费和机械费之和为计算基数；不考虑工程风险费)。

解：(1) 工程量清单编制。

① 工程量计算。

根据材积表 GB/T 144—2003

$$V=7.854\times10^{-5}[(0.026L+1)D^2+(0.37L+1)D+10(L-3)]\times L$$

式中：V——原木体积(m^3)；

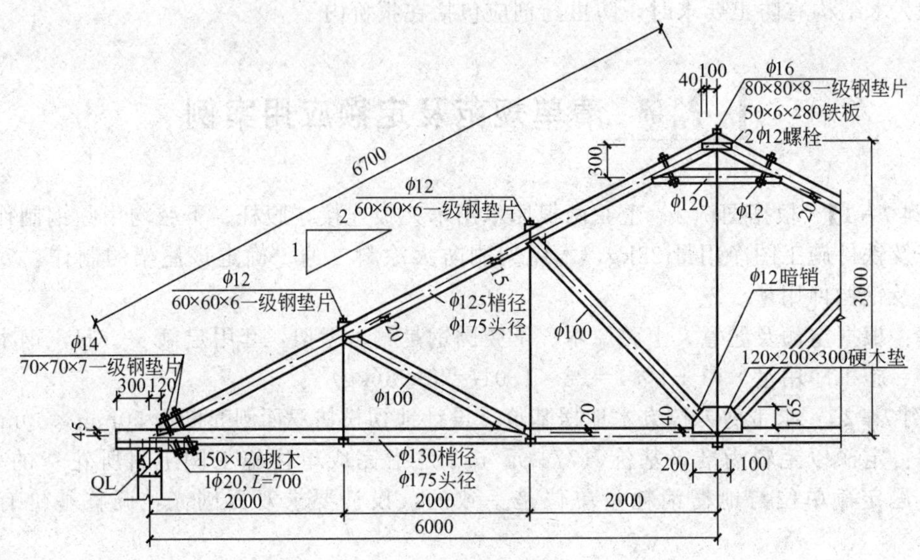

图 7.2　杉圆木木屋架

L——原木长度(m)；

D——原木小头直径(cm)。

单榀木屋架工程量计算如下。

$$上弦体积=7.854\times10^{-5}\times[(0.026\times6.7+1)\times12.5^2+(0.37\times6.7+1)\times12.5+10\times(6.7-3)]\times6.7\times2=0.278(m^3)$$

$$下弦体积=7.854\times10^{-5}\times[(0.026\times12+1)\times13^2+(0.37\times12+1)\times13+10\times(12-3)]\times12=0.36(m^3)$$

$$腹杆体积=7.854\times10^{-5}\times[(0.026\times5.06+1)\times10^2+(0.37\times5.06+1)\times10+10\times(5.06-3)]\times5.06\times2=0.129(m^3)$$

每榀屋架竣工木料体积合计＝0.278＋0.36＋0129＝0.767(m^3)

② 工程量清单见表 7.5。

表 7.5　分部分项工程量清单

序号	项目编码	项目名称	单位	工程量
1	010701001001	木屋架： 12m 跨度杉木普通木屋架，上弦两根原木，用木夹板连接，下弦一根原木，直拉杆用圆钢，铁件质量 25kg，木材面刷防火涂料二遍，每榀屋架刷涂料面积为 32.22m^2，每榀屋架材积为 0.767m^3。铁件红丹油漆二度	榀	10

(2) 单榀屋架综合单价计算。

每榀油漆工程量＝12×3÷2×1.79＝32.22(m^2)；本例下弦木为单根圆木，不用夹板，每榀应扣除夹板一副；按题意不调整钢拉杆量差。

清单项目综合单价计算分析见表 7.6、表 7.7。

表 7.6　分部分项工程量清单计价

序号	项目编码	项目名称	单位	数量	综合单价/元	合价/元
1	010701001001	木屋架： 12m跨度杉木普通木屋架，上弦两根原木，用木夹板连接，下弦一根原木，直拉杆用圆钢，铁件质量25kg，木材面刷防火涂料二遍，每榀屋架刷涂料面积为32.22m²，每榀屋架材积为0.767m³。铁件红丹油漆二度	榀	10	1831.21	18312.0

表 7.7　综合单价分析表

项目编码	项目名称	单位	数量	综合单价/元						合计/元
				人工	材料	机械	管理	利润	小计	
010701001001	12m跨度杉木普通木屋架，上弦两根原木，用木夹板连接，下弦一根原木，直拉杆用圆钢，铁件质量25kg，木材面刷防火涂料二遍，每榀屋架刷涂料面积为32.22m²，每榀屋架材积为0.767m³。铁件红丹油漆二度	榀	10	336.32	1392.82		67.26	33.63	1831.21	18312.0
5-2	铁拉杆、铁夹板人字木屋架	m³	7.67	346.0	1807.97		69.2	34.6	2257.77	17317.1
5-3	人字木屋架每增减一副下弦铁夹板接头	副	-10	8.0	83.46		1.6	0.8	93.86	-928.6
14-107	其他板材面刷防火涂料二遍	m²	322.2	2.45	2.78		0.49	0.25	5.97	1923.53

【例 7-5】 某跃层住宅室内木楼梯，楼梯做法：楼梯斜梁截面80mm×150mm，踏步板900mm×300mm×25mm，踢脚板900mm×150mm×20mm，楼梯栏杆ϕ50，硬木扶手为圆形ϕ60，除扶手材质为桦木外，其余材质为杉木。楼梯刷防火漆两遍；楼梯地板清漆3遍；栏杆(包括扶手)防火漆2遍，聚氨酯清漆2遍。根据图纸计算：楼梯水平投影面积为6.21m²，楼梯栏杆垂直投影面积为7.67m²，硬木扶手7.31m。已知某企业人材机单价见表7.8。企业管理费率取34%，利润取8%，以直接费为取费基数。根据定额有关工程量计算规则及清单规范，试分别计算该楼梯综合单价及栏杆综合单价。

表 7.8　人材机单价表

序号	名称	单位	人工	材料	机械
1	楼梯制作、安装	元/m^2	54.66	228.66	—
2	楼梯刷防火漆 2 遍	元/m^2	1.33	3.03	0.13
3	楼梯刷地板清漆 3 遍	元/m^2	9.83	5.72	0.48
4	栏杆制作、安装	元/m	23.45	208.35	7.08
5	栏杆防火漆 2 遍	元/m^2	2.66	6.03	0.26
6	栏杆刷聚氨酯清漆 2 遍	元/m^2	8.00	7.00	—

解：(1) 楼梯制作、安装。

① 人工费：54.66×6.21＝339.41(元)

② 材料费：228.66×6.21＝1419.96(元)

合计：1759.37 元。

(2) 楼梯刷防火漆 2 遍。

① 人工费：1.33×6.21×2.3＝19.20(元)

② 材料费：3.03×6.21×2.3＝43.27(元)

③ 机械费：0.13×6.21×2.3＝1.85(元)

合计：64.12 元。

(3) 楼梯刷地板清漆 3 遍。

① 人工费：9.83×6.21＝61.04(元)

② 材料费：5.72×6.21＝35.52(元)

③ 机械费：0.482×6.21＝2.98(元)

合计：99.54 元。

(4) 楼梯综合。

① 直接费合计：1923.03 元。

② 管理费：直接费×34% ＝653.83(元)

③ 利润：直接费×8% ＝153.84(元)

楼梯总计：2730.70 元。综合单价：439.72 元/m^2。

(5) 栏杆制作、安装。

① 人工费：23.45×7.31＝171.44(元)

② 材料费：208.35×7.31＝1523.04(元)

③ 机械费：7.08×7.31＝51.75(元)

合计：1746.27 元。

(6) 栏杆防火漆两遍。

① 人工费：2.66×7.67×1.82＝37.13(元)

② 材料费：6.03×7.67×1.82＝84.18(元)

③ 机械费：0.26×7.67×1.82＝3.63(元)

合计：124.94 元。

(7) 栏杆刷聚氨酯清漆两遍。

① 人工费：8.00×13.96＝111.68(元)

② 材料费：7.00×13.96＝97.72(元)

合计：209.40元。

(8) 栏杆、扶手综合。

① 直接费合计：2080.61元。

② 管理费：直接费×34%＝707.41(元)

③ 利润：直接费×8%＝166.45(元)

栏杆总计：2954.47元。综合单价：404.17元/m。

习 题

1. 某屋面木基层构造做法：小青瓦屋面、椽条基层。杉木椽条设计断面 ϕ65mm不对开，要求双面刨光，圆杉木1200元/m^3。求屋面基层的基价。

2. 某平瓦坡屋面如图7.3所示，坡度1∶2。屋面构造做法：杉圆木檩条梢径120mm@1000，檩条支撑点托木120mm×120mm×240mm，椽条 ϕ70mm@400，挂瓦条30mm×30mm@330mm，断头三角木60mm×75mm，封檐板、博风板断面200mm×20mm。求屋面木基层、檩条工程量、封檐板及博风板工程量。

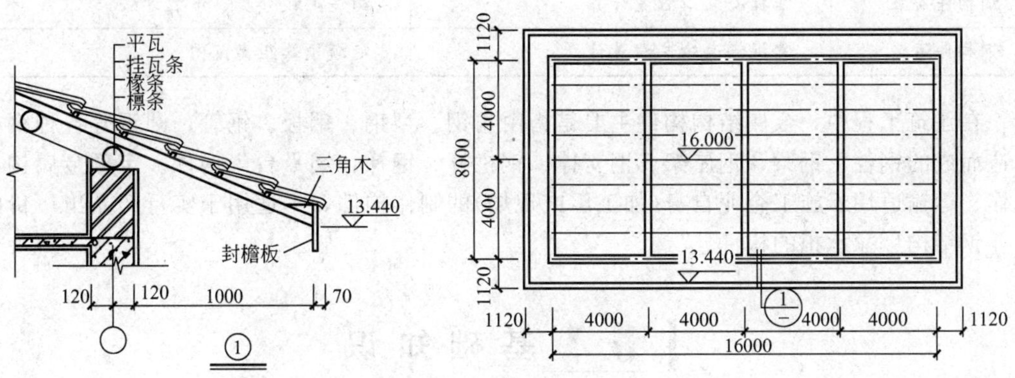

图7.3 平瓦屋面平面图

第8章 金属结构工程

学习任务

本章主要介绍钢构件分类、钢构件清单工程量计算、钢构件定额工程量计算及计价。通过本章学习，重点掌握钢构件工程量计算及计价。

学习要求

知识要点	能力要求	相关知识
钢构件	(1) 掌握钢构件工程量计算 (2) 熟悉钢构件使用范围	(1) 钢梁、钢柱、钢板等构件损耗率 (2) 钢屋脊、泛水、包角、包墙概念
钢构件安装	掌握安装工程量计算	构件定额分类、吊装方法
钢构件运输	掌握钢运输工程量计算	定额预算距离范围

在建筑工程中，金属结构构件主要是指由角钢、型钢、钢板、钢管、圆钢等各种钢材制造而成的钢柱、钢梁、钢屋架、钢支撑、钢栏杆、钢梯、钢平台等构件。定额金属构件制作、运输适用于施工企业自身(加工厂或现场)的制作构件，不适用于实行产品出厂价的专业钢结构厂家承担的构件。

8.1 基础知识

1. 钢种

建筑结构常用钢材为普通碳素钢的Q235钢和普通低合金钢的Q345钢。

2. 钢材类型

1) 方钢

方钢断面呈正方形，其符号为“□”，如“□50 ”表示边长为50mm的方钢。

2) 角钢

角钢可分为等边角钢和不等边角钢。其符号为“L”，如“L 50×4 ”表示肢边长为50mm，肢厚为4mm的等边角钢。

3) 槽钢

其符号为“[”，如“[25a”表示25号槽钢，槽钢的号数为槽钢高度的1/10，[25号槽钢的高度是250mm。同一型号的槽钢其宽度和厚度均有差别，分别用a、b、c来表示。

如[25a 表示肢宽 78mm、高为 250mm、腹板厚为 7mm 的槽钢；[25b 表示肢宽 82mm、高为 250mm、腹板厚为 9mm 的槽钢；[25c 表示肢宽 82mm、高为 250mm、腹板厚为 11mm 的槽钢。

4）工字钢

工字钢的截面是轧制截面，是变截面，翼缘内边有 1∶10 的坡度，靠腹板部厚，外部薄。它主要承受腹板平面内弯矩作用，平面外刚度弱，稳定性差。其符号为“I”，如“I32a”表示 32 号热轧工字型钢，工字钢的号数为工字钢高度的 1/10，I32 号槽钢的高度是 320mm。同一型号的工字钢其宽度和厚度均有差别，分别用 a、b、c 来表示。例如，I32a 工字钢宽度为 130mm、厚度为 9.5mm；I32b 工字钢宽度为 132mm、厚度为 11.5mm；I32c 工字钢宽度为 134mm、厚度为 13.5mm。

5）钢板

钢板一般用厚度来表示，符号为“$-\delta$”，其中“$-$”为钢板代号，δ 为板厚。

6）扁钢

扁钢为长条式板，宽度有统一标准，表示方法为“$-a\times\delta$”，其中“$-$”表示钢板，a 表示宽度，δ 为板厚。

7）钢管

钢管的一般表示方法用“$\phi D\times t\times L$”来表示。例如，$\phi100\times4\times800$ 表示外径为 100mm，厚度为 4mm，长为 800mm 的钢管。

8）H 型钢

H 型钢的翼缘都是等厚度的，两个主轴的惯性矩相对工字钢相差小，结构稳定性较工字钢高。其产品有钢厂热轧制成品，也有由 3 块板焊接组成的组合截面。通常用高度 $H\times$ 宽度 $B\times$ 腹板厚度 $t1\times$ 翼板厚度 $t2$ 来表示。H 型钢分为宽翼缘 H 型钢(HW)、中翼缘 H 型钢(HM)、窄翼缘 H 型钢(HN)、薄翼缘 H 型钢(HT)、H 型钢柱(HU)。

9）C 型钢、Z 型钢

C 型钢、Z 型钢的薄钢板冷弯成型，通常用高度 $H\times$ 宽度 $B\times$ 卷边高 $C\times$ 厚度 d 来表示。

3. 金属结构分类

(1) 按承重结构可分为：钢屋架，钢托架，钢柱(实腹柱、空腹柱、钢管柱)，钢梁(钢 H 梁、钢吊车梁、钢制动梁)，钢楼板(压型钢楼板、压型钢墙板、彩钢板)。

(2) 按附属构件可分为：钢支撑、钢檩条、钢天窗架、钢墙架、钢平台、钢走道、钢楼梯、钢栏杆(扶手)、钢栅门、钢漏斗、钢支架、钢天沟、金属网。

(3) 按零星钢构件可分为：晒衣架、垃圾门、烟囱紧固件、窗钢栅、50kg 以内的小型构件。

4. 钢材理论质量计算方法

(1) 各种规格型钢的计算：型钢包括等边角钢、不等边角钢、槽钢、工字钢等，每米理论质量均可从型钢表中查得。

(2) 钢板的计算：钢材质量为 7850kg/m^3、7.85g/cm^3，1mm 厚钢板质量为 7.85kg/m^2。

(3) 扁钢、钢带的计算：计算不同厚度扁钢、钢带时其每米理论质量为 $0.00785\times a\times\delta$($a$、$\delta$ 分别为扁钢的宽度及厚度)。

(4) 方钢的计算：方钢的质量 $G=0.00785\times a^2$(a 为方钢的边长)。

(5) 圆钢的计算：$G=0.0061717\times d^2$(d 为圆钢的直径)。

(6) 钢管的计算：$G=0.02466\times\delta\times(D-\delta)$($\delta$ 为钢管的壁厚、D 为钢管的外径)。

以上公式：G 为每米长度的质量(kg/m)，其他计算单位均为 mm。

5. 相关内容名词解释

(1) 轻钢屋架：采用圆钢筋、小角钢(小于 L45×4 等边角钢、小于 L56×36×4 不等边角钢)和薄钢板(其厚度一般不大于 4mm)等材料组成。

(2) 薄壁型钢屋架：厚度在 2～6mm 的钢板或带钢经冷弯或冷拔等方式弯曲而成的型钢组成的屋架。

(3) 钢管混凝土柱：将普通混凝土填入薄壁圆形或方形钢管内形成的组合结构构件。

(4) 型钢混凝土柱、梁：由混凝土包裹型钢组成的柱、梁。

8.2 工程量清单及计价

8.2.1 钢构件、压型钢板、钢构件、金属网

1. 工程量清单项目设置及工程量计算

钢构件、压型钢板、钢构件、金属网工程工程量清单项目设置及工程量计算规则见表 8.1～表 8.7。

表 8.1 钢屋架、钢网架(编码：010601、010602)

项目编码	项目名称	项目特征	计量规则	工程内容
010601001	钢网架	1. 钢材品种、规格 2. 单榀屋架的质量 3. 屋架跨度、安装高度 4. 网架节点形式、连接方式 5. 网架跨度、安装高度 6. 探伤要求 7. 油漆品种、刷漆遍数 8. 螺栓种类	按设计图示尺寸以质量计算。不扣除孔眼、切边、切肢的质量，焊条、铆钉、螺栓等不另增加质量	1. 制作 2. 运输 3. 拼装 4. 安装 5. 探伤 6. 刷油漆
010602001	钢屋架			

表 8.2 钢托架、钢桁架(编码：010602)

项目编码	项目名称	项目特征	计量规则	工程内容
010602002	钢托架	1. 钢材品种、规格 2. 单榀质量 3. 安装高度 4. 探伤要求 5. 油漆品种、刷漆遍数 6. 螺栓种类	按设计图示尺寸以质量计算。不扣除孔眼、切边、切肢质量，焊条、铆钉、螺栓等不另增加	1. 制作、运输 2. 拼装 3. 安装 4. 探伤 5. 刷油漆
010602003	钢桁架			
010602004	钢桥架			

表 8.3 钢柱(编码：010603)

项目编码	项目名称	项目特征	计量规则	工程内容
010603001	实腹柱	1. 钢材品种、规格 2. 单根柱质量 3. 探伤要求 4. 油漆品种、刷漆遍数 5. 螺栓种类	按设计图示尺寸以质量计算。不扣除孔眼、切边、切肢的质量，焊条、铆钉、螺栓等不另增加质量。依附在钢柱上的牛腿、悬臂梁、钢管柱上的节点板、加强环、内衬管、牛腿等并入钢柱工程量内	1. 制作 2. 运输 3. 拼装 4. 安装 5. 探伤 6. 刷油漆
010603002	空腹柱			
010603003	钢管柱			

表 8.4 钢梁(编码：010604)

项目编码	项目名称	项目特征	计量规则	工程内容
010604001	钢梁	1. 钢材品种、规格 2. 单根柱质量 3. 安装高度 4. 探伤要求 5. 油漆品种、刷漆遍数 6. 螺栓种类	按设计图示尺寸以质量计算。不扣除孔眼、切边、切肢的质量，焊条、铆钉、螺栓等不另增加质量，制动梁、制动板、制动桁架、车挡并入钢吊车梁工程量内	1. 制作 2. 运输 3. 安装 4. 探伤要求 5. 刷油漆
010604002	钢吊车梁			

表 8.5 压型钢板楼板、墙板(编码：010605)

项目编码	项目名称	项目特征	计量规则	工程内容
010605001	压型钢板楼板	1. 钢材品种、规格 2. 压型钢板厚度 3. 油漆品种、刷漆遍数 4. 螺栓种类	按图示以铺设水平投影面积计算。不扣除柱、垛及单个 $0.3m^2$ 以内孔洞面积	1. 制作 2. 运输 3. 安装 4. 刷油漆
010605002	压型钢板墙板	1. 钢材品种、规格 2. 压型钢板厚度复合板厚度 3. 复合板夹芯材料、种类、层数、型号、规格 4. 螺栓种类	按设计图示尺寸以铺挂面积计算。不扣除单个 $0.3m^2$ 以内孔洞所占面积，包角、包边、窗台泛水等不另增加面积	1. 制作 2. 运输 3. 安装 4. 刷油漆

表 8.6 钢构件(编码：010606)

项目编码	项目名称	项目特征	计量规则	工程内容
010606001	钢支撑	1. 钢材品种、规格 2. 探伤要求 3. 油漆品种、刷漆遍数 4. 钢支撑高度 5. 钢支撑单式、复式 6. 钢檩条断面形式(型钢式、格构式)	按设计图示尺寸以质量计算。不扣除孔眼、切边、切肢的质量，焊条、铆钉、螺栓等不另增加质量，依附漏斗的型钢并入漏斗工程量内	1. 制作 2. 运输 3. 安装 4. 探伤 5. 刷油漆
010606002	钢檩条			
010606003	钢天窗架			
010606004	钢挡风架			
010606005	钢墙架			

（续）

项目编码	项目名称	项目特征	工程量计算规则	工程内容
010606006	钢平台	7. 钢檩条单根质量 8. 钢天窗架单榀质量 9. 钢天窗架安装高度 10. 钢挡风架(钢墙架)单榀质量 11. 钢梯形式 12. 钢漏斗形状(方形、圆形) 13. 钢漏斗安装高度 14. 钢支架单件质量 15. 零星钢构件名称		
010606007	钢走道			
010606008	钢梯			
010606009	钢栏杆			
010606010	钢漏斗			
010606011	钢天沟			
010606012	钢支架			
010606013	零星钢构件			

表 8.7　金属制品(编码：010607)

项目编码	项目名称	项目特征	计量规则	工程内容
010607001	成品空调百叶	1. 材料品种、规格 2. 边框及立柱型钢品种、规格 3. 油漆品种、刷漆遍数	按设计图示尺寸以外围面积计算	1. 制作 2. 运输 3. 安装 4. 刷油漆
010607002	成品栅栏			
010607004	金属网			
010607005	砌块墙钢网加固			
010607006	后浇带金属网			
010607003	成品雨篷	1. 材料品种、规格 2. 雨篷宽度 3. 晾衣杆材质	按图示以展开面积或“m”计算	1. 安装 2. 预埋件

清单项目编制说明如下。

(1)“钢屋架”项目适用于一般钢屋架和轻钢屋架、冷弯薄壁型钢屋架。

(2)“钢网架”项目适用于一般钢网架和不锈钢网架。不论节点形式(球形节点、板式节点等)和节点连接方式(焊结、丝结)等如何，均使用该项目。

(3)“实腹柱”项目适用于实腹钢柱和实腹式型钢混凝土柱。

(4)“空腹柱”项目适用于空腹钢柱和空腹式型钢混凝土柱。

(5)“钢管柱”项目适用于钢管柱和钢管混凝土柱。注意：钢管混凝土柱的盖板、底板、穿心板、横隔板、加强环、明牛腿、暗牛腿应包括在报价内。

(6)“钢梁”项目适用于钢梁和实腹式型钢混凝土梁、空腹式型钢混凝土梁。

(7)“钢吊车梁”项目适用于钢吊车梁及吊车梁的制动梁、制动板、制动桁架，车挡应包括在报价内。

(8)“压型钢板楼板”项目适用于现浇混凝土楼板，使用压型钢板作为永久性模板，并与混凝土叠合后组成共同受力的构件。压型钢板采用的是镀锌或经防腐处理的薄钢板。

(9)“钢栏杆”适用于工业厂房平台钢栏杆。

(10)“钢墙架”项目包括墙架柱、墙架梁和连接杆件。

(11) 钢扶梯应包括梯梁、踏步及依附于楼梯的扶手栏杆。

(12) 加工铁件等小型构件，应按表 8.6 中“零星钢构件”项目编码列项。

(13) 清单编制需注意以下几点。

① 同一类型的构件，各钢材含量比例不同时应分别列项。

② 单榀构件质量不同时分别列项。

③ 构件加工工艺不同的应在清单特征描述：如 H 型钢是焊接还是热轧定型的，钢管是自行卷管还是成品，镀锌构件是成品还是由现场镀锌完成的，构件除锈工艺要求。

④ 清单特征应描述螺栓规格等级。

⑤ 建筑物檐高及构件安装高度应在清单特征中描述。

⑥ 金属构件油漆如另外分包的，不需在清单特征中描述。

⑦ 构件探伤如需第三方检测，则清单应注明。

2. 钢构件工程定额工程量计算规则、计价方法

钢构件工程定额工程量计算规则、计价方法见表 8.8～表 8.10。

表 8.8 钢构件工程组价内容、定额计算规则及说明

<table>
<tr><th>编号</th><th>项目名称</th><th>定额子目</th><th>定额编码</th><th>定额规则</th><th>定额说明</th></tr>
<tr><td>010601001</td><td>钢网架</td><td>制作安装</td><td>6-1～6-3、6-84～6-86</td><td rowspan="10">1. 制作工程量按设计图示尺寸以质量计算。不扣除孔眼、切边、切肢的质量，焊条、铆钉、螺栓等不另增加质量。不规则或多边形钢板以其面积乘厚度乘单位理论质量计算
2. 依附在钢柱上的牛腿及悬臂梁等并入钢柱工程量内
3. 钢管柱上节点板、加强环、内衬管、牛腿等并入钢管柱
4. 制动梁、板、制动桁架、车挡并入钢吊车梁工程量内
5. 附钢漏斗型钢并入漏斗
6. 钢平台柱、梁、板、斜撑等质量并入钢平台。附钢平台上的钢扶梯及平台栏杆质量，应按相应的构件另行列项计算</td><td rowspan="10">1. 本定额适用于现场加工制作，也适用于企业附属加工厂制作的构件
2. 定额制作按焊接编制，钢材及焊条以 Q235B 为准，如设计用 Q345B 等，则钢材及焊条单价做相应调整，用量不变
3. 除螺栓、铁件以外，设计钢材规格、比例与定额不同时，可按实调整
4. 构件制作包括分段制和整体预装配的工料机，整体预装配及锚固零星构件使用的螺栓已在定额内。制作用的台座另行计算
5. 定额内 H 型钢按钢板焊接编制，如为定型 H 型钢，除主材价格进行换算外，人工、机械及其他材料乘以系数 0.95
6. 定额网架，系平面网络结构，如设计成筒壳、球壳及其他曲面状，制作定额的人工乘以 1.3
7. 焊接空心球网架的球壁、管壁厚度大于 12mm 时，其焊条用量乘以系数 1.4，其余不变</td></tr>
<tr><td>010602001</td><td>钢屋架</td><td>制作安装</td><td>6-4～6-14、6-87～6-90</td></tr>
<tr><td>010602002</td><td>钢托架</td><td>制作安装</td><td>6-15～6-20、6-98～6-100</td></tr>
<tr><td>010602003
010602004</td><td>钢桁架
钢桥架</td><td>制作安装</td><td>6-21～6-29、6-91～6-93</td></tr>
<tr><td>010603001</td><td>实腹柱</td><td>制作安装</td><td>6-30～6-34、6-94～6-97</td></tr>
<tr><td>010603002</td><td>空腹柱</td><td>制作安装</td><td>6-35～6-38
6-94～6-97</td></tr>
<tr><td>010603003</td><td>钢管柱</td><td>制作安装</td><td>6-39～6-43、6-94～6-97</td></tr>
<tr><td>010604001</td><td>钢梁</td><td rowspan="2">制作安装</td><td rowspan="2">6-44～6-53、6-98～6-103</td></tr>
<tr><td>010604002</td><td>钢吊车梁</td></tr>
<tr><td>010605001</td><td>压型钢楼板</td><td>制、运、装</td><td>6-114</td></tr>
</table>

（续）

<table>
<tr><th>编号</th><th>项目名称</th><th>定额子目</th><th>定额编码</th><th>定额规则</th><th>定额说明</th></tr>
<tr><td>010605002</td><td>压型钢墙板</td><td>制、运、装</td><td>6-115～6-117</td><td rowspan="20">7. 钢扶梯质量，包括楼梯平台、楼梯梁、楼梯踏步等质量。钢楼梯上的扶手、栏杆另计算
8. 钢栏杆质量包括扶手工程量，如为型钢栏杆、钢管扶手，则工程量合并计算，套钢栏杆定额
9. 屋楼面板按设计图示尺寸以铺设面积计算。不扣除单个面积≤0.3m² 的柱、垛及孔洞所占面积
10. 墙面板按设计图示尺寸以铺挂面积计算。不扣除单个面积≤0.3m² 的梁、孔洞所占面积，包角、包边、窗台泛水等不另加面积
11. 机械除锈、构件运输、安装工程量同构件制作工程量
12. 不锈钢天沟、彩钢板天沟、泛水、包边、包角，按图示延长米计算
13. 螺栓及栓钉按设计图示以套计算</td><td rowspan="20">8. 轻钢屋架指单榀质量在1t以内，且用角钢或钢筋、管材作为支撑拉杆的钢架
9. 型钢混凝土劲性构件的钢构件套用本章定额，定额未考虑开孔费，如需开孔，钢构件制作定额的人工乘系数1.15
10. 钢栏杆、钢管扶手定额适用于钢楼梯、钢平台、钢走道板上的栏杆。其他部位的栏杆、扶手套用楼地面工程
11. 零星构件是指晾衣架、垃圾门、烟囱紧固件及定额未列项目且单件质量50kg以内的小型构件
12. 本定额金属构件制作、安装已包括焊缝无损探伤及被检构件的退磁费用，如需做第三方检测，则费用另行计算
13. 钢支架套用钢支撑定额
14. 构件制作均已包括刷一遍红丹防锈漆工料。如设计要求刷其他防锈漆，应扣除定额内红丹防锈漆、油漆溶剂油含量及人工1.2工日/t吨，其他防锈漆另行套用油漆工程定额
15. 本定额构件制作已包括一般除锈工艺，如设计有特殊要求除锈（机械除锈、抛丸除锈等），另行套用定额
16. 本定额中的桁架为直线型，如设计为曲线、折线，则制作定额的人工乘系数1.3</td></tr>
<tr><td>010606001</td><td>钢支撑</td><td>制作安装</td><td>6-54～6-58、6-104</td></tr>
<tr><td>010606002</td><td>钢檩条</td><td>制作安装</td><td>6-59～6-61、6-104</td></tr>
<tr><td>010606003</td><td>钢天窗架</td><td>制作安装</td><td>6-62、6-105</td></tr>
<tr><td>010606004</td><td>钢挡风架</td><td>制作安装</td><td>6-63、6-105</td></tr>
<tr><td>010606005</td><td>钢墙架</td><td>制作安装</td><td>6-64、6-105</td></tr>
<tr><td>010606006</td><td>钢平台</td><td rowspan="2">制作安装</td><td rowspan="2">6-65～6-67、6-106</td></tr>
<tr><td>010606007</td><td>钢走道</td></tr>
<tr><td>010606008</td><td>钢梯</td><td>制作安装</td><td>6-71～6-73、6-107</td></tr>
<tr><td>010606009</td><td>钢栏杆</td><td>制作安装</td><td>6-68～6-70、6-108</td></tr>
<tr><td>010606010</td><td>钢漏斗</td><td rowspan="2">制作安装</td><td rowspan="2">6-74～6-75、6-120～6-122、6-109</td></tr>
<tr><td>010606011</td><td>钢天沟</td></tr>
<tr><td>010606012</td><td>钢支架</td><td>制作安装</td><td>6-54～6-58、6-104</td></tr>
<tr><td>010606013</td><td>零星钢构件</td><td>制作安装</td><td>6-76～6-77、6-110</td></tr>
<tr><td>010607001</td><td>空调百叶</td><td rowspan="6"></td><td rowspan="6"></td></tr>
<tr><td>010607002</td><td>成品栅栏</td></tr>
<tr><td>010607003</td><td>成品雨篷</td></tr>
<tr><td>010607004</td><td>金属网</td></tr>
<tr><td>010607005</td><td>墙钢网加固</td></tr>
<tr><td>010607006</td><td>后浇带钢网</td></tr>
</table>

表 8.9 金属构件定额编码

项目名称	定额名称	定额编码
金属构件运输/(元/t)	运输	6-78、6-79(一类构件)；6-80～6-81(二类构件)；6-82、6-83(三类构件)
金属面油漆/(元/m^2)	油漆、防火涂料	14-119～14-126(漆屋面板盖板)，14-127(红丹漆)，14-128、14-129(醇酸漆)，14-130、14-131(银粉漆)，14-134(富锌漆)，14-132、14-133(氟碳漆)，14-137(镀锌)，14-135、14-136(防火涂料)
其他金属面油漆/(元/t)	油漆、防火涂料	14-138(红丹漆)，14-139、14-140(醇酸漆)，14-141、14-142(银粉漆)，14-145(富锌漆)，14-143、14-144(氟碳漆)，14-148(镀锌)，14-146、14-147(防火涂料)

表 8.10 运输、安装定额说明

项目名称	运输、安装定额说明
运输	1. 运输定额适用于构件从加工地点到现场安装地点的场外运输，未涉及的相关内容，按混凝土及钢筋混凝土构件运输有关规定执行。构件运输按构件类别套用相应定额。基本运距按 5km 计算，运距不同时可套用每增减 1km 定额调整 2. 定额构件类别分 3 类。 一类：钢柱、屋架、托架、桁架、吊车梁、网架； 二类：钢梁、檩条、支撑、拉杆、栏杆、钢平台、钢走道、操作台、钢梯、钢漏斗、零星构件； 三类：墙架、挡风架、天窗架、轻型屋架、其他构件
安装	1. 构件安装本章未涉及的内容，按混凝土及钢筋混凝土构件安装定额的有关规定执行 2. 网架安装需搭设脚手架，可按脚手架相应定额执行 3. 构件安装高度按檐高 20m 以内考虑，当檐高在 20m 以内，构件安装高度超过 20m 时，除塔吊施工外，相应安装定额子目的人工、机械乘以 1.2。檐高超 20m 时，有关费用按定额相应章节另计 4. 钢柱安装在钢筋混凝土柱上，其人工、机械乘以 1.43

注：其他金属面油漆是指干挂钢架，钢栏杆，操作台、走台、制动梁、钢梁车挡，钢爬梯，踏步式钢扶梯，零星构件。

钢构件项目定额相关说明如下。

1）钢梁

制动梁、制动板、制动桁架均按吊车梁定额执行，车挡并入吊车梁工程量内。

2）钢管柱

钢管柱定额按成品钢管考虑，如设计采用钢板自行卷管，除主材换算外，人工、机械、其他材料乘以 0.8，卷管材料费另行计算。

3）钢檩条

定额 Z(C)檩条按非镀锌考虑，如设计要求采用成品，则单价换算，其他不变；如采用非镀锌材料要求镀锌的，镀锌按油漆工程相关定额另行计算。

4）钢墙架

钢墙架内的柱、梁、连系杆件合并在墙架内。

5）钢楼梯

定额钢楼梯分踏步式楼梯、爬式楼梯、螺旋式楼梯，3种楼梯由不同材料制作而成。需要在支撑体上安装的，如是单一材料下料，直接预埋在钢筋混凝土构件上，则按钢筋混凝土定额章节中钢筋或预埋件执行。

6）钢屋面板、楼面板、墙面板

钢屋面板定额分别按彩钢板、压型钢板成品考虑，彩钢板厚定额按75mm计，实际厚度不同时，板材、槽铝、固定卡子按设计单价换算，定额消耗量不变。屋面压型钢板定额为波形板，实际规格不同，单价换算。屋面板定额不含屋面天沟、屋脊、泛水、包角、包边等，其按延长米另行计算，套用其他金属构件相应定额子目。压型钢楼面板适合组合结构构件。

墙面板作为钢结构围护构件时，适用于本章定额，彩钢板厚定额按75mm计，实际厚度不同时，板材、槽铝按设计单价换算。装饰工程中的彩钢板隔墙套用墙柱面工程相应定额。墙面板按挂铺面积计算，墙面包角、包边、窗台泛水等另列项目计算，墙面板与包角、包边、泛水、内衬分别套用相应定额。

7）钢天沟

定额屋面钢天沟按材料分为钢板天沟、不锈钢天沟、彩钢板天沟，天沟按延长米计算，其中不锈钢、彩钢板天沟展开宽度为600mm，实际不同时按比例调整。定额包含彩钢堵头、封边，不单独计算；天沟支撑套用钢支撑定额；钢天沟内衬并入天沟工程量内。

8）彩钢板屋脊，泛水，屋或墙面包角、包墙、包边

屋脊、泛水、包角、包墙、包边工程量按延长米计算，套用其他金属构件定额。实际设计展开宽度与定额不同时按每增减100mm定额调整。其中屋脊彩钢板、屋面泛水钢板、墙面包角定额展开宽度分别按600mm、500mm、300mm考虑。

9）螺栓

定额子目中除了钢网架制作、预装配过程中列有的高强螺栓消耗量外，其余构件制作及预装配或锚固均按普通螺栓考虑并包含在定额基价内，如设计采用高强螺栓、花篮螺栓及剪力栓钉焊接，则按设计图示规定以“套”另列项目计算，但定额子目中原有的普通螺栓不需要扣除。

8.2.2 注意事项

（1）不规则或多边形钢板，清单与定额均按不规则钢板的面积乘以厚度以质量计算。

（2）高层金属构件拼接、安装工程量定额包括檐高20m以下部分。

（3）构件安装、运输工程量按施工图用量以“t”计算。

（4）本章定额钢构件的除锈（除一般锈除外）刷漆未包含在内，油漆工程量分金属面、其他金属面，按建筑工程预算定额下册油漆工程工程量计算规定计算。

（5）钢构件的拼装台的搭拆和材料摊销应列入措施项目费。

（6）压型钢楼板需要支撑架时费用另计。

（7）单独的钢走道按钢平台定额套用，吊车梁中制动梁或桁架兼做走道时，套用吊车梁定额。

8.3 清单规范及定额应用案例

【例8-1】 某格构柱由角钢和钢板组成，按图纸要求，每根柱子质量5t，各铁件图示单位工程量用量分别为：角钢0.7t，钢板0.3t。试确定该柱制作基价。

解：定额钢材损耗率按6%考虑，由此算得该钢柱单位工程量角钢消耗量＝0.7×1.06＝0.742(t)，钢板消耗量＝0.3×1.06＝0.318(t)，与定额铁件消耗量不同。套用定额6-36H，则

换算后基价＝5512＋(0.742－0.05)×3650＋(0.318－1.01)×3800＝5408(元/t)

【例8-2】 焊接箱形钢屋架，屋架单榀质量为3t，每榀屋架表面积150m²，屋架醇酸漆二遍。试确定该屋架制作基价。

解：构件油漆与定额防锈漆做法不同，油漆可以另算或对钢构件制作基价进行调整换算，本题采用换算。已知50m²/t，套用定额6-9H＋14-128，则

换后基价＝5578－12.8×5.12－2.66×0.7－50×1.2＋(881/100)×50＝5891(元/t)

【例8-3】 型钢混凝土劲性柱，型钢采用5t以内的定型H型钢柱，需开孔，定型H型钢单价3900元/t，每吨钢柱各铁件图示用量分别为：定型H型钢0.9t，中厚钢板0.1t。试确定该钢柱制作基价。

解：钢柱单位工程量定型H型钢消耗量＝0.9×1.06t，中厚钢板消耗量＝0.1×1.06t，与定额铁件材料及消耗量均不同，同时开孔，人工、机械、材料需调整。套用定额6-32H，则

换算后基价＝5287－0.007×3650－1.053×3800＋0.9×1.06×3900＋0.1×1.06×3800＋392×(1.15×0.95－1)＋474.24×(0.95－1)＋(4420.57－0.007×3650－1.053×3800)×(0.95－1)＝5174(元/t)

【例8-4】 某建筑物檐高20m，屋顶安装钢墙架，安装高度30m，采用塔吊吊装。试确定钢墙架安装基价。

解：根据本章的表8.10安装说明第1条及第6章表6.29说明第13条，塔吊吊装，扣除起重机台班费，人工乘以0.66。套用定额6-105H，则

换后基价＝900－728.25×0.57＋(0.66－1)×226＝408(元/t)

【例8-5】 檐高20m，钢柱质量为3t，安装在混凝土柱上，安装高度为22m。试确定该钢柱安装基价。

解：安装高度22m＞20m，在混凝土柱上安装钢柱，人工、机械调整，套用定额6-94H，则

换后基价＝624＋(1.2×1.43－1)×(210＋292.17)＝984(元/t)

【例8-6】 单层彩钢板天沟制作安装，彩钢板1.0mm，单价40元/m²，天沟展开宽度750mm。试确定天沟制作安装基价。

解：套用定额6-122H，则

换算后基价＝442－26.8×7.13＋40×7.13×750/600＝607(元/10m)

【例8-7】 屋面泛水钢板，展开宽度650mm，钢板厚0.8mm，单价30元/m。试确定该钢板泛水制作安装基价。

解：套用定额 6-124H+2×126H，则

换算后基价=296+(30-22.3)×5.2+[24+(30-22.3)×1.06]×2=396(元/10m)

【例 8-8】 如图 8.1 所示，屋架型钢支撑 5 榀，运输距离 6km、刷防锈漆二遍、银粉漆二遍。按清单计价规范编制工程量清单，并求钢支撑清单综合单价(假设：角钢单价同定额型钢。管理费费率取 20%，利润取 10%，以人工费和机械费之和为计算基数；不考虑工程风险费)。

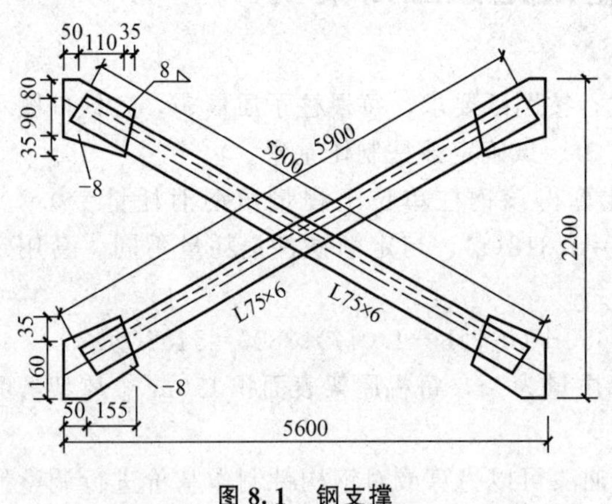

图 8.1 钢支撑

解：(1) 工程量清单编制。

① 型钢支撑制作、运输、安装工程量。

等边角钢 L75×6 的质量：

$$G=6.905\times5.9\times2\times5=407.40(\text{kg})$$

钢板-8 的质量：

$$G=7.85\times8\times0.04(\text{单片面积})\times4\times5=50.24(\text{kg})$$

$$\text{合计}=407.4+50.24=457.64=0.46(\text{t})$$

② 工程量清单见表 8.11。

表 8.11 分部分项工程量清单

序号	项目编码	项目名称	单位	工程量
1	010606001001	屋架钢支撑： 87.0%角钢、13.0%钢板，制作、运输距离 6km，安装高度 12m，刷防锈漆二遍、刷银粉漆二遍	t	0.46

(2) 钢支撑综合单价计算。

钢支撑油漆工程量=19.3m²；清单项目综合单价计算分析见表 8.12。

表 8.12 综合单价分析表

项目编码	项目名称	单位	数量	综合单价/元						合计/元
				人工	材料	机械	管理费	利润	小计	
010606001001	屋架钢支撑： 87.0%角钢、13.0%钢板，制作、运输距 6km，安装高度 12m，防锈漆二遍、刷银粉漆二遍	t	0.46	1105.72	4761.76	520.18	324.87	162.44	6874.97	3162.49
6-58H	型钢支撑制作	t	0.46	416.00	4345.53	351.56	153.56	76.78	5343.68	2458.09
6-104	钢支撑安装	t	0.46	165.0	79.60	143.46	61.69	30.85	480.6	221.08

（续）

项目编码	项目名称	单位	数量	综合单价/元						合计/元
				人工	材料	机械	管理费	利润	小计	
6-80	二类构件金属构件运输5km内	t	0.46	5.00	6.43	23.79	5.76	2.88	43.86	20.18
6-81	二类构件金属构件运输每增减1km	t	0.46	0.30	—	1.22	0.28	0.15	1.97	0.91
14-127×2	金属面防锈漆二遍	m^2	19.3	6.67	4.12	—	1.33	0.67	12.79	246.85
14-130	金属面银粉漆二遍	m^2	19.3	5.71	3.75	—	1.14	0.57	11.17	215.58

注：钢支撑制作角钢、钢板的消耗量分别为0.87×1.06＝0.9222(t)，0.13×1.06＝0.1378(t)，与定额钢支撑铁件消耗量不同，需要换算，设计支撑防锈漆二遍，定额按一遍考虑，钢支撑制作要扣除底漆及人工1.2工日。调整后的人工费＝476－1.2×50＝416(元)，材料费＝4414.36－12.8×5.3－2.66×0.6＋(0.9222－0.91)×3850＋(0.1378－0.15)×3800＝4345.53(元)。

习　题

1. 求檐高20m，安装高度为25m的钢楼梯安装基价，机械采用塔吊吊装。

2. 某钢框架梁采用3t以内的定型H型钢，底漆醇酸漆二遍，定型H型钢单价3900元/t，每吨钢梁各铁件图示用量分别为：定型H型钢0.85t，中厚钢板0.10t，角钢0.05t。假设油漆工程费用另列项计算，试确定该钢梁制作基价。

3. 钢平台、钢楼梯工程量计算有哪些规定？钢栏杆、扶手项目是怎样列项的？

4. 钢屋架单榀质量为6t，跨度25m，安装高度18m，双机台吊，求屋架安装基价。

第9章 屋面及防水工程

学习任务

本章主要内容包括瓦屋面、型材屋面、刚性防水屋面、柔性防水屋面、膜屋面、天沟(檐沟)防水、排水管、变形缝、墙面(地面)防水、防潮层。通过本章学习，重点掌握屋面工程量计算及计价。

学习要求

知识要点	能力要求	相关知识
瓦屋面工程	(1) 掌握瓦屋面工程量计算及计价 (2) 熟悉瓦规格及种类	(1) 小青瓦、粘土平瓦、油毡瓦做法 (2) 木基层种类
柔性防水工程	掌握柔性屋面工程工程量计算及计价	了解卷材粘贴方法
屋面排水	掌握屋面排水工程量计算	熟悉泛水、变形缝做法

9.1 基础知识

9.1.1 屋面类型及构造

屋面依据坡度大小可分为平屋面(倾斜度一般为 2%～3%)和斜屋面；按防水材料不同，屋面可分为瓦屋面、型材屋面、刚性防水屋面、柔性防水屋面、膜屋面。各种类型屋面按其功能作用，一般有防水层、排水系统、保温层、保护层等组成。

1. 瓦屋面

瓦屋面常用木屋架或钢筋混凝土板或钢架作为承重结构。木结构瓦屋面通常由木屋架、檩条、木基层、泛水、瓦等构件组成。瓦的种类有小青瓦、油毡瓦、粘土平瓦、彩色水泥瓦、琉璃瓦、筒瓦、板瓦及卡普隆板。

2. 型材屋面

型材屋面由骨架、钢檩条或木檩条、螺栓、挂钩、压型钢板、金属压型夹心板、阳光板、玻璃钢等组成。

3. 刚性防水屋面

刚性防水屋面通常由隔离层(纸筋灰、石灰砂浆)、细石钢筋混凝土、保护层(预制混凝土块、水泥砂浆、砾石、覆土)、检查洞口、泛水等组成。为了防止屋面因受温度变化或房屋不均匀沉陷而引起开裂，在细石混凝土或防水砂浆面层中应设分格缝。

4. 柔性防水屋面

柔性防水屋面通过在处理过的基层表面做一层找平层，然后用自粘、热粘或冷粘的办法胶粘防水卷材，并在防水层上面做保护层。防水材料有如下几种。

卷材防水屋面：油毡(石油沥青油毡、玻璃布沥青油毡、玻璃纤维沥青油毡)，高分子卷材(SBC120、改性沥青、三元乙丙丁基橡胶、氯丁橡胶、氯磺化聚乙烯橡胶、自粘性防水卷材)，金属卷材(PSS铝合金防水卷材)。

涂膜防水屋面：858聚氨酯、塑料油膏、JS防水涂料、铝基反光隔热涂料、合成高分子防水涂料等。

9.1.2 屋面排水

屋面的排水系统一般由檐沟、天沟、泛水、落水管等组成。最常见的有铸铁(或PVC)落水管排水，它由铁箅子、雨水口、弯头、接水口、铸铁(或PVC)落水管等组成。排水的方式还应与檐口部分的做法相合。

(1) 自由落水是指屋面板伸出外墙做成平挑檐，屋面雨水经挑檐自由落下，常适用于低层的建筑物。

(2) 檐沟外排水是指屋面伸出墙外做成檐沟，屋面雨水先排入檐沟，再经落水管排到地面。檐沟分现浇檐沟、预制檐沟(钢板檐沟、PVC檐沟等)；落水管常采用镀锌铁皮管、铸铁落水管、PVC塑料排水管，间距一般在15m左右。

(3) 女儿墙外排水是指在屋顶四周做女儿墙，在女儿墙根部每隔一定距离设排水口，雨水经排水口、落水管排到地面。

(4) 内排水是指在屋顶中央隔一定距离设排水口和设置在房屋内部的排水管相连，把雨水排入地下水管引出屋外。

9.1.3 变形缝

变形缝包括沉降缝、伸缩缝、抗震缝。

沉降缝：即将建筑物或构筑物从基础到顶部分隔成段的竖直缝。它通常设置在荷载或地基承载力差别大的各部分之间，或在新旧建筑的连接处。

伸缩缝：又称“温度缝”，在较长的建筑物或构筑物中，为了避免温度变化而引起构件伸缩产生的裂缝。通常在基础以上设置直缝，把建筑物或构筑物从基础以上隔成独立的几部分。

抗震缝：当建筑物平面不规则或同一建筑内采用不同结构类型或不同结构材料时，一般应在分界处按规范要求设置抗震缝。

变形缝的构造做法有嵌缝、盖缝和贴缝 3 种。

9.1.4 墙面地面防水

1. 地下结构防水

依据施工顺序不同可以分为：外防外贴法和外防内贴法。

外防外贴法是在垫层上铺好底面防水层后，再进行底板和墙体结构的施工，然后把底面防水层延伸铺贴在墙体结构的外侧表面上，最后在防水层外侧砌筑保护墙。

外防内贴法是在垫层上先砌筑保护墙，卷材防水层一次铺贴在垫层和保护墙上，最后进行底板和墙体结构的施工。

2. 墙面、地面防水

墙面、地面卷材防水材料：油毡(石油沥青油毡、玻璃纤维沥青油毡)，高分子卷材(氯化聚乙烯橡胶、三元乙丙丁基橡胶)等。

墙面、地面涂膜防水材料：苯乙烯、刷冷底子油、刷热沥青、刷乳化沥青、刷石棉质沥青等。

9.2 工程量清单及计价

9.2.1 屋面及墙地面防水工程

1. 工程量清单项目设置及工程量计算

屋面及墙地面防水工程工程量清单项目设置及工程量计算规则见表 9.1～表 9.3。

表 9.1 瓦、型材屋面(编码：010901)

项目编码	项目名称	项目特征	计量规则	工程内容
010901001	瓦屋面	1. 瓦品种、规格、品牌、颜色 2. 防水材料种类 3. 基层材料种类 4. 檩条种类、截面 5. 防护材料种类	按设计图示尺寸以斜面积计算。不扣除房上烟囱、风帽底座、风道、小气窗、斜沟等所占面积，小气窗的出檐部分不增加面积。型材、阳光板、玻璃钢 $0.3m^2$ 以内孔洞不扣除	1. 檩条、椽子安装 2. 基层铺设 3. 铺防水层 4. 安顺水条和挂瓦条 5. 安瓦 6. 刷防护材料
010901002	型材屋面	1. 型材品种、规格、品牌、颜色 2. 骨架材料品种、规格 3. 接缝、嵌缝材料种类		1. 骨架制作、运输、安装 2. 屋面型材安装 3. 接缝、嵌缝
010901003	阳光板屋面			
010901004	玻璃钢屋面			

（续）

项目编码	项目名称	项目特征	计量规则	工程内容
010901005	膜结构屋面	1. 膜布品种、规格、颜色 2. 支柱(网架)钢材品种规格 3. 钢丝绳品种、规格 4. 油漆品种、刷漆遍数 5. 锚固基础做法	设计图示尺寸以需要覆盖的水平面积计算	1. 膜布热压胶接 2. 支柱(网架)制作、安装 3. 膜布安装 4. 穿钢丝绳、锚头锚固、金属面油漆

表 9.2　屋面防水(编码：010902)

项目编码	项目名称	项目特征	计量规则	工程内容
010902001	屋面卷材防水	1. 卷材品种、规格 2. 防水层数 3. 防水层做法 4. 防护材料种类	按设计图示尺寸以面积计算 1. 斜屋顶(不包括平屋顶找坡)按斜面积计算，平屋顶按水平投影面积计算 2. 不扣除房上烟囱、风帽底座、风道、小气窗和斜沟所占面积 3. 屋面的女儿墙、伸缩缝和天窗等处的弯起部分，并入屋面工程量内	1. 基层处理 2. 刷底油 3. 铺油毡卷材、接缝 4. 铺保护层
010902002	屋面涂膜防水	1. 防水膜品种 2. 涂膜厚度、遍数增强材料种类 3. 增强材料种类 4. 防护材料种类		1. 基层处理 2. 涂喷防水层 3. 铺保护层
010902003	屋面刚性防水	1. 防水层厚度 2. 嵌缝材料种类 3. 混凝土强度等级	按设计图示尺寸以面积计算。不扣除房上烟囱、风帽底座、风道等所占面积	1. 基层处理 2. 混凝土制作、运输、浇筑、养护
010902004	屋面排水管	1. 排水管品种、规格、品牌、颜色 2. 接缝、嵌缝材料种类 3. 油漆品种、刷漆遍数	按图示以长度计算。排水管如设计未标注尺寸，以檐口至设计室外散水上表面垂直距离计算。吐水管按数量根计算	1. 排水管及配件安装、固定 2. 雨水斗、雨水箅子安装 3. 接缝、嵌缝 4. 刷漆
010902005	屋面排气管			
010902006	屋面吐水管			
010902007	屋面天沟、檐沟	1. 材料品种 2. 砂浆配合比 3. 宽度、坡度 4. 接缝、嵌缝材料种类 5. 防护材料种类	按设计图示尺寸以面积计算。铁皮和卷材天沟按展开面积计算	1. 砂浆制作、运输 2. 砂浆找坡、养护 3. 天沟材料铺设 4. 天沟配件安装 5. 接缝、嵌缝 6. 刷防护材料

表 9.3　墙、地面防水、防潮(编码：010903、010904)

<table>
<tr><th>项目编码</th><th>项目名称</th><th>项目特征</th><th>计量规则</th><th>工程内容</th></tr>
<tr><td>010903001</td><td>墙面卷材防水</td><td rowspan="4">1. 卷材、涂膜品种
2. 涂膜厚度、遍数
3. 增强材料种类
4. 防水做法
5. 接缝、嵌缝材料种类
6. 保护材料种类</td><td rowspan="6">按设计图示尺寸以面积计算
1. 地面防水：按主墙间净空面积计算，扣除凸出地面的构筑物、设备基础等所占面积，不扣除间壁墙及单个 0.3m² 以内的柱、垛、烟囱和孔洞所占面积
2. 墙基防水：外墙按中心线，内墙按净长乘以宽度计算</td><td rowspan="2">1. 基层处理
2. 刷粘结剂
3. 铺防水材料
4. 铺保护层
5. 接缝、嵌缝</td></tr>
<tr><td>010904001</td><td>楼(地)面卷材防水</td></tr>
<tr><td>010903002</td><td>墙面涂膜防水</td><td rowspan="2">1. 基层处理
2. 刷基层处理剂
3. 铺涂膜防水层
4. 铺保护层</td></tr>
<tr><td>010904002</td><td>楼(地)面膜防水</td></tr>
<tr><td>010903003</td><td>墙砂浆防水(潮)</td><td rowspan="2">1. 防水(潮)厚度、层数
2. 砂浆配合比
3. 外加剂材料种类
4. 钢丝网规格</td><td rowspan="2">1. 基层处理
2. 挂钢丝网片
3. 设置分格缝
4. 砂浆制作、运输、摊铺、养护</td></tr>
<tr><td>010904003</td><td>楼地面砂浆防水</td></tr>
<tr><td>010902008</td><td>屋面变形缝</td><td rowspan="3">1. 嵌缝材料种类
2. 盖缝材料
3. 止水带材料种类
4. 防护材料种类</td><td rowspan="3">按设计图示长度计算。墙面变形缝如做双面，则工程量乘以 2</td><td rowspan="3">1. 清缝
2. 填塞防水材料
3. 止水带安装
4. 盖板制作
5. 刷防护材料</td></tr>
<tr><td>010903004</td><td>墙面变形缝</td></tr>
<tr><td>010904004</td><td>楼(地)面变形缝</td></tr>
</table>

防水工程的找平层按装修工程相关项目单独列项。

1) 瓦屋面

瓦屋面适用于小青瓦、平瓦、筒瓦、石棉水泥瓦、玻璃钢波形瓦等。应注意以下几点。

(1) 屋面基层包括檩条、椽子、木屋面板、顺水条、挂瓦条等。

(2) 木屋面板应明确平口、错口、平口接缝。

2) 型材、阳光板、玻璃钢屋面

型材、阳光板、玻璃钢屋面适用于压型钢板、金属压型夹心板、阳光板、玻璃钢等。注意：型材屋面的钢檩条或木檩条及骨架、螺栓、挂钩等应包括在报价内。

3) 膜结构屋面

该项目适用于膜布屋面。应注意以下几点。

(1) 工程量的计算按设计图示尺寸以需要覆盖的水平投影面积计算。

(2) 支撑和拉固膜布的钢柱、拉杆、金属网架、钢丝绳、锚固锚头等应包括在报价内。

(3) 支撑柱的钢筋混凝土的柱基、锚固的钢筋混凝土基础及地脚螺栓等按混凝土及钢筋混凝土相关项目编码列项。

4) 屋面卷材防水

屋面卷材防水适用于利用胶结材料粘贴卷材进行防水的屋面。应注意以下几点。

(1) 屋面找平层、基层处理(清理修补、刷基层处理剂)等应包括在报价内。

(2) 檐沟、天沟、水落口、泛水收头、变形缝等处的卷材附加层应包括在报价内，不另计算。

(3) 浅色、反射涂料保护层、豆砂保护层、细砂、云母及蛭石保护层应包括在报价内。

(4) 水泥砂浆保护层、细石混凝土保护层可包括在报价内，也可按相关项目编码列项。

5) 屋面涂膜防水

屋面涂膜防水适用于厚质涂料、薄质涂料和有加增强材料或无加增强材料的涂膜防水屋面。应注意以下几点。

(1) 抹屋面找平层，基层处理(清理修补、刷基层处理剂等)应包括在报价内。

(2) 需有加强材料的应包括在报价内。

(3) 檐沟、天沟、水落口、泛水收头、变形缝等处的附加层材料应包括在报价内。

(4) 浅色、反射涂料保护层、绿豆砂保护层、细砂、云母、蛭石保护层应包括在报价内。

(5) 水泥砂浆、细石混凝土保护层可包括在报价内，也可按相关项目编码列项。

6) 屋面钢性防水

屋面钢性防水适用于细石混凝土、补偿收缩混凝土、块体混凝土、预应力混凝土和钢纤维混凝土刚性防水屋面。注意：刚性防水屋面的分格缝、泛水、变形缝部位的防水卷材、密封材料、背衬材料、沥青麻丝等应包括在报价内。

7) 屋面排水管

屋面排水管适用于各种排水管材(PVC 管、玻璃钢管、铸铁管等)。应注意以下几点。

(1) 排水管、雨水口、箅子板、水斗等应包括在报价内。

(2) 埋设管卡箍、裁管、接嵌缝应包括在报价内。

8) 屋面天沟、檐沟

屋面天沟、檐沟适用于水泥砂浆天沟、细石混凝土天沟、预制混凝土天沟板、卷材天沟、玻璃钢天沟、镀锌铁皮天沟等；塑料檐沟、镀锌铁皮檐沟、玻璃钢檐沟等。应注意以下几点。

(1) 天沟、檐沟固定卡件、支撑件应包括在报价内。

(2) 天沟、檐沟的接缝、嵌缝材料应包括在报价内。

9) 卷材防水、涂膜防水

卷材防水、涂膜防水适用于基础、楼地面、墙面等部位的防水。应注意以下几点。

(1) 抹找平层、刷基础处理剂、刷胶粘剂、胶粘防水卷材应包括在报价内。

(2) 特殊处理部位(如管道的通道部位)的嵌缝材料、附加卷材衬垫等应包括在报价内。

(3) 永久保护层(如砖墙、混凝土地坪等)应按相关项目编码列项。

10) 砂浆防水(潮)

砂浆防水(潮)适用于地下、基础、楼地面、墙面等部位的防水防潮。注意：防水、防潮层外加剂应包括在报价内。

11) 变形缝

变形缝适用于基础、墙体、屋面、楼地面等部位的抗震缝、温度缝(伸缩缝)、沉降缝。注意：止水带安装、盖板制作、安装应包括在报价内。

2. 屋面及防水工程定额工程量计算规则、计价方法

屋面及防水工程定额工程量计算规则、计价方法见表 9.4。

表9.4　屋面及防水工程组价内容、定额计算规则及说明

编号	项目名称	定额子目	定额编码	定额规则	定额说明
010901001	瓦屋面	瓦屋面 瓦屋脊 木基层 檩条、封檐板 泛水 其他木面油漆 漆金属面	7-11～7-23、 7-14、7-19、 5-9～5-21 5-7～5-8、 5-20～5-21 7-30～7-32、 7-35～7-37 7-75～7-118 7-119～7-125	1. 屋面、防水、防潮的工程量计算：均不扣除房上烟囱、风帽底座、通风道、屋面小气窗、屋脊、斜沟、伸缩缝、屋面检查洞及0.3m²以内孔洞所占面积，除另有规定外，洞口翻边也不加 2. 刚性屋面：按设计图示面积计算，细石混凝土防水层的滴水线、伸缩缝翻边加厚加高不另计；屋面检查洞盖另列项目计算 3. 瓦屋面：按设计图示以斜面面积计算，挑出基层的尺寸，按设计规定计算，如设计无规定时，彩色水泥瓦、粘土平瓦按水平尺寸加70mm、小青瓦按水平尺寸加50mm计算。多彩油毡瓦同屋面防水定额 4. 覆土屋面：按实铺面积乘以厚度 5. 屋面金属板排水、泛水：按延长米乘以展开宽度计算，其他泛水按延长米计算 6. 防水防潮卷材和涂膜：按露面实铺面积计算。天沟、挑檐按展开面积计算并入屋面防水工程量。伸缩缝、女儿墙和天窗处的弯起部分，按图示尺寸计算，如设计无规定时，伸缩缝、女儿墙的弯起部分按250mm、天窗的弯起部分按500mm计算，并入屋面防水工程量。卷材防水附加层，按图示尺寸展开计算，并入相应防水工程量	1. 刚性屋面：细石混凝土防水层定额，已综合考虑了檐口滴水线加厚和伸缩缝翻边加高的工料，但伸缩缝应另列项目计算。细石混凝土内的钢筋，按定额第四章相应定额另行计算 2. 刚性屋面水泥砂浆保护层：定额已综合了预留伸缩缝的工料，掺防水剂时材料费另加 3. 瓦屋面：彩色水泥瓦420mm×330mm、彩色水泥天沟瓦及脊瓦420mm×220mm、小青瓦200mm×(180～200)mm、粘土平瓦(380～400)mm×240mm、粘土脊瓦460mm×200mm、石棉水泥瓦及玻璃钢瓦1800mm×720mm；如设计规格不同，瓦的数量按比例调整，其余不变 4. 瓦的搭接：按常规尺寸编制，除小青瓦按2/3长度搭接外，搭接不同可调整瓦的数量，其余瓦的搭接尺寸均按常规工艺要求综合考虑 5. 瓦屋面木基层：定额未包括木基层，发生时另按定额第五章相应定额执行；未包括抹瓦出线，发生时按实际延长米计算，套水泥砂浆泛水定额 6. 覆土屋面：挡土构件及人行道板等，发生时按其他章节定额执行 7. 屋面金属面板泛水：定额中未包括基层做水泥砂浆，发生时另行按水泥砂浆泛水计算
010901002	型材屋面	彩钢板 屋脊泛水包角	6-111～6-113、 6-123～6-126		
010901003	阳光板屋面	金属制作、运输安装及油漆	定额组合参考第六章		
010901004	玻璃钢屋面				
010901005	膜结构屋面				
010902001	屋面卷材防水	卷材防水 保护层	7-43～7-64 7-1～7-6		
010902002	屋面涂膜防水	涂膜防水 保护层 嵌缝、盖缝	7-65～7-82 7-1～7-6 7-88、7-95、7-96、 7-101、7-102		
010902003	屋面刚性防水	细石混凝土 隔离层 保护层 检查洞口 分仓缝嵌缝 泛水 漆金属面 防水防潮	7-1、7-2 7-7、7-8 7-3、7-6、 7-24、7-29 7-9、7-10 7-88 7-30～7-32、 7-119～7-125、 7-38～7-82		
010902004	屋面排水管	镀锌钢板、水斗 油漆	7-33、7-34 14-127～14-137		
010902007	天沟、檐沟	成品钢沟制安 檐沟抹砂浆 防水卷材涂膜 泛水 金属面油漆	7-33、6-120～6-122 11-31～11-32、 7-43～7-82 7-30～7-32、 7-35～7-37 14-119～14-125		

（续）

<table>
<tr><th>编号</th><th>项目名称</th><th>定额子目</th><th>定额编码</th><th>定额规则</th><th>定额说明</th></tr>
<tr><td>010903001</td><td>墙面卷材防水</td><td rowspan="2">卷材防水涂膜
保护层</td><td rowspan="2">7-43～7-64、
7-65～7-82
7-1～7-6</td><td rowspan="11">7. 涂膜屋面的嵌缝、盖缝：油膏嵌缝、塑料油膏玻璃布盖缝按延长米计算
8. 平面防水、防潮层：按主墙间净面积计算，应扣除凸出地面构筑物、设备基础等所占的面积，不扣除柱、垛、间壁墙、附墙烟囱及每个面积在 0.3m² 内的孔洞所占面积
9. 立面防水、防潮层：按实铺面积计算，应扣除每个面积在 0.3m² 以上的孔洞面积，孔侧展开面积并入计算
10. 平面与立面连接处：高度在 500mm 以内的立面面积应并入平面防水项目计算。立面高度在 500mm 以上时，其立面部分均按立面防水项目计算
11. 防水砂浆防潮：按图示面积计算
12. 变形缝：以延长米计算，断面或展开尺寸与定额不同时，材料用量按比例换算</td><td rowspan="11">8. 防水卷材：防水卷材的接缝、收头、冷底子油、粘结剂等工料已计入定额内，不另计算。当设计有金属压条时，另行计算
9. 防水定额中的涂刷厚度(除注明外)已综合取定
10. 冷底子油：定额适用于单独刷冷底子油
11. 设计采用的卷材及涂膜材料品种与定额取定不同时，材料及价格按实调整换算，其余不变
12. 本定额不包括找平层，发生时按相应定额执行
13. 变形缝适用于伸缩缝、沉降缝、抗震缝</td></tr>
<tr><td>010904001</td><td>地面卷材防水</td></tr>
<tr><td>010903002</td><td>墙面涂膜防水</td><td rowspan="2"></td><td rowspan="2"></td></tr>
<tr><td>010904002</td><td>地面涂膜防水</td></tr>
<tr><td>010903003</td><td>墙面砂浆防潮</td><td rowspan="2">砂浆防水(潮)
钉挂网片</td><td rowspan="2">7-38、7-39
11-9～11-11</td></tr>
<tr><td>010904003</td><td>地面砂浆防潮</td></tr>
<tr><td>010902008</td><td>屋面变形缝</td><td rowspan="3">嵌缝
盖板
止水带
漆金属面</td><td rowspan="3">7-83～7-96
7-97～7-100
7-103～7-106
14-119～14-125</td></tr>
<tr><td>010903004</td><td>墙面变形缝</td></tr>
<tr><td>010904004</td><td>地面变形缝</td></tr>
<tr><td>011101006</td><td>地面砂浆找平</td><td rowspan="2">地面找平层
墙面找平层</td><td rowspan="2">10-1、10-2、10-7、10-8
11-1～11-11、11-25～11-28</td></tr>
<tr><td>011201004</td><td>立面砂浆找平</td></tr>
</table>

屋面及防水项目定额相关说明。

1）刚性防水屋面

结合清单项目特征，套用刚性屋面的隔离层、细石钢筋混凝土防水层(钢筋另算)、保护层、检查洞口、泛水等定额子目进行计价。

预制混凝土板保护层分实铺与架空两个子目，预制板安装与砖墩砌筑费用已包含在定额内，但是预制混凝土板的制作、运输费用另行计算。

水泥砂浆定额厚 2cm，砾石厚 4cm 考虑，厚度不同时，材料按比例换算；细石混凝土防水层厚度按 4cm 考虑，厚度不同时按每增、减 1cm 定额调整。

2）瓦屋面

根据清单项目设置表中檩条、椽条制作与安装、基层铺设、铺防水层、安顺水条和挂瓦条、安瓦、刷防护材料等计价组合内容，结合设计、清单项目特征，套用檩条、木基层或屋面板基层、安瓦、瓦屋脊、泛水、木材刷防火涂料等定额子目进行计价。套用定额应注意事项如下。

(1) 水泥瓦设有收口线时，每100m另计收口瓦342张。

(2) 水泥瓦屋面，角钢条基层按定额子目7－13执行，如设计角钢不同时，用量换算，防腐油漆另计。

(3) 屋面斜沟设有沟瓦时，每100m另计沟瓦320张。

(4) 水泥瓦屋脊的锥脊、封头等配件，安装费定额已考虑在内，材料费考虑损耗后另计。

(5) 小青瓦屋面每米斜沟增加小青瓦14.6张。

3) 型材屋面

根据清单项目设置中骨架制作、运输、安装、屋面型材制作、安装等计价组合内容，结合清单项目特征，套用钢檩条制作、运输、安装、油漆、彩钢板屋面等定额子目进行计价。

4) 卷材、涂膜防水

根据清单项目设置中基层处理(清理修补、刷基层处理剂)、刷胶粘剂、胶粘防水卷材、接缝、泛水收头、保护层等计价组合内容，结合清单项目特征，套用基层处理、胶粘防水卷材、保护层定额子目进行计价。套用定额应注意事项如下。

① 定额冷贴按点、条综合编制，如设计粘胶剂满铺时，人工乘以1.09，粘结剂增加$37kg/100m^2$，603防水卷材套用7－53或7－54，卷材、粘结剂单价换算。

② PSS金属防水卷材采用SBS胶带粘结时，扣除粘结剂，另增加SBS胶带$103m^2$。

③ JS防水涂料(聚氨酯防水涂料)设计厚度超过2mm时，按2mm定额，主材按比例换算。

5) 砂浆防潮

结合设计、清单项目特征，套用砂浆防水(层)、钉挂网片定额子目进行计价。

砖基水泥砂浆防潮层定额人工已包含在墙基础定额中。

6) 屋面排水管

根据清单项目设置中排水管及配件安装、固定、雨水斗、雨水箅子安装、接缝、嵌缝，结合设计、清单项目特征，套用镀锌钢板水管、镀锌钢板水斗、油漆等定额子目进行计价。

7) 屋面天沟、檐沟

现浇混凝土檐沟：结合设计、清单项目特征，套用水泥砂浆、细石混凝土找平层(按清单规范可单独列项计价)、防水卷材、盖缝、嵌缝等定额子目进行计价。

金属檐沟：结合设计、清单项目特征，套用镀锌沿沟制作安装、钢天沟的制作运输安装、泛水、盖缝、嵌缝及油漆定额子目进行计价。

其他材料檐沟套用檐(天)沟制作、防水层、泛水、盖缝、嵌缝等定额子目进行计价。

8) 变形缝

根据清单项目设置中嵌缝、填塞防水材料、止水带安装、盖板制作、刷防护材料等计价组合内容，结合设计、清单项目特征，套用嵌缝、盖板、止水带、止水带安装、金属面油漆等定额子目进行计价。套用定额应注意事项如下。

(1) 空心板屋面油膏嵌缝断面$7.5cm^2$，大型屋面板$9cm^2$。

(2) 金属盖缝按镀锌薄钢板编制的，展开宽度平面 590mm，立面 250mm，实际材料或规格不同时，材料换算。

(3) 玻璃纤维布盖缝定额子目只适用与单独伸缩缝上的盖缝。

9) 止水带

紫铜板止水带、钢板止水带，展开宽度平面 450mm，设计规格不同时，材料用量换算。

9.2.2 注意事项

(1)“瓦屋面”、“型材屋面”的木檩条、木椽子、木屋面板需刷防火涂料时，可按相关项目单独编码列项，也可包括在“瓦屋面”、“型材屋面”项目报价内。

(2)“瓦屋面”、“型材屋面”、“膜结构屋面”的钢檩条、钢支撑(柱、网架等)和拉结结构需刷防护材料时，可按相关项目单独编码列项，也可包括在“瓦屋面”、“型材屋面”、“膜结构屋面”项目报价内。

9.3 清单规范及定额应用案例

【例 9-1】 彩色水泥瓦屋面，杉木条基层。设计采用 450mm×380mm 的瓦，单价为 2500 元/千张，屋脊设计采用 400mm×200mm 的彩色水泥瓦脊瓦，单价为 1200 元/千张。试计算基价。

解： 因瓦的规格与定额不同，要调整定额基价。

1) 瓦基价调整

套用定额 7-11，换算比例为(420×330)/(450×380)=0.81。

换算后的定额含量为

$$0.81\times1.113=0.902(\text{千张}/100\text{m}^2)$$

换算后的基价为

$$3052-1.113\times2420+0.902\times2500=2614(\text{元}/100\text{m}^2)$$

2) 屋脊基价调整

套用定额 7-14，换算比例为(420×220)/(400×200)=1.155。

换算后的定额含量为

$$1.155\times0.306=0.353(\text{千张}/100\text{m})$$

换算后的基价为

$$1043-0.306\times1815+0.353\times1200=911(\text{元}/100\text{m})$$

【例 9-2】 断面尺寸为 40mm×20mm 的伸缩缝，嵌建筑油膏，求其单价。

解： 查定额得 7-88H=478+[(40×20)/(30×20)-1]×319.35=584.45(元/m)

【例 9-3】 钢板止水带，设计展开宽度 500mm，求其基价。

解： 查定额得 7-104H=6340+(500/450-1)×1.123×4400=6889(元/m)

【例 9-4】 屋面如图 9.1 所示，砖墙上圆檩条 20mm 厚平口杉木屋面板单面刨光、油毡一层、上有 36×8@500 顺水条、25mm×25mm 挂瓦条盖粘土平瓦，坡度系数 1.118。按清单规范编制工程量清单。

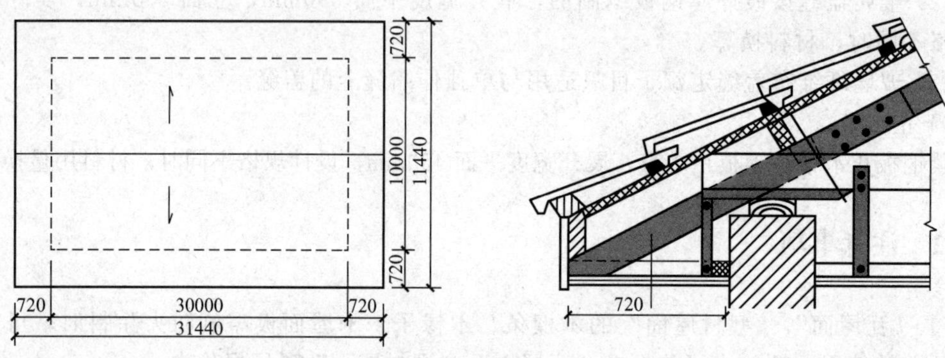

图 9.1　屋面平面图

解：瓦屋面清单工程量计算。

$$S=31.58\times11.58\times1.118=408.85(\text{m}^2)$$

工程量清单见表 9.5。

表 9.5　工程量清单

序号	项目编码	项目名称	单位	工程量
1	010901001001	瓦屋面 粘土平瓦，20mm 厚平口杉木屋面板单面刨光、油毡一层、上有 36×8@500 顺水条、25×25 挂瓦条	m²	408.85

【例 9－5】 已知工程双坡屋面如图 9.2 所示，屋面做法：钢混凝土屋面板上干铺油毡一层，顺水条、杉木挂瓦条木基层，水泥彩瓦屋面，设计彩瓦铺设四周挑出屋面板外每边 50mm，屋脊梁两侧设水泥砂浆泛水，梁上盖彩色水泥脊瓦，两端各一只屋脊封头(20 元/只)。坡度系数 1.1。按照上述条件及定额完成下列内容。

问题 1：请编制瓦屋面工程量清单(列入表 9.6)。

问题 2：完成表 9.7 中屋面工程定额编码、对应名称及工程量。

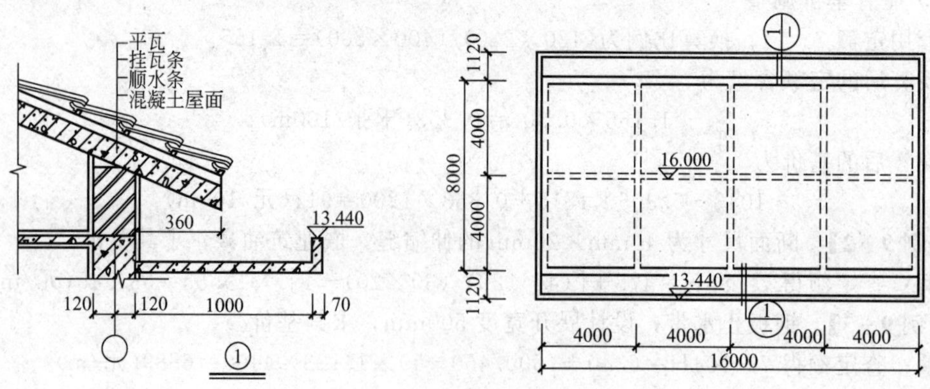

图 9.2　瓦屋面平面图

解：清单工程量计算：瓦屋面清单项目编号为 010901001001。

瓦屋面主项的 $S=(16.24+0.05\times2)\times(8.24+0.36\times2+0.05\times2)\times1.1=162.84(m^2)$

表 9.6 瓦屋面工程量清单

序号	项目编码	项目名称	计量单位	工程数量
1	010901001001	瓦屋面，420mm×330mm 水泥彩瓦，混凝土屋面板上干铺油毡一层。杉木挂瓦条、顺水条 160.06m²，屋脊梁上彩色水泥脊瓦 16.34m，梁侧水泥砂浆泛水 32.48m，屋脊封头 2 只	m²	162.84

表 9.7 瓦屋面工程工程量及定额子目

定额编码	项目名称	计算公式	单位	工程量
7-11	木基层上水泥彩瓦屋面	162.84	m²	162.84
7-47	混凝土屋面板上干铺油毡一层	$16.24\times(8.24+0.36\times2)\times1.1=160.06(m^2)$	m²	160.06
5-14	杉木挂瓦条、顺水条木基层		m²	160.06
7-14	彩瓦屋脊	$16.24+0.05\times2=16.34(m)$	m	16.34
附注	屋脊封头	屋脊封头 $N=2$ 只	只	2
7-35	水泥砂浆泛水	$L=16.24\times2=32.48(m)$	m	32.48

习 题

1. 房屋伸缩缝采用聚氯乙烯胶泥嵌缝，缝断面为 30mm×25mm，求胶泥嵌缝基价。

2. 大型屋面板塑料油膏嵌缝，设计纵缝断面积为 8cm²，求大型屋面板塑料油膏嵌缝基价。

3. 已知工程屋面做法，如图 9.3 所示，根据图示做法、清单规范及计价定额，完成表 9.8 中屋面工程清单编码、定额编码及工程量的计算。

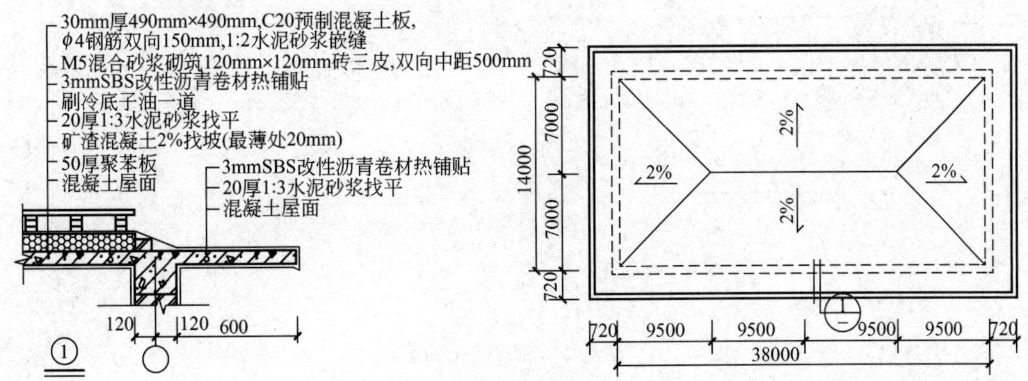

图 9.3 屋面平面图及做法

表 9.8 屋面工程清单工程量及定额子目

清单编码	定额编号	项目名称及做法	清单工程量计算式	单位	工程量
		50 厚聚苯板			
		矿渣混凝土 2%找坡(最薄处 20mm)			
		20mm 厚 1∶3 水泥砂浆找平，刷冷底子油一道，3mmSBS 改性沥青卷材热铺贴			
		30mm 厚 C20 现场预制混凝土板，1∶2 水泥砂浆嵌缝，M5 混合砂浆砌筑 120mm×120mm 砖三皮，双向中距 500mm			

4. 已屋面刚性防水清单如表 9.9 所示。

表 9.9 屋面刚性防水清单

序号	项目编码	项目名称	计量单位	工程数量
1	010902003001	屋面刚性防水： 35mm×800mm×800mm 架空预制薄板铺设 80m²，40mm 厚 C20 现浇细石混凝土，纸筋灰隔离层，石油沥青玛蹄脂一层，100mm 厚水泥珍珠岩板保温层，20mm 厚水泥砂浆找平层	m²	100

人、材、机单价按定额计取，管理费按人工费＋机械费的 20%计取，利润按人工费＋机械费的 10%计取。求清单项目的综合单价(预制混凝土板的制作和运输暂不考虑)。

第10章 防腐、隔热、保温工程

学习任务

本章主要介绍耐酸、防腐面层工程，其他防腐工程，隔热、保温工程。通过本章学习，重点掌握钢筋混凝土工程量计算及计价。

学习要求

知识要点	能力要求	相关知识
防腐工程	(1) 掌握防腐工程量计算 (2) 掌握防腐材料分类	(1) 防腐施工工艺 (2) 防腐胶泥材料种类
保温工程	掌握保温工程量计算	保温材料分类
隔热工程	熟悉屋面隔热工程量计算	隔热和保温区分

10.1 基础知识

10.1.1 防腐

1. 防腐工程分类

防腐按施工工艺及材料不同可分刷油防腐和耐酸防腐。

刷油防腐是一种经济有效，施工便捷的防腐措施，而且具有良好的物理性能和化学性能，得到了广泛的应用。刷油除了有防腐作用以外，还能起到装饰和标志的效果。目前常用的防腐材料有：沥青漆、酚树脂漆、酚醛树脂漆、氯磺化聚乙烯漆、聚氨酯漆等。

耐酸防腐是运用人工或机械将具有耐腐蚀性能的材料浇筑、涂刷、喷涂、粘贴或铺砌在应防腐的工程构件表面上，以达到防腐蚀的效果。常用的防腐材料有：硅酸钠(俗称水玻璃)耐酸砂浆、混凝土；耐酸沥青砂浆、混凝土；环氧砂浆、混凝土及各种玻璃钢等。根据工程需要，可用防腐块料或防腐涂料做面层。

2. 常用的防腐胶凝剂

常用的防腐胶凝剂有水玻璃、沥青、硫黄粉、树脂(环氧、环氧酚醛、环氧煤焦油、环氧呋喃)。耐酸的填料有石英粉、石英砂、石英石等。固化剂有氟硅酸钠、乙二胺。增韧剂有聚硫橡胶、邻苯二甲酸二乙酯。

3. 防腐玻璃钢

防腐玻璃钢是以树脂为胶料，玻璃纤维丝为增强材料，乙二胺为固化剂，石英粉为耐酸的填料，丙酮为稀释溶剂复合而成的材料。

10.1.2 保温隔热

1. 保温材料分类

保温材料按形状可以分为松散保温材料、块状保温材料、整体保温材料。

松散保温材料主要有膨胀珍珠岩、膨胀蛭石、工业炉渣等。工业炉渣由于堆积密度大、保温性能差，逐渐被新型保温材料所代替，而膨胀珍珠岩(120kg/m^3)和膨胀蛭石(350kg/m^3)有其堆积密度小、保温性能高的优越性能，但当松铺施工时，一旦遇雨或浸入施工用水，则保温性能会大大降低，且容易引起柔性防水层鼓泡破坏，所以在干燥少雨地区尚在应用，而在多雨地区已很少采用。同时，松散保温材料施工较难控制厚薄匀质性和压实表观密度。

块状保温材料用松散材料或化学合成聚酯与橡胶类材料加工而成，主要有聚苯保温板、挤塑保温板、硬泡聚氨酯保温板、膨胀珍珠岩板、软木板、树脂珍珠岩板、玻璃棉(矿棉或岩棉)板、加气块等。

整体保温材料常见的是聚氨酯硬泡体。聚氨酯硬泡体是目前理想的防水保温一体化材料，热导率低、自粘性强，离明火自熄，燃烧时只碳化不滴淌，均匀涂在屋面或墙面形成无缝屋面或外墙保温壳体，防水抗渗性能优异。

2. 常见保温材料

珍珠岩板、矿渣棉、玻璃棉、泡沫塑料，是隔热、保温、吸声的轻质材料。

软木俗称栓木，是由栓树的皮经一定的工艺加工制成，具有弹性、耐酸性、耐水性均好隔热、保温、吸声的优质材料。

10.2 工程量清单及计价

1. 工程量清单项目设置及工程量计算

工程量清单项目设置及工程量计算规则见表10.1～表10.3。

表 10.1 隔热、保温(编码：011001)

<table>
<tr><th>项目编码</th><th>项目名称</th><th>项目特征</th><th>计量规则</th><th>工程内容</th></tr>
<tr><td>011001001</td><td>保温隔热屋面</td><td rowspan="6">1. 保温隔热部位
2. 保温隔热方式(内保温、外保温、夹心保温)
3. 踢脚线、勒脚线保温做法
4. 保温隔热面层材料品种、规格、性能
5. 保温隔热材料品种规格
6. 防裂砂浆种类
7. 粘结材料种类
8. 防护材料种类</td><td rowspan="2">按设计图示尺寸以面积计算。不扣除柱、垛所占面积。扣除 $0.3m^2$ 以上的洞口、柱面积</td><td rowspan="2">1. 基层清理
2. 铺粘保温层
3. 刷防护材料
4. 刷粘结料</td></tr>
<tr><td>011001002</td><td>保温隔热天棚</td></tr>
<tr><td>011001003</td><td>保温隔热墙</td><td>按设计图示尺寸以面积计算。扣除门窗洞口所占面积；洞口侧壁需做保温时，并入保温墙内</td><td rowspan="2">1. 基层清理
2. 刷界面剂
3. 安装龙骨
4. 填贴保温材料
5. 粘贴面层
6. 嵌缝
7. 刷防护材料
8. 防裂砂浆</td></tr>
<tr><td>011001004</td><td>保温柱、梁</td><td>按设计图示以保温层中心线展开长度乘以保温层高度或长度计算。扣除 $0.3m^2$ 以上的梁所占面积，柱帽保温隔热并入天棚保温隔热工程量内</td></tr>
<tr><td>011001005</td><td>隔热楼地面</td><td rowspan="2">按设计图示尺寸以面积计算。扣除 $0.3m^2$ 以上的柱、垛、孔洞所占面积</td><td rowspan="2">1. 基层清理
2. 铺粘贴材料
3. 铺保温层
4. 刷防护材料</td></tr>
<tr><td>011001006</td><td>其他保温</td></tr>
</table>

表 10.2 防腐面层(编码：011002)

<table>
<tr><th>项目编码</th><th>项目名称</th><th>项目特征</th><th>计量规则</th><th>工程内容</th></tr>
<tr><td>011002001</td><td>防腐混凝土面层</td><td rowspan="3">1. 防腐部位
2. 面层厚度
3. 砂浆、混凝土、胶泥种类</td><td rowspan="8">按设计图示尺寸以面积计算。
1. 平面防腐：扣除凸出地面的构筑物、设备基础等，扣除 $0.3m^2$ 以上的柱、垛、孔洞所占面积
2. 立面防腐：扣除门窗洞口及面积 $0.3m^2$ 以上的孔洞、梁所占面积。门、窗、洞口侧边、砖垛突出部分按展开面积并入墙面积内
3. 踢脚板防腐：扣除门洞所占面积并相应增加门洞侧壁面积</td><td rowspan="2">1. 基层清理
2. 基层刷稀胶泥
3. 砂浆制作、运输、摊铺、养护
4. 混凝土制作、运输、摊铺、养护</td></tr>
<tr><td>011002002</td><td>防腐砂浆面层</td></tr>
<tr><td>011002003</td><td>防腐胶泥面层</td><td>1. 基层清理
2. 胶泥调制、摊铺</td></tr>
<tr><td>011002004</td><td>玻璃钢防腐面层</td><td>1. 防腐部位
2. 玻璃钢种类
3. 贴布层数
4. 面层材料</td><td>1. 基层清理
2. 刷底漆、刮腻子
3. 胶浆配制、涂刷
4. 粘布、涂刷面层</td></tr>
<tr><td>011002005</td><td>聚氯乙烯板面层</td><td>1. 防腐部位
2. 面层材料种类
3. 粘结材料种类</td><td>1. 基层清理
2. 配料、涂胶
3. 聚氯乙烯板铺设
4. 铺贴踢脚板</td></tr>
<tr><td>011002006</td><td>块料防腐面层</td><td rowspan="3">1. 防腐部位
2. 块料品种、规格
3. 粘结材料种类
4. 勾缝材料种类</td><td rowspan="3">1. 基层清理
2. 铺贴块料
3. 胶泥调制、勾缝</td></tr>
<tr><td>011002007</td><td>池槽块料防腐</td></tr>
<tr><td>011105</td><td>踢脚线</td></tr>
</table>

表 10.3　其他防腐(编码：011003)

项目编码	项目名称	项目特征	计量规则	工程内容
011003001	隔离层	1. 隔离层部位 2. 隔离层材料品种 3. 隔离层做法 4. 粘贴材料种类	按设计图示尺寸以面积计算。 1. 平面防腐：扣除凸出地面的构筑物、设备基础等以及扣除 0.3m² 以上的柱、垛、孔洞所占面积 2. 立面防腐：扣除门窗洞口以及面积 0.3m² 以上的孔洞、梁所占面积门、窗、洞口侧边、砖垛突出部分按展开面积并入墙面积内	1. 基层清理、刷油 2. 煮沥青 3. 胶泥调制 4. 隔离层铺设
011003003	防腐涂料	1. 涂刷部位 2. 基层材料类型 3. 刮腻子种类、遍数 4. 涂料品种、刷涂遍数		1. 基层清理 2. 刮腻子 3. 刷涂料
011003002	砌筑沥青浸渍砖	1. 砌筑部位 2. 浸渍砖规格 3. 浸渍砖砌法 4. 胶泥材质	按设计图示尺寸以体积计算	1. 基层清理 2. 胶泥调制 3. 浸渍砖铺砌

1）清单项目编制说明

(1) 防腐混凝土、防腐砂浆、防腐胶泥面层。

“防腐混凝土面层”、“防腐砂浆面层”、“防腐胶泥面层”项目适用于平面或立面的水玻璃混凝土、水玻璃砂浆、水玻璃胶泥、沥青混凝土、沥青砂浆、沥青胶泥、树脂砂浆、树脂胶泥及聚合物水泥砂浆等防腐工程。注意：因防腐材料不同而造成价格上的差异，清单项目中必须列出混凝土、砂浆、胶泥的材料种类，如水玻璃混凝土、沥青混凝土等。

(2) 玻璃钢防腐面层。

“玻璃钢防腐面层”项目适用于树脂胶料与增强材料(如玻璃纤维丝、布、玻璃纤维表面毡、玻璃纤维短切毡或涤纶布、涤纶毡、丙纶布、丙纶毡等)复合塑制而成的玻璃钢防腐，如环氧玻璃钢防腐面层、煤焦油玻璃钢防腐面层、环氧呋喃玻璃钢等。应注意以下两点。

① 项目名称应描述构成玻璃钢、树脂和增强材料名称，如环氧酚醛(树脂)玻璃钢、环氧煤焦油(树脂)玻璃钢、环氧呋喃(树脂)玻璃钢、不饱和聚酯(树脂)玻璃钢等，增强材料玻璃纤维布、毡、涤纶布毡等。

② 应描述防腐部位和立面、平面。

(3) 聚氯乙烯板面层。

“聚氯乙烯板面层”项目适用于地面、墙面的软、硬聚氯乙烯板防腐工程。注意：聚氯乙烯板的焊接应包括在报价内。

(4) 块料防腐面层。

“块料防腐面层”项目适用于地面、池沟槽、基础等部位的水玻璃胶泥砌瓷砖、水玻璃砂浆砌瓷砖、耐酸沥青砌瓷砖、环氧树脂胶泥砌瓷砖、花岗石面层胶泥勾缝、酸化处理等防腐工程。应注意以下两点。

① 防腐蚀块料粘贴部位(地面、沟槽、基础、踢脚线)应在清单项目中进行描述。

② 防腐蚀块料的规格、品种(瓷板、铸石板、天然石板等)应在清单项目中进行描述。

(5) 隔离层。

"隔离层"项目适用于沥青(耐酸沥青卷材、耐酸沥青胶泥布、沥青胶泥)、树脂玻璃钢等楼地面防腐工程隔离层。

(6) 砌筑沥青浸渍砖。

"砌筑沥青浸渍砖"项目适用于沥青胶泥铺砌沥青浸渍标准砖。清单工程量以体积计算，立砌按厚度115mm计算，平砌以53mm计算。

(7) 防腐涂料。

"防腐涂料"面层适用于抹灰面防腐、混凝土面防腐、金属面防腐等工程。应注意以下3点。

① 项目名称应对涂刷基层(混凝土、抹灰面)进行描述。

② 需刮腻子时应包括在报价内。

③ 应对涂料底漆层、中间漆层、面漆涂刷(或刮腻子)遍数进行描述。

(8) 保温隔热屋面。

"保温隔热屋面"项目适用于沥青玻璃棉毡、加气混凝土块、膨胀珍珠岩、聚苯乙烯泡沫塑料板、保温层排气等各种材料的屋面隔热保温工程。应注意以下几点。

① 屋面保温隔热层上的防水层应按屋面的防水项目单独列项。

② 预制隔热板屋面的隔热板与砖墩按定额第四章混凝土钢筋混凝土工程、第七章屋面及防水工程相关项目说明执行。

③ 屋面保温隔热的找坡、找平层应包括在报价内，如果屋面防水层项目包括找平层和找坡，则屋面保温隔热不再计算，以免重复。

(9) 保温隔热天棚。

"保温隔热天棚"项目适用于天棚沥青软木、聚苯乙烯泡沫塑料、保温吸声层等材料下贴式或吊顶上搁置式的保温隔热工程。应注意以下几点。

① 下贴式如需底层抹灰时，应包括在报价内。

② 保温隔热材料需加药物防虫剂时，应在清单中进行描述。

(10) 保温隔热墙。

"保温隔热墙"项目适用于沥青软木、聚苯乙烯泡沫塑料板、加气混凝土块、膨胀珍珠岩、沥青玻璃棉、底层抹灰等材料的建筑物、构筑物内外墙保温隔热工程。应注意以下几点。

① 外墙内保温和外保温的面层应包括在报价内，装饰层另立项目编码列项。

② 外墙内保温的内墙保温踢脚线应包括在报价内。

③ 外墙外保温、内保温、内墙保温的基层抹灰或刮腻子应包括在报价内。

(11) 保温柱。

"保温柱"项目适用于沥青软木、聚苯乙烯泡沫塑料板、底层抹灰等材料的柱面保温工程。

(12) 隔热楼地面。

"隔热楼地面"项目适用于沥青软木、聚苯乙烯泡沫塑料板、加气混凝土块等材料的地面保温隔热工程。

(13) 防腐工程中需酸化处理时应包括在报价内。

(14) 保温的面层应包括在报价内，墙面层外的装饰面层按装饰部分相关项目列项计算。

(15) 保温隔热需搭设脚手架时，应根据施工方案规定另行计算措施项目费。

(16) 柱帽保温隔热并入天棚保温隔热工程量之内。

(17) 池槽保温隔热，池壁、池底可分别编码列项，池壁应并入墙面保温隔热工程量内，池底应并入地面保温隔热工程量内。

(18) 防腐工程中的养护应包括在报价内。

2) 清单项目编制举例

【例 10-1】 某仓库 20mm 厚环氧砂浆防腐地面 38m^2，水玻璃砂浆铺砌瓷砖踢脚线 5m^2。请编制仓库防腐工程量清单。

解： 本题清单为防腐砂浆面层 011001002001 和块料防腐面层 011105003001，分部分项清单见表 10.4。

表 10.4 分部分项清单表

序号	项目编码	项目名称及特征	单位	工程量
1	011002002001	防腐砂浆面层： 环氧砂浆，20mm 厚，地面面层	m^2	38.00
2	011105003001	块料防腐瓷砖踢脚线： 20 厚瓷砖，水玻璃砂浆铺砌，踢脚线	m^2	5.00

2. 防腐、隔热、保温工程定额工程量计算规则、计价方法

防腐、隔热、保温工程定额工程量计算规则、计价方法见表 10.5 和表 10.6。

表 10.5 隔热、保温工程组价内容、定额计算规则及说明

<table>
<tr><th>项目编码</th><th>项目名称</th><th>定额子目</th><th>定额编码</th><th>定额规则</th><th>定额说明</th></tr>
<tr><td>011001001</td><td>保温隔热屋面</td><td>保温砂浆
泡沫玻璃
聚氨酯硬泡
保温板
加气块
棉岩等
装排气管及排气孔</td><td>8-27～8-30
8-31
8-32、8-33
8-34～8-38
8-39、8-40
8-41～8-47
8-48～8-50</td><td rowspan="2">1. 墙柱面保温隔热：墙柱面保温砂浆，聚氨酯喷涂、保温板铺贴面积按设计图示尺寸的保温层中心线长度乘以高度计算，应扣除门窗洞口和 0.3m^2 以上的孔洞所占面积，不扣除踢脚线、挂镜线和墙与构件交接处面积。门窗洞口的侧壁和顶面、附墙柱、梁、垛、烟道等侧壁并入相应的墙面面积计算
2. 按 m^3 计算的隔热层，外墙按围护结构的隔热层中心线、内墙按隔热层净长乘以图示尺寸的高度及厚度以 m^3 计算。应扣除门窗洞口、管道穿洞口所占体积</td><td rowspan="2">1. 墙体保温砂浆子目按外墙外保温考虑，如实际为外墙内保温，人工乘以系数 0.75，其余不变
2. 抗裂防护层中抗裂砂浆厚度设计与定额不同时抗裂砂浆与搅拌机定额用量按比例调整，其余不变
3. 抗裂防护层网格布（钢丝网）之间的搭接及门窗洞口周边加固，定额中已综合考虑，不另行计算</td></tr>
<tr><td>011001002</td><td>保温隔热天棚</td><td>保温砂浆
软木板
矿棉、聚苯板等</td><td>8-51～8-53
8-55
8-56～8-59</td></tr>
</table>

（续）

项目编码	项目名称	定额子目	定额编码	定额规则	定额说明
011001003	保温隔热墙面	保温砂浆 泡沫玻璃 聚氨酯硬泡 保温板 加气块 防裂保护层 棉岩等	8－1～8－4、8－5 8－6、8－7 8－8～8－19 8－20、8－21 8－22～8－24 8－25、8－26	3. 屋面保温隔热：保温砂浆、聚氨酯喷涂、保温板铺贴按图示面积计算，不扣除屋面排烟道、通风孔、伸缩缝、屋面检查洞及 0.3m^2 以内孔洞所占面积，洞口翻边也不增加 4. 天棚保温隔热：按设计图示尺寸以水平投影面积计算，不扣除间壁墙(包括半砖墙)、垛、柱、附墙烟囱、检查口和管道所占的面积。带天棚，梁侧面的工程量并入天棚内计算	4. 本章中未包含基层界面剂涂刷、找平层、基层抹灰及装饰面层、发生时套用相应子目另行计算 5. 弧形墙、柱、梁等保温砂浆、抗裂防护层抹灰、保温板铺贴按相应项目人工乘以系数 1.15，材料乘以系数 1.05
011001004	保温柱、梁面				
011001005	隔热楼地面	挤塑保温板 软木板 加气块 聚苯板	8－60 8－61 8－62 8－63		
011001006	其他保温隔热				

表 10.6 防腐工程组价内容、定额计算规则及说明

项目编码	项目名称	定额子目	定额编码	定额规则	定额说明
011002001	防腐混凝土面层	水玻璃耐酸混凝土 耐酸沥青混凝土 碎石灌沥青 硫黄混凝土 面层酸化处理 刷冷底子油	8－66、8－67 8－70、8－71 8－72 8－75、8－76 8－80 7－65、7－66	1. 耐酸防腐工程项目应区分不同材料种类及其厚度，按设计实铺面积以 m^2 计算，平面项目应扣除凸出地面的构筑物、设备基础等所占的面积，但不扣除柱、垛所占面积。柱、垛等突出墙面部分，按展开面积计算，并入墙面工程量内 2. 踢脚板按实铺长度以乘高以 m^2 计算，应扣除门洞所占的面积，并相应增加侧壁展开面积 3. 平面砌双层耐酸块料时，按单层面积乘以系数 2 计算 4. 硫黄胶泥二次灌缝按实际体积计算 5. 楼地面的保温隔热：按围护结构墙间净面积计算，不扣除柱、垛及每个面积 0.3m^2 内的孔洞所占面积 6. 保温隔热层的厚度。按隔热材料净厚度(不包括胶结材料厚度)尺寸计算	1. 耐酸防腐整体面层、隔离层不分平面、立面，均按材料做法套用同一定额；块料面层以平面铺贴为准，立面铺贴套平面定额，人工乘以 1.38，踢脚板人工乘以 1.56，其余不变 2. 池、沟、槽瓷砖面层定额不分平、立面，适用于小型池、槽、沟(划分标准见定额第四章) 3. 耐酸定额是按自然养护考虑的，如需特殊养护者，费用另计 4. 耐酸面层均未包括踢脚线，如设计有踢脚线时，套用相应面层定额 5. 防腐卷材接缝、附加层、收头等人工材料已计入定额中，不再另行计算
011002002	防腐砂浆面层	水玻璃耐酸砂浆 耐酸沥青砂浆 硫黄砂浆 环氧砂浆 面层酸化处理	8－64、8－65 8－68、8－69 8－73、7－74 8－77、8－78、8－115 8－80		
011002003	防腐胶泥面层	环氧胶泥面层	8－79		
011002004	玻璃钢防腐层	玻璃钢防腐层	8－82～8－93		
011002005	聚氯乙烯板面层	软聚氯乙烯板面层	8－81		

（续）

项目编码	项目名称	定额子目	定额编码	定额规则	定额说明
011002006	块料防腐面层	水玻璃胶泥砌瓷砖 水玻璃砂浆砌瓷砖 沥青胶泥砌瓷砖 环氧胶泥砌瓷砖 胶泥勾缝	8－100～8－105 8－106～8－108 8－109～8－111 8－112～8－115 8－118～8－121	7. 柱包隔热层：按图示隔热层中心线的展开长度乘以图示高度及厚度以 m^3 计算 8. 软木板：铺贴墙柱面、天棚，按图示尺寸以 m^3 计算 9. 柱帽保温隔热：按设计图示尺寸并入天棚保温隔热工程量内 10. 池槽保温隔热：池壁并入墙面保温隔热内，池底并入地面保温隔热内 11. 保温层排气管：按图示尺寸以延长米计算，不扣除管件所占长度，保温层出气孔按不同材料以个计算	6. 保温层排气管按 ϕ50 UPVC 管及综合管件编制，排气孔：ϕ50 UPVC 管按 180°单出口考虑(2 只 90°弯头组成)，双出口时应增加三通 1 只；ϕ50 钢管、不锈钢管按 180°煨制弯考虑，当采用管件拼接时另增加弯头 2 只，管材用量乘以 0.7。管材、管件的规格、材质不同，单价换算，其余不变 7. 树脂珍珠岩板、天棚保温吸音层、超细玻璃棉、装袋矿棉、聚苯乙烯泡沫板厚度均按 50mm 编制，设计厚度不同单价可换算，其余不变 8. 本章定额中采用石油沥青作为胶结材料的子目均指使用于有保温、隔热要求的工业建筑及构筑物工程 （定额 344 页注）：混凝土板下采用带木龙骨聚苯板时，每 $10m^3$ 增加杉木枋 $0.75m^3$，铁件 45.45kg，扣除聚苯板 $0.63m^3$
011002007	池槽块料防腐	池沟槽瓷砖面层 面层酸化处理 刷冷底子油	8－122～8－127、8－115 8－80 7－65、7－66		
011003001	隔离层	沥青胶泥卷材 沥青胶泥玻璃布 沥青胶泥 刷冷底子油	8－94、8－95 8－96、8－97 8－98 7－65、7－66		
011003002	砌筑沥青浸渍砖	沥青胶泥砌筑沥青浸渍砖	8－116～8－117		
011003003	防腐涂料	刷防腐涂料（沥青漆、树脂漆等）	8－128、8－138 8－141～8－144		

防腐、隔热、保温项目定额相关说明如下。

本章定额中保温砂浆及耐酸的种类，配合比及保温板材料的品种、型号规格和厚度等与设计不同时，应按设计规定进行调整。

1）耐酸防腐工程

耐酸防腐定额工程量大部分计量同清单规则，按图示以“m^2”计算。定额计量应注意以下几点。

（1）定额花岗岩面层中的胶泥勾缝按“m”计算。

（2）砌筑沥青浸渍砖，清单按“m^3”计算，定额按“m^2”计算，双层砌筑时，按单层面积乘以系数 2 计算。

（3）硫黄胶泥二次灌缝按实际体积计算。

2）保温、隔热工程

（1）墙柱面保温。

抗裂防护层网格布(钢丝网)之间的搭接及门窗洞口周边加固，定额中已综合考虑，不另行计算。设计要求增加膨胀螺栓固定时，每 100m^2 增加膨胀螺栓 612 套，人工 3 工日，其他机械费 5 元。

清单墙、柱保温工程量按“m^2”计算，与定额中保温砂浆、泡沫玻璃、聚氨酯硬泡、保温板(不含膨胀珍珠岩、软木板、石油沥青作为胶结材料的聚苯乙烯泡沫板)保温工程量计算方法是相同的。但是，当墙、柱保温层采用膨胀珍珠岩、软木板、石油沥青为胶结材料的聚苯乙烯泡沫板时，这些柱隔热层工程量按图示隔热层中心线的展开长度乘以图示高度及厚度以“m^3”计算。

带柱帽时，柱帽隔热层计入天棚保温工程量内。

(2) 屋面保温。

膨胀珍珠岩、加气块、沥青玻璃(矿渣)棉、现浇珍珠岩、干铺珍珠岩、矿渣、微孔硅酸钙作为建筑物的保温隔热材料时，定额工程量以“m^3”计算，而清单按“m^2”计算。

(3) 天棚保温。

清单天棚保温按设计图示以“m^2”计算。定额中的保温砂浆、天棚保温吸音层按水平投影以“m^2”计算，软木板、石油沥青作为胶结材料的聚苯乙烯泡沫板则按水平投影面积乘以厚度以“m^3”计算。

(4) 楼地面保温。

清单楼地面保温按设计图示以“m^2”计算。定额中的挤塑板按围护结构净面积计算，软木板、加气块、石油沥青作为胶结材料的聚苯乙烯泡沫板则以“m^3”计算。

10.3 清单规范及定额应用案例

【例 10-2】 求水玻璃耐酸砂浆铺砌墙面耐酸瓷砖基价。已知瓷砖厚 30；单价 0.95 元/块，不勾缝。

解： 立面铺贴耐酸瓷砖套用平面定额，人工×1.38，设计耐酸瓷砖 30 厚，根据定额 354 页注解，单价换算，不勾缝时增加砌筑胶泥 0.034m^3。套用定额 8-108H，则

$$换后基价=9462+4219\times(0.95-0.90)+3788\times(1.38-1)+0.034\times1599.44=11167(元/100m^2)$$

【例 10-3】 求弧形墙面 40 厚聚苯乙烯泡沫保温板基价。已知 40 厚保温板，单价 18 元/m^2。

解： 设计保温板与定额厚度不同，单价换算，弧形铺贴，人工×1.15，材料费×1.05。套用定额 8-8H，则

$$换后基价=2511+102\times(18-15)+[2111.81+102\times(18-15)]\times(1.05-1)+395\times(1.15-1)=2997(元/100m^2)$$

【例 10-4】 某建筑物平面如图 10.1 所示，轴线居中，层高 3.0m，窗洞口 3000mm×1500mm，采用 80 系列单框中空玻璃推拉窗，窗框居中安装。门洞 1500mm×2400mm，门框 60mm×120mm，居中安装。外墙多孔砖墙体，保温材料采用 50 厚聚苯板。固定方式：聚合物粘结剂粘贴与锚栓固定相结合。抗裂保护层：4 厚防裂砂浆、玻纤网一层。根据题意、图示、清单规范及定额，完成下列表 10.7 中保温工程清单编码、定额编码及工程量并求防裂保护层基价。

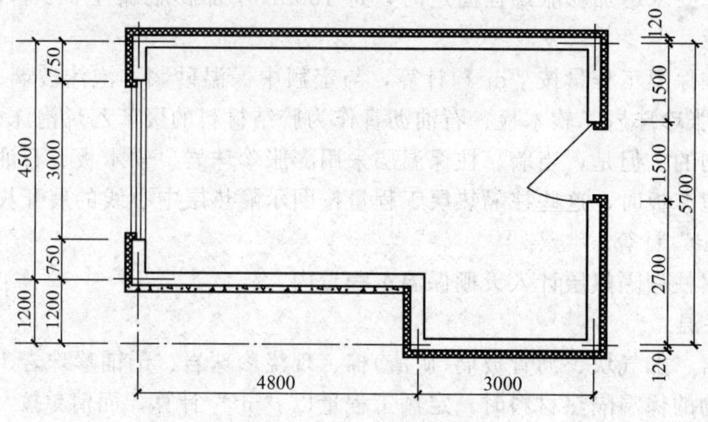

图 10.1　建筑物平面图

解：根据定额 330 页注解，增加锚栓固定时，每 $100m^2$ 增加锚栓 612 套，人工 3 工日，其他机械费 5 元，防裂砂浆保护层套用定额 8－22H，则

换后基价＝2122＋612×0.48＋50×3＋5＝2570.76(元/$100m^2$)

表 10.7　保温工程清单工程量及定额子目

清单编码	定额编码	项目名称及做法	清单工程量计算式	单位	工程量
011001003001	8－8H 8－22H	聚苯板外墙外保温：50 厚聚苯板，粘结剂粘贴并增加锚栓固定，40 厚防裂砂浆保护层、玻纤网一层	聚苯板保温层＝[(7.8＋0.29)×2＋(5.7＋0.29)×2]×3.0－3×1.5－1.5×2.4＋[(3－0.05)×2＋(1.5－0.05)×2]×[0.05＋(0.24－0.08)/2]＋[(2.4－0.025)×2＋(1.5－0.05)×1]×[0.05＋(0.24－0.12)/2]＝78.206 防裂砂浆工程量＝78.60	m^2	78.206

【例 10－5】 某冷藏室室内如图 10.2 所示，轴线居中，层净高 3.3m，保温门 900mm×2000mm，居内安装，洞口侧边不做保温。冷藏室室内包括柱子保温材料均采用石油沥青粘贴 100 厚聚苯乙烯泡沫保温板。先做天棚、地面，后铺墙柱面。根据题意、图示及定额，完成墙柱面、天棚、地面保温工程量及定额编码，填入表 10.8。

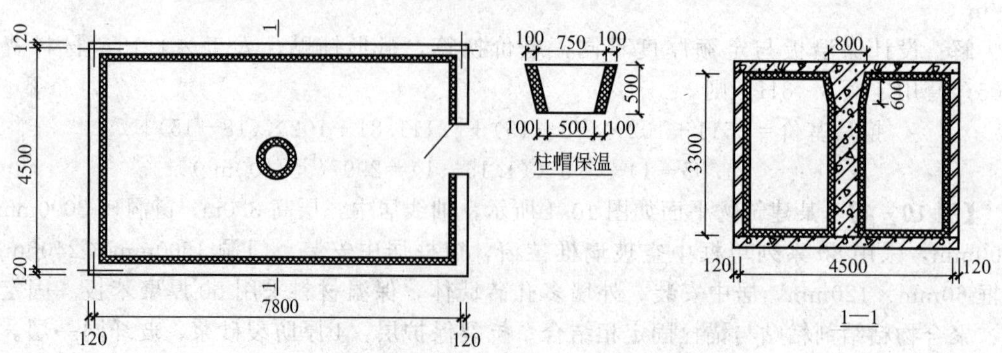

图 10.2　冷藏室室内保温平立面图

解：根据定额计算规则，石油沥青粘贴聚苯乙烯泡沫保温板，按体积计算，柱帽工程量并入天棚计算，具体计算过程见表 10.8。

表 10.8 冷藏室室内保温工程工程量计算

定额编码	项目名称	计算公式	单位	工程量
8-18	墙面聚苯乙烯保温板	(7.56＋4.26－2×0.1)×2×(3.3－0.2)×0.1－0.9×2×0.1	m^3	7.024
8-19	聚苯乙烯保温板包柱子	3.14×(0.5＋0.1)×(3.3－0.6－0.1)×0.1	m^3	0.490
8-59	天棚聚苯乙烯保温板	(7.8－0.24)×(4.5－0.24)×0.1＋[(3.14×0.375^2＋3.14×0.475^2＋3.14×0.375×0.475)－(3.14×0.25^2＋3.14×0.375^2＋3.14×0.25×0.375)]×0.5/3	m^3	3.350
8-63	楼地面聚苯乙烯保温板	(7.8－0.24)×(4.5－0.24)×0.1	m^3	3.221

习 题

1. 求水玻璃耐酸砂浆铺砌踢脚线耐酸瓷砖基价。已知瓷砖厚 30，单价 0.95 元/块，不勾缝。

2. 求弧形内墙面铺贴 30 厚聚苯颗粒保温砂浆基价。

3. 保温平屋面，尺寸如图 10.3 所示，做法如下：板上炉渣混凝土找坡(最薄处 30)，1∶3 水泥砂浆找平 20 厚，50 厚聚苯乙烯泡沫保温板，20 厚 1∶3 水泥砂浆找平，3 厚改性沥青卷材防水，干铺油毡一道，40 厚 C20 细石混凝土随捣随抹。试计算屋面找坡、找平、保温、防水工程量。

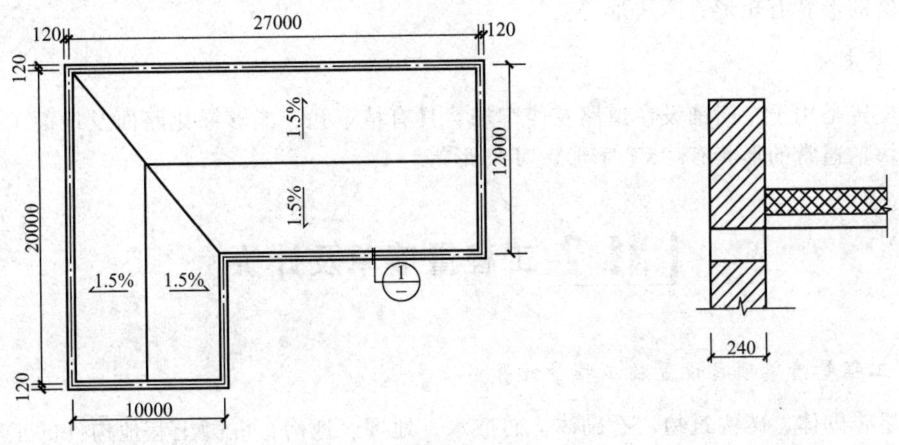

图 10.3 平屋面平面及女儿墙

第11章 附属工程

学习任务

本章主要内容包括零星砖砌体，砖构筑物，石砌体，砖散水、地坪、地沟，混凝土其他构件及室外地坪块、草皮砖。通过本章学习，重点掌握附属工程量计算及计价。

学习要求

知识要点	能力要求	相关知识
零星砖砌体	(1) 掌握零星工程量计算 (2) 熟悉零星工程分类	(1) 砖台阶与平台划分 (2) 砖翼墙概念
草皮砖工程	掌握工程量计算	草皮砖名称
电缆沟、地沟	熟悉工程量计算	清单电缆沟、定额电缆沟区分

11.1 基础知识

1. 地坪块

以水泥、砂、碎石为主要原料，经一定比例混合现场预制或机械模压而成的实心块体。通常的形状有矩形、六边形等。

2. 草皮砖

草皮砖是用于专门铺设在道路及停车场、具有植草孔、能够绿化路面及地面工程的混凝土砌块，通常的形状有“8”字形、“L”形等。

11.2 工程量清单及计价

1. 工程量清单项目设置及工程量计算

零星砖砌体，砖构筑物，石砌体，砖散水、地坪、地沟，混凝土其他构件的工程量清单项目设置及工程量计算规则见表11.1。

表 11.1 附属工程

<table>
<tr><th>项目编码</th><th>项目名称</th><th>项目特征</th><th>计量规则</th><th>工程内容</th></tr>
<tr><td>010404013</td><td>零星砖砌体</td><td>1. 零星砌砖名称、部位
2. 刮缝要求
3. 砂浆强度等级、配合比</td><td rowspan="3">翼墙、锅台、炉灶、蹲台、洗涤池、污水池、池脚按“个”计算；台阶按水平投影面积以“m^2”计算；大小便槽、地垄墙、洗涤槽按“m”计算；其他按体积计算</td><td>1. 砂浆制作、运输
2. 砌砖
3. 刮缝
4. 材料运输</td></tr>
<tr><td>010404012</td><td>砖窨井、检查井</td><td rowspan="2">1. 井(池)截面
2. 垫层材种、厚度
3. 底板厚度
4. 勾缝要求
5. 混凝土强度
6. 砂浆强度、配合比
7. 抹灰及饰面材种、防潮层材种
8. 土方类别、深度，回填土及余土情况</td><td rowspan="2">1. 土方挖运
2. 砂浆制作、运输
3. 铺设垫层
4. 底板混凝土
5. 砌砖
6. 勾缝
7. 井池底、壁抹灰
8. 抹防潮层
9. 回填
10. 材料运输</td></tr>
<tr><td>070206001</td><td>砖水池、化粪池</td></tr>
<tr><td>010403008</td><td>石台阶</td><td rowspan="2">1. 垫层材料种类、厚度
2. 石料种类、规格
3. 护坡厚度、高度
4. 石表面加工要求
5. 勾缝要求
6. 砂浆等级、配合比</td><td>按设计图示尺寸以m^3计算</td><td rowspan="2">1. 铺设垫层
2. 石料加工、运输
3. 砂浆制作、运输
4. 砌石、勾缝
5. 石表面加工</td></tr>
<tr><td>010403009</td><td>石坡道</td><td>按设计图示尺寸以水平投影面积计算</td></tr>
<tr><td>010404014</td><td>砖散水、地坪</td><td>1. 垫层材种、厚度
2. 散水、地坪厚度
3. 面层种类、厚度
4. 砂浆强度、配合比</td><td>按设计图示尺寸以面积计算</td><td>1. 地基找平、夯实
2. 铺设垫层
3. 砌砖散水、地坪
4. 抹砂浆面层</td></tr>
<tr><td>010404015</td><td>砖地沟、明沟</td><td>1. 沟截面尺寸
2. 垫层材料种类、厚度
3. 混凝土等级强度
4. 砂浆强度等级、配合比</td><td>按设计图示以中心线长度计算</td><td>1. 挖运土石
2. 垫层
3. 底板混凝土
4. 砌砖、勾缝、抹灰
5. 材料运输</td></tr>
<tr><td>010507011</td><td>混凝土其他构件</td><td>1. 构件的类型
2. 构件规格
3. 混凝土强度等级
4. 混凝土拌和料要求</td><td>按m^3、m^2、m或座计算。不扣除构件内钢筋、铁件体积</td><td>混凝土制作、运输、浇筑、振捣、养护</td></tr>
</table>

（续）

项目编码	项目名称	项目特征	计量规则	工程内容
010507001	混凝土散水、坡道	1. 垫层材料种类、厚度 2. 面层厚度 3. 混凝土强度 4. 填塞材料种类	按图示以面积计算。不扣除 0.3m^2 以内的孔洞所占面积	1. 地基夯实 2. 铺设垫层 3. 混凝土坡道 4. 变形缝填塞
010507002	电缆沟、地沟	1. 沟截面 2. 垫层材料种类、厚度 3. 混凝土强度 4. 防护材料种类	按设计图示尺寸以中心线长度计算	1. 挖运土石 2. 铺设垫层 3. 混凝土沟 4. 刷防护材
011102003	块料楼地面	1. 垫层材料种类、厚度 2. 面层材料厚度	按设计图示以 m^2 计算	1. 垫层 2. 面层
011503001	金属扶手带栏杆		栏杆所围面积计算	

清单项目编制说明如下。

1）零星砌砖

零星砌砖适用于台阶、台阶挡墙、梯带(翼墙)、锅台、炉灶、蹲台、洗涤池、污水池、小便槽、地垄墙、池脚、花坛、屋面隔热板下砖墩、窗间墙、窗台下、楼板下、梁头下的实砌部分等。

2）混凝土其他构件

化粪池、洗涤池、污水池、洗涤槽、小型池槽、压顶、扶手、垫块、门框等应在清单中描述其外形、断面尺寸及相关的构造要求；台阶应描述步数、步距等特征。

小型池槽、垫块、门框按图示以“m^3”计算；化粪池可按“座”；污水池可按“只”计算；标准设计洗涤槽可按“m”计算，双面洗涤槽以单面乘以 2 计算；扶手、压顶(包括伸入墙内的长度)应按“m”计算；台阶应按水平投影面积计算，当与平台相连时，平台面积在 10m^2 以内时按台阶计算，平台面积在 10m^2 以上时，平台按楼地面工程计算套用相应定额，工程量以最上一级 30cm 处为分界。

3）电缆沟、地沟

按内空断面不同予以分别列项。电缆沟、地沟的内空断面面积大于 0.4m^2 时，应对沟底、沟壁、沟顶尺寸予以描述，可以按 5 级编码对沟底、沟壁、沟顶分别列项。电缆沟、地沟、散水、坡道需抹灰时，应包括在报价内。

混凝土散水面积按外墙中心线乘以宽度计算，不扣除每个长度在 5m 以内的踏步或斜坡；散水边明沟按外墙中心线长度计算。

2. 附属工程定额工程量计算规则、计价方法

附属工程定额工程量计算规则、计价方法见表 11.2。

表 11.2 附属工程组价内容、定额计算规则及说明

<table>
<tr><th>项目编码</th><th>项目名称</th><th>定额子目</th><th>定额编码</th><th>定额规则</th><th>定额说明</th></tr>
<tr><td>010404013</td><td>零星砖砌体</td><td>砖砌大小便槽
砖翼墙
四步以内砖砌台阶</td><td>9-36～9-44
9-63、9-64
9-65</td><td rowspan="12">1. 地坪铺设：按图示尺寸以 m^2 计算，不扣除 $0.5m^2$ 以内各类检查井所占面积
2. 铸铁花饰围墙：按图示长度乘以高度计算
3. 排水管道：按图示以“m”计算，管道铺设方向窨井内空小于 50cm 时不扣窨井所占长度，大于 50cm 时，按井壁内空尺寸扣除窨井所占长度
4. 洗涤槽：以延长米计算，双面槽以单面长乘以 2 计算
5. 墙脚护坡边明沟：长度按外墙中心线计算，墙脚护坡按外墙中心线乘以宽度计算，不扣除每个长度在 5m 以内的踏步或斜坡
6. 台阶及坡道：按水平投影面积计算，如台阶与平台相连时，平台面积在 $10m^2$ 以内时按台阶计算，平台面积在 $10m^2$ 以上时，平台按楼地面工程执行，工程量以最上一级 30cm 处为分界
7. 砖砌翼墙，单面为一座，双面按两座计算</td><td rowspan="12">1. 本定额所列排水管、窨井等室外管道排水定额仅为化粪池配套设施用，不包括土方及垫层，如发生应按有关章节定额另列项目计算
2. 窨井：按浙 S1、S2 图集编制，如设计不同，按相应定额执行
3. 排水管每节实际长度不同时不做调整
4. 砖砌窨井：按内径周长套用定额，井深按 1m 编制，实际深度不同，套用“每增减 20cm”定额按比例调整
5. 化粪池：按浙 S1、S2 标准图集编制，如设计采用的标准图不同，可参照容积套用相应定额。隔油池按 93S217 图集编制。隔油池顶按不覆土考虑
6. 小便槽：不包括端部侧墙，侧墙砌筑及面层另列项目套用相应定额
7. 单独砖脚：定额适用于成品水池下的砖脚
8. 面层装饰：本章台阶、坡道定额未包括，如发生，应按设计面层做法，另行套用楼地面工程相应定额</td></tr>
<tr><td>010404012</td><td>砖窨井、检查井</td><td>砖窨井、检查井</td><td>9-8～9-15</td></tr>
<tr><td>070206001</td><td>砖水池、化粪池</td><td>隔油池
化粪池
池盖</td><td>9-32～9-35
9-16～9-21
9-69</td></tr>
<tr><td>010403008</td><td>石台阶</td><td>方整石台阶</td><td>9-67</td></tr>
<tr><td>010403009</td><td>石坡道</td><td>毛石护坡</td><td>9-59、9-60</td></tr>
<tr><td>010404014</td><td>砖散水、地坪</td><td></td><td></td></tr>
<tr><td>010404015</td><td>砖地沟、明沟</td><td>砖明沟</td><td>9-62</td></tr>
<tr><td>010507011</td><td>混凝土其他构件</td><td>标准混凝土化粪池
预制钢筋混凝土池槽
四步以内混凝土台阶</td><td>9-22～9-31
9-45、9-55
9-66</td></tr>
<tr><td>010507001</td><td>混凝土散水、坡道</td><td>混凝土散水、坡道</td><td>9-58、9-9-68</td></tr>
<tr><td>010507002</td><td>电缆沟、地沟</td><td>混凝土明沟</td><td>9-61</td></tr>
<tr><td>011102003</td><td>块料楼地面</td><td>铺地坪块或嵌草砖</td><td>9-1～9-3</td></tr>
<tr><td>011503001</td><td>金属扶手带栏杆</td><td>铸铁花式围墙</td><td>9-4</td></tr>
</table>

附属工程定额相关说明如下。

本章定额主要适用于一般工业和民用建筑(构筑物)所在的厂区或小区及房屋附属工程，如建筑物的附属道路、停车场、围墙、化粪池、隔油池、窨井、室外排水、散水、台阶、坡道、卫生间池槽等。超出本范围的按市政工程列项。

1）地坪

(1) 地坪块砂基层、砂浆基层厚度分别按 60mm、20mm 考虑，设计不同时按比例调整基层材料用量，其他不变。

(2) 嵌草砖定额不含基层，设计带基层时，基层另计算。

2）窨井

窨井深按 1m 为准，超过时按每增减 20cm 定额调整，其中窨井深是指自混凝土底板顶面至窨井盖面的深度。窨井壁除了内径周长 1m 以内按半砖墙外，其他均按一砖厚考虑。

3）化粪池

(1) 混凝土化粪池、砖砌化粪池，按混凝土构筑物清单规范编码设置清单。

(2) 窨井和化粪池的盖，定额按预制混凝土考虑，如实际采用铸铁或复合井盖时，窨井或化粪池定额扣除人工 0.1 工日、C20(16)混凝土 0.032m^3 及其材料费 1.4 元，扣除其他机械费 1.5 元，铸铁或复合井盖另计算。

4）电缆沟、地沟

带盖或非明沟套用第 6 章电缆沟、地沟或构筑物中地沟定额，计量单位定额按“m^3”，而清单按“m”。定额明沟计量单位同清单。

5）墙脚护坡

定额毛石墙脚护坡按厚 15cm 考虑，混凝土护坡按 8cm 考虑。当设计不同时，有关材料、机械费按比例调整。

6）台阶

(1) 四步以上砖砌台阶及翼墙不再直接套用本章定额，应按挖土方、垫层、抹灰、零星砌体等套用相应定额，弧形砖砌台阶按定额第三章砌体工程定额说明的第 13 条调整砖及砂浆消耗量。

(2) 四步以上现浇混凝土台阶套用定额第四章楼梯定额，其中挖土方、垫层、抹灰等另按相应定额执行。弧形台阶另增加模板费按基础弧形边考虑。

11.3 清单规范及定额应用案例

【例 11-1】 砖砌窨井按浙江标准图集制作，内径周长为 1.96m，深为 1.26m。使用铸铁井盖 ϕ700(1 套)，砖价格 320 元/千块。求窨井基价。

解： 根据题意如，内径周长 1.96m<2m，套用定额 9-10，井深 1.26m>1m，按每增加 20cm 定额比例调整。井盖采用铸铁，窨井定额扣除人工 0.1 工日、C20(16)混凝土 0.032m^3 及其材料费 1.4 元，扣除其他机械费 1.5 元，另计入铸铁井盖。套用定额 9-10+9-14+9-69 换，则

换后基价＝554＋82×26/20＋(0.314＋0.076×26/20)×(320－310)＋667－0.1×43－0.032× 230.38－1.4－1.5＝1317(元/只)

【例 11-2】 求采用 WM10 湿拌砂浆(市场价 225 元/m^3)砌筑弧形台阶基价。

解： 采用湿拌砂浆，砂浆单价换算，扣除每立方米砂浆人工 0.45 工日，扣除灰浆机械台班。弧形台阶砌筑，人工×1.1，砂浆及砖块×1.03，套用定额 9-65H，则

换后基价＝1436－1.16×0.45×43－0.22×58.57＋(225－195.13)×1.16＋(1.03－1)×(1.95×310＋1.16×225)
＝1461.28(元/$10m^2$)

习　题

某室外停车场，面积1500m^2，其中400mm×600mm的雨水口20个，600mm×1000mm的电缆井10个。面层采用地坪块：70厚400mm×200mm地坪块，25厚1：3水泥砂浆基层，以下混凝土、碎石垫层及夯土不考虑。根据定额，试求地坪块工程量及地坪块直接工程费。

第12章 楼地面工程

学习任务

本章主要介绍面层、踢脚线、楼梯装饰、栏杆扶手栏板装饰、台阶装饰、零星装饰等项目。通过本章学习，重点掌握楼地面装饰工程量计算及计价。

学习要求

知识要点	能力要求	相关知识
整体面层工程	(1) 掌握整体面层工程量计算 (2) 掌握整体面层材料种类及价格	(1) 水泥砂浆、水磨石施工工艺 (2)面层材料配合比
块料面层工程	掌握块料面层工程量计算	干硬性水泥砂浆
室外台阶装饰	掌握台阶项目工程量计算	台阶整体面层和块料面层

楼地面工程是楼面和地面装饰的总称，地面装饰包括基层、垫层、附加层、面层，楼面装饰一般是除结构层外的装饰项目。按装饰部位和材料不同，楼地面清单项目和定额均分为9节，包括面层、踢脚线、楼梯装饰、栏杆、扶手、栏板装饰、台阶装饰、零星装饰等项目。

12.1 基础知识

12.1.1 面层类型及构造

楼地面面层可分为整体面层、块料面层、橡塑面层、其他材料面层。

楼地面一般由基层(素土夯实)、垫层(C15 混凝土、砂石料、二灰碎石、水泥炉渣等材料)、填充层(常为 1∶6 水泥煤渣，也可用水泥陶粒等用于敷设暗管，兼保温作用)、找平层(1∶3 水泥砂浆、C20 细石混凝土等材料)、防水层(油毡、高分子卷材、涂膜等材料)、结合层(水泥浆)、面层(整体面层、块料面层)构成，如图 12.1 所示。

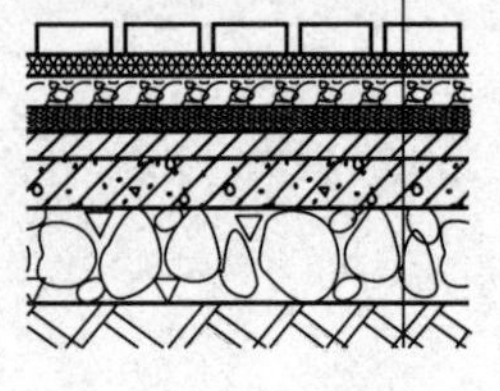

图 12.1 楼地面构造

1. 整体面层

整体面层是整体式楼地面的面层，即整片浇注而成，分为水泥砂浆、细石混凝土、现浇水磨石、自流平面层。

1）水泥砂浆面层

适用于地面、楼梯、踢脚线、台阶。构造做法：刷水泥浆一道（内掺建筑胶），20～25 厚 1∶2 水泥砂浆抹面。结构层不平整时应先用细石混凝土找平，再做面层。

2）细石混凝土面层

构造做法：刷水泥浆一道（内掺建筑胶），C20 细石混凝土 40 厚，表面撒 1∶1 水泥细砂随打随抹光，如图 12.2 所示。

1:2水泥砂浆随捣随抹
C15细石混凝土40mm厚
刷水泥浆内掺建筑胶
100厚C15素混凝土垫层
200厚块石垫层
素土夯实

图 12.2　细石混凝土面层

3）现浇水磨石面层

适用于地面、楼梯、踢脚线、台阶。构造做法：刷素水泥浆一道（内掺建筑胶），30 厚 1∶3 水泥砂浆找平，按设计图案固定分格条（玻璃条、铝条、铜条），浇注 12～18 厚 1∶2.5 水泥石渣浆抹平，硬结后用磨石子机和水磨光，酸洗（草酸）清洗油渍、污渍，打蜡（蜡胆、松香水、鱼油、煤油等按设计要求配合），如图 12.3 所示。按标准不同有本色水磨石（普通水泥）、彩色水磨石（白水泥掺颜料）。

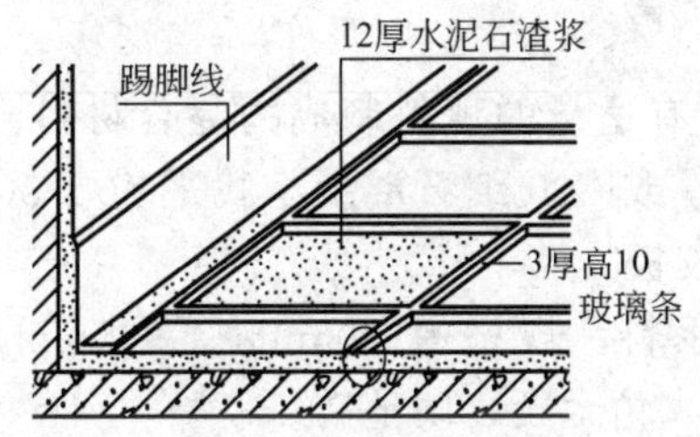

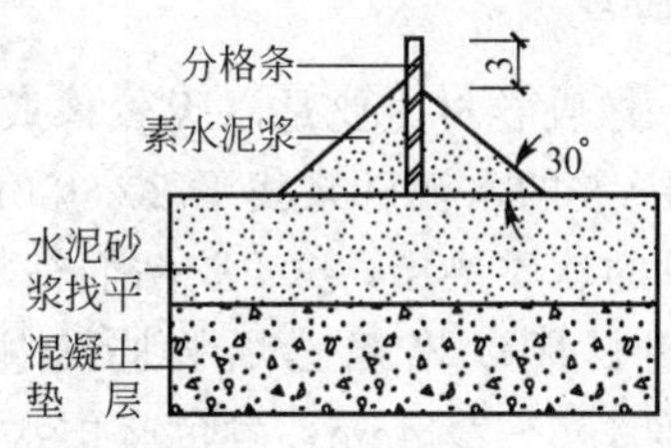

图 12.3　水磨石面层

4）自流平面层

适用于食品加工厂、洁净厂、实验室、医院等工程的地面，常用面层的材料有自流平胶泥或自流平砂浆。

2. 块料面层

用各种块状或片状材料铺砌成的地面，按材料不同分为石材楼地面、块料楼地面。一般构造做法：在结构层上刷一道素水泥浆（内掺建筑胶），20～35 厚 1∶3 干硬性水泥砂浆结合层，浇素水泥浆一道，铺贴块材面层，干水泥擦缝（或稀水泥浆灌缝），如图 12.4 所示。

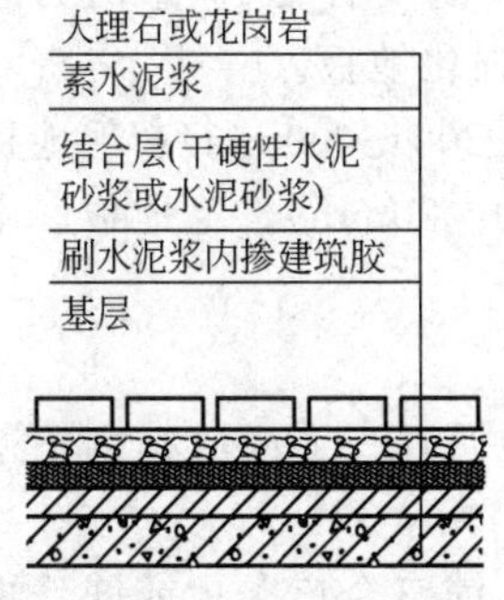

图 12.4　块料面层

1）石材面层

石材面层常见的有大理石面层与花岗岩面层。大理石分为天然大理石和人造大理石，人造大理石是以大理石石粉、石英粉、石粉等为骨料配以聚酯、水泥复合制成。大理石常用于室内地面楼梯、台阶、踢脚线、墙柱面等，花岗岩常用于室内外地面、楼梯、台阶、墙柱面等。

2）块料面层

块料面层常见的材料有预制水磨石、钢化玻璃、水泥砖、陶瓷墙地砖。陶瓷墙地砖是釉面砖、墙地砖、陶瓷锦砖的总称。釉面砖又称瓷砖，表面施釉后平滑、光亮、颜色丰富多彩，背面有凸凹纹，它是建筑室内装饰最重要、最常见的材料之一。其主要的规格：450mm×450mm、300mm×300mm、200mm×200mm、150mm×300mm、150mm×150mm、80mm×220mm等，厚度5～10mm。室外广场道路常用的地砖有广场砖(长宽100～300mm，厚12～20mm)、砌块砖(长宽60～500mm，厚50～100mm)。建筑装饰用的墙地砖一般墙地两用，按其是否施釉分为无釉墙地砖与彩釉砖，墙地砖的表面质感多种多样，有平面、麻面、毛面、磨光面、抛光面、纹点面、仿大理石面、金属面、防滑面等，规格有100mm×100mm、100mm×200mm、150mm×200mm、200mm×200mm、200mm×300mm、800mm×800mm等，厚度8～10mm。陶瓷锦砖是陶瓷什锦砖的简称，俗称马赛克，它是边长不大于40mm的小块瓷砖，具有多种色彩和规格，不同规格的砖可拼成多种图案，陶瓷锦砖广泛用于建筑室内外墙地面，也可用于室内游泳池池壁贴面。

3) 碎拼石材面层

碎拼石材面层构造做法：20～35mm厚1∶3干硬性水泥砂浆结合层，浇素水泥浆一道，大理石碎块或花岗岩碎块拼铺，缝隙用白水泥砂浆或彩色水泥石渣浆填嵌，干硬后进行细磨酸洗打蜡。

3. 橡塑面层

橡胶板、橡胶卷材主要是以天然橡胶或含有适量的填料制成的复合材料。构造做法：在垫层上用1∶3的水泥砂浆找平20～30mm厚或C20细石混凝土找平40～50mm厚；铺30～50mm厚的软质垫层；504胶粘剂粘贴橡胶板。

常用的塑料板以聚氯乙烯树脂为主要原料，规格有305mm×305mm、303mm×303mm，厚度1.5～2.5mm，颜色有仿水磨石、仿木纹、防地砖。

4. 其他材料面层

其他材料面层主要包括、竹木地板、地毯、防静电活动地板。

1) 竹木地板

竹木地板：面层地板有硬木地板(宽50～120mm、长400～1200mm、厚15～20mm)、硬木拼花地板(宽23～50mm、长115～300mm、厚9～20mm)、长条复合地板(中间为芯板，两面贴薄板)、软木地板(分树脂软木地板、橡胶软木地板)、强化地板。

竹木地板基层常用的材料有木龙骨(断面30mm×40mm，间距200～400mm)、毛地板(宽100～120mm、长400～1200mm、厚22～25mm)、细木工板(9～20mm)。毛地板、木龙骨、细木工板表面应刷防腐油。

硬木地板铺设形式可分为粘贴式、架空式、实铺式。

粘贴式：20厚1∶3水泥砂浆找平，刷冷底子油1或2道，热沥青一道或胶粘剂粘贴拼花企口木地板。

架空式：砌地垄墙或砖墩，地垄墙上设置垫木，铺设木搁栅，铺钉企口条板或铺毛板后再铺设面板。

实铺式：1∶3水泥砂浆找平，水泥砂浆或预埋件固定木龙骨，铺设企口面板或毛板再铺面板，如图12.5所示。

强化地板构造：基层水泥砂浆找平，干铺一层聚乙烯薄膜防潮材料，干铺强化地板，板缝防水胶粘结。构造要点：防水胶要满涂并溢出，板与固定物体之间要留有10mm的缝

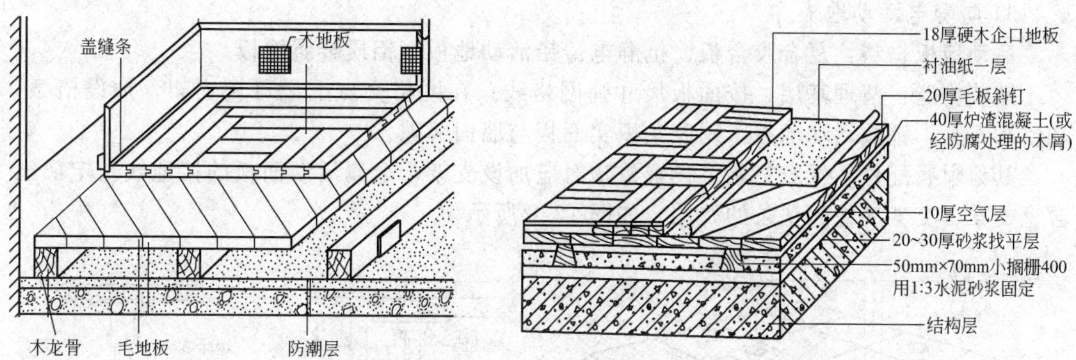

图 12.5 木地板楼地面

隙，用踢脚板遮挡缝隙，板总长超过 10m 时断开，地板间缝加设压条过渡。

弹性木地板构造形式：衬垫式弹性木地板(用橡皮等弹性材料做衬垫)、弓式弹性木地面(用木弓或钢弓作衬垫)，如图 12.6 所示。

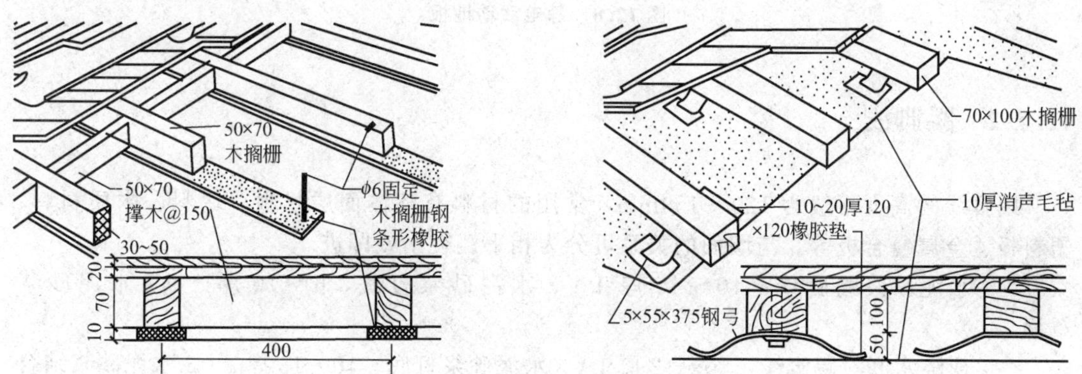

图 12.6 弹性木地板楼地面

2）地毯地面

地毯种类：羊毛地毯、化纤地毯等。铺设形式：满铺、局部铺。固定形式：不固定式和固定式。构造做法：20 厚 1∶3 水泥砂浆找平，弹性垫层，铺设地毯，用铜质压条或木质带钩压条固定，如图 12.7 所示。

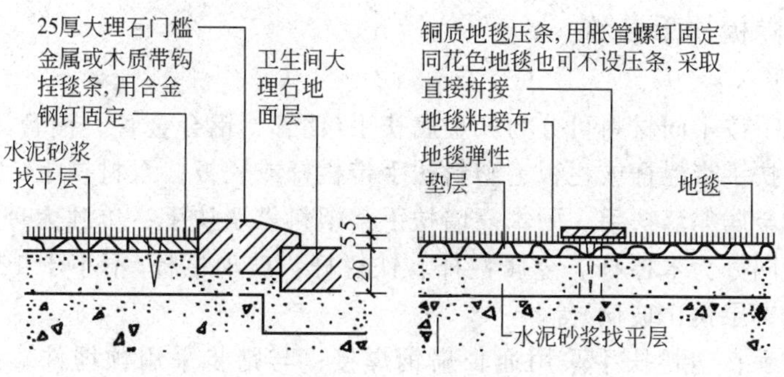

图 12.7 地毯地面

3）防静电活动地板

活动地板材料：复合胶合板、抗静电铸铅活动地板、铝质金属地板。

铺装构造：清理基层；按面板尺寸弹网格线；在网格交点上设可调支架，加设桁条，调整水平度；铺放活动面板，用胶条填实面板与墙面缝隙。

其他附属配件：橡胶垫条，设置重物时应加设支架，金属活动面板的接地线。定额已含钢支架、支架底橡胶垫条的费用，如图 12.8 所示。

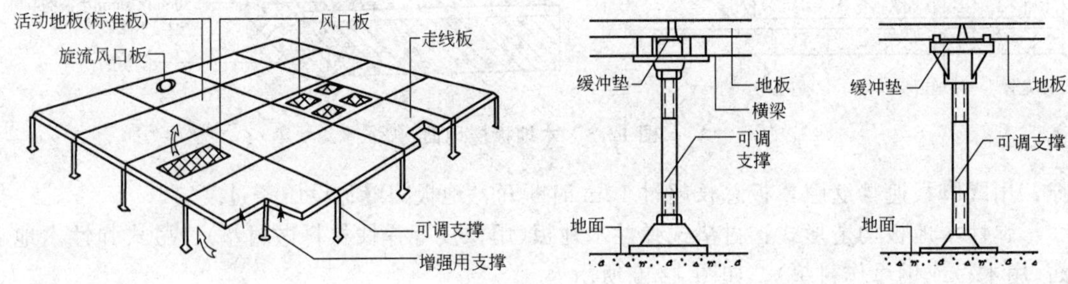

图 12.8　静电活动地板

12.1.2　踢脚线

踢脚线的高度一般为 120～150mm，常用的材料有整体面层材料、块料、木质材料、塑料板、金属复合板等。与墙面的关系可分为相平、突出或凹进。

(1) 水泥砂浆踢脚线：10～15 厚 1∶3 水泥砂浆打底，6～10 厚 1∶2 水泥砂浆罩面。

(2) 现浇水磨石踢脚线：10～12 厚 1∶3 水泥砂浆打底，10～15 厚 1∶3 水泥砂浆结合层，10～12 厚 1∶2 水泥白石子浆罩面，酸洗打蜡抛光。

(3) 石材踢脚线：10～12 厚 1∶3 水泥砂浆打底，素水泥浆 1 厚一道，10～15 厚 1∶2 水泥砂浆结合层，镶贴石材，酸洗打蜡。

(4) 木质踢脚线：12 厚 1∶3 水泥砂浆底，固定杉木龙骨，铺钉胶合板，镶贴或铺钉面层，面层油漆。

12.1.3　栏杆栏板扶手装饰

栏杆栏板扶手按不同材料可分为：金属扶手(钢管、铝合金管、铜管、不锈钢管)带栏杆或栏板、硬木扶手带栏杆或栏板、塑料扶手带栏杆或栏板、石材扶手(大理石、花岗石)带栏杆或栏板、金属靠墙扶手、硬木靠墙扶手、塑料靠墙扶手、单独大理石扶手等。其中栏板按材料的不同分为木栏杆、金属栏杆、铁栏杆、玻璃栏板(不小于 10mm 厚的钢化玻璃、夹丝玻璃、夹层钢化玻璃)等。

栏杆与木扶手、塑料扶手采用通长扁钢焊接；与踏步采用预埋件、预留孔或螺栓连接，栏杆与扶手的连接如图 12.9 所示。玻璃栏杆的构造如图 12.10 所示。

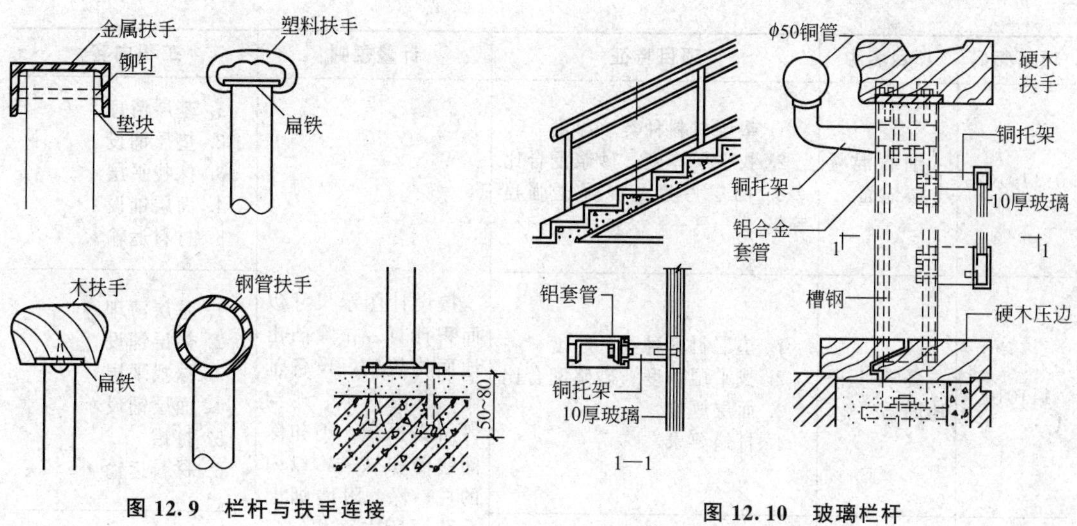

图 12.9 栏杆与扶手连接

图 12.10 玻璃栏杆

12.2 工程量清单及计价

12.2.1 整体面层

1. 工程量清单项目设置及工程量计算

工程量清单项目设置及工程量计算见表 12.1。

表 12.1 整体面层(编码：011101)

项目编码	项目名称	项目特征	计量规则	工程内容
011101001	水泥砂浆楼地面	1. 垫层材料种类、厚度 2. 找平层厚度、砂浆配合比 3. 素水泥浆遍数 4. 面层厚度、砂浆配合比	按设计图示尺寸以面积计算。扣除凸出地面构筑物、设备基础、室内铁道、地沟等所占面积，不扣除间壁墙和 0.3m² 以内的柱、垛、附墙烟囱及孔洞所占面积。门洞、空圈、暖气包槽、壁龛的开口部分不增加面积	1. 基层清理 2. 垫层铺设 3. 抹找平层 4. 抹面层 5. 材料运输
011101002	现浇水磨石楼地面	1. 垫层材料种类、厚度 2. 找平层厚度、砂浆配合比 3. 面层厚度、水泥石子浆配合比 4. 嵌条材料种类、规格 5. 石子种类、规格、颜色 6. 颜料种类、颜色 7. 图案要求 8. 磨光、酸洗、打蜡要求		1. 基层清理 2. 垫层铺设 3. 抹找平层 4. 面层铺设 5. 嵌缝条安装 6. 磨光、酸洗、打蜡 7. 材料运输

（续）

<table>
<tr><th>项目编码</th><th>项目名称</th><th>项目特征</th><th>计量规则</th><th>工程内容</th></tr>
<tr><td>011101003</td><td>细石混凝土楼地面</td><td>1. 垫层材料种类、厚度
2. 找平层厚度、砂浆配合比
3. 面层厚度、混凝土强度等级</td><td rowspan="4">按设计图示尺寸以面积计算。扣除凸出地面构筑物、设备基础、室内铁道、地沟等所占面积，不扣除间壁墙和 $0.3m^2$ 以内的柱、垛、附墙烟囱及孔洞所占面积。门洞、空圈、暖气包槽、壁龛的开口部分不增加面积</td><td>1. 基层清理
2. 垫层铺设
3. 抹找平层
4. 面层铺设
5. 材料运输</td></tr>
<tr><td>011101004</td><td>菱苦土楼地面</td><td>1. 垫层材料种类、厚度
2. 找平层厚度、砂浆配合比
3. 面层厚度
4. 打蜡要求</td><td>1. 基层清理
2. 垫层铺设
3. 抹找平层
4. 面层铺设
5. 打蜡
6. 材料运输</td></tr>
<tr><td>011101005</td><td>自流平楼地面</td><td>1. 找平层砂浆配合比、厚度
2. 界面剂材料种类
3. 中层漆材料种类、厚度
4. 面漆材料种类、厚度
5. 面层材料种类</td><td rowspan="2">1. 基层处理
2. 抹找平层
3. 涂界面剂
4. 涂刷中层漆
5. 打磨、吸尘
6. 镘自流平面漆(浆)
7. 拌和自流平浆料
8. 铺面层</td></tr>
<tr><td>011101006</td><td>平面砂浆找平层</td><td>1. 垫层材料种类、厚度
2. 找平层厚度、砂浆配合比</td></tr>
</table>

2. 定额工程量计算规则、计价方法

定额工程量计算规则、计价方法见表 12.2。

表 12.2　整体面层工程组价内容、定额计算规则及说明

<table>
<tr><th>项目编码</th><th>项目名称</th><th>定额子目</th><th>定额编码</th><th>定额计算规则</th><th>定额说明</th><th>备注</th></tr>
<tr><td rowspan="3">011101001</td><td rowspan="3">水泥砂浆楼地面</td><td>垫层</td><td>3-1～3-12、4-1、4-73</td><td>同楼地面工程量</td><td rowspan="3">1. 本章定额中凡砂浆、混凝土的厚度、种类、配合比及装饰材料的品种、型号、规格、间距设计与定额不同时，可按设计规定调整
2. 整体面层设计厚度与定额不同时，根据每增减子目按比例调整
3. 整体面层定额不包找平层，发生时套用找平层相应子目。找平层定额厚度：砂浆 20；细石混凝土 30。找平层扫毛每平方米加人工费 0.04 工日，材料费加 0.5 元</td><td rowspan="3"></td></tr>
<tr><td>找平层</td><td>10-1、10-2、10-7、10-8</td><td rowspan="2">整体面层楼地面按设计图示尺寸面积计算，应扣除凸出地面的构筑物、设备基础、室内铁道、地沟等所占面积，不扣除 $0.3m^2$ 以内的柱、垛、间壁墙附墙烟囱及孔洞所占面积，但门洞、空圈、壁龛的开口部分也不增加。所谓间隔墙是指在地面面层做好再进行施工的墙体</td></tr>
<tr><td>面层</td><td>10-3、10-4、10-5</td></tr>
</table>

（续）

项目编码	项目名称	定额子目	定额编码	定额计算规则	定额说明	备注
011101001	水泥砂浆楼地面	防水层	7－38～7－82	按主墙间净面积计算，应扣除凸出地面的构筑物、设备基础等所占的面积，不扣除柱、垛、间壁墙、附墙烟囱及每个面积在 $0.3m^2$ 以内的孔洞所占面积，立面连接处高度在 500mm 以内的立面面积并入平面防水计算。防水卷材的接缝、收头、冷底子油(适用单独刷)、粘结剂等工料已计入定额，不另计算。设计有金属压条时，另行计算		
011101002	现浇水磨石楼地面	面层	10－9～10－14	定额整体面层规则	现浇水磨石项目已包括养护和酸洗打蜡等内容(定额 6、7 页注)：水磨石分带嵌条和不带嵌条，嵌条有3厚玻璃条与铜条区分，弧形工×1.2，掺颜料基价调整，掺量按设计计算，设计不明按石子浆水泥8%计算	垫层、找平层、防水层另套相应定额子目
011101003	细石混凝土楼地面	面层	10－7、10－8、10－5	定额整体面层规则		
011101006	砂浆找平层	找平层	10－1、10－2、10－7、10－8			

注：整体面层工程量计算清单规则与定额规则相同。

3. 应用举例

【例 12－1】 某建筑平面图如图 12.11 所示。卧室楼面构造做法：150mm 现浇钢筋混凝土楼板，素水泥浆一道，20 厚 1∶2 水泥砂浆抹面压光。客厅楼面构造做法：22 厚 1∶3 水泥砂浆找平，彩色水磨石带图案有嵌条 18 厚掺 8%的绿色颜料，颜料价格 12 元/kg。

问题：

(1) 按清单规则计算带卫生间的卧室楼地面工程量。

(2) 试确定 22 厚 1∶3 水泥砂浆找平层的基价。

(3) 试确定掺颜料彩色水磨石基价。

解： (1) 带卫生间的卧室楼地面工程量 $=3.36\times4.56+3.14\times1.5\times1.5/2+0.24\times3-1.74\times2.34=15.50(m^2)$

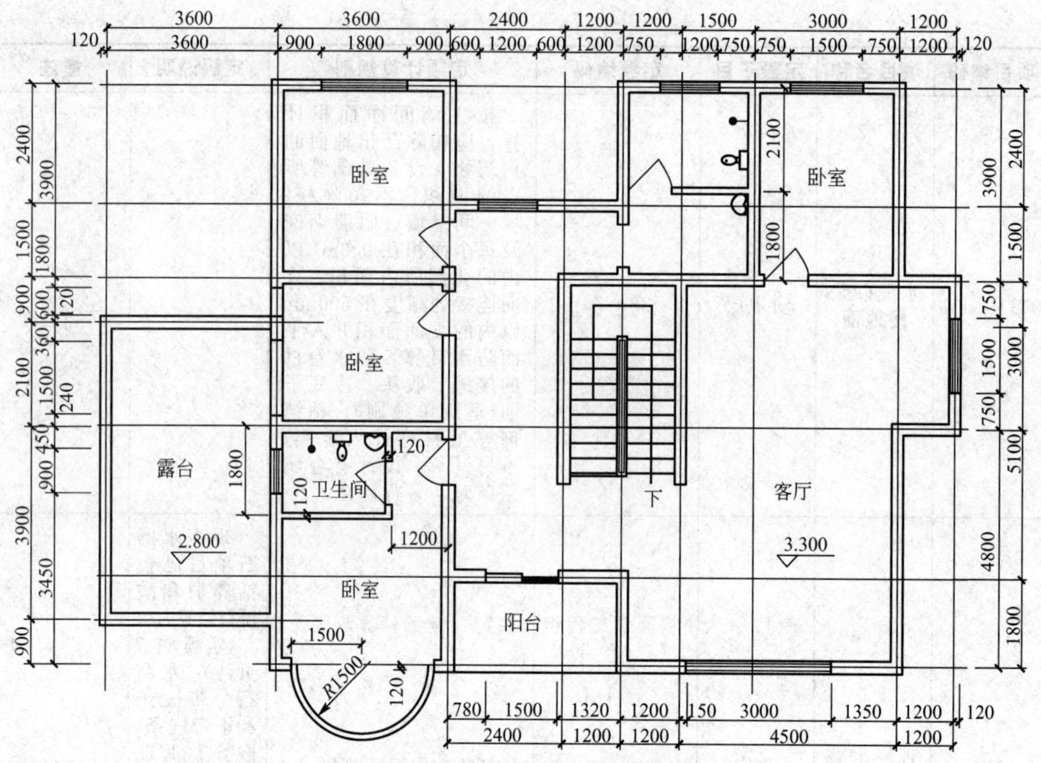

图 12.11 建筑平面图

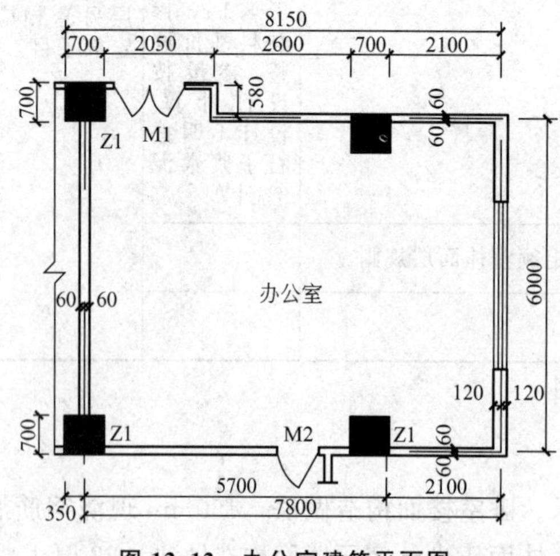

图 12.12 办公室建筑平面图

(2) 套用定额 10－1＋10－2×0.4，则

换后基价＝7.81＋1.39×0.4＝8.37(元/m^2)

(3) 套用定额 10－12H，则

换后基价＝51.71＋2.04×636×8%×12/100

＝64.17(元/m^2)

【例 12－2】 某办公室建筑平面如图 12.12 所示。间壁轻隔墙厚 120mm，承重墙厚 240mm。楼面构造做法：素土夯实，100 厚碎石垫层，80 厚 C15 混凝土垫层，20mm 厚1∶3 水泥砂浆找平。按清单规则计算办公室楼地面找平层工程量。

解：120mm 间壁轻隔墙，不扣除。0.3m^2 以上柱所占面积扣除。

$$S=(7.8-0.12)\times 6+(2.05+0.35)\times 0.58-(0.7-0.12)\times 0.7\times 2=46.66(m^2)$$

12.2.2 块料面层

1. 工程量清单项目设置、清单工程量计算

工程量清单项目设置及工程量计算见表 12.3。

表 12.3　块料面层(编码：011102)

项目编码	项目名称	项目特征	计量规则	工程内容
011102001	石材楼地面	1. 垫层材料种类、厚度 2. 找平层厚度、砂浆配合比 3. 结合层厚度、砂浆配合比 4. 面层材品种、规格、品牌、颜色 5. 嵌缝材料种类 6. 防护层材料种类 7. 酸洗、打蜡要求	按设计图示尺寸以面积计算。门洞、空圈、暖气包槽、壁龛的开口部分并入相应的工程量内	1. 基层清理、铺设垫层、抹找平层 2. 面层铺设 3. 嵌缝 4. 刷防护材料 5. 酸洗、打蜡 6. 材料运输
011102002	碎石材楼地面			
011102003	块料楼地面			

2. 定额工程量计算规则、计价方法

定额工程量计算规则、计价方法见表 12.4。

表 12.4　块料面层工程组价内容、定额计算规则及说明

项目编码	项目名称	定额子目	定额编码	定额计算规则	定额说明
011102001	石材楼地面	垫层	3-1～3-12 4-1、4-73	同楼地面工程量	1. 块料面层定额不包括垫层、找平层 2. 块料面层粘结层厚度设计与定额(2cm)不同时，按水泥砂浆找平层厚度每增减子目进行调整换算 3. 块料面层结合砂浆(1∶3)如采用干硬性水泥砂浆，则除材料单价换算外，人工×0.85 4. 块料及地板等楼地面面层和楼梯子目均不包括踢脚线，楼梯块料面层包括底面及侧面抹灰 5. 块料面层铺贴定额子目包括块料安装的切割，未包括块料磨边及异形块的切割，如设计要求磨边者套用磨边相应子目，如设计弧形块贴面时，弧形切割费另行计算 6. 块料面层铺贴，设计有特殊要求的，应根据设计图纸调整定额损耗率 7. 块料离缝铺贴灰缝宽度按 8mm 计算，设计块料规格及灰缝大小与定额不同时，面砖及勾缝材料用量相应调整
		找平层	10-1、10-2 10-7、10-8	按定额整体面层	
		嵌铜条	10-15	1. 块料、橡塑及其他材料等面层楼地面按设计图示尺寸以 m^2 计算，门洞、空圈的开口部分工程量并入相应的面层内计算。块料不扣除点缀所占面积，点缀按个计算 2. 镶贴块料拼花图案的工程量，按设计图案的面积计算。其中石材面层定额子目包括石材面层、碎拼、拼花、点缀、嵌边。嵌铜条，弧形切割，磨边铣槽按延米计算	
		酸洗打蜡	10-40		
011102002	碎石材楼地面	弧形切割	10-42、10-43		
		磨边铣槽	15-89～15-94		
011102003	块料楼地面	面层	石材面层 10-16～10-23 块料面层 10-24～10-39		

（续）

项目编码	项目名称	定额子目	定额编码	定额计算规则	定额说明
011102003	块料楼地面				8. 块料面层点缀适用于每个块料在 0.05m^2 以内的点缀项目 9. 广场砖铺贴定额中的拼图案是指铺贴不同颜色或规格的广场砖形成环形、菱形等图案。分色线性铺装按不拼图案定额套用。 找平层砂浆 20 厚，细石混凝土 30 厚。找平层扫毛每平方米加人工费 0.04 工日，材料费加 0.5 元
		防水层	7－38～7－82	按主墙间净面积计算，扣除凸出地面的构筑物、设备基础等所占的面积，不扣除柱、垛、间壁墙、附墙烟囱及每个面积在 0.3m^2 以内的孔洞所占面积，立面防水高度在 500mm 以内的并入平面防水项目计算	防水卷材的接缝、收头、冷底子油（适用单独刷）、粘结剂等工料已计入定额内，不另计算。设计有金属压条时，另行计算

3. 应用举例

【例 12－3】 某工程楼面建筑平面如图 12.13 所示，根据定额有关计算规则及消耗量标准，完成以下各题。

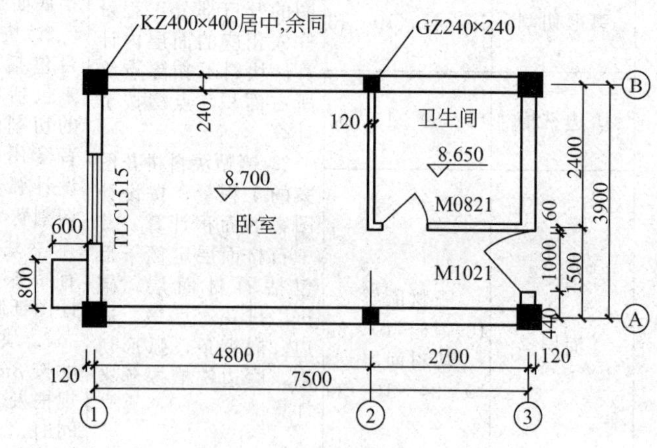

图 12.13　3 层建筑平面图

(1) 已知卧室铺贴 600mm×600mm 地砖面层，门框为 50mm×90mm，门扇与开启方向的内墙齐平。试求卧室楼面块料定额工程量。

(2) 如卧室结合层采用 30 厚 1∶3 水泥砂浆密缝铺贴 600mm×600mm 地砖面层，求面层基价。

(3) 如卧室结合层采用 5 厚 1∶1 水泥砂浆铺贴大理石地面，求面层基价。

(4) 如卧室结合层采用 30 厚 1∶3 干硬性水泥砂浆铺贴大理石地面，求面层基价。

解：(1) 卧室地面块料工程量＝(3.9－0.12×2)×(4.8－0.12－0.06)＋(1.5－0.12－0.06)×(2.7－0.12＋0.06)＋0.8×0.12＝20.49(m^2)(如门 M1021 的门扇中间放置，则工程量加 1×0.12)

(2) 套定额 10－31＋10－2×2，则

$$换后基价＝9686＋139×2＝9964(元/100m^2)$$

(3) 套定额 10－16－10－2×3，则

换后基价＝14190＋(262.93－210.26)×2.04－[139＋(262.93－195.13)×0.51]×3＝14818(元/100m^2)

(4) 套定额 10－16＋10－2×2，则

换后基价＝14190＋(199.35－210.26)×2.04＋(0.85－1)×1395.5＋[139＋(199.35－195.13)×0.51＋(0.85－1)×35]×2＝14230(元/100m^2)

或

换后基价＝14190＋139×2＋199.35×3.06－210.26×2.04－195.13×0.51×2＋(1395.5＋35×2)×(0.85－1)＝14230(元/100m^2)

【例 12－4】 某展览厅花岗石地面如图 12.14 和图 12.15 所示。墙厚 240mm，门洞口宽 1000mm，门扇与开启方向的内墙齐平。地面构造做法：C20 现场搅拌细石混凝土 30 厚找平，20 厚 1∶2.5 水泥砂浆结合层粘贴面层，酸洗打蜡。地面中有钢筋混凝土柱 8 根，直径 800mm；3 个花岗石图案为圆形，直径 1.8m，图案外边线 2.4m×2.4m；其余为规格块料和点缀图案，规格块料 600mm×600mm，点缀 32 个，150mm×150mm。250mm 宽花岗岩围边。根据定额有关计算规则及消耗量标准，完成以下各题。

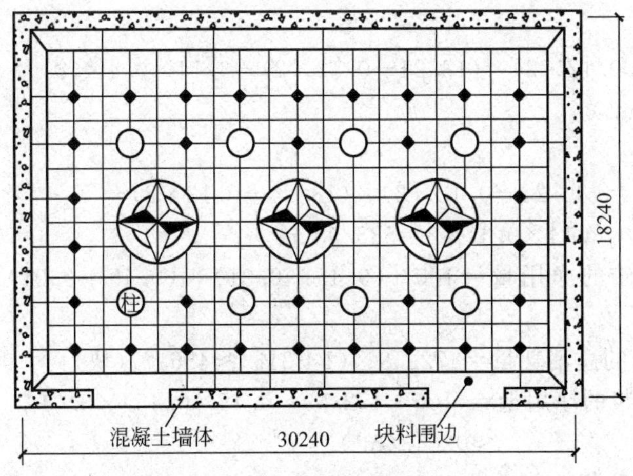

图 12.14　某展览厅花岗石地面

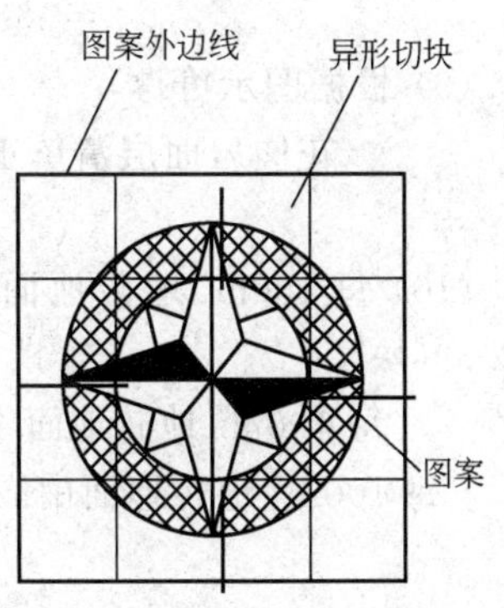

图 12.15　圆形图案详图

(1) 试确定细石混凝土找平层工程量。

(2) 试确定圆形图案工程量与圆形图案中的异形块料损耗率。

(3) 试确定展厅异形块料面层工程量。

(4) 试确定展厅规格材花岗岩铺贴工程量。

(5) 试确定展厅花岗岩围边工程量。

(6) 试确定弧形切割加工工程量。

(7) 花岗岩点缀工程量。

(8) 展厅花岗岩酸洗打蜡工程量。

(9) 在表 12.5 中完成展览厅花岗岩地面清单综合单价分析表，假设管理费 15%和利润费率均为 8.5%，花岗岩异形切块损耗率取 40%(假设展厅门洞口花岗岩工程量不计入)。

(10) 如展厅采用 1∶2 水泥砂浆结合层铺贴 450mm×450mm×10mm 地砖，离缝 10mm，用 1∶1 水泥砂浆嵌缝(假设地砖单价 30 元/片，地砖损耗率 3%，砂浆损耗率为 2%)。试求地砖面层基价。

解：(1) 找平层工程量＝(30.24－0.12×2)×(18.24－0.12×2)－3.14×0.4^2×8＝535.98(m^2)

(2) 圆形图案工程量＝3.14×0.9^2×3＝7.63(m^2)

圆形图案中的异形块料定额消耗量＝0.6×0.6×12×1.02×3＝13.22(m^2)

圆形图案中的异形块料图示净用量＝2.4×2.4×3－7.63＝9.65(m^2)

异形块料损耗率＝(13.22－9.65)/9.65×100%＝36.99%

(3) 展厅异形块料面层工程量＝2.4×2.4×3－7.63＋(1.2×1.2－3.14×0.4^2)×8＝17.15(m^2)

(4) 展厅花岗岩规格材铺贴工程量＝(30.24－0.12×2－0.25×2)×(18.24－0.12×2－0.25×2)－1.2×1.2×8－2.4×2.4×3＝487.45(m^2)

(5) 围边工程量＝[(30.24－0.12×2－0.25)＋(18.24－0.12×2－0.25)]×2×0.25＝23.75(m^2)

(6) 弧形切割加工工程量＝3.14×(1.8×3＋0.8×8)＝37.05(m)

(7) 根据定额及计算规则，点缀工程量＝32 个

(8) 根据图示可得：

酸洗打蜡工程量＝(30.24－0.12×2)×(18.24－0.12×2)－3.14×0.4^2×8
＝535.98(m^2)

(9) 根据图示可得：

花岗岩面层清单工程量＝(30.24－0.12×2)×(18.24－0.12×2)－3.14×0.4^2×8＝535.98(m^2)

(10) 每 100m^2 地砖地面中地砖的净用量＝100/[(0.45＋0.01)×(0.45＋0.01)]≈472.59(块)

每 100m^2 地砖地面中地砖的总消耗量＝472.59×(1＋3%)≈486.77(块)

每 100m^2 地砖地面中嵌缝砂浆的净用量＝(100－472.59×0.45×0.45)×0.01
≈0.043(m^3)

每 100m^2 地砖地面中嵌缝砂浆的总用量＝0.043×(1＋2%)≈0.044(m^3)

套用定额 10－36，则

换后基价＝9533－99.33×75.24＋486.77×30＋(0.044－0.027)×262.93＝16667(元/100m^2)

表 12.5 花岗岩地面清单综合单价分析表

项目编码	项目名称	计量单位	数量	综合单价/元						合计/元
				材料费	机械费	人工费	管理费	利润	小计	
020102001001	石材楼地面：C20现场搅拌细石混凝土，30mm厚找平，20mm厚1：2.5水泥砂浆结合层粘贴面层，酸洗打蜡	m^2	535.98	183.05	1.02	23.21	3.64	2.07	212.98	114153
10－17	花岗岩楼地面湿铺水泥砂浆	m^2	487.45	168.27	0.53	14.14	2.2	1.25	186.38	90850.93
10－17H	花岗岩楼地面湿铺水泥砂浆	m^2	17.15	229.07	0.53	14.14	2.2	1.25	247.18	4239.14
10－20	拼花及点缀面层拼花	m^2	7.63	555.76	0.22	16.85	2.56	1.45	576.84	4401.29
10－21	拼花及点缀面层点缀	个	32	4.28		18.07	2.71	1.54	26.59	850.88
10－23	花岗岩楼地面石材嵌边 水泥砂浆	m^2	23.75	168.28	0.53	16.97	2.62	1.49	189.88	4509.65
10－7	细石混凝土找平层厚30mm	m^2	535.98	6.34	0.42	5.3	0.86	0.49	13.41	7187.49
10－40	石材面层打蜡楼地面	m^2	535.98	0.69		2.32	0.35	0.2	3.55	1902.73
10－42	石材弧形切割增加费	m	37.05	0.44	1.11	3	0.62	0.35	5.51	204.15
列式计算综合单价		元/m^2	114153/535.98＝212.98							

注：表中10－17H＝18294＋(1.4－1)×102×160＝24822(元/100m^2)。

12.2.3 橡塑面层

1. 工程量清单项目设置、工程量计算

工程量清单项目设置及工程量计算见表12.6。

表 12.6　橡塑面层(编码：011103)

项目编码	项目名称	项目特征	计量规则	工程内容
011103001	橡胶板楼地面	1. 找平层厚度、砂浆配合比 2. 结合层厚度、砂浆配合比 3. 面层材料品种、规格、品牌、颜色 4. 压线条种类	按设计图示尺寸以面积计算。门洞、空圈、暖气包槽、壁龛的开口部分并入相应的工程量内	1. 基层清理、抹找平层 2. 面层贴铺 3. 压缝条装钉 4. 材料运输
011103002	橡胶卷材楼地面			
011103003	塑料板楼地面			
011103004	塑料卷材楼地面			

2. 定额工程量计算规则、计价方法

定额工程量计算规则，计价方法见表 12.7。

表 12.7　橡胶面层工程组价内容、定额计算规则及说明

项目编码	项目名称	定额子目	定额编码	定额计算规则	定额说明	备注
011103001	橡胶板楼地面	垫层	3-1～3-12、4-1、4-73	同楼地面工程量	找平层定额厚度：砂浆 20 厚，细石混凝土 30 厚。找平层扫毛每平方米，加人工费 0.04 工日，材料费 0.5 元	垫层、找平层另套相应定额子目
		找平层	10-1、10-2、10-7、10-8	定额整体面层规则		
		面层	10-44	橡塑及其他材料等面层楼地面按设计图示尺寸以 m^2 计算，门洞、空圈的开口部分工程量并入相应的面层内计算。橡塑不扣除点缀所占面积，点缀按个计算	块料面层点缀适用于每个块料在 0.05m^2 以内的点缀项目。 玻璃地面定额按成品考虑，若用于零星工程，定额人工及玻璃含量乘以系数 1.1	
011103002	橡胶卷材楼地面	面层	10-45			
011103003	塑料板楼地面	面层	10-44			
011103004	塑料卷材楼地面	面层	10-45			

注：橡塑面层工程量计算清单规则与定额规则相同。

12.2.4　其他材料面层

1. 工程量清单项目设置、工程量计算

工程量清单项目设置、工程量计算见表 12.8。

表 12.8　其他材料面层(编码：011104)

项目编码	项目名称	项目特征	计量规则	工程内容
011104001	地毯楼地面	1. 找平层厚度、砂浆配合比 2. 面层材料品种、规格、品牌、颜色 3. 防护材料种类 4. 粘结材料种类 5. 压线条种类	按设计图示尺寸以面积计算。门洞、空圈、暖气包槽、壁龛的开口部分并入相应的工程量内	1. 基层清理、抹找平层 2. 铺贴面层 3. 刷防护材料 4. 装钉压条 5. 材料运输
011104002	竹木地板	1. 找平层厚度、砂浆配合比 2. 龙骨材料种类、规格、铺设间距 3. 基层材料种类 4. 面层材料品种、规格、品牌、颜色 5. 防护材料种类 6. 油漆品种、刷漆遍数		1. 基层清理、抹找平层 2. 龙骨铺设 3. 铺设基层 4. 面层铺贴 5. 刷防护材料 6. 材料运输
011104003	金属复合地板	1. 找平层厚度、砂浆配合比 2. 龙骨材料种类、规格、铺设间距 3. 基层材料种类 4. 面层材料品种、规格、品牌 5. 防护材料种类		
011104004	防静电活动地板	1. 找平层厚度、砂浆配合比 2. 支架高度、材料种类 3. 面层材料品种、规格、品牌、颜色 4. 防护材料种类		1. 基层清理、抹找平层 2. 固定支架安装 3. 活动面层安装 4. 刷防护材料 5. 材料运输

2. 定额工程量计算规则、计价方法

定额工程量计算规则、计价方法见表 12.9。

表 12.9　其他材料面层工程组价内容、定额计算规则及说明

项目编码	项目名称	定额子目	定额编码	定额计算规则	定额说明
011104001	楼地面地毯	找平层	10－1、10－2、10－7、10－8	定额整体面层规则	找平层定额厚度：砂浆 20 厚，细石混凝土 30 厚。找平层扫毛每平方米加人工费 0.04 工日，材料费加 0.5 元
		面层	10－46～10－51		

（续）

项目编码	项目名称	定额子目	定额编码	定额计算规则	定额说明
011104002	竹木地板	找平层	10-1～10-2、10-7～10-8	橡塑及其他材料等面层楼地面按设计图示尺寸以 m^2 计算，门洞、空圈的开口部分工程量并入相应的面层内计算。不扣除点缀所占面积，点缀按个计算。地毯压棍、压条按延长米计算	地毯定额分固定与不固定，固定地毯又分带胶垫与不带胶垫；方块地毯与地毯配件压棍或压条单列。木地板分硬木长条地板、硬木拼花地板和长条复合地板三大类，按安装工艺分铺在龙骨上、铺在木工板基层上和直接铺在混凝土面上。防静电活动地板按材质分木质与铝质。定额有关注解如下。 1. 防静电地板定额按成品考虑，支架、横梁等组件费用包括在成品价格内 2. 木地板按空铺式考虑，如设计为实铺式时，炉渣等填充料另计；地板防潮材料另计；架空式木格栅按定额第六章木地楞定额执行 3. 木地板铺贴基层如采用毛地板的，套用细木工板基层定额，除材料单价换算外，人工含量乘以系数1.05 4. 木地板龙骨断面为30mm×40mm，间距为400mm，设计不同时，用量调整 5. 采用平口木地板时，套用企口木地板项目，木地板价格换算，人工乘以系数0.9
		油漆	14-96～14-106		
		面层	10-52～10-57		
011104003	金属复合地板	面层	10-60（找平层另计）		
011104004	防静电活动地板	面层	10-58～10-59（找平层另计）		

3. 应用举例

【例12-5】 硬木长条平口地板铺在40mm×50mm木龙骨上，龙骨间距300mm，平行长度方向铺设，地板铺设房间内净尺寸为5250mm×3950mm，木地板价格210元/m^2，其他人、材、机按定额第十章，试求其基价(假设木龙骨损耗率为5%)。

解：根据题意，地板龙骨长5.25m，龙骨根数=3.95/0.3+1≈14(根)，木龙骨净用量为5.25×14×0.05×0.04=0.147(m^3)，每100m^2龙骨消耗量=0.147×1.05×100/(5.25×3.95)=0.744(m^3)。套定额10-52，则

$$\text{换后基价}=23519+(0.744-0.378)\times1450+1696.5\times(0.9-1)+105\times(210-200)=24930(\text{元}/100\text{m}^2)$$

12.2.5 踢脚线

1. 工程量清单项目设置、工程量计算

工程量清单项目设置、工程量计算见表12.10。

表 12.10　踢脚线(编码：011105)

<table>
<tr><th>项目编码</th><th>项目名称</th><th>项目特征</th><th>计量规则</th><th>工程内容</th></tr>
<tr><td>011105001</td><td>水泥砂浆踢脚线</td><td>1. 踢脚线高度
2. 底层厚度、砂浆配合比
3. 面层厚度、砂浆配合比</td><td rowspan="3">1. 按设计图示长度乘以高度以面积计算
2. 按设计图示延长米计算</td><td>1. 基层清理
2. 底层、面层抹灰
3. 材料运输</td></tr>
<tr><td>011105002</td><td>石材踢脚线</td><td rowspan="2">1. 踢脚线高度
2. 粘贴层厚度、材料种类
3. 面层材料品种、规格、品牌、颜色
4. 擦缝材料种类
5. 防护材料种类</td><td rowspan="2">1. 基层清理
2. 结合层抹灰
3. 面层铺贴
4. 擦缝
5. 磨光、酸洗、打蜡
6. 刷防护材料(如防渗材)
7. 材料运输</td></tr>
<tr><td>011105003</td><td>块料踢脚线</td></tr>
<tr><td>011105004</td><td>塑料板踢脚线</td><td>1. 踢脚线高度
2. 粘贴层厚度、材料种类
3. 面层材料品种、规格、品牌、颜色</td><td rowspan="4"></td><td rowspan="4">1. 基层清理
2. 基层铺贴
3. 面层铺贴
4. 刷防护材料(如防渗材)
5. 刷油漆
6. 材料运输</td></tr>
<tr><td>011105005</td><td>木质踢脚线</td><td rowspan="3">1. 踢脚线高度
2. 基层材料种类、规格
3. 面层材料品种、规格、品牌、颜色
4. 防护材料种类
5. 油漆品种、刷漆遍数</td></tr>
<tr><td>011105006</td><td>金属踢脚线</td></tr>
<tr><td>011105007</td><td>防静电踢脚线</td></tr>
</table>

2. 定额工程量计算规则、计价方法

定额工程量计算规则、计价方法见表 12.11。

表 12.11　踢脚线工程组价内容、定额计算规则及说明

<table>
<tr><th>项目编码</th><th>项目名称</th><th>定额子目</th><th>定额编码</th><th>定额计算规则</th><th>定额说明</th><th>备注</th></tr>
<tr><td rowspan="2">011105001</td><td>水泥砂浆踢脚线</td><td>水泥砂浆踢脚</td><td>10－61</td><td rowspan="2">水泥砂浆、水磨石的踢脚线按延长米乘以高度以“m²”计算，不扣除门洞、空圈的长度，门洞、空圈和垛的侧壁也不增加</td><td rowspan="2">1. 水磨石项目已含酸洗打蜡
2. 除整体面层(水泥砂浆、现浇水磨石)楼梯外，整体面层、块料面层及地板面层等楼地面和楼梯子目均不包括踢脚线。水泥砂浆、现浇水磨石及块料面层的楼梯均包括底面及侧面抹灰
3. 踢脚线高度超过 30cm 者，按墙、柱面工程相应定额执行。弧形踢脚线按相应项目人工乘以 1.10，材料用量乘以系数 1.02</td><td></td></tr>
<tr><td>现浇水磨石踢脚线</td><td>面层</td><td>10－62、10－63</td><td>底层抹灰另计</td></tr>
</table>

（续）

项目编码	项目名称	定额子目	定额编码	定额计算规则	定额说明	备注
011105002	石材踢脚线	结合层抹灰	11-21	1. 块料面层、金属板、塑料板踢脚线按设计图示尺寸以“m^2”计算 2. 木基层踢脚线的基层按设计图示尺寸计算，面层按展开面积以“m^2”计算	4. 不锈钢踢脚线折边，洗槽费另计 注 1：成品木踢脚线如材质为硬木时，人工、机械乘以系数 1.1 注 2：踢脚线设计有压条时套用定额第十五章相应定额 注 3：橡塑卷材踢脚线按橡塑卷材楼地面子目执行，人工乘以系数 1.50	底层抹灰，酸洗打蜡另计
		酸洗打蜡	10-40			
		面层	10-64、10-65			
011105003	块料踢脚线	面层	10-63、10-66、10-67			
011105004	塑料板踢脚线	面层	10-74、10-75			底层抹灰另计
011105005	木质踢脚线	面层	10-68、10-69			
		油漆	14-75～14-108			
011105006	金属踢脚线	面层	10-71			
011105007	防静电踢脚线	面层	10-73			

3. 应用举例

【例 12-6】 某办公室建筑平面如图 12.2 所示。间壁轻隔墙厚 120mm，承重墙厚 240mm。木质踢脚线高 120mm，基层 9mm 厚胶合板，面层采用红榉木装饰板，上口钉木线，油漆。门洞宽 M1 为 1200mm，M2 为 850mm，墙面门口侧边的踢脚工程量不计算，柱面与墙面踢脚做法相同，柱装饰面层采用龙骨包方柱，红榉饰面，柱饰面层厚度为 50mm。依据定额计算规则，试计算木质踢脚线工程量。

解：木质踢脚线工程量＝[(7.62＋6－0.12)×2＋(0.7－0.12＋0.05)×2＋0.58×2]×0.12－(1.2＋0.85)×0.12＝3.28(m^2)

【例 12-7】 例 12-6 中踢脚线如果为整体面层材料，试计算踢脚线定额工程量。

解：整体面层踢脚线定额工程量＝[(7.62＋6－0.12)×2 ＋0.58×2]×0.12＝3.38(m^2)(不考虑柱垛侧面工程量，门窗洞口不增加)

【例 12-8】 某工程楼面建筑平面图如图 12.16 所示。墙体厚度为 240mm，图中所有轴线均居中。该层楼面做法：细石混凝土 30mm 找平，1∶2.5 水泥砂浆密缝铺贴 450mm×450mm×8mm 地砖，踢脚线高 150mm(门窗框厚 100mm，居中布置，C1 尺寸为1.8m×1.8m，M1 尺寸为 0.9m×2.4m，M2 尺寸为 0.9m×2.4m，门窗尺寸均为装饰后净尺寸)。

根据题意完成以下各题。

(1) 如踢脚线采用15mm厚1∶3水泥砂浆打底，10mm厚1∶2水泥砂浆面，根据定额求踢脚线工程量及直接工程费。

(2) 第(1)题中按清单规范计算规则，试确定清单踢脚线工程量。

(3) 如踢脚线块料采用的品质同地砖，15mm厚1∶2水泥砂浆铺贴，根据定额求踢脚线工程量及直接工程费。

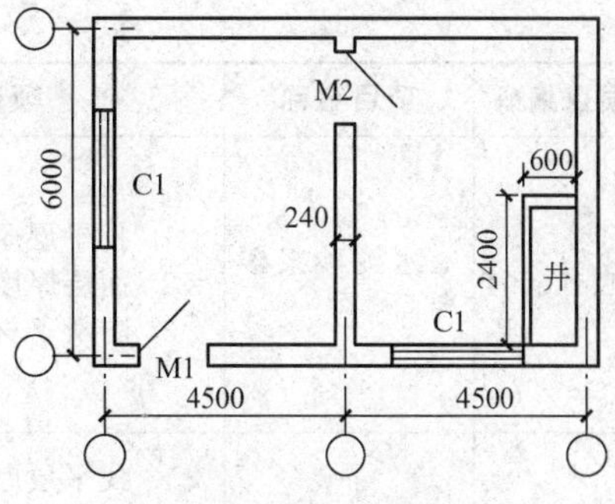

图12.16 平面图

解：(1) 水泥砂浆踢脚线定额工程量=[(6-0.24)×4+(4.5-0.24)×4]×0.15=6.01(m^2)

套定额10-61，则

踢脚线直接工程费=1899×6.01/100=114.13(元)

(2) 水泥砂浆踢脚线清单工程量=[(6-0.24)×4+(4.5-0.24)×4-0.9×2-0.9+(0.24-0.1)×3]×0.15=5.67(m^2)

(3) 瓷砖踢脚线定额工程量=[(6-0.24)×4+(4.5-0.24)×4-0.9×2-0.9+(0.24-0.1)×3+0.023×6-0.023×16]×0.15=5.98(m^2)

套定额10-66，则

踢脚线直接工程费=10660×5.98/100=637.47(元)

【例12-9】 求弧形金属板踢脚线的定额基价。

解：套用定额10-72H，则

换后基价=241.27+22.62×0.1+218.6522×0.02=247.91(元/m^2)

12.2.6 楼梯装饰

1. 工程量清单项目设置、工程量计算

工程量清单项目设置及工程量计算见表12.12。

表12.12 楼梯装饰(编码：011106)

项目编码	项目名称	项目特征	计量规则	工程内容
011106001	石材楼梯面层	1. 找平层厚度、砂浆配合比 2. 贴结层厚度、材料种类 3. 面层材料品种、规格、品牌、颜色 4. 防滑条材料种类、规格 5. 防护层材料种类 6. 酸洗、打蜡要求	按设计图示尺寸以楼梯(包括踏步、休息平台及500mm以内的楼梯井)水平投影面积计算。楼梯与楼地面连接时，算至梯口梁内侧边沿；无梯口梁者，算至最上一层踏步边沿加300mm	1. 基层清理 2. 抹找平层 3. 面层铺贴 4. 贴嵌防滑条 5. 擦缝 6. 刷防护材料 7. 酸洗、打蜡 8. 材料运输
011106002	块料楼梯面层			

（续）

项目编码	项目名称	项目特征	计量规则	工程内容
011106004	水泥砂浆楼梯面	1. 找平层厚度、砂浆配合比 2. 面层厚度、砂浆配合比 3. 防滑条材料种类、规格	按设计图示尺寸以楼梯（包括踏步、休息平台及500mm以内的楼梯井）水平投影面积计算。楼梯与楼地面连接时，算至梯口梁内侧边沿；无梯口梁者，算至最上一层踏步边沿加300mm	1. 基层清理 2. 抹找平层 3. 抹面层 4. 抹防滑条 5. 材料运输
011106005	现浇水磨石楼梯面	1. 找平层厚度、砂浆配合比 2. 面层厚度、水泥石子配合比 3. 防滑条材料种类、规格 4. 石子种类、规格、颜色 5. 颜料种类、颜色 6. 磨光、酸洗、打蜡要求		1. 基层清理 2. 抹找平层 3. 抹面层 4. 贴嵌防滑条 5. 磨光、酸洗、打蜡 6. 材料运输
011106006	地毯楼梯面	1. 基层找平 2. 找平层厚度、砂浆配合比 3. 面层材料品种、规格、品牌、颜色 4. 防护材料种类 5. 粘结材料种类 6. 固定配件材料种类、规格		1. 基层清理 2. 抹找平层 3. 铺贴面层 4. 固定配件安装 5. 刷防护材料 6. 材料运输
011106007	木板楼梯面	1. 找平层厚度、砂浆配合比 2. 基层材料种类、规格 3. 面层材料品种、规格、品牌、颜色 4. 粘结材料种类 5. 防护材料种类 6. 油漆品种、刷漆遍数		1. 基层清理 2. 抹找平层 3. 基层铺贴 4. 面层铺贴 5. 刷防护材料、油漆 6. 材料运输

注：拼碎石面层（011106003）、橡胶板面层（011106008）、塑料板面层（011106009）项目特征及有关规定见清单规范。

2. 定额工程量计算规则、计价方法

定额工程量计算规则、计价方法见表12.13。

表12.13 楼梯装饰工程组价内容、定额计算规则及说明

项目编码	项目名称	定额子目	定额编码	定额规则	定额说明
011106001	石材楼梯面层	面层	10-79、10-80	1. 楼梯装饰的工程量按设计图示尺寸以楼梯（包括踏步、休息平台以及500mm以内的楼梯井）水平投影面积以m^2计算；楼梯与楼地面相连时，算至梯口梁外侧边沿，无梯口梁者，算至最上一级踏步边沿加300mm	1. 水泥砂浆、现浇水磨石等整体面层的楼梯均包括底面、侧面抹灰及踢脚线（注意定额下册105页规则1楼梯天棚抹灰），当实际设计采用踢脚线与整体面层材料不一致时，按设计采用踢脚线计算，同时扣除相应整体面层材料的踢脚线；块料面层的楼梯包括底面及侧面抹灰
		嵌条	10-86～10-88		
		打蜡	10-41		
011106002	块料楼梯面层	面层	10-81、10-82		
		嵌条、打蜡同石材			

（续）

项目编码	项目名称	定额子目	定额编码	定额规则	定额说明
011106004	水泥砂浆楼梯面	面层	10-76	2. 楼梯、台阶块料面层打蜡面积按水平投影面积以 m^2 计算	2. 螺旋形楼梯的装饰，按相应定额子目，人工与机械乘以系数 1.1，块料面层材料用量乘以系数 1.15，其他材料用量乘以系数 1.05 注 1：楼梯铺地毯不满铺时，工程量按实铺投影面积计算 注 2：石材楼梯防滑槽按 10-88 换算，扣除防滑条、膨胀螺栓、木螺钉和胶粘剂含量，人工乘以系数 0.5
		嵌条	10-86～10-90		
011106005	现浇水磨石楼梯面	面层	10-77、10-78		
		嵌条	10-86～10-88		
011106006	地毯楼梯面	面层	10-84、10-85		
		砂浆面	10-76		
011106007	木板楼梯面	面层	10-83		
		砂浆面	10-76		
		油漆	14-93～14-103		

3. 应用举例

【例 12-9】 求螺旋楼梯水泥砂浆贴花岗岩面层定额基价。

解： 套用定额 10-80H，则

换后基价＝305.32＋(44.69＋0.3514)×0.1＋1.5402×160.00×0.15＋(260.2769－1.5402×160)×0.05＝347.48(元/m^2)

【例 12-10】 某二层建筑物的钢筋混凝土现浇板式楼梯，如图 12.17 所示，楼梯井宽 200mm。楼梯面层的建筑做法：1∶2 水泥砂浆粘贴花岗岩板，表面铣防滑槽(单条)，长度比踏步长度每端短 150mm，面层磨光酸洗打蜡，楼梯底板及楼侧 1∶3∶9 混合砂浆底纸筋灰面浆同定额。计算该楼梯花岗岩面层清单工程量，编制花岗岩楼梯面层工程量清单及清单报价，填入表 12.14～表 12.17(假设管理费和利润费率均为 10%)。

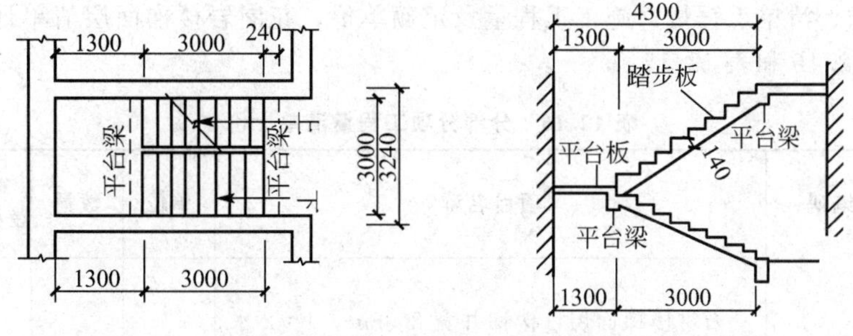

图 12.17 楼梯建筑平面图

解： 按墙内净面积(不包括嵌入墙内的平台梁)计算，楼梯井宽度小于 500mm，不予扣除。

(1) 石材楼梯面层清单工程量计算(表 12.14)。

表 12.14　石材楼梯面层清单工程量计算表

序号	项目编码	项目名称	计算式	单位	工程量
1	011106001001	石材楼梯面层	$S=(4.3+0.24)\times 3$	m^2	13.62

(2) 石材楼梯面层分项工程量清单编制(表 12.15)。

表 12.15　分部分项工程量清单

序号	项目编码	项目名称	项目特征	单位	工程量
1	011106001001	石材楼梯面层	楼梯井宽 200mm，1∶2 水泥砂浆粘贴花岗岩板，表面铣防滑槽，长度比踏步长度每端短 150mm，面层磨光酸洗打蜡。楼梯底板及楼侧 1∶3∶9 混合砂浆底纸筋灰面浆同定额	m^2	13.62

(3) 石材楼梯面层清单综合单价计算。

① 花岗岩楼梯面层。

花岗岩楼梯面层定额工程量同清单工程量 $S=13.62m^2$。套用定额 10－80，则

人工费＝44.69 元/m^2，材料费＝260.28 元/m^2，机械费＝0.35 元/m^2。

② 花岗岩楼梯踏步嵌条。

防滑槽定额工程量 $L=[(3-0.2)/2-0.3]\times 9\times 2=19.80(m)$。套用定额 10－88，则

$$人工费=10.80\times 0.5=5.40(元/m)$$

$$材料费=45.43-43.5\times 1.02-0.03\times 4.2-1.3\times 0.042-36.3\times 0.0135=0.39(元/m)$$

$$机械=0.89(元/m)$$

③ 花岗岩酸洗打蜡。

花岗岩楼梯面层酸洗打蜡定额工程量 $S=13.62m^2$。套用定额 10－41，则

人工费＝3.13 元/m^2，材料费＝0.96 元/m^2，机械费＝0.00 元 m^2。

根据题意、清单工程量、施工工程量及定额单价，花岗岩楼梯面层清单计价和综合单价分析见表 12.16 和表 12.17。

表 12.16　分部分项工程量清单计价

序号	项目编码	项目名称	单位	数量	综合单价/元	合价/元
1	011106001001	石材楼梯面层：楼梯井宽 200mm，1∶2 水泥砂浆粘贴花岗岩板，表面铣防滑槽，长度比踏步长度每端短 150mm，面层磨光酸洗打蜡。楼梯底板及楼侧 1∶3∶9 混合砂浆底纸筋灰面浆同定额	m^3	13.62	220.31	3811.38

表 12.17 综合单价分析表

项目编码	项目名称	单位	数量	综合单价/元						合计/元
				人工费	材料费	机械费	管理费	利润	小计	
011106 001001	石材楼梯面层	m²	13.62	55.67	261.81	1.64	8.60	4.87	332.58	4529.74
10-80	花岗岩楼梯面	m²	13.62	44.69	260.28	0.35	6.76	3.83	315.90	4302.56
10-88H	楼梯踏步嵌条 铜板防滑条 嵌入	m	19.80	5.40	0.39	0.89	0.94	0.53	8.15	161.37
10-41	石材面层打蜡 楼梯	m²	13.62	3.13	0.96		0.47	0.27	4.83	65.78

12.2.7 扶手、栏杆、栏板装饰

1. 工程量清单项目设置、工程量计算

工程量清单项目设置及工程量计算见表 12.18。

表 12.18 扶手、栏杆、栏板装饰(编码：011503)

项目编码	项目名称	项目特征	计量规则	工程内容
011503001	金属扶手带栏杆、栏板	1. 扶手材料种类、规格、品牌、颜色 2. 栏杆材料种类、规格、品牌、颜色 3. 栏板材料种类、规格、品牌、颜色 4. 固定配件种类 5. 防护材料种类 6. 油漆品种、刷漆遍数	按设计图示尺寸以扶手中心线长度(包括弯头长度)计算	1. 制作 2. 运输 3. 安装 4. 刷防护材料 5. 刷油漆
011503002	硬木扶手带栏杆、栏板			
011503003	塑料扶手带栏杆、栏板			
011503004	金属靠墙扶手	1. 扶手材料种类、规格、品牌、颜色 2. 固定配件种类 3. 防护材料种类 4. 油漆品种、刷漆遍数		
011503005	硬木靠墙扶手			
011503006	塑料靠墙扶手			
011503007	玻璃栏杆、单独大理石扶手			

2. 定额工程量计算规则、计价方法

定额工程量计算规则、计价方法见表 12.19。

表 12.19　清单组价内容、定额计算规则及说明

<table>
<tr><th>项目编码</th><th>项目名称</th><th>定额子目</th><th>定额编码</th><th>定额规则</th><th>定额说明</th></tr>
<tr><td rowspan="2">011503001</td><td rowspan="2">金属扶手带栏杆、栏板</td><td>金属扶手带栏杆、栏板</td><td>10－91～10－96、10－108</td><td rowspan="11">扶手、栏板、栏杆按设计图示尺寸以扶手中心线长度，以延长米计算</td><td rowspan="11">1. 扶手、栏板、栏杆的材料品种、规格、用量设计与定额不同，按设计规定调整。铁艺栏杆、铜艺栏杆、铸铁栏杆、车花木栏杆等定额均按成品考虑
2. 扶手、栏杆、栏板适用于楼梯、走廊、回廊及其他装饰性栏杆、栏板，定额已包括弯头制作安装需要增加的费用，但遇整体木扶手、大理石扶手的弯头时，弯头另行计算，扶手工程量按设计长度扣除，设计不明确者，每只整体弯头按 400mm 扣除。钢结构中钢平台、楼梯、走道的栏杆护手按第六章定额子目计算(6－68～6－70)计量单位“t”
注 1：木扶手定额分直、弧的，木材是硬木
注 2：钢管护手按不锈钢护手相应定额执行，价格换算其他不变</td></tr>
<tr><td>油漆</td><td>14－138～14－148</td></tr>
<tr><td rowspan="2">011503002</td><td rowspan="2">硬木扶手带栏杆、栏板</td><td>硬木扶手带栏杆、栏板</td><td>10－97～10－101
10－102～10－106</td></tr>
<tr><td>油漆</td><td>14－38～14－92</td></tr>
<tr><td rowspan="2">011503003</td><td rowspan="2">塑料扶手带栏杆、栏板</td><td>扶手</td><td>10－107</td></tr>
<tr><td>油漆</td><td>14－138～14－148</td></tr>
<tr><td>011503004</td><td>金属靠墙扶手</td><td>靠墙扶手</td><td>10－111～10－113</td></tr>
<tr><td rowspan="2">011503005</td><td rowspan="2">硬木靠墙扶手</td><td>硬木靠墙扶手</td><td>10－114、10－116</td></tr>
<tr><td>油漆</td><td>14－38～14－92</td></tr>
<tr><td>011503006</td><td>塑料靠墙扶手</td><td>扶手</td><td>10－115</td></tr>
<tr><td>011503007</td><td>玻璃栏杆、单独大理石扶手</td><td>大理石扶手</td><td>10－109、10－110
10－117</td></tr>
</table>

3. 应用举例

【例 12－11】 某 3 层楼的楼梯如图 12.18 所示，每层步数步高相同，楼梯金属栏杆(每 10m：空心方钢 55kg，扁铁 50kg)，成品硬木扶手 50mm×150mm(无整体弯头)；钢栏杆红丹底漆二遍、银粉面漆二遍，木扶手聚酯清漆三遍。试计算清单工程量并编制工程量清单。计算该楼梯硬木扶手清单工程量，编制花岗岩楼梯面层工程量清单及清单报价，填入表 12.20～表 12.23(假设管理费和利润费率均为 10%)。

解： 按设计图示尺寸以扶手中心线长度。梯井宽 0.10m，扶手中心线距梯井 0.05m。

(1) 硬木扶手清单工程量计算。

$$L=(\sqrt{0.28^2+0.165^2}/0.28)\times10\times4\times0.28+(0.1+0.05\times2)\times3+(1.5-0.12+0.1+0.05)=12.07(\text{m})$$

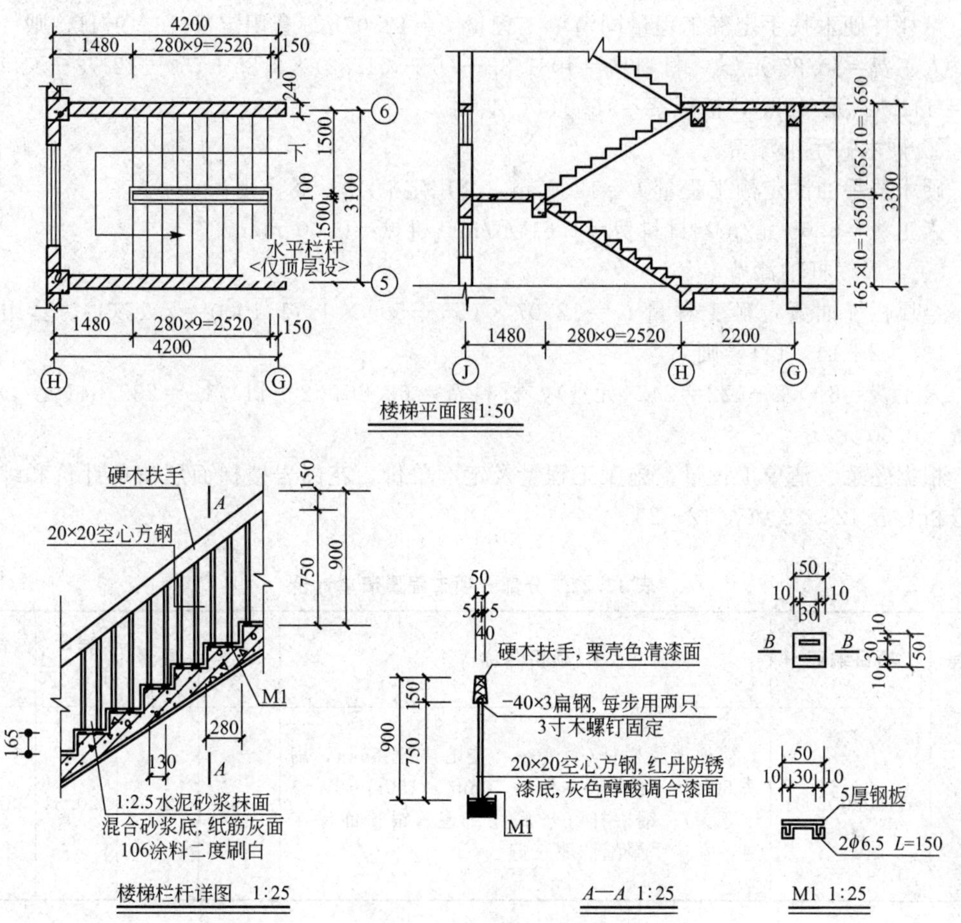

图 12.18 楼梯建筑平面图

表 12.20 硬木栏杆清单工程量计算表

序号	项目编码	项目名称	计 算 式	单位	工程量
1	011503002001	硬木扶手带栏杆	$L=(\sqrt{0.28^2+0.165^2}/0.28)\times10\times4\times0.28+(0.1+0.05\times2)\times3+(1.5-0.12+0.1+0.05)=12.07(\mathrm{m})$	m	12.07

(2) 硬木扶手分项工程量清单编制。

表 12.21 分部分项工程量清单

序号	项目编码	项目名称	项 目 特 征	单位	工程量
1	011503002001	硬木扶手带栏杆	楼梯金属栏杆(每 10m：空心方钢 55kg，扁铁 50kg)，成品硬木扶手 50mm×150mm(无整体弯头)；钢栏杆红丹底漆二遍、银粉面漆二遍，木扶手聚酯清漆三遍	m	12.07

(3) 硬木扶手带栏杆清单综合单价计算。

① 硬木扶手带栏杆制作费。

带栏杆硬木扶手定额工程量同清单工程量 L=12.07m。套用定额 10-97H，则

人工费=30.85 元/m，材料费=1081.32+(55-51.82)×3.85+(50-12.73-31.81)×3.7=111.38(元/10m)，机械费=16.04 元/10m。

② 硬木扶手油漆费。

硬木扶手油漆定额工程量 L=12.07m。套用定额 14-38，则

人工费=5.65 元/m，材料费=1.61 元/m，机械=0.00 元/m。

③ 金属栏杆油漆费。

金属栏杆油漆定额工程量 G=12.07×(55+50)×1.71/1000=2.17(t)。套用定额 14-138×2+14-141，则

人工费=60×2+122=242(元/t)，材料费=62.86×2+114.12=239.84(元/t)，机械费=0.00 元/t。

根据题意、清单工程量、施工工程量及定额单价，花岗岩楼梯面层清单计价和综合单价分析见表 12-22 和表 12-23。

表 12.22　分部分项工程量清单计价

序号	项目编码	项目名称	单位	数量	综合单价/元	合价/元
1	011503002001	楼梯金属栏杆(每 10m：空心方钢 55kg，扁铁 50kg)，成品硬木扶手 50mm×150mm(无整体弯头)；钢栏杆红丹底漆二遍、银粉面漆二遍，木扶手聚酯清漆三遍	m	12.07	220.31	3811.38

表 12.23　综合单价分析表

项目编码	项目名称	单位	数量	综合单价/元						合计/元
				人工费	材料费	机械费	管理费	利润	小计	
011503002001	楼梯金属栏杆(每 10m：空心方钢 55kg，扁铁 50kg)，成品硬木扶手 50mm×150mm(无整体弯头)；钢栏杆红丹底漆二遍、银粉面漆二遍，木扶手聚酯清漆三遍	m	12.07	80.01	155.73	16.04	14.41	8.16	274.36	3311.77
10-97H	硬木扶手直形　型钢栏杆	m	12.07	30.85	111.38	16.04	7.03	3.99	168.92	2038.86
14-38	木扶手　聚酯清漆三遍	m	12.07	5.65	1.61		0.85	0.48	8.59	103.68
14-138×2	其他金属面防锈漆二遍	t	2.17	120.00	125.72		18.00	10.20	273.92	594.41

（续）

项目编码	项目名称	单位	数量	综合单价/元						合计/元
				人工费	材料费	机械费	管理费	利润	小计	
14-141	其他金属面　银粉漆　二遍	t	2.17	122.00	114.12		18.30	10.37	264.78	574.57
列式计算综合单价		元/m	(2038.86+103.68+594.41+574.57)/535.98=3311.77/12.07=274.36							

12.2.8　台阶装饰

1. 工程量清单项目设置、工程量计算

工程量清单项目设置及工程量计算见表12.24。

表12.24　台阶装饰(编码：011107)

项目编码	项目名称	项目特征	计量规则	工程内容
011107001	石材台阶面	1. 找平层厚度、砂浆配合比 2. 粘结材料种类 3. 面层材料品种、规格、品牌、颜色 4. 勾缝材料种类 5. 防滑条材料种类、规格 6. 防护材料种类	按设计图示尺寸以台阶(包括最上层踏步边沿加300mm)水平投影面积计算	1. 基层清理 2. 抹找平层 3. 面层铺贴 4. 贴嵌防滑条 5. 勾缝 6. 刷防护材料 7. 材料运输
011107002	块料台阶面			
011107003	拼碎石台阶面			
011107004	水泥砂浆台阶面	1. 垫层材料种类、厚度 2 找平层厚度、砂浆配合比 3. 面层厚度、砂浆配合比 4. 防护材料种类	按设计图示尺寸以台阶(包括最上层踏步边沿加300mm)水平投影面积计算	1. 清理基层 2. 铺设垫层 3. 抹找平层 4. 抹面层 5. 抹防滑条 6. 材料运输
011107005	现浇水磨石台阶面	1. 垫层材料种类、厚度 2. 找平层厚度、砂浆配合比 3. 面层厚度、水泥石子浆配合比 4. 防滑条材料种类、规格 5. 石子种类、规格、颜色 6. 颜料种类、颜色 7. 磨光、酸洗、打蜡要求		1. 清理基层 2. 铺设垫层 3. 抹找平层 4. 抹面层 5. 贴嵌防滑条 6. 打磨、酸洗、打蜡 7. 材料运输
011107006	剁假石台阶面	1. 垫层材料种类、厚度 2. 找平层厚度、砂浆配合比 3. 面层厚度、砂浆配合比 4. 剁假石要求		1. 清理基层 2. 铺设垫层 3. 抹找平层 4. 抹面层 5. 剁假石 6. 材料运输

2. 定额工程量计算规则、计价方法

定额工程量计算规则、计价方法见表12.25。

表12.25 清单组价内容、定额计算规则及说明

<table>
<tr><th>项目编号</th><th>项目名称</th><th>定额子目</th><th>定额编码</th><th>定额规则</th><th>定额说明</th></tr>
<tr><td rowspan="6">011107001</td><td rowspan="6">石材台阶面</td><td>面层</td><td>10-118、
10-119</td><td rowspan="12">1. 块料面层台阶工程量按设计图示尺寸以展开面积计算，整体面层台阶、看台按水平投影面积计算。如与平台相连，平台面积在10m²以上时(指平台的整个面积，不是扣除最上层踏步300mm后的面积)，台阶算至最上层踏步边沿加300mm，平台按楼地面工程量计算套用相应定额
2. 水泥砂浆礓礤面层工程量按设计图示尺寸以m²计算</td><td rowspan="12">零星项目适用于楼梯、台阶侧面装饰及0.5m²以内少量分散的楼地面装修项目
(定额上册381页注)：四步以上翼墙、台阶，按土方、垫层、抹灰等相应定额子目分别计算；弧形混凝土台阶按基础弧形边增加费另行计算(4-148)，弧形砖砌台阶按砌筑工程规定调整砖块及其砌筑砂浆用量
(定额上册76页注)：除圆弧形构筑物以外，各类砖及砌块的砌筑定额均按直行砌筑编制，如为圆弧形砌筑者，按相应定额人工用量乘系数1.10，砖(砌块)及砂浆(粘结剂)用量乘系数1.03</td></tr>
<tr><td>酸洗打蜡</td><td>10-41</td></tr>
<tr><td>防滑条</td><td>10-86～10-88</td></tr>
<tr><td>找平层</td><td>10-1、10-2
10-7、10-8</td></tr>
<tr><td>四步以内台阶制作费</td><td>9-65～9-67</td></tr>
<tr><td>台阶(四步以上)制作费</td><td>垫层：
3-1～
3-12
4-1、4-73</td></tr>
<tr><td>011107002</td><td>块料台阶面</td><td>面层(其中酸洗打蜡、防滑条、找平层、台阶制作费同石材)</td><td>10-120、
10-121</td></tr>
<tr><td rowspan="3">011107004</td><td rowspan="3">水泥砂浆台阶面</td><td>面层</td><td>10-123</td></tr>
<tr><td>防滑条</td><td>10-89、10-90</td></tr>
<tr><td>台阶制作费同石材</td><td></td></tr>
<tr><td>011107005</td><td>现浇水磨石台阶面</td><td>面层(酸洗打蜡、防滑条、找平层、台阶制作费同石材)</td><td>10-124、
10-125</td></tr>
<tr><td>011107006</td><td>剁假石台阶面</td><td>面层(找平层、台阶制作费同石材)</td><td>10-122</td></tr>
</table>

3. 应用举例

【例12-12】 某综合楼主入口处台阶如图12.19所示，台阶做法：1∶2水泥砂浆结合层铺贴花岗岩，已知弧形台阶水平投影面积4.80m²(已包含最上层踏步边沿加300mm范围面积，损耗率取10%)，台阶踏步弧面总长13.60m，弧形瓷砖切割工程量28m。试计

算台阶清单工程量及台阶直接费。

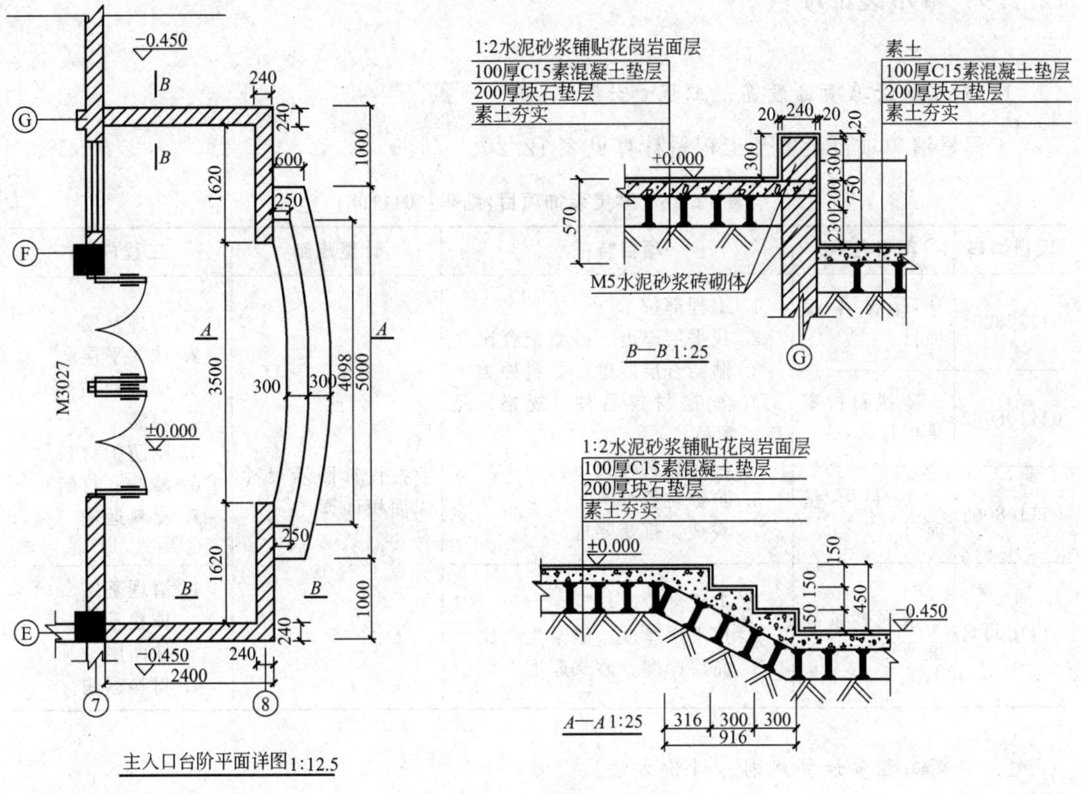

图 12.19 台阶建筑平面图

解：按设计图示尺寸以台阶(包括最上层踏步边沿加 300mm)水平投影面积计算。

(1) 所以清单台阶工程量 $S=4.80m^2$。

(2) 台阶各分项工程直接费计算。

① 台阶花岗岩面层定额工程量计算如下。

踏步平面层定额工程量＝4.80；套用定额 10－119 换，则

台阶花岗岩面层费用＝4.80×[191＋(1.10－1.02)×160]＝978.24(元)

踏步侧面花岗岩工程量＝(13.6＋0.5＋1.2)×0.15＝2.30(m^2)

套用定额 10－119 换，则

台阶花岗岩侧面面层费用＝2.30×[191＋(1.1－1)×20.685＋(1.02－1)×170.026)]

＝451.88(元)(换算系数参考踢脚弧形面层)

弧形加工费＝28×4.5＝126 元(套定额 10－42)

台阶花岗岩面层合计＝978.24＋451.88＋126＝1556.12(元)

② 混凝土台阶制作定额工程量＝4.80(m^2)(平台面积 $2.4×7=16.8m^2>10m^2$，平台与台阶分开计算)；套用定额 9－66，则

混凝土台阶制作费＝113×4.8＝542.40(元)

③ 弧形混凝土台阶弧形边工程量＝13.6m，弧形边增加费套定额 4－148，则

弧形边增加费＝4.2×13.6＝57.12(元)

台阶直接费＝1556.12＋542.4＋61.20＝2155.64(元)

12.2.9　零星装饰项目

1. 工程量清单项目设置、工程量计算

工程量清单项目设置及工程量计算见表12.26。

表12.26　零星装饰项目(编码：011108)

项目编码	项目名称	项目特征	计量规则	工程内容
011108001	石材零星项目	1. 工程部位 2. 找平层厚度、砂浆配合比 3. 贴结合层厚度、材料种类 4. 面层材料品种、规格、品牌、颜色 5. 勾缝材料种类 6. 防护材料种类 7. 酸洗、打蜡要求	按设计图示尺寸以面积计算	1. 清理基层 2. 抹找平层 3. 面层铺贴 4. 勾缝 5. 刷防护材料 6. 酸洗、打蜡 7. 材料运输
011108002	碎拼石材零星项目			
011108003	块料零星项目			
011109004	水泥砂浆零星项目	1. 工程部位 2. 找平层厚度、砂浆配合比 3. 面层厚度、砂浆厚度		1. 清理基层 2. 抹找平层 3. 抹面层 4. 材料运输

2. 定额工程量计算规则、计价方法

定额工程量计算规则、计价方法见表12.27。

表12.27　零星装饰项目工程组价内容、定额计算规则及说明

项目编号	项目名称	定额子目	定额编码	定额规则	定额说明
011108001	石材零星项目	找平层	10-1、10-2、10-7、10-8	工程量按设计图示尺寸以面积计算	零星项目适用于楼梯、台阶侧面装饰及0.5m²以内少量分散的楼地面装修项目
		面层	10-128、10-129		
		酸洗打蜡	10-40		
011108002	碎拼石材零星项目				
011108003	块料零星项目	找平层	10-1、10-2、10-7、10-8		
		面层	10-130、10-131		
011108004	水泥砂浆零星项目	酸洗打蜡	10-40		
		找平层	10-1、10-2、10-7、10-8		
		水泥砂浆零星粉刷	10-132		

12.2.10 注意事项

1. 清单项目

(1) 楼地面项目特征必须注明项目位置、主材名称、品牌、规格、砂浆配合比或强度等级，同时注明施工工艺要求。

(2) 块料面层清单在同一部位有不同面层颜色或规格时，清单可分别列项，如合并在一个清单，则在特征中描述各类颜色或规格及相对应的面积。

(3) 楼梯定额为综合定额，包括楼梯侧面、底面的抹灰在内，编制清单时可以把楼梯抹灰综合在一起，在项目特征中加以描述。楼梯、台阶侧面单独(或不同)装饰，可按零星项目的编码列项，并在清单项目中进行描述。

2. 定额相关说明

(1) 细石混凝土楼地面定额是按细石混凝土找平层考虑的，用作地面时可加水泥砂浆随捣随抹定额。

(2) 块料面层、各类木地板、地毯、静电活动地板、金属复合地板等面层，在其工程量与找平层工程量的计算规则中，门洞、空圈部分工程量计算是不同的。

(3) 石材楼梯装饰定额的工作内容中磨平，是指石材切割后的石材磨平整，不包括露面的石材打磨抛光边，包括常用的平边、斜边、鸭嘴边、小圆边等。

习　题

1. 清单楼地面装饰项目共分几节多少项？内容是什么？

2. 已知卧室平面如图 12.20 所示，面层采用硬木长条地板(企口地板)，水泥砂浆找平，门框为 50mm×90mm。未注明墙厚均为 240mm 厚，试求卧室木地板定额工程量。

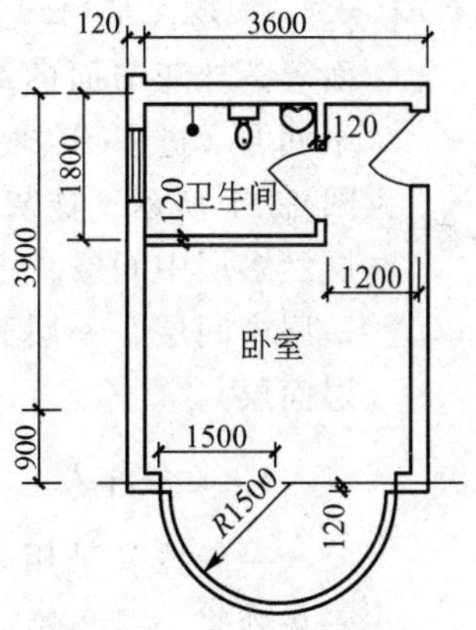

图 12.20 卧室建筑平面图

第13章 墙、柱面工程

学习任务

本章主要内容包括抹灰、镶贴块料、饰面、隔断和幕墙工程。通过本章学习，重点掌握抹灰、镶贴块料工程量计算及计价。

学习要求

知识要点	能力要求	相关知识
一般抹灰工程	(1) 掌握抹灰工程量计算 (2) 熟悉抹灰材料种类及厚度	护角、装饰线
镶贴块料工程	掌握镶贴块料工程工程量计算	干挂施工工艺
饰面工程	熟悉饰面工程量计算	饰面材料种类

13.1 基础知识

13.1.1 抹灰类型及构造

抹灰分为一般抹灰、装饰抹灰、勾缝。

结构层类型有砖墙(柱)、毛石墙(柱)、混凝土墙(柱)、砌块墙(柱)、木板面、钢丝网面等。抹灰饰面的组成：底层(粘结和初步找平)、中间层(进一步找平)、饰面层(美观装饰)，如图 13.1 所示。抹灰的质量标准：高级抹灰(一层底层、多层中间层、一层面层)，中级抹灰(一层底层、一层中间层、一层面层)，普通抹灰(一层底层、一层面层)。

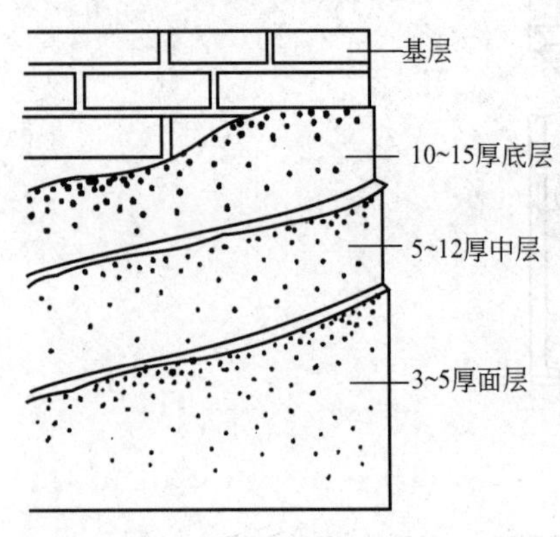

图 13.1 抹灰饰面的组成

1. 一般抹灰

一般抹灰采用各种加色或不加色的水泥砂浆、石灰砂浆、混合砂浆、特殊砂浆(石膏砂浆、107 砂浆、石英砂浆、珍珠岩砂浆)、水泥石渣砂浆等材料做装饰面层。水泥砂浆抹灰做法：12 厚 1：3 水泥砂浆打底，8 厚 1：2.5 水泥砂浆罩面。混合砂浆做法：12 厚 1：1：6 水泥石灰砂浆，8 厚 1：1：4 水泥石灰砂浆等。

2. 装饰抹灰

装饰抹灰采用水刷石、水磨石、斩假石(剁斧石)、干粘石、假面砖、拉条灰、拉毛灰、甩毛灰、扒拉石、喷毛灰、喷涂、喷砂、滚涂、弹涂等，见表 13.1。

表 13.1 装饰抹灰

水刷石	15 厚 1：3 水泥砂浆 素水泥浆一道 10 厚 1：1.5 水泥石子，后用水刷	外墙
干粘石	12 厚 1：3 水泥砂浆 6 厚 1：3 水泥砂浆 粘石渣、拍平压实	外墙
水磨石	12 厚 1：3 水泥砂浆 素水泥浆一道 10 厚水泥石渣罩面、磨光	勒脚、墙裙
斩假石 (剁斧石)	12 厚 1：3 水泥砂浆 素水泥浆一道 10 厚水泥石屑罩面、赶平压实剁斧斩毛	外墙
砂浆拉毛	15 厚 1：1：6 水泥石灰砂浆 5 厚 1：0.5：5 水泥石灰砂浆 拉毛	外墙、内墙

3. 抹灰墙面的细部构造

(1) 护角，如图 13.2 所示。

部位：内墙阳角、门洞转角、砖柱四角等。

原因：面层抹灰较柔软，易碰坏。做法：用高强度水泥砂浆抹弧角。

(2) 分格线，如图 13.3 所示。

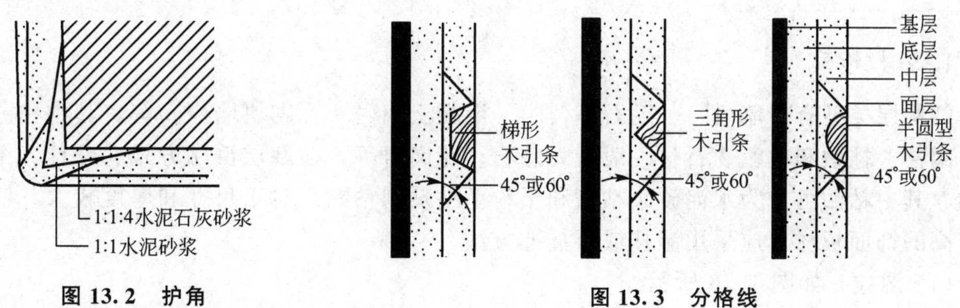

图 13.2 护角　　图 13.3 分格线

部位：抹灰外墙面。

作用：防止裂缝，方便施工，立面分块。

形式：木引条、塑料引条、铝合金引条。

(3) 装饰线脚，如图 13.4 所示。

部位：室内墙面与顶棚交接处。

作用：盖缝、美观装饰。

材料：抹灰线脚、木线脚、石膏线脚。

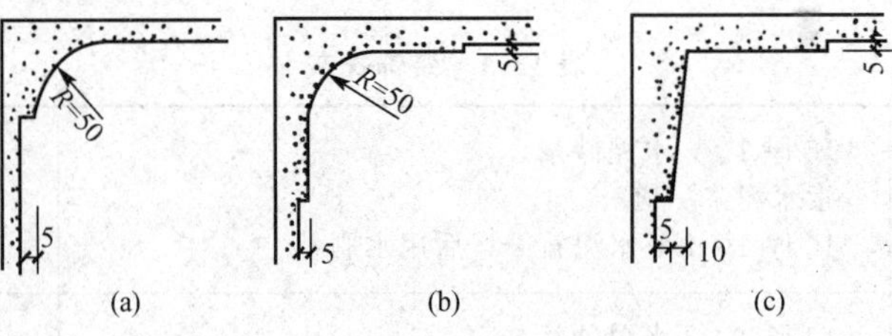

图 13.4　装饰线

(4) 墙裙，如图 13.5 所示。

部位：室内高度 1～2m 的墙面装饰。

作用：防水、防潮、保护墙身、美观装饰。

材料：瓷砖、水磨石、木护壁。

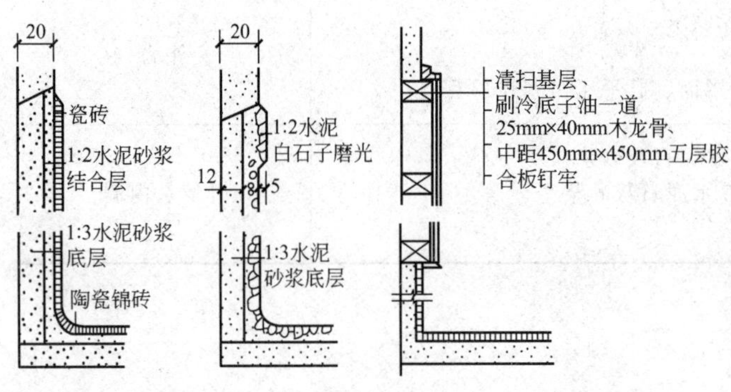

图 13.5　墙裙

13.1.2　镶贴块料

1. 石材饰面

结构层类型有砖墙(柱)、毛石墙(柱)、混凝土墙(柱)、砌块墙(柱)等，其中柱分为方柱、圆柱、柱墩和柱帽。石材一般指大理石、花岗岩等，与基层镶贴方式有湿挂、干挂和粘贴，其中粘贴可分为水泥砂浆粘贴和干粉型粘贴剂粘贴。对于尺寸和厚度较大、镶贴位置较高的饰面板材，应采用湿挂或干挂的方法。

(1) 湿挂，如图 13.6 所示。

在基层上预埋铁件固定竖筋，按板材高度固定横筋，在板材上下沿钻孔或开槽口，用金属丝或金属扣件将板材绑挂在横筋上，板材与墙面的缝隙分层灌入 1∶2.5 的水泥砂浆。石材的规格墙面一般 600mm×600mm，柱面一般 400mm×640mm。

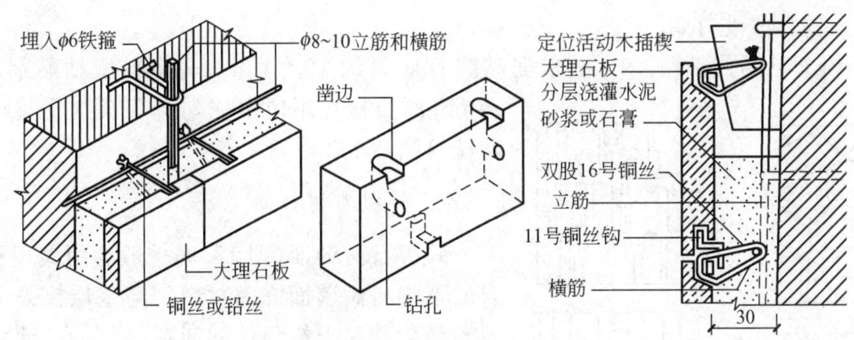

图 13.6 湿挂石材

(2) 干挂。

干挂分无龙骨体系、有龙骨体系。石板装饰面分密缝和勾缝两种。石板规格墙面一般为 600mm×600mm，柱面一般为 400mm×600mm。

① 无龙骨体系(图 13.7)：在基层上按板材高度用膨胀螺栓固定金属挂件(或预埋铁件固定金属龙骨)；在板材上下沿开槽口，将金属扣件插入板材上下槽口与金属挂件(或龙骨)连接；在板材平整后，进行洁面、AB 胶(云石胶)填缝隙、打蜡、抛光。

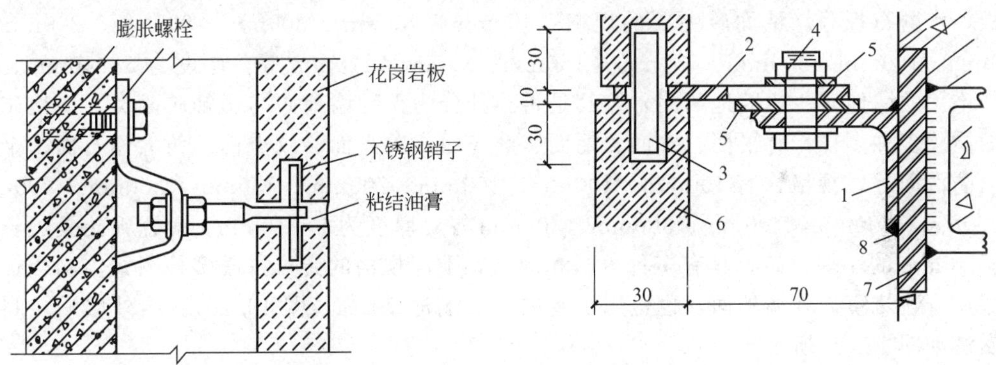

图 13.7 无龙骨干挂

1—托板；2—舌板；3—销钉；4—螺栓；5—垫片；6—石材；7—预埋件；8—焊接

② 有龙骨体系：在基层上用膨胀螺栓固定角钢，角钢与竖向槽钢焊接，竖向槽钢上按石板的高度加横向角钢，金属挂件同横向角钢相连接，安装石板，最后进行洁面、AB 胶(云石胶)填缝隙、打蜡、抛光。

(3) 粘贴，如图 13.8 所示。

粘贴可分为水泥砂浆粘贴和干粉型粘贴剂粘贴两种。

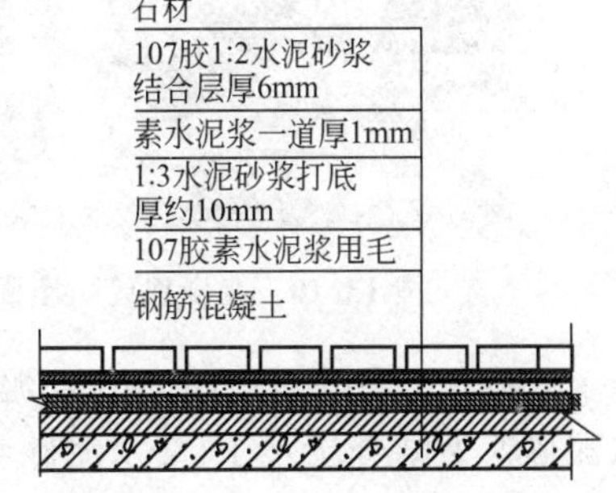

图 13.8 石材粘贴

① 水泥砂浆粘贴：适合用于薄型石材，若基层是砖墙面，则用 1∶3 水泥砂浆打底，厚约 12mm，素水泥浆一道厚 1mm，含 107 胶 1∶2 水泥砂浆结合层厚 6mm(用铲刀涂在石材上)。若基层是钢筋混凝土墙面，则用含 107 胶素水泥浆甩毛，1∶3 水泥砂浆打底厚约 10mm，素水泥浆一道厚 1mm，含 107 胶 1∶2 水泥砂浆结合层厚 6mm。贴 8～12 厚石材 1∶1 水泥砂浆或白水泥勾缝，在石

材平整后，进行酸洗打蜡。

② 干粉型粘贴剂粘贴：1∶3 水泥砂浆打底厚约 10～12mm，干粉型粘贴剂，贴 8～12mm 厚石材并用白水泥勾缝，石材平整后，进行酸洗打蜡。

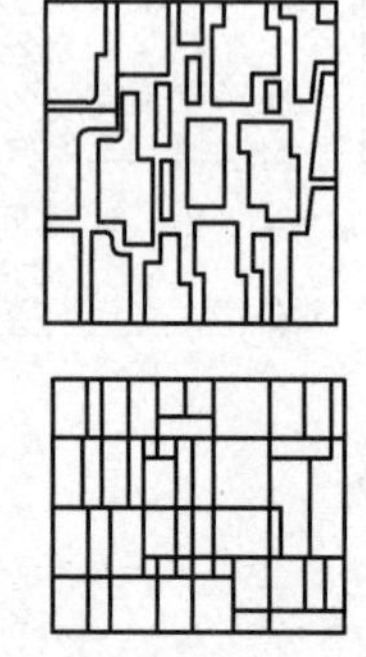
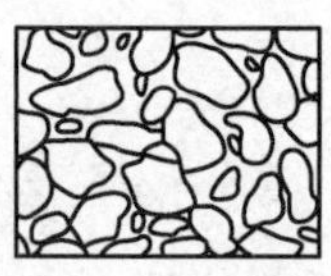

图 13.9 碎拼石材

2. 碎拼石材饰面

碎拼石材饰面(图 13.9)一般利用大理石、花岗岩的下脚料做墙面饰面材料。与基层镶贴方式：水泥砂浆粘贴和干粉型粘贴剂粘贴。1∶3 水泥砂浆打底厚约 12mm，素水泥浆一道厚 1mm(适用于水泥砂浆做结合层)，含 107 胶 1∶2 水泥砂浆或干粉型粘贴剂用铲刀涂在石材上做结合层，贴碎石材同色水泥浆勾缝，石材平整后，进行酸洗打蜡。

3. 块料饰面

块料饰面的结构层类型有砖墙(柱)、毛石墙(柱)、混凝土墙(柱)、砌块墙(柱)等。块料种类常见的有釉面砖(瓷砖)、墙地砖、陶瓷锦砖(马赛克)、文化石、凸凹麻石、小规格陶板、水磨石板等。釉面砖主要的规格：450mm×450mm、300mm×300mm、200mm×200mm、150mm×300mm、150mm×150mm、80mm×220mm 等，厚度为 5～10mm。建筑装饰用的墙地砖一般墙地两用，按其是否施釉分为无釉墙地砖与彩釉砖两类。墙地砖的表面质感多种多样，有平面、麻面、毛面、磨光面、抛光面、纹点面、仿大理石面、金属面、防滑面等，规格，有 100mm×100mm、100mm×200mm、150mm×200mm、200mm×200mm、200mm×300mm、300mm×300mm 等，厚度为 8～10mm。陶瓷锦砖是边长不大于 40mm 的小块瓷砖，具有多种色彩和规格，不同规格的砖可拼成多种图案，陶瓷锦砖广泛用于建筑室内外墙地面，也可用于室内游泳池池壁贴面(图 13.10)。内外墙贴块料构造做法如图 13.11 所示。

图 13.10 陶瓷锦砖贴墙面

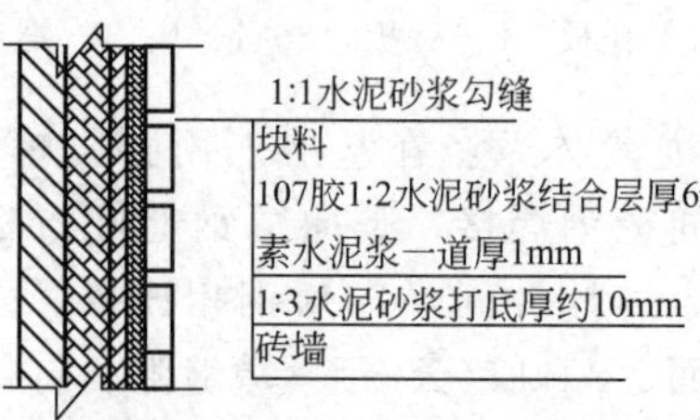

图 13.11 墙面贴块料

(1) 内墙密缝粘贴：1∶3 水泥砂浆打底厚 10～12mm，素水泥浆一道厚 1mm(适用于水泥砂浆做结合层)，1∶2 水泥砂浆(可掺 107 胶)厚 5mm 或干粉型粘贴剂用铲刀涂在石材上做结合层，贴块料并用同色水泥浆擦缝，块料平整后，进行酸洗打蜡。

(2) 外墙离缝粘贴：1∶3 水泥砂浆打底厚 10～12mm，素水泥浆一道厚 1mm(适用于水泥砂浆做结合层)，1∶2 水泥砂浆(可掺 107 胶)厚 5mm 或干粉型粘贴剂用铲刀涂在石材上做结合层，贴块料并用 1∶1 水泥砂浆勾缝，再用同色水泥浆擦缝，块料平整后，进行酸洗打蜡。

13.1.3 饰面

饰面一般是指室内墙(柱)面装饰。结构层类型有砖墙(柱)、混凝土墙(柱)、砌块墙(柱)及内墙、外轻质隔墙等。其中柱分为方柱、圆柱、方柱包圆等。饰面基层龙骨一般用杉木规格为30mm×40mm，间距为300mm×300mm，龙骨与面层之间设置胶合板做饰面的垫层，垫层定额采用三夹板或九夹板，实际设计可采用细木工板或五夹板。饰面基层的形式有平面状、弧状和凸凹状。饰面材料种类常见的有：玻璃面砖(玻璃锦砖、玻璃面砖等)，金属饰面板(彩色钢板、彩色不锈钢板、镜面不锈钢饰面板、铝合金板、复合铝板、铝塑板、铜合金饰面板、钛合金饰面板等)，塑料饰面板(聚氯乙烯塑料饰面板、玻璃钢饰面板、塑料贴面饰面板、聚酯装饰板、复塑中密度纤维板等)，木质饰面板(胶合板、硬质纤维板、细木工板、刨花板、竹片、圆竹、建筑纸面草板、水泥木屑板、灰板条等)，矿物型板材［包括装饰石膏板、纸面石膏板、吸声穿孔石膏板、嵌装式装饰石膏、矿棉装饰吸声板、贴塑矿(岩)棉吸声板、膨胀珍珠岩石装饰吸声板等］。其基本构造为在墙体中预埋木砖或预埋铁件，刷热沥青或粘贴油毡防潮层，固定木骨架或金属骨架，在骨架上钉面板(或钉垫层板再做饰面材料)，粘贴各种饰面板，油漆罩面。

1. 木质饰面

木质饰面如图13.12所示。

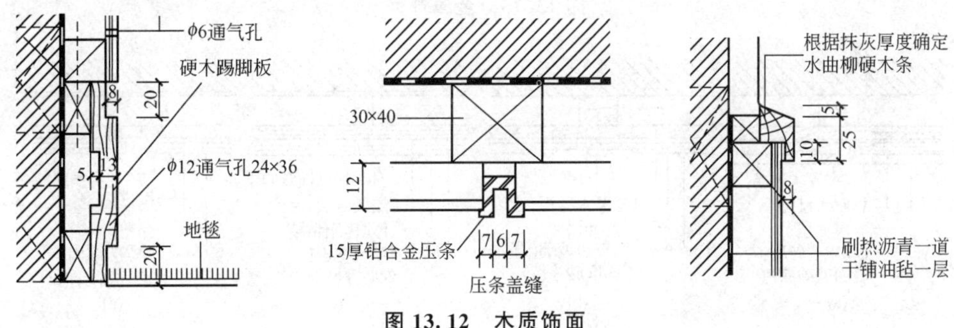

图13.12 木质饰面

2. 金属板墙面

(1) 木骨架金属板墙面在结构层中固定木骨架(打膨胀螺栓固定木骨架或通过预埋件和铁钉固定木骨架)，在骨架上铺钉胶合板或细木工板，固定金属薄板(直接铺钉或用立时得胶水粘贴)，密封胶嵌缝或压条盖缝。

(2) 金属骨架金属板墙面如图13.13所示。

基本构造：骨架成型(竖向龙骨定位、横向龙骨与竖向龙骨连接组框、骨架与柱体连接固定、骨架形体校正)、垫层板固定、饰面板安装(固定方式分为直接胶粘、预留垫板焊接、钉接等)、饰面条板贴盖。

3. 玻璃饰墙面

玻璃饰墙面如图13.14所示。

玻璃固定方法：玻璃上钻孔，不锈钢螺栓或铜螺栓固定。压条固定(压条有硬木、塑料、金属等)。在玻璃的交点用嵌钉固定，将玻璃粘贴在衬板上。

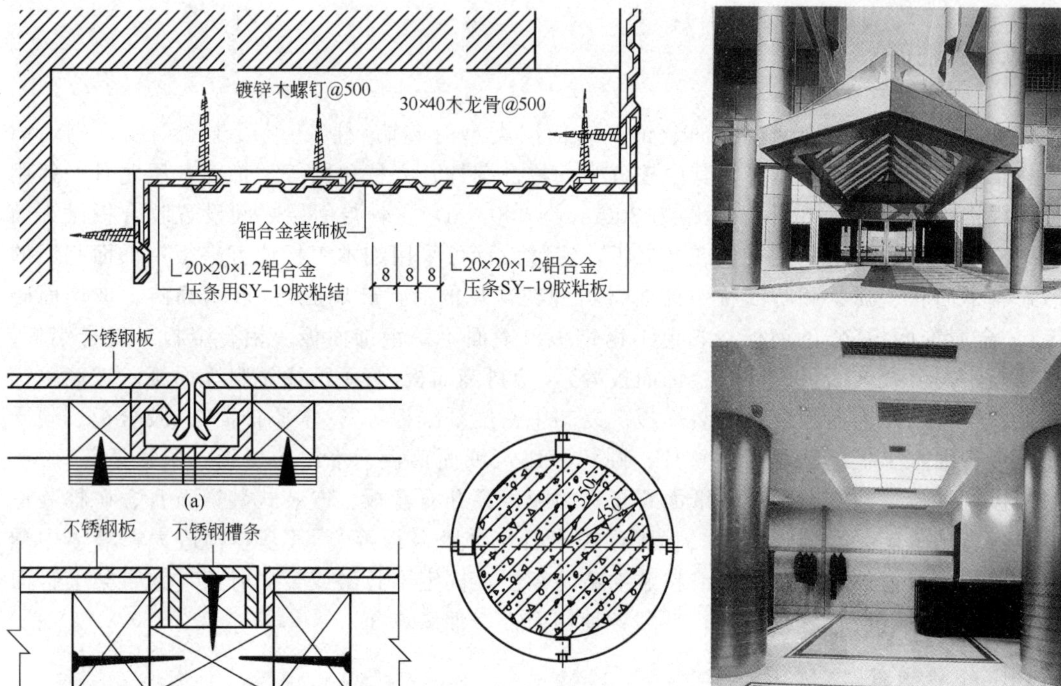

图 13.13 金属饰面

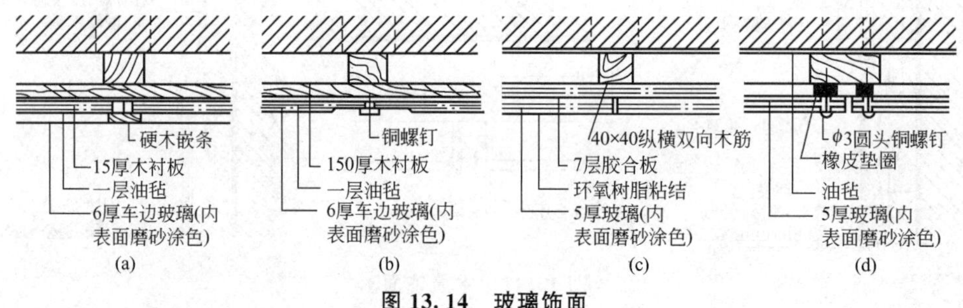

图 13.14 玻璃饰面

4. 石膏板装饰墙面

石膏板装饰墙面如图 13.15 所示。

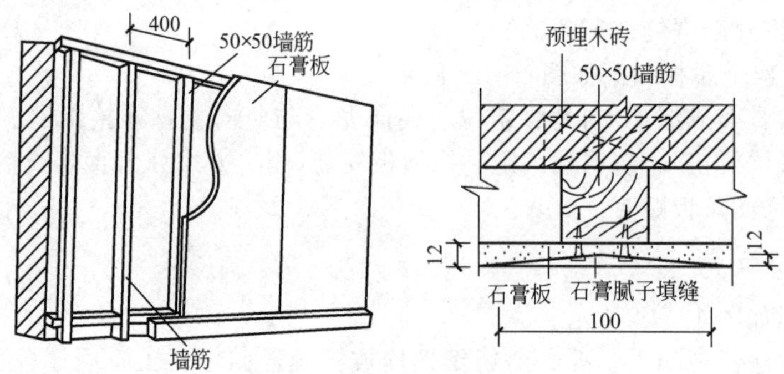

图 13.15 石膏板饰面

5. 织物装饰墙面

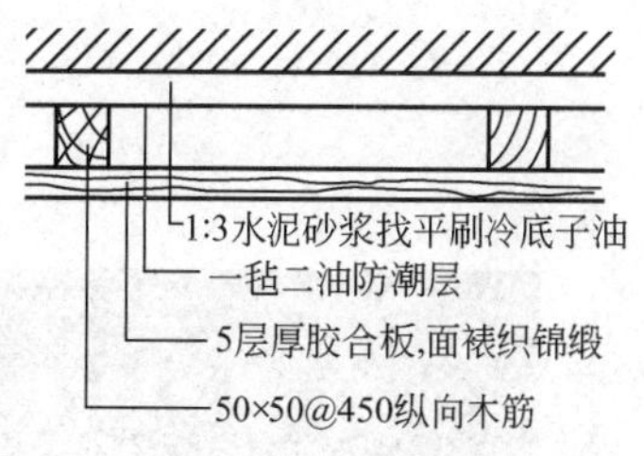

图 13.16 织物饰面

织物装饰墙面的饰面材料为各种墙布、皮革、人造革、织锦、锦缎等。构造做法：墙体中预埋木砖，20 厚水泥砂浆找平，刷冷底子油一道，一毡二油防潮层，钉立木墙筋网，铺钉衬板，裱贴锦缎或包皮革、人造革。织物饰面如图 13.16 所示。

6. 清水墙饰面

清水墙饰面(图 13.17)砌筑要求采用每皮丁顺相间(梅花丁)或一顺一丁的砌式，灰缝要整齐，及时清扫墙面。勾缝要求采用水泥砂浆(或掺入颜料)勾缝，可先在墙面涂刷颜色或喷色以加强效果。

图 13.17 清水砖墙

13.1.4 隔墙和隔断

1. 隔墙

隔墙和隔断是分隔空间的非承重构件，隔墙的类型分为块材隔墙(用块材叠砌而成的隔墙，如普通砖隔墙、玻璃砖隔墙等)，骨架式隔墙(中间为骨架，两面为饰面层)，条板式隔墙(用条板拼装而成的隔墙)。

1) 玻璃砖隔墙

玻璃砖隔墙(图 13.18)采用不同规格与花式的玻璃砖砌筑，玻璃砖规格有 145mm×145mm×95mm、190mm×190mm×95mm、115mm×115mm×80mm；隔墙形式分为有框和无框两种。构造要求：缝隙中设置钢筋加强整体性，采用白水泥浆或玻璃胶粘贴。

2) 骨架式隔墙

骨架式隔墙由骨架、饰面材料组成。骨架分为木骨架(上槛、下槛、墙筋、斜撑或横档)、金属骨架(轻钢、铝合金、钢筋等)。饰面材料有板条抹灰(骨架两面钉板条再抹灰)、钢板网抹灰(骨架两面固定钢板网再抹灰)、各种板材(骨架两面钉胶合板再固定面板，或钉石膏板再粘贴面板，或将面板镶嵌在中间，也可直接粘贴固定等)。

3) 条板式隔墙

条板式隔墙(图 13.19)是用条板拼接而成的隔墙。条板材料是加气混凝土条板、碳化石灰板、石膏空心板、彩色灰板、泰柏板、GRC 轻质隔板等。根据不同部位采用预埋件

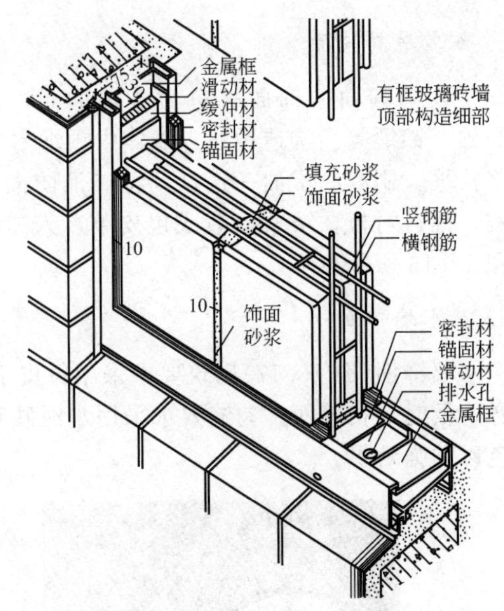

图 13.18 玻璃砖隔墙

或配制的专用胶结材料(乙酸乙烯与石膏粉调成胶泥或低碱水泥和聚合物改性材料混合物等)进行连接固定。粘结剂主要是乙酸乙烯与石膏粉调成的胶泥。

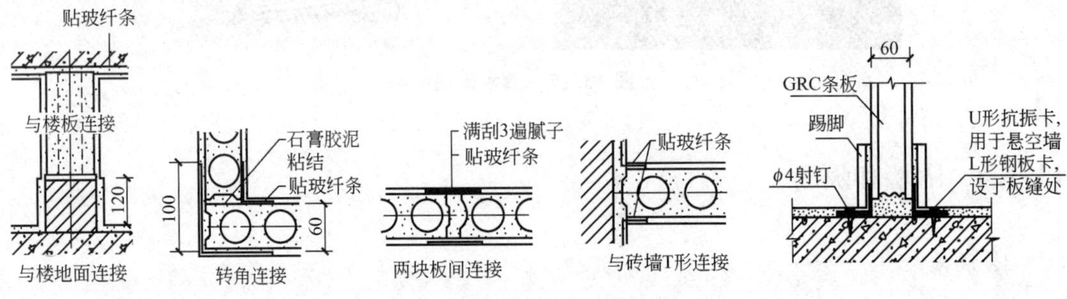

图 13.19 条板式隔墙构造

2. 隔断

隔断(图 13.20)的种类：按限定程度分为空透式(如花格、博古架、落地罩等)、隔墙式(玻璃隔断)；按固定方式分为固定式、移动式；按启闭方式分为折叠式、直滑式、拼装式。常用的材料有竹木、玻璃、金属、水泥花格、硬质隔断、软质隔断、帷幕式隔断、家具式隔断、屏风式隔断等。连接固定采用预埋件、预留筋、镶嵌、压条等。

图 13.20 隔断

13.1.5 幕墙

幕墙一般适用于外墙做围护(图 13.21)。幕墙按有无骨架分为有骨架幕墙(明框、隐框)和全玻幕墙；骨架材料有型钢、铝合金、不锈钢等；幕墙面材板分为玻璃(钢化玻璃、夹层玻璃、夹丝玻璃、吸热玻璃、镜面玻璃、中空玻璃)、金属、石板、复合材料板等。

图 13.21 幕墙

1. 明框玻璃幕墙

明框玻璃幕墙(图 13.22)的横框竖框均不隐。幕墙构造：连接件固定在墙体上，骨架与连接件固定，用嵌固材料(硅酮密封胶、氯丁橡胶压条、橡胶垫块)镶嵌玻璃。硅酮密封胶起密封防水作用，橡胶压条起密封兼固定作用，橡胶垫块一般在下框内起缓冲作用，有利于消除玻璃热胀冷缩引起的变形产生的影响。

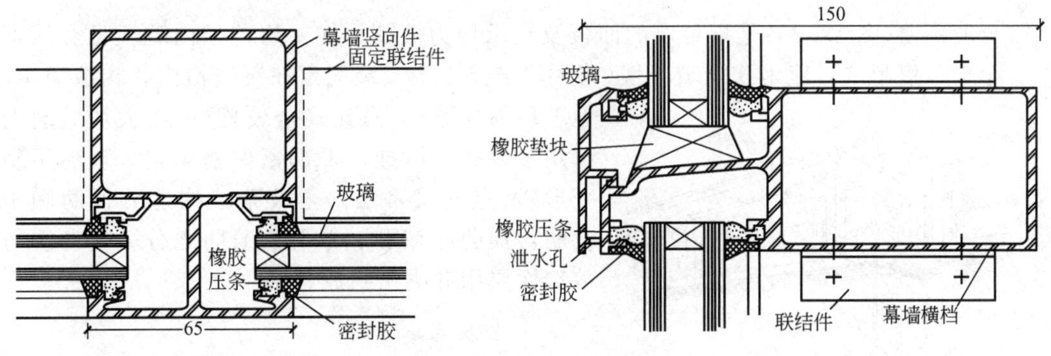

图 13.22 明框幕墙

2. 隐框玻璃幕墙

隐框玻璃幕墙(图 13.23)没有用以夹持玻璃并承重的铝合金外框，它是完全依靠结构胶把成百上千块的热反射镀膜玻璃粘结在铝型材框架上。幕墙构造：制作玻璃板块用的压块(或挂钩)，固定玻璃板块，填塞泡沫支撑垫杆，灌注耐候密封胶。玻璃幕墙细部构造如图 13.24 所示。

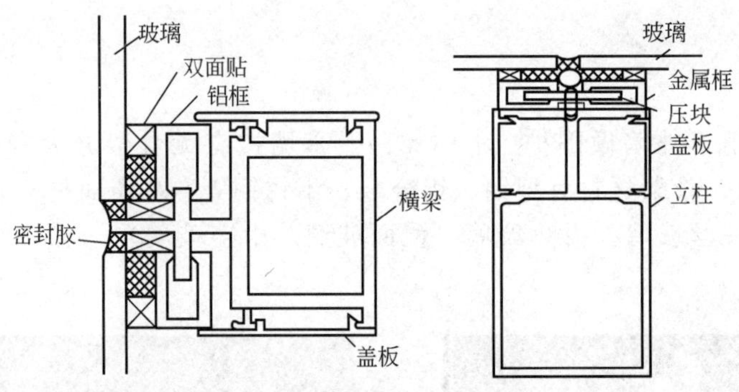

图 13.23　隐框幕墙

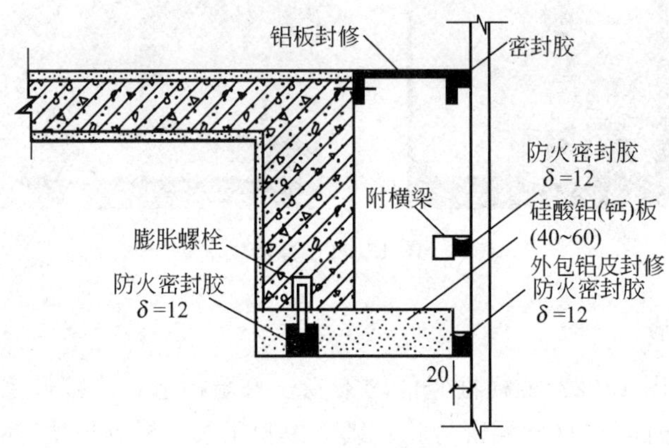

图 13.24　幕墙细部构造

3. 全玻幕墙

全玻幕墙(图 13.25)是指幕墙的面板及支承均为玻璃，在一层范围内看不见金属框架。全玻幕墙形式：座地式全玻幕墙(将大块玻璃上下安装固定在镶嵌槽内，构造简单，但玻璃易变形)、吊挂式全玻幕墙(将大块玻璃上部用金属夹具吊挂，下部镶嵌槽固定，玻璃不易变形)及点支式幕墙。全玻幕墙构造分设肋和不设肋，加肋有双肋、单肋、通肋之分，玻璃肋与玻璃面层用硅酮密封胶粘结。

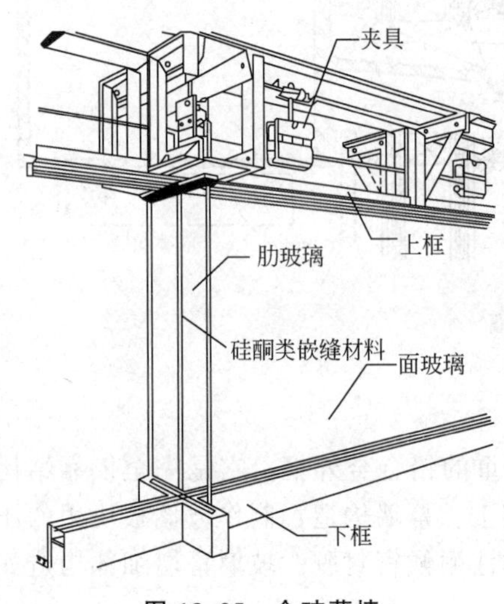

图 13.25　全玻幕墙

4. 铝板幕墙

铝板幕墙(图 13.26)的铝板类型：单层铝板、复合铝板、复合蜂巢铝板。断面形式：平板式、槽板式、波纹板、压型板。

(1) 单层铝板构造如图 13.27 所示。

(2) 复合铝板构造如图 13.28 所示。

复合铝板用铝铆钉、角铝、结构胶将铝板固定在副框上，再将副框固定在主框上。

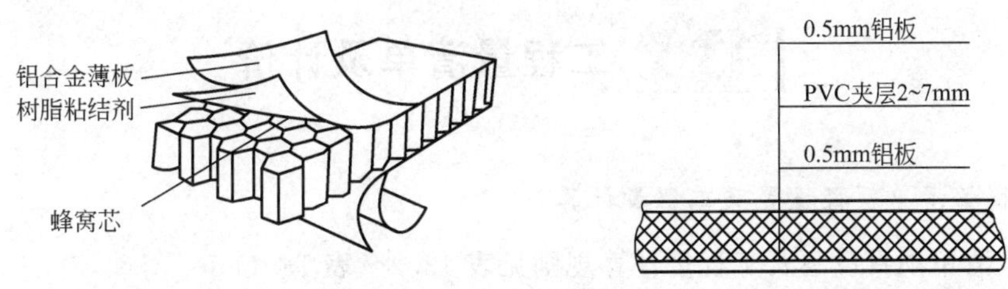

图 13.26 铝板幕墙材料

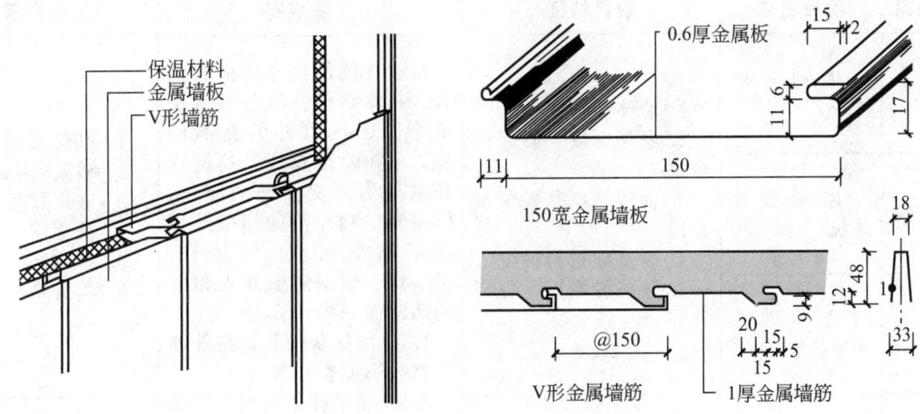

图 13.27 单层铝板幕墙

5. 石板幕墙

石板幕墙的构造(图 13.29)：干挂法(用不锈钢挂件将石板固定在主体结构上或支架上)、结构装配组件法(在墙体中打膨胀螺栓或预埋件；固定金属骨架；石板用结构胶固定在铝框上，再与骨架连接；密封胶嵌缝或压条盖缝)。

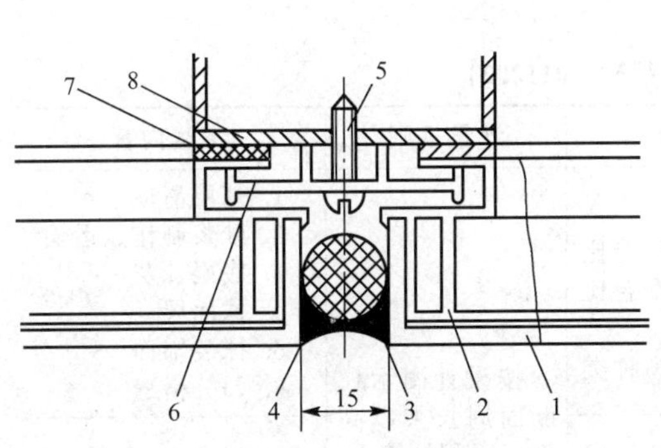

图 13.28 复合铝板构造

1—铝塑板；2—副框；3—密封胶；4—泡沫胶条；5—自攻钉；6—压片；7—胶垫；8—主框

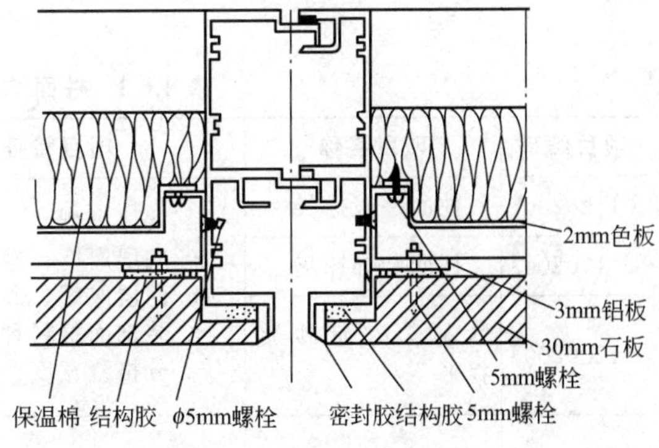

图 13.29 复合铝板构造

13.2 工程量清单及计价

1. 工程量清单项目设置及工程量计算

工程量清单项目设置及工程量计算规则见表13.2～表13.11。

表13.2 墙面抹灰(编码：011201)

项目编码	项目名称	项目特征	计量规则	工程内容
011201001	墙面一般抹灰	1. 墙体类型 2. 底层厚度、砂浆配合比 3. 面层厚度、砂浆配合比 4. 装饰面材料种类 5. 分格缝宽度、材料种类	按设计图示尺寸以面积计算。扣除墙裙、门窗洞口及单个0.3m^{2}以外的孔洞面积，不扣除踢脚线、挂镜线和墙与构件交接处的面积，门窗洞口和孔洞的侧壁及顶面不增加面积。附墙柱、梁、垛、烟囱侧壁并入相应的墙面面积内计算 1. 外墙抹灰面积，按外墙垂直投影面积计算 2. 外墙裙抹灰面积按其长度乘以高度计算 3. 内墙抹灰面积，按主墙间的净长乘以高度计算 （1）无墙裙的，高度按室内楼地面至天棚底面计算 （2）有墙裙的，高度按墙裙顶至天棚底面计算 4. 内墙裙抹灰面，按内墙净长乘以高度计算	1. 基层清理 2. 砂浆制作、运输 3. 底层抹灰 4. 抹面层 5. 抹装饰面 6. 勾分格缝
011201002	墙面装饰抹灰			
011201003	立面砂浆找平			
011201004	墙面勾缝	1. 墙体类型 2. 勾缝类型 3. 勾缝材料种类		1. 基层清理 2. 砂浆制作、运输 3. 勾缝

表13.3 柱面抹灰(编码：011202)

项目编码	项目名称	项目特征	计量规则	工程内容
011202001	柱面一般抹灰	1. 柱体类型 2. 底层厚度、砂浆配合比 3. 面层厚度、砂浆配合比 4. 装饰面材料种类 5. 分格缝宽度、材料种类	按设计图示柱断面周长乘以高度以面积计算	1. 基层清理 2. 砂浆制作、运输 3. 底层抹灰 4. 抹面层 5. 抹装饰面 6. 勾分格缝
011202002	柱面装饰抹灰			
011202003	柱、梁面砂浆找平			
011202004	柱面勾缝	1. 墙体类型 2. 勾缝要求 3. 勾缝材料种类		1. 基层清理 2. 砂浆制作、运输 3. 勾缝

表 13.4 零星抹灰(编码：011203)

<table>
<tr><th>项目编码</th><th>项目名称</th><th>项目特征</th><th>计量规则</th><th>工程内容</th></tr>
<tr><td>011203001</td><td>零星项目一般抹灰</td><td rowspan="3">1. 墙体类型
2. 底层厚度、砂浆配合比
3. 面层厚度、配合比
4. 装饰面材质
5. 分格缝宽度、材质
6. 找平层的基层、材质</td><td rowspan="3">按设计图示尺寸以面积计算</td><td rowspan="3">1. 基层清理
2. 砂浆制作、运输
3. 底层抹灰
4. 抹面层
5. 抹装饰面
6. 勾分格缝</td></tr>
<tr><td>011203002</td><td>零星项目装饰抹灰</td></tr>
<tr><td>011203003</td><td>零星项目砂浆找平</td></tr>
</table>

表 13.5 墙面镶贴块料(编码：011204)

<table>
<tr><th>项目编码</th><th>项目名称</th><th>项目特征</th><th>计量规则</th><th>工程内容</th></tr>
<tr><td>011204001</td><td>石材墙面</td><td rowspan="4">1. 墙体类型
2. 底层厚度、砂浆配合比
3. 贴结层厚度、材料种类
4. 挂贴方式
5. 干挂方式(膨胀螺栓、钢龙骨)
6. 面层材料品种、规格品牌、颜色
7. 缝宽、嵌缝材料种类
8. 防护材料种类
9. 磨光、酸洗、打蜡要求
10. 骨架种类、规格
11. 油漆品种、刷油遍数</td><td rowspan="4">按镶贴表面以面积计算
按设计图示尺寸以质量计算</td><td rowspan="4">1. 基层清理
2. 砂浆制作、运输
3. 底层抹灰
4. 结合层铺贴
5. 面层铺贴
6. 面层挂贴
7. 面层干挂
8. 嵌缝
9. 刷防护材料
10. 磨光、酸洗、打蜡
11. 骨架制作、运输、安装
12. 骨架油漆</td></tr>
<tr><td>011204002</td><td>碎拼石材墙面</td></tr>
<tr><td>011204003</td><td>块料墙面</td></tr>
<tr><td>011204004</td><td>干挂石材钢骨架</td></tr>
</table>

表 13.6 柱(梁)面镶贴块料(编码：011205)

<table>
<tr><th>项目编码</th><th>项目名称</th><th>项目特征</th><th>计量规则</th><th>工程内容</th></tr>
<tr><td>011205001</td><td>石材柱面</td><td rowspan="3">1. 柱体材料
2. 柱截面类型、尺寸
3. 底层厚度、砂浆配合比
4. 粘结层厚度、材料种类
5. 挂贴方式
6. 干贴方式
7. 面层材料品种、规格品牌、颜色
8. 缝宽、嵌缝材料种类
9. 防护材料种类
10. 磨光、酸洗、打蜡要求</td><td rowspan="5">按镶贴表面以面积计算</td><td rowspan="3">1. 基层清理
2. 砂浆制作、运输
3. 底层抹灰
4. 结合层铺贴
5. 面层铺贴
6. 面层挂贴
7. 面层干挂
8. 嵌缝
9. 刷防护材料
10. 磨光、酸洗、打蜡</td></tr>
<tr><td>011205002</td><td>块料柱面</td></tr>
<tr><td>011205003</td><td>碎拼石材柱面</td></tr>
<tr><td>011205004</td><td>石材梁面</td><td rowspan="2">1. 底层厚度、砂浆配合比
2. 粘结层厚度、材料种类
3. 面层材料品种、规格品牌、颜色
4. 缝宽、嵌缝材料种类
5. 防护材料种类
6. 磨光、酸洗、打蜡要求</td><td rowspan="2">1. 基层清理
2. 砂浆制作、运输
3. 底层抹灰
4. 结合层铺贴
5. 面层铺贴
6. 面层挂贴
7. 嵌缝
8. 刷防护材料
9. 磨光、酸洗、打蜡</td></tr>
<tr><td>011205005</td><td>块料梁面</td></tr>
</table>

表 13.7　零星镶贴块料(编码：011206)

项目编码	项目名称	项目特征	计量规则	工程内容
011206001	石材零星项目	1. 柱、墙体类型 2. 底层厚度、砂浆配合比 3. 粘结层厚度、材料种类 4. 挂贴方式 5. 干贴方式 6. 面层材料品种、规格品牌、颜色 7. 缝宽、嵌缝材料种类 8. 防护材料种类 9. 磨光、酸洗、打蜡要求	按镶贴表面以面积计算	1. 基层清理 2. 砂浆制作、运输 3. 底层抹灰 4. 结合层铺贴 5. 面层铺贴 6. 面层挂贴 7. 面层干挂 8. 嵌缝 9. 刷防护材料 10. 磨光、酸洗、打蜡
011206002	碎拼石材零星项目			
011206003	块料零星项目			

表 13.8　墙饰面(编码：011207)

项目编码	项目名称	项目特征	计量规则	工程内容
011207001	装饰板墙面	1. 墙体类型 2. 底层厚度、砂浆配合比 3. 龙骨材料种类、规格、中距 4. 隔离层材料种类、规格 5. 基层材料种类、规格 6. 面层材料品种、规格品牌、颜色 7. 压条材料种类、规格 8. 防护材料种类 9. 油漆品种、刷漆遍数	按设计图示墙净长乘以净高以面积计算。扣除门窗洞口及单个 $0.3m^2$ 以上的孔洞所占面积	1. 基层清理 2. 砂浆制作、运输 3. 底层抹灰 4. 龙骨制作、运输、安装 5. 钉隔离层 6. 基层铺钉 7. 面层铺贴 8. 刷防护材料、油漆

表 13.9　柱(梁)饰面(编码：011208)

项目编码	项目名称	项目特征	计量规则	工程内容
011208001	柱（梁）面装饰	1. 柱(梁)体类型 2. 底层厚度、砂浆配合比 3. 龙骨材料种类、规格、中距 4. 隔离层材料种类、规格 5. 基层材料种类、规格 6. 面层材料品种、规格品牌、颜色 7. 压条材料种类、规格 8. 防护材料种类 9. 油漆品种、刷漆遍数	按设计图示饰面外围尺寸以面积计算。柱帽、柱墩并入相应柱饰面工程量内	1. 基层清理 2. 砂浆制作、运输 3. 底层抹灰 4. 龙骨制作、运输、安装 5. 钉隔离层 6. 基层铺钉 7. 面层铺贴 8. 刷防护材料、油漆

表 13.10 幕墙(编码：011209)

项目编码	项目名称	项目特征	计量规则	工程内容
011209001	带骨架幕墙	1. 骨架材料种类、规格、中距 2. 面层材料品种、规格品牌、颜色 3. 面层固定方式 4. 嵌缝、塞口材料品种	按设计图示框外围尺寸以面积计算。与幕墙同种材质的窗所占面积不扣除	1. 骨架制作、运输、安装 2. 面层安装 3. 嵌缝、塞口 4. 清洗
011209002	全玻幕墙	1. 玻璃品种、规格、品种、颜色 2. 粘结塞口材料种类 3. 固定方式	按设计图示尺寸以面积计算。带肋全玻璃幕墙按展开面积计算	1. 幕墙安装 2. 嵌缝、塞口 3. 清洗

表 13.11 隔断(编码：011210)

项目编码	项目名称	项目特征	计量规则	工程内容
011210001	木隔断	1. 骨架、边框材料种类、规格 2. 隔板材料品种、规格、品牌、颜色 3. 嵌缝、塞口材料品种 4. 压条材料种类 5. 防护材料种类 6. 油漆品种、刷漆遍数	按设计图示框外围尺寸以面积计算。扣除单个 $0.3m^2$ 以上的孔洞所占面积；浴厕门的材质与隔断相同时，门的面积并入隔断面积内。成品隔断也可按数量计算	1. 骨架及边框制作运输、安装 2. 隔板制作、运输、安装 3. 嵌缝、塞口 4. 装钉压条 5. 刷防护材料、油漆
011210002	金属隔断			
011210003	玻璃隔断			
011210004	塑料隔断			
011210005	成品隔断			
011210006	其他隔断			

清单项目编制说明如下。

1）抹灰

(1) 一般抹灰适用于石灰砂浆、水泥砂浆、水泥混合砂浆、聚合物水泥砂浆、麻刀石灰、纸筋石灰、石灰膏等抹灰工程；水刷石、斩假石(剁斧石、剁假石)、干粘石、假面砖等适用于装饰抹灰项目。立面砂浆找平(011201004)、柱梁面找平(011202003)、零星项目找平(011203003)可单独清单列项。飘窗凸出外墙面增加的抹灰工程量不计算，在综合单价中考虑。

(2) 零星抹灰和零星镶贴块料面层项目适用于小面积($0.5m^2$ 以内)少量分散的抹灰和块料面层。装饰线条抹灰可以依据零星抹灰项目另列项，特征应描述线条宽度及棱角数量，线条工程量按“m”计算。

阳台、雨篷抹灰项目特征应描述：结构类型，抹灰材料、配合比，面层厚度、配合比，装饰面材料种类，侧板高度，分格缝宽度及材料等。

檐沟抹灰项目特征应描述：结构类型，抹灰材料、配合比，面层厚度、配合比，装饰面材料种类，檐沟宽度，侧板高度，分格缝宽度及材料等。

(3) 柱面抹灰项目、石材柱面项目、块料柱面项目适用于矩形柱、异形柱(包括圆形柱、半圆形柱等)。

(4) 墙体类型指砖墙、石墙、混凝土墙、砌块墙及内墙、外墙等。

(5) 勾缝类型指清水砖墙、砖柱的另浆勾缝(平缝或凹缝)，石墙、石柱的勾缝(如平缝、平凹缝、平凸缝、半圆凹缝、半圆凸缝和三角凸缝等)。

(6) 柱的一般抹灰和装饰抹灰及勾缝，以柱断面周长乘以高度计算，柱断面周长指结构断面周长。

2) 隔断、饰面、幕墙

(1) 设置在隔断、幕墙上的门窗，可包括在隔墙、幕墙项目报价内，也可单独编码列项，并在清单项目中进行描述。

(2) 基层材料指面层内的底板材料，如木墙裙、木护墙、木板隔墙等，在龙骨上，粘贴或铺钉一层加强面层的底板。

(3) 防护材料指石材等防碱背涂处理剂和面层防酸涂剂等。嵌缝材料指嵌缝砂浆、嵌缝油膏、密封胶封水材料等。

(4) 装饰板柱(梁)面按设计图示外围尺寸乘以高度(长度)以面积计算。外围饰面尺寸是饰面的表面尺寸。

3) 镶贴块料

(1) 挂贴方式是对大规格的石材(大理石、花岗石、青石等)使用先挂后灌浆的方式固定于墙、柱面。

(2) 干挂方式包括：直接干挂法，是通过不锈钢膨胀螺栓、不锈钢挂件、不锈钢连接件、不锈钢钢针等，将外墙饰面板连接在外墙墙面；间接干挂法，是通过固定在墙、柱、梁上的龙骨和各种挂件固定外墙饰面板。

(3) 设计石材有装饰磨边时，应描述磨边类型及数量。

2. 定额工程量计算，计价方法

抹灰、镶贴块料、饰面、隔断、幕墙工程定额工程量计算及计价方法见表 13.12 和表 13.13。

表 13.12　墙柱零星项目抹灰工程组价内容、定额计算规则及说明

项目编码	项目名称	定额子目	定额编码	定额规则	定额说明
011201001	墙面一般抹灰	墙面一般抹灰 特殊砂浆 增减抹灰厚度 钢板钢丝玻纤网 干粉型界面剂 素水泥基层处理 轻质墙专用批灰	11-1～11-3 11-33、11-35～11-36 11-25～11-28 11-9～11-11 11-39 11-37～11-38 11-42～11-43	1. 墙面抹灰面积：按设计图示尺寸计算，应扣除门窗洞口和 0.3m² 以上的孔洞所占面积，不扣除踢脚线、装饰线和墙与构件交接处的面积，门窗洞口和孔洞的侧壁及顶面也不增加面积。附墙柱、梁、垛、烟道等侧壁并入相应的墙面面积内。内墙抹灰有吊顶而不抹到顶者，高度算至天棚底面 2. 女儿墙(包括泛水、挑砖)、栏板内侧抹灰(不扣除 0.3m² 以内的花格孔洞所占面积)按投影面积乘以系数 1.1 计算，带压顶者乘以系数 1.3	1. 墙、柱面一般抹灰定额已注明不同抹灰厚度；抹灰遍数除定额另有说明外，均按 3 遍考虑。设计抹灰厚度、遍数不同时按以下原则调整 2. 抹灰厚度设计与定额不同时，按每增减 1mm 定额进行调整 3. 抹灰遍数设计与定额不同时，每 100m² 人工增加(或减少)4.89 工日

（续）

<table>
<tr><th>项目编码</th><th>项目名称</th><th>定额子目</th><th>定额编码</th><th>定额规则</th><th>定额说明</th></tr>
<tr><td>011201002</td><td>墙面装饰抹灰</td><td>墙面装饰抹灰
钢板钢丝玻纤网</td><td>11-4、11-6
11-9、11-11</td><td rowspan="7">3. 阳台、雨篷、水平遮阳板抹灰面积，按水平投影面积计算，檐沟、装饰线条的抹灰长度按檐沟及装饰线条的中心线长度计算
4. 凸出的线条抹灰增加费以凸出棱线的道数不同分别按延长米计算，两条及多条线条相互之间净距100mm以内的，每两条线条按一条计算工程量
5. 柱面抹灰：按设计图示尺寸以柱断面周长乘以高度计算。零星抹灰按设计图示尺寸以展开面积计算</td><td rowspan="7">4. 墙柱抹灰，基层需涂刷水泥砂浆或界面剂的，按本章相应定额计算
5. 水泥砂浆抹底灰定额适用于镶贴块料面的基层抹灰，定额按两遍考虑
6. 女儿墙、阳台栏板的装饰按墙面定额；飘窗、空调搁板粉刷按阳台、雨篷粉刷按定额执行
7. 雨篷抹灰翻檐高250mm以内(从板顶面起算)，檐沟侧板抹灰高300mm以内定额已综合考虑，超过时按每增加100mm计算，如檐沟侧板高度超过1.2m，则综合高度以上部分，套墙面相应定额
8. 阳台、雨篷、檐沟抹灰包括底面和侧板抹灰；檐沟包括细石混凝土找坡。水平遮阳板抹灰按雨篷定额。檐沟宽以500mm以内为准，当宽度超过时，定额按比例换算
9. 抹灰的“零星项目”适用于壁柜、碗柜、过人洞、暖气壁龛、池槽、花坛及1m²以内的抹灰
10. 雨篷、沿沟等抹灰，如局部抹灰种类不同时，另按相应“零星项目”计算差价
11. 凸出柱、梁、墙、阳台、雨篷等混凝土线条，按其凸出线条的棱线道数不同套用相应定额，但单独窗台板、栏板扶手、女儿墙压顶上的单阶凸出不计线条抹灰增加费。线条断面为外凸弧形的一个曲面按一道考虑</td></tr>
<tr><td>011201004</td><td>墙面勾缝</td><td>墙面勾缝、底灰</td><td>11-7、11-8</td></tr>
<tr><td>011202001</td><td>柱面一般抹灰</td><td>柱梁面一般抹灰
特殊砂浆
干粉型界面剂
素水泥基层处理
增减抹灰厚度</td><td>11-12～11-14
11-33、11-35～11-36
11-39
11-37～11-38
11-25～11-28</td></tr>
<tr><td>011202002</td><td>柱面装饰抹灰</td><td>柱梁面装饰抹灰</td><td>11-15～11-17</td></tr>
<tr><td>011202004</td><td>柱面勾缝</td><td>柱梁面勾缝、底灰</td><td>11-18～11-19</td></tr>
<tr><td>011203001</td><td>零星一般抹灰</td><td>零星一般抹灰
阳台、雨篷、檐沟
特殊砂浆
增减抹灰厚度</td><td>11-20～11-22
11-29～11-32
11-34
11-25～11-28</td></tr>
<tr><td>011203002</td><td>零星装饰抹灰</td><td>零星装饰抹灰</td><td>11-23～11-24</td></tr>
<tr><td>补充项目</td><td>装饰线线条抹灰</td><td>装饰线线条抹灰</td><td>11-40～11-41</td><td></td><td></td></tr>
</table>

表 13.13　镶贴块料、饰面、隔断、幕墙工程计价项目、定额规则及说明

项目编码	项目名称	定额子目	定额编码	定额规则	定额说明
011204001	石材墙面	石材墙面 底层抹灰、酸洗 增减抹灰厚度	11-44～11-51 11-2、11-3、11-110 11-25～11-28	1. 墙、柱、梁面镶贴块料按设计图示尺寸以实铺面积计算。附墙柱、梁等侧壁并入相应的墙面面积内计算 2. 大理石、花岗石柱墩、柱帽按其设计最大外径周长乘高度以"m^2"计算 3. 墙面饰面的基层与面层面积按设计图示尺寸净长乘以净高计算，扣除门窗洞口及每个在 $0.3m^2$ 以上孔洞所占的面积；增加层按相应增加部分计算工程量 4. 柱梁饰面面积按图示外围饰面面积计算 5. 抹灰、壤贴块料及饰面的柱墩、柱帽(大理石、花岗石柱墩、柱帽除外)其工程量并入相应柱内计算，每个柱墩、柱帽另增加人工：抹灰增加 0.25 工日；镶贴块料增加 0.38 工日；饰面增加 0.5 工日 6. 隔断按设计图示尺寸以框外围面积计算，扣除门窗洞口及每个在 $0.3m^2$ 以上孔洞所占面积。浴厕门的材质与隔断相同时，门的面积并入隔断面积 7. 幕墙面积按设计图示尺寸以外围面积计算。全玻幕墙带肋部分并入幕墙面积内计算	1. 块料镶贴和装饰抹灰的"零星项目"适用于挑檐、天沟、腰线、窗台线、门套线、扶手、遮阳板、雨篷周边等 2. 干粉粘贴剂贴块料定额中粘结剂的厚度，除花岗岩、大理石为 6mm 外，其余均为 4mm。设计与定额不同时，应进行调整换算 3. 外墙面砖灰缝均按 8mm 计算，设计面砖规格及灰缝大小与定额不同时，面砖及勾缝材料做相应调整 4. 弧形墙、柱、梁等抹灰、镶贴块料按相应项目人工乘以系数 1.10，材料乘系以数 1.02 5. 木龙骨基层定额是按双向考虑的，当设计为单向时，人工各乘以系数 0.75，木龙骨用量做相应调整 6. 饰面、隔断定额内，除注明者外均未包括压条、收边、装饰线(板)，当设计要求时，应按相应定额执行 7. 不锈钢板、钛金板、铜板等的铣槽、折边费用另计 8. 玻璃幕墙设计有窗时，仍执行幕墙定额，窗五金相应增加，其他不变 9. 玻璃幕墙定额中的玻璃是按成品考虑的；幕墙中的避雷装置、防火隔离层定额已综合，但幕墙的封边、封顶等未包括 10. 弧形幕墙套幕墙定额，面板单价调整，人工乘以系数 1.15，骨架弯弧费另计
011204002	碎拼石材墙面	薄型石材 底层抹灰、酸洗	11-52～11-53 11-2～11-3、11-110		
011204003	块料墙面	瓷砖面层 其他块料 15 厚抹底灰、酸洗	11-54～11-65 11-66～11-68 11-8、11-110		
011204004	干挂石材钢骨架	石材墙饰面骨架 骨架油漆	11-69～11-71 14-138～14-148		
011205001	石材柱面	石材柱面 其他同石材墙面	11-72～11-79		
011205003	碎拼石材柱面				
011205002	块料柱面	瓷砖面层 其他块料面层 15 厚抹底灰、酸洗	11-80～11-91 11-92～11-94 11-19、11-110		
011205004	石材梁面	石材柱面 其他同石材墙面	11-72～11-73、11-76～11-79		
011205005	块料梁面	同块料柱面			
011206001	石材零星项目	石材零星项目 石材饰块及其他 抹底灰、酸洗打蜡	11-95～11-98 11-106～11-109 11-21～11-22、11-110		
011206003	碎拼石材零星项目	薄型石材 抹底灰、酸洗打蜡	11-52～11-53 11-21～11-22、11-110		
011206002	块料零星项目	瓷砖零星项目 其他块料零星 抹底灰、酸洗打蜡	11-99～11-102 11-103～11-105 11-21～11-22、11-110		

（续）

项目编码	项目名称	定额子目	定额编码	定额规则	定额说明
011207001	装饰板墙面	墙饰面基础 墙饰面面层 墙面腰线	11-111～11-115 11-116～11-139 11-140～11-145		
011208001	柱（梁）面装饰	柱饰面基础 柱饰面面层	11-146～11-153 11-154～11-179		
011210	隔断	隔墙、隔断	11-180～11-206		
011209001	带骨架幕墙	龙骨及基础 带骨架幕墙	11-227～11-229 11-207～11-226		
011209002	全玻幕墙	全玻幕墙	11-230～11-233		

抹灰、镶贴块料、饰面、隔断、幕墙定额相关说明如下。

本章定额中凡砂浆的厚度、种类、配合比及装饰材料的品种、型号、规格、间距等与设计不同时，可按设计规定调整。

1）抹灰工程

抹灰包括一般抹灰、装饰抹灰、勾缝、抹底灰、钉钢（玻璃纤维）网片等项目。应用定额应注意事项如下。

（1）水泥砂浆抹底灰定额适用于基层抹灰及管道井内的随砌随抹施工，定额抹底灰按两遍考虑。

（2）柱、梁抹灰只适用于单独的柱、梁面抹灰（即柱不与墙镶嵌、梁不与板相交）或附墙柱、梁抹灰种类与整体墙不同的情况。

（3）墙面抹灰工程量不扣除墙与构件交接处的面积，是指墙与梁的交接或墙与雨篷、空调板交接，不包括墙与楼板的交接。

（4）柱一般抹灰、勾缝、装饰抹灰按柱结构断面周长乘以高度计算。

（5）装饰线条增加费按棱角数量套用相应定额，工程量按线条长度计算。单阶线条不考虑装饰线条增加费，线条外挑 200mm 以上适用装饰线条增加费。

2）镶贴块料工程

石材墙柱面主要分湿挂、干粉型粘贴、干挂（龙骨上干挂和膨胀螺栓干挂）；瓷砖墙柱面主要有水泥砂浆粘贴和干粉型粘贴。其他块料墙柱面包括文化石、凹凸毛石板、马赛克。石材饰面骨架有钢筋网骨架、干挂型钢骨架和干挂型铝合金骨架，与石材幕墙骨架定额子目是不同的。

零星镶贴块料定额分石材、瓷砖、其他块料、大理石花岗岩饰块四类零星项目。石材、瓷砖零星项目分水泥砂浆粘贴和干粉型粘贴两类。其他块料零星项目包括文化石、凹凸毛石板、马赛克。应用定额注意事项如下。

(1) 瓷砖墙柱面(含外墙面砖)、其他块料墙柱面、瓷砖零星项目面层、其他块料零星项目面层等块料面层定额子目均不含基层抹灰，基层抹灰按水泥砂浆抹底灰定额执行。水泥砂浆抹底灰定额分墙面和柱面水泥砂浆底灰。

(2) 梁面镶贴块料套用柱面相应定额，柱面干挂骨架套用墙石材饰面骨架，定额人工乘以系数1.15。

3) 饰面工程

饰面工程定额分饰面基层、饰面面层、腰线三类项目。应用定额注意事项如下。

(1) 基础和面层定额分平面和弧形，弧形面层与抹灰、镶贴块料面层定额不同，弧形饰面定额无需调整人工和材料。

(2) 柱梁饰面按设计图示外围饰面尺寸乘以高度计算，外围饰面尺寸是指饰面的表面尺寸。

(3) 抹灰、壤贴块料及饰面的柱墩、柱帽工程量定额与清单有所不同。抹灰、壤贴块料及饰面的柱墩、柱帽工程量(包括大理石、花岗石方柱墩、柱帽)定额与清单均将其工程量并入柱内计算。但大理石、花岗石圆柱墩、柱帽，其定额工程量按设计最大外径周长乘以高度，以“m^2”另计算并套用相应圆柱墩、柱帽定额，且不需要调整人工费。大理石、花岗石圆柱墩、柱帽清单工程量按设计图示尺寸以面积计算并入柱内考虑。

(4) 饰面木龙骨间距按300mm×300mm考虑，设计规格、间距与定额不同时，用量调整，其余不变。

13.3 清单规范及定额应用案例

【例13-1】 某外墙面16厚1∶3水泥砂浆打底，6厚1∶2.5水泥砂浆面层，求基价。

解： 16厚水泥砂浆打底与定额14厚不同，按增减1mm厚定额调整，增减1mm厚抹灰定额砂浆与设计砂浆又不同，依据设计砂浆调整其基价。套定额11-2+11-26换，则

$$换后基价=1202+[39+(195.13-228.22)\times 0.12]\times 2=1272(元/m^2)$$

【例13-2】 墙面水泥砂浆抹灰4遍，1∶3水泥砂浆14厚，1∶2.5水泥砂浆12厚，求基价。

解： 定额抹灰按3遍考虑，设计遍数不同时，每100m^2增加人工4.89工日，12厚面与定额6厚不同，按增减1mm厚定额调整，增减1mm厚抹灰定额砂浆与设计砂浆又不同，依据设计砂浆调整其基价。套定额11-2+11-26换，则

$$换算后定额基价=1202+6\times[39+(210.26-228.22)\times 0.12]+4.89\times 50=1668(元/100m^2)$$

【例13-3】 墙面水泥砂浆抹灰4遍，1∶2.5水泥砂浆+1∶2.5水泥砂浆(18+6)，求基价。

解：设计遍数不同，每 100m² 增加人工 4.89 工日，18 厚底与定额 14 厚不同，按增减 1mm 厚定额调整，砂浆配合比又不同，调整其基价。套定额 11-2+11-26 换，则

换算后定额基价＝1202＋(210.26－195.136)×1.616＋4×[39＋(210.26－228.22)×0.12]＋4.89×50＝1618(元/100m²)

【例 13-4】 某雨篷如图 13.30 所示，内侧面水泥砂浆抹灰，侧板外侧斩假石抹灰，底面石灰砂浆抹灰。试求雨篷抹灰直接工程费。

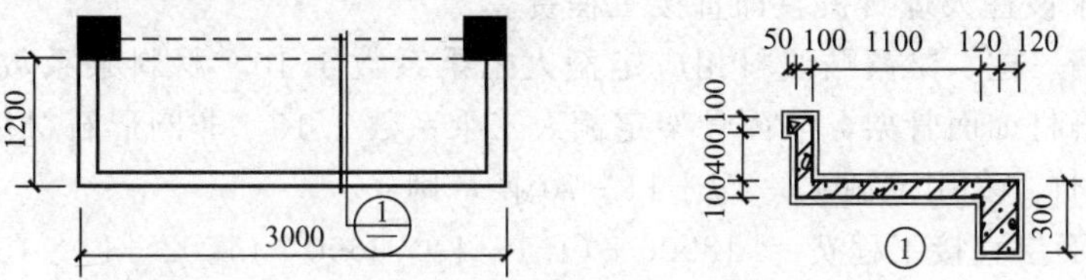

图 13.30 雨篷平面立面图

解：(1) 雨篷水泥砂浆抹灰。

$$S=1.2\times 3=3.6(\mathrm{m}^2)$$

查定额 11-29+11-30×3，则

基价为 46.5＋6.16×3＝64.98(元/m²)

抹灰直接费用＝3.6×64.98＝233.93(元)

(2) 斩假石抹灰差价。

斩假石抹灰工程量＝0.65×(1.2×2＋3)＝3.51(m²)

查定额 11-21，水泥砂浆零星项目基价为 23.46 元/m²。

查定额 11-23，斩假石零星项目基价为 85.34 元/m²，差价为：

85.34－23.46＝61.88(元/m²)

斩假石抹灰直接工程费＝61.88×3.51＝217.20(元)

雨篷直接工程费＝233.93＋217.20＝451.13(元)

【例 13-5】 某营业厅有 10 根钢筋混凝土柱，柱面干挂大理石板(干挂型钢骨架)。根据下列条件，试求该柱大理石板装饰面工程量。

柱净高 3200mm，柱帽、柱脚高 140mm，柱帽最大外径 1114mm，柱身包后 814mm，柱面是干挂大理石板圆面，如图 13.31 所示。

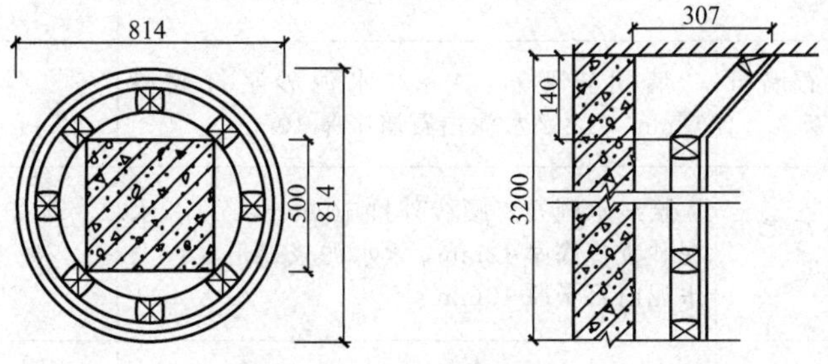

图 13.31 柱大理石装饰

解：根据定额工程量计算规则，柱帽和柱身分开计算，大理石、花岗岩圆形柱帽工程量按最大外径周长乘以高度计算。

$$柱帽工程量=3.14\times1.114\times0.14\times10=4.9(m^2)$$

$$柱身工程量=3.14\times0.814\times(3.2-0.14)\times10=78.2(m^2)$$

$$清单柱石材面工程量=柱身工程量+柱帽工程量=\{7.82+3.14\times(1.114/2+0.814/2)\times[(0.5\times1.114-0.5\times0.814)^2+0.14^2]^{1/2}\}\times10=84.41(m^2)$$

【例 13-6】 某营业厅有1根钢筋混凝土弧形柱，柱面干挂大理石板(干挂型钢骨架)。已知根据定额求得弧形柱大理石面工程量为10m²，柱帽、柱脚大理石面面积2m²，型钢骨架0.2t。试求该柱大理石板装饰直接工程费。

解：弧形墙、柱、梁镶贴块料相应定额人工乘系数1.10，材料乘系数1.02。柱面干挂骨架套用墙石材饰面骨架，墙面骨架定额人工乘系数1.15。非圆形石材柱墩、柱帽另增加人工0.38工日。套用定额11-77+11-70换，则

$$柱帽柱脚面层直接工程费=[18906+(1.1-1)\times3690+(1.02-1)\times15216.1]\times2/100+0.38\times50\times2=429.59(元)$$

$$柱身面层直接工程费=[18906+(1.1-1)\times3690+(1.02-1)\times15216.1]\times10/100=1957.93(元)$$

$$干挂型钢骨架直接工程费=[6474+1761.50\times(1.15\times1.1-1)+4530.55\times(1.02-1)]\times0.2=1406.28(元)$$

$$柱大理石板装饰直接工程费=429.59+1957.93+1406.28=3793.80(元)$$

【例 13-7】 某房屋工程平面图、立面图如图13.32所示，门居墙内平安装，M1是700mm×2100mm，窗安装居墙中，C1为1000mm×1500mm，门窗框厚90mm；外墙面1∶3水泥砂浆打底厚15mm，50mm×250mm×8mm外墙砖1∶2水泥砂浆厚5mm粘贴，灰缝宽8mm。外墙裙、雨篷翻沿做斩假石，1∶3水泥砂浆打底厚12mm，1∶2水泥白石屑浆厚10mm，腰线做水刷石。根据上述条件、清单规范及定额完成表3.14中的内容(计算结果保留3位)。

表 13.14　清单规范及定额

清单编码及名称	定额编号	项目名称及做法	定额工程量计算式	单位	工程量
	墙面瓷砖块料	墙面镶贴块料：外墙面1∶3水泥砂浆打底厚15mm，50mm×250mm×8mm外墙砖1∶2水泥砂浆厚5mm粘贴，灰缝宽8mm			
	斩假石墙裙装饰抹灰	墙裙斩假石：1∶3水泥砂浆打底厚12mm，1∶2水泥白石屑浆厚10mm			
	水刷石零星装饰抹灰	腰线水刷石，腰线外挑100mm，1∶3水泥砂浆打底厚12mm，素水泥浆二道，1∶2水泥白石子厚10mm			
	雨篷翻沿抹水泥砂浆	雨篷：雨篷水泥砂浆抹面，翻沿高400mm，翻沿侧面斩假石，1∶3水泥砂浆打底厚12mm，1∶2水泥白石屑浆厚10mm			

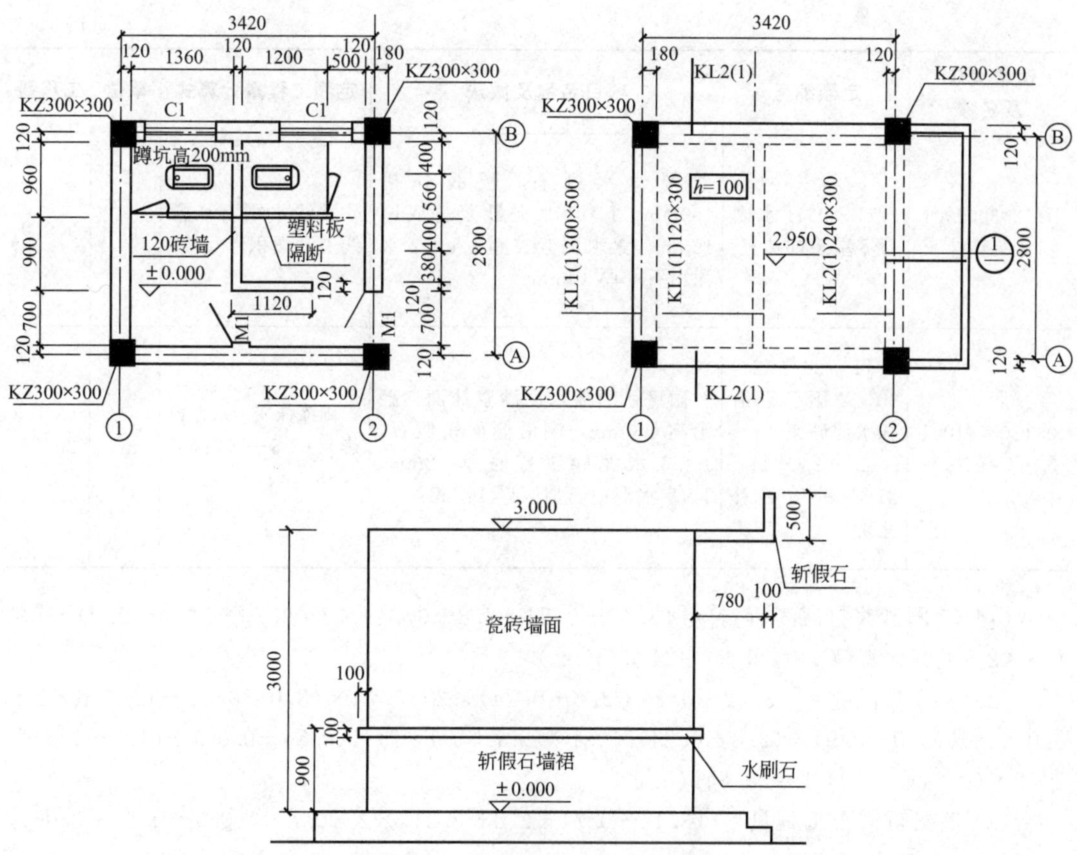

图 13.32　房屋工程平面图、立面图

解：腰线水刷石抹灰和雨篷抹灰分别按清单零星装饰抹灰和清单零星一般抹灰设置项目编码。抹灰与镶贴块料定额工程量与清单工程量计算规则相同。墙面抹灰按设计图示尺寸计算，扣除门窗洞口面积，不扣除踢脚线、装饰线和墙与构件交接处的面积，门窗洞口的侧壁及顶面也不计算面积。墙镶贴块料按设计图示尺寸以实铺面积计算，门窗洞口和孔洞的侧壁及顶面要计算工程量。解答过程见表 13.15 解答。

表 13.15　清单规范及定额解答

清单编码及名称	定额编号	项目名称及做法	定额工程量计算式	单位	工程量
011204003001 镶贴块料	11－8(15 厚砂浆打底) 11－54(墙面瓷砖块料)	墙面镶贴块料：外墙面 1∶3 水泥砂浆打底厚 15mm，50mm×250mm×8mm 外墙砖 1∶2 水泥砂浆厚 5mm 粘贴，灰缝宽 8mm	水泥砂浆工程量＝24.678(洞口侧边不计) 瓷砖工程量＝25.849(计入洞口侧边)	m^2	25.849
011201002001 墙面装饰抹灰	11－4(斩假石墙裙装饰)	墙裙斩假石：1∶3 水泥砂浆打底厚 12mm，1∶2 水泥白石屑浆厚 10mm	墙裙斩假石＝10.544	m^2	10.544

(续)

清单编码及名称	定额编号	项目名称及做法	定额工程量计算式	单位	工程量
011203002001 零星装饰抹灰	11－23H 水刷石零星装饰抹灰	腰线水刷石，腰线外挑100mm，1∶3水泥砂浆打底厚12mm，素水泥浆二道，1∶2水泥白石子厚10mm	腰线水刷石＝腰线展开面积＝3.970	m^2	3.970
011203001001 零星一般抹灰	11－29＋11－30×2 雨篷翻沿抹水泥砂浆 11－23＋11－21 零星项目补差价	雨篷：雨篷水泥砂浆抹面，翻沿高400mm，翻沿侧面斩假石，1∶3水泥砂浆打底厚12mm，1∶2水泥白石屑浆厚10mm	雨篷抹灰＝水平投影＝(2.8＋0.24)×0.88	m^2	2.675

(1) 15厚砂浆打底工程量＝[(3.42＋0.24＋2.8＋0.24)×2－0.7]×(3.0－0.9)－1×1.5×2＋0.06×8×(3.0－0.9)＝24.678(m^2)

(2) 瓷砖工程量＝[(3.42＋0.24＋2.8＋0.24)×2－0.7]×(3.0－0.9)－1×1.5×2＋0.06×8×(3.0－0.9)－(2.8＋0.24)×0.1＋(0.7＋2.1×2)×(0.24－0.09)＋(1.0＋1.5)×2×2×(0.24－0.09)/2＝25.849(m^2)

(3) 墙裙斩假石工程量＝[(3.42＋0.24＋2.8＋0.24)×2－0.7]×(0.9－0.1)＋0.06×8×(0.9－0.1)＝10.544(m^2)

(4) 腰线水刷石工程量＝[(3.42＋0.24＋2.8＋0.24)×2－0.7＋0.1×8]×0.1＋[(3.42＋0.24＋2.8＋0.24)×2－0.7＋0.1×4]×0.1×2＝3.970(m^2)

(5) 雨篷水泥砂浆工程量＝(2.8＋0.24)×0.88＝2.675(m^2)

(6) 雨篷侧面斩假石工程量＝0.5×[2.8＋0.24＋(0.88－0.06)×2]＝2.340(m^2)

习　题

1. 墙面水泥砂浆抹灰三遍，1∶3水泥砂浆底14厚，1∶2.5水泥砂浆面8厚，求基价。

2. 某厅有10根钢筋混凝土柱，柱面干粉型粘贴大理石板。根据下列条件，试求柱大理石板装饰面工程量。

当柱净高3200(不含柱帽、柱脚)，柱帽高150，钢筋混凝土柱断面500mm×500mm，柱大理石装饰厚尺寸600mm×600mm，柱帽上口断面700mm×700mm，柱面装饰如图13.33所示。

3. 某工程楼面建筑平面如图13.34所示，该建筑内墙净高为3.3m，窗台高900mm。设计内墙裙为水泥砂浆贴152mm×152mm瓷砖，高度为1.8m，其余部分墙面为石灰砂浆底纸筋灰面抹灰，计算墙面抹灰直接工程费。

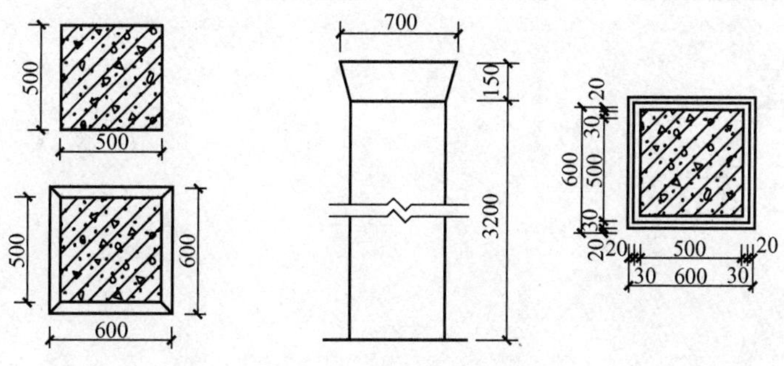

图 13.33 柱大理石装饰

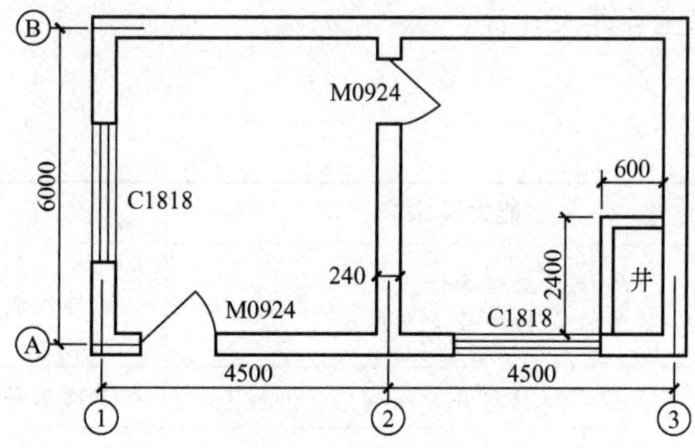

图 13.34 建筑平面图

第14章 天棚工程

学习任务

本章主要介绍混凝土面天棚抹灰、天棚吊顶、灯槽(灯带)及风口等内容。通过本章学习，重点掌握抹灰工程量计算及计价。

学习要求

知识要点	能力要求	相关知识
天棚抹灰	(1) 掌握抹灰工程量计算 (2) 熟悉抹灰材料种类及厚度	装饰线概念
天棚吊顶	掌握吊顶工程量计算	吊顶基层和面层材料种类
灯槽工程	掌握灯槽工程量计算	灯带和灯槽概念

天棚是室内空间的主要组成部分。按材料不同可分为抹灰天棚、纸面石膏板天棚、金属饰面天棚等。按功能不同可分为发光天棚，艺术装饰天棚，吸声、隔声天棚等。按安装方式不同可分为直接式天棚、悬吊式天棚、配套组装式天棚。

清单规范将天棚工程分为天棚抹灰、天棚吊顶、天棚其他装饰 3 部分。其中天棚抹灰只有 1 个清单项目。天棚吊顶区分不同的吊顶类型，有天棚吊顶、格栅吊顶、吊筒吊顶、藤条造型悬挂吊顶、织物软雕吊顶、网架(装饰)吊顶 6 个清单项目。天棚其他装饰包括灯带、送(回)风口 2 个清单项目。

预算定额共 3 节，包括混凝土面天棚抹灰、天棚吊顶、灯槽(灯带)及风口。其中天棚吊顶分为天棚骨架和天棚饰面(基层)2 部分，天棚骨架又分为方木楞、其他木骨架、轻钢龙骨、铝合金龙骨等。

14.1 基础知识

14.1.1 天棚抹灰

天棚抹灰项目基层类型是指混凝土现浇板、预制混凝土板、钢板网、木板条(图 14.1)等，抹灰面材料有水泥砂浆、混合砂浆、石灰砂浆等。

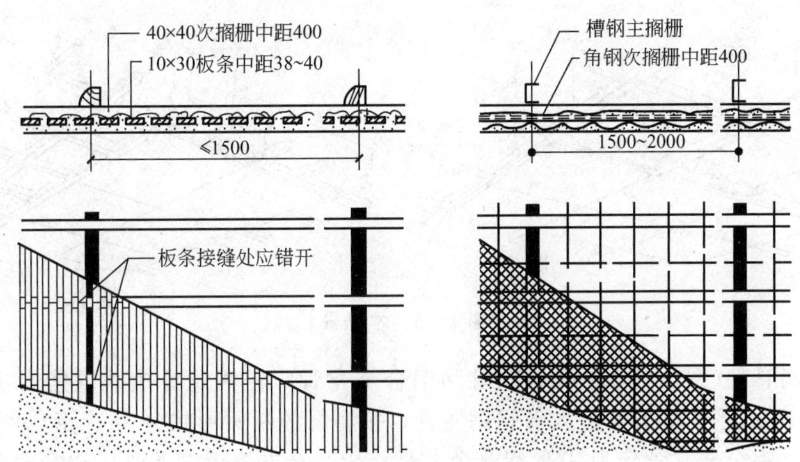

图 14.1 钢板网和木板条天棚抹灰

14.1.2 天棚吊顶

1. 天棚吊顶的一般形式

天棚吊顶包括吊筋、龙骨、基层和面层。

1）吊筋

吊筋常用的材料有：钢筋、型钢、木条、钢丝等。吊筋定额规定直径为 6mm 或 8mm，与楼板连接时，用膨胀螺栓或射钉固定铁件，吊筋再连接铁件，如图 14.2 所示。吊筋也可先同可调螺杆连接，然后同铁件连接。木筋做吊筋，其断面为 50mm×50mm。

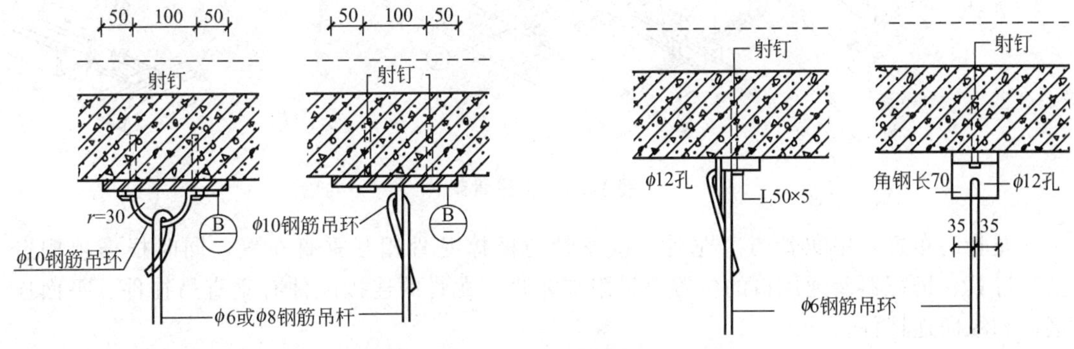

图 14.2 吊筋连接方式

2）龙骨

按龙骨材料不同可分为木骨架、金属骨架。骨架主要有主龙骨、次龙骨和横撑龙骨等几部分组成。

(1) 木骨架(图 14.3)的定额分方龙骨骨架和其他龙骨骨架，方龙骨骨架有平面和跌级两种形式，其他龙骨骨架分拱形、方形和弧形。主龙骨尺寸为 50～70mm，间距为 500～700mm。次龙骨尺寸为 40～50mm，间距为 300～500mm。

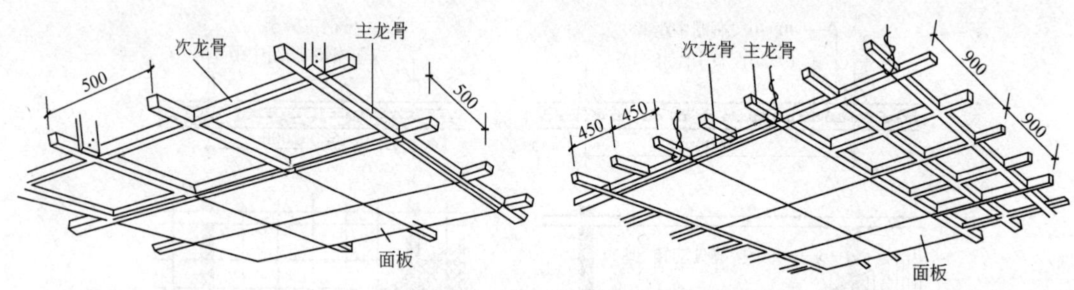

图 14.3　木龙骨

(2) 金属骨架(图 14.4)分轻钢龙骨和铝合金龙骨。轻钢龙骨按载重能力不同分为 U 形上人型轻钢龙骨和 U 形不上人形轻钢龙骨，按型材的断面形状分为 U 形([] 形、T 形和 Π 形等)。铝合金龙骨分为 T 形铝合金龙骨、铝合金方板天棚龙骨、铝合金条板天棚龙骨、铝合金格片式天棚龙骨、铝合金方格栅天棚龙骨。各种龙骨系列规格以龙骨断面的高度命名，如 U38、U50 指龙骨的高度分别为 38mm、50mm。

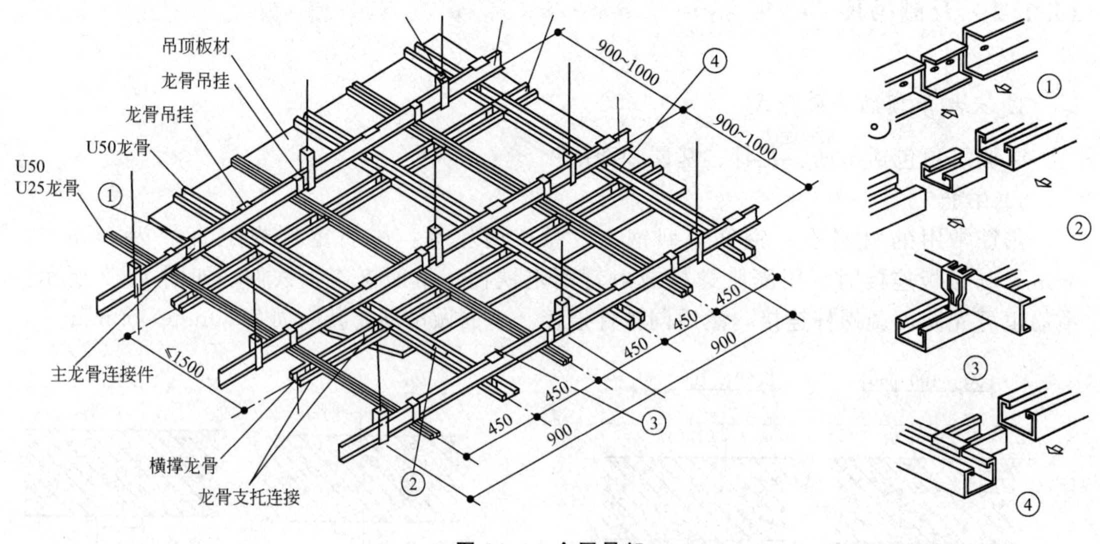

图 14.4　金属骨架

龙骨的布置：主龙骨与次龙骨、次龙骨与横撑龙骨相互垂直布置，同时根据顶棚造型，灯具、扬声器及通风口的位置增设附加龙骨。龙骨的连接配件有垂直吊挂件、平面连接件和纵向连接件。

① U 形轻钢龙骨的构件如图 14.5 所示。

U 形轻钢龙骨的规格[按其断面尺寸，即高×宽×厚(mm)标注]如下。

轻钢龙骨上人型：主龙骨 50×15×1.5，次龙骨 50×20×0.5，角龙骨 30×23×0.55。

轻钢龙骨不上人型：主龙骨 38×12×1.2，次龙骨 50×20×0.5，角龙骨 30×23×0.55。

② T 形铝合金龙骨的其构件如图 14.6 所示。

主龙骨断面为 U 形，次龙骨与横撑为 T 形，边龙骨断面为 L 形。次龙骨与横撑用铁丝或螺栓连接。T 形铝合金龙骨的规格 [按其断面尺寸，即高×宽×厚(mm)] 如下：

U 形主龙骨 38×12×1.2，T 型次龙骨 20×32×1.2 和 20×22×1.2，角龙骨 30×23×0.55。

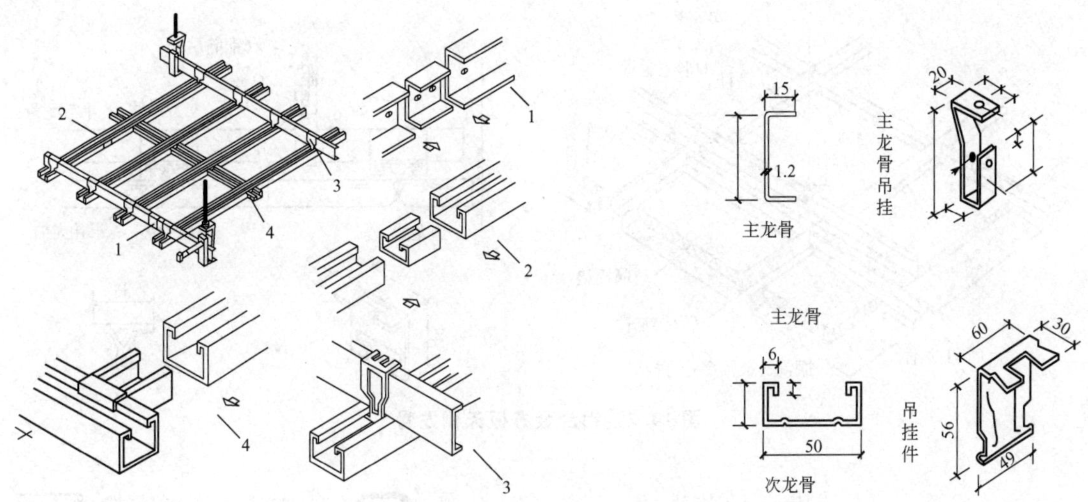

图 14.5 U 形轻钢龙骨的构造

1、2—纵向连接件，主龙骨或次龙骨的本身长度不够通过纵向连接件接长；

3—垂直吊挂件，连接主龙骨与吊杆或主龙骨与次龙骨；

4—平面连接件，连接次龙骨与横撑

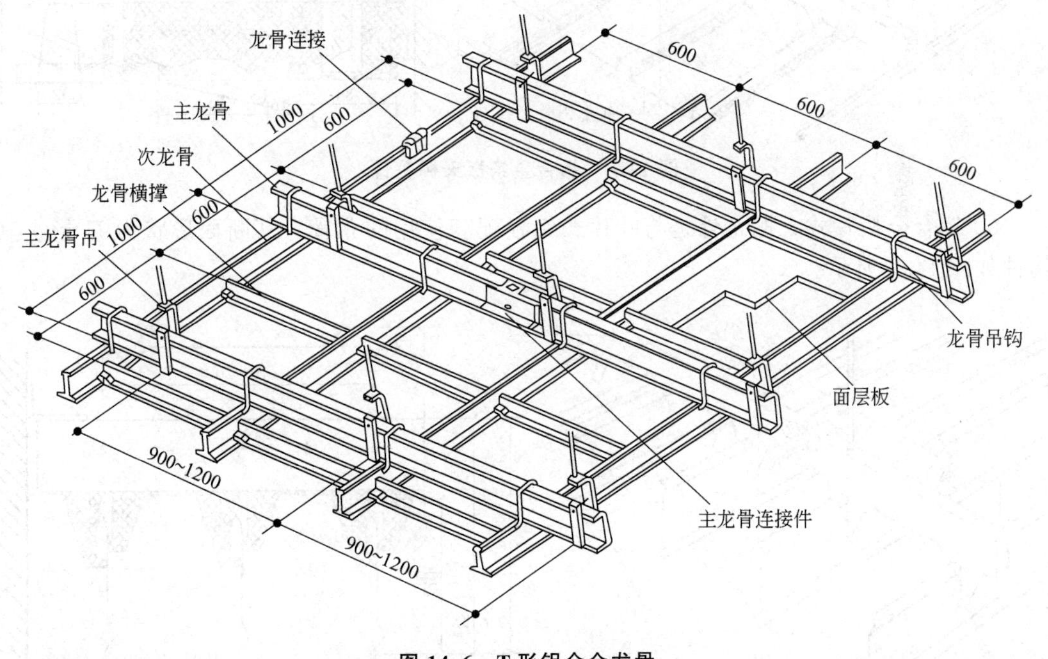

图 14.6 T 形铝合金龙骨

③ 铝合金方板天棚龙骨是与方板配套使用的龙骨，按方板的构造形式分为浮搁式方板龙骨(装饰方板直接搁在 T 形龙骨的翼缘上，方板与方板之间有离缝)和嵌入式方板龙骨(方板有向上的卷边，卷边插入 T 形龙骨的卡内，使方板与龙骨固定)。其构件如图 14.7 所示。方板规格为 500mm×500mm、600mm×600mm。

④ 铝合金条板天棚龙骨是与条板配套使用的龙骨，其断面形状为 Π 形。其构件如图 14.8所示。

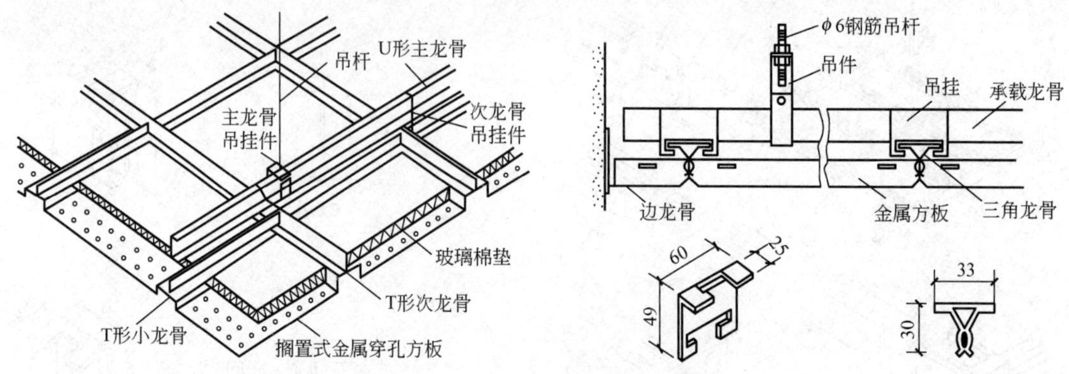

图 14.7　铝合金方板天棚龙骨

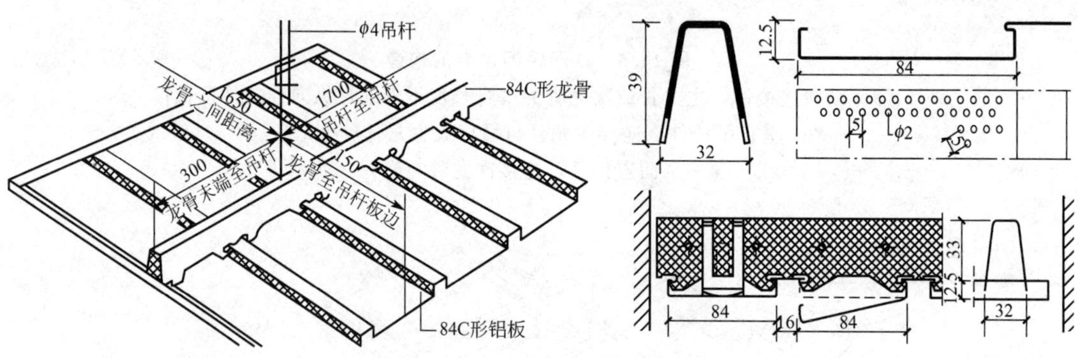

图 14.8　铝合金条板天棚龙骨

⑤ 铝合金格片式天棚龙骨是与叶片式铝板配套使用的龙骨，其断面形状为Π形。其构件如图 14.9 所示。

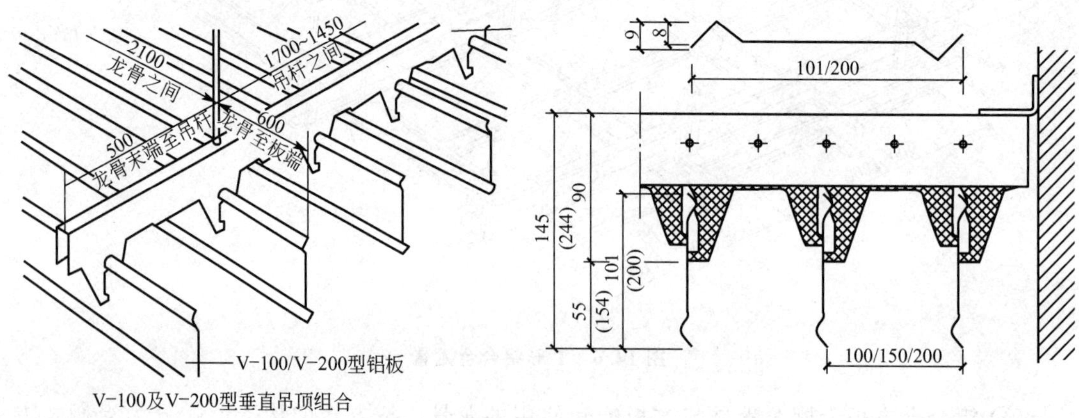

图 14.9　铝合金格片式天棚龙骨

⑥ 铝合金方格栅天棚龙骨的构件如图 14.10 所示。

3）面层

面层按不同材料可分为以下几类。

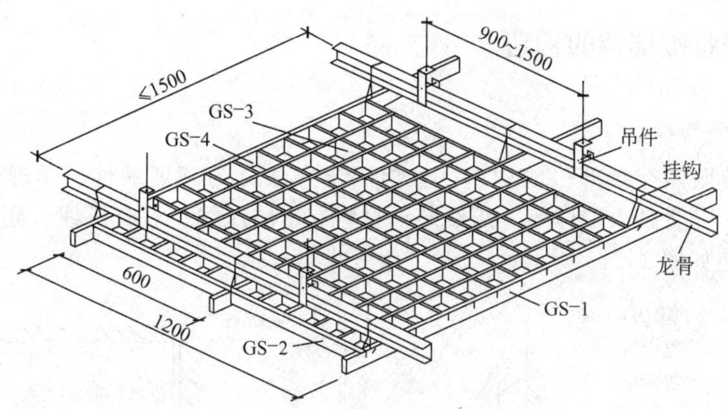

图 14.10 铝合金方格栅天棚龙骨

(1) 植物型板材：如胶合板(三夹板、五夹板)、细木工板、水泥木丝板、刨花板等。

(2) 矿物型板材：如石膏板(包括装饰石膏板、纸面石膏板、吸声穿孔石膏板、嵌装式装饰石膏等)、装饰吸声罩面板[包括矿棉装饰吸声板、贴塑矿(岩)棉吸声板、膨胀珍珠岩石装饰吸声板等]、纤维水泥加压板(包括穿孔吸声石棉水泥板)。

(3) 塑料板材：塑料装饰罩面板(钙塑泡沫装饰吸声板、聚苯乙烯泡沫塑料装饰吸声板、聚氯乙烯塑料天花板等)。

(4) 玻璃板材：玻璃棉装饰吸声板、玻璃饰面(包括镜面玻璃、激光玻璃等)。

(5) 金属板材：铝合金罩面板、金属微孔吸声板、铝合金单体构件等。

2. 其他类型的天棚吊顶

其他类型的天棚吊顶形式有：吊筒吊顶(图 14.11)、藤条造型悬挂吊顶、织物软雕吊顶、网架(装饰)吊顶 (图 14.12)。

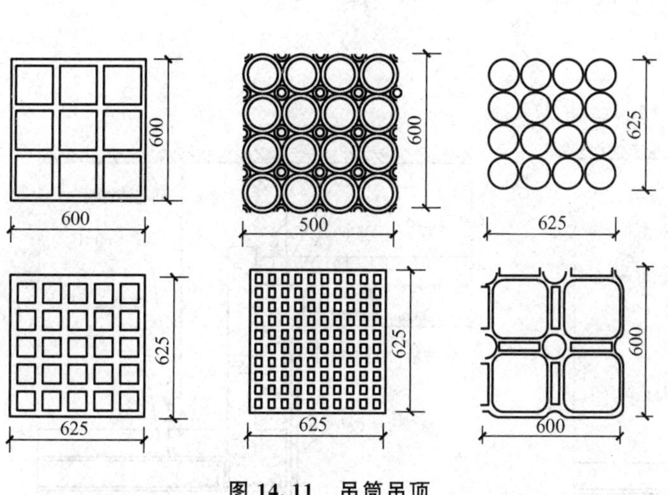

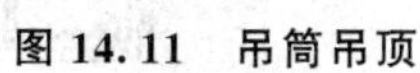
图 14.11 吊筒吊顶

图 14.12 织物和网架吊顶

14.1.3 顶棚特殊部位的构造

1. 顶棚端部处理

(1) 顶棚与墙体交接部位的构造。骨架固定方法分为预埋铁件、预埋木砖、增设吊杆、射钉固定、龙骨插入墙体等。压线装饰材料有金属压线、石膏压线、硬木压线等。顶棚端部处理构造如图 14.13 所示。

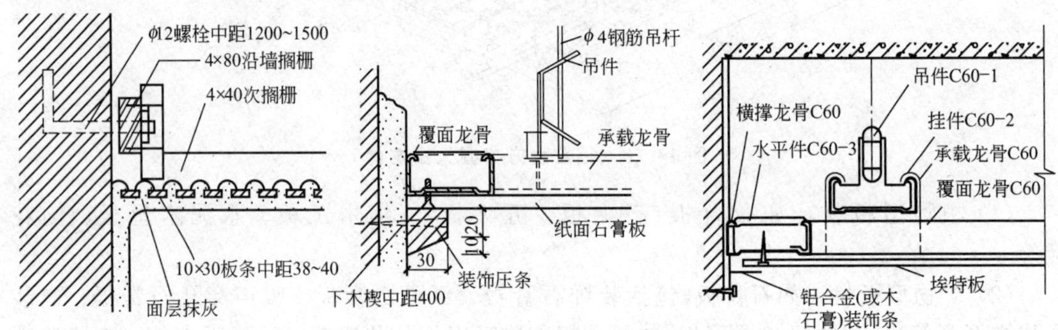

图 14.13 顶棚与墙体交接部位的构造

(2) 吊顶端部与窗帘盒及吊顶伸缩缝如图 14.14 所示。

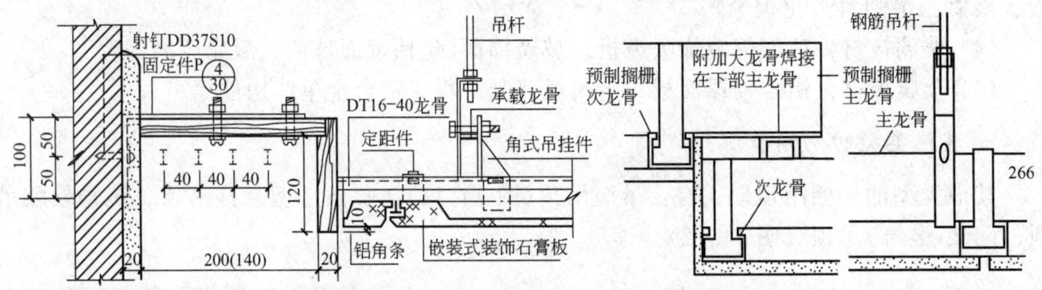

图 14.14 吊顶端部窗帘盒及吊顶伸缩缝

2. 跌级顶棚高低交接处构造

跌级顶棚高低交接处构造如图 14.15 所示。

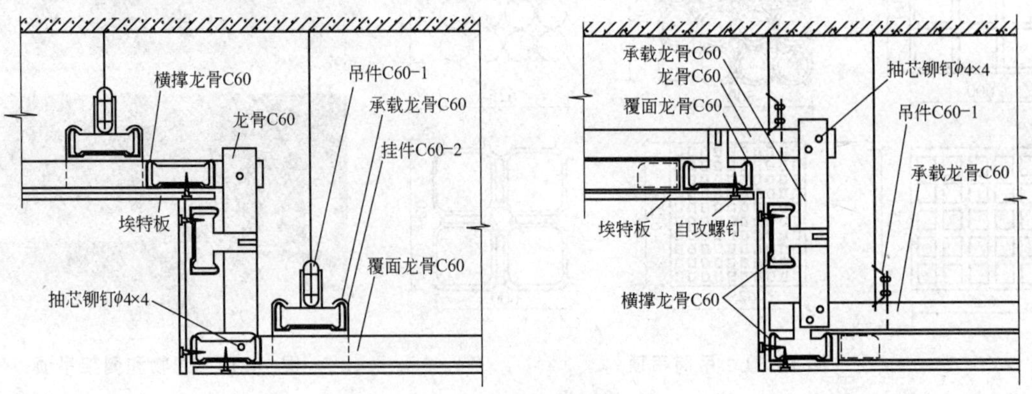

图 14.15 跌级顶棚高低交接处构造

3. 吊顶检修上人孔(洞口 610mm×610mm)

设置活动面板，与顶棚面板协调，如图 14.16 所示。

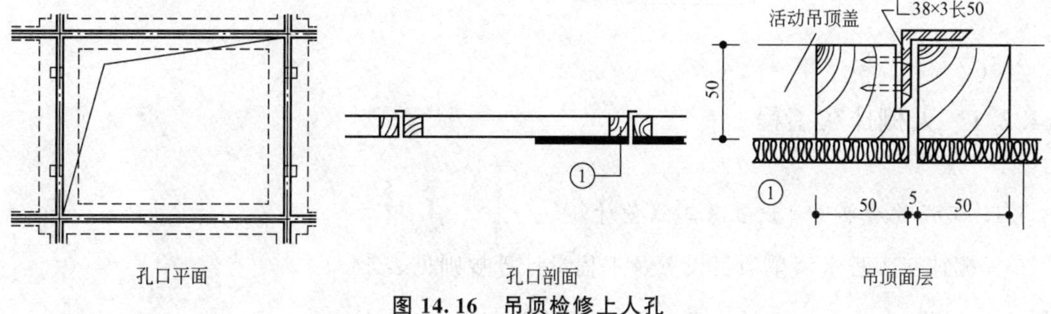

图 14.16 吊顶检修上人孔

4. 吊顶灯带

悬挑式灯槽、灯带和嵌入式灯槽、灯带如图 14.17 所示。

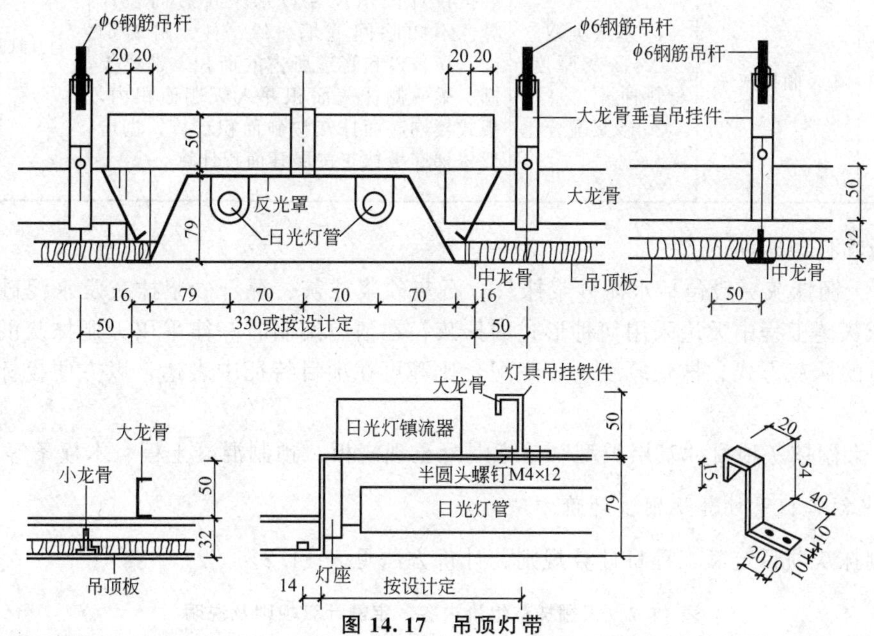

图 14.17 吊顶灯带

5. 吊顶送风口

吊顶送风口可与顶棚造型结合，如图 14.18 所示。

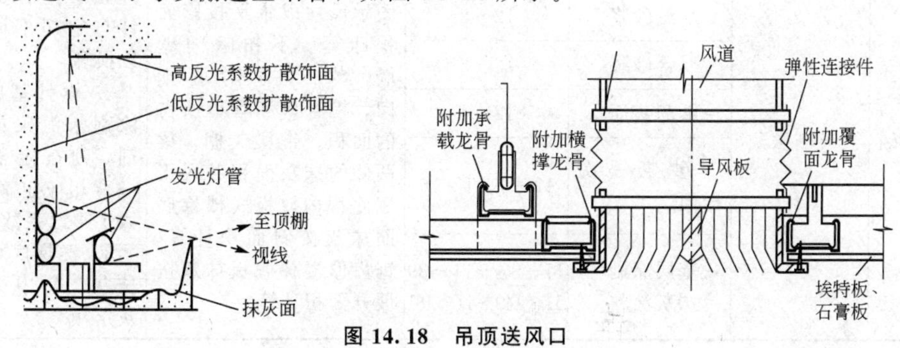

图 14.18 吊顶送风口

14.2 工程量清单及计价

14.2.1 天棚抹灰工程

1. 工程量清单项目设置及工程量计算

天棚抹灰工程量清单项目设置及工程量计算规则见表14.1。

表14.1 天棚抹灰(编码：011301)

项目编码	项目名称	项目特征	工程量计算规则	工程内容
011301001	天棚抹灰	1. 基层类型 2. 抹灰厚度、材料种类 3. 砂浆配合比	按设计图示尺寸以水平投影面积计算。不扣除间壁墙、垛、柱、附墙烟囱、检查口和管道所占的面积。带梁天棚、梁两侧抹灰面积并入天棚面积内，板式楼梯底面抹灰按斜面积计算，锯齿形楼梯底板抹灰按展开面积计算	1. 基层清理 2. 底层抹灰 3. 抹面层

清单项目说明如下。

(1) 天棚抹灰一般包括水泥砂浆抹灰、石灰砂浆抹灰、混合砂浆抹灰及水泥砂浆底纸筋灰面抹灰。工程中无论采用何种形式的抹灰，在清单编制时一律采用天棚抹灰的项目名称。具体的抹灰方式、抹灰厚度、砂浆配合比等可在项目特征中表达，以方便投标人进行报价。

(2) 天棚抹灰项目“基层类型”是指混凝土现浇板、预制混凝土板、木板条等。

2. 定额工程量计算规则、计价方法

天棚抹灰项目定额工程量计算规则、计价方法见表14.2。

表14.2 天棚抹灰组价内容、定额计算规则及说明

项目编码	项目名称	定额子目	定额编码	定额规则	定额说明
011301001	天棚抹灰	石灰砂浆	12-1	天棚抹灰面积按设计图示尺寸以水平投影面积计算。不扣除间壁墙、垛、柱、附墙烟囱、检查口和管道所占的面积。带梁天棚，梁两侧的抹灰面积并入天棚面积内，板式楼梯底面抹灰按斜面积计算。锯齿形楼梯底板抹灰按展开面积计算	1. 定额抹灰厚度及砂浆配合比当设计与定额不同时可以换算 2. 设计基层如需涂刷水泥浆或界面剂，则按定额第十一章相应定额执行，人工乘以系数1.10 3. 楼梯底面单独抹灰，套用天棚抹灰定额
		水泥砂浆	12-2		
		混合砂浆	12-3		
		纸筋灰面	12-4		
		砂浆一次抹面	12-5、12-6		
		基层涂刷 抹灰涂料	11-37～11-39 11-149～11-181		

【例 14-1】 某天棚工程基层需要涂刷水泥浆，有107胶。求该天棚工程素水泥浆项目基价。

解： 套定额 11-37 换，则

换后基价=106+57.5×0.1=112(元/100m²)

【例 14-2】 某水泥砂浆天棚抹灰工程基层需要涂刷干粉型界面剂做基层界面处理，求天棚抹灰基价。

解： 套定额 12-2+11-39 换，则

换后基价=1085+329+244.50×0.1=1438(元/100m²)

14.2.2 天棚吊顶工程

1. 工程量清单项目设置及工程量计算

天棚吊顶工程量清单项目设置及工程量计算规则见表 14.3。

表 14.3 天棚吊顶(编码：011302)

项目编码	项目名称	项目特征	工程量计算规则	工程内容
011302001	天棚吊顶	1. 吊顶形式 2. 龙骨材料种类、规格、中距 3. 基层材料种类、规格 4. 面层材料品种、规格品牌、颜色 5. 压条材料种类、规格 6. 嵌缝材料种类 7. 防护材料种类 8. 油漆品种、刷漆遍数	按设计图示尺寸以水平投影面积计算。天棚中的灯槽及跌级、锯齿形、吊挂式、藻井式天棚面积不展开计算。不扣除间壁墙、检查口、附墙烟囱、柱垛和管道所占面积，扣除单个 0.3m² 以外的孔洞、独立柱及与天棚相连的窗帘盒所占的面积	1. 基层清理 2. 龙骨安装 3. 基层板铺贴 4. 面层铺贴 5. 嵌缝 6. 刷防护材料、油漆
011302002	格栅吊顶	1. 龙骨材料种类、规格、中距 2. 基层材料种类、规格 3. 面层材料品种、规格品牌、颜色 4. 防护材料种类 5. 油漆品种、刷漆遍数	按设计图示尺寸以水平投影面积计算	1. 基层清理 2. 底层抹灰 3. 安装龙骨 4. 基层板铺贴 5. 面层铺贴 6. 刷防护材料、油漆
011302003	吊筒吊顶	1. 底层厚度、砂浆配合比 2. 吊筒形状、规格、颜色、材料种类 3. 防护材料种类 4. 油漆品种、刷漆遍数		1. 基层清理 2. 底层抹灰 3. 吊筒安装 4. 刷防护材料、油漆

（续）

项目编码	项目名称	项目特征	工程量计算规则	工程内容
011302004	藤条吊顶	1. 骨架材料种类、规格 2. 面层材料品种、规格品牌、颜色 3. 防护层材料种类 4. 油漆品种、刷漆遍数		1. 基层清理 2. 龙骨安装 3. 铺贴面层 4. 刷防护材料、油漆
011302005	织物吊顶			
011302006	网架吊顶	1. 网架材料品种、规格 2. 防护材料种类 3. 油漆品种、刷漆遍数		1. 基层清理 2. 网架制作、安装 3. 刷防护材料、油漆

清单项目说明如下。

(1) 天棚吊顶：一般包含龙骨、基层材料和面层材料3部分。吊顶形式(如平面、跌级、锯齿形、阶梯形、吊挂式、藻井式及矩形、圆弧形、拱形等)应在清单中描述，跌级及灯槽展开面积应描述。基层材料是指面层背后的加强材料，如底板。天棚面层适用于一般材料，如石膏板、埃特板、塑料板、纤维水泥加压板、金属板、木质装饰板、玻璃饰面等，面层有特殊要求，如装饰吸声板、保温矿棉板、防火板等。

(2) 格栅吊顶：适用于木格栅、金属格栅、塑料格栅等。

(3) 吊筒吊顶：适用于木(竹)质吊筒、金属吊筒、塑料吊筒及圆形、矩形、扁钟形吊筒等。

(4) 天棚吊顶油漆防护，应该按油漆、涂料、裱糊工程中相应分项工程的工程量清单项目编码列项。

(5) 天棚压线、装饰线，应该按其他工程中相应分项工程的工程量清单项目编码列项。

(6) 当天棚设置保湿隔热吸声层时，应该按隔热、保温工程中相应分项工程的工程量清单项目编码列项。

(7) 采光天棚工程(清单项目编码011303001)参考规范单独列项。

2. 定额工程量计算规则、计价方法

天棚吊顶项目定额工程量计算规则、计价方法见表14.4。

表14.4 天棚吊顶工程组价内容、定额计算规则及说明

项目编码	项目名称	定额子目	定额编码	定额规则	定额说明
011302001	天棚吊顶	木龙骨骨架	12-7～12-13	1. 天棚吊顶不分跌级天棚与平面天棚，基层和饰面板工程量均按设计图示尺寸以展开面积计算。不扣除间壁墙、检查口、附墙烟囱、柱、垛和管道所占面积。扣除单个 $0.3m^2$ 以外的独立柱、孔洞(石膏板、夹板灯孔除外)及与天棚相连的窗帘盒所占的面积	1. 龙骨、基层、面层材质、型号，如设计与定额不同时，材料品种及用量可做相应调整 2. 吊顶定额：吊杆按膨胀螺栓考虑，当设计为预埋铁件时另行换算 3. 在夹板基层上贴石膏板，套用每增加一层石膏板定额
		轻钢龙骨	12-16～12-21		
		铝合金方板、条板、格片式天棚	12-22～12-27		

（续）

<table>
<tr><th>项目编码</th><th>项目名称</th><th>定额子目</th><th>定额编码</th><th>定额规则</th><th>定额说明</th></tr>
<tr><td rowspan="2">011302001</td><td rowspan="2">天棚吊顶</td><td>木工板、三夹板基层</td><td>12-30～12-35</td><td rowspan="12">2. 天棚侧龙骨工程量按跌级高度乘以相应的跌级长度以 m^2 计算
3. 拱形天棚按展开面积计算</td><td rowspan="12">4. 天棚不锈钢板嵌条、镶块等小型块料套用零星、异形贴面定额
5. 定额中的玻璃按成品玻璃考虑
6. 定额已综合考虑石膏板、木板面层上开灯孔等孔洞的费用。当在金属板、玻璃、石材面板上开孔时，费用另行计算
7. 天棚吊筋高按 1.5m 考虑，当设计需要做二次支撑时，应该另行计算
注：定额中的网架系平面网络结构，如筒壳、球壳及其他曲面状，制作人工乘以系数 1.3。焊接空心球网架的焊接球壁、管壁厚度大于 12mm 时，焊条用量乘以系数 1.4，其余不变</td></tr>
<tr><td>天棚饰面（红榉、石膏板、铝塑板等）</td><td>12-36、12-57</td></tr>
<tr><td rowspan="2">011302002</td><td rowspan="2">格栅吊顶</td><td>实木、夹板格栅吊顶</td><td>12-14、12-15</td></tr>
<tr><td>铝合金方格栅天棚</td><td>12-28、12-29</td></tr>
<tr><td>011302003</td><td>吊筒吊顶</td><td>需要补充定额</td><td>—</td></tr>
<tr><td>011302004</td><td>藤条吊顶</td><td>需要补充定额</td><td>—</td></tr>
<tr><td rowspan="2">011302005</td><td rowspan="2">织物吊顶</td><td>织物天棚面</td><td>14-193</td></tr>
<tr><td>方木天棚龙骨</td><td>12-7～12-10</td></tr>
<tr><td rowspan="3">011302006</td><td rowspan="3">网架吊顶</td><td>钢网架制作</td><td>6-1～6-3</td></tr>
<tr><td>金属构件运输</td><td>6-78、6-79</td></tr>
<tr><td>钢网架安装</td><td>6-84～6-86</td></tr>
<tr><td colspan="3">木材面
金属面油漆
石膏面油漆</td><td>14-75～14-95
14-127～14-137
11-149～11-181</td></tr>
</table>

天棚抹灰、天棚吊顶定额相关说明如下。

1）天棚抹灰

带梁天棚梁两侧的抹灰面积并入天棚面积内，但附在墙中或墙顶的梁，当抹灰种类与墙面相同时，无论梁是否凸出墙面，梁侧面抹灰都并入墙面，梁底的抹灰并入天棚面积内；当抹灰种类不同时，梁面抹灰按梁柱面抹灰定额套用。带梁天棚如抹灰种类与天棚不一致时，套用梁柱面抹灰定额。带主次梁天棚抹灰的主梁侧面抹灰不扣除次梁断面面积。

楼梯水泥砂浆、水磨石、块料面层定额已经包含楼梯底面混合砂浆打底、纸筋灰浆罩面。如楼梯底面单独抹灰，则按本章规则执行：板式楼梯底面抹灰按斜面积计算，锯齿形楼梯底板抹灰按展开面积计算。

2）天棚吊顶

天棚吊顶定额分天棚骨架和天棚饰面(包括饰面的基层)两部分，天棚骨架又分为方木楞、其他木骨架、轻钢龙骨、铝合金龙骨；饰面的基层定额包括木工板和三夹板；饰面定额包括红榉装饰夹板、石膏板、铝塑板、防火板、不锈钢、PVC 板、玻璃等面层子目。套用定额应注意以下内容。

(1) 铝合金天棚(方板、条板、格片式、方格栅)定额子目已包含龙骨及铝合金饰面在内。铝合金天棚方格栅如设计方格间距与定额不同时，铝栅用量换算，其余不变。

(2) 饰面定额未含饰面基层及龙骨，设计有要求时按相应定额套用。石膏板面层定额分贴在龙骨上和夹板上，如石膏板贴在夹板上，根据定额说明第六条应按每增加一层石膏板定额子目执行。龙骨上贴石膏板，定额按 U 形龙骨考虑的，如设计贴在 T 形龙骨上，则套用 U 形龙骨上定额，扣除自攻螺钉用量。

(3) 定额已综合考虑石膏板、木板面层上开灯孔等孔洞的费用。当在金属板、玻璃、石材面板上开孔(这里开孔是指板中间开洞，不包括板缝间通过切割形成的空洞)时，费用另行计算。

14.2.3 天棚其他装饰

天棚其他装饰工程量清单项目设置及工程量计算规则见表 14.5。

表 14.5 天棚其他装饰(编码：011304)

项目编码	项目名称	项目特征	定额规则	工程内容
011304001	灯带	1. 灯带形式、尺寸 2. 格栅片材质、规格、品牌、颜色 3. 安装固定方式	按设计图示尺寸以框外围面积计算	安装、固定
011304002	送风口、回风口	1. 风口材料品种、规格、品牌、颜色 2. 安装固定方式 3. 防护材料种类	按设计图示数量以“个”为单位计算	1. 安装、固定 2. 刷防护材料

灯带格栅适用于不锈钢格栅、铝合金格栅、玻璃类格栅等。送风口、回风口适用于金属、塑料、木质风口。

天棚其他装饰项目定额工程量计算规则、计价方法见表 14.6。

表 14.6 天棚其他装饰工程组价内容、定额计算规则及说明

项目编码	项目名称	定额子目	定额编码	定额规则	定额说明
011304001	灯带	悬挑式灯槽、灯带	12-58、12-59	灯槽按展开面积以 m^2 计算工程量。送风口、回风口按“个”计算工程量	1. 灯槽内侧板高度在 15cm 以内的套用灯槽子目，高度大于 15cm 的套用天棚侧板子目 2. 送风口、回风口以成品考虑
011304002	送风口、回风口	实木送风、回风口	12-60、12-61		
		铝合金送风、回风口	12-62、12-63		

14.2.4 注意事项

1. 清单项目

(1) 采光天棚和天棚设保温隔热吸音层时，应按定额第八章中相关项目编码列项。

(2) 天棚的检查孔、天棚内的检修走道、灯槽等应包括在报价内。

(3) 龙骨中距是指相邻龙骨中线之间的距离。

2. 定额相关说明

(1) 拱形及下凸形天棚在起拱或下弧起止的范围内，按展开面积以“m^2”计算。

(2) 吊筒吊顶、藤条造型悬挂吊顶的定额中缺项，需要时要编制补充定额。

(3) 天棚吊顶包括格栅吊顶定额，按吊顶展开面积计算，清单按图示尺寸水平投影面积计算。

(4) 灯槽、灯带分悬挑式灯槽、灯带和嵌入式灯槽、灯带。清单按设计图示框外围面积计算；定额对于悬挑式灯槽、灯带按展开面积计算，单独执行悬挑式灯槽、灯带定额子目，灯槽定额工作内容以安封细木工板基层或弧形的五夹板为主，如木工板上再贴石膏板另按每增加石膏板定额执行。当灯槽内侧板高度在15cm以内时套用灯槽子目，高度大于15cm时套用天棚侧板子目，侧板定额不含龙骨，侧板龙骨另计算，与高度、灯槽无关。而嵌入式灯槽、灯带的面层和龙骨按展开面积套用天棚面层和天棚龙骨定额子目。

14.3 清单规范及定额应用案例

【例14-3】 石膏板平面安在T形铝合金龙骨上，求石膏面层基价。

解： 龙骨上贴石膏板，定额按U形龙骨考虑时，如设计贴在T形龙骨上，则套用U形龙骨上定额，扣除自攻螺钉用量。套定额12-40换，则

换后基价＝1708－34.5×3.48＝1588(元/100m^2)

【例14-4】 某卫生间平面如图14.19所示，门洞尺寸为700mm×2650mm，天棚抹灰采用1∶3水泥砂浆底，1∶2.5水泥砂浆罩面。试计算天棚抹灰工程量(计算结果保留3位小数)。

解： 带梁天棚抹灰，如梁侧面抹灰种类同天棚且梁下无墙时，抹灰工程量并入天棚内。天棚抹灰不扣除间壁墙面积，但要扣除120填充墙所占面积。

天棚工程量＝(3.42－0.24)×(2.8－0.24)＋(0.3－0.1)×0.7×2－(0.96＋0.9＋1)×0.12＝8.078(m^2)

【例14-5】 如图14.20所示，某天棚设计龙骨为单层杉木80mm×60mm，饰面采用9.5mm厚石膏板贴面，板缝贴胶带、点锈，腻子3遍，乳胶漆2遍。灯槽增加细木工板基层，其他同天棚。根据上述条件及定额，列式计算该天棚吊顶工程量，并列出相应定额编码及名称。填入表14.7中(计算结果保留3位小数)。

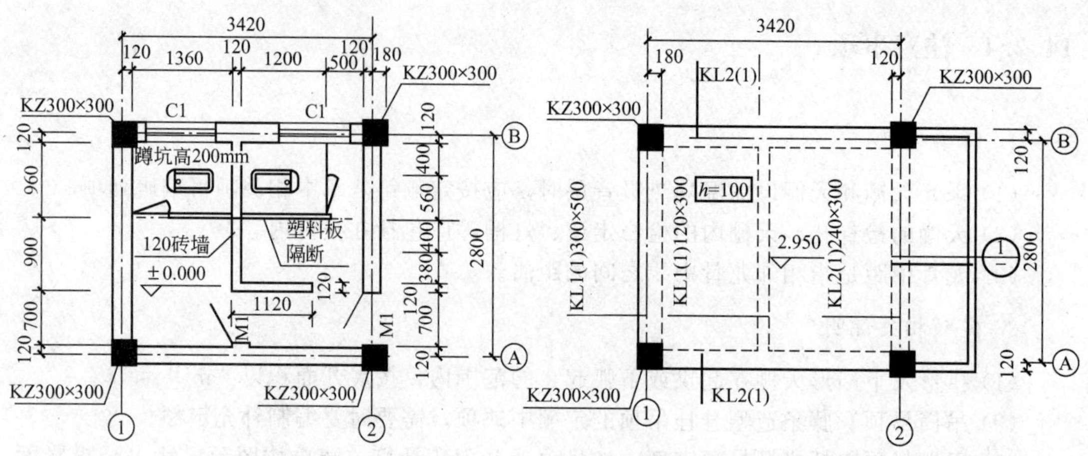

图 14.19 卫生间平面图

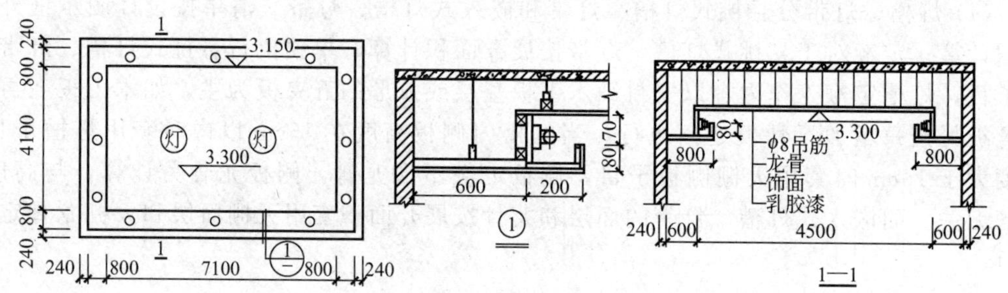

图 14.20 天棚吊顶平立面

表 14.7 天棚装饰工程量及名称

定额编码	项目名称	工程量	单位
12-7	平面单层木龙骨	49.590	m^2
12-9	侧面木龙骨	3.600	m^2
12-42	平面石膏板钉在木龙骨上	49.590	m^2
12-58	悬挑直形灯槽基层	10.032	m^2
12-44	灯槽石膏板贴在木工板上	10.032	m^2
14-117	板缝贴胶带、点锈	59.622	m^2
14-155+14-161	腻子3遍、乳胶漆2遍	59.622	m^2

解：(1) 天棚工程量。

① 天棚龙骨工程量。

平面工程量=(4.1+0.8+0.8)×(7.1+0.8+0.8)=49.590(m^2)

侧面工程量=(4.5+7.5)×2×0.15=3.600(m^2)

② 天棚石膏板工程量。

平面工程量=(4.1+0.8+0.8)×(7.1+0.8+0.8)=49.590(m^2)

侧面工程量=0，此吊顶侧面与灯槽处于同一位置，根据定额说明，灯槽内侧板高度在15cm以内时套用灯槽子目，高度大于15cm时套用天棚侧板子目。

(2) 灯槽工程量。

灯槽基层=(4.5+7.5)×2×0.15+4.5×7.5−4.1×7.1+(4.1+7.1)×2×0.08
=10.032(m^2)

灯槽石膏板=10.032(m^2)

(3) 板缝贴胶带、点锈。

板缝贴胶带、点锈=49.590+10.032=59.622(m^2)

(4) 腻子、乳胶漆。

腻子、乳胶漆=49.590+10.032=59.622(m^2)

【例14-6】 如图14.21所示，某天棚设计为U38轻型龙骨不上人，细木工板基层，石膏板面层，板缝贴胶带、点锈，乳胶漆2遍。管理费费率取20%，利润取10%，以人工费、机械费之和为取费基数，龙骨消耗量、人工、材料及单价同定额。按照上述条件依据清单规范及定额完成天棚吊顶工程量清单及计价。

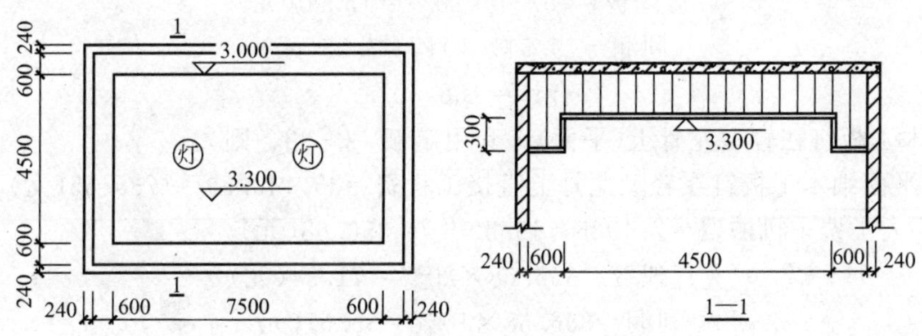

图14.21 某跌级天棚吊顶平立面

解： (1) 工程量清单。

依据清单规则算得：S=(4.5+0.6+0.6)×(7.5+0.6+0.6)=49.59(m^2)，天棚吊顶的分部分项工程量清单见表14.8。

表14.8 分部分项工程量清单

序号	项目编码	项目名称及特征	单位	工程量
1	011302001001	天棚吊顶：U38轻型龙骨不上人型，细木工板基层，9mm厚石膏板面层，板缝贴胶带、点锈，乳胶漆2遍	m^2	49.59

(2) 计价工程量计算。

根据施工方案，计价工程量计算如下。

① 天棚龙骨工程量：

平面工程量=(4.5+0.6+0.6)×(7.5+0.6+0.6)=49.59(m^2)

侧面工程量=(4.5+7.5)×2×0.3=7.2(m^2)

② 天棚基层工程量：

平面工程量=(4.5+0.6+0.6)×(7.5+0.6+0.6)=49.59(m^2)

侧面工程量＝(4.5＋7.5)×2×0.3＝7.2(m^2)

③ 面层工程量＝49.59＋7.2＝56.79(m^2)

④ 板缝贴胶带、点锈＝49.59＋7.2＝56.79(m^2)

⑤ 乳胶漆工程量＝49.59＋7.2＝56.79(m^2)

(3) 综合单价计算。

① U38 轻型龙骨平面，套用定额 12－16，则

U38 轻型龙骨平面直接工程费＝22.30×49.59＝1105.86(元)

其中，人工费＋机械费＝8.495×49.59＋0＝421.27(元)

管理费＝421.27×20%＝84.25(元)

利润＝421.27×10%＝42.13(元)

合计＝1232.24 元

② U38 轻型龙骨侧面，套用定额 12－17，则

U38 轻型龙骨侧面直接工程费＝20.09×7.20＝144.65(元)

其中，人工费＋机械费＝11.0435×7.20＋0＝79.51(元)

管理费＝79.51×20%＝15.90(元)

利润＝79.51×10%＝7.95(元)

合计＝168.50 元

③ 细木工板钉在轻型龙骨上(平面)，套用定额 12－32，则

平面细木工板钉在轻型龙骨上直接工程费＝35×49.59＝1735.65(元)

其中，人工费＋机械费＝7.1925×49.59＋0＝356.68(元)

管理费＝356.68×20%＝71.34(元)

利润＝356.68×10%＝35.67(元)

合计＝1842.66 元

④ 细木工板钉在轻型龙骨上(侧面)，套用定额 12－33，则

侧面细木工板钉在轻型龙骨上直接工程费＝38.53×7.20＝277.42(元)。

其中，人工费＋机械费＝9.315×7.20＋0＝67.07(元)

管理费＝67.07×20%＝13.41(元)

利润＝67.07×10%＝6.71(元)

合计＝297.54 元

⑤ 石膏板面层，套用定额 12－44，则

石膏板面层直接工程费＝16.90×56.79＝959.75(元)

其中，人工费＋机械费＝4.90×56.79＋0＝278.27(元)

管理费＝278.27×20%＝55.65(元)

利润＝278.27×10%＝27.83(元)

合计＝1043.23 元

⑥ 板缝贴胶带、点锈，套用定额 14－117，则

直接工程费：2.23×56.79＝126.64(元)

其中，人工费＋机械费＝1.135×56.79＋0＝64.46(元)

管理费＝64.46×20%＝12.89(元)

利润＝64.46×10%＝6.45(元)

合计＝145.98元

⑦ 乳胶漆面层，套用定额14－155，则

直接工程费：12.65×56.79＝718.39(元)

其中，人工费＋机械费＝7.465×56.79＋0＝423.94(元)

管理费＝423.94×20％＝84.79(元)

利润＝423.94×10％＝42.39(元)

合计＝845.57元

综合单价＝(1232.24＋168.50＋1842.66＋297.54＋1043.23＋145.98＋845.57)÷49.59＝112.44(元/m²)，清单计价见表14.9和表14.10。

表14.9 分部分项工程量清单计价

序号	项目编码	项目名称	单位	数量	综合单价/元	合价/元
1	011302001001	天棚吊顶：U38轻型龙骨不上人型，细木工板基层，9mm厚石膏板面层，板缝贴胶带、点锈，乳胶漆2遍	m²	49.59	112.44	5575.78

表14.10 综合单价分析表

项目编码	项目名称	单位	数量	单价分析/元						综合单价/元
				人工	材料	机械	管理费	利润	合计	
011302001001	天棚吊顶	m²	49.59							112.44
12－16	U38轻型龙骨平面	m²	49.59	421.27	684.48	—	84.25	42.13	1232.24	
12－17	U38轻型龙骨侧面	m²	7.20	79.51	65.16	—	15.90	7.95	168.50	
12－32	平面细木工板基层	m²	49.59	356.68	1379.10	—	71.34	35.67	1842.66	
12－33	侧面细木工板基层	m²	7.20	67.07	210.33	—	13.41	6.71	297.54	
12－44	石膏板面层	m²	56.79	278.27	681.59	—	55.65	27.83	1043.23	
14－117	板缝贴胶带、点锈	m²	56.79	64.46	62.39	—	12.89	6.45	145.98	
14－155	乳胶漆2遍	m²	56.79	423.94	294.17	—	84.79	42.39	845.57	
	小计			1691.20	3377.22	—	338.23	169.13	5575.78	

习　题

1. 某办公室建筑平面及楼盖结构如图14.22所示，现浇钢筋混凝土天棚抹灰采用含107胶素水泥浆一道，混合砂浆底，腻子2遍，乳胶漆2遍。未注明板厚均为120mm，墙厚为240mm。墙中居轴线，框架梁与柱齐平。试编制工程量清单和清单报价。

2. 某天棚装饰如图14.23所示，现浇钢筋混凝土板底吊不上人U38型轻钢龙骨，龙骨上铺钉纸面石膏板，面层刮腻子2遍，手刷高级乳胶漆3遍。试编制工程量清单和清单报价。

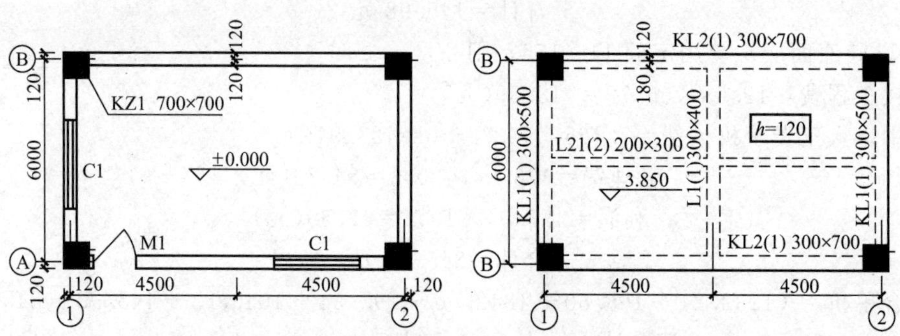

图 14.22 建筑与结构平面图

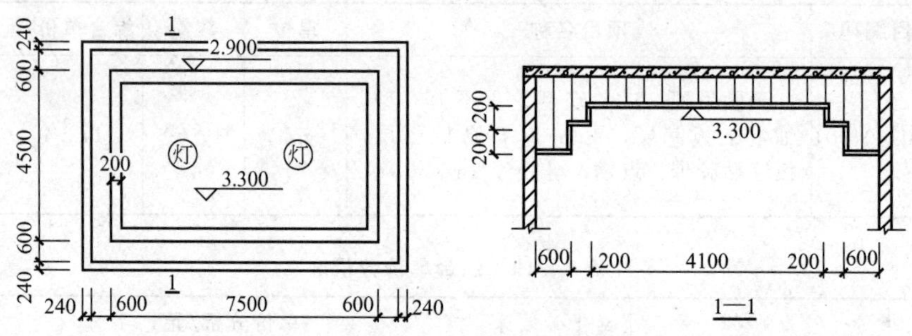

图 14.23 天棚吊顶

3. 某会议室地面布置及天棚装饰如图 14.24 所示，现浇钢筋混凝土板底吊不上人 U50 型轻钢龙骨，龙骨上铺钉饰面采用 9.5mm 厚石膏板，板缝贴胶带、点锈，面层刮腻子 2 遍，手刷高级乳胶漆 3 遍。灯槽增加细木工板基层，其他同天棚。根据上述条件及定额规则，列式计算该天棚吊顶工程量，并列出相应定额编码及名称，填入表 14.11 中(计算结果保留 3 位小数)。

表 14.11 天棚装饰工程量及名称

定额编码	项目名称	工程量	单位
	平面单层轻钢龙骨		
	侧面龙骨		
	平面石膏板钉在龙骨上		
	侧面石膏板钉在龙骨上		
	悬挑直形灯槽基层		
	灯槽石膏板贴在木工板上		
	板缝贴胶带、点锈		
	腻子 2 遍、乳胶漆 3 遍		
	暗窗帘盒		
	开洞口		

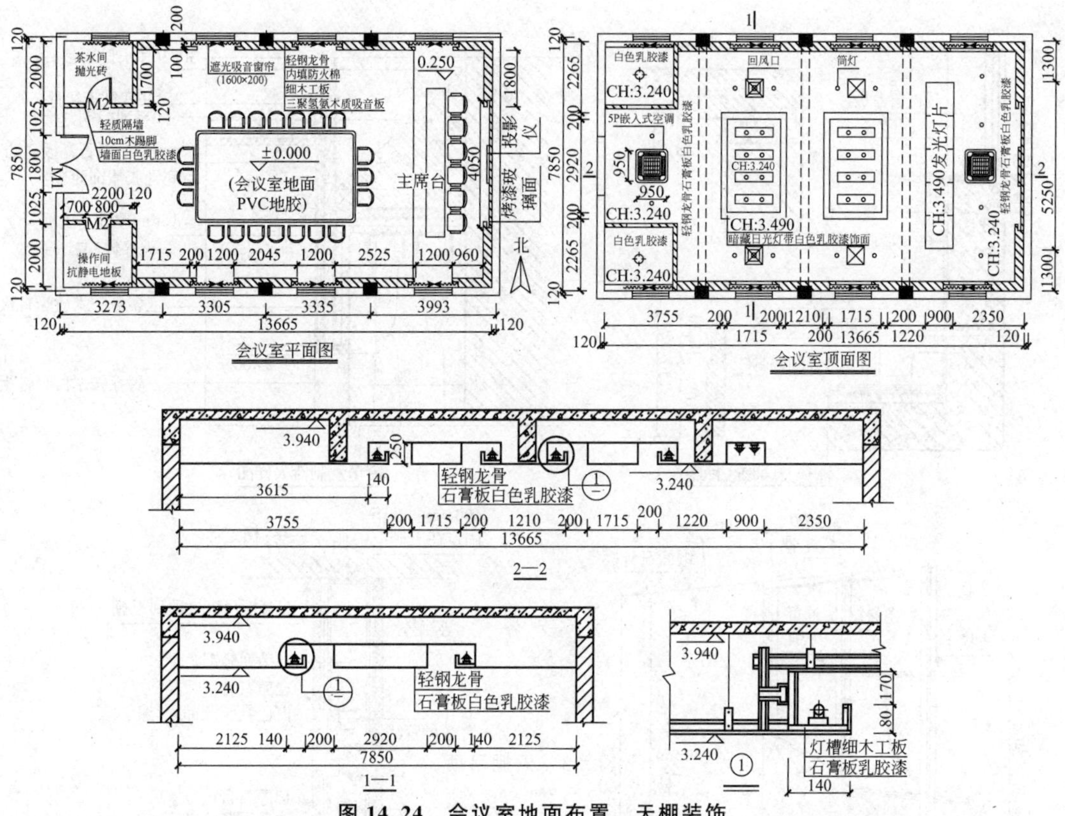

图 14.24 会议室地面布置、天棚装饰

4. 某会议室地面、天棚装饰同习题 3，墙面装饰及详图如图 14.25 所示，根据习题 3 及墙面装饰施工图，按定额规定试列式计算墙面及地面装饰工程量并完成表 14.12(计算结果保留 3 位小数)。

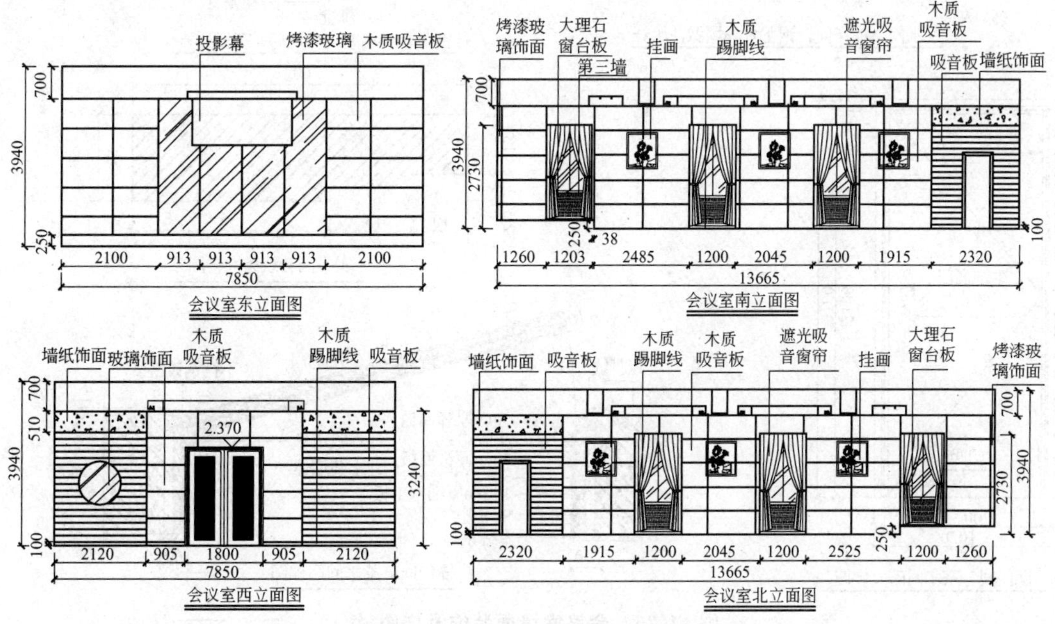

图 14.25 会议室墙面装饰及详图

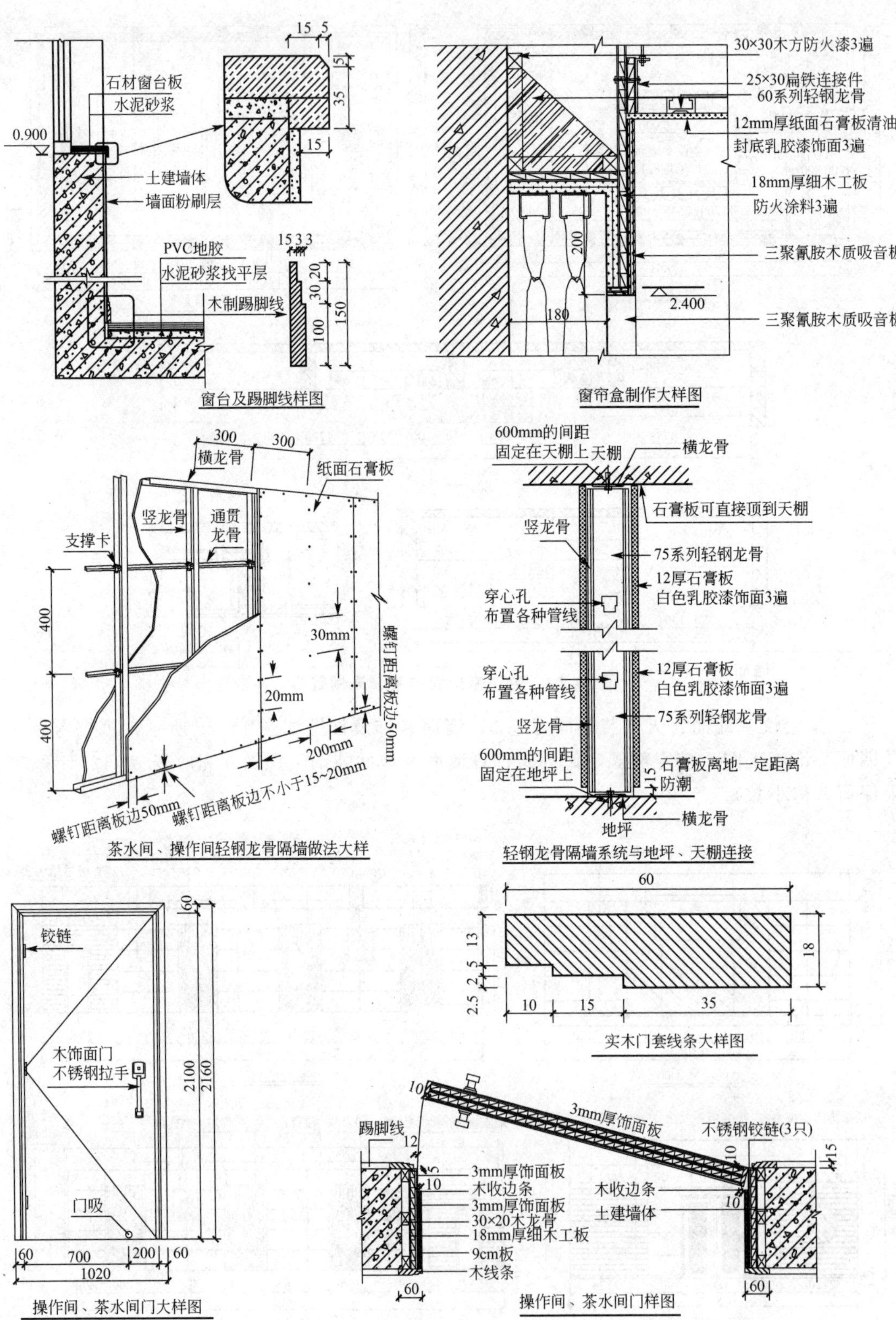
石材窗台板
水泥砂浆
0.900
土建墙体
墙面粉刷层
PVC地胶
水泥砂浆找平层
木制踢脚线
窗台及踢脚线样图
30×30木方防火漆3遍
25×30扁铁连接件
60系列轻钢龙骨
12mm厚纸面石膏板清油
封底乳胶漆饰面3遍
18mm厚细木工板
防火涂料3遍
三聚氰胺木质吸音板
2.400
三聚氰胺木质吸音板
窗帘盒制作大样图
横龙骨
纸面石膏板
竖龙骨
通贯
龙骨
支撑卡
30mm
20mm
200mm
螺钉距离板边50mm
螺钉距离板边不小于15~20mm
螺钉距离板边50mm
茶水间、操作间轻钢龙骨隔墙做法大样
600mm的间距
固定在天棚上天棚
横龙骨
石膏板可直接顶到天棚
竖龙骨
75系列轻钢龙骨
12厚石膏板
白色乳胶漆饰面3遍
穿心孔
布置各种管线
穿心孔
布置各种管线
12厚石膏板
白色乳胶漆饰面3遍
竖龙骨
75系列轻钢龙骨
600mm的间距
固定在地坪上
石膏板离地一定距离
防潮
地坪
横龙骨
轻钢龙骨隔墙系统与地坪、天棚连接
实木门套线条大样图
铰链
木饰面门
不锈钢拉手
门吸
操作间、茶水间门大样图
3mm厚饰面板
踢脚线
不锈钢铰链(3只)
3mm厚饰面板
木收边条
3mm厚饰面板
30×20木龙骨
18mm厚细木工板
9cm板
木线条
木收边条
土建墙体
操作间、茶水间门样图

图 14.25 会议室墙面装饰及详图(续)

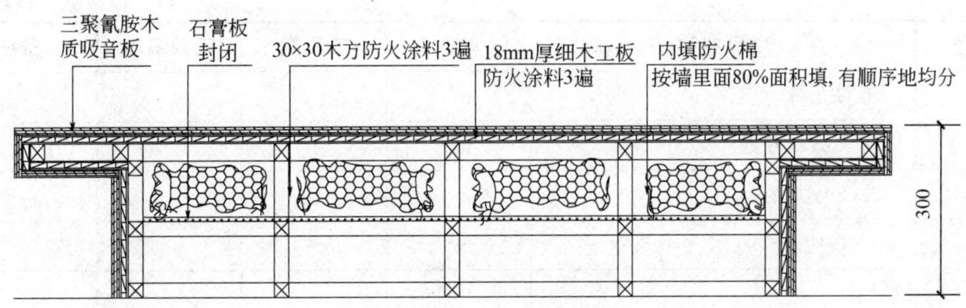

图 14.25 会议室墙面装饰及详图(续)

表 14.12 会议室装饰工程量及名称

序号	项目名称	单位	工程量	定额编码	备注
一	操作间和茶水间				
(一)	地面				
1	地面找平	m^2			
2	PVC 地胶				
3	抗静电地板	m^2			
(二)	墙面				
1	墙面乳胶漆	m^2			
2	木质踢脚线(含油漆)	m^2			
3	轻钢龙骨、纸面石膏板隔墙	m^2			
4	木龙骨	m^2			
5	防火涂料 3 遍	m^2			
6	吸音棉	m^2			
7	吸音板	m^2			
(三)	门窗工程				
1	门套(实木收边)(含油漆)	樘			
2	门扇(含油漆)	扇			
3	窗套(实木收边)(含油漆)	樘			
4	门锁、门吸、合页	套			
5	卷帘	m^2			
二	会议室				
(一)	地面				
1	地面找平	m^2			

（续）

序号	项目名称	单位	工程量	定额编码	备注
2	地台龙骨	m^2			
3	防火涂料3遍	m^2			
4	木工板基层	m^2			
5	PVC地胶	m^2			
（二）	墙面				
1	墙面乳胶漆	m^2			
2	木龙骨	m^2			
3	防火涂料3遍	m^2			
4	吸音棉	m^2			
5	吸音板	m^2			
6	切片板木制踢脚线	m			
7	第3墙	m^2			
8	木龙骨(背景墙)	m^2			
9	防火涂料3遍	m^2			
10	木工板基层	m^2			
11	烤漆玻璃	m^2			
（三）	门窗工程				
1	门套(实木收边)	m^2			
2	门扇	m^2			
3	窗套(实木收边)	m^2			
4	门锁、门吸、合页	副			
5	遮光吸音窗帘(含轨道、窗纱)	m^2			

第15章 门窗工程

学习任务

本章主要内容包括木门窗、金属门窗、五金等项目工程量的计算及计价相关规定。通过本章学习，重点掌握门窗及五金安装工程量计算及计价。

学习要求

知识要点	能力要求	相关知识
木门窗	(1) 掌握木门窗工程量计算 (2) 熟悉木门窗分类	(1) 贴脸、门套、窗套概念 (2)装饰门、镶板门概念
金属门窗	掌握金属门窗工程量计算	断桥铝合金门窗
厂库大门	熟悉厂库大门工程量计算	木板大门、钢木大门、全钢大门

门窗是重要的建筑构件，也是重要的装饰构件。门窗的种类按材料的不同分为木门窗、钢门窗、铝合金门窗、塑钢门窗、玻璃门窗等。

清单规范将门窗工程分为木门、金属门、金属卷帘门、其他门、木窗、金属窗、门窗套、窗帘盒窗帘轨、窗台板 9 个部分，59 个清单项目。

预算定额共 10 节、165 个项目，包括木门、金属门、卷帘门、厂库房大门(特种门)、其他门、木窗、金属窗、门窗套、窗帘盒、门窗五金。

15.1 基础知识

1. 基本概念

1）带亮门

带亮门是指在门框上部带一个不随门扇一起开启的能达到采光用的玻璃。

2）镶板门、胶合板门、半截玻璃门

镶板门、胶合板门、半截玻璃门是将不大于 18mm 厚的实木板或 3～9mm 厚夹板或半截玻璃嵌入门扇木框的凹槽内装配而成的门。从外观上能看到门扇框。整个门扇木框由竖木枋、横木枋组成一个框或若干个框而成。

3）装饰夹板门

装饰夹板门分实心夹板门和空心夹板门。实心夹板门通常用双层细木工板叠合加工而成，表面贴3～5mm厚的实木皮；空心夹板门常采用断面边长尺寸为32～35mm杉木枋做成格形肋条轻型骨架，在骨架两面粘贴三夹板或五夹板或九合板等人造板材，面层再敷贴实木皮，做好的夹板门在外观上看不到门扇的框的用料。这种门自重轻，外形简洁，价格便宜，应用广泛。

4）自由门

自由门是指用弹簧合页或地弹簧连接固定的门，门扇可以前后开启，即可以180°开启，且能自动关闭的门。

5）闭门器、顺位器

闭门器是门头上一个类似弹簧的液压器，一头安装在门框上，另一头安装在门上，当门开启后能通过压缩后并释放，将门自动关上，有似弹簧门的作用，保证门被开启后，准确、及时地关闭到初始位置。

顺位器安装在门框上，作用是让门按顺序关上，如不按顺序关，顺位器就会顶住门，门无法紧闭。

6）其他门、窗

除木门外，钢门一般用于建筑的单元门和住宅的进户门，塑钢门用于阳台和卧室的分隔门，金属卷帘门用于商店的大门，全玻璃门用于公共建筑中。门的开启方式有平开、推拉、旋转等方式。

在民用建筑中单纯的木窗已渐渐少用，近年来，塑钢窗、铝合金窗、钢木复合窗取而代之。窗的开启方式有平开、推拉、内外倒置式等开启方式。

2. 板材与枋材的区别

根据木材横截面的宽厚比不同将板材与枋材进行划分：当宽厚比大于等于3时称为板材，其中厚度18mm以下为薄板，19～35mm为中厚板，36～65mm为厚板；当宽厚比小于3时称为枋材，其中断面面积54cm² 以下为小木枋，55～100cm² 的称中木枋，101～225cm² 的称大木枋。

15.2 工程量清单及计价

15.2.1 木门、木窗

1. 工程量清单项目设置及工程量计算

木门窗工程量清单项目设置及工程量计算规则见表15.1和表15.2。

清单项目说明如下。

(1) 木质防火门应该按有框和无框分别编码列项。“实木装饰门”项目也适用于竹压板装饰门。

(2) 木门窗的制作应该考虑木材的干燥损耗、刨光损耗、下料后备长度、门走头增加的体积等。木门五金应包括折页、插销、风钩、弓背拉手、搭扣、弹簧折页、管子拉手、地弹簧、滑轮、滑轨、门轨头、铁角、木螺钉、弹簧折页(自动门)、管子拉手(自由门、

表 15.1 木门(编码：010801)

项目编码	项目名称	项目特征	计算规则	工程内容
010801001（木质门类型按第五级编码区分）	镶板木门	1. 门类型或代号 2. 框截面尺寸、单扇面积 3. 面层材料品种、规格品牌、颜色 4. 玻璃品种、厚度、五金材料、品种、规格 5. 防护层材料种类 6. 油漆品种、刷漆遍数	按设计图示数量或图示洞口尺寸面积计算	1. 门制作、运输、安装 2. 五金、玻璃安装 3. 刷防护材料、油漆
	企口木板门			
	实木装饰门			
	胶合板门			
	夹板装饰门	1. 门窗类型 2. 单扇面积 3. 防火材料种类 4. 门纱材料品种、规格 5. 面层材料品种、规格品牌、颜色 6. 玻璃品种、厚度、五金材料、品种、规格 7. 防护材料种类 8. 油漆品种、刷漆遍数		
010801002	木质门带套			
补充	木纱门			
010801003	木质连窗门			
010801004	木质防火门			
010801005	木门框	1. 框截面尺寸 2. 木框材质 3. 防护材料		框制作安装防护
010801006	门锁安装	锁品种、规格	数量计算	安装

表 15.2 木窗(编码：010806)

项目编码	项目名称	项目特征	计算规则	工程内容
010806001（木质窗）	木质平开窗	1. 窗类型或代号 2. 框材质、外围尺寸 3. 扇材质、外围尺寸 4. 玻璃品种、厚度、五金材料、品种、规格 5. 防护材料种类 6. 油漆品种、刷漆遍数	按设计图示数量或图示洞口尺寸面积计算（飘窗和橱窗按框外围面积计算）	1. 窗制作、运输、安装 2. 五金、玻璃安装 3. 刷防护材料、油漆
	木质推拉窗			
	矩形木百叶窗			
	异形木百叶窗			
	木组合窗、天窗			
	矩形木固定窗			
	异形木固定窗			
	装饰空花木窗			
010806002	木橱窗			
010806003	木飘窗			
010806004	木质成品窗			

地弹门)、地弹簧(地弹门)、角铁、门轧头(地弹门、自由门)等。木窗五金应该包括折页、插销、风钩、木螺钉、滑轮滑轨(推拉窗)等。

(3) 清单计量单位是“樘”或“m^2”，当用樘计量时，特征应描述门洞口及门扇大小。

(4) 门项目特征应描述带亮或不带亮、门框木枋断面尺寸及刨光要求。

(5) 防护材料分防火、防腐、防虫、防潮、耐磨、耐老化等材料。

2. 定额工程量计算规则、计价方法

木门窗项目定额工程量计算规则、计价方法见表15.3。

表15.3　木门工程组价内容、定额计算规则及说明

<table>
<tr><th>项目编码</th><th>项目名称</th><th>定额子目</th><th>定额编码</th><th>定额规则</th><th>定额说明</th></tr>
<tr><td rowspan="5">010801001
(木质门)</td><td rowspan="2">镶板木门</td><td>有亮镶板门、无亮镶板门</td><td>13-1、13-4</td><td rowspan="15">1. 普通木门窗按设计门窗洞口面积计算。单独木门框按设计框外围尺寸以延长米计算。装饰木门扇按门扇外围面积计算。成品木门扇安装按“扇”计算
2. 门窗相连时，应分别计算工程量，门算到门框外边线</td><td rowspan="15">1. 木门窗等定额按现场制作安装编制
2. 采用一、二类木材木种编制的定额，若设计采用三、四类木种，则除木材单价调整外，定额人工和机械乘以系数1.35
3. 定额所注木材断面、厚度均以毛料为准，如设计为净料，应该另加刨光损耗：板枋材单面加3mm，双面加5mm，其中普通门门板双面刨光加3mm，木材断面、厚度当设计与定额规定不同时，木材用量按比例调整，其余不变
4. 装饰木门门扇与门框分别立项，发生时分别套用
5. 普通木窗一般小五金已综合在五金材料费内，如普通折页、蝴蝶折页、铁插销、风钩、铁拉手、木螺钉等已综合在小五金材料费内，不另计算。地弹簧、门锁、大门拉手、大门插销、闭门器、顺位器、门吸、门眼及铜合页另套用相应定额
6. 木门窗定额采用普通玻璃，如设计玻璃品种与定额不同时，单价调整；厚度增加时，另按定额的玻璃面积每$10m^2$增加玻璃工0.73工日</td></tr>
<tr><td>带百叶镶板门、浴厕隔断</td><td>13-11、13-13</td></tr>
<tr><td>企口木板门</td><td>需要编制补充定额</td><td></td></tr>
<tr><td rowspan="4">实木装饰门</td><td>实木装饰门制作</td><td>补充定额</td></tr>
<tr><td>成品木门扇安装</td><td>13-33</td></tr>
<tr><td rowspan="9">010801002
(木质门带套)</td><td>格子玻璃门窗、硬木百叶门窗</td><td>13-28、13-29</td></tr>
<tr><td>门套、装饰线</td><td>13-118～13-127、15-71～15-76</td></tr>
<tr><td rowspan="3">胶合板门</td><td>有亮、无亮胶合板门</td><td>13-3、13-6</td></tr>
<tr><td>有亮、无亮带玻胶合板自由门</td><td>13-8、13-10</td></tr>
<tr><td>带百叶胶合板门、浴厕隔断</td><td>13-12、13-14</td></tr>
<tr><td rowspan="4">夹板装饰门</td><td>实心、空心装饰夹板门扇制安</td><td>13-16～13-19、13-22～13-25</td></tr>
<tr><td>成品装饰木门安装</td><td>13-33</td></tr>
<tr><td>装饰夹板门扇单独饰面</td><td>13-31</td></tr>
<tr><td>门套、装饰线</td><td>13-118～13-127、15-71～15-76</td></tr>
<tr><td>010801005</td><td>木门框</td><td>木门框制作及安装</td><td>13-32</td></tr>
</table>

（续）

项目编码	项目名称	定额子目	定额编码	定额规则	定额说明
010801006	门锁安装	门锁五金安装	13-142～13-147		
010801004	木质防火门	实心、空心防火板门扇制安	13-20、13-21、13-26、13-27		
		成品木质防火门安装	13-34		
		木门框制作及安装	13-32		
补充	木纱门	纱门	13-15		
010801003	连窗门	需要编制补充定额			
010806001（木质窗）	木质平开窗	平开窗	13-90		
	木质推拉窗	玻璃推拉窗	13-91		
	矩形木百叶窗	百叶窗	13-92		
	异形木百叶窗	百叶窗	13-92		
	木组合窗	需要编制补充定额	—		
	木天窗	木翻窗	13-93		
	矩形木固定窗	需要编制补充定额	—		
	异形木固定窗	半圆形玻璃木窗	13-94		
	装饰空花木窗	需要编制补充定额	—		
010806002	木橱窗	需要编制补充定额	—		
010806003	木飘窗	需要编制补充定额	—		
010806004	木成品窗	需要编制补充定额	—		
010808001		窗套、装饰线	13-118～13-127、15-71～15-76		
木材面油漆		门窗、线条、其他木材面油漆	14-1～14-37、14-38～14-74、14-75～14-95		

木门窗项目定额相关说明如下。

1）木材种类

定额将木材分为以下4类。

一、二类：红松、水桐木、樟木松、白松(云杉、冷杉)、杉木、杨木、柳木、椴木。

三、四类：青松、黄花松、秋子木、马尾松、东北榆木、柏木、苦楝木、梓木、黄菠萝、椿木、楠柳、华北榆木、榉木、枫木、橡木、核桃木、樱桃木。

设计采用木材种类与定额取定不同时，木材单价与人工按定额规定调整。

2）木门窗

木门定额分普通木门、装饰木门、成品木门。普通木门定额主要分镶嵌实木板的镶板门和镶嵌三夹板的镶板门，根据镶板门是否带亮、带玻璃及门转动角度大小划分多项定额门子目。装饰木门定额分实心装饰夹板门、空心装饰夹板门、木格子玻璃门、硬木百叶门窗及门扇单独饰面。套用定额应注意以下几点。

(1) 普通木门一般用于简易装修，基本木组件是门扇和门框，定额基价包含了门扇、门框的制作及安装费用。

(2) 装饰木门一般用于中高档装修，基本木组件是门扇、门套、贴脸或木线条，但有些装饰木门的组件也会是门扇和门框，如防火门。装饰木门定额基价仅仅是门扇制作与安装费用，其定额工程量规则按门扇外围所围面积计算，与木门配套的门套、贴脸、木线条、门框的制作及安装应另计算工程量并套用相应定额。

(3) 成品木门安装的定额基价仅包含成品门扇费用及安装费用，门套、贴脸、木线条、门框另套用相应定额。

(4) 镶板门门扇定额按全板编制的，当门扇上做小玻璃口时，每$100m^2$门洞面积，增加玻璃$16m^2$，油灰14kg，铁钉0.1 kg，人工1.9工日。当镶嵌三夹板的胶合板门门扇上做小玻璃口时，每$100m^2$门洞面积，增加杉小枋$0.15m^3$，玻璃$11m^2$，油灰3kg，铁钉1.1kg，人工7.2工日。

(5) 门扇单独饰面定额按双面考虑的，如设计按单面饰面，则定额乘以系数0.5。

(6) 门扇包白铁皮定额按双面考虑的，如设计按单面饰面，则定额乘以系数0.67。

(7) 单独木门框定额门框断面按55mm×100mm考虑的，当设计断面不同时，门框用量按比例调整。

(8) 门窗框、门窗扇立梃、纱门窗扇立梃、门板，这些木材断面定额是按表15.4尺寸毛料编制的，当设计断面或厚度与表15.4不同时，木材用量按比例调整。如设计断面是刨光的，应先按定额说明第3条规定转换成毛料断面尺寸，再按比例调整木材用量。

(9) 定额门工程量规则根据门类别不同采用不同的计算方法，而清单统一按樘或门洞尺寸计算。

表15.4 木门窗用料断面规格尺寸表 单位：cm

<table>
<tr><th colspan="2">门窗名称</th><th>门窗框</th><th>门窗扇立梃</th><th>纱门窗扇立梃</th><th>门板</th></tr>
<tr><td rowspan="2">普通门</td><td>镶板门</td><td rowspan="3">5.5×10</td><td>4.5×8</td><td rowspan="5">3.5×8</td><td>1.5</td></tr>
<tr><td>胶合板门</td><td>3.9×3.9</td><td></td></tr>
<tr><td rowspan="3">自由门</td><td>半玻门</td><td>4.5×10</td><td>1.5</td></tr>
<tr><td>全玻门</td><td>5.5×12</td><td>5×10.5</td><td rowspan="2"></td></tr>
<tr><td>带玻胶合板门</td><td>5.5×10</td><td>4.5×6.5</td></tr>
</table>

（续）

门窗名称		门窗框	门窗扇立梃	纱门窗扇立梃	门板
厂库房木板大门	带框平开门	5.3×12	5×10.5		2.1
	不带框平开门		5.5×12.5		
	不带框推拉门				
普通窗	平开窗	5.5×8	4.5×6	3.5×6	
	翻窗	5.5×9.5			

【例 15-1】 某工程采用无亮镶板门，硬木制作。求无亮镶板门基价。

解： 镶板门定额按一、二类木材考虑，如采用硬木时，材料单价调整，人工与机械乘以系数 1.35。套定额 13-4 换，则

$$\text{换算后基价}=10751+(3600-1450)\times(1.75+1.895+1.305)+(2601.5+99.9)\times0.35=22339(\text{元}/100\text{m}^2)$$

【例 15-2】 某工程杉木平开窗，设计断面尺寸(净料)窗框为 5.5cm×8cm，窗扇梃为 4.5cm×6cm，求该项目基价。

解： (1) 设计为净料尺寸，加刨光损耗后的尺寸如下。

$$\text{窗框：}(5.5+0.3)\text{cm}\times(8+0.5)\text{cm}=5.8\text{cm}\times8.5\text{cm}$$

$$\text{窗扇梃：}(4.5+0.5)\text{cm}\times(6+0.5)\text{cm}=5.0\text{cm}\times6.5\text{cm}$$

定额平开窗断面尺寸取定如下。

窗框：5.5cm×8cm。

窗扇梃：4.5cm×6cm。

设计断面与定额不同，需要换算。

(2) 设计木材用量按比例调整。

查定额 13-90，窗框杉木含量为 2.015m^3，窗扇为 1.887 m^3。

窗框：$\dfrac{5.8\times8.5}{5.5\times8}\times2.015=2.257$。

窗扇梃：$\dfrac{5\times6.5}{4.5\times6}\times1.887=2.271$。

(3) 查木开窗定额编号 13-90，基价为 11679 元/100m^2，则

$$\text{换算后基价}=11679+(2.257-2.015+2.271-1.887)\times1450=12587(\text{元}/100\text{m}^2)$$

【例 15-3】 无亮带玻胶合板自由门安装 5 厚平板玻璃。求基价。

解： 无亮带玻胶合板自由门定额玻璃是 3 厚，设计玻璃厚度与定额不同时，单价调整，每 10m^2 玻璃增加人工 0.73 工日。套定额 13-10 换，则

$$\text{换算后基价}=16536+(28-23)\times32+0.73\times50\times32/10=16813(\text{元}/100\text{m}^2)$$

【例 15-4】 有亮镶板门制作安装，采用 5 厚普通玻璃，硬木制作。门扇设计净料尺寸为 5cm×8cm，门板设计净料厚 15mm，求有亮镶板门基价。

解： 有亮带镶板门定额玻璃是 3 厚，设计玻璃厚度与定额不同时，单价调整，每 10m^2 玻璃增加人工 0.73 工日。采用硬木时，材料单价调整，人工与机械乘以系数 1.35。木材断面设计与定额不同时，按比例调整材料用量。套定额 13-1 换，则

换算后基价＝11739＋0.73×50×14/10＋(3143.50＋0.73×50×14/10＋106.25)×(1.35－1)＋(28－23)×14＋(3600－1450)×(1.908＋1.632＋1.016＋0.461)＋(55×85/45×80－1)×1.632×3600＋(18/15－1)×1.016×3600＝26288(元/100m^2)

【例 15－5】 单独硬木木框制作安装，已知框中心长 6m，设计净料断面尺寸为 5.5cm×10cm(靠墙一侧为毛料)，求门框总消耗量。

解：定额木框工程量按框外围尺寸以米计算，根据中心长及木材断面可以求得框工程量。木材断面设计与定额不同时，按比例调整材料用量。

框外围长＝6.0＋0.055×2＝6.11(m)，依据定额 13－32，则

木框消耗量＝(58×105/55×100)×0.649/100×6.11＝0.044(m^3)

15.2.2 门窗套

1. 工程量清单项目设置及工程量计算

门窗套工程量清单项目设置及工程量计算规则见表 15.5。

表 15.5 门窗套(编码：010808)

项目编码	项目名称	项目特征	计量规则	工程内容
010808001	木门窗套	1. 立筋材料种类、规格 2. 基层材料种类 3. 面层材质、品种、品牌、颜色 4. 防护材料种类 5. 油漆品种、刷漆遍数	1. 按设计图示尺寸以展开面积计算 2. 按图示以延长米计算 3. 按数量樘计算	1. 清理基层 2. 立筋制作、安装 3. 基层板安装 4. 面层铺贴 5. 刷防护材料、油漆
010808002	木筒子板			
010808003	饰面夹板筒子板			
010808004	金属门窗套			
010808005	石材门窗套			
010808006	门窗木贴脸			
010808007	成品门窗套			

清单项目说明如下

(1) 门窗套、贴脸板项目包括底层抹灰。若底层抹灰已包括在墙、柱面底层抹灰内，则应该在工程量清单中进行描述。

(2) 门窗套、贴脸板以展开面积计算，即指按其铺钉面积计算。

2. 定额工程量计算规则、计价方法

门窗套项目定额工程量计算规则、计价方法见表 15.6。

表 15.6 门窗套工程组价内容、定额计算规则及说明

项目编码	项目名称	定额子目	定额编码	定额规则	定额说明
010808001	木门窗套	门窗套基层、面层	13－118～13－123、13－124～13－128	门窗套按设计图示尺寸以展开面积计算。 木质装饰线按延长米计算工程量	门窗木贴脸、装饰线套用定额第十五章“其他工程”中相应定额
010808002	木筒子板	实木板饰面	13－125		

（续）

项目编码	项目名称	定额子目	定额编码	定额规则	定额说明
010808003	夹板筒子板	门窗套基层、面层	13-118～13-123、13-124、13-126		
010808004	金属门窗套	金属门窗套铝塑板、不锈钢板	13-131、13-132		
010808005	石材门窗套	石材门窗套大理石、花岗石	13-129、13-130		
010808006	门窗木贴脸	木质装饰线	15-71～15-76		
010808007	成品门窗套				

【例 15-6】 装饰夹板门施工图如图 15.1 所示，依据定额，试列式计算装饰门工程量并写出相应的定额编码(不考虑五金，计算结果保留 3 位小数)。

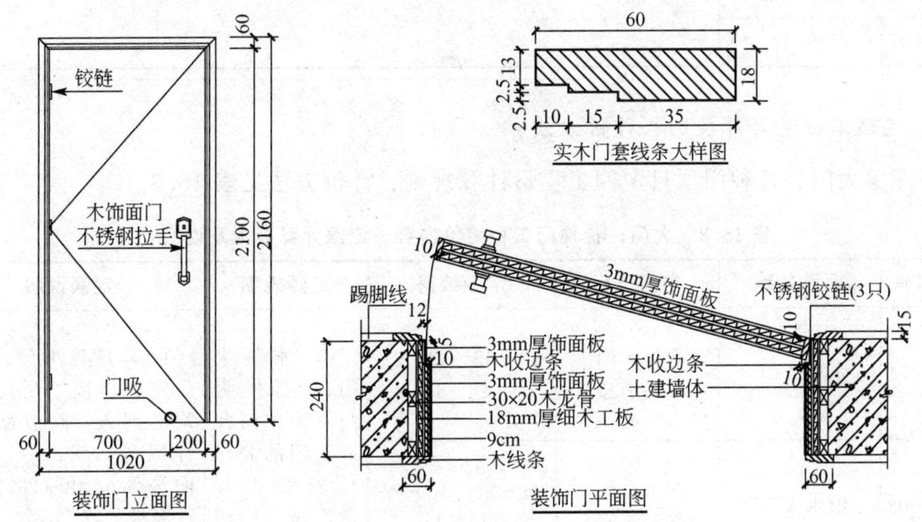

图 15.1 装饰夹板门平面、立面图

解：(1) 60mm 宽的实木线条，套用定额 15-73，则

线条工程量＝(2.16×2＋1.02－0.06×2)×2＝10.440(m)

(2) 门套木龙骨，套用定额 13-118

木龙骨工程量＝0.24×(2.16－0.06)×2＝1.008(m^2)

(3) 门套细木工板基层，套用定额 13-122，则

木工板基层＝0.24×(2.16－0.06)×2＝1.008(m^2)

(4) 门套装饰面层，套用定额 13-126，则

门套装饰面层＝0.24×(2.16－0.06)×2＝1.008(m^2)

(5) 装饰夹板门，套用定额 13-16，则

夹板门＝(2.16－0.06)×(1.02－0.06×2)＝1.890(m^2)

15.2.3 库房大门、特种门

1. 工程量清单项目设置及工程量计算

工程量清单项目设置及工程量计算规则见表 15.7。

表 15.7 厂库房大门、特种门(编码：010804)

项目编码	项目名称	项目特征	计量规则	工程内容
010804001	木板大门	1. 开启方式 2. 有框、无框、门扇数 3. 材料品种、规格 4. 五金种类、规格 5. 防护材料种类 6. 油漆品种、刷漆遍数	按设计图示数量“樘”或图示洞口尺寸面积计算	1. 门(骨架)制作、运输 2. 门、五金配件安装 3. 刷防护材料、油漆
010804002	钢木大门			
010804003	全钢板大门			
010804004	防护铁丝门			
010804005	金属隔栅门			
010804006	钢质花饰门			
010804007	特种门			

2. 定额工程量计算规则、计价方法

厂库房大门、特种门项目定额工程量计算规则、计价方法见表 15.8。

表 15.8 大门、特种门工程组价内容、定额计算规则及说明

项目编码	项目名称	定额子目	定额编码	定额规则	定额说明
010804001	木板大门	木板大门 聚酯清漆	13-65～13-67 14-1	1. 木板大门、钢木大门、特种门及铁丝门的制作与安装工程量，均以门洞口面积计算。无框门按扇外围面积计算 2. 全钢板大门及大门钢骨架制作工程量，按设计图纸的全部钢材几何尺寸以“t”计算，不包括电焊条质量，不扣除孔眼、切肢、切边的质量	1. 厂库房大门、特种门定额门扇上所用铁件均已列入，除成品门附件以外，墙、柱、楼地面等部位预埋件，按设计要求另算 2. 厂库房大门、特种门定额取定的钢材品种、比例与设计不同时，可按设计比例调整；设计木门中的钢构件及铁件用量与定额不同时，按设计图示用量调整 3. 厂库房大门、特种门定额中的金属件已包括刷一遍防锈漆的工料 注：钢木门制作以不带小门为准，如带小门者定额人工乘以系数1.2，其余不变
010804002	钢木大门	钢木大门 聚酯清漆	13-68、13-69 14-1		
010804003	全钢板大门	全钢板大门 钢门窗油漆	13-70～13-72 14-119～14-126		
010804007	特种门	特种门	13-73～13-77		
010804004 010804005	防护铁丝门 金属铁栅	铁丝门、铁栅 钢门窗油漆	13-78、13-79、13-60 14-119～14-126		
预埋铁件			4-433、4-434		

厂库房大门、特种门清单项目编制说明如下。

(1)“木板大门”项目适用于厂房的平开、推拉、带观察窗、不带观察窗等各类型木板大门。注意：项目特征需描述每樘门所含门扇数和有框或无框。

(2)“钢木大门”项目适用于厂库房的平开、推拉、单面铺木板、双单铺木板、防风型、保暖型等各类型钢木大门。注意：钢骨架制作安装包括在报价内，防风型木门应描述防风材料或保暖材料。

(3)“全钢板大门”项目适用于厂库房的平开、推拉、折叠、单面铺钢板、双面铺钢板等各类型全钢板门。对于型钢大门及大门的钢骨架应在项目特征中描述其钢质量。

(4)“特种门”项目适用于各种防射线门、密闭门、保温门、隔音门、冷藏库门、冷藏冻结间门等特殊使用功能门。

(5)“防护铁丝门”项目适用于钢管骨架铁丝门、角钢骨架铁丝门、木骨架铁丝门等。

15.2.4 金属门、窗

1. 工程量清单项目设置及工程量计算

金属门、窗工程量清单项目设置及工程量计算规则见表15.9和表15.10。

表15.9 金属门(编码：010802)

<table>
<tr><th>项目编码</th><th>项目名称</th><th>项目特征</th><th>计量规则</th><th>工程内容</th></tr>
<tr><td rowspan="4">010802001
(金属门类型按按第五级编码区分)</td><td>金属平开门</td><td rowspan="7">1. 门类型或代号
2. 框材质、外围尺寸
3. 扇材质、外围尺寸
4. 玻璃品种、厚度、五金材料、品种、规格
5. 防护材料种类
6. 油漆品种、刷漆遍数</td><td rowspan="7">按设计图示数量“樘”或图示洞口尺寸面积计算</td><td rowspan="7">1. 门制作、运输、安装
2. 五金、玻璃安装
3. 刷防护材料、油漆</td></tr>
<tr><td>金属推拉门</td></tr>
<tr><td>金属地弹门</td></tr>
<tr><td>塑钢门</td></tr>
<tr><td>010802002</td><td>彩板门</td></tr>
<tr><td>010802003</td><td>钢质防火门</td></tr>
<tr><td>010802004</td><td>防盗门</td></tr>
</table>

表15.10 金属窗(编码：010807)

<table>
<tr><th>项目编码</th><th>项目名称</th><th>项目特征</th><th>计量规则</th><th>工程内容</th></tr>
<tr><td rowspan="5">010807001
(金属窗类型按按第五级编码区分)</td><td>金属推拉窗</td><td rowspan="8">1. 窗类型
2. 框材质、外围尺寸
3. 扇材质、外围尺寸
4. 玻璃品种、厚度、五金材料、品种、规格
5. 防护材料种类
6. 油漆品种、刷漆遍数</td><td rowspan="8">按设计图示数量“樘”或图示洞口尺寸(橱窗、飘窗按框外围)面积计算</td><td rowspan="8">1. 窗制作、运输、安装
2. 五金、玻璃安装
3. 刷防护材料、油漆</td></tr>
<tr><td>金属平开窗</td></tr>
<tr><td>金属固定窗</td></tr>
<tr><td>金属组合窗</td></tr>
<tr><td>塑钢窗</td></tr>
<tr><td>010807002</td><td>金属防火窗</td></tr>
<tr><td>010807003</td><td>金属百叶窗</td></tr>
<tr><td>010807004</td><td>金属纱窗</td></tr>
</table>

（续）

项目编码	项目名称	项目特征	计量规则	工程内容
010807004	金属纱窗			
010807005	金属格栅窗			
010807006	金属橱窗			
010807007	金属飘窗			
010807008	彩板窗			
	特殊五金	五金名称、材料、品种、规格	按设计图示数量计算“个/套”	五金安装、刷防护材料、油漆

清单项目说明如下。

1）金属门

(1) 金属平开门：国家建筑设计标准图集 02J603－1，70 系列铝合金平开门。框料尺寸为 70mm×30mm，厚 1.5mm。

(2) 金属地弹门：国家建筑设计标准图集 02J603－1，100 系列铝合金地弹簧门。框料尺寸为 101.6mm×44.5mm，厚 1.8mm。

(3) 钢质防火门应该按有框或无框分别编码列项。

(4) 铝合金门五金包括卡销、滑轮、执手、拉把、拉手、角码、地弹簧、门销、门插、门铰等。

2）金属窗

(1) 塑钢窗是以硬质聚氯乙烯为主要原料，加入适量添加剂加工而成的，是门窗的替代材料。一般在专门的工厂加工组装，将成品运至施工现场。

(2) 铝合金窗制作安装项目按照国家建筑标准设计图集 02J603－1，依据如下。

平开窗：国家建筑设计标准图集 02J603－1，70 系列平开铝合金窗，框料宽度为 70mm，厚 1.5mm。

推拉窗：国家建筑设计标准图集 02J603－1，90 系列推拉铝合金窗，框料宽度为 90mm，厚 1.5mm。

(3) 特殊五金项目指贵重五金及业主认为应该单独列项的五金配件，如拉手、门锁、窗锁等，是指具体使用的门或窗，应该在工程量清单中进行描述。

(4) 铝合金窗五金应该包括卡锁、滑轮、铰拉、执手、拉把、拉手、风撑、角码、牛角刺、地弹簧、门销、六插、门铰等。

2. 定额工程量计算规则、计价方法

金属门窗项目定额工程量计算规则、计价方法见表 15.11 和表 15.12 规定。

【例 15－7】 某工程设计门窗为无亮胶合板门和弧形塑钢推拉窗，已知木门工程量为 $5m^2$，塑钢推拉窗展开面积为 $8m^2$，型钢弯弧型费用为 500 元/$100m^2$。求该工程门窗分项工程直接工程费(不计五金)。

解：(1) 胶合板门 $S=5m^2$。

套定额 13－6，则基价＝11272 元/$100m^2$。

胶合板门直接工程费＝11272×0.05＝563.6(元)

表 15.11 金属门工程组价内容、定额计算规则及说明

项目编码	项目名称	定额子目	定额编码	定额规则	定额说明
010802001	金属平开门	平开铝合金门制作安装	13-38	1. 金属门安装，工程量按设计门洞口面积计算。其中，纱窗扇按扇外围面积计算；防盗窗按外围展开面积计算；不锈钢拉栅门按框外围面积计算 2. 弧形门窗工程量按展开面积计算	1. 铝合金门窗制作安装定额子目，当设计门窗所用的型材质量与定额不同时，定额型材用量进行调整，其他不变。设计玻璃品种与定额不同时，玻璃单价进行调整，人工不需调整 2. 断桥铝合金门窗成品安装套用相应铝合金门定额，除材料单价需换算外，人工应乘以系数 1.1 3. 弧形门窗套相应定额，人工乘以系数 1.15；型材弯弧形费用另行增加；内开内倒置窗套用平开窗相应定额，人工乘以系数 1.1
		成品平开铝合金门安装	13-42、13-44、13-45		
		普通钢门	13-57		
	金属推拉门	铝合金推拉门制作安装	13-39		
		成品铝合金推拉门安装	13-43		
	金属地弹门	铝合金地弹门制作安装	13-37		
		成品铝合金地弹门安装	13-40、13-41		
	塑钢门	成品塑钢门安装	13-46～13-50		
010802002	彩板门	成品彩钢板门安装	13-51		
010802003	钢质防火门	钢质防火门	13-56		
010802004	防盗门	型钢、不锈钢、钢板防盗门	13-52～13-55		
钢门窗油漆			14-119～14-126		

表 15.12 金属窗工程组价内容、定额计算规则及说明

项目编码	项目名称	定额子目	定额编码	定额规则	定额说明
010807001	金属推拉窗	铝合金推拉窗制作安装	13-97	同表 15.11	同表 15.11
		铝合金推拉窗安装	13-99		
	金属平开窗	铝合金平开窗制作安装	13-96		
		铝合金平开窗安装	13-100		
	金属固定窗	铝合金固定窗制作安装	13-98		
		铝合金固定窗安装	13-101		

（续）

项目编码	项目名称	定额子目	定额编码	定额规则	定额说明
010807001	塑钢窗	塑钢窗安装	13－104～13－108		
	金属组合窗	钢窗组合窗安装	13－111		
010807002	金属防火窗				
010807003	金属百叶窗	铝合金百叶窗安装	13－102		
010807004	金属纱窗	纱窗	13－103、13－108		
010807005	金属格栅窗	防盗窗安装	13－114～13－117		
010807006	金属橱窗				
010807007	金属飘窗				
010807008	彩板窗	彩板平开窗	13－112		
	特殊五金	门窗五金安装	13－142～13－165		
金属门窗油漆			14－119～14－126		

（2）塑钢推拉窗 $S=8m^2$。

套定额 13－104H，则基价＝25516＋1124×（1.1－1）＋500＝25728（元/$100m^2$）

弧形塑钢推拉窗直接工程费＝25728×0.08＝2058.27（元）

15.2.5 金属卷帘门

1. 工程量清单项目设置及工程量计算

金属卷帘门工程量清单项目设置及工程量计算规则见表 15.13。

表 15.13 金属卷帘门（编码：010803）

项目编码	项目名称	项目特征	计量规则	工程内容
010803001	金属卷帘门	1. 门材质、框外围尺寸或洞口尺寸、门代号 2. 启动装置品种、规格、品牌 3. 五金材料、品种、规格 4. 刷防护材料种类 5. 油漆品种、刷漆遍数	按设计图示数量“樘”或图示洞口尺寸面积计算	1. 门制作、运输、安装 2. 启动装置、五金安装 3. 刷防护材料、油漆
010803002	防火卷帘门			

金属卷帘门也称金属卷闸门，常见的有铝合金卷闸门，配电动装置，一般设有小门。

2. 定额工程量计算规则、计价方法

金属卷帘门项目定额工程量计算规则、计价方法见表 15.14。

表 15.14 金属卷帘门工程组价内容、定额计算规则及说明

项目编码	项目名称	定额子目	定额编码	定额规则
010803001	金属卷帘门	卷帘门、电动装置(套)、活动小门(个)	13-58、13-59、13-63、13-64	金属卷帘门工程量按设计门洞口面积计算。电动装置按“套”计算，活动小门按“个”计算
010803002	防火卷帘门	卷帘门、电动装置(套)、活动小门(个)	13-61、13-62、13-63、13-64	
钢门窗油漆			14-119～14-126	

15.2.6 其他门

1. 工程量清单项目设置及工程量计算

其他门工程量清单项目设置及工程量计算规则见表 15.15。

表 15.15 其他门(编码：010805)

项目编码	项目名称	项目特征	计量规则	工程内容
010805001	电子感应门	1. 门材质、品牌、扇外围尺寸或洞口尺寸 2. 玻璃品种、厚度、五金材料、品种、规格 3. 电子配件品种、规格品牌 4. 刷防护材料种类 5. 油漆品种、刷漆遍数 6. 启动装置的品种、规格	按设计图示数量“樘”或图示洞口尺寸面积计算	1. 门制作、运输、安装 2. 五金、电子配件安装 3. 刷防护材料、油漆
010805002	旋转门			
010805003	电子对讲门			
010805004	电动伸缩门			
010805005	全玻门(带扇框)	1. 门类型 2. 框材质、扇外围尺寸或洞口尺寸 3. 扇材质、外围尺寸 4. 玻璃品种、厚度、五金材料、品种、规格 5. 刷防护材料种类 6. 油漆品种、刷漆遍数		
	全玻自由门(无扇框)			
	半玻门(带扇框)			
010805006	镜面不锈钢饰面门			

清单项目说明如下。

(1) 转门项目适用于电子感应和人力推动转门。

(2) 自由门也称弹簧门，指开启后能自动关闭的门，它以弹簧作为自动关闭的机构，并有单面弹簧、双面弹簧和地弹簧之分。

(3) 玻璃、百叶面积占其门扇面积一半以内者应为半玻门或半百叶门，超过一半时应为全玻门或百叶门。

(4) 其他门五金应包括 L 形执手插锁(双舌)、球型执锁(单舌)、门轧头、地锁、防盗门扣、门眼(猫眼)、门碰珠、电子销(磁卡销)、闭门器、装饰拉手等。

2. 定额工程量计算规则、计价方法

其他门项目定额工程量计算规则、计价方法，见表 15.16。

表 15.16 其他门工程组价内容、定额计算规则及说明

<table>
<tr><th>项目编码</th><th>项目名称</th><th>定额子目</th><th>定额编码</th><th>定额规则</th><th>定额说明</th></tr>
<tr><td>010805001</td><td>电子感应门</td><td>电子感应玻璃门、感应装置</td><td>13－80、13－81</td><td rowspan="8">1. 电子电动门按“樘”计算
2. 无框玻璃门按门扇外围面积计算，固定门扇与开启门扇组合时，应分别计算工程量
3. 无框玻璃门门框及横梁的包面工程量以实包面积展开计算</td><td rowspan="8">木门窗(如带木框全玻门或木框半玻门)采用普通玻璃，如设计玻璃品种与定额不同时，单价调整；厚度增加时，另按定额的玻璃面积每 $10m^2$ 增加玻璃工 0.73 工日</td></tr>
<tr><td>010805002</td><td>转门</td><td>需要编制补充定额</td><td></td></tr>
<tr><td>010805003</td><td>电子对讲门</td><td>电子对讲门</td><td>13－82</td></tr>
<tr><td>010805004</td><td>电动伸缩门</td><td>电动伸缩门</td><td>13－83</td></tr>
<tr><td rowspan="3">010805005</td><td>全玻门(带木扇框)</td><td>带亮全玻自由门、无亮全玻自由门</td><td>13－7、13－9</td></tr>
<tr><td>全玻自由门(无框)</td><td>包不锈钢上下帮玻璃门、门夹玻璃门</td><td>13－84～13－86</td></tr>
<tr><td>半玻门(带木扇框)</td><td>有亮、无亮半截玻璃门</td><td>13－2、13－5</td></tr>
<tr><td>010805006</td><td>镜面不锈钢饰面门</td><td>需要编制补充定额</td><td></td></tr>
<tr><td></td><td></td><td>木门窗、木线条、其他木材面油漆、金属门窗油漆</td><td>14－1～14－37、14－38～14－74、14－75～14－95、14－119～14－126</td><td></td><td></td></tr>
</table>

15.2.7 窗帘盒、窗帘轨

1. 工程量清单项目设置及工程量计算

窗帘盒、窗帘轨工程量清单项目设置及工程量计算规则见表 15.17。

表 15.17 窗帘盒、窗帘轨(编码：010810)

<table>
<tr><th>项目编码</th><th>项目名称</th><th>项目特征</th><th>计量规则</th><th>工程内容</th></tr>
<tr><td>010810001</td><td>窗帘(杆)</td><td rowspan="5">1. 窗帘材质、层数、高度、宽度
2. 窗帘盒材质、规格、颜色
3. 窗帘轨材质、规格
4. 防护材料种类
5. 油漆品种、刷漆遍数</td><td rowspan="5">按设计图示尺寸以长度计算</td><td rowspan="5">1. 制作、运输、安装
2. 刷防护材料、油漆</td></tr>
<tr><td>010810002</td><td>木窗帘盒</td></tr>
<tr><td>010810003</td><td>饰面夹板、塑料窗帘盒</td></tr>
<tr><td>010810004</td><td>铝合金窗帘盒面层</td></tr>
<tr><td>010810005</td><td>窗帘轨</td></tr>
</table>

2. 定额工程量计算规则、计价方法

窗帘盒、窗帘轨项目定额工程量计算规则、计价方法见表15.18。

表15.18 金属窗工程组价内容、定额计算规则及说明

<table>
<tr><th>项目编码</th><th>项目名称</th><th>定额子目</th><th>定额编码</th><th>定额规则</th><th>定额说明</th></tr>
<tr><td>010810001</td><td>窗帘(杆)</td><td>需要编制补充</td><td>—</td><td rowspan="5">窗帘盒基层工程量按单面展开面积计算。饰面板按实铺面积计算</td><td rowspan="5"></td></tr>
<tr><td>020408001</td><td>木窗帘盒</td><td>窗帘盒基层、面层</td><td>13-13、13-14</td></tr>
<tr><td>020408002</td><td>饰面夹板、塑料窗</td><td>装饰夹板面层</td><td>13-139</td></tr>
<tr><td>020408003</td><td>铝合金窗帘盒</td><td>需要编制补充定额</td><td>—</td></tr>
<tr><td>020408004</td><td>窗帘轨</td><td>需要编制补充定额</td><td>—</td></tr>
</table>

15.2.8 窗台板

1. 工程量清单项目设置及工程量计算

窗台板工程量清单项目设置及工程量计算规则见表15.19。

表15.19 窗台板(编码:010809)

<table>
<tr><th>项目编码</th><th>项目名称</th><th>项目特征</th><th>计量规则</th><th>工程内容</th></tr>
<tr><td>010809001</td><td>木窗台板</td><td rowspan="4">1. 找平层厚度、砂浆配合比
2. 窗台板材质、规格、颜色
3. 防护材料种类
4. 油漆品种、刷漆遍数</td><td rowspan="4">按设计图示尺寸以长度计算</td><td rowspan="4">1. 基层清理
2. 抹找平层
3. 窗台板制作、安装
4. 刷防护材料、油漆</td></tr>
<tr><td>010809002</td><td>铝塑窗台板</td></tr>
<tr><td>010809003</td><td>金属窗台板</td></tr>
<tr><td>010809004</td><td>石材窗台板</td></tr>
</table>

2. 定额工程量计算规则、计价方法

窗台板项目定额工程量计算规则、计价方法见表15.20。

表15.20 金属窗工程组价内容、定额计算规则及说明

<table>
<tr><th>项目编码</th><th>项目名称</th><th>定额子目</th><th>定额编码</th><th>定额规则</th><th>定额说明</th></tr>
<tr><td>010809001</td><td>木窗台板</td><td>需要编制补充定额</td><td>—</td><td rowspan="4">—</td><td rowspan="4">—</td></tr>
<tr><td>010809002</td><td>铝塑窗台板</td><td>需要编制补充定额</td><td>—</td></tr>
<tr><td>010809003</td><td>金属窗台板</td><td>需要编制补充定额</td><td>—</td></tr>
<tr><td>010809004</td><td>石材窗台板</td><td>需要编制补充定额</td><td>—</td></tr>
</table>

15.2.9 注意事项

1. 清单项目

(1) 门窗框与洞口之间缝的填塞，应包括在报价内。

(2) 项目特征中的门窗类型是指带亮子或不带亮子，带纱或不带纱，单扇、双扇或三扇，半百叶或全百叶，半玻或全玻，全玻自由门或半玻自由门，带门框或不带门框，单独门框和开启方式(平开、推拉、折叠)等。

(3) 框截面尺寸(或面积)指横截面尺寸(或面积)，即与木材长度方向垂直的横截面。

(4) 凡面层材料有品种、规格、品牌、颜色要求的，应在工程量清单中进行描述。

(5) 门窗工程量均以“樘”计算，如遇框架结构的连续长窗也以“樘”计算，但对连续长窗的扇数和洞口尺寸应在工程量清单中进行描述。

(6) 如窗帘盒、窗台板为弧形，则其长度以中心线计算。

(7) 防护材料分防火、防腐、防虫、防潮、耐磨、耐老化等材料，应根据清单项目要求报价。

2. 定额相关说明

(1) 定额夹板除了装饰凸凹夹板门、门套基层外，其他木门基层用三夹板，当设计不同时，要调整价格。

(2) 金属门窗制作安装定额子目，当设计门窗所用的型材质量与定额不同时，定额型材用量进行调整，其他不变。设计玻璃品种与定额不同时，玻璃单价进行调整，厚度增加时，另按定额的玻璃面积每 $10m^2$ 增加玻璃工 0.73 工日。而铝合金门窗玻璃厚度与定额不同，是否增加人工 0.73 工日定额未做规定。

(3) 金属门窗一般的小五金(如金属推拉门窗的滑轮、金属平开门窗的合页)已综合在金属门内。

(4) 门窗拉手、地弹簧、铜合页、锁、闭门器、顺位器、门吸等门窗五金另计算。

(5) 将金属卷帘门和防火卷帘门定额按高度 3m 以内和 3m 以上分别设置子目。

(6) 弧形门窗套相应定额，人工乘以系数 1.15；型材弯弧形费用另行增加；内开内倒置窗套用平开窗相应定额，人工乘以系数 1.1。弧形门窗套、内开内倒置窗适用于金属和木等材料的门窗。

(7) 无框玻璃门是指无门扇框玻璃门，主要由门框、横梁或门夹支撑，其工程量按门扇外围面积计算，固定门扇与开启门扇组合时，应分别计算工程量。门夹玻璃门的五金门夹已综合在定额内。无框玻璃门的不锈钢门框、横梁，折边加工费另计。不锈钢上下帮、门夹设计用量与定额不同时，数量调整，其他不变。

(8) 窗帘盒的分类：按结构形式不同分为吸顶式和悬挂式；按形状不同分为直形和弧形；按施工流程不同分为窗帘盒基层和窗帘盒面层，窗帘盒基层按用材不同分为细木工板和三夹板，面层按用材不同分为装饰夹板(实木皮贴面)、防火板、实木板。

15.3 清单规范及定额应用案例

【例 15-8】 某工程的木门采用半截玻璃胶合板门、单扇带亮 8 樘，不带纱，门洞尺寸为 1300mm×2700mm，门扇尺寸为 1190mm×2645mm，要求现场制作，刷防护底油，门吸 10 元/副，铜合页 20 元/只，执手锁 200 元/把。管理费费率取 20%，利润取 10%，以人工费、机械费之和为取费基数。求编制木门工程量清单及清单计价。

解：(1) 编制木门工程量清单。

木门工程量=8 樘或 28.08m^2。分部分项工程量清单见表 15.21。

表 15.21 分部分项工程量清单

序号	项目编码	项目名称及特征	单位	工程量
1	010801001001	胶合板门：半截玻璃胶合板单门，带亮，玻璃厚 3mm，门洞尺寸为 1300mm × 2700mm，门框杉木毛料断面 5.5cm×10cm。聚酯清漆三遍，不带纱。门吸、门锁、铜合页	樘	8

(2) 木门清单计价。

① 木门面积为 $S=1.3\times2.7\times8=28.08(m^2)$。有亮带玻胶合板门，套用定额 13-8，则

直接工程费 = 163.3 × 28.08 = 4585.46(元)，其中，人工费 = 50.255 × 28.08 = 1411.16(元)，机械费 = 1.3336 × 28.08 = 37.45(元)，管理费 =(1411.16 + 37.45) × 20%=289.72(元)，利润=(1411.16+37.45)×10%=144.86(元)。

合计=5020.04 元。

② 木门油漆计价。

木门油漆 $S=1.3\times2.7\times8\times1.1=30.89(m^2)$。套用定额 14-1，则

直接工程费=33.43×30.89=1032.65(元)，其中，人工费=16.725×30.89=516.64(元)，机械费=0(元)

管理费=(516.64+0)×20%=103.33(元)，利润=(516.64+0)×10%=51.66(元)。

合计=1032.65+103.33+51.66=1187.64(元)。

综合单价=(5020.04+1187.64+2286.55 五金)÷8=1061.78(元/樘)，清单计价见表 15.22 和表 15.23。

表 15.22 分部分项工程量清单计价

序号	项目编码	项目名称	单位	数量	综合单价/元	合价/元
1	010801001001	胶合板门：项目特征同表 15.21	樘	8	1061.78	8494.23

表 15.23 综合单价分析表

项目编码	项目名称	单位	数量	单价分析/元						综合单价/元
				人工	材料	机械	管理费	利润	合价	
010801001001	胶合板门	樘	8							1061.78
13-8	有亮带玻胶合板门	m^2	28.08	1411.16	3136.90	37.45	289.72	144.86	5020.04	
14-1	聚酯清漆三遍	m^2	30.89	516.64	516.17	0	103.33	51.66	1187.64	
13-143H	单门执手锁	把	8	100.00	1616.00	0	20.00	10.00	1746.00	
13-159H	抹灰面门吸	副	8	27.50	80.80	0	5.50	2.75	116.55	
13-162H	铜合页	只	16	80.00	320.00	0	16.00	8.00	424.00	

习 题

1. 某工程采用平开窗，硬木制作，求其基价。

2. 无亮胶合板门开小玻璃口，硬木制作，求其基价(提示：先调开小玻璃口增加人材机，再调硬木)。

3. 有亮镶板门制作安装，采用 5mm 普通玻璃，硬木制作。门框设计净料尺寸 55mm ×100mm，门扇设计净料尺寸为 5cm×8cm，求有亮镶板门基价(提示：玻璃单价调整，人工增加工日按定额说明 9.0 条调整，硬木制作，人工和机械乘以系数 1.35，人工包含增加的人工，门框、门扇框、镶板、亮子枋调整木材价格，门框和门扇框同时还得调整消耗量)。

4. 某工程设计门窗为无亮胶合板门和塑钢推拉窗，已知木门工程量为 $5m^2$，塑钢推拉窗展开面积为 $8m^2$，推拉门窗的双滑轮 12 元，门拉手 35 元。求该工程门窗分项工程直接工程费(提示：滑轮费用已包含在门窗定额内，拉手需另计)。

5. 某工程的木门采用平面实心装饰夹板门 1 樘，不带纱，门洞尺寸为 1000mm×2400mm，门扇尺寸为 890mm×2345mm，门框杉木毛料断面为 55mm×100mm，门扇和门框均现场制作，聚酯漆三遍。管理费费率取 20%，利润取 10%，以人工费、机械费之和为取费基数。编制木门工程量清单及清单计价(提示：清单工程量按洞口尺寸计算，定额装饰门的门框和门扇分别计算套用相应定额，油漆工程量按带框单层门计算)。

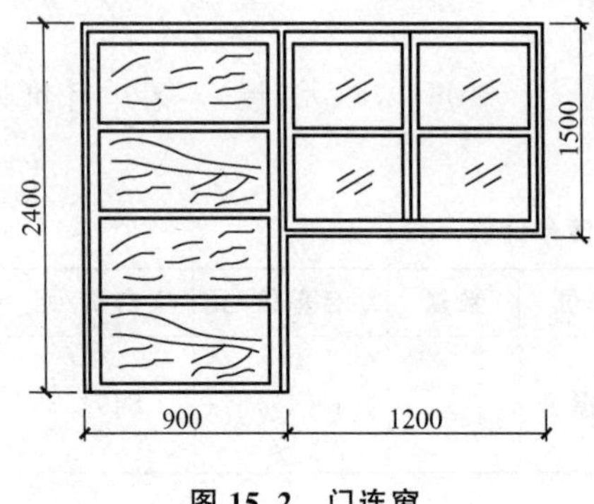

图 15.2 门连窗

6. 某工程采用无亮的镶板木门连木窗，如图 15.2所示。门为单扇平开，窗为双扇平开，采用 3mm 厚的平板玻璃，带纱门、纱窗，木材为红松毛料，截面尺寸均同定额，刷底油一遍，不包含门锁安装等五金。试计算该门连窗定额工程量并求直接工程费(提示：门窗相连时门窗工程量分别算，门算到门框外边线，窗纱工程量按扇外围面积计算)。

7. 某办公室安装如图15.3所示的不锈钢拉栅，门洞尺寸1000mm×2100mm，拉栅门扇尺寸1000mm×2100mm，不锈钢拉栅框断面50mm×50mm。根据定额，计算不锈钢栅制作、安装工程量及定额编码(提示：不锈钢拉栅门按框外围面积计算)。

8. 某车库安装嵌入式铝合金卷闸门，设计洞口、卷闸门尺寸如图15.4所示，电动卷闸，带活动小门。根据定额，计算铝合金卷闸门工程量，确定定额项目编码(提示：卷闸门分为3m以内和3m以上)。

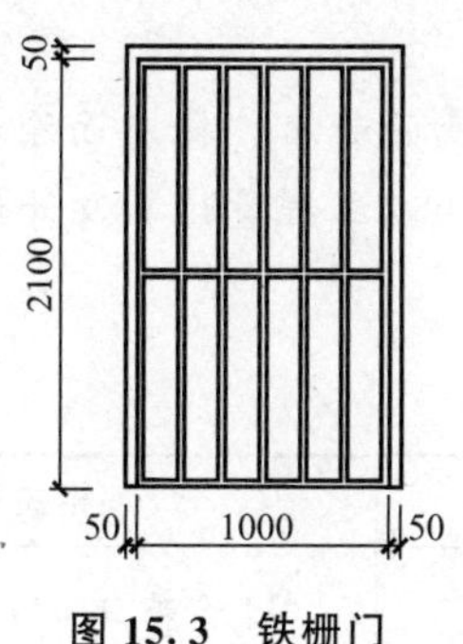

图15.3 铁栅门

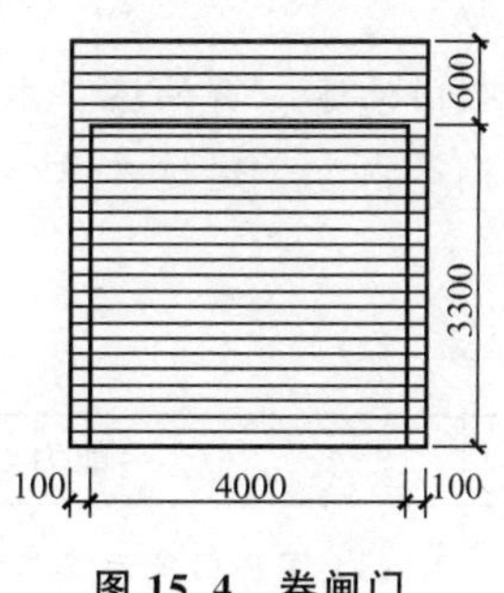

图15.4 卷闸门

第16章 油漆、涂料、裱糊工程

学习任务

本章主要介绍门油漆、窗油漆、木材面油漆、金属面油漆、抹灰面涂料及花饰线条刷涂料、喷塑、裱糊等内容。通过本章学习，重点掌握油漆工程量计算及计价。

学习要求

知识要点	能力要求	相关知识
门窗油漆	(1) 掌握门窗油漆工程量计算 (2) 掌握定额门窗工程量套用及计价	(1) 全玻自由门、带框装饰门 (2) 聚酯漆、硝基漆概念
金属面油漆	掌握金属面油漆工程量计算	富锌漆、银粉漆、防火涂料
抹灰面涂料	掌握涂料工程量计算	涂料材料种类、裱糊

涂敷于物体表面能与基体材料很好粘结并形成完整而坚韧保护膜的物料称为涂料。涂料最早是以天然植物油脂为主要原料的，故称为油漆。近年来，合成树脂在很大范围内已经或正在取代天然树脂。当前已正式命名为涂料，而油漆仅仅是涂料中的油性涂料。

清单规范将油漆、涂料工程分为门油漆，窗油漆，木扶手及其他板条、线条油漆，木材面油漆，金属面油漆，抹灰面油漆，喷刷涂料、裱糊 8 个内容。

预算定额分为木门油漆、木窗油漆、木扶手(木线条、木板条)油漆、其他木材面油漆、木地板油漆、木材面防火涂料、板面封油刮腻子、金属面油漆、楼地面油漆、墙柱抹灰面油漆、涂料、裱糊 12 个小节，共 193 个子目。

16.1 基础知识

16.1.1 木材面油漆

按油漆装饰效果不同可以分为混漆和清漆，木材混漆后木纹被覆盖，但用清漆法施工，木纹则依旧可以看见。油漆根据基料不同可以分为：聚酯漆、硝基漆、调和漆、清油、厚漆等。木材面油漆主要施工工艺为：基层处理、刮腻子、砂纸打磨、刷油漆，有时刮腻子、砂纸打磨、刷油漆交替进行。

1. 聚酯漆

聚酯漆是用聚酯树脂为主要基料的一种厚质漆，需加固化剂，漆膜丰满、层厚面硬、施工方便，但干燥时间比硝基漆要长。按配制辅料不同，聚酯漆有聚酯清漆和混漆之分。

2. 硝基漆

硝基漆是一种由硝化棉、醇酸树脂、增塑剂及有机溶剂调制而成的漆，使用时无需固化剂，属挥发性油漆，具有干燥快、光泽柔和等特点。但丰满度低，硬度低，施工较聚酯漆烦琐。硝基漆也有清漆和混漆之分。

3. 调和漆

调和漆稠度稀，可以直接使用，成膜后遇湿度大时会膨胀，影响使用，价格便宜。常用的有油性调和漆与磁性调和漆两种，油性调和漆是以干性植物油(如桐油、亚麻子油等)为主要基料，加入着色颜料(无机的或有机的)和体质颜料(如滑石粉、碳酸钙、硫酸钡等)，经磨细后加入催干剂(如钴、锰、铅、铁、锌、钙等氧化物或盐类)，并用汽油或松香水与二甲苯的混合溶剂调配而成。在油性调和漆中加入树脂配制而成的色漆称为磁性调和漆，其干燥性比油性调和漆好，漆膜较硬，光亮平滑，具有瓷釉般的光泽，酷似瓷器，故而简称磁(瓷)漆。磁漆附着力强，适用于室内家装油漆，也可以用于室外的钢铁和木材表面。

4. 清油

清油是经过炼制的干性植物油，如熟桐油等。漆膜无色透时，常用作木门窗、木装修的面漆或底漆。

5. 厚漆

厚漆又称铅油，是用颜料与干性油混合研磨而成的，需溶剂稀释后才能使用，与面漆的粘接性好，较适用于木质的底漆，也可用来调制油色和腻子等。

16.1.2 金属面油漆

金属构件油漆按作用不同主要分防腐防锈的油漆和防火的涂料，一般在构件加工厂中先涂刷防锈的油漆，然后在施工现场涂刷防火涂料(涂料应在油漆干燥后进行)，有时会在油漆和涂料之间增加中间层油漆，如丙烯酸乳液漆。防火涂料与防锈的油漆之间应进行相容性试验，试验合格后方可进行下道工序。

1. 防锈的油漆

按油漆品种可分为醇酸调和漆、酚醛调和漆、红丹防锈漆、环氧富锌漆、银粉漆、氟碳漆等油漆。其做法一般包括底漆和面漆两部分，涂层干漆膜的总厚度要求：当面层有防火涂料时，干膜的总厚度不小于 75μm；当无防火涂料时，油漆涂刷遍数一般要达到二底、一中、一面，且干漆膜厚室外不小于 150μm，室内不小于 125μm。底漆前应进行喷砂(抛丸)除锈处理，底漆一般用红丹防锈漆，面漆采用醇酸漆、富锌漆、银粉漆、丙烯酸磁漆等油漆罩面，若要求较高，则可以采用环氧富锌漆作为底漆，氟碳漆罩面，但氟碳漆的价格偏高，对施工技术也要求高。

2. 防火涂料

目前已有的钢结构防火涂料主要有两大类：厚型防火涂料(又称非膨胀型防火涂料或隔热型防火涂料)和薄型防火涂料(又称膨胀型防火涂料)，后者遇火自身发泡膨胀，形成比原来涂层厚数10倍的防火层，耐火时间可达0.5～2h，有取代厚型防火涂料的趋势。

厚型钢结构防火涂料，涂层厚度一般为8～50mm，粒状表面，密度较小、热导率低，耐火极限可达0.5～3h。薄型防火涂料具有一定的装饰效果，涂层厚度一般为2～7mm。超薄型防火涂料的涂层厚度一般为1～2mm。

金属面油漆、防火涂料的主要技术参数可以参考表16.1。

表16.1　金属面油漆防火涂料技术性能参数

油漆种类	施工厚度	平方用量	单遍厚度	施工遍数	损耗率	耐火极限
厚型防火涂料	30mm	16.00kg	10mm以内	3遍	5%	3.0h
厚型防火涂料	18mm	12.00kg	10mm以内	2遍	5%	2.0h
薄型防火涂料	6mm	9.00kg	0.4～0.8mm	8～10遍	5%	2.5h
超薄型防火涂料	2mm	3.60kg	0.5～0.8mm	6～8遍	5%	2.0h
金属面防锈油漆	0.125mm	0.5kg		3遍	5%	

16.1.3　涂料、裱糊

建筑涂料按使用部位不同分为外墙涂料、内外墙乳胶漆(合成树脂为基料)、地面涂料、顶棚涂料等。按主要成膜物质的性质不同分为有机涂料、无机涂料和有机无机复合涂料。有机涂料常见的有丙烯酸酯外墙涂料、真石漆等，无机涂料常见的有硅溶胶外墙涂料，有机无机复合涂料有硅溶胶-苯丙外墙涂料等。

涂料主要施工流程：基层处理、刮腻子、砂纸打磨、涂料，刮腻子、打磨、涂料交替进行。

除了涂料以外，裱糊(壁纸、锦缎织物)也是目前建筑装饰中广泛使用的墙面装饰材料。其中壁纸按被涂基物的性质不同可分为纸、布、塑料、玻璃纤维布等。按花饰图案的不同分为印花、压花、发泡等。按质地不同分为聚氯乙烯、玻璃纤维、化纤纺织等。

16.2 工程量清单及计价

16.2.1　门窗油漆工程

1. 工程量清单项目设置及工程量计算

门窗油漆工程量清单项目设置及工程量计算规则见表16.2。

表 16.2 门油漆(编码：011401、011402)

项目编码	项目名称	项目特征	计量规则	工程内容
011401001 011401002	木门油漆 金属门油漆	1. 门类型及洞口尺寸 2. 腻子种类 3. 刮腻子要求 4. 防护材料种类 5. 油漆品种、刷漆遍数	按设计图示数量或洞口尺寸面积计算。单位为樘或 m^2	1. 基层清理 2. 刮腻子 3. 刷防护材料、油漆
011402001 011402002	木窗油漆 金属窗油漆	1. 窗类型及洞口尺寸 2. 腻子种类 3. 刮腻子要求 4. 防护材料种类 5. 油漆品种、刷漆遍数		1. 基层清理 2. 刮腻子 3. 刷防护材料、油漆

门窗清单项目说明如下。

(1) 连窗门可按门油漆工程量清单项目编码列项。

(2) 门类型应分镶板门、木板门、胶合板门、装饰实木门、木纱门、木质防火门、连窗门、平开门、推拉门、单扇门、双扇门、带纱门、全玻门、半玻门、半百叶门、全百叶门，以及带亮子、不带亮子、有门框、无门框和单独门框等油漆。

(3) 门油漆应该区分单层木门、双层一玻一纱木门、双层单裁口木门、单层全玻木门、全玻自由门、半玻自由门、木百叶门、厂库木门、装饰门、有框或无框等分别编码列项。

(4) 窗类型应该分平开窗、推拉窗、提拉窗、固定窗、空花窗、百叶窗、单扇窗、双扇窗、多扇窗、单层窗、双层窗、带亮子、不带亮子等。

(5) 窗油漆应该区分单层玻璃窗、双层一玻一纱窗、双层单裁口窗、三层二玻一纱窗、单层组合窗、双层组合窗、木百叶窗、木推拉窗等，分别编码列项。

2. 定额工程量计算规则、计价方法

门窗油漆项目定额工程量计算规则、计价方法见表 16.3。

表 16.3 门窗油漆工程计价项目、定额规则及定额说明

项目编码	项目名称	定额子目	定额编码	定额说明
011401001 011401002	木门油漆 金属门油漆	单层木门油漆	14-1～14-18	1. 定额中的油漆不分高光、半亚光、亚光，已综合考虑。不含美术图案 2. 调和漆定额按 2 遍考虑。聚酯清漆、聚酯混漆定额按 3 遍考虑，磨退按 5 遍考虑。硝基清漆、硝基混漆按 5 遍考虑，磨退按 10 遍考虑。设计遍数与定额取定不同时，按每增减一遍定额调整计算 3. 裂纹漆做法为腻子 2 遍，硝基色漆 3 遍，喷裂纹漆 1 遍和喷硝基清漆 3 遍
		单层木门裂纹漆	14-19	
		钢门防锈、醇酸等油漆	14-120～14-125	
011402001 011402002	木窗油漆 金属窗油漆	单层木窗油漆	14-20～14-37	
		钢窗防锈、醇酸等油漆	14-120～14-125	
		钢门窗防火涂料	14-126	

门窗油漆定额计算规则见表16.4和表16.5。

表16.4 单层木门定额工程量计算规则

定额项目	项目名称	系数	定额工程量
单层木门	单层木门	1.00	洞口面积×系数
	双层(一板一纱)木门	1.36	
	全玻自由门	0.83	
	半玻自由门	0.93	
	半百叶门	1.30	
	厂库大门	1.10	
	带框装饰门(凹凸、带线条)	1.10	
	无框装饰门、成品门	1.10	门扇面积×系数

表16.5 单层木窗油漆定额工程量计算规则

定额项目	项目名称	系数	定额工程量
单层木窗	单层玻璃窗	1.00	洞口面积×系数
	双层(一玻一纱)窗	1.36	
	三层(二玻一纱)窗	2.60	
	单层组合窗	0.83	
	木百叶窗	1.50	
	木推拉窗	1.00	

【例16-1】 某工程设计木门共10樘单层夹板门，采用聚酯清漆4遍，已知门洞尺寸为1500mm×2400mm，编制门油漆工程量清单。

解： 门油漆工程量=10樘，或工程量=1.50×2.40×10=36.00(m^2)。其分部分项工程量清单计价见表16.6。

表16.6 分部分项工程量清单计价

序号	项目编码	项目名称	单位	数量
1	011401001001	门油漆 门类型：单层夹板门。 油漆种类：聚酯清漆4遍。 门洞尺寸：1500mm×2400mm	樘 m^2	10 36

【例16-2】 根据例16-1，计算油漆工程分项直接工程费。

解： 单层夹板门属木门中的装饰木门中一类，一般按无框考虑，即门油漆工程量按门洞尺寸乘以系数1.1。定额聚酯清漆按3遍考虑，套定额14-1H，则

换后基价=3343+822=4165(元/100m^2)

木门油漆定额工程量=36.00×1.1=39.60(m^2)

油漆费用=4165×39.60=164934.00(元)

【例 16-3】 某工程木百叶窗共8樘，油漆为底油1遍，调和漆2遍。已知窗洞尺寸为1500mm×1200mm，试计算天窗油漆的清单工程量和定额工程量。

解：天窗油漆清单工程量=8樘或1.50×1.20×8=14.4(m^2)

定额工程量=14.40×1.50=21.6(m^2)

16.2.2 木扶手、板条、线条油漆

1. 工程量清单项目设置及工程量计算

木扶手、板条、线条油漆工程量清单项目设置及计算规则见表16.7。

表16.7 木扶手、板条、线条油漆（编码：011403）

项目编码	项目名称	项目特征	计量规则	工程内容
011403001	木扶手油漆	1. 腻子种类 2. 刮腻子要求 3. 断面尺寸 4. 油漆体长度 5. 防护材料种类 6. 油漆品种、刷漆遍数	按设计图示尺寸以长度计算	1. 基层清理 2. 刮腻子 3. 刷防护材料、油漆
011403002	窗帘盒油漆			
011403003	封檐板、顺水板油漆			
011403004	挂衣板、黑板框油漆			
011403005	挂镜线、窗帘棍、单独木线油漆			

清单项目说明如下。

(1) 木扶手区别带托板与不带托板分别编码列项。

(2) 楼梯木扶手工程量按中心线斜长计算，弯头长度应该计算在扶手长度内。

2. 定程工程量计算、计价方法

木扶手、板条、线条油漆定额工程量计算、计价方法见表16.8。

表16.8 木扶手、板条、线条油漆工程组价内容、定额计算规则及说明

项目编码	项目名称	定额子目	定额编码	定额规则	定额说明
011403001	木扶手油漆	木扶手聚酯漆、硝基漆、调和漆	14-38～14-55	1. 木扶手、带托板木扶手油漆按延长米乘以相应系数1.0、2.6计算 2. 封檐板、顺水板油漆工程量按延长米乘以系数1.74计算 3. 挂衣板、黑板框油漆按延长米乘以系数0.52计算 4. 木线条、木板条油漆工程量按延长米乘以相应系数1.0、1.3计算	木线条、木板条适用于单独木线条、木板条油漆。木线条按10cm以内考虑
011403002	窗帘盒油漆	木线条、木板条聚酯、硝基漆等	14-56～14-73		
011403003	封檐板、顺水板油漆	木线条、木板条裂纹漆	14-74		
011403004	挂衣板、黑板框油漆	木扶手聚酯漆、硝基漆、调和漆	14-38～14-55		
011403005	挂镜线、窗帘棍、单独木线油漆	木线条、木板条聚酯、硝基漆等	14-56～14-73		
		木线条、木板条裂纹漆	14-74		

16.2.3 其他木材面、木地板油漆

1. 工程量清单项目设置及工程量计算

其他木材面、木地板油漆工程量清单项目设置及工程量计算规则见表 16.9。

表 16.9 其他木材面、木地板油漆(编码：011404)

<table>
<tr><th>项目编码</th><th>项目名称</th><th>项目特征</th><th>计量规则</th><th>工程内容</th></tr>
<tr><td>011404001</td><td>木板、纤维板、胶合板油漆</td><td rowspan="15">1. 腻子种类
2. 刮腻子遍数
3. 防护材料种类
4. 油漆品种、刷漆遍数
5. 木地板硬蜡品种
6. 木地板面层处理要求</td><td rowspan="6">按设计图示尺寸以面积“m²”计算</td><td rowspan="15">1. 基层清理
2. 刮腻子
3. 刷防护材料、油漆
4. 木地板烫蜡</td></tr>
<tr><td>011404002</td><td>木护墙、木墙裙油漆</td></tr>
<tr><td>011404003</td><td>窗台板、筒子板、盖板、门窗套、踢脚线油漆</td></tr>
<tr><td>011404004</td><td>清水板条天棚、檐口油漆</td></tr>
<tr><td>011404005</td><td>木方格吊顶天棚油漆</td></tr>
<tr><td>011404006</td><td>吸音板墙面、天棚面油漆</td></tr>
<tr><td>011404007</td><td>暖气罩油漆</td><td rowspan="3">按设计图示尺寸以单面外围面积“m²”计算</td></tr>
<tr><td>011404008</td><td>木间壁、木隔断油漆</td></tr>
<tr><td>011404009</td><td>玻璃间壁露明墙筋油漆</td></tr>
<tr><td>011404010</td><td>木栅栏、木栏杆(带扶手)油漆</td><td rowspan="2">按设计图示尺寸以油漆部分展开面积“m²”计算</td></tr>
<tr><td>011404011</td><td>衣柜、壁柜油漆</td></tr>
<tr><td>011404012</td><td>梁柱饰面油漆</td><td rowspan="4">按设计图示尺寸以面积计算。空洞、暖气槽、壁龛的开口部分并入相应的工程量内</td></tr>
<tr><td>011404013</td><td>零星木装修油漆</td></tr>
<tr><td>011404014</td><td>木地板油漆</td></tr>
<tr><td>011404015</td><td>木地板烫硬蜡面</td></tr>
</table>

清单项目说明如下。

(1) 工程量以面积计算的油漆项目，线角、线条、压条等不展开。

(2) 有线角、线条、压条的油漆面的工料消耗应该包括在报价内。

(3) 木护墙、木墙裙油漆按垂直投影面积计算。

(4) 博风板工程量按中心线斜长计算，有大刀头的每个大刀头增加长度 50cm。

(5) 木板、纤维板、胶合板油漆，单面油漆按单面面积计算，双面油漆按双面面积计算，并应该依据其使用部位不同，分别按“木材面油漆”中的相应工程量清单项目编码列项。

(6) 台板、筒子板、盖板、门窗套、踢脚线油漆按水平或垂直投影面积计算。

(7) 清水板条天棚、檐口油漆、木方格吊顶天棚油漆以水平投影面积计算，不扣除空洞面积。

(8) 暖气罩油漆，垂直面按垂直投影面积计算，突出墙面的水平面按水平投影面积计

算，不扣除空洞。

(9) 木护墙、木墙裙油漆应该区分有造型与无造型分别编码列项。

(10) 窗帘盒应该区别明式与暗式，分别编码列项。

(11) 木地板、木楼梯油漆应该区分地板面、楼梯面分别编码列项。

2. 项目定额工程量计算、计价方法

其他木材面、木地板油漆项目定额工程量计算规则、计价方法见表16.10。

表16.10 其他木材面、木地板油漆工程组价内容、定额计算规则及说明

<table>
<tr><th>项目编码</th><th>项目名称</th><th>定额子目</th><th>定额编码</th><th>定额规则</th><th>说明</th></tr>
<tr><td>011404001</td><td>木板、纤维板、胶合板油漆</td><td rowspan="2">其他木材面聚酯漆</td><td rowspan="2">14-75～14-82</td><td rowspan="18">按表16.11执行</td><td rowspan="18">隔墙、护壁、柱、天棚面层及木地板刷防火涂料，执行其他木材面刷防火涂料相应子目</td></tr>
<tr><td>011404002</td><td>木护墙、木墙裙油漆</td></tr>
<tr><td>011404003</td><td>窗台板、筒子板、盖板、门窗套、踢脚线油漆清水</td><td rowspan="2">其他木材面硝基漆</td><td rowspan="2">14-83～14-90</td></tr>
<tr><td>011404004</td><td>板条天棚、檐口油漆</td></tr>
<tr><td>011404005</td><td>木方格吊顶天棚油漆</td><td rowspan="2">其他木材面调和漆</td><td rowspan="2">14-91～14-92</td></tr>
<tr><td>011404006</td><td>吸音板墙面、天棚面油漆</td></tr>
<tr><td>011404007</td><td>暖气罩油漆</td><td rowspan="2">其他木材面裂纹漆</td><td rowspan="2">14-93</td></tr>
<tr><td>011404008</td><td>木间壁、木隔断油漆</td></tr>
<tr><td>011404009</td><td>玻璃间壁露明墙筋油漆</td><td rowspan="2">其他木材面醇酸漆一遍、丙烯酸金漆二遍</td><td rowspan="2">14-94</td></tr>
<tr><td>011404010</td><td>木栅栏、木栏杆(带扶手)油漆</td></tr>
<tr><td>011404011</td><td>衣柜、壁柜油漆</td><td rowspan="3">其他木材面金漆每增减一遍</td><td rowspan="3">14-95</td></tr>
<tr><td>011404012</td><td>梁柱饰面油漆</td></tr>
<tr><td>011404013</td><td>零星木装修油漆</td></tr>
<tr><td rowspan="2">011404014</td><td rowspan="2">木地板油漆</td><td>木地板水晶漆</td><td>14-96～14-97</td></tr>
<tr><td>木地板聚酯漆</td><td>14-98～14-99</td></tr>
<tr><td>011404015</td><td>木地板烫硬蜡面</td><td>地板漆(含打蜡一遍)</td><td>14-100～14-102</td></tr>
<tr><td></td><td></td><td>木地板、墙柱面天棚龙骨等木材面防火涂料</td><td>14-103、14-114</td></tr>
<tr><td></td><td></td><td>板面满批腻子每增减一遍、清油封底、板缝贴胶带、防腐</td><td>14-115、14-116、14-117、14-118</td></tr>
</table>

其他木材面、地板油漆定额计算规则见表16.11。

【例16-4】 某装饰工程木墙裙刷裂纹漆，图示面积为30m^2，刮腻子3遍、色漆3遍、喷裂纹漆1遍和硝基清漆3遍。试计算木墙裙油漆清单工程量和定额工程量并求油漆直接工程费。

解：裂纹漆腻子定额按2遍考虑，套用定额 14-93+14-115=4166+256=4422(元/100m^2)

表 16.11　其他木材面、地板油漆定额工程量计算规则

定额项目	项目名称	系数	定额工程量
其他木材面	木板、纤维板、胶合板、吸音板、天棚 带木线的板饰面，墙裙、柱面 窗台板、门窗套、窗帘箱、踢脚板 木方格天棚吊顶 清水板条天棚、檐口 木间壁、木隔断 玻璃间壁露面墙筋	1.00 1.07 1.10 1.30 1.20 1.90 1.65	相应装饰面面积×系数(间壁、木隔断、玻璃间壁露面墙筋，饰面面积是指单面外围面积)
	木栅栏、木栏杆(木扶手)	1.82	按单面外围面积×系数
	衣柜、壁柜 零星木装修	1.05 1.15	按展开面积×系数
	屋面板(带檩条)	1.11	斜长×宽×系数
	木屋架	1.79	跨长×中高÷2 ×系数
木地板	木地板	1.00	按地板工程量
	木地板打蜡	1.00	
	木楼梯(不包括底面)	2.30	按水平投影面积×系数

木墙裙油漆清单工程量=30.00m^2

木墙裙油漆定额工程量=30×1.07 =32.1(m^2)

直接工程费=44.22×32.1=1419.46(元)

16.2.4　金属面油漆

1. 工程量清单项目设置及工程量计算

金属面油漆工程量清单项目设置及工程量计算规则见表16.12。

表 16.12　金属面油漆 (编码：011405)

项目编码	项目名称	项目特征	计量规则	工程内容
011405001	金属面油漆	1. 构件名称 2. 腻子种类 3. 刮腻子要求 4. 防护材料种类 5. 油漆品种、刷漆遍数	按设计图示尺寸以质量计算。单位为“t”	1. 基层清理 2. 刮腻子 3. 刷防护材料、油漆

清单项目说明如下。

金属面油漆应该依据金属面油漆调整系数的不同，区分金属面和金属构件，分别编码列项。

2. 定额工程量计算规则、计价方法

金属面油漆项目定额工程量计算规则、计价方法见表16.13。

表 16.13 金属面油漆工程组价内容、定额计算规则及说明

项目编码	项目名称	定额子目	定额编码	定额规则	定额说明
011405001	金属面油漆	金属面防锈漆、醇酸、银粉、氟碳、富锌等油漆	14-127～14-134	钢屋架、梁、柱等金属构件油漆或防火涂料应按其展开面积以“m²”为计量单位套用金属面油漆相应定额。其余构件按表16.14计算方法计算	1. 金属镀锌定额是按热镀锌考虑的 2. 定额中氟碳漆子目仅适用于现场涂刷
		金属面防火涂料	14-135、14-136		
		金属面镀锌一遍	14-137		
		其他金属面防锈漆、醇酸、银粉、氟碳、富锌等油漆	14-138、14-145		
		其他金属面防火涂料	14-146、14-147		
		其他金属面镀锌一遍	14-148		

钢门窗、其他金属面油漆定额计算规则见表16.14。

表 16.14 钢门窗、其他金属面油漆定额工程量计算规则

定额项目	项 目 名 称	系数	定额工程量
钢门窗	单层钢门窗 双层(一玻一纱)钢门窗 钢百叶门 半截钢百叶门 满钢门或包铁皮门 钢折门 半玻钢板门或有亮钢板门 单层钢门窗带铁栅 钢栅栏门	1.00 1.48 2.74 2.22 1.63 2.30 1.00 1.94 1.10	按门洞洞口面积×系数
	射线防护门 厂库平开、推拉门 铁丝网大门	2.96 1.70 0.81	按框(扇)外围面积×系数
	间壁	1.85	按间壁墙单面外围面积×系数
	平板屋面 瓦垄板屋面	0.74 0.89	斜长×宽×系数
	排水、伸缩缝盖板 窗栅	0.78 1.00	展开面积×系数
其他金属面	干挂钢骨架 钢栏杆 操作台、走台、制动梁、钢梁车挡 钢爬梯 踏步式钢扶梯 零星铁件	0.82 1.71 0.71 1.18 1.05 1.32	按金属构件重量×系数以“t”计算

【例 16-5】 某单位围墙钢栏杆质量为 3.5t，刷防锈漆 1 遍，醇酸漆 2 遍。试计算钢栏杆(金属面)油漆清单工程量和定额工程量。

解：钢栏杆油漆清单工程量=3.5t，则

钢栏杆油漆定额工程量=3.5×1.71 = 5.985(t)

16.2.5 抹灰面油漆、喷刷涂料

1. 工程量清单项目设置及工程量计算

抹灰面油漆、喷刷涂料工程量清单项目设置及计算规则见表 16.15 和表 16.16。

表 16.15 抹灰面油漆（编码：011406）

项目编码	项目名称	项目特征	计量规则	工程内容
011406001	抹灰面油漆	1. 基层类型 2. 线条宽度、道数 3. 腻子种类 4. 刮腻子遍数 5. 防护材料种类 6. 油漆品种、刷漆遍数	按设计图示尺寸以面积“m^2”计算	1. 基层清理 2. 刮腻子 3. 刷防护材料、油漆
011406002	抹灰线条油漆		按设计图示尺寸以长度“m”计算	
011406003	满刮腻子		按设计图示尺寸以面积“m^2”计算	

表 16.16 喷刷涂料（编码：011407）

项目编码	项目名称	项目特征	计量规则	工程内容
011407	喷刷涂料	1. 基层类型 2. 腻子种类 3. 刮腻子要求 4. 涂料品种、刷喷遍数	按设计图示尺寸以面积“m^2”计算	1. 基层清理 2. 刮腻子 3. 刷、喷涂料
011407003	空花格、栏杆刷涂料	1. 腻子种类 2. 线条宽度 3. 刮腻子遍数 4. 涂料品种、刷喷遍数	按设计图示尺寸以单面外围面积计算	1. 基层清理 2. 刮腻子 3. 刷、喷涂料
011407004	线条刷涂料		按设计图示尺寸以长度计算	

清单项目说明如下。

(1) 抹灰面油漆、涂料应该注意基层的类型，如一般抹灰墙柱面与拉条灰、拉毛灰、甩毛灰等油漆、涂料的人工、材料消耗量有所不同。

(2) 工程量以面积计算的项目，线角、线条、压条等不展开。

(3) 喷刷涂料时，抹灰面、栏杆、金属面、木材面等面层喷刷涂料要按清单规范第四级编码予以区分。

(4) 空花格、栏杆刷涂料工程量按外框单面垂直投影面积计算，其展开面积工料消耗应包括在报价内。

2. 定额工程量计算规则、计价方法

抹灰面油漆、喷刷涂料项目定额工程量计算规则、计价方法见表16.17～表16.19。

表16.17 抹灰面油漆工程组价内容、定额计算规则及说明

项目编码	项目名称	定额子目	定额编码	定额规则
011406001	抹灰面油漆	抹灰面调和漆、KCM耐磨漆	14-149～14-154	楼面、墙柱面、天棚抹灰面油漆按设计图尺寸以面积计算
011406002	抹灰线条油漆	抹灰面调和漆、KCM耐磨漆		
011406003	满刮腻子	普通腻子、防水腻子	14-159～14-164	

表16.18 喷刷涂料工程组价内容、定额计算规则及说明

项目编码	项目名称	定额子目	定额编码	定额规则	定额说明
011407001	墙面喷刷涂料	墙、柱、天棚面乳胶漆	14-155、14-156	按设计图示尺寸以面积计算	乳胶漆定额中的腻子按满刮一遍、复补一遍考虑
		墙、柱、天棚面涂料	14-157、14-158		
011407002	天棚喷刷涂料	普通腻子、防水腻子	14-159～14-164		
		耐水防霉涂料	14-165～14-166		
011407005	金属构件喷涂	外墙丙烯酸、弹性涂料，真石漆	14-167～14-170		
		金属漆	14-171		
011407006	木材构件喷涂	抹灰面喷石灰浆	14-172、14-173		
		抹灰面刷白水泥浆2遍	14-174～14-177		

表16.19 花饰、线条刷涂料工程组价内容、定额计算规则及说明

项目编码	项目名称	定额子目	定额编码	定额规则	定额说明
011407003	空花格、栏杆刷涂料	混凝土花格窗、花式栏杆乳胶漆	14-181	混凝土栏杆、花格窗抹灰面油漆按单面垂直投影面积乘以2.5	乳胶漆线条定额适用于木材面、抹灰面的单独线条面刷乳胶漆项目。腻子按2遍考虑
011407004	线条刷涂料	18cm宽以内线条乳胶漆	14-178～14-180		

16.2.6 裱糊

1. 工程量清单项目设置及工程量计算

裱糊工程量清单项目设置及工程量计算规则见表16.20。

表 16.20 裱糊(编码：011408)

项目编码	项目名称	项目特征	计量规则	工程内容
011408001	墙纸裱糊	1. 基层类型 2. 裱糊部位 3. 腻子种类 4. 刮腻子要求 5. 粘结材料种类 6. 防护材料种类 7. 面层材料品种、规格、品牌、颜色 8. 裱糊是否对花	按设计图示尺寸以面积计算	1. 基层清理 2. 刮腻子 3. 面层铺贴 4. 刷防护材料
011408002	织锦缎裱糊			

2. 项目定额工程量计算规则、计价方法

裱糊项目定额工程量计算规则、计价方法见表 16.21。

表 16.21 裱糊工程组价内容、定额计算规则及说明

项目编码	项目名称	定额子目	定额编码	定额规则	定额说明
011408001	墙纸裱糊	墙纸、金属墙纸	14－182～14－187、14－188～14－190	按实铺面积计算	—
011408002	织锦缎裱糊	织物	14－191～14－193		

16.2.7 注意事项

1. 清单项目

(1) 有关章节项目中已包括油漆、涂料的不再单独按本章列项。

(2) 腻子种类分石膏油腻子(熟桐油、石膏粉、适量水)、胶腻子(大白、色粉、羧甲基纤维素)、漆片腻子(漆片、酒精、石膏粉、适量色粉)、油腻子(矾石粉、桐油、脂肪酸、松香)等。

(3) 有线角、线条、压条的涂料面的工料消耗应该包括在报价内。

(4) 刮腻子要求，分刮腻子遍数(道数)或满刮腻子或找补腻子等。

2. 定额相关说明

(1) 定额中防火涂料指薄型防火涂料。

(2) 木线条油漆定额分 60mm 以内和 100mm 以内两种，如超出 100mm，则按其他木材面定额。乳胶漆线条宽按 180mm 以内考虑，大于 180mm 的并入相应项目内。

(3) 墙纸定额分对花与不对花，金属墙纸对花与不对花均套用同一定额，本章定额中墙柱、天棚织物定额子目 14－191～14－193 是按织物粘贴施工的，如硬包或软包等施工工艺，则按墙柱面相应定额子目。

(4) 喷石灰浆和刷白水泥浆按本章定额 14－172～14－177 执行，石灰砂浆、水泥砂浆套用墙柱面天棚工程。

16.3 清单规范及定额应用案例

【例 16－6】 某工程平面与剖面图如图 16.1 所示。地面刷 KCM 耐磨漆 4 遍，木墙裙刮腻子 1 遍，硝基清漆 6 遍，内墙面、顶棚乳胶漆 3 遍。管理费费率取 20%，利润取 10%，以人工费、机械费之和为取费基数，单价及消耗量按定额。编制地面、木材面油漆、抹灰面油漆工程量清单及清单计价(门窗框居中，不考虑门窗框尺寸)。

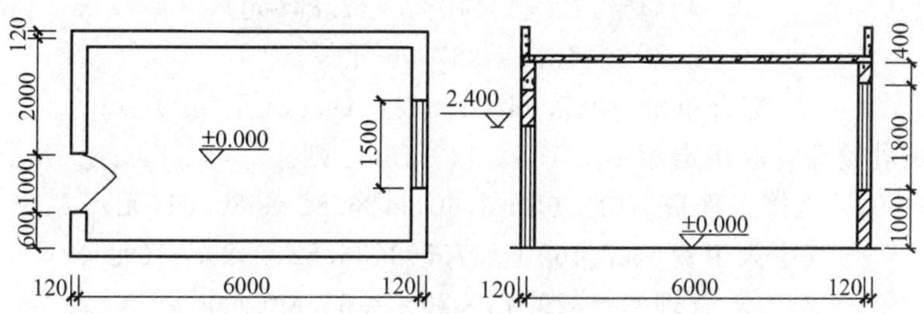

图 16.1 某工程平面与剖面图

解：(1) 地面刷 KCM 耐磨漆、木材面油漆、抹灰面油漆清单工程量。

地面刷 KCM 耐磨漆工程量＝(6.00－0.24)×(3.60－0.24)＋0.12×1.0＝19.47(m^2)

墙裙硝基清漆工程量＝[(6.00－0.24＋3.60－0.24)×2－1.00＋0.12×2]×1＝17.48(m^2)

顶棚乳胶漆工程量＝5.76×3.36＝19.35(m^2)

墙面乳胶漆工程量＝(5.76＋3.36)×2×2.20－1.00×(2.40－1.00)－1.50×1.80＋(1.5＋1.8)×2×0.12＝36.82(m^2)

分部分项工程量清单见表 16.22。

表 16.22 分部分项工程量清单

序号	项目编码	项目名称及特征	单位	工程量
1	011406001001	抹灰面油漆： 地面刷 KCM 耐磨漆，4 遍	m^2	19.47
2	011407002001	顶棚喷刷涂料： 顶棚腻子满刮 1 遍，复补 1 遍，刷乳胶漆 3 遍	m^2	19.35
3	011407001001	墙面喷刷涂料： 墙面腻子满刮 1 遍，复补 1 遍，刷乳胶漆 3 遍	m^2	36.82
4	011404002001	木护墙、木墙裙油漆： 硝基清漆 6 遍	m^2	17.48

(2) 地面刷 KCM 耐磨漆、木材面油漆、抹灰面油漆清单计价。

① 地面刷 KCM 耐磨漆，套用定额 14－151、14－152，则

直接工程费＝12.62×19.47＋1.49×19.47＝273.03(元)

其中人工费＝(7.795＋0.845)×19.47＝167.18(元)

机械费＝0

管理费＝167.18×20％＝33.44(元)

利润＝167.18×10％＝16.72(元)

合计＝323.19 元

综合单价＝323.19÷19.47＝16.70(元/m^2)

② 顶棚刷乳胶漆，套用定额 14－155、14－156，则

直接工程费＝(12.65＋3.60)×19.35＝314.44(元)

其中人工费＝(7.465＋1.755)×19.35＝178.41(元)

管理费＝178.41×20％＝35.68(元)

利润＝178.41×10％＝17.84(元)

合计＝367.96 元

综合单价＝367.96÷19.35＝19.02(元/m^2)

③ 墙面刷乳胶漆，套用定额 14－155、14－156，则

直接工程费＝(12.65＋3.60)×36.82＝580.61(元)

其中人工费＝(7.465＋1.755)×36.82＝329.43(元)

管理费＝329.43×20％＝65.89(元)

利润＝329.43×10％＝32.94(元)

合计＝679.44 元

综合单价＝679.44÷35.73＝19.02(元/m^2)

④ 木墙裙刷硝基清漆 6 遍，套用定额 14－83、14－84，则

计价工程量＝17.48×1.07＝18.70

直接工程费＝(24.92＋3.94)×18.70＝539.68(元)

其中人工费＝(16.94＋2.42)×18.70＝362.03(元)

管理费＝362.03×20％＝72.41(元)

利润＝362.03×10％＝36.20(元)

合计＝648.29 元

综合单价＝648.29÷17.48＝37.09(元/m^2)

清单计价见表 16.23 和表 16.24。

表 16.23　分部分项工程量清单计价

序号	项目编码	项目名称	单位	数量	综合单价/元	合价/元
1	011406001001	抹灰面油漆： 地面刷 KCM 耐磨漆，4 遍	m^2	19.47	16.70	325.15
2	011407002001	天棚喷刷涂料： 顶棚腻子 2 遍，刷乳胶漆 3 遍	m^2	19.35	19.02	367.96
3	011407001001	墙面喷刷涂料： 墙面腻子 2 遍，刷乳胶漆 3 遍	m^2	36.82	19.02	700.32
4	011404002001	木护墙、木墙裙油漆： 硝基清漆 6 遍	m^2	17.48	37.09	648.29

表 16.24 综合单价分析表

项目编码	项目名称	单位	数量	单价分析/元						综合单价/元
				人工	材料	机械	管理费	利润	合计	
011406001001	抹灰面油漆	m²	19.47						325.15	16.70
14-151	地面 KCM 耐磨漆 3 遍	m²	19.47	150.83	93.34	—	30.17	15.08	289.42	
14-152	每增减 1 遍	m²	19.47	16.35	12.56	—	3.27	1.64	33.82	
011407002001	天棚喷刷涂料	m²	19.35						367.96	19.01
14-155	天棚面刷乳胶漆 2 遍	m²	19.35	144.45	100.23	—	28.89	14.45	288.02	
14-156	每增减 1 遍	m²	19.35	33.96	35.70	—	6.79	3.40	79.85	
011407001001	墙面喷刷涂料	m²	36.82						700.32	19.01
14-155	墙面刷乳胶漆 2 遍	m²	36.82	266.72	185.08	—	53.34	26.67	531.81	
14-156	每增减 1 遍	m²	36.82	62.71	65.91		12.54	6.27	147.43	
011404002001	木护墙、木墙裙油漆	m²	17.48						648.29	37.08
14-83	其他木材面硝基清漆 5 遍	m²	18.70	316.78	149.16	—	63.36	31.68	560.98	
14-84	每增减 1 遍	m²	18.70	45.25	28.43	—	9.05	4.53	87.26	

习　题

1. 某幢单元住宅木制明式窗帘盒长度 4.8m，高度 0.15m，共 30 个，刷硝基清漆 6 遍。建设单位招标时考虑管理费费率取 29%，利润率取 12%。编制窗帘盒工程量清单及招标控制价。

2. 某办公室建筑平面及楼盖结构如图 16.2 所示。木质踢脚线高 120mm，聚酯清漆 3 遍；内墙面贴对花墙纸，高度至梁底；天棚乳胶漆 2 遍。未注明板厚均为 120mm，墙厚均为 240mm，墙中居轴线，框架梁与柱齐平，门洞尺寸 1000mm×2400mm，窗洞尺寸 1500mm×1500mm，窗台离地面 900mm，门窗框居中，不考虑门窗框尺寸。其他未说明的人材机单价及消耗均按定额，依据定额，试计算工程量并确定定额项目编号(提示：踢脚线油漆、墙面贴墙纸工程量包括门窗洞口侧边)。

3. 某工程屋面平面及檐沟剖面如图 16.3 所示，混凝土檐沟采用水泥砂浆抹灰，板底纸筋面，涂料罩面。侧板外侧为马赛克贴面，求檐沟抹灰和涂料分项工程直接工程费(提示：定额檐宽按 500mm，高按 300mm 考虑，檐沟抹灰按长度计算，基价包括底面及侧面，侧面镶贴块料时按零星项目补价差，涂料按面积计算套用本章定额）。

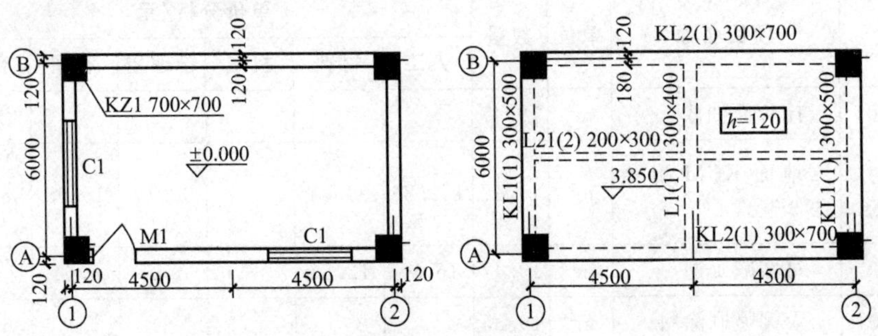

图 16.2 建筑与结构平面图

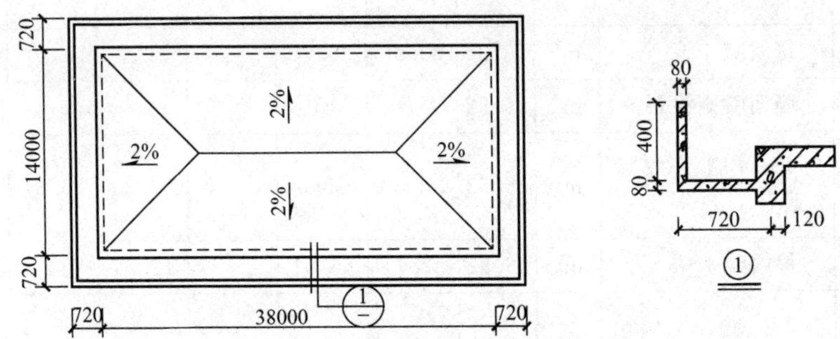

图 16.3 某工程屋面平面及檐沟剖面

第17章 其他工程

学习任务

本章主要内容包括柜类、暖气罩、浴厕配件、线条、招牌等项目计算及计价相关规定。通过本章学习，掌握柜类、线条工程量计算及计价。

学习要求

知识要点	能力要求	相关知识
柜类工程	(1) 熟悉柜类工程量计算 (2) 熟悉浴厕配件	长柜、短柜、矮柜概念
线条	掌握线条工程量计算	装饰线作用
招牌	掌握招牌工程量计算	招牌分类

17.1 相关项目说明

(1) 货柜与货架的区别：货柜是指高度在1m以内的柜台，货架是指高度在1m以上的架子。

(2) 厨房壁柜和吊柜的区分：嵌入墙内的为壁柜，以支架固定在墙上与楼地面凌空的为吊柜。

(3) 柜门一般以保丽板或密度板(纤维板)为基板，面做烤漆，若要求不高也可用防火板做门板等。

(4) 暖气罩是指在房间放置暖气片的地方，用以遮挡暖气片或暖气管道的装饰物，一般做法是在外墙内侧留槽，槽的外面做隔离罩，罩常用金属网片或夹板制作，表面基本上与墙平齐，不占用室内空间。当外墙无法留槽时，可做明罩，罩在暖气片上的暖气罩凸出墙面，由顶平板、正立面板和两侧面板组成。

(5) 装饰线是用于各种交接面、分界面、层次面、封边封口的线条，起封口、封边、压边、造型和连接的作用。按材质可分木线条、铝合金线条、铜线条、不锈钢线条和塑料线条、石膏线条等。其中木装饰条一般多为造型复杂、线面多样化的木条，广泛用于镜框压边线、墙面腰线、柱顶、柱脚等部位。

(6) 招牌分为平面型、箱体型两种，平面型一般厚度在120mm以内仅在一个平面上有招牌。箱体型厚度超过120mm，通常多面有招牌。

(7) 石材洗漱台放置洗面盆的地方必须挖洞，根据洗漱台安放的位置有些还需选形，由此产生挖弯、削角等工序。挡板指镜面玻璃下边沿正洗漱台面和侧墙与台面接触部位的竖挡板(一般挡板与台面使用相同材料品种，但也可用不同材料)；吊沿板指台面外边沿下方的竖挡板。

17.2 工程量清单及计价

17.2.1 柜类、货架

1. 工程量清单项目设置及工程量计算

柜类、货架工程量清单项目设置及工程量计算规则见表 17.1。

表 17.1 柜类、货架(编码：011501)

<table>
<tr><th>项目编码</th><th>项目名称</th><th>项目特征</th><th>计量规则</th><th>工程内容</th></tr>
<tr><td>011501001</td><td>柜台</td><td rowspan="20">1. 台柜规格
2. 材料种类、规格
3. 五金种类、规格
4. 防护材料种类
5. 油漆品种、刷漆遍数</td><td rowspan="20">按设计图示数量“个”计算</td><td rowspan="20">1. 台柜制作、运输、安装(安放)
2. 刷防护材料、油漆</td></tr>
<tr><td>011501002</td><td>酒柜</td></tr>
<tr><td>011501003</td><td>衣柜</td></tr>
<tr><td>011501004</td><td>存包柜</td></tr>
<tr><td>011501005</td><td>鞋柜</td></tr>
<tr><td>011501006</td><td>书柜</td></tr>
<tr><td>011501007</td><td>厨房壁柜</td></tr>
<tr><td>011501008</td><td>木壁柜</td></tr>
<tr><td>011501009</td><td>厨房低柜</td></tr>
<tr><td>011501010</td><td>厨房吊柜</td></tr>
<tr><td>011501011</td><td>矮柜</td></tr>
<tr><td>011501012</td><td>吧台背柜</td></tr>
<tr><td>011501013</td><td>酒吧吊柜</td></tr>
<tr><td>011501014</td><td>酒吧台</td></tr>
<tr><td>011501015</td><td>展台</td></tr>
<tr><td>011501016</td><td>收银台</td></tr>
<tr><td>011501017</td><td>试衣间</td></tr>
<tr><td>0115601018</td><td>货架</td></tr>
<tr><td>011501019</td><td>书架</td></tr>
<tr><td>011501020</td><td>服务台</td></tr>
</table>

2. 定额工程量计算规则，计价方法

柜类、货架项目定额工程量计算规则、计价方法见表17.2。

表17.2 柜类、货架工程组价内容、定额计算规则及说明

<table>
<tr><th>项目编码</th><th>项目名称</th><th>定额子目</th><th>定额编码</th><th>定额规则</th><th>定额说明</th></tr>
<tr><td>011501001</td><td>柜台</td><td>柜台、石台面、线条、磨边及开孔</td><td>15-1～15-4、15-9、15-60～15-82、15-89～15-94</td><td rowspan="16">1. 货架、收银台按正立面面积计算(包括脚高)
2. 柜台、吧台、服务台等以“m”计算，石材台面以“m^2”计算
3. 家具衣柜、书柜按图示尺寸的正立面面积计算。低柜等以延长米计算
4. 除定额注明外、住宅及办公家具五金配件单独列项计算
5. 磨边与线条均按延长米计算</td><td rowspan="16">1. 柜类、货架、家具设计使用的材料品种、规格与定额取定不同时，按设计调整
2. 住宅及办公家具柜除注明者外，定额均不包括柜门，柜门另套相应定额，柜内除注明者外，定额也均不考虑饰面，发生时另行计算。五金配件、饰面板上贴其他材料的花饰，发生时另列项目计算。弧形家具(包括家具柜类和服务台)定额乘以系数1.15
注：定额15-17平板柜门书柜，门未包括；无框玻璃柜门、木框玻璃柜门书柜门已包括在书柜内，并含柜内饰面及五金配件</td></tr>
<tr><td>011501002</td><td>酒柜</td><td>需要编制补充定额</td><td></td></tr>
<tr><td rowspan="2">011501003</td><td rowspan="2">衣柜</td><td>嵌入式、附墙、隔断木衣柜、柜门</td><td>15-14、15-15、15-16、15-41～15-44</td></tr>
<tr><td>柜内单独贴装饰板、波音纸</td><td>15-45、15-46</td></tr>
<tr><td>011501004</td><td>存包柜</td><td>需要编制补充定额</td><td></td></tr>
<tr><td>011501005</td><td>鞋柜</td><td>需要编制补充定额</td><td></td></tr>
<tr><td rowspan="2">011501006</td><td rowspan="2">书柜</td><td>书柜(平板门、玻璃门)、柜门、线条</td><td>15-17～15-20、15-41～15-44、15-60～15-82</td></tr>
<tr><td>柜内单独贴装饰板、波音纸</td><td>15-45、15-46</td></tr>
<tr><td>011501007</td><td>厨房壁柜</td><td>需要编制补充定额</td><td></td></tr>
<tr><td>011501008</td><td>木壁柜</td><td>需要编制补充定额</td><td></td></tr>
<tr><td rowspan="2">011501009</td><td rowspan="2">厨房低柜</td><td>厨房橱柜 低柜、柜门、台面</td><td>15-36、15-38～15-40、15-41～15-44、15-9</td></tr>
<tr><td>线条、石材磨边及开孔</td><td>15-60～15-82、15-89～15-94</td></tr>
<tr><td rowspan="2">011501010</td><td rowspan="2">厨房吊柜</td><td>厨房橱柜 吊柜、柜门、线条</td><td>15-37、15-41～15-44、15-60～15-82</td></tr>
<tr><td>柜内单独贴装饰板、波音纸</td><td>15-45、15-46</td></tr>
<tr><td>011501011</td><td>矮柜</td><td>低柜、柜门、台面板</td><td>15-26～15-27、15-41～15-44、15-9</td></tr>
<tr><td></td><td></td><td>线条、石材磨边及台面开孔</td><td>15-60～15-82、15-89～15-94</td></tr>
</table>

（续）

项目编码	项目名称	定额子目	定额编码	定额规则	定额说明
011501012	吧台背柜				
011501013	酒吧吊柜	酒吧吊柜、柜门	15-6、15-41～15-44		
011501014	酒吧台	酒吧台、石材台面	15-5、15-9		
011501015	展台	需要编制补充定额			
011501016	收银台	收银台、石台面、线条、磨边及开孔	15-8、15-9、15-60～15-82、15-89～15-94		
011501017	试衣间	需要编制补充定额			
011501018	货架	货架、石台面、线条、磨边及开孔	15-10～15-13、15-9、15-60～15-82、15-89～15-94		
011501019	书架	需要编制补充定额			
011501020	服务台	服务台、石台面、线条、磨边及开孔	15-7、15-9、15-60～15-82、15-89～15-94		

17.2.2 暖气罩

1. 工程量清单项目设置及工程量计算

暖气罩工程量清单项目设置及工程量计算规则见表17.3。

表17.3 暖气罩(编码：011504)

项目编码	项目名称	项目特征	工程量计算规则	工程内容
011504001	饰面板暖气罩	1. 暖气罩材质 2. 单个罩垂直投影面积 3. 防护材料种类 4. 油漆品种、刷漆遍数	按设计图示尺寸以垂直投影面积(不展开)计算	1. 暖气罩制作、运输、安装 2. 刷防护材料、油漆
011504002	塑料板暖气罩			
011504003	金属暖气罩			

2. 定额工程量计算规则，计价方法

暖气罩项目定额工程量计算规则、计价方法见表17.4。

表 17.4 暖气罩工程组价内容、定额计算规则及说明

项目编码	项目名称	定额子目	定额编码	定额规则	定额说明
011504001	饰面板暖气罩	需补充定额			
011504002	塑料板暖气罩	需补充定额			
011504003	金属暖气罩	需补充定额			

17.2.3 浴厕配件

1. 工程量清单项目设置及工程量计算

浴厕配件工程量清单项目设置及工程量计算规则见表 17.5。

表 17.5 浴厕配件(编号：011505)

项目编码	项目名称	项目特征	计量规则	工程内容
011505001	洗漱台	1. 材料品种、规格、品牌、颜色 2. 支架、配件品种、规格、品牌 3. 油漆品种、刷漆遍数	按设计图示尺寸以台面外接矩形面积计算。不扣除孔洞、挖弯、削角所占面积，挡板、吊沿板面积并入台面面积内	1. 台面及支架制作、运输、安装 2. 杆、环、盒、配件安装 3. 刷油漆
011505002	晒衣架		按设计图示数量计算，晒衣架、帘子杆、浴缸拉手按“根”计算，毛巾架按“套”计算，毛巾环按“副”计算，纸盒、皂盒按“个”计算	
011505003	帘子杆			
011505004	浴缸拉手			
011505005	卫生间拉手			
011505006	毛巾杆(架)			
011505007	毛巾环			
011505008	卫生纸盒			
011505009	肥皂盒			
011505010	镜面玻璃	1. 镜面玻璃品种、规格 2. 框材质、断面尺寸 3. 基层材料种类 4. 防护材料种类 5. 油漆品种、刷漆遍数	按设计图示尺寸以边框外围面积计算	1. 基层安装 2. 玻璃及框制作、运输、安装 3. 刷防护材料、油漆
011505011	镜箱	1. 箱材质，规格 2. 玻璃品种、规格 3. 基层材料种类 4. 防护材料种类 5. 油漆品种、刷漆遍数	按设计图示以数量“个”计算	1. 基层安装 2. 箱体制作、运输、安装 3. 玻璃安装 4. 刷防护材料、油漆

2. 定额工程量计算规则，计价方法

浴厕配件项目定额工程量计算规则、计价方法见表 17.6。

表 17.6　浴厕配件工程组价内容、定额计算规则及说明

项目编码	项目名称	定额子目	定额编码	定额规则	定额说明
011505001	洗漱台	大理石洗漱台	15-47、15-48	1. 大理石洗漱台按设计图示尺寸以台面外接矩形面积计算，不扣除孔洞面积及挖弯、削角面积，挡板、挂板面积并入台面面积内计算 2. 石材磨边按设计图示按延长米计算 3. 镜面玻璃按设计图示尺寸以边框外围面积计算，成品镜箱安装以“个”计算	无
011505002	晒衣架	需要编制补充定额			
011505003	帘子杆	金属帘子杆	15-53		
011505004	浴缸拉手	金属浴缸拉手	15-54		
011505006	毛巾杆(架)	不锈钢/塑料	15-55、15-56		
011505007	毛巾环	毛巾环	15-57		
011505008	卫生纸盒	卫生纸盒	15-59		
011505009	肥皂盒	肥皂盒	15-58		
011505010	镜面玻璃	无框、带木框、带金属框	15-49、15-50、15-51		
011505011	镜箱	成品镜箱安装	15-52		

17.2.4　压条、装饰线

1. 工程量清单项目设置及工程量计算

压条、装饰线工程量清单项目设置及工程量计算规则见表 17.7。

表 17.7　压条、装饰线(编码：011502)

项目编码	项目名称	项目特征	计量规则	工程内容
011502001	金属装饰线	1. 基层类型 2. 线条材料品种、规格、颜色 3. 防护材料种类 4. 油漆品种、刷漆遍数	按设计图示尺寸以长度计算	1. 线条制作、安装 2. 刷防护材料、油漆
011502002	木质装饰线			
011502003	石材装饰线			
011502004	石膏装饰线			
011502005	镜面玻璃线			
011502006	铝塑装饰线			
011502007	塑料装饰线			

2. 定额工程量计算规则，计价方法

压条、装饰线项目定额工程量计算规则、计价方法见表 17.8。

表 17.8 压条、装饰线工程组价内容、定额计算规则及说明

项目编码	项目名称	定额子目	定额编码	定额规则	定额说明
011502001	金属装饰线	金属压线、角线、槽线	15-60～15-62	压条、装饰条按图示尺寸以延长米计算	1. 各种装饰线条定额均按成品安装考虑为准，装饰线条做图案者，人工乘以系数1.80，材料乘以系数1.10 2. 弧形石材装饰线条安装，套用相应石装饰线条定额，石线条用量不变，单价换算，人工、机械乘以系数1.10，其他材料乘以系数1.05
		嵌金属线及铣槽	15-67～15-70		
011502002	木质装饰线	木质装饰线	15-66、15-71～15-76		
011502003	石材装饰线	粘贴、湿挂、干挂石材装饰线	15-77～15-88		
011502004	石膏装饰线	石膏顶角线	15-99～15-100		
011502005	镜面玻璃线	镜面玻璃装饰条	15-63		
011502006	铝塑装饰线	铝塑装饰条	15-64		
011502007	塑料装饰线	塑料线条	15-65		

17.2.5 雨篷、旗杆

1. 工程量清单项目设置及工程量计算

雨篷、旗杆工程量清单项目设置及工程量计算规则见表17.9。

表 17.9 雨篷、旗杆(编码：011506)

项目编码	项目名称	项目特征	计量规则	工程内容
011506001	雨篷吊挂饰面	1. 基层类型 2. 龙骨材料种类、规格、中距 3. 面层材料品种、规格、品牌 4. 吊顶(天棚)材料、品种、规格、品牌 5. 嵌缝材料种类 6. 防护材料种类	按设计图示尺寸以水平投影面积计算	1. 底层抹灰 2. 龙骨基层安装 3. 面层安装 4. 刷防护材料
011506002	金属旗杆	1. 旗杆材料、种类、规格 2. 旗杆高度 3. 基础材料种类 4. 基座材料种类 5. 基座面层材料、种类、规格	按设计图示数量“根”计算	1. 土石挖填 2. 基础混凝土 3. 旗杆制安 4. 旗杆台座制作、饰面
011506003	玻璃雨篷	1. 雨篷固定方式 2. 龙骨材料种类、规格、中距 3. 玻璃材料品种、规格、品牌 4. 嵌缝材料种类 5. 防护材料种类	水平投影面积计算	1. 龙骨基层安装 2. 面层安装 3. 刷防护材料

2. 项目定额工程量计算规则

雨篷、旗杆项目定额工程量计算规则、计价方法见表17.10。

表17.10　雨篷、旗杆工程组价内容、定额计算规则及说明

项目编码	项目名称	定额子目	定额编码	定额规则	定额说明
011506001	雨篷吊挂饰面	木龙骨铝塑板、不锈钢板	15-101、15-102	雨篷吊挂饰面按设计图示尺寸的水平投影面积计算	注：雨篷为平面雨篷，雨篷侧面的饰面定额未包括
		空调管	15-103		
011506002	金属旗杆	需要编制补充定额			

17.2.6　招牌、灯箱

1. 工程量清单项目设置及工程量计算

工程量清单项目设置及工程量计算规则见表17.11。

表17.11　招牌灯箱(编码：011507)

项目编码	项目名称	项目特征	计量规则	工程内容
011507001	平面、箱式招牌	1. 箱体规格 2. 基层材料种类 3. 面层材料种类 4. 防护材料种类	按设计图示尺寸以正立面边框外围面积计算。复杂形的凹凸造型部分不增加面积	1. 基层安装 2. 箱体及支架制作、运输、安装 3. 面层制作、安装 4. 刷防护材料
011507002	竖式标箱		按设计图示数量"个"计算	
011507003	灯箱			

2. 项目定额工程量计算规则、计价方法

招牌灯箱项目定额工程量计算规则、计价方法见表17.12。

表17.12　招牌灯箱工程组价内容、定额计算规则及说明

项目编码	项目名称	定额子目	定额编码	定额规则	定额说明
011507001	平面、箱式招牌	招牌钢结构、木结构基层	15-104～15-107	1. 平面招牌基层按正立面面积计算，复杂形的凹凸造型部分不增减 2. 钢结构招牌基层按设计的钢材净用量计算 3. 招牌、灯箱面层按展开面积以平方米计算	1. 平面招牌是指直接安装在墙上的平板式招牌；箱式招牌是指直接安装在墙上或挑出墙面的箱体招牌 2. 平面招牌定额分钢结构及木结构，又分一般与复杂两种，复杂招牌指平面基层有凸、凹造型等的复杂情况 3. 招牌灯饰不包括在定额内。招牌面层套用天棚、墙面、油漆相应子目
		箱式招牌基层	15-108～15-111		
011507002	竖式标箱	需要编制补充定额			
011507003	灯箱	需要编制补充定额			

17.2.7 美术字

1. 工程量清单项目设置及工程量计算

美术字工程量清单项目设置及工程量计算规则见表17.13。

表17.13 美术字(编码：011508)

项目编码	项目名称	项目特征	计量规则	工程内容
011508001	泡沫塑料字	1. 基层类型 2. 镌字材料品种、颜色 3. 字体规格 4. 固定方式 5. 油漆品种、刷漆遍数	按设计图示数量“个”计算	1. 字制作、运输、安装 2. 刷油漆
011508002	有机玻璃字			
011508003	木质字			
011508004	金属字			
011508005	吸塑字			

2. 定额工程量计算规则、计价方法

美术字项目定额计算规则、计价方法见表17.14。

表17.14 美术字工程组价内容、定额计算规则及说明

项目编码	项目名称	定额子目	定额编码	定额规则	定额说明
011508001	泡沫塑料字	泡沫塑料、有机玻璃美术字	15-112～15-114	美术字安装按字的最大外围矩形面积以个计算	美术字不分字体，定额均以成品安装为准。美术字安装不分基层
011508002	有机玻璃字	泡沫塑料、有机玻璃美术字	15-112～15-114		
011508003	木质字	需要编制补充定额			
011508004	金属字	金属字	15-115～15-117		
011508005	吸塑字	需要编制补充定额			

17.2.8 补充项目

补充项目定额工程量计算规则、计价方法见表17.15。

表17.15 补充项目工程组价内容、定额计算规则及说明

项目编码	项目名称	定额子目	定额编码	定额规则	定额说明
011601～011615(有关项目拆除清单列项编码详见清单规范)	电视柜	电视柜、柜门、台面板 线条、磨边及台面开孔	15-21～15-25、15-41～15-44、15-9 15-60～15-82、15-89～15-94	1. 电视柜、写字台、梳妆台按“m”计算，博古架按“m^2”计算	1. 本定额拆除子目适用于建筑物非整体拆除，饰面拆除子目包含基层拆除工作内容。门窗套拆除包括与其相连的木线条拆除

（续）

项目编码	项目名称	定额子目	定额编码	定额规则	定额说明
011601～011615（有关项目拆除清单列项编码详见清单规范）	博古架	博古架、柜门、台面板 线条、磨边及台面开孔	15-28、15-29、15-41～15-44、15-9 15-60～15-82、15-89～15-94	2. 按结构拆除体积计算。饰面按拆除的面积计算	2. 混凝土拆除项目中未考虑钢筋、铁件等的残值回收费用 3. 垃圾外运按人工装车、5t以内自卸汽车考虑
	写字台	写字台、柜门、线条	15-30～15-32、15-41～15-44、15-60～15-82		
	梳妆台	梳妆台、柜门、台面板 线条、磨边及台面开孔	15-33～15-35、15-41～15-44、15-9 15-60～15-82、15-89～15-94		
	结构拆除	结构拆除、垃圾外运	15-126～15-130、15-156～15-157		
	饰面拆除	饰面拆除、垃圾外运	15-131～15-155、15-156～15-157		

17.2.9 注意事项

1. 清单项目

(1) 压条、装饰线项目已包括在门扇、墙柱面、天棚等项目内的，不再单独列项。

(2) 洗漱台项目适用于石质(天然石材、人造石材、人造板等)、玻璃等。

(3) 旗杆的砌砖或混凝土台座，台座的饰面可按定额相关附录的章节另行编码列项，也可纳入旗杆报价内。

(4) 美术字不分字体，按大小规格分类。

(5) 台柜的规格若是能分离的成品单体，可以两个或多个分别标注长、宽、高尺寸，如多个规格相同的描述台柜数量即可。

(6) 镜面玻璃和灯箱等的基层材料是指玻璃背后的衬垫材料，如胶合板、油毡等。

(7) 旗杆高度指旗杆台座上表面至杆顶的尺寸(包括球珠)。

(8) 美术字的字体规格以字的外接矩形长、宽和字的厚度表示。固定方式指粘贴、焊接及铁钉、螺栓、铆钉固定等方式。

(9) 金属旗杆也可将旗杆台座及台座面层一并纳入报价。

2. 定额相关说明

(1) 柜一般由柜身、柜门、台面板、线条、石板磨边、石板开洞口组成，柜门装修效果要求较高，往往与柜身采用不同材料，一般单独报价。整体柜台要根据设计图示，套用相应定额子目。

(2) 定额中装饰线主要适用于天棚与墙面的阴角、门窗套贴面、内外墙面的腰线及外墙装饰线，也适用于各柜类中线条。木质线条定额按直线考虑，线条是弧线时材料，需单价换算，人工乘以系数 1.15。木线条定额子目按宽度分 25mm 以内、40mm 以内、60mm 以内、80mm 以内、100mm 以内、100mm 以上，石材线条定额子目分 50mm 以内、80mm 以内、100mm 以内、150mm 以内、200mm 以内、200mm 以上。

(3) 招牌定额仅含骨架(钢骨架和木骨架)费用，骨架上木板基层、招牌饰面、油漆按墙柱面、天棚、油漆相关定额子目套用。

(4) 对于箱式招牌，清单工程量按正立面框外围面积计算，定额按展开面积计算。

(5) 石材磨边、磨斜边、磨半圆边、块料倒角磨边，铣槽及台面开孔子目均考虑现场磨制。石材、块料磨边定额按磨单边考虑，设计图纸磨双边时，定额乘以系数 1.85。

(6) 本章定额中铁件已包括刷防锈漆一遍，若刷防火漆、镀锌等另列项目计算。

17.3 清单规范及定额应用案例

【例 17-1】 某厨房橱柜平面立面如图 17.1 所示。柜身采用防火板，长为 3.68m；门板采用密度板烤漆；台面亚克力复合板长 3.75m，宽 0.6m，止水板长 4.48m，高 80mm，材料同台面板；台面板有一个直径为 800mm 的开孔，有 3 个直径小于 600mm 的开孔。踢脚采用塑料板，长 3.65m，高 120mm。试编制工程量清单、列出定额子目并计算工程量。

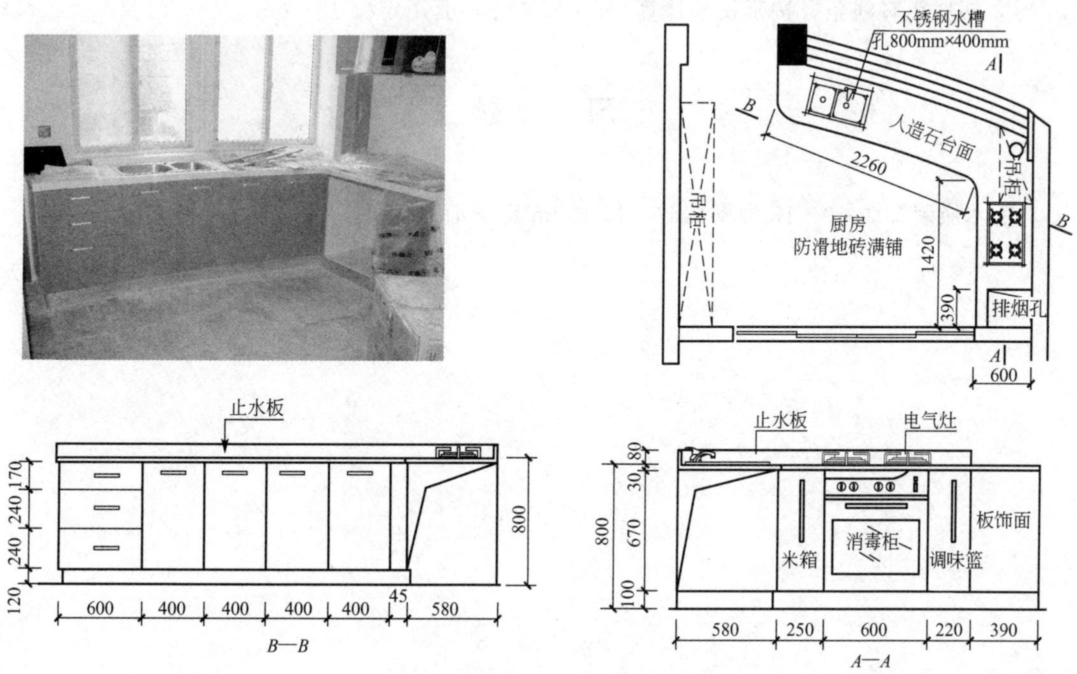

图 17.1 某厨房橱柜平面图和立面图

解：(1) 清单工程量计算。

清单橱柜按数量以“个”计算。清单编制见表 17.16。

表 17.16 分部分项工程量清单

序号	项目编码	项目名称及特征	单位	工程量
1	020601009001	厨房低柜： 柜身采用防火板，长为 3.68m；门板采用密度板烤漆；台面亚克力复合板长为 3.75m，宽 0.6m，止水板长为 4.48m，高 80mm，材质同台面板；台面板有一个直径为 800mm 的开孔，3 个直径小于 600mm 的开孔。踢脚采用塑料板，长 3.65m，高 120mm	个	1

(2) 橱柜计价工程量计算。

① 橱柜(柜身)工程量计算，根据题意及定额，橱柜按延长米计算，$L=3.68\text{m}$，套用定额 15 - 36。

② 门板工程量按正立面面积计算。

$S=(0.6+0.4\times4+0.045+0.25+0.22+0.39)\times0.67=2.05(\text{m}^2)$，套用定额 15 - 41。

③ 台面工程量按“m^2”计算，挡水板并入台面板

$S=3.75\times0.6+4.48\times0.08=2.61(\text{m}^2)$，套用定额 15 - 9H。

④ 台面板开孔直径为 800mm 的套用定额 15 - 95，直径小于 600mm 的套用定额15 - 96。

⑤ 塑料踢脚线条，按延长米计算，$L=3.65\text{m}$，套用定额 15 - 65。

习　题

求木质装饰线 40×15 做图案时，每 100m 定额消耗量。

第18章 技术措施项目

学习任务

本章主要介绍通用技术措施和专业技术措施。通过本章学习，重点掌握技术措施费工程量计算及计价。

学习要求

知识要点	能力要求	相关知识
脚手架	(1) 掌握脚手架工程量计算 (2) 掌握脚手架定额套用及计价	(1) 搭设脚手架材料种类 (2)不同脚手架功能区分
垂直运输	掌握垂直运输工程量计算	不同垂直运输设备应用范围
超高增加费	掌握超高增加费工程量计算	檐口高度计算

措施项目作为施工过程中必不可少的，且不形成最终的实体工程的非工程实体项目，随施工工艺而产生，随工程结束而结束。按清单规范分为通用措施项目和专业措施项目，按定额分为组织措施项目和技术措施项目，技术措施项目又分为通用技术措施和专业技术措施。

通用技术措施项目包括大型机械设备进出场及安拆，施工排水、降水，地上、地下设施、建筑物的临时保护设施。专业技术措施项目包括打桩工程技术措施费，混凝土、钢筋混凝土模板及支架费，脚手架费，垂直运输，建筑物超高施工增加费。本章以定额为依据，学习脚手架，垂直运输，超高施工增加费，大型机械设备进出场及安拆。

本章技术措施费项目清单编码设置依据的是《浙江省建设工程工程量清单计价使用手册》。

18.1 相关项目说明

1. 脚手架说明

外墙脚手架除了承担主体施工功能之外，对外墙砌筑施工、外墙的装修也起着重要作用。外墙脚手架按搭设的材料分为扣件式钢管脚手架、门式脚手架、承插式脚手架、碗扣式脚手架、毛竹脚手架等；按搭设的方式可以分为落地式脚手架、悬挑式脚手架、吊挂式脚手架、爬架(一般用在高度大于80m的建筑物，通常有自升降式脚手架、互升降式脚手架、整体升降式脚手架等形式)。

2. 垂直运输说明

(1) 井架是施工中最简便的垂直运输设施(高度不宜超过30m),分钢管井架、角钢井架和定型井架,工作时需配备卷扬机。

(2) 龙门架:由立柱、天轮梁组成的门式架,配备天轮、地轮、导轨、吊盘、安全装置及缆绳组成的另一种垂直运输设备。

(3) 塔式起重机:按使用架设的要求分为固定式、附着式、行走式、内爬式(放置在电梯筒内,由专业安装公司安拆)。目前,建筑施工中以附着式和内爬式为主。

(4) 施工电梯:也称施工升降机,是高层建筑施工中常用的人货两用的垂直运输机械。

(5) 自行杆式起重机:广泛应用于预制构件或钢构件吊装施工。常见类型有履带式起重机、汽车式起重机、轮胎式起重机。

3. 超高施工增加费

建筑物高度超过一定程度后,人工、机械随着建筑物高度的增加效率要降低,即人工、机械消耗量要增加。此外还需要增加加压水泵,才能使施工工作面连续供水。因此,工程计价应考虑建筑物超高而增加的费用。

4. 大型机械设备进出场及安拆

大型机械设备包括挖土机、压路机、打桩机、搅拌机、施工电梯、塔吊等。这些没有运行机构的大型机械,从一个场地迁往另一场地时,转移费及安拆所需的人工、材料、机械、设备基础、设备底座、试运转等费用应计算在内。

18.2 工程量清单及计价

18.2.1 脚手架

1. 定额工程量清单项目设置及计算规则

定额工程量清单项目设置及计算规则见表18.1～表18.3。

表18.1 综合脚手架(编码:011001)

项目编码	项目名称	项目特征	工程量计算规则	工程内容
011001001	地下室综合脚手架	地下室层数	按首层室内地坪以下的规定面积“m^2”计算,半地下室并入上部建筑物计算	1. 搭设、拆除脚手架、安全网 2. 铺、翻脚手板 3. 钢挑梁制作、安装及拆除
011001002	建筑物综合脚手架	1. 建筑物檐高 2. 房屋层高	按首层室内地坪以上规定面积“m^2”计算	

表 18.2　单项脚手架(编码：011002)

项目编码	项目名称	项目特征	单位	工程量计算规则	工程内容
011002001	内、外墙脚手架	1. 墙身部位 2. 墙身高度	m^2	按墙身面积(不扣除门窗洞口、空洞等面积)计算	1. 搭设、拆除脚手架、安全网 2. 铺、翻脚手板
011002002	满堂脚手架	工作面高度		按天棚水平投影面积或底层外围面积计算	
011002003	电梯井脚手架	电梯井高度	座	按单孔(一座电梯)以“座”计算	
011002004	网架安装脚手架	网架安装高度	m^2	按网架水平投影面积计算	
011002005	防护脚手架	防护脚手架使用期		按水平投影面积计算	
011002006	砖柱脚手架	柱高度	m	按设计柱高计算	
011002007	斜道、平台	斜道、平台高度	座	按设计数量计算	1. 搭设、拆除脚手架、安全网 2. 铺、翻脚手板
011002008	抹灰脚手架(高度 3.6m 内)	抹灰部位	m^2	按抹灰面积计算	铺、翻脚手板

表 18.3　构筑物脚手架(编码：011003)

项目编码	项目名称	项目特征	计量单位	工程量计算规则	工程内容
011003001	构筑物脚手架	构筑物类型及高度	座/m^3	按“座”或按基础顶面以上混凝土体积计算	1. 搭设、拆除脚手架、安全网 2. 铺、翻脚手板

脚手架清单项目说明如下。

(1) 建筑物综合脚手架、垂直运输、超高加压水泵台班及其他费用的规定面积为房屋建筑面积另加以下内容计算。

① 骑楼、过街楼下的人行通道、建筑物通道及架空层，层高 2.2m 及以上者按墙(柱)外围水平面积计算(与有无围护无关)；层高不足 2.2m 者计算 1/2 面积。

② 设备夹层(技术层)层高在 2.2m 以上者按墙外围水平面积计算，层高不足 2.2m 者计算 1/2 面积。

(2) 满堂脚手架适用于工作面高度超过 3.6m 的天棚抹灰或吊顶安装及基础深度超过 2m 的混凝土运输脚手架(地下室及使用泵送混凝土的除外)。工作面高度为设计室内地面(楼面)至天棚底的高度，斜天棚按平均高度计算。基础深度自室外设计地坪算起。

(3) 无天棚抹灰及吊顶的工程，墙面抹灰高度超过 3.6m 时，应计算内墙抹灰单项脚手架。

2. 定额工程量计算规则、计价方法

脚手架工程定额工程量计算规则、计价方法见表 18.4。

表 18.4　脚手架工程组价内容、定额计算规则及说明

<table>
<tr><th>编号</th><th>项目名称</th><th>定额子目</th><th>定额编码</th><th>定 额 规 则</th><th>定 额 说 明</th></tr>
<tr><td>011001001</td><td>地下室综合脚手架</td><td>一层地下室，二层地下室，三层及以上</td><td>16-26～16-28</td><td rowspan="17">1. 综合脚手架工程量按房屋建筑面积计算，有地下室时，地下室与上部建筑面积分别计算，套相应定额。半地下室并入上部建筑物计算
2. 以下面积并入综合脚手架、垂直运输、超高加压水泵费计算：①骑楼、过街楼下的人行道、建筑物通道及架空层，层高≥2.2m的按墙或柱外围水平面积计算；＜2.2m者按1/2面积计算。②设备层层高≥2.2m的按墙外围水平面积计算；＜2.2m者按1/2面积计算。③有墙窗封闭阳台外围水平面积计算
3. 砌墙脚手架工程量按内、外墙面积计算(不扣除门窗洞口、空洞等面积)。外墙×1.15，内墙×1.1
4. 满堂脚手架按天棚水平投影面积计算，工作面高度为房屋层高；斜天棚(屋面)按平均高度计算；局部高度超过3.6m的天棚，按超过部分面积计算。无天棚的屋面构架等建筑构造的脚手架，按施工组织设计规定的脚手架搭设的外围水平投影面积计算
5. 电梯安装井道脚手架，按单孔(一座电梯)以“座”计算
6. 人行过道防护脚手架，按水平投影面积计算
7. 砖(石)柱脚手架按柱高以“m”计算
8. 基础深度＞2m的混凝土运输满堂脚手架，按底层外围面积计算；局部加深时，按加深部分基础宽度每边各加50cm计算
9. 烟囱、水塔脚手架分别以高度，按“座”计算
10. 网架安装脚手架按网架水平投影面积计算</td><td rowspan="17">1. 综合脚手架定额适用于房屋工程及地下室脚手架，不适用于房屋加层脚手架、构筑物及附属工程脚手架，以上应套用单项脚手架相应定额
2. 本定额已综合内、外墙砌筑脚手架，外墙抹灰脚手架，斜道和上料平台。高度在3.6m以内的内墙及天棚装饰脚手架费已包含在定额内
3. 地下室综合脚手架中综合了基础超深脚手架
4. 综合脚手架：层高以6m内为准，层高超过6m时，每增1m以内按定额计算；檐高＞30m，层高超6m时，按檐高30m内每增加1m执行
5. 定额未含层高在3.6m以上的内墙和天棚饰面或吊顶安装脚手架、基础深度超过2m(自交付场地或自然地面起)的混凝土运输脚手架、电梯安装井道脚手架、人行过道防护脚手架，当发生这些费用时，按单项脚手架规定另列项目计算。
6. 综合脚手架定额是按不同檐高划分的，同一建筑物有不同檐高时，应根据不同高度的垂直分界面分别计算建筑面积，套用相应的定额
7. 外墙脚手架定额未综合斜道和上料平台，发生时另列项目计算
8. 3.6m＜层高≤5.2m天棚抹灰或吊顶安装，按满堂脚手架基本层计算。超过5.2m时另按增加层计算。仅勾缝、刷浆或油漆，按满堂脚手架，人工乘以0.4，材料乘以0.1。满堂脚手架同一操作地点进行多种操作(不另搭设)，只可算一次费用
9. 外墙外侧饰面用外墙砌筑脚手架。必须另搭设时，按外墙脚手架人工乘以0.6，材料乘以0.3。仅勾缝、刷浆、油漆，人工乘以0.4，材料乘以0.1。吊篮施工按施工组织设计规定算并套定额。吊篮以“套·天”计算，吊篮在另一垂直面上工作，整体挪移费按吊篮安拆定额扣载重汽车台班后乘以0.7</td></tr>
<tr><td rowspan="3">011001002</td><td rowspan="3">建筑物综合脚手架</td><td>檐高40～200m内</td><td>16-9～16-25</td></tr>
<tr><td>檐高7m、13m、20m、30m内，层高6m内</td><td>16-1、16-3、16-5、16-7</td></tr>
<tr><td>檐高7m、13m、20m、30m内，层高每增加1m</td><td>16-2、16-4、16-6、16-8</td></tr>
<tr><td rowspan="2">011002001</td><td rowspan="2">内、外墙脚手架</td><td>外墙落地、悬挑式，吊篮，使用</td><td>16-29～16-37</td></tr>
<tr><td>内墙脚手架</td><td>16-38～16-39</td></tr>
<tr><td rowspan="2">011002002</td><td rowspan="2">满堂脚手架</td><td>基本层3.6～5.2m</td><td>16-40</td></tr>
<tr><td>每增加1.2m</td><td>16-41</td></tr>
<tr><td>011002003</td><td>电梯井脚手架</td><td>电梯井脚手架</td><td>16-42～16-51</td></tr>
<tr><td rowspan="2">011002004</td><td rowspan="2">网架安装脚手架</td><td>高度6m内</td><td>16-53</td></tr>
<tr><td>高度每增1m内</td><td>16-54</td></tr>
<tr><td rowspan="2">011002005</td><td rowspan="2">防护脚手架</td><td>使用期6个月</td><td>16-61</td></tr>
<tr><td>使用期每增加1个月</td><td>16-62</td></tr>
<tr><td>011002006</td><td>砖柱脚手架</td><td>砖柱脚手架</td><td>16-52</td></tr>
<tr><td>011002007</td><td>斜道、平台</td><td>斜道，起重、进料平台</td><td>16-55～16-60</td></tr>
<tr><td>011002008</td><td>抹灰脚手架(高度3.6m内)</td><td>内墙脚手架</td><td>16-38</td></tr>
<tr><td>011003001</td><td>构筑物脚手架</td><td>烟囱、水塔，烟囱金属竖井架</td><td>16-63～16-66</td></tr>
</table>

（续）

定额说明
10. 高度在 3.6m 以上的内墙抹灰脚手架，如不能利用满堂脚手架，需另行搭设时，按内墙脚手架定额，人工乘以 0.6，材料乘以 0.3。当仅勾缝、刷浆或油漆时，人工乘以 0.4，材料乘以 0.1
11. 砖墙厚度＞一砖半，石墙厚度＞40cm，算双面脚手架，外墙套外脚手架，内面套内墙脚手架
12. 电梯井高度按井坑底面至井道顶板底的净空高度再减去 1.5m
13. 防护脚手架定额按双层考虑，基本使用期为 6 个月，不足或超过 6 个月时按相应定额调整，不足 1 个月按 1 个月计
14. 砖柱脚手架适用于高度大于 2m 的独立砖柱；房上烟囱高度超出屋面 2m 者，套砖柱脚手架定额
15. 围墙高度在 2m 以上者，套内墙脚手架定额
16. 基础深度＞2m(自交付施工场地标高或自然地面标高)计算混凝土运输脚手架(泵送混凝土除外)，按满堂脚手架基本层定额乘以 0.6。深度＞3.6m，另按增加层定额乘以 0.6
17. 网架安装脚手架高度(指网架最低支点的高度)按 6m 以内为准，超过 6m 时按每增加 1m 定额计算
18. 钢筋混凝土倒锥形水塔的脚手架，按水塔脚手架的相应定额乘以系数 1.3
19. 屋面构架等建筑构造的脚手架，高度在 5.2m 以内时，按满堂脚手架基本层计算。高度超过 5.2m 时，另按增加层定额计算。其高度在 3.6m 以上的装饰脚手架，如不能利用满堂脚手架，需另行搭设时，按内墙脚手架定额，人工乘以 0.6，材料乘以 0.3。构筑物砌筑按单项定额计算砌筑脚手架
20. 二次装饰、单独装饰工程的脚手架，按施工组织设计规定的内容计算单项脚手架
21. 钢结构专业工程的脚手架发生时套用相应的单项脚手架定额，对有特殊要求的钢结构专业工程脚手架应根据施工组织设计规定计算

脚手架项目定额相关说明如下。

脚手架搭设材料是一种周转性的材料，因此，脚手架费用除了安拆及运输等费用之外，应考虑脚手架材料的周转周期长短的影响。

1）综合脚手架

聚集了安全围护、主体施工、砖墙体砌筑、外墙装修及层高 3.6m 以内天棚和墙面装修等项目脚手架，定额是以综合价格形式体现的，是单位工程中发生的定额说明外的所有脚手架的综合费用，一般情况计取综合脚手架后，其他脚手架不再计取。以下情况需单独按单项脚手架计算。

(1) 基础工程的混凝土采用现场搅拌施工，当基础深超过 2m 时，搭设满堂脚手架，定额基价要做调整。

(2) 层高超过 3.6m 天棚装修，按满堂脚手架计算。

(3) 层高超过 3.6m 内墙装修，如不能利用满堂脚手架，按内墙面脚手架计算。定额中人工、材料要调整。

(4) 外墙装修不能利用外墙砌筑脚手架(即外墙装修需要重新搭设脚手架)时，按外墙脚手架定额，定额中人工、材料要调整；如采用吊篮施工时，安拆及使用费或转移费按定额有关说明计算。

(5) 电梯安装井道脚手架。

(6) 人行过道防护脚手架。

(7) 砖柱、构筑物、围墙、网架安装、屋面构架、钢结构安装等项目脚手架均按单独脚手架执行。

2）外墙脚手架

外墙脚手架是一个建筑物中所有脚手架中施工用量最大的一项，在新建工程中，主要是为了满足主体工程、外墙砌筑、外墙的装修等施工需要。因此，定额中外墙脚手架是集外墙砌筑、外立面装饰等多项功能的费用。当外墙脚手架仅当某一项功能使用(单独装饰或单独砌筑)时，应对定额中基价做相应的调整。

3）二次装饰、单独装饰工程

当工程装修和主体工程分别招标施工或二次装修项目时，脚手架按相应的单项脚手架定额执行。其中内墙饰面和天棚饰面脚手架工程，当层高 3.6m 以内时：内墙饰面脚手架按高度 3.6m 以内内墙脚手架定额，人工乘以 0.6，材料乘以 0.3；天棚饰面脚手架按满堂脚手架基本层定额(层高 3.6～5.2m)，人工乘以 0.6，材料乘以 0.3。

【例 18-1】 某办公室层高 3.5m，天棚水平投影面积 $50m^2$，天棚需重新吊顶装修。求天棚吊顶装修脚手架直接工程费。

解：重新装修属二次装修，脚手架按单项基本层满堂脚手架定额，人工乘以 0.6，材料乘以 0.3，套用定额 16-40H，则

换后基价＝603＋417.53×(0.6－1)＋160.50×(0.3－1)＝324(元/$100m^2$)

直接工程费＝3.24×50＝162(元)

【例 18-2】 某建筑物如图 18.1 所示，地下 2 层，地上裙房 5 层，主楼 14 层，第 14 层层高为 7m，其余层层高均在 3.6～5m，①～②轴每层建筑面积 $600m^2$，天棚投影面积 $500m^2$，②～③轴每层建筑面积 $400m^2$。求该建筑物综合脚手架直接工程费。

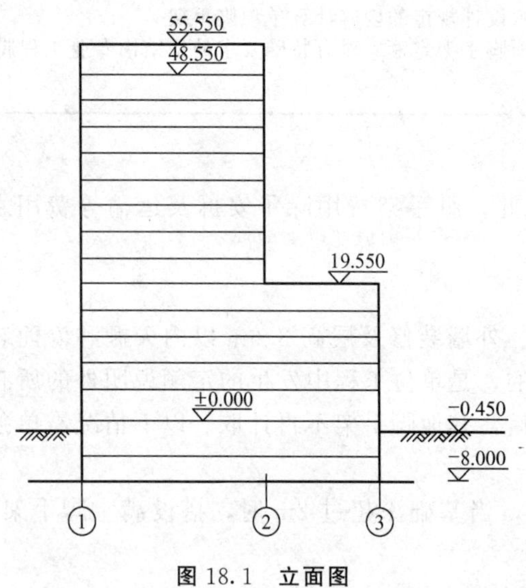

图 18.1 立面图

解：(1) 地下室综合脚手架。

地下室综合脚手架工程量＝(600＋400)×2＝2000(m^2)

套用定额 16-27，则

直接费＝2000×12.89＝25780(元)

(2) 上部工程综合脚手架。

① 檐高 20m 以内，S＝400×5＝2000(m^2)，套用定额 16-5，直接费＝2000×15.46＝30920(元)。

② 檐高 60m 以内，S＝600×14＝8400(m^2)，套用定额 16-11，直接费＝8400×31.61＝265524(元)。

③ 层高超 6m，顶层层高超过 6m，S＝600(m^2)，另按檐高 30m 以内每加 1m 定额执行，套用定额 16-8，则直接费＝600×1.75＝1050(元)。

综合脚手架直接工程费合计＝25780＋30920＋265524＋1050＝323274(元)

【例 18-3】 如例 18-2 基础混凝土采用现场搅拌非泵送施工，求基础混凝土运输脚手架直接工程费

解：基础埋深 7.55m，超过 2.0m，应计算混凝土输送脚手架，超过 3.6m 时，按增加层定额计算，定额×0.6。

S＝600＋400＝1000(m^2)，套用定额 16-40＋16-41H

脚手架费＝1000×(603×0.6＋124×4×0.6)÷100＝6594(元)

【例 18－4】 如例 18－2，顶层天棚抹灰刷白灰浆 2 遍，求顶层抹灰脚手架直接工程费。

解：顶层层高 7m 超过 3.6m，应另按单项脚手架计算，层高超过 5.2m，还应套用增加层定额。如仅刷浆，脚手架人工乘以 0.4，材料乘以 0.1。套用定额 16－40＋16－41H，$S=500m^2$。

$$16-40+16-41H=603+124\times2+(417.53+82.56\times2)\times(0.4-1)+(160.50+36.25\times2)\times(0.1-1)=292(元/100m^2)$$

$$直接工程费=2.92\times500=1460(元)$$

【例 18－5】 试求吊篮在另一垂直墙面上的工作转移费。

解：吊篮在另一垂直面上工作，整体转移费按吊篮安拆定额扣载重汽车台班后乘以 0.7。套用定额 16－36H，则

$$16-36H=(4396-282.45\times3.5)\times0.7=2385(元/10套)$$

18.2.2 垂直运输

1. 定额工程量清单项目设置及计算规则

定额工程量清单项目设置及计算规则见表 18.5 和表 18.6。

表 18.5 建筑物垂直运输(编码：011101)

项目编码	项目名称	项目特征	工程量计算规则	工程内容
011101001	地下室垂直运输	地下室层数	按首层室内地坪以下的规定面积“m^2”计算，半地下室并入上部建筑物计算	单位合理工期内完成全部工程所需要的垂直运输全部操作过程
011101002	建筑物垂直运输	1. 建筑物檐高 2. 建筑物层高	按首层室内地坪以上规定面积“m^2”计算	

表 18.6 构筑物垂直运输(编码：011102)

项目编码	项目名称	项目特征	计量单位	工程量计算规则	工程内容
011102001	烟囱垂直运输	1. 烟囱类型 2. 烟囱高度	座／m^3	按座(按筒座或基础底板上表面以上的筒身体积)计算	单位合理工期内完成全部工程所需要的垂直运输全部操作过程
011102002	水塔垂直运输	水塔高度			
011102003	贮仓垂直运输	贮仓高度	m^3	按基础底板上表面以上体积计算	

垂直运输清单项目说明如下。

(1) 水塔应包括水塔水箱及所有依附构件体积。

(2) 构筑物高度指设计室外地坪至结构最高点的高度。

2. 定额工程量计算规则，计价方法

垂直运输工程定额工程量计算规则、计价方法见表 18.7。

表 18.7 建筑物、构筑物垂直运输工程组价内容、定额计算规则及说明

<table>
<tr><th>编号</th><th>项目名称</th><th>定额子目</th><th>定额编码</th><th>定额规则</th><th>定额说明</th></tr>
<tr><td>011101001</td><td>地下室垂直运输</td><td>一层、二层、三层地下室</td><td>17-1～17-3</td><td rowspan="11">1. 地下室垂直运输以首层室内地坪以下的建筑面积计算，半地下室并入上部建筑物计算
2. 上部建筑物垂直运输以首层室内地坪以上建筑面积计算，另增加按房屋综合脚手架计算规则规定增加内容的面积
3. 非滑模钢筋混凝土水(油)池及贮仓按基础底板以上“m^3”计算。水塔、烟囱按“座”计算
4. 滑模筒仓、烟囱按筒座或基础底板以上筒身以“m^3”计算；水塔按座算，包括水箱及所有依附构件体积</td><td rowspan="11">1. 垂直运输机械采用卷扬机带塔时，定额中塔吊台班单价换算成卷扬机台班单价，数量塔吊台班乘以 1.5
2. 檐高 3.6m 以内的单层建筑，不计算垂直运输机械台班
3. 建筑物层高>3.6m 时，每增 1m 按相应定额计算，超高不足 1m 时，每增加 1m 相应定额按比例调整。地下室层高已综合考虑
4. 同一建筑檐高不同时，根据不同高度的垂直分界面分别计算，套用相应定额
5. 当用泵送混凝土时，定额中的塔吊台班乘以 0.98
6. 加层工程按加层建筑面积和房屋总高套用相应定额
7. 构筑物高度指设计室外地坪至结构最高点的高度
8. 钢筋混凝土水(油)池套用贮仓定额乘以 0.35 计算。贮仓或水(油)池壁高<4.5m 时不计算
9. 滑模施工的贮仓定额只适用于圆形仓壁，其底板及顶板套用普通贮仓定额</td></tr>
<tr><td rowspan="2">011101002</td><td rowspan="2">建筑物垂直运输</td><td>建筑物垂直运输</td><td>17-4～17-22</td></tr>
<tr><td>层高超过 3.6m，每增 1m</td><td>17-23～17-27</td></tr>
<tr><td rowspan="3">011102001</td><td rowspan="3">烟囱垂直运输</td><td>砖砌烟囱、混凝土烟囱，高 30m 内</td><td>17-28、17-30</td></tr>
<tr><td>高每增加 1m</td><td>17-29、17-31</td></tr>
<tr><td>滑模烟囱</td><td>17-36～17-42</td></tr>
<tr><td rowspan="3">011102002</td><td rowspan="3">水塔垂直运输</td><td>混凝土水塔，高 20m 内</td><td>17-32</td></tr>
<tr><td>高每增加 1m</td><td>17-33</td></tr>
<tr><td>滑模水塔</td><td>17-44、17-45</td></tr>
<tr><td rowspan="2">011102003</td><td rowspan="2">贮仓垂直运输</td><td>贮仓垂直运输</td><td>17-34</td></tr>
<tr><td>滑模筒仓</td><td>17-43</td></tr>
</table>

【例 18-6】 某建筑物垂直运输采用卷扬机带塔，檐口底标高 29.550m，设计室外地坪标高－0.450m，求垂直运输费。

解： 垂直运输机械采用卷扬机带塔时，定额中塔吊台班单价换算成卷扬机台班单价，数量塔吊台班乘以 1.5。套用定额 17-5H，则

$$换后基价=1853-335.48\times3.67+92.63\times3.67\times1.5=1134(元/100m^2)$$

【例 18-7】 某建筑物总 25 层，檐口底标高 79.550m，设计室外地坪标高－0.450m，第 15 层楼面标高 45.900m，该层层高 3.9m，采用现浇商品泵送混凝土，求该层垂直运输费单价。

解： 建筑物层高>3.6m，按每增 1m 相应定额按比例调整，当用泵送混凝土时，定额中的塔吊台班乘以 0.98。

套用定额 17-10+17-25H，则

换后基价=3615+413.73×4.9×(0.98−1)+[403+413.73×0.53×(0.98−1)]×(3.9−3.6)=3694(元/100m²)

18.2.3 建筑物超高施工增加费

定额工程量清单项目设置及计算规则见表 18.8。

表 18.8 建筑物超高施工增加费(编码：011201)

项目编码	项目名称	项目特征	计量单位	工程量计算规则	工程内容
011201001	建筑物超高人工降效增加费	建筑物檐高	项		1. 工人上下班降低工效、上下楼及自然休息增加时间 2. 垂直运输影响的时间
011201002	建筑物超高机械降效增加费	建筑物檐高	项		建筑物超高引起的有关机械使用效率降低
011201003	建筑物超高加压水泵台班及其他费用	1. 建筑物檐高 2. 建筑物层高	m^2	按首层室内地坪以上规定面积计算	由于水压不足所发生的加压用水泵台班及其他费用

建筑物超高施工增加费定额工程量计算规则、计价方法见表 18.9。

表 18.9 建筑物超高施工增加工程组价内容、定额计算规则及说明

项目编码	项目名称	定额子目	定额编码	定额规则	定额说明
011201001	建筑物超高人工降效增加费	超高施工人工增加费	18-1～18-18	1. 人工及机械降效系数中的内容：建筑物首层室内地坪以上的全部工程项目，不包括垂直运输、各类构件单独水平运输、各类脚手架、预制混凝土及金属构件制作项目 2. 人工或机械降效的计算基数为规定中全部定额人工费或机械费 3. 有高低层时，按不同檐高建筑面积占总建筑面积的比例分别计算超高人工、机械降效费 4. 超高加压水泵台班及其他费用，按首层室内地坪以上垂直运输工程量的面积计算	1. 用于建筑物檐高 20m 以上的工程 2. 同一建筑物檐高不同时，应分别计算套用相应定额 3. 建筑物层高超过 3.6m 时，按每增加 1m 相应定额计算，不足 1m 时，每增加 1m 相应定额按比例调整
011201002	建筑物超高机械降效增加费	超高施工机械增加费	18-19～18-36		
011201003	建筑物超高加压水泵台班及其他费用	超高加压水泵台班	18-37～18-54		
		层高>3.6m，每增 1m 增水泵台班	18-55～18-58		

【例 18-8】 某建筑物檐高 60m，层高 5.2m，求超高加压水泵台班及其他费用。

解：建筑物层高>3.6m，每增加 1m 相应定额按比例调整。套用定额 18-40+18-56H，则

$$换后基价=739+59\times(5.2-3.6)=833(元/100m^2)$$

【例 18-9】 某建筑物立面如图 18.2 所示，除了地下室外，层高均小于 3.6m 并大于 2.2m，地下室建筑面积 1500m²，首层为无围护结构架空层。地面以上①～②轴每层建筑面积 500m²，②～③轴每层建筑面积 300m²。已知该工程地面以上部分直接费为 1000 万元(含脚手架的人工费 10 万元、材料费 8 万元、机械费 2 万元，垂直运输费 15 万元)，其中人工费为 300 万元，材料费为 600 万元，机械费为 100 万元。试计算其超高费。

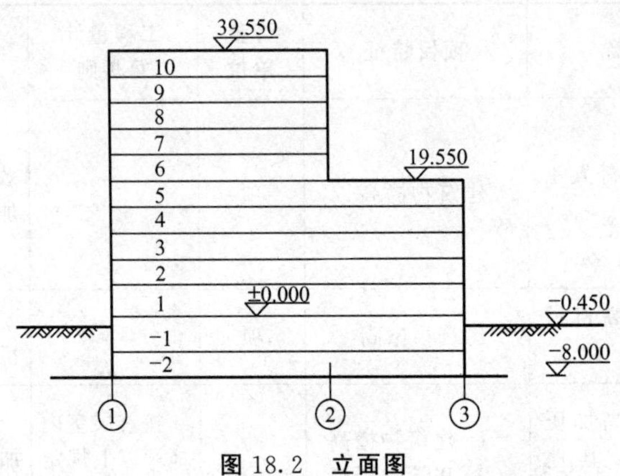

图 18.2 立面图

解：同一建筑物檐高不同应分别计算，檐高 40.0m 面积 $S=500\times10=5000(m^2)$，檐高 20.0m 的面积 $S=300\times5=1500(m^2)$。超高面积比例为 $5000\div(5000+1500)=0.77$。檐高 20.0m 不考虑超高增加费。

(1) 建筑物超高人工降效增加费：

依题意套用定额 18-2，降效系数 454 元/万元，

$$增加费用=(300-10)\times0.77\times454=101378(元)$$

(2) 建筑物超高机械降效增加费：

依题意套用定额 18-20，降效系数 454 元/万元，

$$增加费用=(100-15-2)\times0.77\times454=29015(元)$$

(3) 建筑物超高加压水泵台班及其他费用：

依题意套用定额 18-38，基价 289 元/100m²，

$$增加费用=5000\times2.89=14450(元)$$

18.2.4 大型机械进出场及安拆

大型机械进出场及安拆的项目编码为 000002001～000002004。

1. 塔式起重机、施工电梯基础费用

(1) 塔式起重机轨道铺设按直线形考虑，当为弧线形时，乘以系数 1.15。

(2) 固定式基础未考虑打桩，发生时，可另行计算。

(3) 轨道和枕木之间增加其他型钢或钢板的轨道、自升式塔式起重机行走轨道、不带配重的自升式塔式起重机固定式基础、混凝土搅拌站的基础未包括。

(4) 20kN·m 塔式起重机轨道基础，按塔式起重机固定基础乘以系数 0.7 计算。

(5) 高速卷扬机组合井架固定基础，按塔式起重机固定基础计算。

2. 特、大型机械安装及拆卸费用

(1) 安装、拆卸费中已包括机械安装后的试运转费用。

(2) 自升式塔式起重机安装、拆卸费，定额是按塔高 60m 确定的，每增高 15m，安装、拆卸费用(扣除试车台班费用)增加 10%。

(3) 柴油打桩机安装、拆卸费中的试车台班是按 1.8t 轨道式柴油打桩机考虑的，实际打桩机规格不同时，试车台班费按实进行调整。

(4) 步履式柴油打桩机按相应规格柴油打桩机计算；多功能压桩机按相应规格静力压桩机计算；双头搅拌机、锚杆钻孔机按 1.8t 轨道式柴油打桩机乘以系数 0.7，单头搅拌机按 1.8t 轨道式柴油打桩机乘以系数 0.4，振动沉拔桩机、静压振拔桩机、转盘式钻孔桩机、旋喷桩机按 1.8t 轨道式柴油打桩机计算；20kN·m 塔式起重机按 60kN·m 塔式起重机乘以系数 0.4 计算。

3. 特、大型机械场外运输费用

(1) 场外运输费用已包括机械的回程费用。

(2) 场外运输费用为运距 25km 以内的机械进出场费用。

(3) 凡利用自身行走装置转移的特、大型机械场外运输费用，按实际发生台班计算，不足 0.5 台班的按 0.5 台班计算，超过 0.5 台班不足 1 台班的按 1 台班计算。

(4) 特、大型机械在同一施工点内、不同单位工程之间的转移，定额按 100m 以内综合考虑，如转移距离超过 100m，则在 300m 以内的，按相应场外运输费用乘以系数 0.3；在 500m 以内的，按相应场外运输费用乘以系数 0.6。如机械为自行移运者，则按“利用自身行走装置转移的特、大型机械场外运输费用”的有关规定进行计算。需解体或铺设轨道转移的，其费用另行计算。

(5) 步履式柴油打桩机按相应规格柴油打桩机计算；多功能压桩机按相应规格静力压桩机计算；双头搅拌机按 5t 轨道式柴油打桩机乘以系数 0.7，单头搅拌机按 5t 轨道式柴油打桩机乘以系数 0.4，振动沉拔桩机、静压振拔桩机、旋喷桩机按 5t 轨道式柴油打桩机计算；20kN·m 塔式起重机按 60kN·m 塔式起重机乘以系数 0.4 计算。

18.3 清单规范及定额应用案例

【例 18-10】 某工程剖面如图 18.3 所示。地下室建筑面积 5000m²。地面以上②～③轴和④～⑤轴每层建筑面积均为 300m²。③～④轴每层建筑面积 1000m²，机房 200m²。试完成下列内容。

(1) 编制综合脚手架、垂直运输工程量清单。

(2) 根据表 18.10 所列的项目名称，完成表 18.10 综合脚手架、垂直运输、超高施工增加费相对应的定额编码、基价、工程量过程及合价。

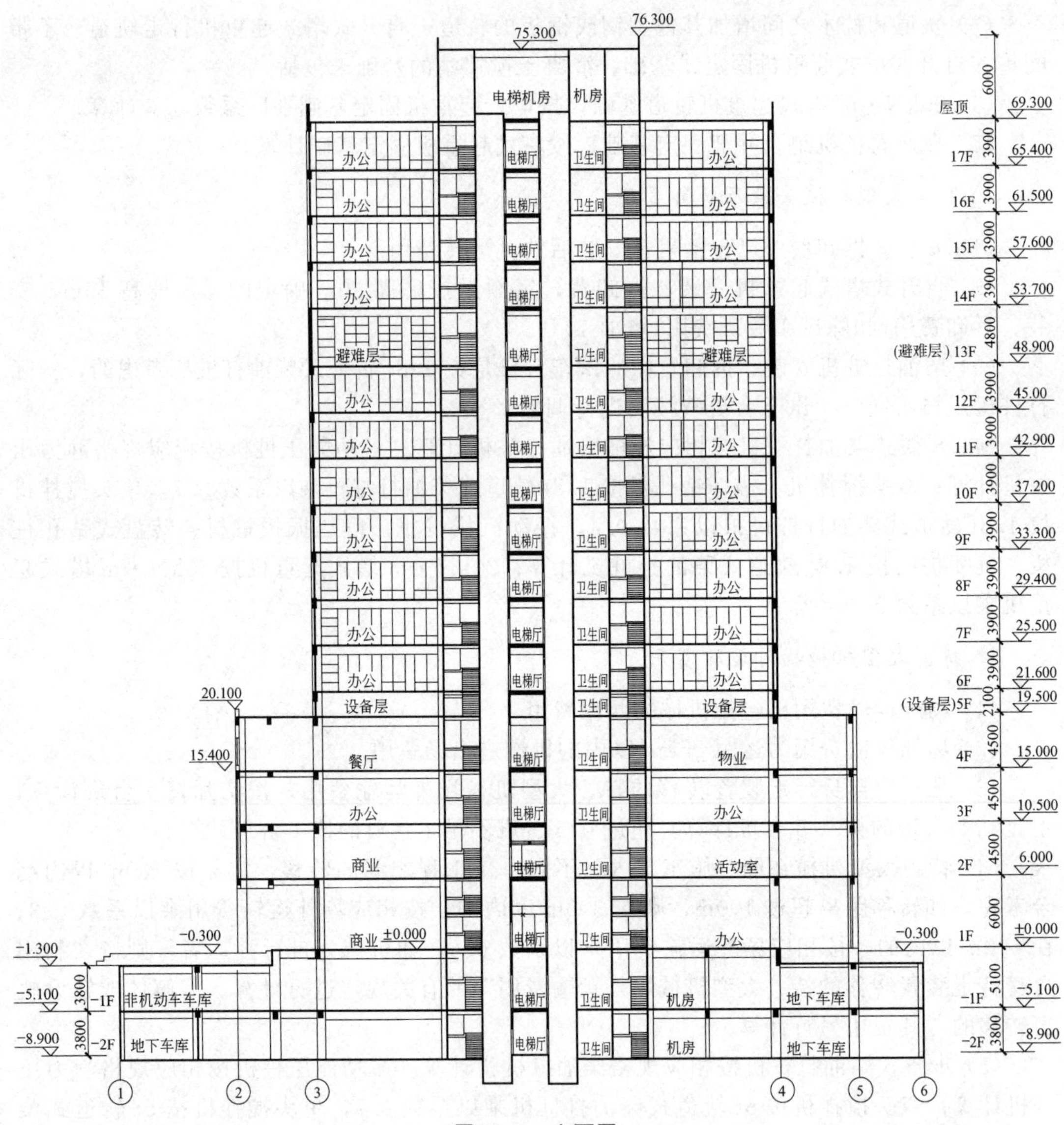

图 18.3　立面图

表 18.10　工程量计算及计价表

定额编码	项目名称	单位	基价	工程量计算式	数量	合价
	综合脚手架工程					
	综合脚手架工程(20m 内)	m^2				
	综合脚手架工程(70m 内)	m^2				
	地下室脚手架	m^2				
	垂直运输工程					
	地下室垂直运输	m^2				
	建筑物垂直运输(20m 内)	m^2				

（续）

定额编码	项目名称	单位	基价	工程量计算式	数量	合价
	建筑物垂直运输(70m 内)	m^2				
	层高超 3.6m 增加费(20m 内)	m^2				
	层高超 3.6m 增加费(20m 内)	m^2				
	层高超 3.6m 增加费(80m 内)	m^2				
	层高超 3.6m 增加费(80m 内)	m^2				
	层高超 3.6m 增加费(80m 内)	m^2				
	层高超 3.6m 增加费(80m 内)	m^2				
	超高施工增加费					
	超高部分人工比例(70m 内)					
	超高部分机械比例(70m 内)					
	超高加压水泵(70m 内)	m^2				
	层高超 3.6m 增压费(80m 内)	m^2				
	层高超 3.6m 增压费(80m 内)	m^2				
	层高超 3.6m 增压费(80m 内)	m^2				
	层高超 3.6m 增压费(80m 内)	m^2				

解：(1) 综合脚手架、垂直运输工程量清单编制见表 18.11。

表 18.11　综合脚手架、垂直运输工程量清单

序号	项目编码	项目名称及特征	单位	工程量
1	011001001001	地下综合脚手架：地下 2 层	m^2	5000
2	011001002001	建筑物综合脚手架：主楼檐高 69.6m，17 层，层高为 2.1m 的设备层一层，其余层高均不超过 6.0m。机房 200m^2	m^2	17700
3	011001002002	建筑物综合脚手架：裙房檐高 19.8m，4 层	m^2	2400
4	011101001001	地下垂直运输：地下 2 层	m^2	5000
5	011101002002	地上垂直运输：主楼檐高 69.6m，17 层，一层层高 6.0m，面积 1000m^2；2～4 层层高 4.5m，面积 3000m^2；层高 2.1m 的设备层一层，避难层层高 4.8m，面积 1000m^2；机房层高 6.0m，面积 200m^2；其余 11 层层高 3.9m，面积 11000m^2	m^2	17700
6	011101002003	地上垂直运输：檐高 19.8m，4 层，一层层高 6.0m，面积 600m^2，2～4 层层高 4.5m，面积 1800m^2	m^2	2400

地下和地上综合脚手架分开计算，同一建筑物有不同檐高时，按不同高度的垂直分界面分别计算建筑面积。根据题意，主楼面积 $S=1000\times17+200+1000/2=17700(m^2)$，裙房面积 $S=300\times2\times4=2400(m^2)$。

地下和地上垂直运输分开计算，同一建筑物有不同檐高时，按不同高度的垂直分界面分别计算建筑面积。根据题意，主楼面积 $S=1000\times17+200+1000/2=17700m^2$，裙房面积 $S=300\times2\times4=2400(m^2)$。

工程量计算及计价见表18.12。

表18.12　工程量计算及计价表

定额编码	项目名称	单位	基价	工程量计算式	数量	合价/元
	综合脚手架工程					
16－5	综合脚手架工程(20m内)	m^2	15.46	300×2×4	2400	37104
16－12	综合脚手架工程(70m内)	m^2	35.95	1000×17＋200＋1000/2	17700	636315
16－27	地下室脚手架	m^2	12.89	5000	5000	64450
	垂直运输工程					
17－2	地下室垂直运输	m^2	18.66	同脚手架	5000	93300
17－4	建筑物垂直运输(20m内)	m^2	10.90	同脚手架	2400	26160
17－9	建筑物垂直运输(70m内)	m^2	35.10	同脚手架	17700	621270
17－23×2.4	层高超3.6m增加费(20m内)	m^2	3.58	300×2	600	2148
17－23×0.9	层高超3.6m增加费(20m内)	m^2	1.34	300×2×3	1800	2412
17－25×2.4	层高超3.6m增加费(80m内)	m^2	9.67	1000＋200	1200	11604
17－25×0.9	层高超3.6m增加费(80m内)	m^2	3.63	1000×3	3000	10890
17－25×0.3	层高超3.6m增加费(80m内)	m^2	1.21	1000×11	11000	13310
17－25×1.2	层高超3.6m增加费(80m内)	m^2	4.84	1000×1	1000	4840
	超高施工增加费					
18－5	超高部分人工比例(70m内)			16200÷(16200＋2400)＝0.87		
18－23	超高部分机械比例(70m内)			0.87		
18－41	超高加压水泵(70m内)	m^2	8.18	1000×17＋200＋1000/2	17700	144786
18－56×2.4	层高超3.6m增压费(80m内)	m^2	1.42	1000＋200(同垂直运输)	1200	1704
18－56×0.9	层高超3.6m增压费(80m内)	m^2	0.53	1000×3(同垂直运输)	3000	1590
18－56×0.3	层高超3.6m增压费(80m内)	m^2	0.18	1000×11(同垂直运输)	11000	1980
18－56×1.2	层高超3.6m增压费(80m内)	m^2	0.71	1000×1(同垂直运输)	1000	710

习　题

1. 某屋面钢筋混凝土构架高 5.5m，试求该构架施工脚手架基价。

2. 某 5.5m 高的屋面钢筋混凝土构架装修需另搭设脚手架，求脚手架基价。

3. 某圆形筒仓，采用商品泵送混凝土，求垂直运输基价。

4. 某工程檐高 18m 以内部分的建筑面积为 $1000m^2$，檐高 28m 以内部分的建筑面积为 $4000m^2$，已知工程定额人工费(不含超高降效费)合计为 144 万元，其中首层地坪以下工程及垂直运输、水平运输、脚手架及构件制作人工费为 24 万元。求工程超高施工人工降效费。

第19章 建筑面积计算

学习任务

本章主要内容包括各种类型建筑物的建筑面积计算的相关规定。通过本章学习，重点掌握建筑物面积工程量计算。

学习要求

知识要点	能力要求	相关知识
建筑物面积	掌握多层建筑物面积计算	檐廊、走廊、挑廊
建筑面积作用	了解建筑面积作用	使用面积、结构面积、辅助面积
不计算面积	掌握不计算面积范围	通道、花架、骑楼

建筑面积是指建筑物的各层水平投影面积的总和，广泛应用于工程建设，建筑面积不仅能反映建设规模，而且在工程各个建设阶段中关于工程造价文件编制、设计方案的比选、投资控制、工程劳务发包等方面起着重要作用。因此，正确计算建筑面积对提高工程造价文件的编制质量具有重要意义。

19.1 建筑面积的概念

建筑面积按建筑物各层水平投影面积的总和计算，包括使用面积(或居住面积)、辅助面积和结构面积。使用面积是指建筑物各层平面布置中可直接为生产或生活使用的净面积。辅助面积是指建筑物各层平面布置中为辅助生产或生活所占的净面积，如楼梯、走道、通风井道。使用面积和辅助面积的总和称为“有效面积”。结构面积是指建筑物各层平面布置中的墙体、柱等结构所占面积的总和。

居室净面积在民用建筑中也称为“居住面积”。

19.2 建筑面积的作用

1. 确定各项技术经济指标的基础

建筑面积是确定每平方米建筑面积的造价和工料机用量的基础性指标，即

工程单位面积造价＝工程造价/建筑面积

人工单耗＝工程人工工日耗用量/建筑面积

材料单耗指标＝工程材料耗用量/建筑面积

这些平方米工料机消耗量指标，是分析评价工程经济效果的重要数据，也是用作编制直接工程费的基础。

2. 计算有关分项工程量的依据

根据底层建筑面积，就可以很方便地推算出室内回填体积、地(楼)面面积和天棚面积等。另外，建筑面积也是脚手架、垂直运输机械费用的计算依据。

3. 概算指标和编制概算的主要依据

概算指标通常以建筑面积为计量单位，编制单方建筑面积造价指标。这种反映房屋建筑建设规模的实物量指标，能快速完成工程投资估算文件或工程设计概算文件，在基本建设计划、统计、设计等方面得到广泛应用。

19.3 建筑面积的计算及应用

计算工业与民用建筑面积，其总的规则是应本着凡在结构上、使用上能形成具有一定使用功能的空间，并能单独计算出其水平面积及其相应消耗的人工、材料和机械用量的建筑物应计算建筑面积。反之，不应计算建筑面积。

19.3.1 计算建筑面积的范围

(1) 单层建筑物层高≥2.2m 时无论高度如何，均按建筑物勒脚以上外围水平面积计算，不足 2.2m 者按一半计算。建筑物单层内设有局部楼层者，局部楼层的二层及以上楼层，有围护结构的应按其外围水平面积计算，无围护的按其结构底板水平面积计算，层高≥2.20m 者全算，层高＜2.20m 者按一半计算，如图 19.1 所示。

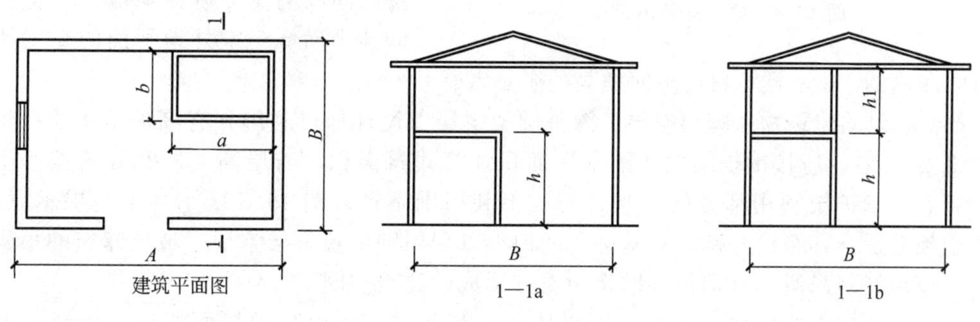

图 19.1 建筑平面、剖面

(2) 场馆看台下和坡屋顶内空间利用时：净高＞2.10m 的部位面积全算，1.20m≤净高≤ 2.10m 的部位按一半计算，净高＜1.20m 的部位不算，如图 19.2 所示。

(3) 高低联跨的建筑物，应以结构外边线为界分别计算，即高低跨交界处墙或柱所占水平面积，应并入高跨内计算；其高低跨内部连通时，其变形缝计入低跨，如图 19.3 所示。

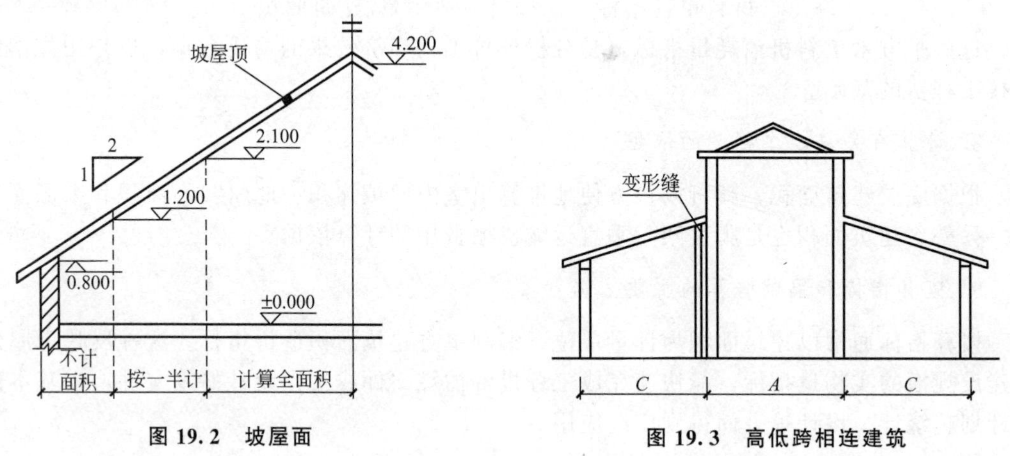

图 19.2　坡屋面

图 19.3　高低跨相连建筑

层高是指上下两层楼面或楼面与地面之间的垂直距离。围护结构是指围合建筑空间四周的墙体、门、窗等。

(4) 多层建筑物建筑面积，按各层建筑面积之和计算，首层建筑面积按外墙勒脚以上结构的外围水平面积计算，二层及二层以上按外墙结构的外围水平面积计算。层高≥2.20m者全算，层高＜2.20m 者按一半计算。

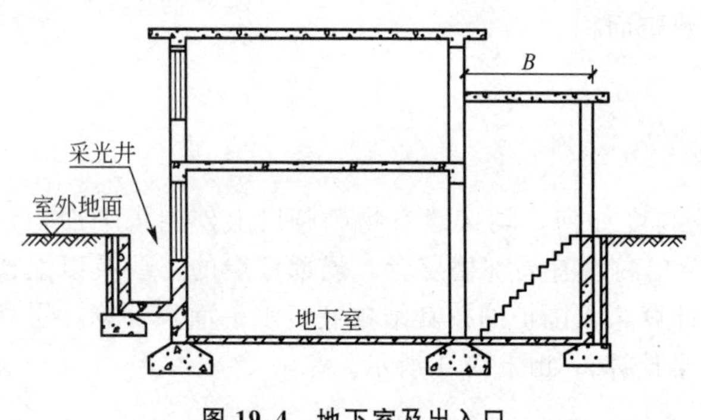

图 19.4　地下室及出入口

(5) 地下室、半地下室(车间、仓库、商店、车站、地下指挥部)等及相应的出入口建筑面积，按其外墙上口(不包括采光井、防潮层及其保护墙)外围水平面积计算。层高≥2.20m 者全算，层高＜2.20m 者按一半计算，如图 19.4 所示。地下室是指房间地平面低于室外地平面的高度超过该房间净高的 1/2 者；半地下室是指房间地平面低于室外地平面的高度超过该房间净高的 1/3，且不超过房间净高的 1/2 者。

(6) 坡地的建筑物吊脚架空层、深基础架空层，设计加以利用并有围护结构的，且层高≥ 2.20m 者，应按围护结构外围水平面积计算建筑面积，若层高＜2.20m 者按一半面积计算。无围护按利用部分的一半计算，不利用则不算。图 19.5 所示为架空层示意图。深基础架空层：如箱形基础，箱基础空间内加以利用则可视为架空层。坡地建筑的吊脚架空层：坡地建筑吊脚架空部位不回填土石方形成的建筑空间。

(7) 建筑物内的门厅、大厅，当层高≥2.20m 时，不论高度如何均按一层建筑面积计算。门厅、大厅内设有回廊时，按其结构底板的水平投影面积计算建筑面积，层高≥2.20m时全算，层高＜2.20m 时按一半计算。回廊是指在建筑物门厅、大厅内设置在二层或二层以上的回形走廊。

(8) 室内楼梯间、电梯井、提物井、垃圾道、管道井、采光通风井等均按建筑物的自

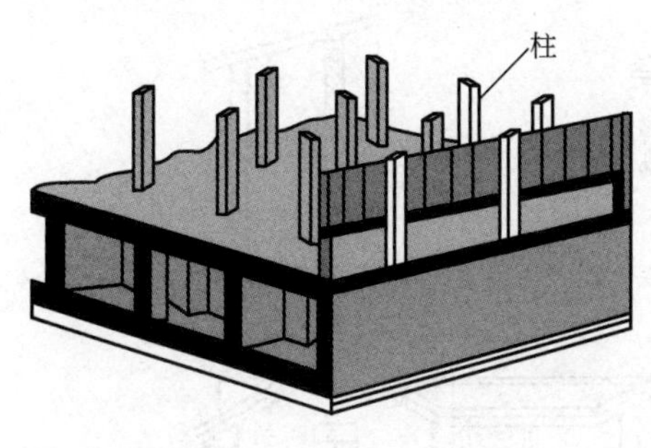

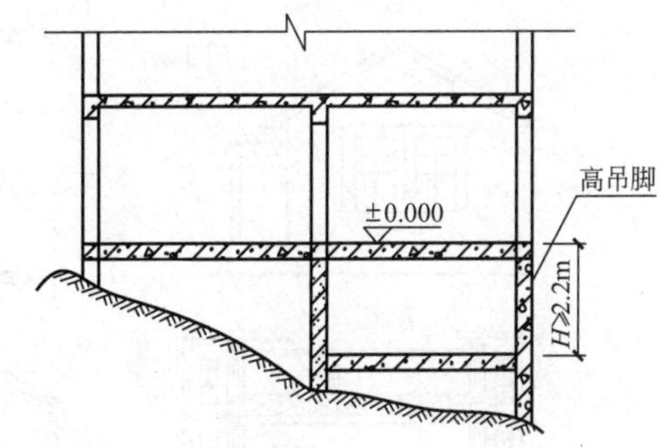

图 19.5 架空层示意图

然层计算建筑面积。当这些井道设置在建筑物内时，不需另计建筑面积，因其面积已包括在整体建筑物建筑面积内。自然层是指按楼板、地板结构分层的楼层。

(9) 书库、立体仓库设有结构层的，按结构层计算建筑面积；没有结构层的，按一层计算建筑面积。层高≥2.20m 时全算，层高<2.20m 时按一半计算。

(10) 有围护结构的舞台灯光控制室，按其围护结构外围水平面积乘以层数计算面积。层高≥2.20m 时全算，层高<2.20m 时按一半计算。

(11) 雨篷(设置在建筑物进出口上部的遮雨、遮阳篷)从顶盖的外边线至外墙的边>2.1m时按顶盖的水平投影面积的一半计算建筑面积。图 19.6 所示为雨篷示意图。当 L>2.1m时按投影面积的 1/2 计算。

(12) 屋面上部有围护结构的楼梯间、水箱间、电梯机房等。有顶盖的，按围护结构外围水平面积计算建筑面积。层高≥2.20m 时全算，层高<2.20m 时按一半计算，如图 19.7所示。

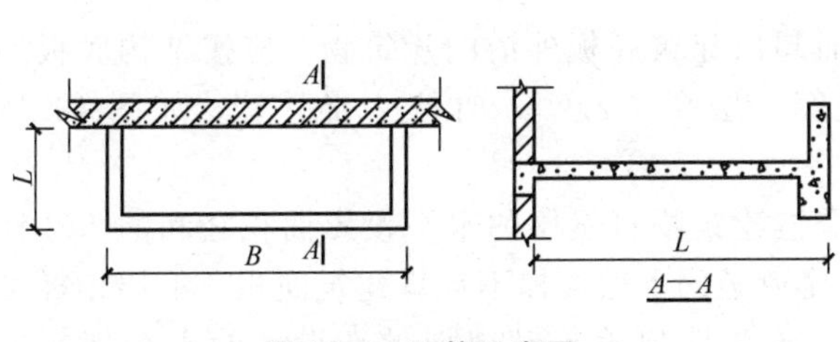

图 19.6 雨篷示意图

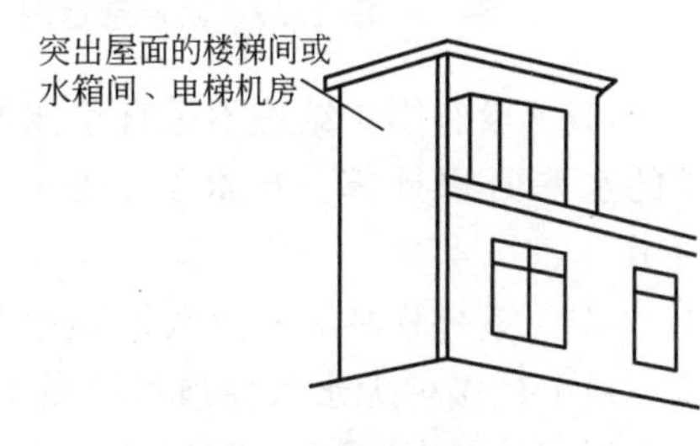

图 19.7 楼梯间示意图

(13) 建筑物外有围护结构的落地橱窗、门斗、挑廊、走廊(包括架空走廊)、檐廊时，应按其围护结构外围水平面积计算，层高≥2.20m 时全算，层高<2.20m 时按一半计算。有永久性顶盖无围护结构的应按其结构底板水平面积的 1/2 计算。图 19.8 所示为门斗、走廊等示意图。落地橱窗是指突出外墙面根基落地的橱窗。走廊是指建筑物的水平交通空间。挑廊是指挑出建筑物外墙的水平交通空间。檐廊是指设置在建筑物底层出檐下的水平交通空间。架空走廊是指建筑物与建筑物之间，在二层或二层以上专门为水平交通设置的走廊。门斗是指在建筑物出入口设置的起分隔、挡风、御寒等作用的建筑过渡空间。

(14) 有永久性顶盖无围护结构的车棚、货棚、站台、加油站、收费站、场馆看台等，应按其顶盖水平投影面积的 1/2 计算，如图 19.9 所示。

(15) 建筑物的阳台，不论是凹阳台、挑阳台、封闭阳台、不封闭的阳台，均应按其

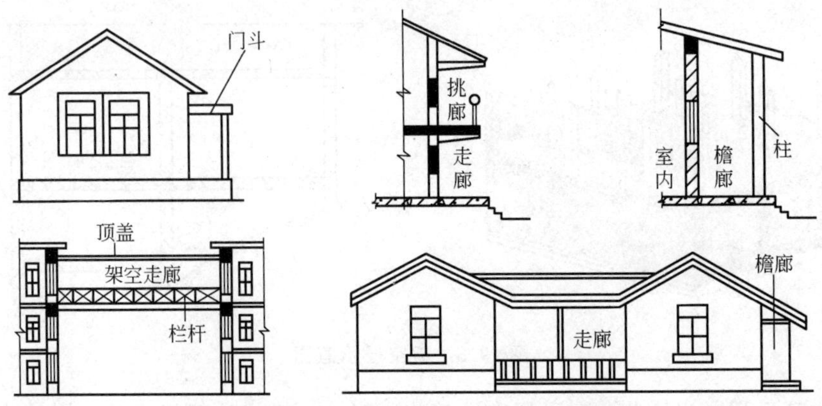

图 19.8 门斗、走廊、檐廊、挑廊示意图

水平投影面积的 1/2 计算。供人们远眺或观察的眺望间，设置在屋顶的，按其围护结构外围水平面积计算，层高≥2.20m 时全算，层高＜2.20m 时按一半计算；若挑出楼层间的应按水平投影面积 1/2 计算，如图 19.10 所示。

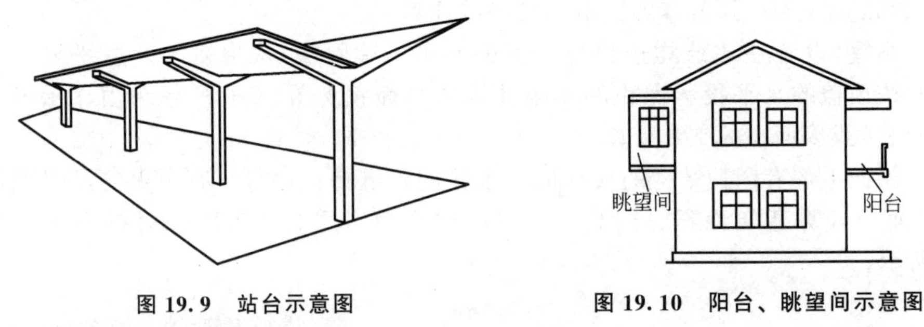

图 19.9 站台示意图

图 19.10 阳台、眺望间示意图

(16) 设有围护结构不垂直于水平面而超出建筑底板外沿的建筑物，应按结构底板外围的水平面积计算，层高≥2.20m 时全算，层高＜2.20m 时按一半计算，如图 19.11 所示。

(17) 室外楼梯，有永久性顶盖的，应按建筑物自然层的水平投影面积之和的 1/2 计算。最上层楼梯无永久性顶盖的或不能完全遮盖的上层楼梯不计算建筑面积，上层楼梯可作为下层楼梯的顶盖，如图 19.12 所示。永久性顶盖是经规划批准设计的永久使用的顶盖。

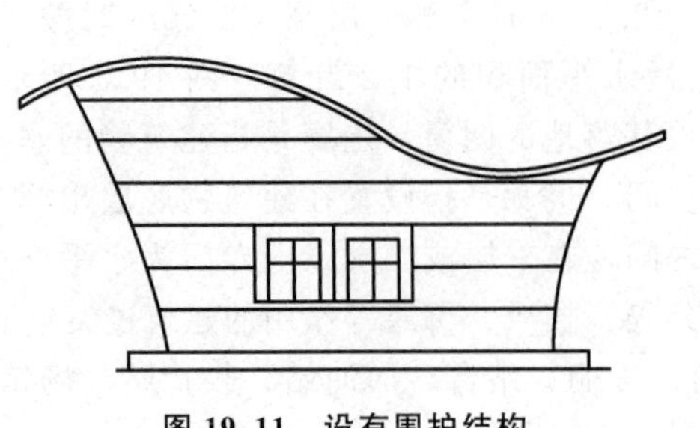

图 19.11 设有围护结构

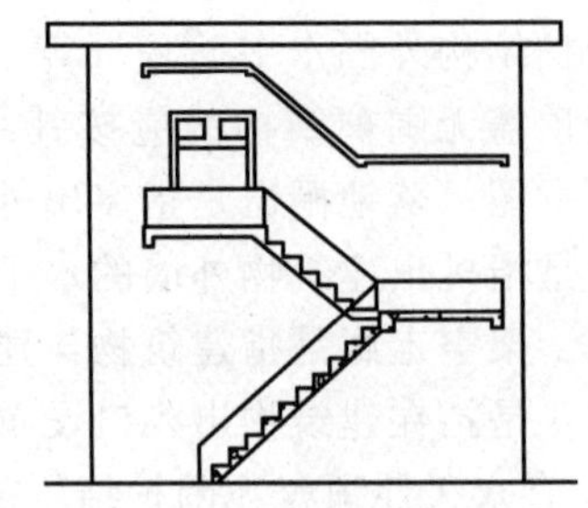

图 19.12 室外楼梯示意图

(18) 建筑物内变形缝(伸缩缝、沉降缝和抗震缝)，其缝宽按自然层计算建筑面积。

(19) 以幕墙作为围护结构的建筑物，应按幕墙外边线计算建筑面积。维护性幕墙是指直接作为外墙起维护作用的幕墙。装饰性幕墙是指设置在建筑物墙体外起装饰作用的幕墙。

(20) 建筑物外墙外侧有保温隔热层的，应按保温隔热层外边线计算建筑面积。

19.3.2 不计算建筑面积的范围

(1) 建筑物通道、骑楼、过街楼的底层如图 19.13 所示。筑物通道是指为道路穿过建筑物而设置的空间；骑楼是指楼层部分跨在人行道上的临街楼房；过街楼是指由道路穿过建筑物的建筑。

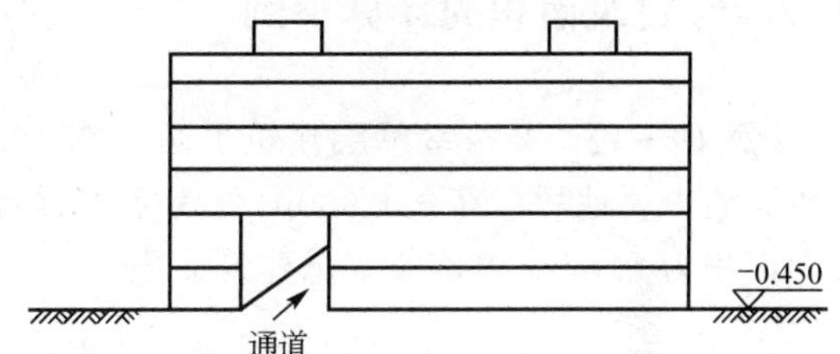

图 19.13 建筑物通道示意图

(2) 建筑物内的设备管道夹层。

(3) 建筑物内分隔的单层房间(如操作间、控制室、仪表间)，舞台及后台悬挂幕布、布景的天桥、挑台等。

(4) 屋顶水箱、花架、凉棚、露台、露天游泳池。

(5) 建筑物内的操作平台、上料平台、安装箱和罐体的平台。

(6) 无永久性顶盖的架空走廊、室外楼梯和用于检修、消防等的室外钢楼梯、爬梯。

(7) 独立烟囱、烟道、地沟、油(水)罐、气柜、水塔、贮油(水)池、贮仓、栈桥、地下人防通道、地铁隧道。

(8) 突出墙面的构件和艺术装饰：勒脚、附墙柱、垛、台阶、墙面抹灰、装饰面、镶贴块料面层、装饰性幕墙、空调室外机搁板(箱)、飘窗、构件、配件、宽度在 2.10m 及以内的雨篷及与建筑物内不相连通的装饰性阳台、挑廊。

(9) 检修、消防等用的室外爬梯。

(10) 自动扶梯，自动人行道。

(11) 构筑物，如月台、城台、院墙及随墙门、花架。

(12) 牌楼、实心或半实心的砖、石塔。

19.3.3 计算建筑面积的方法

(1) 建筑面积计算的首要条件是满足一定使用功能的空间，不利用的和无盖的结构或空间不计算面积，有一定使用功能的空间可分有围护的和无围护的。

① 有围护者，层高≥2.20m 时全算，层高＜2.20m 时按一半计算。其他如《建筑工程建筑面积计算规则》(以下简称《规则》)17.3.1.7 条的门厅、大厅内回廊的面积计算也按有围考虑。

② 无围护的，有结构底板时一般按结构底板投影面积的一半计算，如《规则》17.3.1.13 条的挑廊、走廊、檐廊。无结构底板但有盖时，按盖水平投影面积的一半计算，如《规则》17.3.1.14 条，车棚、货棚、站台、加油站、收费站、场馆看台等。

③ 无盖的不计算面积，如无永久性顶盖的地下室出入口、室外楼梯等不计算建筑面积。

(2) 层高≥2.20m 时全算，层高＜2.20m 时按一半计算，贯穿整个建筑面积计算规则。坡屋面和看台地下空间面积计算分界线是净高 2.10m 和 1.2m。

(3) 满足建筑面积计算条件的雨篷、阳台、眺望间按水平投影面积的一半计算。

(4) 除了不利用的和无盖的结构或空间不计算建筑面积之外，构筑物、凸出建筑物的装饰性构件、设备管道夹层(技术层)等均不计算面积。

19.3.4 建筑面积的计算举例

【例 19-1】 某茶室单层建筑平面如图 19.14 所示，墙体未注明的厚度均为 240mm，轴线居墙中。地坪标高－0.900m 处为室外露台，檐廊柱间为木栏杆，已知檐廊结构底板投影面积为 $11m^2$。求该茶室总建筑面积。

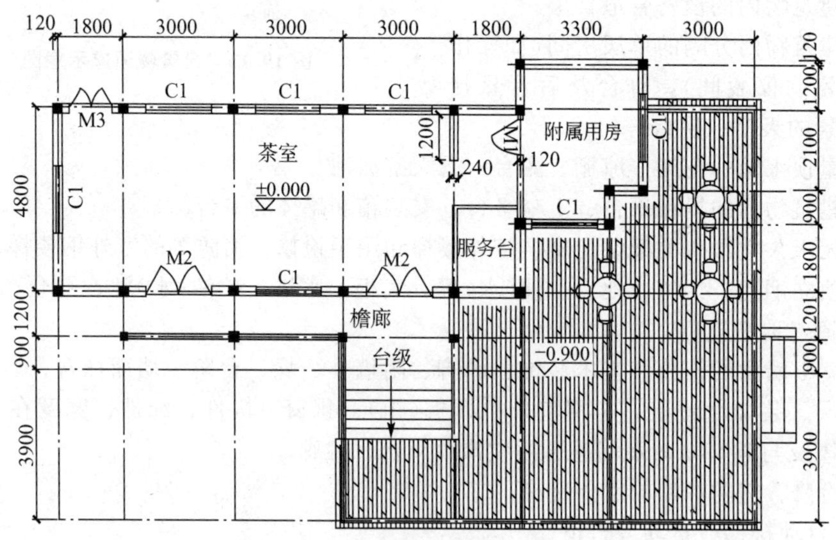

图 19.14　茶室建筑平面图

解： 檐廊按无围护考虑，面积按一半计算。

$S=(4.8+0.24)\times(9+3.6)+(3.3+0.24)\times(4.2+0.24)+1.8\times0.24-0.9\times0.9+11/2$

$=84.34(m^2)$

或

$5.04\times(12.6+0.24)+1.2\times(3.3+0.24)+3.3\times(2.1+0.24)+2.4\times0.9+11/2=84.34(m^2)$

【例 19-2】 某二层建筑室外楼梯如图 19.15 所示，楼梯结构为二层，不上屋面，楼梯外围尺寸 2.2m×5.2m，楼梯有永久性顶盖。求该室外楼梯建筑面积。

解： 室外有盖的楼梯按自然层建筑面积一半计算。

$S=2.2\times5.2/2=5.72(m^2)$

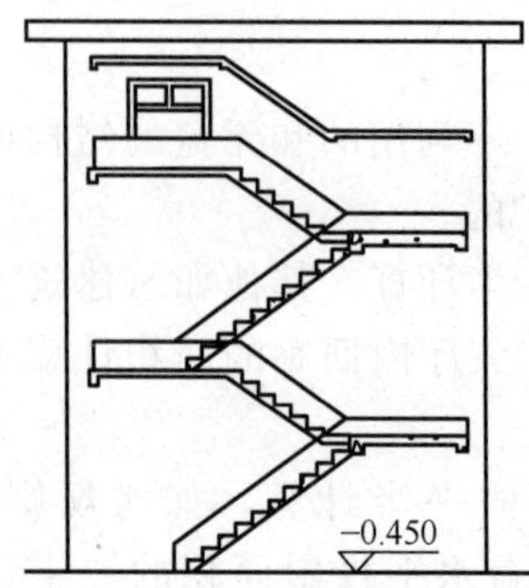

图 19.15　某室外楼梯

习 题

1. 建筑面积按其水平投影全面积计算的有(　　)。

A. 层高 2.2m 的单层建筑　　B. 悬挑 2.2m 的雨篷

C. 全封闭阳台　　D. 建筑物内门厅

E. 有顶盖、围护层高 2.2m 的走廊

2. 下列不应计算建筑面积的有(　　)。

A. 建筑物内的钢筋混凝土上料平台　　B. 建筑物内的小于 50mm 的变形缝

C. 建筑物顶部有围护结构的水箱间　　D. 2.1m 宽的雨篷

E. 空调机外隔板

3. 某吊脚架空层如图 19.16 所示，单层建筑物一层檐口标高 3.6m，建筑面积 $360m^2$，架空层层高 2.8m，加以利用部分面积为 $150m^2$，求该建筑总面积。

4. 某住宅建筑各层外墙外围水平面积均为 $400m^2$，共 5 层。另在室外 3～5 层有一个带顶盖的消防楼梯，每层投影面积 $15m^2$，求该住宅总建筑面积。

5. 已知某建筑物间的无围护架空走廊如图 19.17 所示，走廊结构底板长 10m，宽 2.5m，求架空走廊建筑面积。

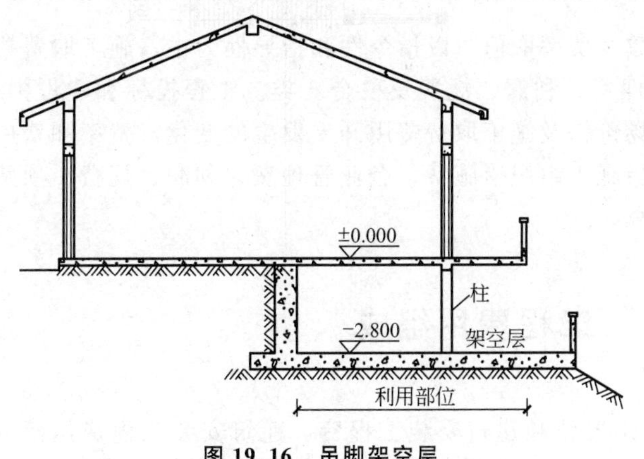

图 19.16　吊脚架空层

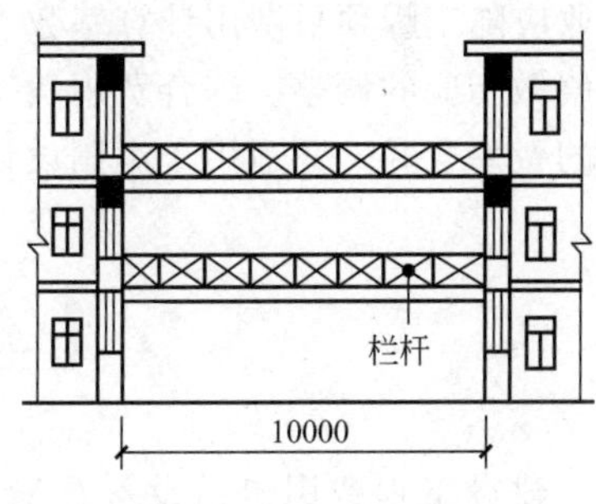

图 19.17　架空走廊

第20章 工程施工费用定额

学习任务

本章主要内容包括工程费用组成、施工费用计算规则、工程费用计算程序、工程类别划分。通过本章学习，重点掌握油漆工程量计算及计价。

学习要求

知识要点	能力要求	相关知识
工程费用	掌握工程费用构成内容	组织措施费和技术措施费区分
费用计算程序	掌握综合单价与工料单价	综合单价和定额单价概念
工程类别划分	掌握工程类别划分	特殊建筑、半地下室

施工取费定额有关费用的计算基数及费率取值，以指令性和指导性为主，施工取费费率项目包括施工组织措施费、企业管理费、利润、规费及税金5类。工程投标和建设中，企业应随工程项目费用计算基数、市场价格及施工取费费用开支发生的变化，费率和费用取值做相应的调整。综合费用费率是指施工组织措施费、企业管理费、利润、规费4项费用的费率合并，只适用于编制设计概算。

20.1 工程费用组成

建设工程费用包括设备及工器具购置费和建筑安装工程费，建筑安装工程费包括直接费、间接费、利润、税金，直接费又分工程直接费和措施费。措施费按费用定额分为组织措施费和技术措施费两部分。组织措施费包括9项费用：安全、文明施工费(环境保护费、文明施工费、安全施工费、临时设施费)，检验试验费，行车干扰费，夜间施工增加费(补助、照明、降效费)，二次搬运费，冬雨季施工增加费，已完工程及设备保护费，提前竣工增加费，优质工程增加费。技术措施项目费按本书第18章等章节有关规定计算。

20.2 工程费用计算程序

由设备购置费、直接费、间接费、利润、税金组成工程费用，这种费用组成的分类主要应用于工程建设前期投资估算和设计概算文件编制，对应计价程序有工程概预算费用计算程序。招投标阶段，对直接费、间接费、利润等费用内容重新组合，建设工程施工费用计算程序可分为综合单价计价和工料单价计价。

1. 综合单价计价法基本程序

综合单价计价基本程序已在2.8.4中有所提及，本节针对浙江省计价规则做进一步说明。综合单价法计算程序是指分部分项项目费及施工技术措施项目费的单价按综合单价计算，施工组织措施项目费、规费、税金单独列项计算的一种方法。按表20.1综合单价法计价程序计算。

表20.1 综合单价法计价程序表

<table>
<tr><th>序号</th><th colspan="2">项目名称</th><th>计算单位</th><th>费率/(%)</th><th>金额/元</th></tr>
<tr><td>一</td><td colspan="2">分部分项工程费</td><td>Σ(分部分项工程量×综合单价)</td><td></td><td></td></tr>
<tr><td></td><td>其中</td><td>1. 人工+机械</td><td>Σ分部分项×(人工费+机械费)</td><td></td><td></td></tr>
<tr><td>二</td><td colspan="2">措施费</td><td></td><td></td><td></td></tr>
<tr><td></td><td colspan="2">(一)技术措施费</td><td>按综合单价计算</td><td></td><td></td></tr>
<tr><td></td><td>其中</td><td>2. 人工+机械</td><td>Σ技术措施×(人工费+机械费)</td><td></td><td></td></tr>
<tr><td></td><td colspan="2">(二)组织措施费</td><td></td><td></td><td></td></tr>
<tr><td></td><td rowspan="8">其中</td><td>3. 安全文明施工费</td><td rowspan="8">(1+2)×费率</td><td></td><td></td></tr>
<tr><td></td><td>4. 材料检验试验费</td><td></td><td></td></tr>
<tr><td></td><td>5. 冬雨季施工增加费</td><td></td><td></td></tr>
<tr><td></td><td>6. 夜间施工费</td><td></td><td></td></tr>
<tr><td></td><td>7. 已完工程保护费</td><td></td><td></td></tr>
<tr><td></td><td>8. 二次搬运费</td><td></td><td></td></tr>
<tr><td></td><td>9. 优质工程增加费</td><td></td><td></td></tr>
<tr><td></td><td>10. 提前竣工增加费</td><td></td><td></td></tr>
<tr><td>三</td><td colspan="2">其他项目费</td><td></td><td></td><td></td></tr>
<tr><td>四</td><td colspan="2">规费</td><td>11+12+13</td><td></td><td></td></tr>
<tr><td></td><td colspan="2">11. 排污费、社保费、公积金</td><td>(1+2)×费率</td><td></td><td></td></tr>
<tr><td></td><td colspan="2">12. 民工工伤保险费</td><td></td><td></td><td></td></tr>
<tr><td></td><td colspan="2">13. 危险作业意外伤害保险</td><td></td><td></td><td></td></tr>
<tr><td>五</td><td colspan="2">税金</td><td>(一+二+三+四)×费率</td><td></td><td></td></tr>
<tr><td>六</td><td colspan="2">建设工程造价</td><td>(一+二+三+四+五)</td><td></td><td></td></tr>
</table>

2. 工料单价法基本程序

工料单价是指完成一个规定计量单位的分部分项工程项目所需的人工费、材料费、机械费。工料单价法是指分部分项工程项目单价按工料单价(直接工程费单价)计算，施工组织措施项目费、管理费、利润、规费及税金等单独列项计的一种方法。按表 20.2 工料单价法计价程序计算。

表 20.2　工料单价法计价程序表

序号	项目名称		计算单位	费率/(%)	金额/元
一	预算定额分部分项工程费(包括技术措施费)		∑(分部分项工程量×基价)		
	其中	1. 人工＋机械	∑(定额人工费＋定额机械费)		
二	措施费				
	组织措施费				
	其中	2. 安全文明施工费	1×费率		
		3. 材料检验试验费			
		4. 冬雨季施工增加费			
		5. 夜间施工费			
		6. 已完工程保护费			
		7. 二次搬运费			
		8. 行车、行人干扰增加费			
		9. 提前竣工增加费			
三	企业管理费		1×费率		
四	利润		1×费率		
五	规费		10＋11＋12		
	10. 排污费、社保费、公积金费		1×费率		
	11. 民工工伤保险费		(一＋二＋三＋四＋10)×费率		
	12. 危险作业意外伤害保险				
六	总承包服务费				
	13. 总承包管理、协调费		分包项目造价×费率		
	14. 甲供材料、设备管理服务费		甲供材料设备费×费率		
七	风险费		(一＋二＋…＋六)×费率		

（续）

序号	项目名称	计算单位	费率/(%)	金额/元
八	暂列金	(一＋二＋…＋六＋七)×费率		
九	税金	(一＋二＋…＋八)×费率		
十	建设工程造价	(一＋二＋三＋四＋五＋…九)		

注：民工工伤保险费和危险作业意外伤害保险费费率根据市规定计算，取费基数为税前造价(但不含两项规费费用自身)。人工＋机械含技术措施项目中的人工和机械。

20.3 工程类别划分

不同的工程其规模、高度、施工技术难易程度都是不一样的，决定了不同工程的管理费、利润、组织措施项目内容也是不同的，因此，每个单位工程应根据其所属的工程类别，正确确定管理费的费率，进而确定工程造价。正确判别工程类别，正确选择费率，是合理确定工程造价的基础。工程类别的判别正确与否，直接关系到业主或承包商的经济利益。

20.3.1 工程类别划分标准

建筑工程按使用功能或工程部位不同分为工业建筑、民用建筑、构筑物、专业工程。工程类别针对上述建筑工程类型分别划分为若干类别，见表20.3和表20.4。

表20.3 工程类别划分标准表

工程 \ 类别			一类	二类	三类
工业建筑	单层	高度 H/m	$H>18$	$18\geqslant H>12$	$H\leqslant 12$
		跨度 L/m	$L>36$	$36\geqslant L>24$	$L\leqslant 24$
	多层	高度 H/m	$H>35$	$35\geqslant H>20$	$H\leqslant 20$
		面积 S/m^2	$S>20000$	$20000\geqslant S>10000$	$S\leqslant 10000$
民用建筑	居住建筑	高度 H/m	$H>87$	$87\geqslant H>45$	$H\leqslant 45$
		层数 N	$N>25$	$25\geqslant N>14$	$14\geqslant N>6$
		地下层数 N	$N>1$	$N=1$	半地下室
	公共建筑	高度 H/m	$H>65$	$65\geqslant H>25$	$H\leqslant 25$
		层数 N	$N>18$	$18\geqslant N>6$	$6\geqslant N$
		地下室层数 N	$N>1$	$N=1$	
	特殊建筑	跨度 L/m	$L>36$	$36\geqslant L>24$	$L\leqslant 24$
		面积 S/m^2	$S>10000$	$20000\geqslant S>5000$	$S\leqslant 5000$
	单独装饰工程	宾馆、饭店装饰	4、5星级	3星级	2星级以内
		其他建筑装饰	高级装饰	中级装饰	一般装饰

注：表中未列构筑物类别划分标准。

表 20.4　专业工程类别划分表

工程 \ 类别			一类	二类	三类
专业工程	打桩工程		1. 接桩二次 2. 25m 以上预制混凝土桩 3. 36m 以上预制混凝土桩 4. 45m 以上预制混凝土桩	1. 接桩一次 2. 25m 以下预制混凝土桩 3. 36m 以下预制混凝土桩 4. 45m 以下预制混凝土桩 5. 15m 以上人工挖孔桩	1. 18m 以下预制混凝土桩 2. 25m 以下预制混凝土桩 3. 15m 以下人工挖孔桩 4. 木桩、砂石桩、旋喷桩、水泥搅拌桩、钢板桩、树根桩、混凝土板桩、压密注浆锚杆桩
	钢构	单层	跨度 $L>45$m	30m$<$跨度 $L\leqslant 45$m	跨度 $L\leqslant 30$m
		多层	层数 $N>18$ 层	6 层$<$层数 $N\leqslant 18$ 层	6 层$\geqslant$层数 N
	幕墙工程		高度 50m 以上幕墙或单项面积 5000m^2 以上	高度 50m 以下 30m 以上幕墙或单项面积 3000m^2 以上	高度 30m 以下幕墙或单项面积 3000m^2 以下
	土方工程		深度 10m 以上的基坑开挖	深度 10m 以下 6m 以上的基坑开挖	深度 6m 以下的基坑开挖，平基土方

20.3.2　工程类别划分使用说明

(1) 工程类别是根据单位工程的规模、高度、跨度、层数和施工技术难易程度来划分的。

① 高度：指自设计室外地坪至屋面檐口底高度，高出屋面的电梯间、水箱间、塔楼等不计算高度。

② 跨度：按设计图示尺寸标注的轴线跨度计算。

③ 层数：指设计的层数(含地下室、半地下室的层数)，面积小于标准层 30%的阁楼层及层高小于 2.2m 的地下室或技术设备层不计算层数。

④ 公共建筑：指综合楼、办公楼、教学楼、宾馆、酒店、食堂、图书馆等。

⑤ 特殊建筑：指影院、体育馆、展馆、艺术中心、高级会堂等。

(2) 单位工程有 3 个条件的，凡符合 2 个或 2 个以上条件的执行相应类别标准，只符合 1 个条件的，按低一类标准执行。单位工程有 2 个条件的，只要符合其中 1 个条件即可按相应的标准执行。

(3) 单位工程有不同层数，高层部分的建筑面积占单位工程总建筑面积 30%以上者，按高层部分的层数、高度划分工程类别，否则按低层划分工程类别。

(4) 6 层以下居住建筑除别墅按 3 类工程费率外，其他按 3 类工程费率乘以系数 0.8。

(5) 地下室 3 层及 3 层以上符合 2 类、3 类的工程按相应规定的提高一级。

(6) 单独地下室按地下室层数划分工程类别，管理费执行构筑物相应定额。

(7) 工业建筑有声、光、超静、恒温、无菌等特殊要求者，当其建筑面积占总面积1/4以上的，可提高一个类别取费。

(8) 单层或多层工业厂房相连的附属生活用房按工业厂房类别执行。

(9) 多跨工业建筑按最大跨度划分工程类别。

(10) 如化粪池、检查井、围墙、院内挡土墙、庭院道路、室外管沟架、传达室等附属项目按本工程类别套用，如单独承发包附属项目则按3类工程费率乘以0.8。

(11) 双曲线冷却塔按水塔1类，其他冷却塔按2类执行。

(12) 专业工程也适用于市政、人防、园林工程。

(13) 宾馆、饭店单独装饰的工程类别是按饭店的星级标准来划分的，其他装饰的工程类别是按高级装饰、中级装饰及一般装饰来划分的。高级装饰、中级装饰及一般装饰的具体划分标准见表20.5。

表20.5 专业工程类别划分表

项目	墙面	天棚	楼地面	门、窗
高级装饰	干挂或镶贴石材、铝合金条板饰面、高级涂料、贴壁纸、锦缎软包、镶板墙面、幕墙、金属装饰板、造型木墙裙	高级涂料、造型吊顶、金属吊顶、壁纸	大理石、花岗岩、木地板、地毯楼地面	彩板、塑钢、铝合金、硬木、不锈钢门窗
中级装饰	贴面砖、高级涂料、贴壁纸、锦缎软包、镶贴大理石、木墙裙	高级涂料、吊顶、壁纸	水磨石、块料、木地板、地毯楼地面	彩板、塑钢、铝合金、松木门窗
一般装饰	一般涂料、勾缝、水刷石、干粘石	一般涂料	水磨石、水泥、混凝土、塑料、涂料	钢、松木门窗

注：(1) 高级装饰是指墙面、楼地面每项分别满足3个及3个以上高级装修项目，天棚、门窗项目分别满足2个及2个以上高级装修项目，并且每项装修项目的面积之和占相应装修项目面积70%以上者。

(2) 中级装修是指墙面、楼地面、天棚、门窗每项分别满足2个及2个以上中级装修项目，并且每项装修项目的面积之和占相应项目面积70%以上者。

20.4 施工费用计算规则

1. 施工取费基数

(1) 组织措施费、管理费、利润及规费均以“人工费＋机械费”为取费基数。人工费中不包括机上人工费；大型机械设备进出场及安拆费不能直接作为机械费计算，但其中的人工费及机械费可作为取费基数。

(2) 以综合单价法计价的工程，管理费、利润以各清单项目的人工费及机械费为取费基数分别计算；组织措施费、规费以分部分项工程量清单项目和施工技术措施项目中的人工费及机械费之和为取费基数。

(3) 以工料单价法计价的工程，其人工费和机械费是指按建设工程预算定额项目(含技术措施项目)的人工费及机械费之和。

(4) 编制招标控制价时，应以预算定额的人工费及机械费作为计算费用的基数。

(5) 编制投标报价时，其人工、机械台班消耗量可根据企业定额确定，人工单价、机械台班单价可按当时当地的市场价格确定，以此计算的人工费和机械费作为取费基数。

2. 施工组织措施费

安全文明施工费、检验试验费为必须计算的措施费项目。其他施工组织措施费项目可根据工程量清单项目或工程实际需要发生列项，工程实际不发生的项目不应计取其费用。

1) 安全文明施工费

安全文明施工费的下限费率是根据测定费率的90%编制的，投标报价应当以不低于费用定额下限费率报价。招标控制价按中值费率编制。施工组织措施费费率见表20.6。

对安全防护、文明施工有特殊要求和危险性较大的工程，需增加安全防护、文明施工措施所发生的费用可另列项目计算或要求投标报价的施工企业在费率中考虑。

安全文明施工费分市区一般工程、市区临街工程、非市区工程。市区一般工程指进入居民生活区的城区内的一般工程；市区临街工程指进入居民生活区的城区内的临街、临道路的工程；非市区工程指非居民生活区的一般工程。

标化工地施工费已在安全文明施工费中综合考虑，但获得国家、省、市安全标化工地的，可根据合同约定计取创标化工地增加费。由于创标化工地一般在工程竣工后评定且不一定发生，因此编制招标控制价时不计算该项费用。

2) 检验试验费

检验试验费不得作为竞争性费用。投标报价应当以不低于费用定额下限费率报价。招标控制价按中值费率计算。建设工程质量专项检测费按照《浙江省建设工程其他费用定额》要求列入工程建设其他费用。其费用由建设单位与检测单位根据工程质量检测的内容和要求在合同中约定。

3) 二次搬运费费率

二次搬运费费率适用于因施工场地狭小等特殊情况一次性进不到施工场地而发生的二次搬运费用，但不适用于上山及过河发生的费用。

4) 提前竣工增加费

提前竣工增加费以工期缩短的比例计取。计取提前竣工增加费的工程不应同时计算夜间施工增加费。实际工期比合同工期提前的，根据合同约定计算，合同没有约定的可参考费用定额规定计算。缩短工期比例在30%以上者，应按审定的措施方案计算相应的提前竣工增加费。

$$工期缩短比例=[(定额工期-合同工期)/定额工期]\times 100\%$$

5) 优质工程增加费

优质工程增加费应根据合同约定计取。获国家、省或市的优质工程，或其他能证明其优质的工程，应计取创优质工程增加费。优质工程一般在工程竣工后评定且不一定发生，编制招标控制价时不计算该项费用。合同要求为优质工程而实际未达到优质工程的，其创优质工程的增加费可根据工程的实际质量，按优质工程增加费下限费率的15%～75%计算；合同没有优质工程要求而实际获得优质工程的，可按优质工程增加费下限费率的75%～100%计算。

表 20.6 建筑工程施工组织措施费费率

定额编号	项目名称		计算基数	费率/(%)		
				下限	中值	上限
A1	施工组织措施费					
A1-1	安全文明施工费					
A1-11	其中	非市区工程	人工费＋机械费	4.01	4.46	4.91
A1-12		市区一般工程		4.73	5.25	5.78
A1-13		市区临街工程		5.44	6.04	6.64
A1-2	夜间施工增加费		人工费＋机械费	0.02	0.04	0.08
A1-3	提前竣工增加费					
A1-31	其中	缩短工期10%以内	人工费＋机械费	0.01	0.92	1.83
A1-32		缩短工期20%以内		1.83	2.27	2.71
A1-33		缩短工期30%以内		2.71	3.15	3.59
A1-4	二次搬运费		人工费＋机械费	0.71	0.88	1.03
A1-5	已完工程及设备保护费			0.02	0.05	0.08
A1-6	检验试验费			0.88	1.12	1.35
A1-7	冬雨季施工增加费			0.10	0.20	0.30
A1-8	优质工程增加费		优质工程增加费前造价	2.00	3.00	4.00

注：(1) 单独装饰及专业工程安全文明施工费率乘以系数0.6。
(2) 单独土石方工程检验试验费不计。

3. 管理费费率

管理费费率按工程不同类别确定管理费费率。建筑工程管理费费率见表20.7。

表 20.7 建筑工程管理费费率

定额编码	项目名称	计算基数	费率/(%)		
			一类	二类	三类
A2	企业管理费				
A2-1	工业与民用建筑工程	人工费＋机械费	20～26	16～22	12～18
A2-2	单独装饰工程		18～23	15～20	12～17
A2-3	单独构筑物及其他工程		22～28	18～24	14～20
A2-4	专业打桩工程		13～17	10～14	7～11

（续）

定额编码	项目名称	计算基数	费率/(%)		
			一类	二类	三类
A2－5	专业钢结构工程	人工费＋机械费	16～21	12～17	8～13
A2－6	专业幕墙工程		19～25	15～21	11～17
A2－7	专业土石方工程		9～12	15～21	5～8
A2－8	其他专业工程		—	12～16	—

注：(1) 专业工程仅适用于单独承包的专项施工工程。

(2) 其他专业工程指本定额的所列专业工程项目以外的，需具有专业工程施工资质施工的工程。

4. 编制招标控制价

编制招标控制价时施工组织措施费、企业管理费及利润，应按费率的中值或弹性区间费率的中值计取；编制施工图预算时，施工组织措施费、企业管理费及利润，可按费率的中值或弹性区间费率的中值计取。利润费率见表20.8。

表20.8　建筑工程利润费率

定额编码	项目名称	计算基数	费率/(%)
A3	利润		
A3－1	工业与民用建筑工程	人工费＋机械费	6～11
	专业钢结构工程		
A3－2	单独装饰工程		7～13
	专业幕墙工程		
A3－3	单独构筑物及其他工程		7～12
A3－4	专业打桩工程		4～8
A3－5	专业土石方工程		1～4
A3－6	其他专业工程		5～9

注：(1) 专业工程仅适用于单独承包的专项施工工程。

(2) 其他专业工程指本定额的所列专业工程项目以外的，需具有专业工程施工资质施工的工程。

5. 风险费

风险费包括工、料、机、设备投标编制期或预算编制期的价格与实际采购使用期发生的价差。

采用工程量清单计价的工程，其风险费用在综合单价中考虑。编制招标控制价的，编制人应根据招标文件对风险范围、风险幅度及工期长短的要求，结合当时当地投标报价的下调幅度确定风险费。采用工料单价计价的工程，风险费单独列项计算。

6. 暂列金额

暂列金额包括施工合同签订时尚未确定或者不可预见的所需材料、设备、服务的采购，施工中可能发生的工程变更、合同约定调整因素出现时的工程价款调整及发生的索赔、现场签证确认等的费用。

暂列金额为除税金外的全部费用。暂列金额一般可按税前造价的5%计算。工程结算时，暂列金额应予以取消，另根据工程实际发生项目增加费用。

采用工程量清单计价的工程，暂列金额按招标文件要求编制，列入其他项目费。采用工料单价计价的工程，暂列金额单独列项计算。

7. 总承包服务费

总承包服务费指总承包人为配合协调发包人进行的工程分包自行采购的设备、材料等进行管理、服务及施工现场管理、竣工资料汇总整理等服务所需的费用。发包人仅要求对分包的专业工程进行总承包管理和协调时，总包单位可按分包的专业工程造价的1%～2%向发包方计取总承包管理和协调费。总承包单位完成其直接承包的工程范围内的临时道路、围墙、脚手架等措施项目，应无偿提供给分包单位使用，分包单位则不能重复计算相应费用。

发包人要求总承包单位对分包的专业工程进行总承包管理和协调，并同时要求提供配合服务时，总包单位可按分包的专业工程造价的1%～4%向发包方计取总承包管理、协调和服务费；分包单位则不能重复计算相应费用。发包人提供设备、材料，对设备、材料进行管理、服务的单位可按设备、材料价值的0.2%～1%向发包方计取设备、材料的管理、服务费。总承包单位事先没有与发包人约定提供配合服务的，分包单位又要求总承包单位提供垂直运输等配合服务时，分包单位支付给总包单位的配合服务费，由总分包单位根据实际的发生额自行约定。

8. 规费和税金费率

规费和税金按费用定额规定的费率计取，不得作为竞争性费用。规费和税金费率见表20.9和表20.10。

表 20.9 建筑工程规费费率

<table>
<tr><th>定额编码</th><th>项目名称</th><th>计算基数</th><th>费率/(%)</th></tr>
<tr><td>A4</td><td colspan="3">规费</td></tr>
<tr><td>A4-1</td><td>工业与民用建筑及构筑物工程</td><td rowspan="4">人工费＋机械费</td><td>10.4</td></tr>
<tr><td>A4-2</td><td>单独装饰工程</td><td>13.36</td></tr>
<tr><td>A4-3</td><td>专业工程(打桩、钢结构、幕墙及其他)</td><td>6.19</td></tr>
<tr><td>A4-4</td><td>专业土石方工程</td><td>4.06</td></tr>
</table>

注：专业工程仅适用于单独承包的专项施工工程。

表 20.10 建筑工程税金税率

<table>
<tr><th rowspan="2">定额编号</th><th rowspan="2">项目名称</th><th rowspan="2">计算基数</th><th colspan="3">费率/(%)</th></tr>
<tr><th>市区</th><th>城(镇)</th><th>其他</th></tr>
<tr><td>A5</td><td>税金</td><td></td><td>3.577</td><td>3.513</td><td>3.384</td></tr>
<tr><td>A5-1</td><td>税费</td><td rowspan="2">直接费＋管理费＋利润＋规费</td><td>3.477</td><td>3.413</td><td>3.284</td></tr>
<tr><td>A5-2</td><td>水利建设资金</td><td>0.100</td><td>0.100</td><td>0.100</td></tr>
</table>

注：税费包括营业税、城市建设维护税及教育费附加。

表中规费的费率包括工程排污费、养老保险费、失业保险费、医疗保险费、生育保险费及住房公积金，未包括民工工伤保险费及危险作业意外伤害保险费。民工工伤保险费、危险作业意外伤害保险费按各市有关部门的规定计算列入规费费用。

9. 房屋修缮工程

施工组织措施费费率按相应新建工程项目的费率乘以系数 0.5，管理费费率按相应新建工程项目的三类费率乘以系数 0.8，其他按相应新建工程项目的费率计取。

10. 综合费用费率

综合费率包括组织措施费、管理费、利润、规费 4 项费用的费率，税金另计。综合费率只适用于编制设计概算。费率见表 20.11 和表 20.12。

表 20.11 建筑工程概算综合费率

定额编码	项目名称	计算基数	费率/(%)		
			一类	二类	三类
FA	建筑工程				
FA-1	工业与民用建筑工程	人工费+机械费	48.32	44.32	40.32
FA-2	构筑物及其他工程		51.32	47.32	43.32
FA-3	单独装饰工程		48.18	45.18	42.18

表 20.12 建筑工程概算税金税率

定额编码	项目名称	计算基数	费率/(%)		
			市区	城(镇)	其他
A5	税金	直接工程费+施工技术措施费+综合费用	3.577	3.513	3.384
A5-1	税费		3.477	3.413	3.284
A5-2	水利建设资金		0.100	0.100	0.100

综合费率中，组织措施费费用项目只包括安全文明施工费、检验试验费及已完工程及设备保护费，其费率按中值考虑，其中的安全文明施工费按市区一般工程考虑。

综合费率中，管理费率按二类工程的中值费率考虑，利润按中值考虑，税率按市区工程考虑。

综合费率中，规费只包括工程排污费、社会保障费及住房公积金 3 项费用，危险作业意外伤害保险费及民工工伤保险按各市有关规定计算。

11. 扩大系数

扩大系数考虑概算定额与预算定额的水平幅度差及图纸设计深度等因素，编制概算费用时应予以适当扩大。扩大系数一般为 1%～3%，具体数值可根据工程的复杂程度和图纸的设计深度确定：一般工程取中值，较复杂工程或设计图纸深度不够要求的取大值，工程较简单或图纸设计深度达到要求的取小值。

费用定额施工费率是按单位工程综合测定的，除已列有的分部项目外，不适用于分部分项工程。

20.5 实例分析

【例 20-1】 某工程采用工程量清单招标。措施费和规费按工程所在地的计价依据规定计算，经计算该工程分部分项工程费总计为 6300000 元，其中人工费为 1260000 元，机械费 2356000 元，技术措施费中人工费 90000 元，机械费 80000 元。其他有关工程造价方面背景材料如下。

(1) 条形砖基础工程量 160m³，基础深 3m，采用 M10 水泥砂浆砌筑，蒸压砖的规格 240mm×115mm×53mm。蒸压多孔砖内墙工程量 1200m³，采用 M7.5 混合砂浆砌筑，蒸压灰砂砖规格 240 mm×115 mm×90 mm，墙厚 240mm。

现浇钢筋混凝土矩形梁模板及支架工程量 420m²，支模高度 2.6m。现浇钢筋混凝土板模板及支架工程量 800m²，板底支模高度 3m。按合理的施工组织设计，该工程需大型机械进出场及安拆费 26000 元，施工排水费 2400 元，施工降水费 22000 元，垂直运输费 120000 元，脚手架费 166000 元。

(2) 工程按市区一般工程，三类工程取费。定额工期 500 天，合同工期 400 天，工程质量合格，考虑二次搬运费、冬雨季施工费及竣工验收前已完工保护费。

(3) 招标文件中载明，该工程暂列金额 330000 元，材料暂估价 100000 元，计日工费用 20000 元，总承包服务费 20000 元。

(4) 本工程民工工伤保险费和危险作业意外伤害保险费费率根据某市规定分别为 0.12%和 0.15%，取费基数为税前造价(但不含两项规费费用自身)。

依据《建设工程工程量清单计价规范》(GB 50500—2013)的规定，其中技术措施费项目编码按省清单使用手册，结合工程背景资料及所在地计价依据的规定，按编制招标控制价的规则，完成下列各题。

问题：(1)编制砖基础和实心砖内墙的分部分项清单及计价，填入表 20.13。项目编码：砖基础 010301001，实心砖墙 010302001。综合单价：砖基础 280.20 元/m³，实心砖内墙 285.20 元/m³。

(2) 编制工程措施项目清单及计价，填入表 20.14(如认为不发生，可在费率和金额填写“0”)和表 20.15。补充的现浇钢筋混凝土模板及支架项目编码：梁模板及支架 010902001001，有梁板模板及支架 010902004001。综合单价：梁模板及支架 25.60 元/m²，有梁板模板及支架 23.20 元/m²。

(3) 编制工程其他项目清单及计价，填入表 20.16。

(4) 编制工程招标控制价汇总表及计价。根据以上计算结果，计算该工程的招标控制价，填入表 20.17。

(5) 如该项目实体工程的直接工程费为 5459104 元，技术措施项目直接工程费为 316898 元，其他条件不变。计算该工程的招标控制价，填入表 20.18(计算结果均保留 2 位小数)。

解： 根据题意及计价规范，各题解答见表 20.13～表 20.18。

表 20.13　分部分项清单及计价表

序号	项目编码	项目名称	项目特征	单位	工程量	金额/元		暂估价/元
						综合单价	合价	
1	010301001001	砖基础	条形砖基础 240mm×115mm×53mm，蒸压砖基础深 3m，M10 水泥砂浆砌筑	m^3	160	280.20	44832.00	
2	010302001001	实心砖墙	蒸压砖内墙 240mm×115mm × 90mm，墙厚 240mm，M7.5 混合砂浆砌筑	m^3	1200	285.20	342240.00	
合计							387072.00	

表 20.14　措施项目清单与计价表(一)

序号	项目名称	计算基数	费率	金额/元
1	安全文明施工费	3786000	5.25%	198765.00
2	夜间施工费	3786000	0	0
3	冬雨季施工增加费	3786000	0.20%	7572.00
4	材料检验试验费	3786000	1.12%	42403.20
5	已完工程保护费	3786000	0.05%	1893.00
6	二次搬运费	3786000	0.88%	33316.80
7	优质工程增加费	3786000	0	0
8	提前竣工增加费	3786000	2.27%(缩短工期 20%以内)	85942.20
合计				369892.20

表 20.15　措施项目清单与计价表(二)

序号	项目编码	项目名称	项目特征	计量单位	工程数量	金额/元	
						综合单价	合价
1	010902001001	模板及支架	梁	m^2	420	25.60	10752.00
2	010902004001	模板及支架	板	m^2	800	23.20	18560.00
3	000001002001	施工降水	略	略	略	略	22000.00
4	000001001001	排水	略	略	略	略	2400.00
5	011001002001	脚手架	略	略	略	略	166000.00
6	011101002001	垂直运输	略	略	略	略	120000.00
7	000002004001	大型机械进出场及安拆	略	略	略	略	26000.00
合计							365712.00

表 20.16 其他项目清单与计价汇总表

序号	项目名称	计算单位	金额/元	备 注
1	暂列金额	项	330000.00	
2	材料暂估价	项	—	
3	计日工	项	20000.00	
4	总承包服务费	项	20000.00	
合计			370000.00	

表 20.17 单位工程招标控制价汇总表(清单格式)

序号	项目名称		计算单位	费率/(%)	金额/元
一	分部分项工程费		∑(分部分项工程量×综合单价)		6300000.00
	其中	1. 人工+机械	∑分部分项×(人工费+机械费)		3616000.00
二	措施费				735604.20
	(一)技术措施费		按综合单价计算		365712.00
	其中	2. 人工+机械	∑技术措施×(人工费+机械费)		170000.00
	(二)组织措施费				369892.20
	其中	3. 安全文明施工费	(1+2)×费率	5.25	198765.00
		4. 材料检验试验费		1.12	42403.20
		5. 冬雨季施工增加费		0.20	7572.00
		6. 夜间施工费		0	0
		7. 已完工程保护费		0.05	1893.0
		8. 二次搬运费		0.88	33316.80
		9. 优质工程增加费		0	0
		10. 提前竣工增加费		2.27	85942.20
三	其他项目费				370000.00
四	规费		11+12+13		414802.24
	11. 排污费、社保费、公积金费		(1+2)×费率	10.40	393744.00
	12. 民工工伤保险费		(一+二+三+11)×费率	0.12	9359.22
	13. 危险作业意外伤害保险			0.15	11609.02
五	税金		(一+二+三+四)×费率	3.577	279735.94
六	建设工程造价		(一+二+三+四+五)		8100142.38

表 20.18 单位工程招标控制价汇总表(工料单价格式)

序号	项目名称		计算单位	费率/(%)	金额/元
一	预算定额分部分项工程费		Σ(分部分项工程量×基价)		5776002
	其中	1. 人工+机械	Σ(定额人工费+定额机械费)		3786000
二	措施费				
	组织措施费				369892.20
	其中	2. 安全文明施工费	1×费率	5.25	198765.00
		3. 材料检验试验费		1.12	42403.20
		4. 冬雨季施工增加费		0.20	7572.00
		5. 夜间施工费		0	0
		6. 已完工程保护费		0.05	1893.00
		7. 二次搬运费		0.88	33316.80
		8. 优质工程增加费		0	0
		9. 提前竣工增加费		2.27	85942.20
三	企业管理费		1×费率	15	567900
四	利润		1×费率	8.5	321810
五	规费		10+11+12		413803
	10. 排污费、社保费、公积金费		1×费率	10.4	393744
	11. 民工工伤保险费		(一+二+三+四+10)×费率	0.12	8915
	12. 危险作业意外伤害保险			0.15	11144
六	总承包服务费				20000
	13. 总承包管理、协调费		分包项目造价×费率		
	14. 甲供材料、设备管理服务费		甲供材料设备费×费率		
七	风险费		(一+二+…+六)×费率		0
八	暂列金		(一+二+…+六+七)×费率		330000
九	税金		(一+二+…+八)×费率	3.577	278985
十	建设工程造价		(一+二+三+四+五+…九)		8078392

习 题

1. 试述综合单价法和工料单价法的区别。

2. 某工程，地下室一层面积13000m^2，地下室上面为1号楼和2号楼：1号楼为8层，高度为25m，建筑面积为9500m^2(不含地下室一层)；2号楼为19层，高度为57m，建筑面积为21000m^2。总建筑面积为43500m^2。试确定该工程类别。

参 考 文 献

[1] 浙江省建设工程造价管理总站. 浙江省建筑工程预算定额(2010版)[S]. 北京：中国计划出版社，2010.

[2] 中华人民共和国国家标准. 建设工程工程量清单计价规范(GB 50500—2013)[S]. 北京：中国计划出版社，2013.

[3] 浙江省建设工程造价管理总站. 浙江省建设工程施工费用定额(2010版)[S]. 北京：中国计划出版社，2010.

[4] 何辉，吴瑛. 建筑工程计价新教材[M]. 杭州：浙江人民出版社，2011.

[5] 张键，荀建锋. 新编建筑工程计量与计价[M]. 北京：中国电力出版社，2010.

[6] 尹贻林. 工程造价计价与控制[M]. 3版. 北京：中国计划出版社，2003.

[7] 黄伟典. 建设工程计量与计价案例详解[M]. 青岛：山东科学技术出版社，2006.